共享·协同

Sharing Collaboration

2019全国建筑院系建筑数字技术教学与研究学术研讨会论文集

Proceedings of 2019 National Conference
on Architecture's Digital Technologies
in Education Research

董莉莉　温泉　主编
Dong Lili & Wen Quan ed.

中国建筑工业出版社

图书在版编目（CIP）数据

共享·协同：2019全国建筑院系建筑数字技术教学与研究学术研讨会论文集/董莉莉，温泉主编. —北京：中国建筑工业出版社，2019.9

ISBN 978-7-112-24059-3

Ⅰ.①共…　Ⅱ.①董…②温…　Ⅲ.①数字技术-应用-建筑设计-学术会议-文集　Ⅳ.①TU201.4-53

中国版本图书馆CIP数据核字（2019）第167750号

本书为2019全国建筑院系建筑数字技术教学与研究学术研讨会论文集。本次会议于2019年9月21日在重庆交通大学举办，以"共享·协同"为主题，探讨在BIM、互联网结合之下，传统建筑设计思维范式如何积极应对城市空间资源共享需求和设计、建造、运维协同变革。论文集分为以下几个部分：A　绿色建筑的数字化设计方法；B　数字化建造装配技术；C　数字化建筑设计与理论研究；D　机器学习、人工智能与协同设计；E　数字化建筑设计教学研究；F　大数据、云计算与建筑数字化运维；G　建筑数字技术与历史建筑保护更新；H　虚拟现实与增强现实技术应用；I　建筑信息模型（BIM）及其应用。本论文集共收录论文82篇。

责任编辑：王　惠　陈　桦
责任校对：张惠雯

共享·协同　2019全国建筑院系建筑数字技术
教学与研究学术研讨会论文集
董莉莉　温泉　主编
＊
中国建筑工业出版社出版、发行（北京海淀三里河路9号）
各地新华书店、建筑书店经销
北京科地亚盟图文设计有限公司制版
北京建筑工业印刷厂印刷
＊
开本：880×1230毫米　1/16　印张：33¾　字数：1138千字
2019年9月第一版　2019年9月第一次印刷
定价：**108.00**元
ISBN 978-7-112-24059-3
　　　　（34550）

本书编委会

前　言

当前，日新月异的数字技术正不断迅速发展，在数字技术的推动下，一个全新的信息时代、信息社会已经出现，对各行各业的科技进步产生无可估量的影响，成为促进国民经济迅猛发展的巨大动力。在信息社会中，互联网、大数据、人工智能等正在逐渐改变着人们的工作和生活方式，信息已成为生产力发展的重要因素，"信息共享，工作协同"已成为当前的一种趋势。数字技术的发展，已经并且将继续对建筑业产生巨大的影响，推动着建筑业的变革。

由全国高等学校建筑学专业教育指导分委员会下属的建筑数字技术教学工作委员会主办的全国建筑院系建筑数字技术教学与研究学术研讨会的前身是全国建筑院系建筑数字技术教学研讨会，从 2006 年召开第一届会议到现在，不断发展壮大，已经成为国内建筑数字技术领域具有重要影响力的学术会议。今年在重庆交通大学举办的全国建筑院系建筑数字技术教学与研究学术研讨会已经是第 14 届会议了，会议根据当前建筑数字技术发展的特点，选择了"共享与协同"作为会议的主题，期待共同探讨在 BIM、互联网结合之下，传统建筑设计思维范式如何积极应对城市空间资源共享的需求和设计、建造、运维协同变革。

本次会议的征文启事发出后，得到了全国建筑院系广大师生的积极响应，老师们纷纷将自己的研究成果投寄给论文编委会，最后经过专家评审，共录用论文 82 篇。这些论文，研究的覆盖范围广，代表着最近一年来国内建筑数字技术研究的主要方向和最新的研究成果，不少论文都达到了较高的水平。更为可喜的是，论文作者中，出现了许多新面孔，预示着我们的研究队伍新人辈出、不断壮大。

经过对论文的整理，本论文集共分为 9 个专题，即：绿色建筑的数字化设计方法；数字化建造装配技术；数字化建筑设计与理论研究；机器学习、人工智能与协同设计；数字化建筑设计教学研究；大数据、云计算与建筑数字化运维；建筑数字技术与历史建筑保护更新；虚拟现实与增强现实技术应用；建筑信息模型（BIM）及其应用。

本次会议，得到了招商局重庆交通科研设计院有限公司、中煤科工集团重庆设计研究院有限公司、中机中联工程有限公司、中冶赛迪工程技术股份有限公司建筑设计院和上海天华建筑设计有限公司的大力支持，对以上的支持表示衷心感谢。

鉴于出版周期较短及编者的水平所限，本书不当之处在所难免，恳请读者提出批评指正。

本书编委会

2019 年 7 月

目 录

Contents

A 绿色建筑的数字化设计方法

模拟研究中庭与侧庭组合方式对建筑自然通风降温效果的影响
.... 肖毅强 周子芥 许哲嘉（2）

广州地区建筑外窗的分朝向热工参数模拟研究...... 肖毅强 许哲嘉 赵立华（10）

基于绿色性能的湿热地区建筑复合表皮多目标优化方法研究
.... 刘思威 吕瑶 林瀚坤 肖毅强（18）

严寒地区教学单元自然通风多目标优化设计研究 .... 武雪凤 刘莹（26）

风环境性能导向下的寒地校园空间形态设计策略研究
.... 娄霄扬 梁静 韩昀松（34）

基于遗传算法的夏热冬冷地区居住建筑节能优化分析——以湖北省武汉市为例
.... 王文超 陈宏（42）

应用数字工具辅助零能耗建筑性能优化研究——以华工两届 SDC 参赛建筑为例
.... 王奕程 詹峤圣 孙一民 肖毅强（48）

B 数字化建造装配技术

基于神经网络的建筑形态生成探索——以柏林自由大学为例
.... 刘宇波 林文强 邓巧明 梁凌宇（58）

基于移动机器人和计算机视觉技术的施工现场隔墙板自动化建造
.... 梁恺豪 高文渊（67）

面向大规模复杂造型定制的数字化建筑混凝土柔性模板设计与制造探索
.... 缪博文 时晨乔 熊璐 王文宇 赵彦锦（72）

基于数控建造技术应用的木构件精确加工研究 ...... 贾东 黄秋实（77）

机器臂技术在智能建造中的应用 .... 同悦 许蓁（82）

上海音乐厅室内装饰方案的数字技术综合应用 .... 杜明（90）

基于路网的超级街区功能布局量化表述 .... 董嘉（96）

C 数字化建筑设计与理论研究

基于类型学的算法生形方法探索——以意大利普拉托城市更新设计为例
.... 张琪岩 李飚（104）

基于规则的高层住宅立面生成方法初探 .... 吴佳倩 李飚（112）

性能驱动下的数字化设计与建造 .... 张烨 许蓁 白雪海（121）

数字化技术下枯山水景观布置的现代化演绎 .... 邹雪 虞刚（125）

生态美学视野下绿色建筑的数字化研究
.... 林进益 彭悦 郭晓莹 郑婵珠（131）

参数化编织设计工作营——自由形态网壳编织结构建造

　　………………………………… 温　颖　王津红　丁晓博　于　辉（135）

边界条件不确定性对办公建筑形体优化结果的影响研究 … 李靖宇　吕　帅（141）

适用于建筑表皮参数化设计的几何生形算法研究 ………… 洪宇东　肖毅强（151）

大数据视角下的村庄规划及乡村建筑设计初探 … 唐　涛　龙腾霄　熊　嫒（165）

基于空间组构的北京学区空间形态特征浅析 ………………… 万　博　杨　滔（172）

基于 ESGB、G-SEED 和 LEED 的比较分析研究 ………………………… 刘志宏（180）

D　机器学习、人工智能与协同设计

重庆绿色生态住宅小区协同设计策略探究 ………………… 祁乾龙　孟庆林（186）

基于程序化建模的建筑立面生成方法探索——以意大利普拉托老城区内住宅

　　建筑为例 …………………………………… 刘念成　唐　芃　华　好（192）

多智能体复杂系统在南京历史敏感地段城市肌理智能控制中的应用

　　………………………………………………………………… 彭　冀（199）

基于 BIMcloud 云平台的建筑协同设计——以某医院设计项目为例

　　……………………………………………………… 曾旭东　龙　倩（205）

基于深度学习的公共空间行为轨迹模式分析初探

　　………………………………………………… 李　力　韩冬青　董　嘉（209）

基于分形理论的沈阳市典型区域天际线维数测算研究

　　………………………………………………… 张　帆　贾　冰　刘万里（215）

E　数字化建筑设计教学研究

VR 技术在幼儿园设计教学中的运用 … 林育欣　范梦凡　丁　雯　王　羽（222）

基于实时数据分析的城市环境动态模拟系统的研究——以"南京市铁北新城"

　　重点地段为例 ……………………………………… 田杰仁　俞传飞（227）

建筑类专业 BIM 工程操作能力与跨专业协作能力培养 ……………… 任鹏宇（234）

融合大数据技术的城乡规划专业课程实践应用

　　……………………………………… 庄　筠　林志航　顾嘉欣　王成芳（240）

用户界面要素对虚拟学习效果影响的研究——以保国寺虚拟搭建教学实验为例

　　……………………………………………………… 孙澄宇　胡　苇（245）

增强现实技术在建筑学教学中的应用以及影响 … 曾旭东　安嘉宁　梁梦真（252）

建构主义理论下建筑学设计课程虚拟仿真项目的建设实践

　　………………………………………………………… 雷　怡　董莉莉（257）

计算设计在设计类专业基础教学中的探索 ………………… 郭　园　时　新（261）

VR 技术在低年级建筑空间认知与设计教学中的应用 ……… 李丹阳　吕建梅（266）

算法生成在建筑设计教学中的应用——以三年级幼儿园设计为例

　　………………………………………………… 童滋雨　周子琳　曹舒琪（271）

基于数字模拟的地铁车站人员应急疏散优化研究

·················· 宋 煜 黄 勇 李晋阳 曹易萌（276）

数字模型结合实体模型教学研究与实践——以"建筑模型制作与设计"课程为例

·················· 刘 明 张 磊（283）

F 大数据、云计算与建筑数字化运维

基于"互联网＋"的社区养老模式探究——互联网技术在养老服务中的运用

·················· 刘 也 王小荣（290）

城市街谷形态对污染物扩散机理影响模拟研究 ·········· 陈扬骏 陈 宏（295）

基于室外环境性能模拟的街区形态参数化设计 ·········· 刘丹凤 陈 宏（302）

基于数字模拟的综合交通枢纽典型空间疏散设计研究 ·················· 曹 笛（308）

风环境与专业足球场罩棚形态的多目标耦合优化机制研究

·················· 史立刚 崔 玉 杨朝静（314）

基于多智能体交通模拟的城市节点研究——以意大利普拉托 Macrolotto Zero

区为例 ·················· 陈宇龙 李 飚（320）

基于 UWB 室内定位系统的失智老人行为模式量化分析与可视化——以南京

市某养老院为例 ·················· 李沛文 李 力（327）

寒地办公建筑自然采光及能耗性能设计参量敏感性分析模块构建及应用

·················· 任 惠（334）

基于参数化的非线性建筑复杂曲面的建构研究 ··· 黄 勇 李晋阳 张民意（341）

虚拟环境中"背景人群"的生成方法与验证实验 ·········· 孙澄宇 胡伟林（347）

G 建筑数字技术与历史建筑保护更新

基于 BIM 技术的古建筑虚拟搭建实验课实践 ······ 王景阳 曾旭东 黄海静（354）

基于空间检索和案例库匹配的城市历史地段更新设计方法研究——以意大利

普拉托市城市更新为例 ·················· 徐怡然 唐 芃（359）

基于 3D 打印技术的传统建筑保护研究 ·················· 刘 攀（367）

数字技术在历史建筑保护更新中的应用探讨——以南满洲工业专门学校旧址

为例 ·················· 李佳烜 姜 雪（371）

倾斜摄影技术下的传统村落保护 ·················· 张春明（376）

基于三维数字雕塑技术在古建筑数字化保护中的研究 ·················· 马心将（380）

当代中国古典园林中的游牧空间组成与形态分析——以谐趣园为例

·················· 靳铭宇 张旭颖 王炳棋（383）

H 虚拟现实与增强现实技术应用

基于 GAMA 平台的校园仿真模型在校园规划中的应用探讨

·················· 胡 凯 邓巧明 刘宇波（391）

建成环境与行为数据特征可视化方法研究 ·················· 郭 喆 袁 烽（399）

虚拟现实结合眼动追踪的技术方法研究——以商业综合体寻路实验为例
                                                                           杨　阳　孙　澄　刘　莹（406）

基于数字技术融合应用的虚拟仿真实验教学的思考与实践
                                   白雪海　刘　航　袁逸倩（412）

浅析虚拟现实技术与建筑设计的应用 …………………… 谷智慧　林进益（418）

虚拟现实技术在建筑设计中的应用：以上海宛平剧院为例
                                 马心将　张晓文　乔　壮（423）

VR 在建筑设计思维训练中的效用再研究
                    胡映东　康　杰　张开宇　蒙小英（426）

基于分布式虚拟现实技术的共享性城市设计研究
                                 李　强　张　帆　陈　冉（433）

与虚拟现实技术相结合的交通建筑设计教学改革探索 ………… 王　俊（439）

基于虚拟现实技术的建筑景观虚拟体验研究 …… 郭　静　时　新　郭　园（443）

城市设计视角下 AnyLogic 技术在交通仿真领域的应用综述
                                          魏书祥　马　壮（449）

I　建筑信息模型（BTM）及其应用

基于 BIM 技术的复杂坡地建筑场地管控 ………… 杨万科　胡光鹏　王君峰（456）

基于 BIM 技术的高校宿舍楼建筑节能设计研究——以西安地区为例
                                               吴　双　刘启波（460）

基于 BIM 技术的既有建筑节能设计优化研究——以长安大学逸夫图书馆为例
                                              李　畅　刘启波（470）

以 BIM 为核心的建筑设计协同设计管理平台构建研究
                                 胡英杰　石陆魁　张博延（478）

运用 BIM 平台进行建筑病害层析信息分析的二种数字化技术比较
  ——以武当山皇经堂壁画为研究对象 ……………… 张　叶　雷祖康（488）

BIM 技术在超高层项目设计中的应用 … 陈彩渝　杨文杰　徐　杰　李　磊（497）

BIM 技术在历史建筑保护中的应用研究——以南满洲工业专门学校主楼为例
                                                 姚东升（502）

基于 BIM 技术在节能减排中的探索——以重庆大学 B 区建筑图书馆为例
                         宋承澄　周　鑫　曾旭东　王景阳（507）

建筑工程 BIM 正向设计研究 …………………………………………… 王　辉（514）

BIM 技术在田东县公共服务中心工程中的应用
                         吴雅典　张陆润　刘洪琛　彭　渤（520）

基于空间管理模型的 BIM 管控研究——以商业综合体为例 ………… 王君峰（527）

A 绿色建筑的数字化设计方法

肖毅强　周子芥　许哲嘉

华南理工大学建筑学院，亚热带建筑科学国家重点实验室；x2jz@scut.edu.cn

模拟研究中庭与侧庭组合方式对建筑自然通风降温效果的影响

Simulated Study on the Atrium and Lateral Atrium Combination on Cooling Effect of Natural Ventilation in Buildings

摘　要： 湿热地区高层建筑依靠中庭侧庭组合形成的自然通风系统能够有效降温并提高人体舒适度。基于 CFD-Fluent 与 Ladybug Tools 协同，对以南沙发展电力大厦为原型设计的多个建筑工况进行模拟研究，变化中庭与侧庭的组合方式，侧庭的尺寸等研究其对通风降温效果的影响。结果表明：1. 侧面进风，屋顶出风的通风方式的通风效益高于侧面进风，侧面出风的通风方式（L 形风道优于 Z 形风道）；2. 增大进风口有利于提高通风效益，从而帮助提高人体舒适度；3. 进出风口位于建筑同一层会使中庭内无法形成流场，短距离"贯通风"显著降低中庭整体的通风效益。

关键词： 热舒适；通风；CFD-Fluent；Ladybug Tools

Abstract： Buildings in the hot and humid areas rely on the natural ventilation system formed by the atrium side court combination to effectively cool down and improve human comfort. Based on the collaboration between CFD-Fluent and Ladybug Tools, a simulation study was carried out on several construction conditions designed with the Nansha Development Power Building as a prototype. The combination of the atrium and the side court and the size of the side court were studied to study the effect of ventilation cooling. The results show that：1. The side ventilation，the ventilation effect of the roof ventilation is higher than the side inlet，the side outlet Ventilation mode (L-shaped air duct is better than Z-shaped air duct)；2. Increasing air inlet is beneficial to improve ventilation efficiency，thus helping to improve human comfort；3. Inlet and outlet at the same floor of the building will not form a flow field in the atrium. The short-distance "through wind" significantly reduces the overall ventilation efficiency of the atrium.

Keywords： Thermal Comfort；ventilation；CFD-Fluent；Ladybug Tools

1　引言

湿热地区建筑设计需要考虑室内的通风降温。岭南传统民居竹筒屋利用建筑空间设计追求自然通风降温效果[1]。现代绿色建筑的设计中同样重视空间设计。适宜的建筑空间尺度、组合方式能有效增大自然通风降温的效益，从而降低建筑能耗[2]。

在现代高层绿色建筑中，较多案例设计通风中庭、平面通风走廊、立体庭院等元素共同构成建筑的自然通风系统（例如南沙发展电力大厦、深圳万科建研中心、深圳信息技术职业学院科技楼等）[3]。南沙发展电力大厦利用建筑内部中庭（顶部开口），侧庭共同构成完整的自然通风路径，利用风压通风与热压通风共同作用（侧庭进风，顶部出风），通风原理与竹筒屋类似。侧庭的空间尺度，侧庭与中庭的组合方式都会影响自然通风降温的效益。本文以南沙发展电力大厦为原型建筑，设计多个工况模型进行模拟研究，探索侧庭空间尺度和侧庭与中庭的组合方式对中庭空间自然通风效益的影响规律。

本文利用 Fluent 软件进行建筑风环境，热环境模拟，获得风速与温度数据；利用 Ladybug Tools 中的 Honeybee 计算建筑外表面温度与平均辐射温度（MRT），并结合 Fluent 得到的风速与温度数据计算生理等效温度（PET）。探索 Fluent 与 Ladybug Tools 协同进行建筑微气候模拟的方法与流程。

2 实验建筑

南沙发展电力大厦为 11 层绿色建筑，内部中心位置有一个 6 层通高的正方形中庭（6～11 层），东南西三个方向分别有一个侧庭。本文探讨侧庭空间尺度、侧庭与中庭的组合方式，故不考虑除中庭侧庭空间外的建筑其他空间，不考虑对建筑通风系统无影响的细节构件。为简化实验，只保留中庭与东西两侧庭。整体建筑的尺寸为 47.4×33.75×33.75（m）；中庭尺寸为 25.2×20.25×20.25（m）；中庭中每层都有环形走廊，宽度 2.7（m）；中庭屋顶处正上方高 4.2（m）处有一块 20.25×20.25（m）的玻璃顶棚。侧庭的位置，数量，尺寸根据实验设计而变化。

3 模拟软件

3.1 Fluent

FLUENT 是通用的 CFD 软件包，用来模拟从不可压缩到高度可压缩范围内的复杂流动。作为目前商业开发完善且较为常用的 CFD 软件[4]。

本文采用 GAMBIT 绘制模拟网格，GAMBIT 是 FLUENT 配套的前处理软件；采用 CFD-POST 采集模拟数据。CFD-POST 是 FLUENT 配套的后处理软件。

3.2 Ladybug Tools

Ladybug Tools 是 Rhino 中 Grasshopper 的插件，是用于环境模拟和设计的一系列软件的合集，本次研究中主要采用的是这套软件中的 Honeybee 软件，Honeybee 软件是对建筑信息模型进行创建、赋予材质、设置模拟参数以及测点等，调用 Radiance、Daysim、Open Studio、Energy Plus 等外部软件，进行自然采光、热工等性能的模拟技术平台。本次研究在 Honeybee 中主要调用的外部软件是 EnergyPlus。

4 工况设计

在前文中实验建筑抽象获得的模型基础上变化侧庭的尺度、位置、数量，形成不同的建筑中庭、侧庭组合方式，构成建筑内部不同的自然通风系统。

工况一：于建筑东侧 5 层设置一侧庭，侧庭尺寸为 14.85×6.75×4.2（m），此侧庭为进风口；出风口位于中庭顶面，平面尺寸 20.25×20.25（m）。中庭和东侧庭连接形成 L 形风道，水平的自然风从东侧庭吹进建筑，从中庭顶面出风口吹出。

工况二：于建筑东侧 5 层，西侧 11 层设置二侧庭，侧庭尺寸都为 14.85×6.75×4.2（m）；关闭中庭顶部的出风口。东侧庭为进风口，西侧庭为出风口。中庭和东侧庭，西侧庭连接形成 Z 形风道，水平的自然风从东侧庭吹进建筑，从西侧庭吹出。

工况三：于建筑东侧 5、6 层设置一侧庭，侧庭尺寸为 14.85×6.75×8.2（m），此侧庭为进风口；出风口位于中庭顶面，平面尺寸 20.25×20.25（m）。中庭和东侧庭连接形成 L 形风道，水平的自然风从东侧庭吹进建筑，从中庭顶面出风口吹出。

工况四：于建筑 5 层东侧、5 层西侧设置二侧庭，侧庭尺寸都为 14.85×6.75×4.2（m）。东侧庭为进风口，西侧庭与中庭顶面为出风口。水平的自然风从东侧庭吹进建筑，从西侧庭、中庭顶面出风口吹出。

工况模型与示意图见图 1。

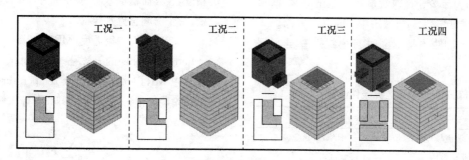

图 1　工况模型设计示意图

类型	项目	主要参数
地理位置	城市	广州
	时区	GMT＋8
	经度：纬度	113.27°；23.13°
气象参数	初始风向	45°(SE)
	风速（梯度风离地面10m处）	2.5m/s
	初始空气温度	30℃
建筑材料	地面厚度；密度；比热；导热系数	10m；1600Kg/m³；300J/Kg·k；1.5W/m·k
	墙面厚度；密度；比热；导热系数	0.3m；2000Kg/m³；900J/Kg·k；0.8W/m·k
	玻璃厚度；密度；比热；导热系数	0.05m；2200Kg/m³；830J/Kg·k；1.15W/m·k

5 实验过程

模拟计算流程大致为：利用 CFD-Fluent 进行建筑风环境，热环境模拟，获得风速与温度数据；利用 Ladybug Tools 中的 Honeybee 计算建筑外表面温度与平均辐射温度（MRT），并结合 CFD-Fluent 得到的风速与温度数据计算生理等效温度（PET）。

5.1 CFD-Fluent 建筑风环境，热环境模拟

5.1.1 模型建立

在 AutoCAD 中建立三维模型。工况建筑模型尺寸为 33.75×33.75×47.20（m）。由于软件进行数值模拟时需考虑建筑外部环境的空气流动，为得到稳定准确的建筑室内风速与温度，需留出足够的外部计算空间，根据相关研究确定总计算区域尺寸为 533.75×269.75×189.2（m）。建筑模型边缘距离计算域边界为：距入流边界 200m（与建筑边长比值为 6：1），距出流边界 300m（与建筑边长比值为 9：1），距侧向边界 118m（与建筑边长比值为 3.5：1），距顶面边界 142m（与建筑高度比值为 3：1）。

5.1.2 网格划分

网格精度会增加计算时间，但同时也增加计算结果的准确性，需要斟酌其尺寸大小与划分精度。本次模拟需要获取建筑中庭空间风速与温度，因此网格划分时对建筑内部空间及建筑墙面处进行加密，对建筑外计算域采用较大网格尺寸，内外网格间进行过渡（以 1.2 的比例递增）；在 GAMBIT 中生成网格总数 2468410，建筑室内与墙面空间网格尺寸 0.3m，计算域边界处最大网格尺寸 4m，网格质量为 0.4，网格质量较好。

5.1.3 风环境与热环境模拟

将 GAMBIT 中设置完成的模型导入 Fluent 进行模拟计算。实验时间选择 5 月 6 日 14：00。Fluent 中边界条件的详细设置见表 1。

Fluent 模拟风场时考虑梯度风效应对风速的影响。风速：v(z)＝v(z0)(z/z0)n。v(z)为距地面 z 高度风速，单位 m/s；v(z0)为气象台风速测量高度 10m 处风速，单位 m/s；n 为粗糙度指数，对于城市中心区取 n＝0.4。

在设定边界条件的基础上进行模拟运算至数据收敛。

CFD-Fluent 模型边界条件设置　　　　表 1

类型	项目	主要参数
模型	湍流模型	RNG k-e
	亚松弛因子	0.7
模拟时间	/	6 月 20 日 14：00

5.1.4 模拟结果记录

使用 CFD-POST 采集各工况模拟结果数据。采集中庭高度 23.7m，27.9m，32.1m，36.3m，40.5m，44.7m（每层地面高度上 1.5m 处）的截面上的所有点坐标、风速、风向、温度等数据。并制作风速、温度云图。计算每层截面的温度，风速平均值。

5.2 Ladybug Tools 模拟计算生理等效温度(PET)

5.2.1 Energyplus 模型建立

工况模型使用 Rhinoceros 建立，将模型导入 Honeybee 中，完善相应材料构造信息。由于研究重点为侧庭尺寸，侧庭中庭多种组合方式对人体舒适度的影响，所以模型信息不影响横向对比结果，仅作为计算条件。因此对模型进行简化，不建立窗户，模型的构造信息亦简单采用广州气候区常见的构造方法。

5.2.2 建筑外表面温度计算

在 Honeybee 中调用 Openstudio 计算模型的外表面温度，计算时选取气象参数较接近 6 月平均值的 6 月 20 日作为典型日，仅计算 6 月 20 日一天内的外表面温度，并选用 14：00 的温度进行进一步计算。为了保证模拟的精度，较大面积的表面被分解为 6m 大小的网格进行建模，每个房间也分别建模。

5.2.3 平均辐射温度(MRT)计算

LadybugTools 的开发者 Christopher Mackey 等人对软件中 MRT(mean radiant temperature) 的计算做了详细的说明。他们采用 Thorsson[5] 等人 2007 年提出的公式：

$$MRT = \left[\sum_{i=1}^{N} F_i T_i^4 \right]^{1/4}$$

式中 F 表示测试平面对所有平面和天空的热辐射角

系数(fraction of the spherical view occupied by a given indoor surface)，T表示每一个表面的温度，其中模型的表面温度经过上一步的计算已经得到，而天空的长波辐射温度也可以通过气象数据和Honeybee提供的工具计算出来。为了计算F，测试平面上与Fluent计算中位置完全相同的测试点被建立（以便在计算PET时便于与CFD模拟结果耦合），运用Honeybee提供的工具计算每一个点与模型的每一个平面以及天空的View Factors（SVF），然后结合模型的外表面温度和天空的长波辐射温度，计算MRT。

5.2.4 生理等效温度（PET）计算

将经过上述步骤得到的模型信息、模型外表面温度、测试点、View Factors导入Honeybee的PET计算模块（MRT的计算在操作上同于此模块内进行，但是逻辑上有先后顺序），结合Fluent计算得到的风速和气象数据进行计算。此外，PET计算中选用的是由Lin and Matzarkis于2008年定义的热带和亚热带舒适度定义（tropical categories）[6]，选用的人体相关定义如下：

年龄-30；性别-男性；身高-175cm；体重-75kg；身体姿势-站立；着装热阻-无（根据气温计算）；着装反照率-37%（中等色深）；是否适应环境-否；新陈代谢率-2.0（单位：mets）。

6 实验结果与分析

6.1 风场模拟结果对比分析

6.1.1 中庭整体风场情况分析

四个实验工况建筑都在中庭底层东侧开设进风口，出风口大致都分布在中庭顶层。建筑中庭内部的自然通风是热压通风与风压通风共同作用的结果。由图4可见，四个实验工况建筑中庭截面平均风速随高度的增大逐渐减小。每层中庭截面的走廊位置风速普遍低于中空位置，走廊对气流由中庭底层向上传导的路径起到截断作用，能够降低局部风速（图2、图3）。中庭底层的平均风速大于其他层；并由于狭管效应，局部正对东侧侧庭进风口的风速明显大于周围区域（图2）。除工况二外，所有工况在顶层处都出现气流倒灌进入中庭的现象，使得顶层中庭的截面平均风速小幅度提高（图3）。四个实验工况中庭平均风速大小比较：工况三（1.36）＞工况一（0.95）＞工况二（0.79）≈工况四（0.78）（m/s）（图4）。

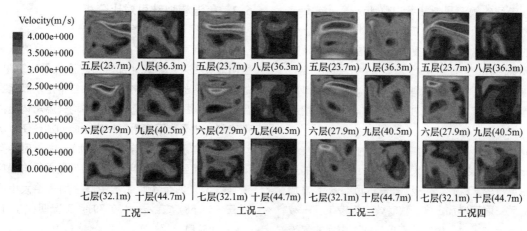

图2　工况六层水平截面风速云图

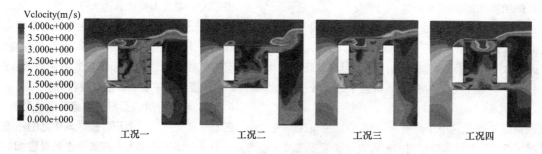

图3　工况剖面风速云图

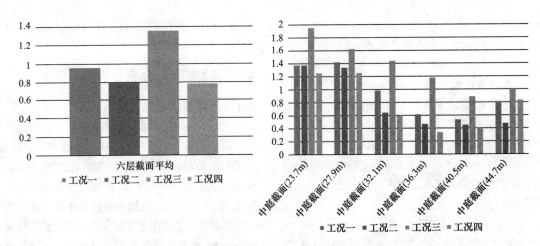

图4 工况中庭平均风速与各层截面风速对比

6.1.2 "L形风道"与"Z形风道"中庭风场对比

工况一中庭平均风速大于工况二；工况二首层中庭截面的平均风速与工况一持平，随着截面高度的增加，工况二中庭截面的平均风速衰减的幅度大于工况一（图4）。工况一由侧庭进风，顶面出风，气流路线大致为"L形"；工况二由底层侧庭进风，高层侧庭出风，气流路线大致为"Z形"（图3）。由于中庭顶面封闭，在工况二中庭东侧（7~10层）形成了一大片静风区；由侧庭进入中庭的气流只能贴着中庭西侧壁面向上流动，并由位于顶层西侧的侧庭流出建筑；对比工况一，同样位置的静风区体积要小得多，于是各层的平均风速较工况二大（图3）。

封闭中庭顶面，增加顶层侧庭，等于减小出风口面积的同时增加了气流路线转折的次数，使得中庭平均风速减小。

6.1.3 增大进风口面积对中庭风场的影响

工况三中庭平均风速显著大于工况一；且每层的风速都显著提高（图4）。工况三将东侧进风口高度增加一倍，既进风口面积增加一倍；狭管效应相较工况一减弱，局部高速气流减弱；由图三可见，进入中庭的气流量增加，中庭内各层气流较工况一更稳定，局部涡流减少，中庭东侧的静风区范围大大减小（图2）。工况三由中庭顶面倒灌进中庭的气流量小于工况一，故工况三中庭顶层截面风速的提升量小于工况一（图3、图4）。

增大进风口面积能显著提高中庭内风速，稳定风场。

6.1.4 增加与进风口正对的出风口对中庭风场的影响

工况四中庭平均风速小于工况一（图4）。由于工况四较工况一增加了与进风口正对的出风口，狭管效应增强，中庭首层东西侧庭间局部气流积聚，其余空间风速明显降低；大量气流由东侧庭进入中庭后直接由西侧

庭吹出，故向上进入中庭的气流量极小，在中庭8、9层形成大范围的静风区（图2、图3）。工况四中庭顶层倒灌进中庭的气流量大于工况一，故中庭顶层截面风速的提升量大于工况一（图3、图4）。

进风口与出风口相对形成贯通风会使该层局部风速增大，但不利于气流在整个中庭空间内的流动，中庭风场极不均匀且形成大范围静风区，故贯通风不利于中庭通风。

6.2 气温模拟结果对比分析

6.2.1 中庭整体气温情况分析

整体而言风速高的区域气温低，中庭的风速与气温呈明显负相关；建筑外部气流温度低于建筑中庭内部，故吹进中庭的气流能将中庭内热量带走从而起到降温作用（图4~图7）。中庭内截面平均气温总体随高度增加而增加，由于太阳辐射对中庭地面的加热使首层截面平均温度略高于二层（除工况二外）；由于顶层有气流倒灌入中庭起到降温作用使顶层中庭截面平均温度略有下滑（图5）。四个实验工况中庭平均气温大小比较：工况三（30.58）<工况一（30.79）<工况四（30.84）<工况二（30.98）（℃）（图7）。

6.2.2 "L形风道"与"Z形风道"中庭气温对比

因工况一中庭内整体风速大于工况二，气流带走热量，故工况一中庭整体气温低于工况二，除首层截面气温大致相同外（因气流进入中庭尚未开始衰减），工况一所有中庭截面气温均高于工况二。说明"L形风道"较"Z形风道"对中庭的降温效果较好。

6.2.3 增大进风口面积对中庭气温的影响

工况三增大进风口面积，使进入中庭的气流量显著增大，中庭总体风速增大，气流带走热量增加，故工况三中庭整体气温低于工况一。说明增大进风口面积能降低中庭整体气温。

6.2.4 增加与进风口正对的出风口对中庭整体气温的影响

工况四增加西侧庭出风口正对东侧庭进风口，形成了局部短距离贯通风，减小了中庭整体风速，增大了中庭整体气温。说明进风口与出风口相对不利于中庭整体的降温。

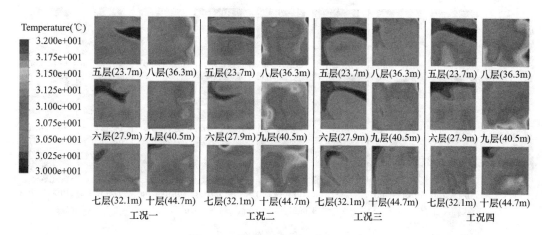

图 5 工况六层水平截面气温云图

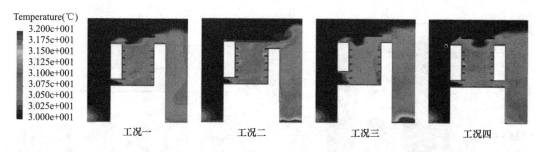

图 6 工况剖面气温云图

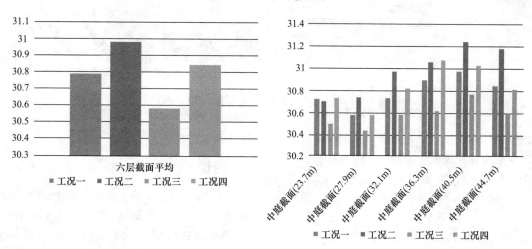

图 7 工况中庭平均气温与各层截面气温对比

6.3 生理等效温度（PET）

6.3.1 中庭整体 PET 情况分析

实验建筑模型中庭顶面遮阳板材质为玻璃，中庭内部受到比较明显的直射辐射。由于 14：00 太阳偏西，建筑自身遮挡了部分西向直射阳光，中庭内各层自下而上形成了一个逐渐扩大的由直射辐射造成的升温区，从1层偏东的位置扩大到 6 层几乎全层；该升温区生理等效温度（PET）明显高于周围未被太阳直射区域，说明太阳直射对 PET 影响极大（图8）。

对比中庭各层截面 PET 云图与气温云图，风速云图，除去直射引起的升温区外，PET 与气温的整体趋势相同，与风速的整体趋势相反（图2、图5、图8）。

各层中庭截面平均PET随高度增大而升高（除六层略有下降）。四个实验工况中庭平均PET比较：工况

三（33.34）<工况一（34.29）<工况四（34.78）≈工况二（34.81）（℃）。

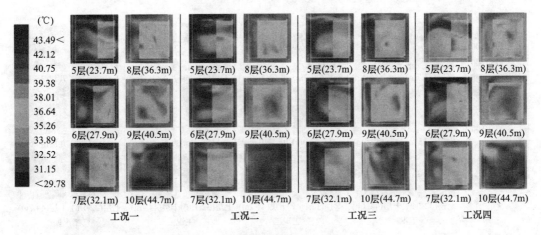

图8　工况六层水平截面PET云图

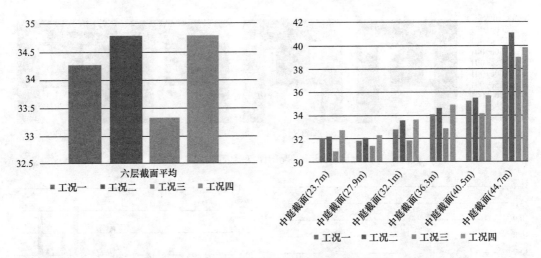

图9　工况中庭平均PET与各层截面PET对比

6.3.2　"L形风道"与"Z形风道"中庭PET对比

工况二中庭整体风速低于工况一，气温高于工况一，而太阳直射情况相同，故工况二中庭整体PET高于工况一。"L形风道"较"Z形风道"中庭整体PET较低。

6.3.3　增大进风口面积对中庭PET的影响

工况三中庭整体风速高于工况一，气温低于工况一，太阳直射情况相同，故工况三中庭整体PET低于工况一。增大进风口面积有利于降低中庭整体PET。

6.3.4　增加与进风口正对的出风口对中庭整体气温的影响

工况四中庭整体风速低于工况一，气温高于工况一，太阳辐射情况相同，故工况四整体PET高于工况一。说明进风口与出风口相对形成短距离贯通风不利于

降低中庭整体PET。

7　结论

本文对以南沙发展发展电力大厦为原型的四个工况模型进行风环境、热环境、人体舒适度（PET）模拟分析。利用CFD-Fluent与Ladybug Tools协同模拟的方法，得出：在建筑内部形成完整的通风路径有利于增加中庭平均风速，降低气温与PET，提高人体舒适度。侧面进风，屋顶出风的通风方式的通风效益高于侧面进风，侧面出风的通风方式（L形风道优于Z形风道）。增大进风口有利于提高通风效益，提高人体舒适度。进出风口位于建筑同一层会使中庭内无法形成流场，短距离"贯通风"显著降低中庭整体的通风效益，降低人体舒适度。

参考文献

[1] 曾志辉. 广府传统民居通风方法及其现代建筑应用 [D]. 广州：华南理工大学建筑学院，2010.

[2] 陆元鼎. 岭南人文·性格·建筑 [M]. 北京：中国建筑工业出版社，2015.

[3] 惠星宇. 广府地区传统村落冷巷院落空间系统气候适应性研究 [D]. 广州：华南理工大学建筑学院，2016.

[4] 余欣婷. 广府地区传统民居自然通风技术研究 [D]. 广州：华南理工大学建筑学院，2011.

[5] Thorsson, Lindberg, Eliasson, Holmer. Different Methods for Estimating the Mean Radiant Temperature in an Outdoor Urban Setting [J]. *International Journal of Climatology*，2007，27：1983-93.

[6] Lin，T. P.，Matzarakis，A.. Tourism climate and thermal comfort in Sun Moon Lake，Taiwan [J]. *International Journal of Biometeorology*，2008，52：281-290.

肖毅强　许哲嘉　赵立华

华南理工大学建筑学院，亚热带建筑科学国家重点实验室；lhzhao@scut.edu.cn

广州地区建筑外窗的分朝向热工参数模拟研究
Analysis on Window's Thermal Factors with Various Orientations in Guangzhou

摘　要：建筑的朝向对于采暖空调能耗有显著的影响，对于不利朝向的建筑外窗，热工性能理应相应提高以保证合理的能耗水平。太阳得热系数（SHGC，solar heat gain coefficient）是指通过透光围护结构（门窗或透光幕墙）的太阳辐射室内得热量与投射到透光围护结构（门窗或透光幕墙）外表面上的太阳辐射量的比值，通过遮阳设计或者采用高性能门窗可以显著提高此性能。本文运用基于参数化平台 Grasshopper 的建筑能耗模拟软件 Ladybug Tools 对于一个假想的建筑模型进行了一系列模拟，分别得到了在不同朝向、SHGC、窗墙比等参数的影响下建筑的采暖空调能耗数值，以探索广州地区朝向的划分依据，并针对不同窗墙比下四个朝向的外窗分别提出了 SHGC 建议值。

关键词：外窗热工性能；太阳得热系数；建筑朝向；能耗模拟；Ladybug Tools

Abstract：The impact of orientation on cooling and heating load of buildings is significant，and reasonably the windows with unfavorable orientation should have better thermal performance. Solar heat gain coefficient (SHGC) is key factor for evaluating the shading performance of a window system，which is the fraction of incident solar radiation admitted through a window，both directly transmitted and absorbed and subsequently released inward. This article simulates the cooling and heating load of a hypothetical building with variable orientations，SHGC，window-wall ratio using Ladybug Tools-a environmental design software packages based on graphical algorithm editor Grasshopper. The data serves as evidence to divide the four orientations and propose SHGC for every window with variable window-wall ratio in every orientation.

Keywords：Thermal performance of window；SHGC；Orientation of building；Energy simulation；Ladybug Tools

1　引言

能源是人类赖以生存的基础，我国是目前世界上第二位能源生产国和消费国。近年来，随着我国的能源压力日益增加，节约能源已成为我国可持续发展的重要战略之一。而从全社会的能耗情况来看，建筑能耗是十分惊人的。总体而言，建筑能耗约占人类总能耗的 40.6%[1]。我国的建筑能耗亦预计到 2020 年可能接近社会终端总能耗的 40%[2]。节能设计在建筑中占据着重要地位。

作为建筑与环境之间屏障的重要组成部分，窗户常常成为建筑节能的一个薄弱环节。窗户有两方面重要的热工参数——传热系数 K 和太阳得热系数 SHGC。普通的窗户通过增加空气间层可以大大改善前者，提高窗户的绝热性能。在最早一批关注双层玻璃的研究者中，Eckert and Carlson[3] 和 Christensen[4] 分别从理论和实验层面检验了通过空气间层的热交换。Muneer 和 Han[5] 于 1995 年分析了双层玻璃外窗的热交换效率的计算方法。后来的研究者运用更多计算工具研究了多种情况下的双层玻璃节能效果，例如 Aydin[6] 通过研究提出了具有最优热工性能的空气间层厚度，J. O. Aguilar 等人[7]研究了四种工况下的双层玻璃的节能效果，并提出了在当地热带地区适用的玻璃-空气间层组合及投资成本的回报时间。关于提高窗户绝热性能的研究多如牛毛，但是本文研究的地区广州，在夏季，即便提高了窗户的绝热性能，通过外窗的强烈的太阳辐射仍然使得建筑需要花费极多空调能耗才能维持室内的舒适性。因此，在广州地区，一般更为关注窗户的遮阳性能而非绝热性能。窗户得热主要来源于辐射，并且即使是没有或者很少直射阳光的北侧也有较高的热负荷，董子忠在《炎热地区夏季窗户的热过程研究》一文中就指出对炎热地区的室内热环境受到太阳直射的影响相对较小，窗户得热的主要来源是天空散射与环境反射，因此对于窗户节能而言，关键在于有效控制辐射得热、合理运用遮阳装置[8]。众多研究指出广州地区应该更加关注窗户的遮阳系数 SC 或者太阳得热系数 SHGC，例如罗淑湘、许威、李俊领等人在《门窗玻璃的热工性能对建筑能耗的影响》一文中运用 DeST-c 能耗模拟软件进行了大量的模拟分析，探讨了不同气候区，门窗玻璃的热工性能参数即传热系数（U）和太阳得热系数（SHGC）对建筑能耗的影响。研究表明对于夏热冬暖地区（广州），门窗玻璃 SHGC 值对建筑能耗影响很大，其 K 值对建筑能耗影响很小[9]。林树枝、蔡立宏等人在《基于计算机模拟的建筑节能玻璃选用分析》一文中运用 DeST 能耗模拟软件，分析指出在夏热冬暖地区，建筑玻璃应当选择遮阳系数 SC 低的节能玻璃，而不必考虑传热系数 K[10]。

长期以来，我国用遮阳系数 SC 来评价窗户的遮阳性能，但近年为与国际接轨和方便工程设计实用的要求，已经逐步换用 SHGC 作为窗户的热工性能参数。2015 版《公共建筑节能设计标准》已经正式使用

SHGC 作为评价参数。太阳得热系数（SHGC，solar heat gain coefficient）是指通过透光围护结构（门窗或透光幕墙）的太阳辐射室内得热量与投射到透光围护结构（门窗或透光幕墙）外表面上的太阳辐射量的比值，比遮阳系数 SC 更有助于直观地评价进入室内的太阳热量，并且与国际通行的 ASHARE90.1 等标准和主要的模拟软件通用。

窗户的热负荷与辐射量息息相关，而太阳辐射在各个朝向上均不相同，杨仕超在《夏热冬暖地区居住建筑节能设计标准相关问题研究》一文中提出针对居住建筑标准应按照朝向给出外窗遮阳系数的要求[11]。胡达明等人通过采用 DOE-2 对典型居住建筑在不同朝向时的能耗进行计算，分析得出夏热冬暖地区建筑朝向对能耗有着显著影响，南北向时建筑能耗比东西向时低 15% 左右[12]。李运江等运用建筑节能设计分析软件 PBECA 模拟确定了武汉地区南向的范围内的居住建筑能耗随朝向变化的规律，并确定了最佳朝向[13]。但是对于公共建筑朝向的相关研究较少，在《公共建筑节能设计标准》中，对于建筑围护结构热工性能限值的传热系数 K 以及太阳得热系数（SHGC）均有相关规定，但目前对于外窗太阳得热系数（SHGC）中不同朝向的限值规定主要分为两类：一类是东、西、南向，另一类为北向（图 1）[14]。东、西、南向外窗的太阳得热系数限值是否需要分别定义是一个值得探讨的问题。通过模拟不同朝向的建筑能耗，探讨各朝向外窗的太阳得热系数（SHGC）与建筑能耗之间的关系，对比《公共建筑节能设计标准》中规定的正南向的能耗限值，提出各朝向真正符合节能标准的外窗太阳得热系数（SHGC），从而对各朝向外窗的太阳得热系数限值有更明确的区分。

围护结构部位		传热系数K [W/(m²·K)]	太阳得热系数SHGC（东、南、西向/北向）
单一立面外窗(包括透光幕墙)	窗墙面积比≤0.20	≤5.2	≤0.52/—
	0.20<窗墙面积比≤0.30	≤4.0	≤0.44/0.52
	0.30<窗墙面积比≤0.40	≤3.0	≤0.35/0.44
	0.40<窗墙面积比≤0.50	≤2.7	≤0.35/0.40
	0.50<窗墙面积比≤0.60	≤2.5	≤0.26/0.35
	0.60<窗墙面积比≤0.70	≤2.5	≤0.24/0.30
	0.70<窗墙面积比≤0.80	≤2.5	≤0.22/0.26
	窗墙面积比>0.80	≤2.0	≤0.18/0.26
屋顶透光部分(屋顶透光部分面积≤20%)		≤3.0	≤0.30

图 1　夏热冬暖地区甲类公共建筑围护结构热工性能限值表（图片来源：《公共建筑节能设计标准》）

2 研究方法

研究不同朝向太阳得热系数与建筑能耗的关联性主要有实验测试法和数值模拟法，而实验测试法容易遇到选取对象和测试条件受局限的问题，本文拟采用数值模拟法进行试验。本次研究中，采用 Ladybug Tools 软件，Ladybug Tools 是用于环境模拟和设计的一系列软件的合集，本次研究中主要运用的是这套软件中的 Honeybee 软件，Honeybee 软件是对建筑信息模型进行创建、赋予材质、设置模拟参数以及测点等，调用 Radiance、Daysim、Open Studio、Energy Plus 等外部软件，进行自然采光、热工等性能的模拟技术平台。

本次研究在 Honeybee 中主要调用的外部软件是 EnergyPlus。EnergyPlus 建筑能耗模拟是在美国能源部支持下，由美国劳伦斯·伯克利国家实验室（Lawrence Berkeley National Laboratory）、伊利诺斯大学（University of Illinois）、美国军队建筑工程实验室（U. S. Army Construction Engineering Research Laboratory）、俄克拉荷马州立大学（Oklahoma State University）及其他单位共同开发的。

为研究建筑朝向与窗墙比，假设模拟模型是一栋三十六边形单层大楼，见图 2，角对角直径为 10m，层高 3m。模拟实验会轮流在 36 个面上开窗，为消除墙面对能量吸收的影响，除了开窗的墙面之外，假设所有模型的表面均为绝热，开窗的墙面构造如图 3，建筑主要热工参数见表 1，符合节能设计规范的要求[1]。

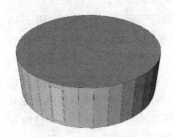

图 2　实验模型

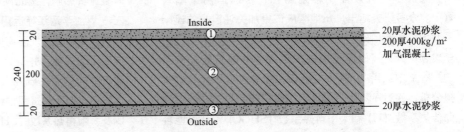

图 3　开窗的墙面的构造条件

建筑主要热工参数表　　　　表 1

类型	参数
外墙	20 厚，水泥砂浆＋200 厚加气混凝土＋20 厚水泥砂浆；K＝0.461W/m²K
窗户	窗户的热工参数和窗墙比随实验条件而变
室内环境	冬季 16℃，夏季 26℃，换气次数 1.0 次/h，空调 24h 开启
室内负荷	不考虑照明得热和其他内部得热
空调系统	不指定空调系统，直接计算将室内温度稳定在设定点所耗费的能量对应的电能

3 模拟过程

3.1 了解能耗随朝向的变化规律，划分朝向

为了指导工程实践的要求，将建筑的朝向划分为较为简单的东南西北 4 个朝向是有必要的。模拟的第一步就是使用 3mm 普通玻璃（K＝5.7，SHGC＝0.87），窗墙比 0.7，轮流在 36 个墙面上开窗，计算 36 次全年空调能耗，以了解能耗随朝向的变化规律，并在此基础上，提出四个朝向的划分标准。

3.2 针对具体的朝向提出 SHGC 限值建议

划分朝向之后，对四个朝向分别提出 SHGC 限值建议，以达到各个朝向的建筑都能有效节能的目标。本文采用《公共建筑节能设计标准》中规定的南向外窗的热工参数为标准，对应建筑朝向正南向时的能耗为标准值，通过对四个朝向的热工参数进行改变，模拟计算相应朝向下的能耗并与标准值对比，找到适合该朝向的 SHGC 参数限值。

假设：虽然存在有利朝向与不利朝向的区别，但由于建筑的数量之多、具体限制之不确定，各个朝向内部朝向每一具体方位的立面数量大致相等（例如可划分为朝向南向的建筑可能实际上偏东或偏西，带来具体能耗的增加，但偏向每一个具体角度的频率大致相等），那么，只要针对每个朝向规定一个 SHGC 值，使得该朝向内部能耗超出限定值的总量小于或者等于能耗小于限定值的总量，在图上表示为 S1≤S2＋S3（图 4），那么就可以认为这一 SHGC 值就是可以使该朝向的建筑真正符合节能标准的 SHGC 限值。根据《公共建筑节能规范》分别取窗墙比为 0.2~0.7 时的热工参数限制值，以正南向时的模拟能耗结果为标准，以 0.01 为步长逐步改变各个朝向的 SHGC 值，直至 S1≤S2＋S3 为止，此时得到的 SHGC 就是该朝向的限制值。

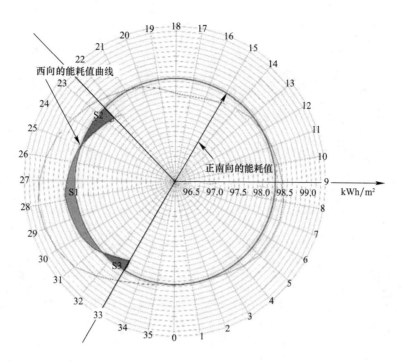

图4 能耗曲线几何关系示意图

4 模拟结果与分析

4.1 朝向划分

根据上述36次以3mm普通玻璃（K＝5.7，SHGC＝0.87）、窗墙比0.7为不变量的不同朝向分度的能耗计算，初步发现能耗随朝向的变化规律，即在广州地区，能耗最低点朝向1，最高点朝向29，东向最高点朝向7，东西向之间变化点为16。同时可以观察到东西向的能耗高于南北向能耗，且西向能耗明显高于东向能耗（图5、图6）。

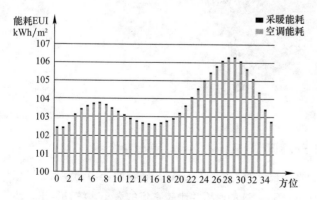

图5 使用3mm普通玻璃、窗墙比0.7时各朝向能耗柱状图

对某一地区而言，由于建筑朝向不同而导致的能耗差异很大，从而说明通过合理的朝向优化设计，其节能潜力也很大。不论在何地区，建筑南北朝向总能耗相对较低，东西朝向总能耗较大。这表明，从建筑节能的角度上考虑，南北朝向是夏热冬暖地区居住建筑的最佳朝向。因此我们根据实验结果，将能耗低的区域划分为南北区域，能耗高的区域划分为东西区域。

分别取所有能耗值组的四个极点，分别为东南向1、东南向7、东北向16和西南向29（图5）。对应的总能耗值分别为8006.79kWh、8113.30kWh、8022.13kWh、8308.02kWh，这四个极点提示了在能耗意义上的东南西北四个方位所在的具体角度，而划分出四个朝向的分界点应当取在由极值到极值之间变化的中点。因此以这四个极点为界将能耗数值划分为四个值组，取四个组数值变化的中位数作为分界点，分别为东南向4、东北向11.5、西北向22.5、西南向33。于是得出广州地区的合适的朝向划分（图7）：北向为北偏西45°至北偏东65°；南向为南偏西30°至南偏东40°；西向为西偏北45°至西偏南60°（包括西偏北45°至西偏南60°）；东向为东偏北25°至东偏南50°（包括东偏北25°至东偏南50°）。

4.2 SHGC限值分析

4.2.1 窗墙比为0.7时，各朝向SHGC限值

根据以上的分析，确定出东西南北四个方向的朝向划分。更进一步地，根据上述模拟步骤二，得到不同窗墙比下，使每个朝向符合建筑标准的SHGC限值。以下以窗墙比为0.7为例，整理得出各个朝向SHGC值的确定方法。

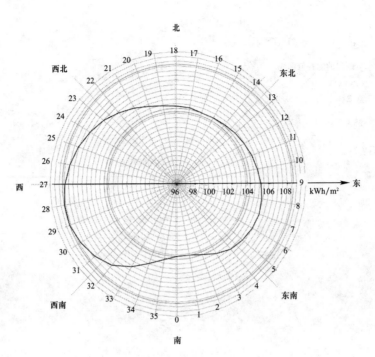

图 6 使用 3mm 普通玻璃、窗墙比 0.7 时各朝向能耗曲线

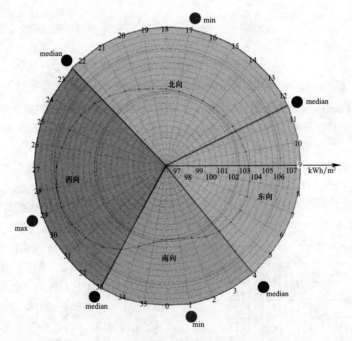

图 7 朝向划分示意图

4.2.1.1 西向 SHGC 确定

以 0.1 为步长逐渐提高西向的 SHGC 参数标准，并分别绘制能耗曲线，最后模拟得到西向在 SHGC=0.19 的各分度能耗值如图 8 所示，将其与《公共建筑节能规范》窗墙比=0.7 时的热工参数（K≤2.5，SHGC≤0.24）标准下的正南向的能耗标准值（图中正圆）进行比较。为了统计超出标准值部分与小于标准值部分的关系，在 Grasshopper 平台中计算相交区域 S1、S2、S3 的面积并比较它们的大小。统计得出，超出能耗标准值总和 S1=0.000746（单位为 m²，但此处单位没有意义，下同），小于标准值部分总和 S2=0.000184；S3=0.000363；此时 S1-(S2+S3)=0.0002，大致相等；如图 8 所示。因此，可以确定西向的 SHGC 的限值为 0.19。

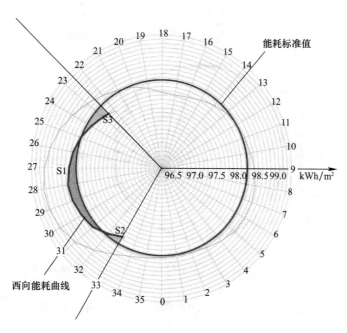

图8　窗墙比0.7、SHGC为0.19时，西向能耗曲线

4.2.1.2　北向SHGC确定

模拟得到北向在SHGC＝0.23的各分度能耗值为图9所示，将其与能耗标准值进行比较。统计得出，小于能耗标准值总和S1＝0.00079，超出标准值部分总和S2＝0.000122；S3＝0.000614；此时（S2＋S3）－S1＝－0.000053，满足S1≥S2＋S3，如图9所示。因此，可以确定北向的SHGC的最佳限值为0.29。

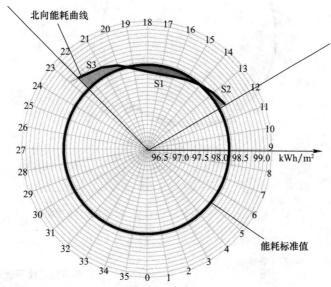

图9　窗墙比0.7、SHGC为0.29时，北向能耗曲线

4.2.1.3　东向SHGC确定

模拟得到东向在SHGC＝0.22的各分度能耗值为图10所示，将其与能耗标准值进行比较。统计得出，超出能耗标准值总和S1＝0.000141，小于标准值部分总和S2＝0.000276；S3＝0.000013；此时S1－（S2＋S3）＝－0.000148，满足S1≤S2＋S3，如图10所示。因此，可以确定东向的SHGC的限值为0.22。

4.2.1.4　南向SHGC确定

模拟得到南向在SHGC＝0.23的各分度能耗值为图11所示，将其与能耗标准值进行比较。统计得出，超出能耗标准值总和S1＝0.000241，小于标准值部分总和S2＝0.000089；S3＝0.000016；此时S1－（S2＋S3）＝0.000136，满足S1≥S2＋S3；如图11所示。因此，可以确定南向的SHGC的限值为0.23。

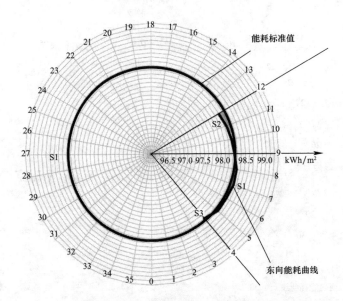

图 10 窗墙比 0.7、SHGC 为 0.22 时，东向能耗曲线

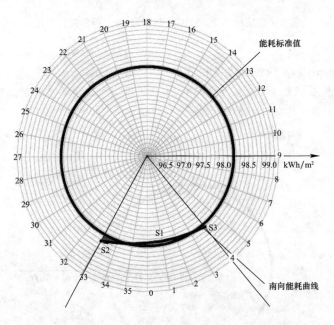

图 11 窗墙比 0.7、SHGC 为 0.23 时，南向能耗曲线

根据以上分析，在窗墙比为 0.7 的情况下，各朝向的 SHGC 限值符合表 2 所示时，更符合节能规范要求：

窗墙比 0.7 时各个朝向的 SHGC 值　表 2

朝向	SHGC 值
西向	0.19
北向	0.29
东向	0.22
南向	0.23

4.2.2　不同窗墙比下，各朝向 SHGC 限值

对于不同的窗墙比，重复以上模拟步骤及方法，分

别得到不同窗墙比下，各个朝向限值如下表所示：

不同窗墙比下各朝向 SHGC 限值　　表 3

SHGC 值\朝向\窗墙比	0.9	0.8	0.7	0.6	0.5	0.4	0.3	0.2
西向	0.15	0.18	0.19	0.2	0.25	0.24	0.33	0.38
北向	0.2	0.23	0.29	0.31	0.38	0.38	0.48	0.56
东向	0.17	0.21	0.22	0.24	0.33	0.33	0.4	0.47
南向	0.18	0.22	0.23	0.25	0.35	0.34	0.42	0.5

5 总结

本文针对现行公共建筑节能设计中对于朝向和外窗热工性能的研究和相关规定所不足之处，利用数值模拟法研究了朝向与能耗、外窗的太阳得热系数（SHGC）与能耗之间的关系。通过改变建筑朝向的能耗模拟计算，提出了广州地区朝向划分的依据。通过不同窗墙比情况下各个朝向的太阳得热系数模拟计算，提出了针对具体朝向和具体窗墙比的SHGC限制值建议，实验的结果如前所述。

通过以上分析，有望对于当下的节能建筑设计提出更为明确合理的设计指引。朝向对于建筑的能耗之影响甚大，但是对于不同朝向下的建筑的具体设计却迟迟没有具体的指引。在不利朝向之下，建筑理所应当地要求更高的热工限值。本文正是针对这一漏洞，在计算机模拟技术的辅助之下，对于广州地区的具体情况，提出了具有可行性的分朝向外窗热工性能限制策略。虽然本文是针对广州地区而言，但是文中所提及的方法当可以举一反三，推广到其他地区，以期为我国的节能事业做出一定的贡献。

注释：工作组成员有许凯强　巫丹　何麟治　向荟琳　王若瑾希。

参考文献

［1］ Beiter, Philipp, Haas, Karin, Buchanan, Stacy. 2014 Renewable Energy Data Book［R］. U. S: Department of Energy (DOE), 2014：1-14.

［2］ 牛帅. 影响居住建筑节能设计因素的分析与研究［D］. 青岛理工大学，2013.

［3］ E. R. G. Eckert, W. O. Carlson. *Natural convection in an air layer enclosed between vertical plates with different temperatures*［J］. *Int. J. Heat Mass Transf.*，1961（2）：106-120.

［4］ Christensen G. *Thermal Performance of I-dealized Double Windows, Unvented. Research Paper No. 223*［J］. 1964.

［5］ T. Muneer, B. Han. *Simplified analysis for free convection in enclosures-application to an industrial problem*［J］. *Energy Convers. Manage.*，1996（37）：1463-1467.

［6］ Orhan Aydin. *Determination of optimum air-layer thickness in double-pane windows*［J］. *Energy and Buildings*，2000，32（3）：303-308.

［7］ J. O. Aguilar, J. Xamán, Y. Olazo-Gómez, I. Hernández-López, G. Becerra, O. A. Jaramillo, *Thermal performance of a room with a double glazing window using glazing available in Mexican market*［J］. *Applied Thermal Engineering*，2017，119：505-515.

［8］ 董子忠，许永光，温永玲，等. 炎热地区夏季窗户的热过程研究［J］. 暖通空调. 2003（03）.

［9］ 罗淑湘，许威，李俊领. 门窗玻璃的热工性能对建筑能耗的影响［J］. 建筑节能，2009，37（11）：42-46.

［10］ 林树枝，蔡立宏. 基于计算机模拟的建筑节能玻璃选用分析［J］. 墙材革新与建筑节能. 2008（11）.

［11］ 杨仕超，马扬，吴培浩，等.《夏热冬暖地区居住建筑节能设计标准》相关问题研究［C］. 2007.

［12］ 胡达明，陈定艺，单平平，黄福来，黄海波. 夏热冬暖地区居住建筑朝向对能耗的影响分析［J］. 建筑节能，2017，45（05）：57-60.

［13］ 李运江，李易斌，张辉. 基于采暖空调总能耗的武汉地区居住建筑建筑最佳朝向研究［J］. 南方建筑，2016（06）：114-116.

［14］ 中华人民共和国建设部. GB 50189—2005 公共建筑节能设计标准［S］. 北京：中国建筑工业出版社，2005.

刘思威　吕　瑶　林瀚坤　肖毅强
华南理工大学建筑学院，亚热带建筑科学国家重点实验室；yqxiao@scut.edu.cn

基于绿色性能的湿热地区建筑复合表皮多目标优化方法研究

Research on Multi objective Optimization Method of Composite building skin in Hot and Humid Region Based on Green Performance

摘　要：在湿热地区，可活动式"复合表皮"因具有集合解决采光、遮阳、通风、视线等问题的能力被广泛应用。复合表皮的绿色性能对建筑室内物理指标有着很大的影响，由于复合表皮性能不佳而引起的室内物理环境不舒适会增加人类对采暖空调、照明设备系统的依赖，从而造成建筑能源的极大浪费。以往的研究大多从复合表皮的单一性能出发进行考虑，并没有形成对复合表皮较为综合的评价方法，且未从定量的角度研究各影响因素之间的关系。基于此，本文通过多目标优化插件Octopus对可活动的复合表皮进行优化，分别研究各项性能的主要影响因素，实验结果发现部分自变量与因变量之间存在明显的线性关系。此外，本文还总结了可满足各项性能均好的建筑复合表皮构件形式，为湿热地区建筑表皮设计提供参考。

关键词：多目标优化；湿热地区；复合表皮

Abstract：in hot and humid areas，Movable composite skin is widely used on the building in hot and humid areas because of its ability to solve the problems of sight，lighting，sunshade. The green performance of the composite skin has a great influence on the physical indicators of the building. The uncomfortable indoor physical environment caused by the poor performance of the composite skin will increase human dependence on heating，air conditioning and lighting systems，resulting in great building energy consumption. Most previous studies only considered the single performance of the composite skin，and did not form a comprehensive evaluation method for the composite skin，and also，did not study the relationship between the influencing factors from a quantitative perspective. Based on this，this paper optimizes the movable composite skin through the multi-objective optimization plug-in Octopus，and studies the main influencing factors of each performance. The experimental results show that there is a clear linear relationship between some independent variables and dependent variables. In addition，this paper also summarizes the form of building composite skin that can satisfy all performances，and provides reference for building skin design in hot and humid areas.

Keywords：Multi objective Optimization；Hot and humid area；Composite building skin

1　研究背景

在湿热地区，外界气候条件恶劣，高温高湿且太阳辐射较强的情况一直从四、五月持续到十月份。在这种气候条件下，为了阻挡外界强烈的太阳辐射，维持舒适的室内物理环境、降低建筑能耗，很多建筑都会采取遮阳隔热的措施[1]。其中，复合表皮由于具有综合解决采光、遮阳、换气等多方面问题的能力而受到广泛应用[2]。除了传统的复合表皮遮阳构件形式之外，近年来出现了一些新型的可自动调节的遮阳系统，这种智能化复合遮阳表皮往往可以根据外界气候环境因素的变化而做出相应调整，从而适应不同的外界气候条件（图1～图3)[3]。

图 1　发展中心大厦的沿街整体效果

图 2　智能遮阳板关闭时的效果

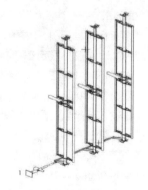

图 3　智能遮阳板原理

然而，在现实生活中，可活动式百叶的遮阳与保持较好的景观视野之间往往存在矛盾关系[4]。当遮阳百叶呈完全开启状态时，建筑室内景观视野和通风较好，但室外阳光进入室内后所带来的热辐射往往会导致室内空气温度的升高，从而引起人体不舒适。而当遮阳百叶呈封闭或接近封闭状态时，此时百叶遮阳效果较好，而室内视野效果不佳。由此可见，可旋转百叶在同时取得良好的遮阳效果、室内舒适度以及视野之间存在矛盾关系，且这种矛盾会导致空调采暖以及人工照明设备更高的使用频率，如何在这几者之间找到平衡关系、降低建筑能耗是本文重点考虑的问题。此外，在提倡节能减排的当今社会需要更为精细化的模拟软件辅助设计研究，遮阳构件的尺寸、进深以及旋转角度等都应该被纳入设计考虑范围。

在以往的研究中，人们往往进行大量的分组实验，通过对比实验结果来获得具有较好室内物理环境的复合表皮形式。这种方法虽然能够得到部分较优结果，但实验过程往往需要消耗大量的时间精力，且结果具有一定的局限性。随着计算机算法领域的发展，越来越多的研究人员通过计算机优化算法来对模拟结果寻优[5][6]。本文希望利用基于 Grasshopper 平台下的寻优插件 Octopus 来进行模拟。通过其自动寻优功能模拟得出可旋转式复合表皮优化后形态，从而使得该形态可以同时满足室内各项物理指标达到均好。同时，通过分析模拟数据，还可以分析各影响因素与室内物理性能之间的关系，从而能够在设计初期对复合表皮的具体形式提出设计上的建议。

2　研究对象与模拟目标

本文主要研究对象为湿热地区建筑的可旋转式复合表皮。在以往的研究基础上对不同进深、宽度、旋转角度的垂直复合表皮遮阳构件进行优化模拟。研究不同变量对室内舒适时间以及遮阳系数的影响，结合大量模拟数据对比各个影响因素之间的相关性，提出相关设计建议值，为今后复合表皮具体参数设计提供参考。

2.1　研究对象

2.1.1　可旋转式复合表皮模拟原型

本文主要选取华南理工大学亚热带建筑科学国家重点实验室 A 栋实验楼作为模拟原型。该建筑外立面主要采用了垂直复合表皮。垂直的金属穿孔遮阳板是建筑外立面不断重复的元素，它一方面可以保证建筑整体风格的统一，另一方面与建筑外墙之间形成了一个表皮空腔，这个空腔作为室内外环境的缓冲空间可以起到遮阳、通风、透光的作用。除固定式垂直遮阳板之外，部分房间外侧安装了可旋转式遮阳板（图4）。为了简化实验过程，排除其他干扰因素，本次模拟主要选取其中一个房间作为模拟对象。

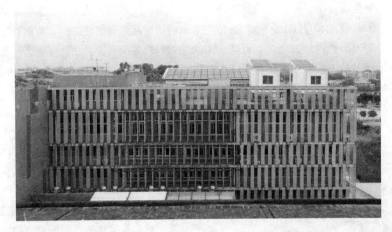

图 4　可旋转式复合表皮原型：华南理工大学亚热带建筑科学国家重点实验室

设置如图中所示。

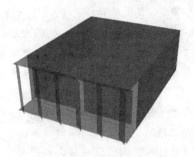

图 5　Grasshopper 中的模型

2.1.2　可活动式复合表皮模拟变量

对于垂直遮阳板，其变量主要包括：

(1) 板片距墙面距离 $D(\mathrm{mm})$；

(2) 板的宽度，$W(\mathrm{mm})$；

(3) 旋转角度，$\beta(°)$，旋转轴以垂直遮阳板的竖向对称线为基准，在 0～90°之间旋转，当遮阳板与墙面垂直时，旋转角度为 90°，当遮阳板与墙面平行时，角度为 0。

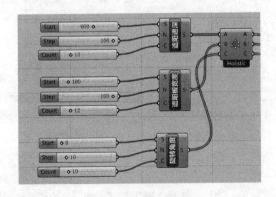

图 6　自变量设置

由于本次模拟需要不断输入不同组合的自变量数据，因此各个变量在 GH 中以 Slider 的形式呈现，具体

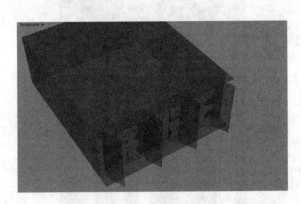

图 7　模型几何体

- 其中，遮阳进深 D 在 600～1800mm 之间变化，变化间隔为 100mm，变化个数为 12；
- 遮阳板宽度 W 变化区间为 100～1200mm，变化间隔为 100mm，变化个数为 12。由于建模逻辑的限制，该指标与固定开间内的遮阳板个数之间相互制约。本次模拟限定在 7500mm 开间内，遮阳板个数 n 不能小于三个，经过计算得到遮阳板的上限取值 1200mm；此外，由于遮阳板不能与墙体镶嵌，因此当遮阳板与墙体呈 90°状态时，其最大宽度的一半应该小于等于遮阳进深长度的最小值，即 $W/2 \geqslant D$，从而得出遮阳进深的最小值 600mm；
- 遮阳板旋转角度区间设置为 0～90°，变化间隔为 10°，变化个数为 10。

2.2　模拟目标

以往的研究表明，复合表皮对建筑室内热环境及舒适度有一定影响。具有复合表皮的房间在一定程度上可以降低室内温度，延长高温出现时间。为了优化复合表皮在过渡季的节能性能，本次优化首先将过渡季室内舒适时长纳入优化目标。此外，由于在湿热地区主要考虑复合表皮的遮阳、隔热等方面的性能，因此本小节将选择遮阳性能作为主要的优化设计目标之一。最后，由于本次优化过程的垂直遮阳板为可旋转式，而遮阳板旋转的过程可能会对房间内部使用者的视线造成遮挡。因此，本次优化还会将人的视野作为优化目标之一。

2.2.1 室内舒适时间

过渡季室内舒适时长包括 3～6 月的舒适时间与 9～11 月的舒适时间之和。首先利用 GH 中的 Ladybug 绿色性能模拟插件算出无空调情况下全年 8760 个小时的 pmv 值，其次利用 GH 中的选择区间电池算出 pmv 指标在－1～1 区间内的总时间，该值即为优化目标，其值越大越好，为了方便在 Octopus 中计算，需要在 GH 中将该数值做负数处理。

2.2.2 外遮阳系数

本次模拟主要采用热辐射相关指标直接进行计算。根据定义，在阳光直射的时间里，透进有遮阳设施窗口的太阳辐射量与透进没有遮阳设施窗口的太阳辐射量的比值，成为外遮阳系数。这种方法算出来的值与用计算公式所获得的值相比更直接简单，尤其是当复合遮阳表皮形式比较复杂，没有对应的外遮阳系数计算公式时，用这种方法获得的计算结果更加接近真实的遮阳系数指标。

根据外墙获得辐射量的方法来计算外遮阳系数。模拟选取典型夏至日 6 月 22 日模拟的结果作为参考指标，该天为全年太阳辐射最强的一天，若复合表皮在当天的遮阳效果较好，则说明在全年也能够具有很好的遮阳性能。因此在这种天气情况下模拟所获得的结果是最具有代表性的。

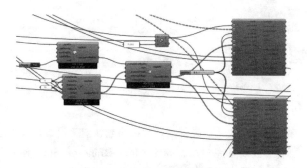

图 8　Ladybug 遮阳系数计算方法

2.2.3 室内视线

为了方便定量描述建筑室内人的视线情况，在模型房间内距离墙体 500mm，离地 1200mm 的地方放置了

一个视点作为模拟人的眼睛。根据视点与两个遮阳板相关参数之间的比值来确定视野大小（如图 9 中 a、b 所示），其中 a 为两个相邻垂直遮阳板最短距离，b 为视点到垂直遮阳板最短距离。View 值越大，代表建筑室内人的视野越好，View 值越小则视野越差。

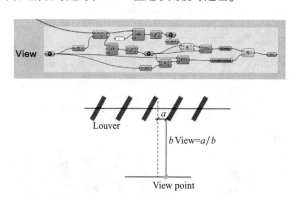

图 9　视野衡量指标定义及其计算方法

2.3　模拟时间选择

本研究选取过渡季作为研究的评价时间。一般来说，过渡季的判断标准是室内是否需要开启人工空气调节设备。一年当中，春季、秋季可被认为是过渡季节。过渡季的气温、湿度等物理环境因素都是全年中让人感受最舒适的。以湿热地区具有代表性的广州市为例，春秋过渡季分别对应 3～5 月份和 9～11 月份。

3　模拟软件及设置

本次模拟主要用到的模拟软件包括基于 Grasshopper 平台的绿色性能模拟软件 Ladybug 和 Honeybee 以及多目标优化插件 Octopus。

3.1　绿色性能模拟软件 Ladybug 相关设置

3.1.1　材质设置

本次模拟中窗户及墙体相关材料参数具体设置如下：

玻璃材质设置	表 1
Glass 玻璃（双层）	名称
2.695	U 值
0.705	太阳得热系数
0.786	可见光透射率

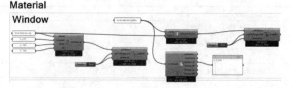

墙体材质设置 1	表 2
M15 200mm heavyweight concrete	名称
MediumRough	粗糙度
0.2032	厚度（m）
1.95	热传导（W/m·K）
2240	密度（kg/m³）
900	热容（J/kg·K）
0.9	热吸收率
0.7	热辐射率
0.7	可见光吸收率

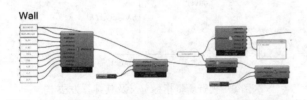

Wall

墙体材质设置 2	表 3
Adiabatic 绝缘材质	名称
10000	R value
0.9	热吸收率
0.7	热辐射吸收率
0.7	可见光吸收率

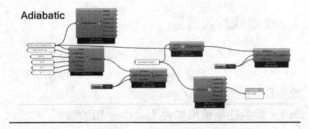

Adiabatic

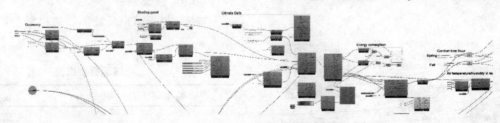

图 10　Honeybee 能耗模型电池组

Octopus 参数设置值	表 4
计算参数	输入值
Elitism	0.5
Mut. Probability	0.4
Mutation Ratio	0.0164
Crossover Rate	0.8
Population Size	40
Max Generations	30

3.1.2　建筑性能模拟

该部分主要分为以下几个步骤（图 10），首先需要在 GH 中建立 Honeybee 能耗模型，分别将外墙、窗户，内墙重新连接成为 Honeybee 中可识别的墙体、窗户，并通过在 EPConstruction 部分设置对应的材质名称来对不同的几何形赋材质；其次，需要对相关物理环境属性进行设置，换气率为 1，通风方式设置为自然通风；随后建立能耗模型，本次模拟用到的气象数据来源于广州市全年气象数据文件（CSWD），模拟时间设置为 1 月 1 日到 12 月 31 日，模拟时间间隔为 1 小时，计算内容包括室内空气温度、室内空气相对湿度、全年舒适度。通过软件模拟，获得在不开空调的情况下，建筑室内全年舒适度变化情况；最后，计算 PMV 全年舒适度指标，经计算，春季所对应的小时区间为 1422 到 3630 小时，秋季对应的时间区间为 5838 到 8022 小时。将两个季节的 PMV 计算值拾取出来后通过数学计算命令对数值在－1 到＋1 之间的数据进行筛选，从而得到舒适度在－1 到＋1 之间所对应的时长。

3.2　多目标优化插件 Octopus 简介及其设置

Octopus 是一款由奥地利维也纳应用艺术大学和德国 Bollinger＋Grohmann 工程事务所合作开发的多目标优化软件。它并结合了帕累托前沿理论和遗传算法，针对多目标优化的问题，提供了丰富多样的自定义优化参数选项。本文主要选用 Octopus 插件作为寻优计算的工具。

Octopus 中的 SPEA-2 和 HypE 算法由于运用了帕累托前沿原理，默认寻找目标值最小结果。因此，本研究为了方便计算，在寻求舒适时间与室内视线最大值时会将其进行负数处理。此外，关于算法的具体参数设置并没有统一的标准，需要根据具体的模型和寻优性质来进行调整。本次模拟 Octopus 中的主要参数设置如下：

其他未做特别说明的参数按照默认值来设置。以上所有参数设置完成后，勾选 MinimRhino on Start 使开始计算时最小化 Rhino 及 GH 窗口以提高运行速度。所有参数设置完成后，点击 start 开始计算。

4　模拟结果分析

整个模拟过程经过 40 代遗传优化，耗时 14 小时，总共获得 2380 组模拟数据。从 Octopus 人机交互界面（图 11）可以看到，位于正中央的区域是所有生成个体在解空间中的分布情况。红色点代表帕累托前沿解，黄色点则代表精英解，方块颜色越深代表代数越新；

模拟完成后所有的数据将通过 GH 平台上的 Python Script 脚本记录在 txt 文档中，数据通过逗号隔开，全部数据将会导入 Excel 文件中进行进一步数据统计和分析。

结合三个目标因变量之间的二维分布图可大致得出各变量之间的影响关系。三个变量之间都存在线性相关关系。其中，由图 12（a）可发现，遮阳系数与舒适时间之间为正相关关系：遮阳系数越小，遮阳效果越好，舒适时间更长。图 12（b）显示，舒适时间与视野之间为负相关，视野越好，舒适时间越短。图 12（c）显示，遮阳系数与视野为负相关：遮阳系数越小，遮阳效果好，则室内视野情况较差。

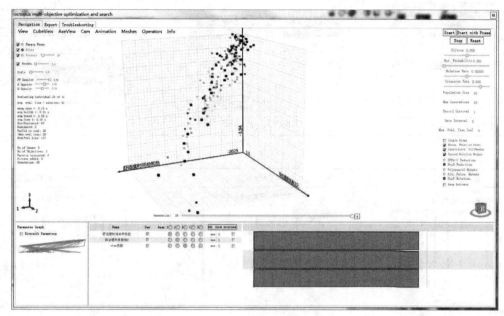

图 11 Octopus 人机交互界面

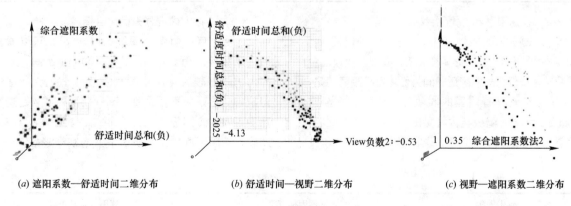

(a) 遮阳系数—舒适时间二维分布　　　(b) 舒适时间—视野二维分布　　　(c) 视野—遮阳系数二维分布

图 12 帕累托解空间分布图

4.1 优化目标变量收敛图

将所有模拟数据导入 Excel 中生成散点图之后，整理成表 4。从数据分布情况可以看出，舒适时长主要集中在 1980～2025 之间，且优化过程不断趋近于 2020 小时；从遮阳系数收敛图可以发现，遮阳系数数值逐渐变小，趋近于 0.4；而在视野的收敛图中可以看出，视野值趋近于 0.5。由此可见，几个因变量在优化过程中，

均不断趋近于目标值，并最终趋近于稳定。

4.2 性能影响因素分析

为了进一步探讨各自变量与因变量之间的关系，将 Excel 中的自变量数据与因变量数值单独提取出来，以自变量取值为横坐标，不同优化目标变量为纵坐标生成散点图。通过数据分布情况，得到各个自变量较优取值区间，从而提出具有较好性能的复合表皮构件

形式。

4.2.1 以舒适时间为优化目标

根据模拟散点分布图（表5）可发现，当以舒适时间为优化目标时，遮阳进深的取值在1100～1500之间变化时，建筑室内过渡季舒适时间较长。遮阳板的宽度变化范围较广，但可以发现其数值趋近于1000mm，这说明当同时对舒适时间、遮阳系数与视野这三个目标值进行优化时，遮阳板宽度取值为900～1000mm时较优。而当遮阳板的旋转角度在0～30°之间变化时，室内舒适时间明显更长。

各优化目标收敛分布图 表5

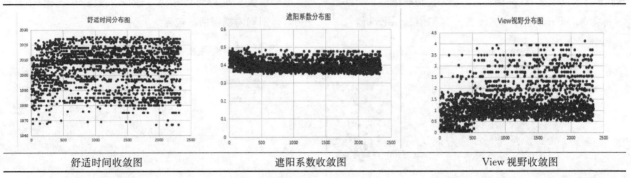

| 舒适时间收敛图 | 遮阳系数收敛图 | View视野收敛图 |

表6

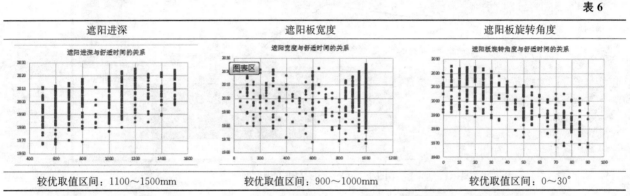

遮阳进深	遮阳板宽度	遮阳板旋转角度
较优取值区间：1100～1500mm	较优取值区间：900～1000mm	较优取值区间：0～30°

4.2.2 以遮阳系数为优化目标

当模拟以遮阳系数为优化目标时（表6），可以发现当遮阳进深在1200～1500mm之间变化时，遮阳系数数值会有一定程度的降低；与以舒适时间为优化目标相同的是，遮阳板宽度取值具有明显的收敛性，其数值逐渐向1000mm靠近。当遮阳板旋转角度在0～40°之间变化时，遮阳系数一直稳定在0.45以下，说明遮阳效果较好。

4.2.3 以室内视野为优化目标

当优化目标为室内视野时（表7），可以看出遮阳进深较好取值范围在500～800mm之间，此时从室内的视野较好；而遮阳板宽度取值越大，室内视野越好，这是由于在设置Rhino模型的时候，遮阳板宽度越大，遮阳板之间的间距越宽，因此视野更好。此外，遮阳板旋转角度越大，室内视野越好。

表7

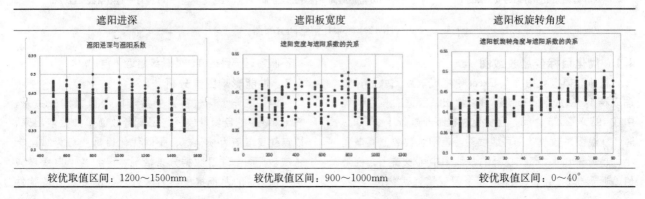

遮阳进深	遮阳板宽度	遮阳板旋转角度
较优取值区间：1200～1500mm	较优取值区间：900～1000mm	较优取值区间：0～40°

表 8

遮阳进深	遮阳板宽度	遮阳板旋转角度
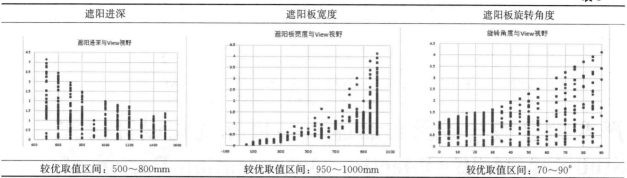		
较优取值区间：500～800mm	较优取值区间：950～1000mm	较优取值区间：70～90°

4.3　复合表皮遮阳构件设计参数建议

根据以上模拟分析结果，当分别以舒适时间、遮阳系数和视野为优化目标时，可得到如下三个遮阳构件优化设计参数表（表8～表10）。针对表格中数据统计情况，可对垂直式复合表皮遮阳构件的设计提出以下几点建议：

（1）在一定范围内，复合表皮遮阳进深越大，越有利于延长建筑室内舒适时间和增强复合表皮遮阳效果，而且此时的室内视野情况也较好。

（2）综合室内舒适时间、遮阳系数以及视野这三项优化指标来考虑，遮阳板的宽度在800～900mm之间会较好。

（3）当遮阳板的旋转角度在0～40°之间变化时，舒适时间、遮阳系数和室内视野这三项指标可以同时达到均好的效果。

遮阳构件建议设计参数
（以舒适时间为优化目标）　　表 9

舒适时间	遮阳进深	遮阳宽度	遮阳板旋转角度
≥1990	1200～1500mm	100～300mm 800～900mm	0～50
＜1990	500～1200mm	400～900mm	50～90

遮阳构件建议设计参数
（以遮阳系数为目标）　　表 10

遮阳系数	遮阳进深	遮阳宽度	遮阳板旋转角度
＜0.45	500～1000mm	400、600～750、850 mm	0～40
≥0.45	600～800mm	800、1000mm	70～90

遮阳构件建议设计参数
（以视野为目标）　　表 11

视野	遮阳进深	遮阳宽度	遮阳板旋转角度
＜2	900～1500mm	100～750mm	0～40
≥2	500～800mm	800～1000mm	70～90

5　结论

本文主要探讨了基于 Grasshopper 的可活动式复合表皮优化方法，通过 Ladybug＋Honeybee 绿色性能模拟软件进行模拟分析并利用 Octopus 进行多目标寻优。随后对模拟结果进行散点图分布分析，其结果显示：在一定范围内，复合表皮的自变量与因变量之间存在明显的线性相关关系。遮阳进深越大，越有利于延长建筑室内舒适时间并且能够增强复合表皮遮阳效果，同时室内视野情况也较好。此外，当复合表皮构件各自变量变化范围为遮阳进深：1200～1500mm，遮阳板宽度：800～900mm，遮阳板旋转角度：0～40°之间时，建筑室内舒适时间、视野以及遮阳系数可以同时达到均好的效果。

参考文献

［1］　肖毅强，王静，齐百慧. 湿热气候下建筑外表皮防热模式思考［J］. 南方建筑，2010（01）：60-63.

［2］　齐百慧，肖毅强，赵立华，申杰. 夏昌世作品的遮阳技术分析［J］. 南方建筑，2010（02）：64-66.

［3］　郭建昌. 广州发展中心大厦智能遮阳系统设计［J］. 华中建筑，2011，29（01）：49-51.

［4］　Wolf T，Molter P. Solar Thermally Activated Building Envelopes［J］. advanced building skins 14｜15 June 2012，2012.

［5］　毕晓健，刘丛红. 基于 Ladybug＋Honeybee 的参数化节能设计研究——以寒冷地区办公综合体为例［J］. 建筑学报，2018（02）：44-49.

［6］　吴杰，张宇峰，赖嘉宁. 基于多目标优化的绿色住区参数化设计研究［A］. 全国高等学校建筑学专业指导委员会建筑数字技术教学工作委员会、中国建筑学会建筑师分会数字建筑设计专业委员会. 数字·文化——2017 全国建筑院系建筑数字技术教学研讨会暨 DADA2017 数字建筑国际学术研讨会论文集［C］. 全国高等学校建筑学专业指导委员会建筑数字技术教学工作委员会、中国建筑学会建筑师分会数字建筑设计专业委员会：全国高校建筑学学科专业指导委员会建筑数字技术教学工作委员会，2017：7.

武雪凤　刘　莹

哈尔滨工业大学建筑学院，寒地人居环境科学与技术工业和信息化部重点实验室；liuying8361@163.com

严寒地区教学单元自然通风多目标优化设计研究 *

Study on Multi-Objective Optimization Design of Indoor Natural Ventilation for Teaching Units in Severe Cold Region

摘　要：本文旨在结合实践工程项目，探索基于进化算法的严寒地区教学楼室内自然通风多目标优化设计方法，改善严寒地区教学楼室内自然通风性能。研究通过参数编程实现流体计算平台 OpenFOAM 和 grasshopper 的数据交互，提出严寒地区教学单元室内自然通风 CFD 参数化模拟流程，实现风热性能指标的可视化呈现；以自然通风工况下的室内热舒适性能评价指标 APMV、代表换气效率的室内平均风速以及室内风场均匀度为优化目标，以教学单元开间进深比、层高、开窗位置、开启扇面积比以及内廊侧窗位置和尺寸为优化参量，应用 Octopus 多目标优化工具展开多目标优化设计实践。结果表明，通过优化设计，教学单元工作平面风速平均值和风场均匀度以及热舒适面积比分别提升了 59.1%、12.5% 和 19.4%。

关键词：严寒地区；教学单元；参数化 CFD 模拟；自然通风；多目标优化设计

Abstract：This paper aims to explore a multi-objective optimal design method for indoor natural ventilation of teaching units in severe cold region, so as to improve the indoor natural ventilation performance. The data interaction between computational fluid dynamics platform OpenFOAM and grasshopper was accomplished by parameter programming, and the CFD parametric simulation process of natural ventilation in teaching units in severe cold region was proposed to achieve the visualization of wind and heat performance indoor. The thermal comfort evaluation index APMV of indoor natural ventilation performance, indoor average wind speed which is on behalf of the ventilation efficiency, as well as the indoor wind field uniformity were chose to be the optimization target. The width and depth ratio of teaching unit, the height of room, the position and open area ratio of window as well as the location and size of windows on the corridor wall were optimization parameters. Multi-objective optimization tools Octopus were used in design practice. The results show that the average wind speed, wind field uniformity and thermal comfort area ratio of teaching units are increased by 59.1%, 12.5% and 19.4% by optimizing the design.

Keywords：Severe cold region；Teaching unit；Parametric CFD simulation；Natural ventilation；Multi-objective optimization design

1　概述

利用自然通风能够提高空气质量，改善室内热舒适性。而由于教学建筑的特殊功能，对于这两者均有着更高的要求[1]。严寒地区冬季室内外温差大，限于节能要求，其教学楼多采用内廊式布局且窗墙比较小，导致严

---

* 基金项目：国家自然科学基金委员会基金资助项目，编号 51878202。

寒地区教学楼自然通风效果差。因此，自然通风性能导向下的形态优化对于改善严寒地区教学楼室内物理环境具有重要意义。

近年来，国内外研究者们将遗传算法与CFD通风模拟相结合，通过自动迭代计算来对室内风热环境进行优化设计。宾夕法尼亚大学Ali M. Malkawi提出了一种以室内通风和热性能指标作为评价机制的CFD模拟进化模型，通过对目标空间形态的自动更改、模拟计算和可视化显示，得到最优的设计方案[2]；瑞士联邦理工学院JeongHoe Lee开发了一种利用遗传算法（GA）和CFD模拟的优化设计工具，并在实际项目中实现了以对随机变量（波动的室外条件）、被动设计元素（模型变量）和主动设计元素（建筑空间形态）的优化设计[3]；Lizhan Bai基于CFD模拟和微遗传算法（Micro-GA），以民航飞机客舱内部气流分布为目标，对室内空间进行了优化设计[4]；宾夕法尼亚大学团队开发出了接口程序butterfly，实现了在参数化建模平台Rhino-grasshopper中调用OpenFOAM来进行建筑室内外风环境的模拟[5]。OpenFOAM是经过严格验证的开源CFD模拟平台，一直被广泛应用于建筑室内通风和热环境模拟当中[6][7][8][9]。

既有研究表明，利用优化算法和CFD模拟结合可以有效改善室内通风和热性能，而新工具的出现能够将两者整合在同一平台，实现参数化的CFD性能模拟，大大提升使用效率；本文旨在立足严寒地区教学建筑的通风现状，结合实际项目，在自然通风参数化模拟的基础上，应用多目标进化算法展开室内自然通风性能导向下的教学楼形态优化设计探索，为严寒地区自然通风性能优化设计提供参考和技术支持。

2　多目标优化设计流程

多性能目标优化设计流程分为呈现递进关系的三个部分，如图1，分别为建筑几何信息与边界条件集成、优化参量与自然通风性能目标映射以及多性能目标导向优化搜索。程序通过改变优化参量的值，经过模拟程序的计算，生成室内物理环境性能优化目标值，通过遗传优化模块分析得出的结果是否满足算法终止条件，若满足，则运算过程结束输出最优解；若不满足，程序将继续改变优化参量值，循环进行模拟计算和分析，直至出现满足终止条件的解。

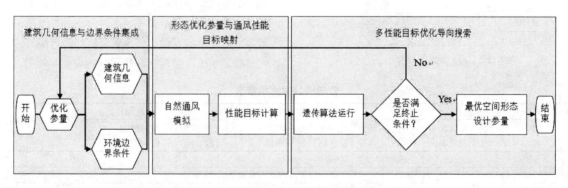

图1　室内自然通风多目标优化设计流程

多目标优化流程中优化设计参量与性能目标映射的过程通过性能模拟实现。根据既有研究，参数化性能模拟可以实现物理环境模拟中空间形态信息、环境边界条件的自适应关联，避免重复建模，并且能够自动反馈模拟的结果[10]。本研究中通过参数编程，提出基于CFD模拟平台OpenFOAM和参数建模平台rhino-grasshopper的严寒地区自然通风CFD参数化模拟方法，共分为以下五个步骤，见图2。

（1）模拟对象形态空间参数输入：在rhino-grasshopper平台上通过接口程序butterfly调用。

（2）OpenFOAM，将对象的参数化模型导入该模拟平台，建立算例。

（3）边界条件参数输入：为模拟设定初始边界条件，包括入口风速、风向、温度，壁面温度，房间内部电器功率，人体功率等。

（4）湍流模型，求解器选择以及参数设定：根据模拟对象的工况和需要求解物理量选择适合的求解器以及湍流模型，并且根据计算机性能对容差、相对容差、非正交修正次数、松弛因子和残差等求解参数进行设置，控制求解速度和准确性。

（5）计算网格参数设置：输入网格大小，比例，加密层数等参数来控制生成网格的精细度。

（6）模拟数据交互：运行模拟计算，完成后将数据反馈回到rhino-grasshopper平台，进行可视化显示和下一步的分析判断。

相比于使用商用流体计算软件的传统模拟方式，参数化性能模拟使建筑几何模型直接与性能模拟模块对接；简化数据反馈和结果分析过程，在同一平台上完成由优化参量到性能目标的映射过程，为后续多目标优化搜索奠定基础。

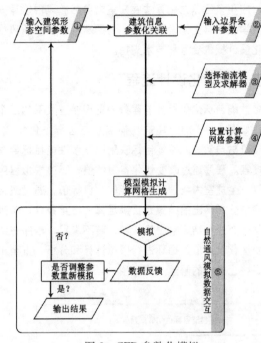

图2　CFD参数化模拟

3　优化设计实践过程

研究结合严寒地区某高校教学楼设计实例展开。项目基地位于黑龙江哈尔滨市双城区，周边环境有待开发，无其他建筑遮挡。教学区位于校园中心地势较高处，与周边地块之间有2m高差。本项目主要负责设计的是1、2号楼，根据校方提供的规划设计图纸，教学楼的基本形态已经确定，层数为4层。教学楼内部教室数量及面积要求如下表1，基本教学单元面积为80m²；项目要求平面上利用内廊组织空间；立面上配合校园整体风格采用两扇窗为一组的开窗方式，初始建筑形态如图3（b）所示。

3.1　优化设计目标构建

自然通风性能包含通风换气性能和室内热舒适性能，在进行优化时应该兼顾这两个方面。室内通风换气性能的评价指标有换气次数、空气龄、换气率等，既有研究中多使用空气龄。根据其求解公式可得测点空气龄与风速之间为负相关关系，利用平均风速可以代表工作平面整体换气效率。另外，自然通风"通道效应"会造成气流分布不均，局部出现涡流造成空气龄过大的情况，引入风速标准差来衡量风场均匀程度，其数值与风场均匀度成反比。研究中以室内工作平面上风速平均值最大和风速标准差最小作为代表自然通风换气性能的优化目标。《民用建筑室内热湿环境评价标准》[11]中给出

教学楼教室面积需求　　　　　　　　　　　　　　　　　　　　　　　　表1

教室\楼层	平面教室				中大型教室				行政用房			楼层使用面积汇总
	教室座位	教室数量（间）	每间教室使用面积	总面积	教室座位	教室数量（间）	每间教室使用面积	总面积	教室数量（间）	每间教室使用面积	总面积	
1楼	120	12	80	960	4	120	480		4	60	240	1680
2楼	120	12	80	960	4	120	480		4	60	240	1680
3楼	120	12	80	960	4	120	480		4	60	240	1680
4楼	120	12	80	960	4	120	480		4	60	240	1680
		48				16			16	使用面积合计		6720

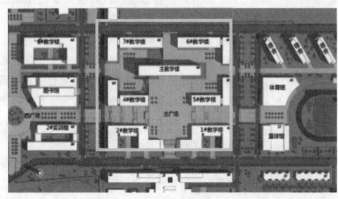

（a）既有校园规划设计　　　　　　　　　　　　　（b）初始建筑形态

图3　基地现状（图片来源：a为校方提供、b为自绘）

了采用非人工冷热源的建筑室内湿热环境舒适度的评价指标APMV，参照标准规定，将工作平面上APMV评价为一级，即计算值处于 −0.5～0.5 之间的面积占教室整体面积比例定义为热舒适面积比，以热舒适面积比最大作为优化目标，以实现室内人员工作时热感受最佳。本设计实践中重点考虑过渡季对自然通风的利用情况，所以将该基地过渡季的气象数据作为模拟边界条件，利用grasshopper插件butterfly进行模拟实验。

3.2 优化设计参量选择

根据设计要求，教学楼整体为半围合"凹"形平面，通过内廊组织两侧教室。根据防火规范中的疏散要求，每层设5个封闭楼梯间，均匀分布在平面中；每层设两个卫生间和开水间，分布在东西两个转角处；行政用房集中布置在北侧；其余部分为教室空间。由功能需求表可以看出，80m² 的平面教室是每层平面的主要组成部分，其平面形态、层高、开窗情况等空间形态参数对整体建筑的平面柱网排布和立面设计有很大影响。

为保证教学单元空间形态优化的结果符合教育建筑相关规范和标准，研究中需要给设计参量设定值域范围。虽然国家和黑龙江省内都没有发布关于高校教学建筑的具体规范，在实际工程中为了保证教学楼的空间品质和采光通风性能，会参考中小学校舍规范来进行设计[12]。确定参量值域后，设定各参量的取值变化步长来控制解空间的规模，避免解空间过大。由于教学单元面积保持不变，用其开间进深比 a 作为参量来控制平面形态，则开间 X 和进深 Y 之间存在 X＊Y＝80，X/Y＝a 的关系。实际项目中考虑到教室声环境和后排到黑板的视线距离，开间进深比一般小于2；《中小学设计规范》中要求第一排边缘座位到黑板远端视线夹角不小于30°，并且由于采光要求，教室进深一般不大于8m，结合面积80平方米考虑，教室空间开间进深比 a 的值域在1.3～2之间。立面开窗应满足《公共建筑节能设计标准》[11]、《建筑采光设计标准》[13]和《中小学设计规范》[12]中的规定，开窗面积在窗墙比为0.6时达到最大值，在窗地比为1∶5时达到最小值；窗台高度在0.8～1m之间；开启扇面积不小于外窗面积的30%，考虑寒地建筑节能需求，将最大值设定为50%；教室前端窗端墙长度不小于1m。考虑平开窗开启难度和单扇重量，将开启扇宽度值域设定为0.5～0.9m，高度值域设定为1.2～1.8m，另外，将每个窗洞开启扇设置为单扇或双扇两种，同一开启面积下可使用两种开窗方式。国内教学建筑中常用内廊高侧窗或下部开口辅助通风，为避免影响教学活动，侧窗底部在2.2m以上，而近期国外新建教学楼设计中出现了通过内廊底部开窗促进通风的方

法，在本研究中将内廊侧窗高度值域设定为0.4～0.9m，位置为0.9m以下或2.2m以上。教学单元空间形态优化设计参量值域约束条件如表2。

优化参量值域约束条件　　　　表 2

参量类型		值域范围	步长
形态	开间进深比	1.3～2	0.1
	层高	3.6～4.2m	0.3
外窗	窗台高	0.8～1.0m	0.05
	前端窗间墙宽度	1～2m	0.1
	可开启扇面积比	0.3～0.5	0.02
	可开启扇个数	4/8	1
	开启扇宽度	0.5～0.9m	0.05
	开启扇高度	1.2～1.8m	0.05
	每扇窗开启扇位置	左开/右开	0/1
内廊侧窗	开启位置	0.9m以下/2.2m以上	0.3
	侧窗1高度	0.3～0.9m	0.05
	侧窗1宽度	0.4m-1/3房间开间	0.1
	侧窗2高度	0.3～0.9m	0.05
	侧窗2宽度	0.4m-1/3房间开间	0.1

3.3 优化算法参数设定

优化设计实践中以采用精英保留策略的多目标优化算法，驱动教学单元自然通风性能优化设计过程。多目标优化算法通过对多种性能目标的权衡比较，实现优化结果各项性能的协同提升[14][15]。本次教学单元空间形态的优化设计实践中，优化参数设置如下表3所示，参数设置时需要综合考虑解集的多样性和求解所用的时间，根据实际情况权衡两方面因素，以保证在合理时间内得到足够数量的非支配解。

多目标优化参数设置　　　　表 3

Elitism	Mutation Probability	Mutation Rate	Crossover rate	Population Size
精英保留	变异概率	变异速率	交叉速率	种群规模
0.500	0.100	0.500	0.800	100

如图4为多目标优化模块生成程序图，通过将建筑空间形态优化参量和最终的性能优化目标输入优化计算模块Octopus的"G""O"两端，Octopus将根据教学单元工作平面风速平均值、风速标准差和热舒适面积比3个优化目标计算结果，对建筑空间形态优化设计参量进行选择、交叉和变异重组，每次计算得到的优化目标结果会被储存并反映在空间坐标系中。随着迭代计算的进行，各个优化目标的值将会逐渐稳定，性能较优的非支配解将会出现。接下来可以在帕伦托解集中进行筛选，以得到最适合的结果。

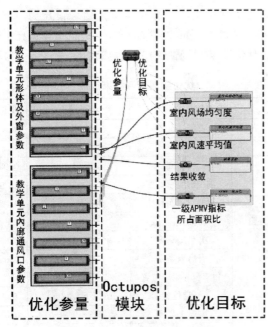

图 4　Octopus 多目标优化模块

4　优化设计结果

本次多目标优化经过 40 代迭代计算，共耗时 130 小时，得到 104 个非支配解，如图 5。结果在二维方向上能够形成帕伦托前沿，有较好的收敛性。由非支配解形成的帕伦托最优解集在解集空间内呈现凹向坐标系原点的曲面分布，体现出性能目标之间的相互制约与权衡关系，标志点在解集空间内的总体分布越凹向原点，表示优化目标的性能越好。

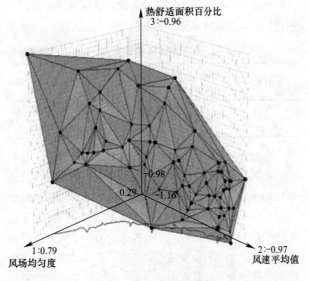

图 5　帕伦托解网格曲面

优化得出帕伦托解集后，需要根据方案的具体要求进行进一步的分析和筛选，优选出同时具备较优性能的

教学单元空间形态设计方案。首先对解集的合理性进行验证。国家标准[11]规定建筑室内吹风感应小于 40%。通过参数编程，在优化过程中对每个可行解的吹风感进行实时计算。发现其最大值为 30.14%，说明所有解均在标准要求的范围内。

在求解过程中可行解分布值域方面（图 6），室内风速平均值在 0.66～1.14m/s 之间，第 40 代时得到的非支配解分布在 0.97～1.16m/s 的区间内；室内风场均匀度分布在 0.29～0.79 之间，第 40 代时非支配解在这一区间内均匀分布；热舒适面积比分布在 32%～98% 之间，第 40 代时得到的非支配解分布在 0.96～0.98 的区间内。整体优化过程从一定程度上说明教学单元空间形态优化设计对于室内风速平均值和风场均匀度的提升作用更为显著。同时，室内工作平面风速平均值性能提升和风场均匀度性能改善之间存在制约关系（图 7）。而热舒适面积比会随着风速平均值的增大而逐渐增大，所以在教学单元空间形态设计中，需要重点对室内风速平均值和风场均匀度两种性能进行权衡考虑。

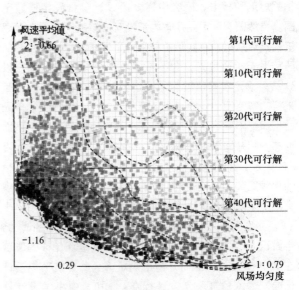

图 6　不同迭代次数下可行解分布

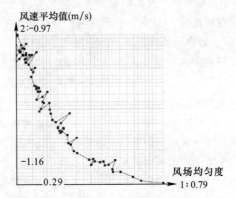

图 7　风速平均值与风场均匀度制约关系图

首先对104个非支配解对应的优化参量进行分析，发现所有解的窗洞开启扇个数均为两个，说明同样开窗面积下多扇小窗比单扇大窗更能提高自然通风性能；开启扇面积比在0.38～0.45之间，且在0.39时室内风速平均值达到最大，说明取值在0.4左右最为有利；内廊通风窗的高度在0.3～0.8m之间，取值为0.5的占60%，说明该高度的开窗能够起到促进通风作用。

对于三项优化目标，由非支配解形成的帕伦托解集呈现出了不同侧重。研究中分别选择三项优化目标性能最好与最差的、风场均匀度和热舒适面积比两个目标相对较好的、风速平均值和热舒适面积比两项目标相对较好的以及三项优化目标均相对较好的共7项非支配解最为典型代表，进行设计参量比较（图8），每个解对应的性能优化目标、设计参量和建筑空间形态如下表4所示。

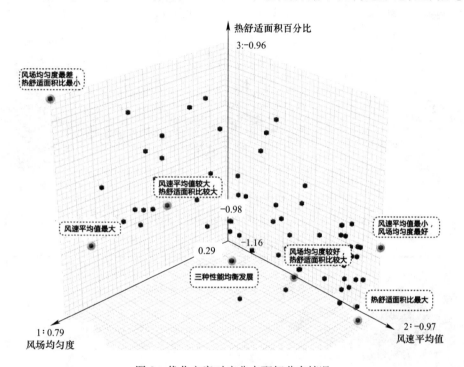

图8 优化方案对应非支配解分布情况

代表性优化方案对应的设计参量与优化目标　　　　　　表4

	优化目标			优化参量										
	风场均匀度	风速平均值	热舒适面积比	开间进深比	层高	窗台高	开启扇面积比	每窗开启扇个数	开启扇高度	内廊窗台高度	窗1宽度	窗1高度	窗2宽度	窗2高度
1	0.79	1.12	0.960	1.9	4.2	0.85	0.45	2	1.55	0.75	1.75	0.50	2.40	0.50
2	0.71	1.16	0.964	1.9	4.2	0.8	0.39	2	1.40	0.65	1.50	0.50	2.40	0.50
3	0.61	1.09	0.982	1.9	4.2	0.8	0.39	2	1.60	0.45	1.95	0.80	3.80	0.65
4	0.45	1.05	0.967	1.7	3.9	0.95	0.39	2	1.40	0.30	1.60	0.50	2.50	0.55
5	0.51	1.02	0.988	1.4	3.6	0.85	0.39	2	1.55	0.50	0.40	0.80	1.50	0.45
6	0.29	0.97	0.961	1.7	3.6	1	0.38	2	1.80	2.50	1.40	0.50	1.20	0.30
7	0.30	0.98	0.992	1.4	3.6	0.9	0.42	2	1.80	2.40	1.60	0.60	2.55	0.55

在选出取的7组非支配解中，1组风场均匀度和热舒适面积比都最小，2组、3组风速平均值较大，5组、6组室内风场均匀度较好，7组热舒适面积比最大，4组各项目标相对均衡。首先通过比较1～5组数据与6～7

组数据，发现相对于传统高侧窗，使用近地低窗时能更显著提升室内风速平均值，但是由于这种组织方式使气流在室内的路径更短，会造成"通道效应"降低室内风场均匀度。通过第1、2组数据比较，在教学单元开间进深比、层高和通风组织路径基本保持一致的情况下，开启扇面积比增大反而导致了通风性能和热舒适程度的下降。通过将距离原点最近的第4组非支配解（其空间形态如图9）与其他组解进行对比可知，第4组教学单元形态相比6组（其空间形态如图10）虽然会降低风场均匀度但可以增加风速平均值；相比1组（其空间形态如图11）提升了风场均匀度并增加热舒适面积比，在三项性能目标之间形成了更好的平衡。

为验证本研究中的优化方法对教学单元自然通风性能的提升作用，利用文中提出的自然通风参数化性能模拟流程对优化设计前的初始模型进行模拟分析，得到其室内风速平均值、风场均匀度和热舒适面积比，与筛选出的第四组非支配解进行比较，如下表。优化后的教学单元在工作平面风速平均值、风场均匀度和热舒适面积比三项目标上分别提升了59.1%、12.5%和19.4%。

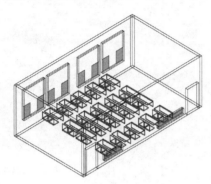 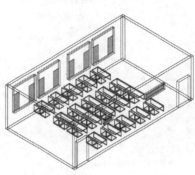 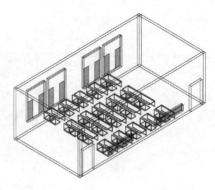

图9　第4组非支配解对应空间形态　　图10　第6组非支配解对应空间形态　　图11　第1组非支配解对应空间形态

优化结果与初始值比较　　　　　　　　　　　　　　　　　　　　　　表5

	风速平均值	风场均匀度	热舒适面积比
初始形态	0.66m/s	0.40	0.81
	风速平均值	风场均匀度	热舒适面积比
优化结果	1.05m/s	0.45	0.967

5　结论

研究立足严寒地区的气候特征以及教学建筑的独特空间形式，通过与实际项目结合，以建筑平面通风效率、风场均匀度和室内热舒适面积比作为性能优化目标，展开了教学单元空间形态优化设计实践，共得到非支配解104项。通过对优化所得非支配解的值域分布的分析，以及其中较优秀解与初始形态性能目标的对比，表明严寒地区教学单元空间形态多目标优化设计能够得出有效提升自然通风性能的设计方案，提升对风资源的利用效率。研究中通过多组可视化的教学单元形态的生

成，表明基于CFD参数化模拟的多目标优化设计方法在改善教学建筑自然通风性能的同时也能帮助生成多样化的建筑空间形态设计方案，为建筑师设计决策提供技术支持。

参考文献

[1]　中华人民共和国住房和城乡建设部. GB 50189-2015 公共建筑节能设计标准 [S]. 北京：中国建筑工业出版社，2014.

[2]　Malkawi AM. Optimization of air flow field of the melt blowing slot die via numerical simulation and genet-

ic algorithm ［C］//Eighth International IBPSA Conference. Eindhoven，Netherlands，2003：793-798.

［3］ Lee J H. Optimization of indoor climate conditioning with passive and active methods using GA and CFD ［J］. Building & Environment，2007，42（9）：3333-3340.

［4］ Pang L，Pei L. Optimization of air distribution mode coupled interior design for civil aircraft cabin ［J］. *Building & Environment*，2018，134.

［5］ Chronis A，Dubor A. Integration of CFD in Computational Design-An evaluation of the current state of the art ［C］//Ecaade Conference. 2017.

［6］ Hong S W，Exadaktylos V. Validation of an open source CFD code to simulate natural ventilation for agricultural buildings ［J］. *Computers & Electronics in Agriculture*，2017，138（C）：80-91.

［7］ Toutou A，Abdelrahman M. Parametric Approach for Multi-Objective Optimization for Daylighting and Energy consumption in Early Stage Design of Office Tower in New Administrative Capital City of Egypt ［C］//Improving sustainability concept in developing countries. Cairo，2017.

［8］ Konstantinov M，Lautenschlager W. Numerical Simulation of the Air Flow and Thermal Comfort in Aircraft Cabins ［J］. *Notes on Numerical Fluid Me-chanics & Multidisciplinary Design*，2014，124（3）.

［9］ Limane A，Fellouah H，Galanis N. Simulation of airflow with heat and mass transfer in an indoor swimming pool by OpenFOAM ［J］. *International Journal of Heat & Mass Transfer*，2017，109：862-878.

［10］ 韩昀松，王钊，董琪. 严寒地区办公建筑天然采光参数化模拟研究 ［J］. 照明工程学报，2017，28（04）：39-46.

［11］ 中华人民共和国住房和城乡建设部. GB/T 50785—2012民用建筑室内热湿环境评价标准 ［S］. 北京：中国建筑工业出版社，2012.

［12］ 中华人民共和国住房和城乡建设部. GB 50099—2011中小学校设计规范 ［S］. 北京：中国建筑工业出版社，2010.

［13］ 中华人民共和国住房和城乡建设部. GB 50033—2013建筑采光设计标准 ［S］. 北京：中国建筑工业出版社，2013.

［14］ 孙澄，韩昀松. 光热性能考虑下的严寒地区办公建筑形态节能设计研究 ［J］. 建筑学报，2016（2）：38-42.

［15］ Han YS，Yu H，Sun C. Simulation-Based Multiobjective Optimization of Timber-Glass Residential Buildings in Severe Cold Regions ［J］. *Sustainability*，2017（12）：23-53.

娄霄扬 梁 静 韩昀松

哈尔滨工业大学建筑学院，寒地城乡人居环境科学与技术工业和信息化部重点实验室；hanyunsong@hit.edu.cn

风环境性能导向下的寒地校园空间形态设计策略研究 *
Research on the Design Strategy of Campus Spatial Form in Cold Regions Based on Wind Environment Performance

摘　要：寒地自然气候恶劣，寒风防护需求迫切。寒地校园行人密集，易受局地强风影响，亟待展开风环境性能导向下的寒地校园空间形态设计策略研究。本文以哈尔滨工业大学二校区为例，构建寒地校园空间形态参数化模型，并基于 OpenFOAM 仿真校园室外风环境，分析建筑密度、建筑位置和建筑开口朝向对寒地校园行人级风环境的影响，提出风环境性能导向下的寒地校园空间形态设计策略，为寒地校园规划与建筑设计提供参考。结果表明，建筑密度和建筑位置参数对校园行人级风环境品质影响较大；在高密度布局下，建筑开口朝向对行人级风环境的影响有限。

关键词：风环境；校园空间形态；寒地建筑；参数化模拟；设计策略

Abstract：The natural climate of cold regions is too harsh and the demand for cold wind protection is urgent. The cold campus is crowded and vulnerable to local strong winds. Therefore，it is urgent to study the spatial design strategy of the cold campus under the guidance of wind environment performance. This paper aims to establish a parametric model of the spatial form of the cold campus as an example of the second campus of Harbin Institute of Technology. Based on the OpenFOAM simulation of the outdoor wind environment，the building density，building location and building opening orientation are analyzed. Based on the influence of environment，the design strategy of cold space campus space shape under the guidance of wind environment performance is proposed，which provides a reference for campus planning and architectural design in cold regions. The results indicate that the building density and building location parameters have a great impact on the pedestrian wind environment quality. Additionally，the building opening orientation has a relatively mild impact on the pedestrian-level wind environment under the high-density layout.

Keywords：Wind environment；Campus spatial form；Buildings in cold regions；Parametric simulation；Design strategy

1　概述

严寒地区气候环境恶劣，冬季寒冷漫长，寒风侵扰易导致风害发生，降低户外人群体感舒适度，也增大了户外活动人群的冻伤风险[1]。室外风环境是影响建筑室外物理环境品质的重要性能指标。高校校园人流量密集，营造适宜的室外风环境对师生的身心健康和生活学习有着积极作用和重要意义[2]。

国内外学者围绕建筑形态对室外风环境的影响展开了广泛研究。2013 年，Panagiotou 等以伦敦市中心区某

---

* 基金项目：国家自然科学基金资助，编号 51708149。

地块为例，分析了城市空气交换速度与城市覆盖率和城市几何均匀性的关系[3]。2015年，张涛以南京新街口中心区为例，分析了城市粗糙度、迎风面积比、围合度、错落度等城市空间形态指标与平均风速比的相关性[4]。2016年，Gan等分析了城市空间形态粗糙度、孔隙率和阻塞率对街区通风效果的影响[5]。同年，袁磊等针对街区空间，分析了建筑密度、间隙率、高度比对平均风速的影响[6]。2017年，Wang等选取六种典型的邻里尺度城市空间形态，分析了建筑物密度、容积率、平均建筑高度等指标对城市风势容量和风势密度的影响[7]。

既有研究多针对中纬度气候区展开讨论[8]，对寒地城市风环境研究仍待加强。本文以哈尔滨工业大学二校区为例，旨在通过构建寒地校园空间形态参数化模型，展开仿真模拟实验，探究建筑密度、建筑位置和建筑开口朝向对寒地校园行人级风环境的影响，并基于此提出风环境性能导向下的寒地校园空间形态设计策略，为寒地校园规划与建筑设计实践提供参考。

2 研究方法

2.1 案例概述

研究围绕哈尔滨工业大学二校区展开，该校区整体沿东南偏南向布局，校园内建筑以多层为主。校园按功能组成可划分为公共教学区、院系科研区、学生生活区和体育活动区（图1），其中公共教学区位于校园南侧，围绕中心绿化广场布局，包括主楼、东西配楼和图书馆；院系科研区位于校园东部，包括学院楼、办公楼、研究中心、实验楼及活动中心，其中东南部教学楼组团布局紧凑，形成街道峡谷空间，东北部围绕室外活动场地呈半开放布局；宿舍区布置在校园西北侧，按围合式布局；校园中心为体育运动区。

(a) 校园卫星照片　　　*(b)* 校园功能分区

图1　研究案例区位及功能分区规划

（图1a图片来源：https://map.baidu.com/@14103243.065597864, 5711656.136469019,16.78z/maptype%3DB_EARTH_MAP）

2.2 校园空间形态参数化模型构建

研究基于Grasshopper平台构建校园空间形态参数化模型（图2），为展开控制变量模拟实验奠定基础。按照从组团到单体的实验设计，研究依次选择建筑密度、建筑位置和建筑开口朝向作为参数化模型中的变量。

2.2.1　建筑密度

研究案例中，不同功能分区对应的建筑密度参量值域不同，研究将针对各功能分区，分别分析建筑密度设计参量对行人级风环境的影响规律。

在建筑密度控制形体生成的过程中，研究以案例既有形态为已知条件，保持各分区地块面积、容积率及各建筑单体面积、基底面积占总基底面积之比不变。当建筑密度参数变大时，建筑总基底面积随之增大，而平均建筑层数随之减小。研究将建筑密度参量的值域设定为22%～40%，并以3%为步长，分析建筑密度参量对校园行人级风环境的影响。

2.2.2　建筑位置

建筑位置参量可通过改变建筑群体组合布局形式和空间开放程度影响室外风环境。研究在案例中定义建筑B1和B2为参照固定点，可移动建筑位置的为建筑A1、A2和B3～B6。考虑到基地道路红线等限制条件，规定可移动建筑只能在二维平面内沿x轴或y轴改变其位置。在控制变量模拟实验中，选择建筑B1为参考点，建筑B3和建筑B4为可移动建筑，探索建筑位置改变对校园风环境的影响。在建筑位置变化过程中，建筑B3与参考点B1形成的前广场S1，建筑B3、参考点B1和建筑B4形成的后广场S2，建筑B4与参考点B1形成的街道R的尺寸和围合程度相应改变。以楼心距作为衡量建筑位置改变大小的指标（图3、图4），其变化值域为114～134m，步长为4m。

2.2.3　建筑开口朝向

由于研究案例中宿舍区学生公寓布局为三面围合式，因此改变建筑开口朝向会影响和入流风向的夹角关系进而作用于室外风环境。考虑到建筑日照和防火间距影响，在控制变量模拟实验中，选择可改变建筑开口朝向参量的目标建筑为C1和C2，开口朝向参量初始方向为南向，以顺时针90°为步长围绕建筑中心点旋转，值域为0～270°（图5）。

2.3　模拟参数设置

完成参数化模型构建后，研究将设定风环境仿真计算域，进行网格划分，设定边界条件和其他参数。

2.3.1　计算域和网格划分

在计算域设置时，模拟区域上风向长度设定为最高建筑高度的 5 倍，下风向区域长度设定为最高建筑高度的 15 倍，两侧和顶部边界距模型的影响区域为最高建筑高度的 5 倍[9][10]，计算域尺寸为 1170m×1875m×175m。

在网格划分设置时，首先生成均匀正六面体及多面体结构化网格，随后对建筑壁面处及人行高度 1.5m 处的网格自动进行表面贴合细化处理，以适应流场变化，外围区域则布置较粗网格，形成内密外疏的网格结构（图 6）。

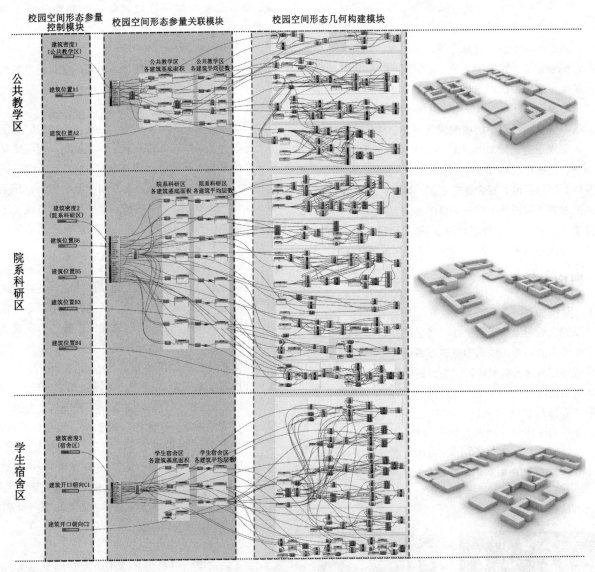

图 2　校园空间形态参数化模型程序图

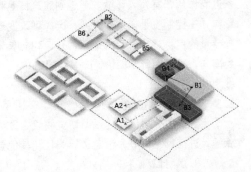

图 3　建筑位置参量变化示意图

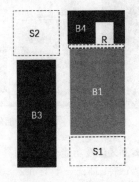

图 4　建筑位置空间变化示意图

图5 建筑开口朝向参量变化示意图

图6 模型网格划分

网格最大尺寸为50m×50m×30m，建筑壁面和地面附近网格分辨率为1.8m×1.8m×1.2m，沿y、z轴方向对网格分段进行不同数量比例的多重非均匀化处理，y、z轴方向网格膨胀率为1，指定缓冲层数量和细化等级均为3，最终计算模型网格总数量为117.44万个。经检查网格非正交最大值为65.1561，平均值为5.549，网格质量可行。

2.3.2 边界条件

流场入口边界条件的风速沿高度方向采用指数律分布，并使用哈尔滨的气象资料（图7）进行风速设置。经统计，哈尔滨地区全年累计平均风向为西南偏南向（191.2°），全年累计平均风速为3.36m/s。在出口处指定零梯度的流出边界条件，顶面和侧面设置为自由滑移条件。

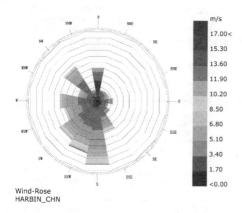

图7 哈尔滨市全年风玫瑰图

（图片来源：https://www.energyplus.net/weather-download/asia_wmo_region_2/CHN/CHN_Heilongjiang.Harbin.509530_CSWD//all）

2.3.3 其他参数设置

基于OpenFOAM，应用三维稳态RANS方程和可实现的kEpsilon湍流模型展开室外风环境仿真[11]。使用二阶稳态离散化方案。SIMPLE算法用于压力—速度耦合。模拟运算直到p缩放残差收敛至10^{-7}，U、k和ε

缩放残差收敛至10^{-8}。

3 结果分析

3.1 建筑密度模拟结果分析

建筑密度设计参量模拟实验结果如图8、图9所示。结果表明，在各功能分区建筑密度设计参量由22%变化至31%时，校园总体建筑密度由16.3%变化至23%，校园总体平均风速值随其增大而呈递减趋势，差值在0.022~0.048m/s范围内。当各区建筑密度由31%变化至34%时，校园总体建筑密度由23%变化至25.2%，总体平均风速值剧烈增大，差值为0.24m/s。

在各区建筑密度由34%变化至37%，校园总体建筑密度由25.2%变化至29.7%的过程中，总体平均风速再次逐渐减小，但变化幅度较小。由各功能分区建筑密度参量模拟结果可知，各区平均风速值随建筑密度参量的增大而呈现先减后增或先增后减的趋势，公共教学区、院系科研区和学生宿舍区的平均风速趋势改变临界值所对应的建筑密度分别为28%、31%、31%，平均风速水平趋于稳定所对应的建筑密度分别为34%、34%、37%。

平均建筑高度因变量模拟实验结果如图10所示。本文采用平均建筑高度计算公式[7]如公式（1）：

$$\bar{H} = \sum_i (A_i N_i) \Delta H / \sum_i A_i \qquad (1)$$

式中，A_i为第i个建筑的标准层面积，N_i为第i个建筑的建筑层数，ΔH建筑平均层高。

在地块面积和容积率不变的前提下，平均建筑高度和建筑密度呈现负相关。图10表明，平均风速值随平均建筑高度参量和随建筑密度参量呈同趋势变化。由于建筑密度参量的提升导致平均建筑高度下降，因此在二者的共同作用下总体平均风速水平呈现较为复杂的变化情况。在各分区建筑密度由22%变化至31%时，平均风速值随建筑密度的增大而减小，对应于各分区建筑密度参量实验结果可看到公共教学区和院系科研的平均风速值均呈递减趋势，而学生宿舍区由于其围合式的布局形式，在建筑参量变化过程中主要呈L形布局且东西向体量逐渐变长，使得主要街道界面更为完整，街道峡谷风更为强烈，并且在变化过程中各建筑单体的风影区更为独立，因此学生宿舍区的平均风速水平在建筑密度由22%至31%的过程中逐渐提升。

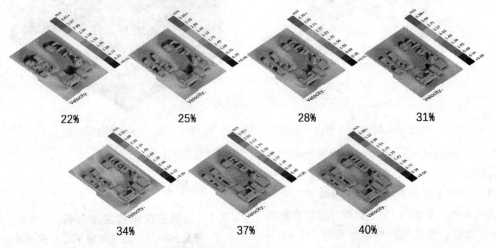

22%　　25%　　28%　　31%

34%　　37%　　40%

图8　不同建筑密度下的校园平均风速模拟结果

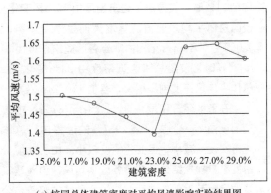

(a) 校园总体建筑密度对平均风速影响实验结果图

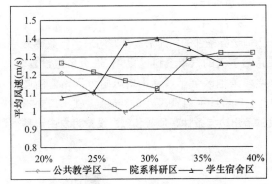

(b) 各分区建筑密度对平均风速影响实验结果

图9　建筑密度对平均风速影响实验结果

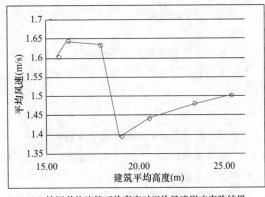

(a) 校园总体建筑平均高度对平均风速影响实验结果

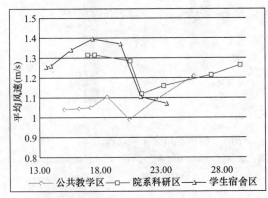

(b) 各分区建筑平均高度对平均风速影响实验结果

图10　建筑平均高度对平均风速影响实验结果

但是由于公共教学区和院系科研区在校园中所占的建筑面积和用地面积比例较大，因此总体上校园平均风速水平逐渐降低。在各区建筑密度由31%变化至34%时，校园总体平均风速激增，于各分区可看到公共教学区平均风速在递减，学生宿舍区平均风速开始递减但风速值仍然较大，其原因为建筑密度增大使宿舍区的建筑围合形式逐渐由 L 形变化为三面围合式，较为封闭的体量不利于通风，因此风速水平降低。而院系科研区平均风速开始提升，这是由于当建筑密度大于一定范围时，建筑底面形态变化对风环境的作用效果小于建筑平均高度变化的影响。因此，在平均建筑高度占主导因素的变化范围内平均风速值逐渐增大。由此可看到院系科研区和学生宿舍区的平均风速值均较高，因此导致校园总体平均风速激增。当各分区建筑密度大于 34% 时，在高密度条件下各分区平均风速值趋于稳定，对应总体平均风速变化幅度较为微弱。

与既有文献相比较[12]，在一定范围内平均风速与建筑密度形态参量均呈负相关关系；当建筑密度参量超过一定阈值时，它对平均风速的影响程度降低。实验中当校园总体建筑密度形态参量小于 23% 时，平均风速值随建筑密度的数值增大而减小；当校园总体建筑密度形态参量大于 23% 时，平均风速值随建筑密度的数值增大而有所回升，这与建筑密度参量变化所导致的平均建筑高度、建筑围合程度等形态参数变化有关。

3.2 建筑位置模拟结果分析

建筑位置设计参量（楼心距）模拟实验结果如图 11 和图 12 所示。结果表明，在目标建筑与参考点的楼心距由 114m 变化至 134m 的过程中，在一定范围内即 114～126m，地面以上 1.5m 处平均风速指标随楼心距的数值增大而呈递增趋势，在楼心距等于 126m 时达到峰值（1.315m/s），且增幅基本稳定在 0.016～0.02m/s 之间。当楼心距数值大于 126m 时，平均风速值随其增大而适当下降，并逐渐稳定于 1.3m/s 左右。

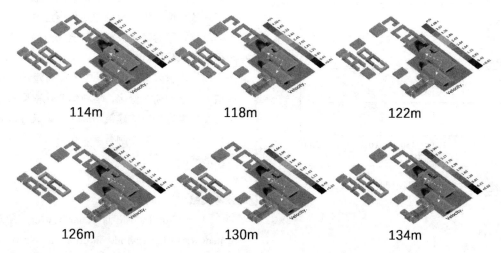

114m　　　　118m　　　　122m

126m　　　　130m　　　　134m

图 11　不同建筑位置下的平均风速模拟结果

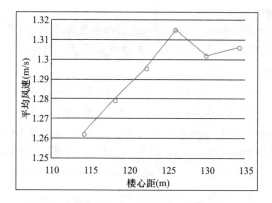

图 12　建筑位置对平均风速影响实验结果

实验中目标建筑 B3 和 B4 的建筑位置参量分别为沿着 y 轴负方向和正方向变化，相对于参考点分别改变其相对位置、所围合空间形式与大小及街道宽度。当楼心距由 114m 变化至 126m 时，前广场 S1 的围合程度增大，但由于广场风向上游区域没有建筑遮挡，因此不会形成明显风影区，平均风速水平没有显著变化。后广场 S2 和街道 R 在此变化范围内尺度增大，但广场 S2 的增幅大于街道 R，在来流风的作用下，广场 S2 和街道 R 的布局形式形成狭管效应且作用逐渐变强，造成风速局部显著提升。当楼心距数值大于 126m 时，街道 R 宽度较大，致使狭管效应作用变弱；同时建筑 B3 相对于参考点 B1 过度前移，使原本相对独立的风影区和紊流区互相影响程度增大，导致风影区面积增大风速水平降低。

3.3 建筑开口朝向模拟结果分析

建筑开口朝向参量模拟实验结果如图 13 和图 14 所示。结果表明，地面以上 1.5m 处平均风速值随建筑开口朝向参量的数值增大而呈周期性波动变化，但总体变化幅度较小，差值在 0.006～0.008m/s 之间。当建筑开口朝为 0° 和 180° 时，平均风速水平均为 1.258m/s。

当建筑开口朝向分别为 0°和 180°（南向和北向）时，目标建筑 C1 和 C2 与周边同是三面围合式布局的建筑形成较为封闭的围合式庭院，目标建筑风影区与风向下游区迎风面涡旋区互相干扰，形成面积较大的风影区，导致行人级风速处于较低水平。当建筑开口朝向位于 90°和 270°（西向和东向）时，建筑布局围合程度减小，在来流风的作用下形成的迎风面涡旋区和背风面风影区面积减小且相对独立，导致行人级风速水平适当回升。但总体上平均风速水平变化幅度较为微弱。因此可以说在高密度和高容积率的建筑布局下，建筑开口朝向参量变化对地面以上 1.5m 处平均风速指标影响较小。

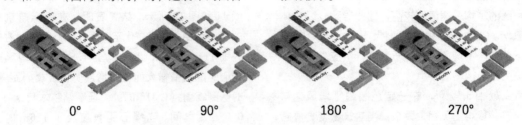

| 0° | 90° | 180° | 270° |

图 13 不同建筑开口朝向下的平均风速模拟结果

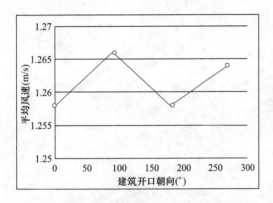

图 14 建筑开口朝向对平均风速影响实验结果

4 结论

本文以哈尔滨工业大学二校区为例，基于 Grasshopper 平台构建寒地校园空间形态参数化模型，基于 OpenFOAM 展开控制变量模拟实验，解析建筑密度、建筑位置和建筑开口朝向对寒地校园行人级风环境的影响，并提出设计策略。研究所得主要结论如下：

（1）当容积率和用地面积一定时，1.5m 处平均风速在一定范围内与建筑密度呈负相关关系；当各区建筑密度大于 31% 时，建筑密度参数变化对风环境的作用效果小于平均建筑高度的影响，因此平均风速值有所回升；当各区建筑密度大于 34% 时，高密度条件下平均风速水平趋于稳定。考虑到各分区空气质量及行人级风舒适度，建议公共教学区的建筑密度小于 28%～31%，可结合大型活动广场和绿地设置；建议院系科研区建筑密度小于 31%～34%，可结合小型活动场所或院落布置；建议学生宿舍区建筑密度大于 31%，在高密度背景下可呈围合式集约布局。

（2）在一定范围内 1.5m 处平均风速值随楼心距的增大而增大，在寒地校园规划时应考虑建筑位置变化对空间开放程度、建筑围合形式和街道宽度等形态设计要素的影响，同时建筑位置和来流风向的关系也会影响校园行人级风环境。

（3）宿舍区 1.5m 处平均风速随建筑开口朝向的数值增大而呈周期性变化，但总体变化幅度较小。因此在高密度和高容积率的建筑布局下，建筑开口朝向对宿舍区行人级风环境的影响有限，宿舍区可采用三面围合的布局形式。

参考文献

[1] Shui T, Liu J, Yuan Q, et al. Assessment of pedestrian-level wind conditions in severe cold regions of China [J]. *Building & Environment*, 2018, 135: 53-67.

[2] 常璐. 基于 CFD 模拟的冬季校园环境评价与优化研究——以沈阳农业大学为例 [D]. 沈阳: 沈阳农业大学. 2017.

[3] Panagiotou I, Neophytou MKA, Hamlyn D, et al. City breathability as quantified by the exchange velocity and its spatial variation in real inhomogeneous urban geometries: An example from central London urban area [J]. *Science of the Total Environment*, 2013, 442: 466-477.

[4] 张涛. 城市中心区风环境与空间形态耦合研究 [D]. 南京: 东南大学, 2015.

[5] Gan Y, Chen H. Discussion on the Applicability of Urban Morphology Index System for Block Natural Ventilation Research [J]. *Procedia Engineering*, 2016, 169: 240-247.

［6］ 袁磊，冯锦滔，何成. 空间形态要素与街区整体风环境质量的相关性研究 ［C］//黄勇，孙洪涛. 信息·模型·创作：2016 年全国建筑院系建筑数字技术教学研讨会论文集. 北京：中国建筑工业出版社，2016：290-294.

［7］ Wang B，Cot L D，Adolphe L，et al. Cross indicator analysis between wind energy potential and urban morphology ［J］. *Renewable Energy*，2017，113：989-1006.

［8］ Toparlar Y，Blocken B，Maiheu B，et al. A review on the CFD analysis of urban microclimate ［J］. *Renewable and Sustainable Energy Reviews*，2017，80：1613-1640.

［9］ Franke J，Hellsten A，Schlunzen H K，et al. The COST 732 Best Practice Guideline for CFD simulation of flows in the urban environment：a summary ［J］. *International Journal of Environment & Pollution*，2011，44 (1-2)：419-427.

［10］ Tominaga Y，Mochida A，Yoshie R，et al. AIJ guidelines for practical applications of CFD to pedestrian wind environment around buildings ［J］. *Journal of Wind Engineering and Industrial Aerodynamics*，2008，96 (10-11)：1749-1761.

［11］ Shih T H，Liou W W，Shabbir A，et al. A new k-εeddy viscosity model for high reynolds number turbulent flows ［J］. *Computers Fluids*，1995，24 (3)：227-238.

［12］ Peng Y，Gao Z，Ding W. An Approach on the Correlation between Urban Morphological Parameters and Ventilation Performance ［J］. *Energy Procedia*，2017，142：2884-2891.

王文超　陈宏
华中科技大学；494770456@qq.com

基于遗传算法的夏热冬冷地区居住建筑节能优化分析
——以湖北省武汉市为例

Optimization Analysis of Residential Buildings in Hot Summer and Cold Winter based on Genetic Algorithm
——Specifically Studying Wuhan City，Hubei Province

摘　要： 文章以夏热冬冷地区的湖北省武汉市为例，在对建筑方案设计阶段的建筑层高、建筑层数、建筑窗户高度、各向窗墙比、体形系数、建筑朝向等变量进行敏感性分析的前提下，选择 Grasshopper 参数化设计平台，利用 ladybug tools 调用 Energyplus 进行建筑制冷、制热和总能耗模拟。并基于 Grasshopper 平台下的 Galapagos 单目标遗传算法工具，分别以单位面积制冷、制热、全年总能耗最小作为目标函数，对以上变量进行优化计算，归纳出达到优化目标的优秀解集。研究发现，各自变量的不同取值范围对制冷、制热、全年总能耗的相关性有差异，可通过单目标遗传算法得出不同变量的较优解集，最终利用 SPSS 软件对上述结果进行多元回归预测分析，得出适用武汉地区居住建筑制冷、制热及全年总能耗的预测方程。

关键词： 武汉；超低能耗；正交实验；遗传算法；Galapagos；预测

Abstract： Articles in hot summer and cold winter area in wuhan city，hubei province as an example，the construction scheme design stage of building floors，construction layer height，building window，each window to wall ratio，shape coefficient，under the premise of building toward the variables such as sensitivity analysis，choose the Grasshopper parametric design platform，using the ladybug tools call Energyplus building cooling，heating and total energy consumption simulation. Based on the Galapagos single-objective genetic algorithm tool in Grasshopper platform，the optimal calculation of the above variables was carried out based on the objective function of refrigeration per unit area，heating，and the minimum annual total energy consumption，and the excellent solution set to achieve the optimization goal was concluded.

　　Study found that the different value range of each variable of cooling，heating，is different，the relevance of the total energy consumption by single objective genetic algorithm can be concluded that the optimal solution set of different variables，finally using SPSS software to multiple regression prediction analysis，the results obtained in wuhan residential building cooling，heating and the total energy consumption prediction equation.

Keywords： Wuhan；Ultra-low energy consumption；Orthogonal test；Genetic algorithm；Galapagos. Prediction

1　研究背景

现今，随着经济的迅速发展和人们生活水平的提高，被动式超低能耗建筑在全世界得到了一定的发展。各国都陆续将被动式超低能耗建筑的发展作为节能减排的重要举措。建筑方案设计阶段中的设计因素，例如建筑窗户高度、各向窗墙比、体形系数、建筑朝向等都会影响建筑能耗的改变。随着科技的进步和数字时代的到来，动态数学模型可以改善传统建筑设计方法中对单一建筑形态的模拟费时费力、建筑方案的多样性设计涵盖较窄的缺点。

总结前人的研究发现，较多研究专注体形系数[1]、窗墙比[2]、建筑高度[3]对总能耗的影响，较少涉及方案设计阶段更多的更多参数，例如建筑朝向、窗户高度、遮阳板长度、遮阳板角度等，并探讨各设计参数对目标函数的贡献率大小；较多研究关注于各设计参数对建筑全年总能耗的影响，较少将单位面积制冷、制热、全年总能耗分开讨论。

因此，本文以夏热冬冷地区的湖北省武汉市为例，对影响建筑能耗的各设计参数进行正交实验，并选择参数化设计平台，利用 ladybug 与 honeybee 模块调用 Energyplus 进行建筑能耗模拟，基于 Galapagos 单目标遗传算法工具，分别以单位面积制冷、制热、全年总能耗最小值作为目标函数，对以上变量进行优化计算。

2 正交实验

2.1 案例设定

正交实验设计又称为田口实验设计，是由日本著名的统计和质量学家田口玄一创造的一种统计分析方法。它可以对试验因素进行合理有效的安排，能极大限度地减少试验误差，筛选出最优实验及因子搭配，使整个实验统计分析达到高效快速的目的[4]。在进行正交实验之前，依据湖北省《低能耗居住建筑节能设计标准》[5]对建筑的固定参数设定（表1）。

案例固定参数　　　表1

固定参数	取值
建筑位置	湖北省武汉市
建筑总面积	2500m²
外墙	R-Value=0.81(m²·K)/W thermAbsp=0.9, solAbsp=0.7 visAbsp=0.7

续表

固定参数	取值
屋面	R-Value=1.73(m²·K)/W
外窗	K=2.70W/(m²·K) SHGC=0.80 VT=0.5
楼板	R-Value=0.34(m²·K)/W
夏季空调房间温度设定	26℃
季空调房间温度设定	18℃
夏季房间容忍温度	29℃
冬季空调容忍温度	15℃
全年换气次数	1.0 次/h
室内与室外的压力差	0.43Pa
内扰参数设定	所有房间的灯光热扰取 5W/m²，起居室除灯光以外其他设备热扰取 10 W/m²，人员产热 53W/人，产湿 61g/h/人

围护结构热工参数中 R-Value 表示热阻、SHGC 表示太阳能总透射比、VT 表示可见光透过率、thermAbsp 表示材料热抽取、solAbsp 表示材料对太阳辐射的吸收、visAbsp 表示材料对可见光的吸收。选取方案设计初期的 9 个可变参数如表2所示，其中建筑朝向 0 度为建筑南北朝向，45 度为建筑朝向北偏东 45 度，90 度为建筑东西朝向。并利用 SPSS 软件生成 3 水平 9 因素的 L27 正交表（表3）。

变量设定　　　表2

影响因子	水平			单位
	1	2	3	
建筑朝向	0	45	90	度
体形系数	0.35	0.4	0.45	-
建筑窗户高度	1.5	2	2.5	米
建筑东向窗墙比	0.2	0.25	0.3	-
建筑西向窗墙比	0.2	0.25	0.3	-
建筑南向窗墙比	0.25	0.3	0.35	-
建筑北向窗墙比	0.35	0.4	0.45	-
遮阳板水平角度	0	30	45	度
遮阳板长度	0.5	1	1.5	米

L27 正交表　　　表3

试验号	建筑朝向	体形系数	建筑窗户高度	建筑东向窗墙比	建筑西向窗墙比	建筑南向窗墙比	建筑北向窗墙比	遮阳板水平角度	遮阳板长度
1	1	1	1	1	1	1	1	1	1
2	1	1	1	2	2	2	2	2	2
3	1	1	1	3	3	3	3	3	3
4	1	2	2	1	1	1	2	2	2
5	1	2	2	2	2	2	3	3	3

试验号	建筑朝向	体形系数	建筑窗户高度	建筑东向窗墙比	建筑西向窗墙比	建筑南向窗墙比	建筑北向窗墙比	遮阳板水平角度	遮阳板长度
6	1	2	2	2	3	3	3	1	1
7	1	3	3	3	1	1	1	3	3
8	1	3	3	3	2	2	2	1	1
9	1	3	3	3	3	3	3	2	2
10	2	1	2	3	1	2	3	1	2
11	2	1	2	3	2	3	1	2	3
12	2	1	2	3	3	1	2	3	1
13	2	2	3	1	1	1	2	3	3
14	2	2	3	1	2	3	3	1	3
15	2	2	3	1	3	3	1	2	1
16	2	3	1	2	1	2	3	1	3
17	2	3	1	2	2	3	1	3	1
18	2	3	1	2	3	1	2	2	3
19	3	1	3	2	1	3	2	1	3
20	3	1	3	2	2	1	3	2	1
21	3	1	3	2	3	2	1	3	2
22	3	2	1	3	1	3	2	2	1
23	3	2	1	3	2	1	3	3	2
24	3	2	1	3	3	2	1	3	3
25	3	3	2	1	1	3	3	2	2
26	3	3	2	1	2	1	3	1	3
27	3	3	2	1	3	2	1	2	1

2.2 数据模拟与结果分析

由于制冷能耗与制热能耗在设计变量的取值要求上可能会存在差异，因此利用 ladybug tools 调用 Energy-plus 分别进行建筑单位面积的制冷、制热能耗以及全年能耗模拟，并将针对不同目标函数的模拟结果进行方差和贡献率分析，结果如图1所示。

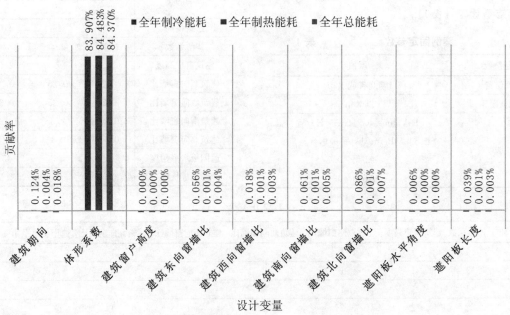

图 1　各设计变量对于不同目标函数的贡献率

由以上分析可知，体型系数对建筑制冷、制热能耗以及全年能耗的贡献率最大，分别为 83.907%、84.483% 与 84.370%。由于体形系数对目标函数的贡献率过高，虽很好的验证了前人的研究结论，但也使得其他设计参数对不同目标函数的贡献率过小，影响进一步的判断。根据定义，体型系数为建筑物与室外大气接触的外表面积与其所包围的体积的比值，很多设计参数都会影响体型系数的大小，例如总建筑面积、建筑平面长度、建筑平面宽度、建筑层数、建筑层高等。因此，控制建筑总面积为 2500m² 时将体形系数用建筑平面长宽比、建筑层高、建筑层数表示，并进一步进行正交实验分析，正交实验设计、及对于模拟结果的方差、贡献率分析与之前的操作相一致，数据分析结果如图 2 所示。

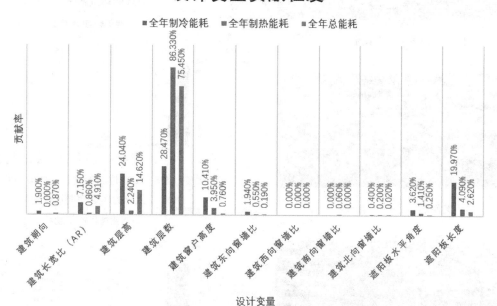

图 2　各设计变量对于不同目标函数的贡献率

由图 2 可知，针对不同目标函数，各个设计参数的贡献率有所差异。针对单位面积全年制冷能耗，建筑层数、建筑层高、遮阳板长度的贡献率较均衡，建筑朝向和建筑西向窗墙比的贡献率最低。原因可能是夏季太阳高度角较高，遮阳板长度增加会极大减少夏季阳光进入室内的热辐射，室内温度升高较慢，有利于减少制冷能耗。针对单位面积全年制热能耗，建筑层数的贡献率最大，达到 86.330%，其他设计参数的贡献率都较低，原因可能是冬季太阳高度角较低，进入室内的辐射量较多，遮阳板长度已不是主要的影响因素，建筑层数增加使得空调用户数量增加，从而制热能耗增加。针对单位面积全年总能耗，则同时受到单位面积全年制冷能耗和制热能耗的影响。

3　单目标优化模拟

3.1　软件介绍

针对正交试验筛选的变量与遇到的问题，进行下一步的选用 Galapagos 的遗传算法进行寻优计算[6]。分别将单位面积制冷、制热、总能耗作为优化目标进行优化计算，故将 Fitness 设置为 Minimum 以寻找各优化目标的最小值。

3.2　模型设定与能耗模拟

在遗传法的案例设定中各设计变量的约束条件如下表所示

优化计算的各设计变量参数设定　　　　　　　　　　　　　　表4

建筑朝向	建筑长宽比（AR）	建筑层高	建筑层数	建筑窗户高度	建筑东向窗墙比	建筑西向窗墙比	建筑南向窗墙比	建筑北向窗墙比	遮阳板水平角度	遮阳板长度
0~90	0.5~1.5	3.5~5	1~7	1.5~2.5	0.1~0.5	0.1~0.5	0.1~0.5	0.1~0.5	0~60	0~4

从 Energyplus 中下载武汉典型的天气文件导入
Grasshopper，并进行能耗模拟计算，具体步骤分为以
下三个部分：案例设定、模拟软件运行及数据导出。这
里不做详细电池组连接介绍，仅介绍不同阶段各阶段电
池组的组合方法如图3～图6所示。

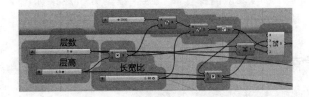

图3　建筑案例形态设定

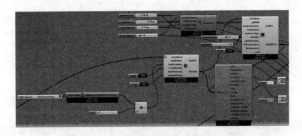

图4　案例部分围护结构设定

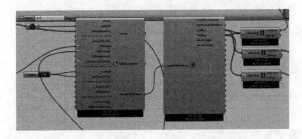

图5　模拟调用 Energyplus 电池组搭接

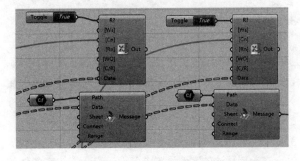

图6　TTbox 数据导出展示

3.3　自动寻优与数据分析

通过 Galapagos 分别以单位面积制热、制冷、总能
耗最低作为优化目标的模拟计算，得到11个设计参数
在100次迭代中产生5000个种群个体的变化趋势及优
化目标的数值范围如图7～图9所示。

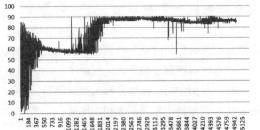

图7　以单位面积制冷能耗最小值为
目标的建筑朝向迭代趋势

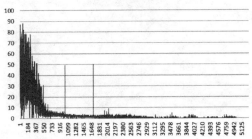

图8　以单位面积制热能耗最小值为
目标的建筑朝向迭代趋势

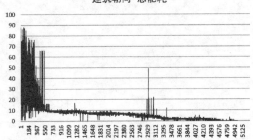

图9　以单位面积总能耗最小值为
目标的建筑朝向迭代趋势

分析以上迭代趋势图发现，以不同目标函数作为
设计目标时，各设计参数的数值在经过100次迭代之
后逐渐趋于一定范围，如表5所示。因此，设计者在
设计初期可根据相关数据的取值达到降低建筑能耗的
目标。

优化计算后各设计参数较优解集　表5

目标函数	单位面积制冷能耗最小值	单位面积制热能耗最小值	单位面积总能耗最小值	单位
建筑朝向	80-90	0-5	0-5	度
建筑长宽比	0.6-0.8	0.8-1.2	0.8-1	—
建筑层高	4.5-5	5-6	4.5-5	米
建筑层数	1-2	1-2	1-2	—
建筑窗户高度	1.5-1.8	1.6-1.9	1.5-1.8	米
建筑东向窗墙比	0.25-0.3	0.45-0.5	0.15-0.25	—

目标函数	单位面积制冷能耗最小值	单位面积制热能耗最小值	单位面积总能耗最小值	单位
建筑西向窗墙比	0.1-0.15	0.45-0.5	0.1-0.15	—
建筑南向窗墙比	0.1-0.15	0.45-0.5	0.25-0.3	—
建筑北向窗墙比	0.25-0.3	0.2-0.3	0.25-0.3	—
遮阳板水平角度	50-60	15-25	30-55	度
遮阳板长度	2-3.5	0-0.25	3.5-4	米

3.4 能耗预测

利用 SPSS 统计软件对正交实验的结果进行多元方差分析求解回归方程。本文采用决定系数 R^2 进行显著性检验，表 3 中目标函数列各参数依次用 X_1—X_{11} 表示，例如 X_1 表示建筑朝向。具体回归方程及 R^2 的值如公式 1～3 所示

$$Y_{制冷} = 82.690 - 0.017X_1 - 1.378X_2 - 2.778X_3 + 1.500X_4 + 3.644X_5 + 13.333X_6 + 2.222X_7 - 2.667X_8 + 8.889X_9 - 0.048X_{10} - 4.978X_{11} \quad (R^2 = 0.924) \quad (公式1)$$

$$Y_{制热} = 105.110 - 0.001X_1 - 0.311X_2 - 0.622X_3 + 2.389X_4 - 2.089X_5 - 6.222X_6 - 2.222X_7 - 5.333X_9 + 0.025X_{10} + 2.089X_{11} \quad (R^2 = 0.979) \quad (公式2)$$

$$Y_{总} = 187.373 - 0.017X_1 - 1.644X_2 - 3.378X_3 + 3.900X_4 + 1.556X_5 + 7.111X_6 + 1.333X_7 - 3.111X_8 + 3.111X_9 - 0.020X_{10} - 2.844X_{11} \quad (R^2 = 0.952) \quad (公式3)$$

由于以上三式中 R^2 均大于 0.9，可见其回归方程的预测效果较好，且全年单位面积制热能耗的预测效果优于单位面积制冷和总能耗。

4 结语

本文以夏热冬冷地区武汉市为研究对象，约束建筑总面积值和其他相关参数，采用 ladybug tools 调用 Energyplus 对居住建筑进行正交实验和遗传算法优化模拟，在进行设计参数的筛选之后，进一步对体型设计参数进行细化拆解，研究各参数对单位面积制冷、制热、总能耗的贡献率及迭代趋势。使用 SPSS 软件对模拟结果进行多元线性回归分析，得出适用于武汉市的居住建筑单位面积制冷、制热、总能耗的预测方程，为建筑师在前期进行方案的节能设计时提供参考。

参考文献

[1] 周燕，闫成文，姚健. 居住建筑体形系数对建筑能耗的影响 [J]. 华中建筑，2007 (05)：115-116.

[2] 孙海莉，王智超. 夏热冬暖地区窗墙比和体形系数对宾馆建筑能耗影响分析及节能潜力研究 [J]. 建筑节能，2013，41 (11)：38-40.

[3] 叶巧玲，彭家惠，杜铭. 冬冷夏热地区住宅建筑高度与建筑节能 [J]. 建筑经济，2007 (S2)：227-231.

[4] Yi H, Srinivasan R S, Braham W W. An integrated energy-emergy approach to building form optimization：Use of EnergyPlus, emergy analysis and Taguchi-regression method [J]. Building & Environment，2015，84 (4)：89-104.

[5]《低能耗居住建筑节能设计标准-湖北省地方标准》DB42/T 559—2013.

王奕程[1]　詹峤圣[1]　孙一民[1,2]　肖毅强[1,2]

1. 华南理工大学建筑学院

2. 亚热带建筑科学国家重点实验室；yqxiao@scut.edu.cn

应用数字工具辅助零能耗建筑性能优化研究
——以华工两届 SDC 参赛建筑为例 *

Research on Performance Optimization of Zero-energy buildings Assisted by Digital Tools
——Taking the 2013、2018 SDC Competition Buildings of Team SCUT as an Example

摘　要：数字技术不仅是建筑形态生成与表达的辅助技术，也是建筑师进行全专业整合设计和建筑性能优化的重要工具。建筑性能优化需要借助与数字工具进行不同专业间的设计协调、根据设计过程中的模拟结果对建筑设计方案进行调整，也需要考虑建筑运营阶段的管理策略以及全过程的精确控制，进一步反馈到建筑形态的最终表达。

本文以 2013 年、2018 年两届中国国际太阳能十项全能竞赛中华南理工大学的零能耗参赛建筑实践为例，总结数字工具在零能耗建筑性能优化方面的实践方法与成果，以建筑学的视角分析数字工具应用于建筑全过程性能优化的技术不足，并指出面向绿色建筑性能优化的数字工具技术发展方向。

关键词：数字工具；零能耗建筑；性能优化；设计整合；全流程控制

Abstract：Digital technology is not only an auxiliary technology for building form generation and expression，but also an important tool for architects to carry out integrated design and optimization of building performance. The optimization of building performance requires coordination of design between different specialties，adjustment of building design schemes according to simulation results in the design process，and consideration of management strategies in the building operation stage and precise control of the whole process，which can be further fed back to the final expression of building form.

This paper takes the zero-energy building practices of South China University of Technology inSDC2013 and 2018 as examples，summarizes the practical methods and digital tools in the performance optimization of zero energy buildings，analyzes the technical deficiencies of digital tools in the whole process of performance optimization of buildings from an architectural perspective，and points out the development direction of digital tools technology for green building performance optimization.

Keywords：Digital tools；Zero-energy building；Performance Optimization；Integrated Design；Process control

* 依托项目来源：1. 整浇式轻钢装配体系绿色建筑技术集成及产业化研究，广州市科技计划项目 201607020026；2. 基于绿色性能的亚热带公共建筑空间分类方法研究，亚热带建筑科学国家重点实验室自主研究课题 2017KB05。

1 理论与实践背景

1.1 数字工具应用与零能耗建筑设计

自 1960 年代计算机辅助建筑设计出现并开始在建筑领域应用以来,数字技术由建筑绘图界面逐渐成为了建筑师处理复杂形态的重要辅助工具[1]。随着建筑行业对可持续发展的重视,在强调表现性之外,数字工具也逐步被运用于建筑适应性设计,突出表现在优化建筑与自然环境的关系,以及建筑设计到建造全流程的控制管理[2]。建筑信息模型(BIM),以及多种针对性建筑模拟软件由此诞生并发展至今。

在可持续建筑的范围内,零能耗建筑(Zero-Energy Building)更加关注建筑的性能表现,在降低能耗的基础上通过可再生能源系统的运用来达到一次能源消耗与生产的平衡[3]。能源平衡是零能耗建筑的重要目标;事实上在能耗之外,零能耗建筑的本身还包含有对于空间性能、舒适性能、能源性能、全流程建造优化的综合要求。

相较于传统,当下的建筑师面对建筑设计中的可持续性问题时不仅仅要考虑功能的组织、结构的稳固、材料的运用和形式的美观,更需要掌握并处理好建筑物内外的微气候与环境气候、主动设备的整合、全生命周期的能源消耗等等超出于传统建筑学范围的知识与信息。合理的数字工具应用几乎成为了建筑师应对以下问题的唯一途径:(1)处理复杂环境信息并借助信息反馈调整决策。(2)整合不同专业间的设计需求。(3)对于建筑设计、建造与运行的全流程实现控制。

1.2 中国国际太阳能十项全能竞赛

国际太阳能十项全能竞赛(Solar Decathlon,SD),是美国能源部发起主办,以全球高校为参赛单位的建筑竞赛。2013 年首次与中国国家能源局联合主办,开始中国赛区(SDC)的比赛,至今已经成功举办两届。竞赛要求设计、建造、运行并测试一栋主要依靠太阳能供能的零能耗住宅。

SD 竞赛关注于多专业的创新与整合,面向实际的建造与性能表现,有以下几个重要特点:

(1)十项全能评价规则。每一单项均为 100 分,涵盖了建筑设计、工程设计、舒适程度、能耗平衡以及宣传推广等多个方面,综合的评价标准强调了设计与技术的平衡应用(表 1)。

十项全能竞赛评分细则对于数字工具辅助建筑设计的要求(根据两届 SDC 竞赛官方规则文件整理)　表 1

序号	十项规则	详细内容	评分情况	建筑性能优化目标对数字工具的要求
1	建筑设计	参赛建筑设计概念的完整性和建造的完成度与创新性	评委评价(100 分)	环境信息、采光模拟、通风模拟、BIM
2	工程技术	房屋舒适环境相关的技术创新性、功能性、效率与可靠性。兼顾系统节能性与市场潜力	评委评价(100 分)	环境信息、设备性能模拟、能耗性能模拟、BIM
3	市场策略	房屋的宜居性、市场吸引力、可实施性和可负担性	评委评价(100 分)	运行监控、BIM
4	宣传推广	有明确的宣传策略,通过线上与线下多种方式面向公众进行持续而有创意的宣传展示	评委评价(100 分)	BIM、可视化展示工具
5	创新能力	水资源利用、空气质量以及空间加热等方面的解决方案也在主被动设计,环境、社会、文化及商业潜力等方面综合创新性	评委评价(100 分)	环境信息、设备性能模拟、能耗性能模拟、BIM、可视化展示工具
6	舒适控制	对参赛房屋主要使用空间的温度、湿度、CO_2、PM2.5 四个参数进行持续记录与评判	客观测试(100 分)	环境信息、设备性能模拟、运行监控、BIM
7	家用电器	赛队在竞赛期间按照规则对冰箱、洗衣、干衣机、洗碗机和烹饪厨具进行定期的运行测试	客观测试(100 分)	能耗性能模拟、运行监控、BIM
8	居家生活	需要使灯光、热水、电子产品保持正常运行,同时,每支队伍均需要组织两次晚宴和一次电影之夜模拟日常生活活动	客观测试(100 分)	设备性能模拟、能耗性能模拟、运行监控、BIM
9	电动通勤	要求赛队使用自己房屋的能源系统,保证一辆电动汽车的日常使用	客观测试(100 分)	能耗性能模拟、运行监控、BIM
10	能效平衡	一是需要在整个竞赛周期内保证房屋的电能生产大于电能消耗。二是通过竞赛周期内房屋的光伏板单位面积发电量计算能源效率	客观测试(100 分)	设备性能模拟、能耗性能模拟、运行监控、BIM
备注	表格主要根据 SDC2018 的规则进行整理。不同赛区以及不同年份的竞赛规则有些许差别,如在 2018 年新增了创新能力和电动通勤,原本 SDC2013 中单独列为一项的生活热水被合并到了居家生活中。但整体要求对设计流程和数字工具使用方式影响较小			

（2）过程控制与快速建造。要求赛队应用 BIM 模型设计、出图，现场要求在较短时间内完成房屋的建造、调试。需要做到全流程控制、各专业协同、产业链整合。

（3）主观评价与客观测试。现场通过完成任务来模拟建筑的日常使用，并布置传感器实时测试建筑性能表现与能耗情况，需要建筑在设计与运营方面的综合协调。

复杂的性能优化目标使得传统设计方式难以应对 SD 竞赛的要求，在研发、建造与运营周期内，设计者需要运用多种数字工具解决问题。两届 SDC 竞赛中，华南理工大学团队的实践都有很好的表现。

2013 年的第一届 SDC 竞赛中，华南理工赛队的生态凹宅（ECONCAVE）夺得 10 项单项奖中，包括建筑设计、市场推广、舒适度、家庭娱乐等单项在内的 5 项单项奖第一、1 项第二、2 项第三，最终总分斩获大赛亚军。2018 年第二届 SDC 竞赛中，华南理工大学与都灵理工大学组成联合参赛队，作品长屋计划（LONG-PLAN）获得了总冠军，同时在工程设计、创新能力、舒适程度、电动通勤获得 4 个单项第一名、建筑设计、市场潜力、居家生活获得 3 个单项第二名、能源绩效单项第三名、宣传推广、家用电器获得 2 个单项第四名，再次创造了中国高校的最好成绩。

两届竞赛中既有设计策略与技术路线延续，又有应用创新，本文即以两届竞赛中的成功经验为基础，针对案例探讨数字工具在零能耗建筑中的重要作用，指出实际应用中存在的问题与技术瓶颈，并探讨未来数字技术的发展方向。

2 基于性能的数字工具应用

2.1 全过程数字工具应用策略

零能耗建筑的设计是全过程、多目标综合考虑的结果，单一讨论设计阶段或运营阶段都无法实现真正的零能耗。数字工具在这中间扮演了重要的辅助角色，帮助

建筑师进行全流程的控制协调和多目标的整合。太阳能竞赛的规则将零能耗建筑设计的要求具体化到了舒适程度、能源平衡以及建造控制三个部分。面对以上设计目标，设计团队在两届竞赛的前期提出了如下的数字工具应用策略：

（1）以数字工具辅助主被动技术集成，综合提高房屋舒适性能与能耗性能。充分考虑建筑所在地的气候特征，使建筑能够优先运用被动式的方式解决舒适度问题。具体操作方式是通过软件模拟调整设计阶段的技术整合与空间设计。

（2）加强前期的模拟与运营阶段的数字工具运用，综合优化房屋的性能表达。前期设计中的主被动策略需要通过智能系统的运用深入到建筑的运营方式控制，在监测与控制的基础上调整舒适度和能耗表现。

（3）基于 BIM 的项目全流程协同控制优化。BIM 软件的全过程介入可以解决复杂技术运用给建筑师带来的协调整合困境，在信息模型的平台上沟通多专业协作，控制设计与建造精度，是方案得以实现的基础。具体的操作方式是在早期方案形态推敲结束后即利用 BIM 平台进行模型信息输入，在深化过程中不断进行模型的完善与调整，多专业均基于统一的 BIM 模型进行推敲。同时利用 BIM 整合其他模拟平台，在建造阶段控制施工进度和精度。

接下来本文将以两届案例不同阶段的典型软件运用过程具体阐述数字工具辅助零能耗建筑性能优化的方式。

2.2 典型数字工具应用过程分析

ECONCAVE 方案以山西当地的传统合院式布局为建筑原型，结合具体的设计要求对建筑特征与平面布局进行了优化[4]。而 LONG-PLAN 则以传统的岭南地区狭长型住宅为设计原型，通过合理的空间布置满足现代生活需求（表 2）。项目推进流程可概括为三个阶段（图 1）：设计整合阶段、建造管理阶段以及运行监控阶段。

ECONCAVE 与 LONG-PLAN 项目基本情况介绍（根据《生态凹宅》以及 LONG-PLAN 技术文件整理）　表 2

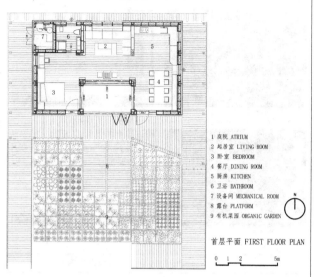

1 庭院 ATRIUM
2 起居室 LIVING ROOM
3 卧室 BEDROOM
4 餐厅 DINING ROOM
5 厨房 KITCHEN
6 卫浴 BATHROOM
7 设备间 MECHANICAL ROOM
8 露台 PLATFORM
9 有机菜园 ORGANIC GARDEN

首层平面 FIRST FLOOR PLAN

0 1 2 5m

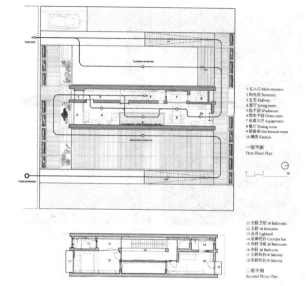

一层平面
First Floor Plan

1 主入口 Main entrance
2 玄关房 Sunroom
3 玄关厅 Hallway
4 客厅 Living room
5 洗手间 Washroom
6 绿庭内院 Green patio
7 鱼菜天井 Aquaponics
8 餐厅 Dining room
9 设备间 Mechanical room
10 厨房 Kitchen

11 主卧卫浴 1# Bathroom
12 主卧 1# Bedroom
13 光井 Lightwell
14 走廊吧台 Corridor bar
15 次卧卫浴 2# Bathroom
16 次卧 2# Bedroom
17 主卧阳台 1# Balcony
18 次卧阳台 2# Balcony

二层平面
Second Floor Plan

项目名称：ECONCAVE（生态凹宅）	项目名称：LONG-PLAN（长屋计划）
项目地点：山西大同	项目地点：山东德州
项目面积：87m²	项目面积：143.26m²
项目层数：1层	项目层数：2层
建造时间：14天	建造时间：20天
项目周期：2011年4月～2013年8月	项目周期：2016年3月～2018年8月
设计团队：华南理工大学队	设计团队：华南-都灵理工大学联队

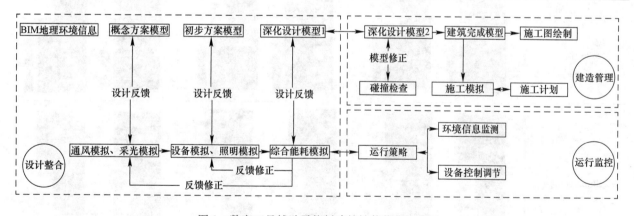

图1 数字工具辅助零能耗建筑性能优化流程图

（1）以被动设计模拟为主的方案初步设计

设计的初期阶段目标是确定初步的建筑方案，需要在功能推敲的基础上综合考虑不同方案的体形系数、采光与通风效率。接下来材料的选择与构造的深化则是实现房屋被动式性能的保证。这个阶段的形态生成会直接决定被动式设计策略的性能表现。对数字工具的要求侧重于复杂气候信息（项目所在地全年的太阳路径、太阳辐射、气温、湿度、空气质量、风环境等）的提取运用和不同方案被动式的快速比较与直观呈现。

ECONCAVE将原型中的中庭压缩为可控制开合的阳光房，便于空间集约和气候调节。借助Ecotect和Fluent两种模拟软件完成了中庭方案的比选，确定了建筑自然采光与通风的效果（表3）。同时，Ecotect比较了不同遮阳构件的效果得到了最终的遮阳选择。由于狭长型住宅原型的特征，在LONG-PLAN的被动式设计中，需要强化原型通风优势，改善采光不足。LONG-PLAN应用DesignBuilder模拟了中庭、天井的尺度与位置对于房屋采光的影响（表4），对比了遮阳系统的位置和形态效率。Fluent则反映了中庭、天井对于风压与热压通风的强化作用。

ECONCAVE 不同方案的通风模拟（根据《生态凹宅》整理）　　　　表 3

（a）无中庭方案平面气流模拟
/ Airflow Simulation for the Plan of Non-atrium Scheme

（b）无中庭方案平面气压模拟
/ Pressure Simulation for the Plan of Non-atrium Scheme

（e）有中庭方案平面气流模拟
/ Airflow Simulation for the Plan of Atrium Scheme

（f）有中庭方案平面气压模拟
/ Pressure Simulation for the Plan of Atrium Scheme

（c）无中庭方案剖面气流模拟
/ Airflow Simulation for the Section of Non-atrium Scheme

（d）无中庭方案剖面气压模拟
/ Pressure Simulation for the Section of Non-atrium Scheme

（g）有中庭方案平面气流模拟
/ Airflow Simulation for the Section of Atrium Scheme

（h）有中庭方案剖面气压模拟
/ Pressure Simulation for the Section of Atrium Scheme

ECONCAVE 无中庭情况的通风模拟方案	ECONCAVE 有中庭情况的通风模拟方案

LONG-PLAN 不同方案的采光模拟（根据 LONG-PLAN 技术文件整理）　　　　表 4

模拟条件	单一中庭方案	中庭＋采光天井方案	中庭＋采光天井＋鱼菜共生天井
Daylight Overcast，12：00AM，June 22			
Illumination Overcast，12：00AM，June 22			
Luminance Sunny，12：00AM June 22			
Illuminanoe Sunny，12：00AM，June 22			

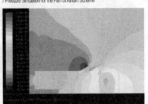

（2）深化设计阶段的设备整合优化

在初步方案的基础上深化推敲建筑细节，整合主动技术。这个阶段里，技术团队需要运用数字工具进行分项技术的选择与设计，设计团队则需要借助数字工具进行技术设备与建筑的整合。在太阳能竞赛中涉及到的主动技术设备包含了光伏、光热系统、暖通系统、水系统、灯光系统以及其他家用电器设备。光伏系统以及其他设备系统的设计效率也是竞赛中房屋能源平衡的重要保障（表5）。

ECONGCAVE 与 LONG-PLAN 光伏系统模拟（根据《生态凹宅》以及 LONG-PLAN 技术文件整理）   表5

ECONCAVE：
光伏板数量：52
光伏光热一体化板数量：3
安装倾角：3°
产能：19200kW·h/year
单位产能：1351kW·h/kWp/year
能效比：83.6%

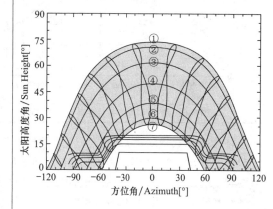

LONG-PLAN：
光伏板数量：34
光热板数量：4
安装倾角：3°
产能：12634kW·h/year
单位产能：1203kW·h/kWp/year
能效比：85.8%

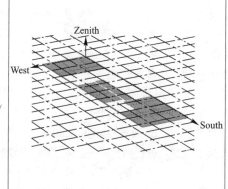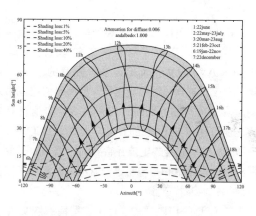

目前的数字工具对于不同技术领域的模拟针对性较强，为了保证模拟的准确性，在两届竞赛中都采用了多种软件对不同的技术设备选型进行模拟。两届竞赛中均通过软件 PVsyst 对比光伏系统选型与组件布置，通过 DeST-h 进行暖通系统设计，运用 DIALux evo 进行了灯光系统的模拟设计。Fluent 在两届竞赛的暖通系统与建筑设计整合过程中都辅助设计师进行了暖通系统室内气流组织的模拟，用以确定舒适的设备布置方式。ECONCAVE 对光热系统与暖通系统进行了技术整合，LONG-PLAN 因采用了独立的光热系统，增加了 Polysun 用于对光热系统的模拟。

（3）能源性能综合评估

当建筑设计、材料选择与设备选型基本确定，需要在这个阶段运用能耗模拟软件对方案进行运行能耗评估、反馈、调整、再评估而实现建筑的零能耗设计。

DesignBuilder 作为 EnergyPlus 的可视化软件，对于建筑能耗情况有较为全面准确的模拟，因此在两届竞赛中，设计团队都借助 DesignBuilder 进行能耗计算与优化。能耗模拟综合了建筑的空间布局、围护结构、设备系统、灯光系统、电器系统以及运行时间表等信息，与房屋的发电情况做比较可以看出全年的基本能源平衡情况（表6），由此可以对整体方案进行进一步的调整优化。

除此之外，在 LONG-PLAN 的设计后期，团队引入了新的程序算法进行能耗模拟的验证。对预建造房屋进行实际测试，将测试结果与模拟结果进行对比，并反馈到模拟程序中进行了修正，用以得到更准确的竞赛现场运行信息。

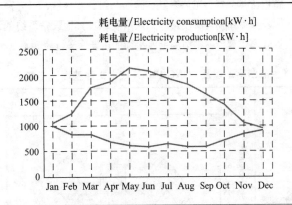

| ECONCAVE 模拟全年每月发电与耗电情况 | ECONCAVE 比赛期间发电与耗电情况 |

（4）数字工具辅助建筑运行阶段的监测控制

对于房屋运行阶段的能耗监测和控制是通过智能控制系统实现的，两届竞赛分别基于施耐德公司的 C-bus 协议系统和欧瑞博公司的 Zigbee 控制系统开发了智能运行 app，对房屋的室内环境和电气设备的运行进行监测和控制。

ECONCAVE 基于施耐德公司的 C-Bus 控制系统进行二次开发，实现了智能高效的家居控制与监测。ECONCAVE 设置了 C-Bus 系统配套的室外运动传感器、亮度传感器和温度传感器。传感器监控室内外环境的所得的数据经过处理转化为命令，实现对灯光、天窗、窗帘和家电设备的控制。此外，ECONCAVE 将 C-Bus 系统所配套的电流互感器的数据加以采集，对房屋实时的发电量和用电量进行监测，让用户能够及时了解房屋的能源状态。

在 LONG-PLAN 的设计中，智能系统更进一步联系了前期的设计与后期的运行调控。在前期深化设计中，Fluent 对于房屋不同开窗模式进行了通风效果的模拟，结合华南理工大学亚热带建筑实验室张宇峰教授团队的《健康舒适室内环境控制系统》[5]，设计团队开发长屋舒适度控制程序，接受环境传感器信息作出判断，整合被动式设计，通过控制开窗器、HVAC 系统以及风扇等设备，进行被动式优先的低能耗舒适度控制。同时通过记录用户热舒适反馈，在中控端通过机器学习，给出控制系统设置调节，使智能系统的控制运行更加接近于用户习惯。

（5）基于 BIM 的信息综合与全流程控制

BIM 是建筑师进行全流程控制的重要工具，借助 BIM 模型可以进行多专业信息模型的统筹、多数字平台模型的共享以及设计到施工的可视化控制。

在两届竞赛的方案设计阶段，皆运用 Revit 进行设计

的信息整合，建筑、结构、暖通、水、机电设备均被整合进同一模型，不同专业基于统一服务器进行协同工作，复杂模型可以实现实时更新。在施工图出图前 Revit 可以进行碰撞检查，提前发现复杂管线与建筑构件的交叉并进行调整。在施工准备阶段，通过完整的建筑信息模型导入 Revit 的协同平台 Navisworks 进行建造模拟，辅助施工管理。模拟可以根据建筑模型信息生成各部分的建造顺序与用时信息。在建造阶段，Revit 可以比二维图纸更加直观的反映建造过程中遇到的问题，协助建筑师在现场处理一些复杂的多设备交叉问题。图 2 展示了 LONG-PLAN 在建造前对于现场建造过程的模拟图示。

Revit 模型与其他多个平台可以进行模型导入，比如 Ecotect、DesignBuilder 以及展示阶段需要的导入 3ds Max 进行调整用于 AR、漫游视频的制作。在一定程度上节约了重复建模的工作时间和沟通成本。

2.3　两届 SD 竞赛案例中的数字工具应用迭代

在两届竞赛中，建筑的整体设计策略与数字工具运用呈现出一定的延续性，同时，由于部分设计目标的差别以及数字工具本身的进步，对于数字工具的应用方式也存在着较为明显的迭代变化（表 7）。

（1）设计策略的更新

除了应用数字工具辅助设计阶段工作外，在 2018 年中，团队加强了对于运营阶段性能的优化策略，借助传感器、中控程序和末端设备，基于节能与舒适度的室内环境控制系统，尽可能将被动式的策略在运营阶段延续下去。

（2）数字工具应用的变化

首先是数字工具的应用整合。在数字工具运用方面，倾向于整合平台的深入使用与多平台间的整合，比如 LONG-PLAN 对于 DesignBuilder 的运用，将采光、遮阳与建筑运行时间表的调整统一进行模拟与比较，在

可用范围内节约了跨平台综合信息的工作量。此外，在数字工具应用的专业性与准确性方面有所提高。新增的数字工具应用，比如 DIALux evo、Polysun 等补充了原有设计过程中的信息缺失。

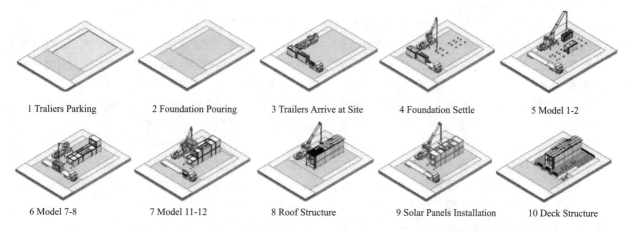

1 Traliers Parking　2 Foundation Pouring　3 Trailers Arrive at Site　4 Foundation Settle　5 Model 1-2

6 Model 7-8　7 Model 11-12　8 Roof Structure　9 Solar Panels Installation　10 Deck Structure

图 2　基于 BIMLONG-PLAN 建造过程图示（根据 LONG-PLAN 技术文件整理）

性能优化的数字工具应用过程与迭代　表 7

零能耗建筑性能优化流程		前期策划	初步设计	深化设计	施工图纸	建造管理	运行监控
权衡因素		地理气候信息信息	体型系数、采光、通风	建筑围护、光伏系统、光热系统、灯光设计、暖通系统、能耗模拟	施工图纸、碰撞检查	施工模拟、施工计划	室内环境监控、设备运行控制
数字工具应用	Ecotect						
	DesignBuilder						
	Fluent						
	PVSyst						
	Polysun						
	DlALux evo						
	DesT-h						
	智能监控系统						
	Navisworks						
	Revit						
图例		●——● E-CONCAVE重点使用　●- - -● E-CONCAVE辅助应用 ●——● LONG-PLAN重点使用　●——● LONG-PLAN辅助应用					

3　数字工具在零能耗建筑性能优化中的不足

　　数字工具开始辅助绿色建筑设计不过十数年，在此期间，建筑师的角色也在不断发生改变，无论是于数字工具的运用意识和掌握程度，还是数字工具本身的作用程度尚存在诸多问题，依据两届 SDC 的全过程实践经验，本文试图站在建筑师的角度对当前数字工具在零能耗建筑中的应用难点加以总结。

　　（1）传统设计习惯影响数字工具的作用发挥

　　在传统的设计模式中，建筑设计与其他技术工作的配合较多的呈现为线性模式，通常情况下建筑师会先进行建筑设计，再由其他专业进行配合。在这种观念下，建筑师对其他专业信息整合不够重视，因而也会忽视对于数字工具的运用。建筑性能模拟以及 BIM 模型介入时间的滞后，使得建筑师不能够及时对设计作出调整和反馈。在对于建筑性能表达愈发重视的今天，这种设计模式不仅会影响数字工具作用的发挥，也会影响最终的建筑性能表现。

　　除了设计对于建筑的性能表现有影响，建筑运营阶段的策略也会影响建筑最终的运行能耗。建筑师有义务对建筑运行阶段提供策略和指导，避免出现设计阶段的绿色建筑并不能真正节能的情况。

　　（2）工具成熟度不足，整合平台作用有限，软件间的协调不够完善

　　现阶段对于复杂情况的设计，数字工具的运用仍会

消耗设计者大量的时间精力，软件的成熟度不足会极大的阻碍建筑师对于软件的应用选择。

许多数字工具的针对性较强，无法在整合平台对多个相关问题进行全面关联性模拟，软件的运用成本很高。尽管BIM模型与许多平台已经可以实现模型信息通用，但无论是信息完整度、信息可选择性还是模型调整后的实时关联性都不够完善。性能优化的核心是基于信息反馈的及时设计调整。许多情况下需要应用者在专业软件中进行二次建模，急剧增加的时间成本使得信息反馈不够及时。

此外，数字工具本地化适用性不足也是目前数字工具的应用障碍。以Revit为例，完整的信息模型建构，在理论上可以实现各个阶段图纸的快速导出，但事实上在利用Revit进行施工图绘制的过程中，由于软件与我国的图纸标准存在偏差，大大增加了最终的出图难度，运用不当，出图速度甚至无法与传统的平面图形软件相比。

（3）行业标准化与信息化仍待提高，信息完整度不足

数字工具最为重要的辅助作用是对复杂信息的处理，可以说完善的信息是结果准确性的必要保证，但目前受限与行业标准化与信息化的不完善，数字工具仍难以发挥最大的作用。以Revit为例，多数的产品、构件在Revit中无相应的族，对于设计者而言，需要在信息有限的情况下进行新建族替代，而对于施工模拟来说，意味着需要大量的人工修正才能指导实践。再如DesignBuilder，许多构造、材料的性能数据缺失，运用中则以相似材料或构造替代，这样势必会影响模拟结果的准确性。

4 总结与反思

SDC竞赛规则的全面性使得两次竞赛的实践很好的检验了数字工具在零能耗建筑性能优化过程中的作用和效果。本文借助竞赛中的实践经验，梳理了应用数字工具辅助零能耗建筑性能优化的具体操作方法，总结来说，当前对于数字工具的应用需要重点关注如下方面：

（1）多元的数字工具应用。在实践过程中，可以发现数字工具在主、被动技术整合设计、能耗模拟、建筑运行优化、全流程控制等影响建筑性能表达的各个方面，都发挥了重要作用，绝大部分数字工具的专业性较强，建筑师需要根据不同阶段方案深度和多专业配合的要求，选择合理的工具。

（2）关注不同阶段之间数字工具的配合。建筑性能的表达是一个综合的结果，数字工具的运用有效的扩展了建筑师的视野，在设计阶段即可以获取部分建造和运营阶的信息。建筑师应借助数字工具扩展全过程的设计思路，并反馈到设计进行调整。

（3）在设计较为前期的阶段引入BIM工具辅助建筑师进行信息整合与设计调整。较早的信息模型介入可以强化建筑师对于多专业的协调控制，节约复杂模型沟通修正的时间成本，强化建筑师对设计到建造全流程的控制。

尽管数字工具在零能耗建筑设计中已不可或缺，但站在建筑师的视角，基于建筑性能优化的数字工具应用仍存在一些问题。综合来看，应提高建筑师应用数字工具辅助建筑性能优化的整合意识，在数字工具的发展方面则应强化不同软件间模型信息的相容性，推进BIM软件在设计早期介入并强化对于全流程控制的作用。

参考文献

[1] 魏力恺，张颀，张昕楠等. 计算机辅助建筑设计的过去、现在与未来 [J]. 工业建筑，2012，42（11）：158-162.

[2] 冷天翔. 复杂性理论视角下的建筑数字化设计 [D]. 广州：华南理工大学，2011.

[3] 张时聪，徐伟，姜益强等."零能耗建筑"定义发展历程及内涵研究 [J]. 建筑科学，2013，29（10）：114-120.

[4] 肖毅强、曹祖略、钟冠球. 生态凹宅 [M]. 广州：华南理工大学出版社，2016.

[5] Yufeng Zhang, Jinbo Mai, Mingyang Zhang. et al. Adaptation-based indoor environment control in a hot-humid area [J]. *Building and Environment*，2017，117：238-247.

B 数字化建造装配技术

刘宇波[1]　林文强[1]　邓巧明[1]　梁凌宇[2]

1. 华南理工大学建筑学院

2. 华南理工大学电子与信息学院；dengqm@scut.edu.cn

基于神经网络的建筑形态生成探索
——以柏林自由大学为例*

Exploring the Building Form Generation by Neural Networks
——Taking the Free University of Berlin as an Example

摘　要：近年来，机器学习尤其是深度学习的发展使人工智能热潮再度涌现。随着人工智能与不同行业的融合，各种新产品新服务乃至新产业不断出现。在建筑设计领域，关于人工智能的研究和应用还处在起步阶段。本文以建筑形态生成作为切入点，探讨了利用机器学习方法实现建筑方案多样化的思路和方法。以柏林自由大学为研究案例，通过解析柏林自由大学的构成规律实现建筑形态的数据化与可视化建模，我们以人工数据增广的方法构建了一个具有柏林自由大学建筑形态特点的数据集。利用该数据集，结合 MATLAB 以及 GH 等工具，本文训练了一个浅层神经网络模型，探索多样化建筑形态自动生成的潜力。通过对生成结果的可视化与分析，本文发现充分利用建筑形态数据的先验信息，针对任务特点构建紧凑形态表征能使神经网络获得更好的建筑形态生成效果。

关键词：机器学习；神经网络；建筑形态；柏林自由大学

Abstract：Recently, the development of machine learning (ML), especially deep learning, has made the reviving of artificial intelligence (AI). The application of AI has led to various new products, new services and even new industries. In the field of architectural design, the research and application of AI is still in its infancy. This paper aims to explore how uses different ML tools to assist building design from a specific building form generation perspective. Taking the Free University of Berlin as a research case，we digitalize and visualize the building form of the University by parsing its composition，and constructs a data set with the characteristics of the University by artificial data augmentation. Equipped with the dataset and the tools of MATLAB and GH，we trained a shallow neural networks to investigate the potential of automatic generation of diverse architectural forms. The visualization and analysis of the generated results indicates that the prior information of building form and the specific compact morphological representation can make the neural networks achieve better building form generation effects.

Keywords：Machine learning；Neural networks；Architectural forms；Free University of Berlin

*　国家自然科学基金资助（51508193）/中央高校基本科研业务费重点项目资助（2017ZD037）/亚热带建筑科学国家重点实验室国际合作研究项目（2019ZA01）/华南理工大学本科教改项目"建筑学本科高年级设计教学中的学科交叉与创新探索"。

1 引言

近年来，机器学习尤其是深度学习的发展使人工智能再度崛起。从图像识别、语音识别、自然语言处理、知识图谱到"互联网＋""智能＋产业"的发展，人工智能逐渐渗透到各行各业，各种新产品、新服务乃至新产业不断涌现。如何抓住人工智能发展的历史机遇来促进行业自身的发展和升级，如何利用数字化、网络化和智能化工具来进一步提升工作效率，将是每个行业都需要思考的重要问题。

正如工业革命之后，新材料、新技术的诞生引发了现代主义建筑思潮一般，人工智能等新技术也必然会推动建筑行业的革命。在这股浪潮中，建筑师应该如何应对成为一个重要议题。近两年，在基于大数据样本、运用机器学习的神经网络模型进行建筑风格判别、城市特征提取、性能指标预测与环境品质评价等方面的应用已有较多探索，但结合机器学习算法模型特点，进行设计方案生成方面的相关研究仍然较少。本文希望以建筑形态生成作为切入点，探讨利用机器学习方法实现建筑方案多样化的思路和方法。

机器学习作为人工智能目前发展最迅速影响力最大的一个研究领域，其目的是通过经验数据来提升机器的性能，实现机器的智能化。目前的机器学习模型和方法主要基于统计学习理论，因此要利用机器学习的方法和技术，收集数据和建立数据表征模型是必不可少的。然而，受建筑设计专业特点的限制，大量公共建筑设计案例的样本数量一般是十分有限的，存在小样本问题。而目前比较流行的机器学习模型，尤其是深度学习模型一般需要大量的样本才能保证模型充分训练。对此，本文主要通过结合特定建筑形态先验信息以及人工数据增广的思路来解决该问题。

具体来说，本文以柏林自由大学作为研究对象，通过解析其形态组合规律，实现建筑形态的数据化与可视化建模。然后，通过人工数据增广的方法构建了一个具有柏林自由大学建筑形态特点的数据集。利用该数据集，结合MATLAB以及GH等工具，训练了一个浅层神经网络模型，最终实现了多样化建筑形态自动生成的基本效果。通过对生成结果的可视化与分析，本文发现，充分利用建筑形态数据的先验信息，针对机器学习内容特点构建紧凑形态表征能使神经网络获得更好的建筑形态生成效果。

2 机器学习在建筑设计领域的相关研究工作

主流机器学习方法的理论基础是统计学，通过对经验数据的统计提升机器性能与智能化水平，大部分机器学习模型都是数据驱动。按照其学习任务来划分，机器学习方法包括分类、回归、概率分布估计等，其中分类与回归主要应用在数据的预测与识别中，概率分布估计主要应用在数据生成中。在建筑设计领域，目前有一定探索的预测与识别问题主要是应用分类与回归模型，而本文希望探索的生成问题则主要应该借鉴概率分布估计模型来解决。

近年来，有关机器学习在建筑生成设计领域的探索包括 2010 年斯坦福大学保罗·梅雷尔 Paul Merrell 等人在 *Computer-Generated Residential Building Layouts* 文中应用贝叶斯网络学习大量住宅平面泡泡图样本，统计其分布概率，实现住宅平面布局的自动化生成；清华大学的黄蔚欣以及宾夕法尼亚大学的郑豪多次尝试了利用卷积神经网络（CNN）以及对抗生成网络（GAN）来识别和生成新的建筑室内平面图。2018 年同济大学的林珏琼等人在《浅层神经网络在环境性能化建筑自生形方法中的应用初探》中提出的一种将机器学习算法应用到传统物理风洞进行环境性能化建筑自生形的方法。

值得注意的是，上述方法尤其是深度学习模型（如CNN 和 GAN）一般需要大量的样本才能保证模型充分训练，因此相关探索主要是围绕具有大量样本的住宅建筑类型开展的。在机器学习模型的选择方面，CNN 主要用于分类和回归，无法直接实现数据生成；GAN 模型虽然可以成功实现从图像到图像的生成任务，但需要大量的数据计算资源。针对本研究选取的学习案例类型属于小数据量样本问题，本文通过结合案例形态方面的组合特点降低数据复杂程度，并利用浅层神经网络实现基本的建筑生成效果，可作为未来进一步研究的基准（baseline）。

3 面向柏林自由大学的建筑形态生成方法

建构浅层神经网络实现柏林自由大学建筑形态自生成的主要流程：

（1）形态解析：解析柏林自由大学平面设计构成；

（2）数据转换：将平面图形转换为适用于机器学习的数据形式；

（3）数据增广：基于柏林自由大学的形态特点构建一个建筑形态数据库；

（4）模型构建：利用构建的数据库划分出来的训练数据集训练一个浅层神经网络，实现建筑形态生成；

（5）实验测试：利用构建的数据库划分出来的测试

数据集来测试训练好的神经网络，利用 GH 对输出数据进行可视化，通过输出数据与原始真实数据的对比来评估神经网络模型的训练效果。

3.1 形态解析

20 世纪 60 年代，由第十小组（Team X）成员 Candilis-Josic-Woods 设计的柏林自由大学（图 1）是"毯式建筑（mat-building）"中最具代表性的作品之一。早期方案是一个低层高密度、具有连续肌理的网络化结构，这种具有模数关系的网格系统灵感来自于北非摩洛哥地区的居民自建住宅形成的一种集群肌理。伍兹通过从细胞到簇、从簇到茎、从茎到网的一套逻辑系统组织各种功能空间，网格化的结构在一定的逻辑规则基础上

既实现了丰富的群体肌理，又能提供灵活多变的空间以适应不同院系、不同功能的需求。主楼里不同学院之间没有空间上的分隔，所有的部门都被连续的网格结构联系在了一起，设计师希望以此促进师生的交往，特别是不同专业背景的研究人员之间交流。设计师设想这个开放的网格结构体系未来还可以继续向外延伸、生长，最终形成一个多中心、拥有城市般迷人肌理的有机整体。

本研究分别从轴网逻辑、街道系统、院落肌理三个方面对柏林自由大学方案进行解析，探索其中隐藏的内在规律，并为扩充数据和评价生成结果提供依据。

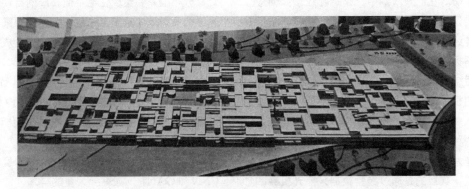

图 1　柏林自由大学方案模型照片

（图片来源：Shadrach Woods. Candilis，Josic，Woods：Decade of Architecture）

3.1.1 轴网逻辑

通过对柏林自由大学首层平面的轴网解析，我们发现其存在着一个明显重复的变化韵律。依据道路结构，我们首先将其划分为 18 个单元的组合体（图 2），正方

形的单元边长约 75.6m，轴网间距有两个基本尺寸，较大的轴网间距约为 11m，较小的轴网间距为 6.8m，大小轴网间距比例约为 0.618，单元纵、横向的轴网均呈现出"大小大小大大小大"的排列规律（图 3）。

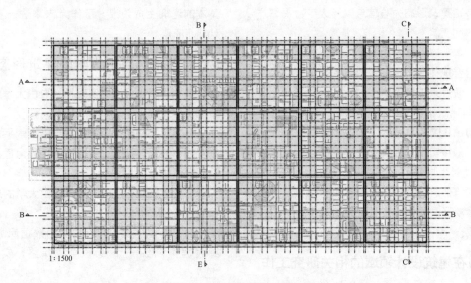

图 2　柏林自由大学首层平面的轴网

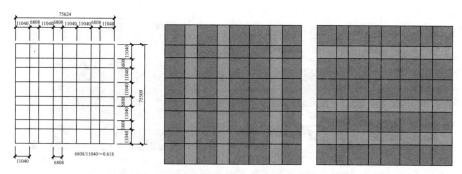

图3　单元内轴网数值与轴网排列规律

3.1.2　街道系统

柏林自由大学的街道路系统可分为三个等级，主要交通由四条宽的平行的道路组成，我们称之为一级道路，一级道路之间则由垂直于它们的二级道路连通起来（图4），一、二级道路围合成的单元内部为三级道路，它们共同组成了整个柏林自由大学的街道系统。

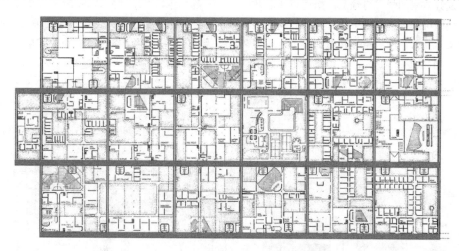

图4　柏林自由大学一、二级道路

单元内部的三级道路因功能的变动而呈现更加多样化的形态：每个单元的横向道路主要出现在第3、第5、第7条轴线上，将垂直方向分成四个部分。竖向道路布置会出现三种情况，分别是第3、第6条轴线，第4、第6条轴线，第4、第7条轴线上（图5），同时会随着具体的功能需求进行调整，如道路数量减少或长度缩短等。

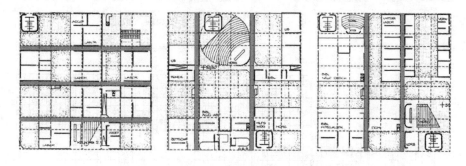

图5　单元内三级道路布置的几种情况

3.1.3　院落肌理

柏林自由大学的院落与实体部分互为图底关系，在网格系统与功能需求的限定下，呈现出高低错落、疏密有致的连续院落空间。我们进一步将每个单元按照轴网划分成64个网格（8×8），分别统计每个网格中庭院出现的概率，得到柏林自由大学一层院落的分布概率图（图6）。可以发现，庭院在四个角部以及中部出现的概率较高，考虑交通联系的便捷性，在一级道路两侧则主要是建筑实体部分，较少布置院落。

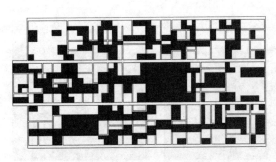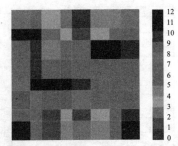

图6　实体与院落的图底关系与单元格网庭院的分布概率图

3.2　数据转换

任何机器学习研究都离不开其前期样本数据的准备，尤其是针对设计方案的学习与预测，如何将图形数据转化为适合神经网络模型的向量或矩阵数据并确定输入与输出的对应关系是本研究的重要环节。经过多次研究与比较后，我们初步确定了以15个基本单元为研究样本，其中剔除掉了包含中央庭院、食堂等大体量建筑的特殊单元样本。

输入数据：以每个单元内部存在的三级道路为界限，将划分出来的建筑以体块的形式来表达，并赋予不同的颜色，经统计共有24种体块类型（图7）。

输出数据：以每个单元内的轴网为界限，将其分解为8×8＝64个小格，每个小格实体分布存在6种可能性，即全为庭院，全为建筑，或者庭院和建筑各有一部分，我们用数字0～5来表达每个格子被实体填充的情况（图8、图9）。

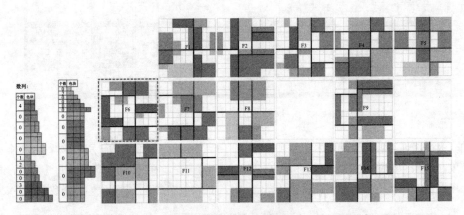

图7　每个单元转换为不同体块数量作为输入数据

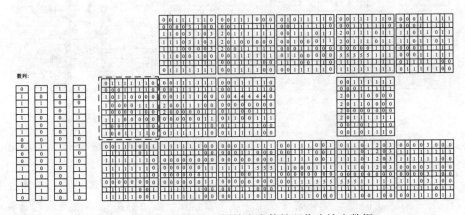

图8　每个单元转换为不同填充实体情况作为输出数据

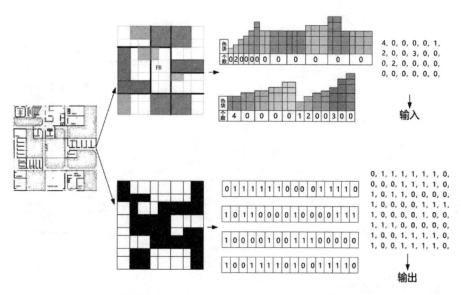

图 9　每个单元图形对应的输入与输出数据

3.3　数据增广

为保证训练效果，我们基于前期对柏林自由大学形态构成的解析，通过人工制作的方式来获得更多的样本。经过对原有 15 个单元样本数据分析与统计，得出以下 7 点样本制作原则（图 10、图 11），最终得到 140 个样本的数据。

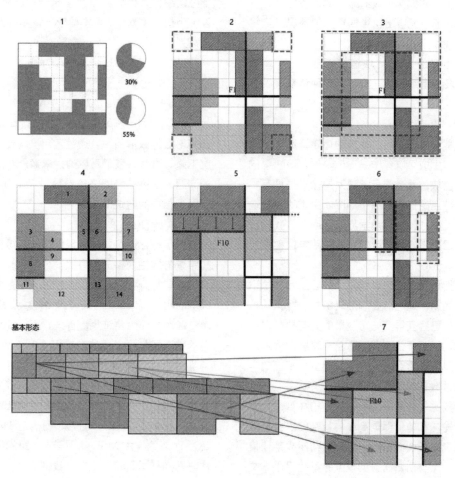

图 10　制定制作样本原则

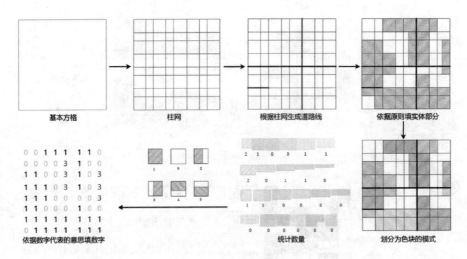

图 11 样本的制作流程

（1）单元绿地率控制在 30%到 55%之间；

（2）单元四角至少有两个庭院；

（3）单元四条边不会出现全部实体的情况；

（4）单元内实体的体块数量在 7～14 个之间；

（5）约有 1/3 的单元会出现大体量实体，且每个单元里最多出现两个，并邻接一级道路布置；

（6）约有 2/3 的单元会出现半格填充的情况，且每个单元内最多出现两个；

（7）所有单元都由 24 种方块进行组合，一个单元内至少出现两种及以上绿、红、蓝、紫四种色系代表的体块。

3.4 模型构建

模型构建是基于机器学习实现自动化建筑形态生成的重点。建筑形态生成可以看作是一个映射，该映射的输入包含了特定色块的数量信息，映射的输出是具有柏林自由大学设计特点的建筑形态布局图。由于映射的输入和输出的变换关系和流程目前学界还不明了，我们很难从直接生成逻辑或者流程设计的思路去获得这种建筑形态生成的映射。

对此，我们把机器学习中数据驱动的思想和方法引入建筑形态生成问题。通过前面的形态解析、数据转换和数据增广，我们已经获得了一定数量的具有柏林自由大学特点的样本，即关于该建筑形态生成映射的输入与输出样本对，只要选择合适的机器学习模型与相应的学习方式，就能通过数据的训练获得该映射关系。

根据前文的数据转化解析，我们知道柏林自由大学建筑形态生成的输入和输出都是高维向量空间。由于该映射的输出是建筑形态图而不是一个分类判断或某些量的预测值，关于分类与回归任务的模型并不适用于本文的研究。因此，我们无法直接使用 SVM、KNN、逻辑回归等经典的机器学习模型。与此同时，受限于本文研究的建筑形态样本数量是十分有限的小样本问题，我们也无法直接采用 CNN、GAN 等需大量数据计算资源的深度学习模型。

根据目前样本的特点和规模，我们采用浅层的人工神经网络作为柏林自由大学建筑形态生成的基本模型。设 x 为模型输入，y 为模型输出，则神经网络模型可以表达为：

$$h = \sigma_1(W_1 x + b_1) \qquad (1)$$
$$y = \sigma_2(W_2 h + b_2) \qquad (2)$$

其中，h 是神经网络的隐层；$\{W_1, b_1\}$ 是输入层的参数；$\{W_2, b_2\}$ 是输出层的参数；σ_1 和 σ_2 分别是输入层和输出层的激活函数。通过运用反向传播算法、共轭梯度下降等方法，我们可以通过求解一个二次泛函最优化的问题来获得神经网络的参数 $\{W_1, b_1, W_2, b_2\}$，从而得到相应的建筑形态映射。

3.5 实验测试

为了验证训练好的神经网络的生成效果，我们结合了定量与定性两种分析方式。

在定量分析中，我们把经过人工数据增广的 140 个样本随机选择 112 个（80%）作为训练集，其余的 28 个（20%）作为测试集。首先，用训练集来确定神经网络的输入层与输出层参数 $\{W_1, b_1; W_2, b_2\}$。为了让神经网络充分学习，我们把 epochs 设置为 100，神经网络会经过 100 次的迭代优化。然后，我们把测试集的样本输入到训练好的神经网络中，并对比用测试生成样本与真实样本的 MSE（均方误差）。对于测试集来说，有超过 90% 的样本 MSE 值小于 7，即神经网络生成的样本与真实样本具有一定的一致性。

因为 MSE 主要反映了样本之间的整体差异，无法衡量其中形态结构的差异，因此我们在定量分析后也利用可视化的手段进行了定性分析。在定性分析中，我们利用 GH 软件对神经网络的输出结果进行可视化，可视化后的输出结果如图 12 所示。从整体上看，经过训练的神经网络能基本实现我们预期的建筑形态生成效果。

图 12　利用 GH 可视化后的输出结果

我们进一步对网络的测试输入（input）、测试输出（output）与真实样本（ground-truth）进行对比，如图 13 所示，我们发现虽然机器生成的样本在整体上能基本捕捉柏林自由大学的建筑形态特点，但在局部上仍有所欠缺。根据我们的形态解析与人工数据增广原则，我们发现生成的数据中有部分并不满足这些规则。同时，真实样本中半格方块一般会连成一个整体而不会独立，但生成样本中会出现较多独立的半格实体，导致建筑实体与庭院的分布比较分散等不足。对于这些问题，我们认为可以通过构建更有效的建筑设计数据的表征方式、增加样本数量、后处理调节等手段来获得更好的生成效果，这些我们将在未来的工作中作进一步的探讨。

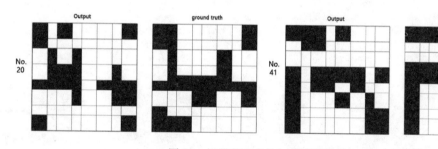

图 13　机器学习成果与原图像的对比

4　结论与展望

本文以建筑形态生成作为切入点，以柏林自由大学为研究对象，探讨了利用机器学习方法实现建筑方案多样化的思路和方法。针对大多数建筑设计类型样本存在的小样本问题，本文通过解析柏林自由大学的构成规律，利用建筑形态的数据化与可视化建模，以人工数据增广的方法构建了一个具有柏林自由大学特点的建筑形态数据集。基于该数据集，结合 MATLAB 以及 GH 等工具，本文训练了一个浅层神经网络模型，实现了多样化建筑形态自动生成的基本效果。实验结果表明，充分利用建筑形态数据的先验信息，针对任务特点构建紧凑形态表征能使神经网络获得更好的建筑形态生成效果。虽然本文的方法目前只能面向特定的建筑类型，且需要在训练数据库的构建中有较多人工，但我们仍然看到了基于数据驱动的机器学习方法在建筑生成研究中的潜力和可能性。

在未来的研究中，我们有以下的改进思路：①寻求和构建更有效的建筑设计数据的表征方式，降低机器学习样本的维度，从而建立更清晰简洁的输入与输出逻辑关系的机器学习模型；②在算法模型中加入更多的关于建筑设计的先验知识或限制条件，通过后处理的方式进一步调整和完善模型输出的生成数据；③构建具有更丰富更大规模的建筑形态标准数据库。同时，现阶段的实验暂时针对的是呈现出来建筑实体与庭院虚体之间的关系，未来我们也可以把机器学习的方法运用到道路生成与内部房间划分等问题的探究中。

参考文献

[1]　LecunY, Bengio Y, Hinton G. Deep learning [J]. Nature, 2015, 521: 436-444.

[2]　Jordan MI, Mitchell T M. Machine learning: Trends, perspectives, and prospects [J]. Science, 2015, 349 (6245): 255-260.

[3]　Goodfellow I., Bengio Y. and Courville A. Deep Learning [M], MIT Press, 2016.

［4］ Paul Merrell，EricSchkufza，VladlenKoltun. Computer-Generated Residential Building Layouts ［J］，ACM Transactions on Graphics，2010 Vol. 29，No. 6，Article 181.

［5］ Weixin Huang, Hao Zheng. Architectural Drawings Recognition and Generation through Machine Learning ［C］. The 38th Annual Conference of the Association for Computer Aided Design in Architecture （ACADIA 2018），At Mexico City. 2018.

［6］ Shadrach Woods. Candilis，Josic，Woods：Decade of Architecture ［M］. New York：F. A. Praeger，1968.

［7］ Tom Avermaete. Another Modern：The Post-War Architecture and Urbanism of Candilis-Josic-Woods ［M］. Rotterdam：NAi Publishers，2005.

［8］ 羊烨，清晰的迷宫——柏林自由大学综合楼 ［J］，新建筑，2013（01）：110-113.

［9］ 林钰琼，姚佳伟，黄辰宇，袁烽. 浅层神经网络在环境性能化建筑自生形方法中的应用初探，2018年全国建筑院系建筑数字技术教学与研究学术研讨会论文集 ［C］. 2018：143-149.

［10］ 邓巧明、刘宇波. 一次跨学科的设计教学探索——以对华工五山校区校园环境品质交互式模拟研究为例 ［C］. 全国高等学校建筑学科专业指导委员会. 2018全国建筑教育学术研讨会论文集. 北京：中国建筑工业出版社. 2018：140-143.

梁恺豪[1]　　高文渊[2]

1. 华南理工大学；m-zhao@hotmail.com
2. 俄亥俄州立大学；yuan19930930@gmail.com

基于移动机器人和计算机视觉技术的施工现场隔墙板自动化建造

摘　要：本论文阐述了现场移动机器人施工平台，基于计算机视觉系统，该平台能够在最小程度的人工介入情况下，自动建造与安装隔墙板。此次研究将围绕以下几个领域展开叙述，包括①该平台的实地安装和定制化多功能末端执行器；②数字化工作流程，自动化分析建筑构件的几何信息，生成机械臂运动代码，同时实现履带式移动平台、机械臂和末端执行器之间的通讯；③精准组装墙板并通过实时计算机视觉技术，实时纠正机器人末端姿态。这项实验验证了在实际建造中使用具备视觉感知的移动机器人的丰富可能性。

关键词：现场施工；计算机视觉；机器人仿真；适应性装配

Abstract：This paper demonstrates the implementation of an on－site mobile robot system, equipped with computer vision system, which can automatically construct standard partition wall with minimum human intervention. On the basis of this research, the following aspects are discussed: 1) the idea of flying factory which can prefabricate architectural products on site, using the data collected from the physical environment; 2) the process of simulating robotic fabrication in the digital software and deploying the technology on construction site; 3) the real-time interaction between computer vision and robot that improves the accuracy of fabrication.

Keywords：Robotic fabrication; Computer vision; Adaptive Construction; On site robotics

1　引言

建筑在历史上一直是一项主流的社会活动。伴随着经济的不断增长，建设工程预计将在接下来几年间持续发展，带来对熟练技工的大量需求。传统的建筑方式通常需要耗费大量时间和人力，近期美国发布的一份数据报告显示人力资源短缺一直是建筑公司面临的长期挑战。同时，该报告预计建筑总成本依然会持续增长，其首要原因是不断上升的建筑人工成本。与工厂制造建筑构件的方式相比，现场装配和组装整体更有效率也更灵活，为应对多样化的施工场景提供了更多可能性。

通过将一个6轴机械臂与履带式移动平台以及计算机视觉技术相结合的方式，能够创建一个现场自动化施工过程，以便减少组装每一面隔墙板的人力投入，同时将隔墙实时调整到指定位置。本论文将这一创新理念引入到机器人现场施工方式并讨论这一理念带来的潜在好处。

2　背景介绍

很长一段时间里，6轴机械臂一直被运用在建筑施工领域的学术研究与商业项目里，主要涉及预制和现场施工环节。苏黎世联邦理工学院多年来都在开展针对通过移动机器人实现施工现场装配的研究[2]，并完成了一系列范围广泛的项目，其中包括砌砖和钢筋焊接[3][4]（图1）。丹麦公司Odico[5]是一家使用6轴机械臂预制具有复杂几何形体的建筑构件的行业先驱。另一家商业公司研发出的Hadrian X机器人[6]则拥有一套工作效率快过砌砖工人数倍、能够进行自动砌砖的机械臂系统。

67

图1 苏黎世联邦理工学院研发的适用于现场的机器人平台

同时，近年来迅速发展的计算机视觉技术也为建筑行业的数字化建造方面作出了诸多贡献。例如，Joshua Bard[7]发现利用卷积神经网络能够实时探测机器人抹灰的缺陷并将其分类处理；Ehsan Asadi[8]曾使用三维摄像头将强度图和深度图结合，以便在机器人刷漆过程中探测边缘信息。

近期，随着传感、实时通讯和数据计算方面的新技术突破，机器人得以进化，因此有能力将机器人技术运用到复杂多变的施工场景中。此次研究试图创建一个适用于施工现场的移动机器人平台。通过先进的计算机模拟和视觉系统，该平台能够在最少人力介入的情况下自动装配并建造常规的隔墙板。该平台的主要特点将会在接下来的章节中阐述。

3 系统结构

3.1 实体结构

该计算机系统的原型机被设计用来在施工现场组装并建造质地轻盈的轻钢龙骨石膏墙板，利用现场采集到的数据，它有能力个性化定制不同宽度的墙板。图2中展示的是用于现场搭建的机器人自动化系统，

它由一个通过锂离子电池供电的RP01移动平台搭载一个6轴机械臂（ABB IRB2600）组成。该移动平台能够不间断工作8小时。计算机视觉方面，机器人配置了分辨率为3856＊2764，像素精度为0.03mm的宝视纳（Basler）的工业摄像头。另外有一个便携的隔墙板组装平台，用来存放隔墙原材料并且协助机器人建造定制化隔墙。

机械臂的末端执行器（图3）是一个定制的多功能工具头。由气缸抓手、吸盘和自动电批组成的工具头，能够抓取吸附抓取区的纸面石膏板，在桌面锯上移动石膏板，切割成不同宽度，而后将它移动到指定位置，再把它拧紧固定在结构框架上。这款智能末端执行器可以让一个单独的机械臂完成通常由两位工人配合完成的多个作业任务。

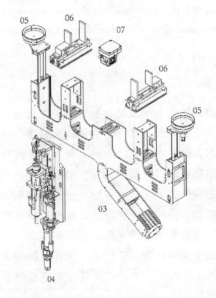

03-End effector frame 04-Automatic drilling tool
05-Suction cup with linear actuator 06-Pneumatic gripper
07-Computer vision camera

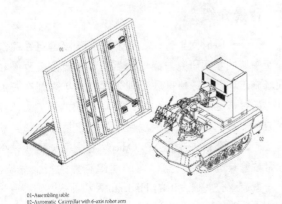

01-Assembling table
02-Automatic Caterpillar with 6-axis robor arm

图2 实体搭建

图3 多功能末端执行器

3.2 数字化工作流程

整个流程从由上传隔墙板 3D 模型到 Rhinoceros 建模软件开始。通过 Grassshopper 插件编写脚本,可自动识别导入墙体的尺寸,相应生成 6 轴机械臂的全程加工轨迹,而后完成对包含指定宽度参数的特定墙板的装配(图 4),进而建立机器人运行代码并通过 TCP/IP 协议将其直接上传到机器人控制柜。

由操作员手动控制的履带式移动平台先将机械臂移动到和组装平台距离相对固定的指定区域,然后操作员通过手持控制面板操作机器人完成整套装配任务。在制作好墙板后,机器人利用吸盘将墙板吸住,并挂装在预制好的墙体龙骨上,由操作员协助完成固定安装。在此过程中,配备计算机视觉的摄像头和机械臂之间持续地进行实时互动,由末端传感器感应得知目标位置,以便检测并调整目标位置的坐标,同时根据施工现场搜集的实时空间数据(图 5),可以提升施工准确率,避免累积误差。

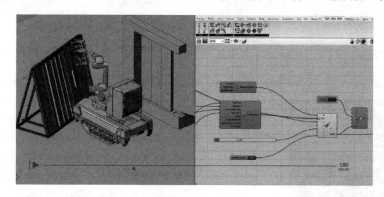

图 4 机器人仿真

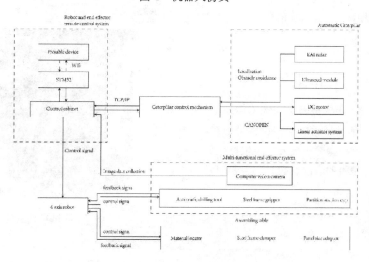

图 5 数字化工作流程

4 机器人视觉

考虑到机器人手臂末端执行器的结构和重量,相机固定在一个手眼配置,同时确保摄像头可以完全捕获下一个需要安装的两个隔墙板的局部角落信息。

4.1 边缘检测

通过角度信息拟合完整的墙板边缘信息,主要采用一种基于无监督学习的平滑 Canny 边缘检测算法[9]。该算法基于 Marr 和 Hildreth[10] 的理论,用来检测候选轮廓是否存在显著的亮度变化,而候选轮廓的选取则使用 Canny 边缘检测算法[11]。在此基础上,Grompone 和 Randall[12] 利用 Mann-Whitney U 检验[13]来评估图像对比度,并使用启发式算法加速算法。经过不断测试,我们发现该算法比单纯使用 Canny 边缘检测算法具有更好的稳定性、准确性和及时性。此外,该算法已经开源,考虑到开发进度的需要,我们将其使用在该系统上。

4.2 特征提取

在检测到边缘之后,可以通过适当的轮廓滤波获得目标边缘点。为了使特征提取更加稳定和有效,这里使用了两种算法,一种是 Hough 变换,获得隔板的两条边线,然后计算该线的交点以获得特征点。另一种是使用最大距离法获得特征点，然后使用最小二乘法来拟合线信息。

4.3 最大距离法

霍夫变换可以准确地检测直线，但其检测速度相对较慢。当图像受到较少干扰时（图6），可以使用与最小二乘结合最大距离法来提取特征信息。具体地，因为在实际情况下图像之间没有太大变化，所以可以容易地确定边缘线和图像边缘的交点。对于由三角形区域组成的 (a_1, b_1, c_1) 或 (a_2, b_2, c_2)，在确定了点 a_1，b_1 之后，搜索轮廓中的点并计算出它们与 a_1，b_1 连接线之间的距离，点 c_1 是最大距离的位置。然后，根据从正规方程 $\theta = (X^TX)^{-1}X^Ty$ 获得直线信息。

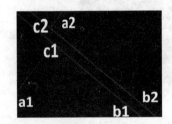

图6　由最大距离法得到特征信息

最后，将坐标信息转换并传送到机器人手臂以进行偏差校正。

4.4 坐标系转换

在计算机视觉系统中，在获得关于图像的信息后，还需要将其转换为机器人基座坐标所在的世界坐标系，这需要相机校准和手眼标定。摄像机校准主要依靠张氏标定法，使用棋盘校准摄像机的内部参数。它主要包括相机的焦距 (f_x, f_y)，光学中心 (c_x, c_y)。手眼标定主要校准摄像机坐标系和末端工具头坐标系之间的转换矩阵 (H_{cg})。摄像机跟随机器人一起移动，因此采用了 eye-in-hand 方法。在这里我们使用了 Navy[14] 手眼校准算法，该算法利用李群理论的知识来解决手眼标定的经典方程。

在完成这些标定后，可以通过下行列出的等式，将图像上的点转换到世界坐标中，z 轴方向上的值由其他传感器获得。

$$z\begin{bmatrix} u \\ v \\ 1 \end{bmatrix} = H_{fx}H_{cg}H_{rg}^{-1}\begin{bmatrix} x \\ y \\ z \\ 1 \end{bmatrix}$$

H_{fx} 是摄像机坐标系和像素坐标系之间的变换矩阵。H_{rg}^{-1} 是最终工具头坐标系到世界坐标系的变换矩阵。

假设，

$$H_{fx}H_{cg}H_{rg}^{-1} = \begin{bmatrix} a_0 & b_0 & c_0 & d_0 \\ a_1 & b_1 & c_1 & d_1 \\ a_2 & b_2 & c_2 & d_2 \\ a_3 & b_3 & c_3 & d_3 \end{bmatrix}$$

那么，

$$\begin{bmatrix} x \\ y \end{bmatrix} = \begin{bmatrix} ua_2 - a_0 & ub_2 - b_0 \\ va_2 - a_1 & vb_2 - b_1 \end{bmatrix}^{-1}\begin{bmatrix} d_0 - ud_2 - (uc_2 - c_0)z \\ d_1 - vd_2 - (vc_2 - c_1)z \end{bmatrix}$$

最后，图像上的点就转换到了机器人世界坐标系下。

5　探讨

通过使用这个现场自动施工机器人系统（图7），一面轻钢龙骨隔墙板便能够在十分钟之内被组装完成，并且组装精度可以达到±1mm。该系统在组装隔墙板过程中只需要极少的人工操作。从理论上来说，只需要一位操作手持操作面板的人员。因此，减少了原本参加组装过程的劳动力。尽管在初始阶段里工人们仍需要在某些时刻进一步拧紧螺钉，拥有更可靠性能的全新末端传感器完全有能力让这部分工作得到改善。

图7　测试场地的移动机器人平台

根据测量数据，使用这个履带式移动平台平均减少了30％的组装时间，比传统人工作业更有效率。

然而，该移动平台的运动受限于程序化的线性路径。在下一阶段的研究中，可以根据三维模型的导入和实际环境的扫描，自动生成运动路径，从而提升平台的移动性能。针对改进这个方面的研究正在进行中。

计算机视觉系统能够达到一定程度的精度，然而，在三维空间里往往难以完整捕获二维摄像头视角的信息。尽管通过调整末端执行器能够使摄像头的成像平面与目标墙体平行，三维信息被投影到二维平面进行处理，由于处理误差，有时结果并不能够达到预期效果。另外，尽管三维摄像头能够搜集一些相对完善的三维空间信息，想要在提取特征信息时，使其拥有二维摄像头识别的精度还具有一定难度。因此，解决方案是先把二维摄像头和三维摄像头相结合，用三维摄像头预估姿态，然后调整末端执行器，进而将三维信息投影到二维平面，最后使用二维摄像头处理图像。

参考文献

［1］ News Release. （2018）. THE EMPLOYMENT SITUATION—DECEMBER 2018. U. S. Department of labour.

［2］ Helm, V. (2014). In-Situ Fabrication：Mobile Robotic Units on Construction Sites. Architectural Design, 84 (3)：100-107.

［3］ Giftthaler, M. , Sandy, T. , Dörfler, K. , Brooks, I. , Buckingham, M. , Rey, G. , Kohler, M. , Gramazio, F. and Buchli, J. (2017). Mobile robotic fabrication at 1：1 scale：the In situ Fabricator. Construction Robotics, 1 (1-4)：3-14.

［4］ Buchli, J. , Giftthaler, M. , Kumar, N. , Lussi, M. , Sandy, T. , Dörfler, K. and Hack, N. (2018). Digital in situ fabrication-Challenges and opportunities for robotic in situ fabrication in architecture, construction, and beyond. Cement and Concrete Research, 112：66-75.

［5］ Odico. dk. (2019). Odico. ［online］ Available at：https：//www. odico. dk/［Accessed 24 Jan. 2019］.

［6］ FBR. (2019). FBR (Fastbrick Robotics) | Industrial Automation Technology. ［online］ Available at：https：//www. fbr. com. au/［Accessed 24 Jan. 2019］.

［7］ Bard, J. , Bidgoli, A. and Chi, W. (2018). Image Classification for Robotic Plastering with Convolutional Neural Network. In：ROBARCH 2018, Robotic Fabrication in Architecture, Art and Design. Zurich：Springer Nature Switzerland：3-15.

［8］ Asadi, E. , Li, B. and Chen, I. (2018). Pictobot：A Cooperative Painting Robot for Interior Finishing of Industrial Developments. IEEE Robotics & Automation Magazine, 25 (2)：82-94.

［9］ Grompone von Gioi, R. and Randall, G. (2016). Unsupervised Smooth Contour Detection. Image Processingon Line, 5：233-267.

［10］ D. Marr and E. Hildreth, Theory of edge detection, Proceedings of the Royal Society of London B：Biological Sciences, 207 (1980)：187-217. http：//dx. doi. org/10. 1098/rspb. 1980. 0020.

［11］ J. Canny, A computational approach to edge detection, IEEE Transactions on Pattern Analysis and Machine Intelligence, 8 (1986)：679-698. http：//dx. doi. org/10. 1109/TPAMI. 1986. 4767851.

［12］ R. Grompone von Gioi, J. Jakubowicz, J. -M. Morel, and G. Randall, LSD：A fast Line Segment Detector with a false detection control, IEEE Transactions on Pattern Analysis and Machine Intelligence, 32 (2010)：722-732. http：//dx. doi. org/10. 1109/TPAMI. 2008. 300.

［13］ H. B. Mann and D. R. Whitney, On a test of whether one of two random variables is stochastically larger than the other, Annals of Mathematical Statistics, 18 (1947)：50-60. http：//dx. doi. org/10. 1214/aoms/1177730491.

［14］ Park F C, Martin B J. Robot sensor calibration：solving AX＝XB on the Euclideangroup ［J］. IEEE Transactions on Robotics and Automation, 1994, 10 (5)：717-721.

缪博文　时晨乔　熊　璐　王文宇　赵彦锦
华南理工大学；20685385@qq.com

面向大规模复杂造型定制的数字化建筑混凝土柔性模板设计与制造探索 *

Digital Design and Construction of Fabric Formed Concrete Formwork towards Mass Customization

摘　要：本研究的目的是探究能够对接生产的复杂曲面的生形与优化算法，并构建一套能够满足商业化生产的复杂曲面混凝土柔性模板的加工过程。当前，复杂三维曲面混凝土板材制造工艺存在造型单一、难以大规模定制、造价高与人力成本高、制造周期长等问题。因此本研究提出一种制造简单、成本低、工业化程度高，尤其适用于大规模定制的三维曲面凝土预制板的制造工艺，并通过搭建小型构筑物验证其可能性。研究首先探索柔性模板的数字化模拟与找形机制，开发相应数字化建模软件；其后通过数字化生产工具如三维扫描仪、三维打印机、机械臂等进行编程，完成模板的加工生产；最后搭建验证模型，对工艺的精度、构件力学性能与美学等方面进行综合验证与总结。

关键词：大规模定制；混凝土；织物模具；机械臂加工；数字化建造

Abstract：This research is planned for exploring forming and optimization algorithms for complex surfaces and establish a fabrication process which could satisfy commercial producing flexible mold for complex curved concrete. For now, and instance, there are plenty of issue of manufacturing technic for complex three-dimensional curved concrete slabs including limited shape species, difficulty to mass customization, high cost of manufacturing& labor and long terms of production cycle. For the reasons mentioned above, this research purposes a manufacturing process of three-dimensional curved concrete precast slabs that are simple to manufacture, low in cost, highly industrialization, and especially suitable for mass customization while we also verify the possibility by constructing a small-scale construction. The research first explores the digital simulation and form-finding mechanism of flexible molds and develops corresponding digital modeling software. Then, through digital fabrication tools such as 3D scanners, 3D printers and robotic arms, the molds are fabricated. Finally, the verification model is built for comprehensive verification and summary of process precision, component mechanical properties and aesthetics.

Keywords：Mass Customization；Concrete；Fabric Forming；Robotic arm；Digital Fabrication

1　研究简介

随着现代科技的发展，越来越多的数字化技术正在影响着各个领域。可视化编程软件的应用使得建筑师有越来越多的机会完成复杂的建筑形式方面的设计，而伴随着设计工具的进步，建筑领域的高新制造技术

---

* 华南理工大学大学生创新训练项目，面向大规模复杂造型定制的数字化建筑混凝土模板设计与制造。

却并没有得到广泛的普及，许多地方还在沿用着落后而低效的制造方式，这导致很多情况下建筑师并不能很好地落实自己的设计，而是受限于技术与成本方面。以混凝土建筑为例，当前，复杂三维曲面混凝土板材制造工艺存在难以造型单一、难以大规模定制、造价高与人力成本高、制造周期长等问题。在材料科学飞速发展的今天，我们亟待寻找到一种适应混凝土浇筑的、可重复利用的并且较为环保的资源。一方面，新的材料可以帮助人们解决模板浪费的问题，它应该具有可重复利用性。本研究针对上述问题，探究能够对接生产的复杂曲面的生形与优化算法，并构建一套能够满足商业化生产的复杂曲面混凝土硅胶模板的加工过程，提出一种制造简单、成本低、工业化程度高，尤其适用于大规模定制的三维曲面凝土预制板的制造工艺，并通过搭建小型构筑物验证其可能性。在项目组织模式上，通过毕业设计—SRP科研项目—社团自研究—学院实验室自上而下的结合模式，培育了大量对建筑数字技术感兴趣的学生，形成了切实有效的梯队建设。

2 材料与模具

2.1 混凝土与硅胶膜

为了在比较薄的厚度实现较大的跨度，我们选取超高强性能混凝土（UHPC）作为主要材料，由于柔性模具所具有的形态并非一直是水平平面状态，所以混凝土的初凝时间以及丧失流动性的时间十分关键[1]。团队设计多组对比试验，配置不同的纤维配比与环境温度，以及设置一组石膏组进行对照实验。通过试验获得UPHC在25℃混凝土的丧失流动性的时间大约为30分钟左右，也就是说柔性织物对浇筑的混凝土的形变应该从30分钟之后开始。

在模具材料选取方面，混凝土在建筑领域的运用有百余年的历史了，然而经历了一百多年的技术革新，虽然混凝土的种类依托于材料科学的发展有了许多不同的品种，如GRC（玻璃纤维增强混凝土）、UHPC（超高性能混凝土）等[2]，但是混凝土的浇筑方式依然还是最初的木模具或是钢模具。据不完全统计，建筑施工工地中木质模板的周转使用次数不足10次，这一方面是由于胶合板质量决定的，但另一方面，也是无法更改的原因是因为木材本身的材料特性而决定的。新的材料可以帮助人们解决模板浪费的问题，它应该具有可重复利用性。为了与混凝土不会结合，材料表面必须为不渗水的界面，这从另一方面来讲，也是一种提高混凝土表面质量的

好方法。由此，越来越多的人将目光投向了合成材料当中，其中被人们提及最多的一种材料就是——硅胶[3]。硅胶是一种不透水的合成材料，因为其不透水性，所以在用作混凝土模具时，十分容易脱模，而且混凝土与硅胶接触表面光滑程度非常高。硅胶硫化后的分子结构呈立体弹性体，由于这种特殊的分子结构，硅胶拥有着更好的抗氧化能力以及更高的稳定性。因此硅胶作为建筑混凝土模具，也为混凝土提供了更多形式方面的可能性。本次研究主要着手于硅胶材料能为混凝土带来哪些形态方面的突破，这种突破既包括混凝土表面光滑程度的进步，也包括混凝土在造型方面的可能性，如异型混凝土等情况。通过数字化工具和手段，来模拟探索混凝土硅胶模具的可能性，并以其为原点完成技术验证装置的设计与制造。不同厚度的硅胶膜具有不同的形变量以及承载能力。笔者在实验中发现，1mm的硅胶膜形变量大，但是同时承载能力也较低，承载较重的混凝土时容易破裂。且根据硅胶膜厚度，每增加一倍厚度，硅胶膜价格也相应翻倍。同样通过定性的对比试验，综合形变量、承载能力以及价格成本等关系，最终决定选取2mm的硅胶膜作为混凝土浇筑模板进行制造。

2.2 模具设计与制造

模具的设计要考虑到许多方面的因素。首先，水平性，因为混凝土浇筑初期具有流动性，如果模具不具有可以调节水平的设计，将无法应对浇筑场地不平整等情况，产生一块混凝土板边缘厚度不相同的情况，影响后期实际建造；其次，可调节性，由于在混凝土进行初凝时要通过一些比如另外加入其他模具的方式使得硅胶膜形变以获得不同的形式效果，所以整个模具必须在Z轴方向可以调节。模具底座采用CNC铣削木头的做法

木质底座既作为底座，也是上方用来放置其他模具的泡沫板的支撑。泡沫板可以拆卸，每次浇筑都可以选择加入不同的模具已达到不同的形式效果。泡沫板上方选用3030的欧标铝型材作为整个模具的边框，四边以角码链接固定。铝型材与上方10mm铝排一起作为硅胶膜的夹紧固定，为硅胶膜提供预应力保障。硅胶膜选用2mm硅胶膜，既可以保证一定的形变范围，也具有相当高的承载能力。硅胶膜上方即是浇筑混凝土所需要的边框模具，边框模具依靠最上方的压杆与长螺丝与硅胶膜和泡沫板压紧。因为整个模具所用材料只有铝型材、木材与泡沫板，所以可以依靠电锯、CNC以及热线切割机轻易加工获得（图1）。

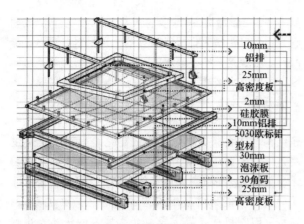

图 1 柔性模具设计

10mm
铝排
25mm
高密度板
2mm
硅胶膜
10mm铝排
3030欧标铝
型材
30mm
泡沫板
30角码
25mm
高密度板

过设定分析网格，放松（relax）网格，以及求得水平平衡与竖直平衡，可以获得一个满足轴向受压的拱形（图2）。

RhinoVault 得到的拱形网格可以借助 T-spline 生成曲面，以获得一个 UV 完整的 NURBS 曲面进行分面操作。分面一般具有几种形式，三角形、四边形或是六边形。对于三角形面板来说，其优点在于三个顶点一定共面，所以不需要再进行平板优化。缺点在于三角网格拟合数量巨大，而且在同一个节点处有可能有不同数量的顶点公用，所以会产生大量的异型节点。四边形面板具有数量固定的节点，一般一个节点只连接四块面板，而且拟合数量要远小于三角形面板。缺点在于四边形需要进行平板化的优化，但这种优化除三角形分面以外的任何分面方式都需要进行。六边形可以简单理解为三角形分面的变体，由于其复杂的平板优化以及制造难度，本次方案暂且不作考虑。通过对偶算法可以得到几种不同的分面方式，将这些分面方式进行平板优化后会产生一定误差，通过误差比对以及前期的调研总结，最终决定以四边形作为整个拱形的分面方式。

3 设计与深化

3.1 力学找形

经过设计讨论决定以混凝土板作为单元完成一个拱形壳体的搭建。那么需要通过力学模拟的方式得到一个轴向受压的拱壳。通过 RhinoVault 与图解静力学的知识得知，拱壳的形式图解与力学图解互为对偶关系，通

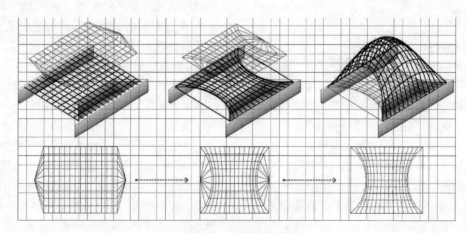

图 2 力学找形过程

3.2 平板优化

平板优化具有很多的优势。首先，平板优化后的单元作为一个共面体，非常易于加工。基于本次混凝土的模具，平板优化也是一种必须的策略。平板化具有很多种不同的方式，最简单直接的方式是求各顶点法向量的合向量作为单元的 Z 方向，然后将各个顶点投影到合向量 Z 所构成的平面上，这种方式非常易于实现，不过由于过于直接与个体化的处理方式，所得到的结果往往会有很大的裂缝。所以可以采取另一种较为常见的优化方式，将每个单元的对点相连成对角线，求得两条相交对角线之间的最短距离。在共面的情况下，对角线之间的最小距离应为 0。通过不断迭

代调整每个顶点的位置，使得最终结果无限逼近于 0，即为另一种平板化的方法。这种方法从全局考虑较多，所得到的结果一定还是一个完整的整体。不过也具有两点问题，一是所得结果只是一个误差相对控制在某个阈值中的结果，也就是说每块面板并非完全平板；另一点是通过这种方法，所得到的结果与原来可能会有比较大的变形，特别是在边角位置。综上，采取两种方式一起的方法，首先通过第二种方式得到一个近似平板的结果，再通过第一种投影的方式得到绝对的平板单元（图3）。这样只需控制误差，就可以得到一个较为完整的结果。（四边单元平板化的算法包含在 Libigl 图形库中，可以直接调用。）

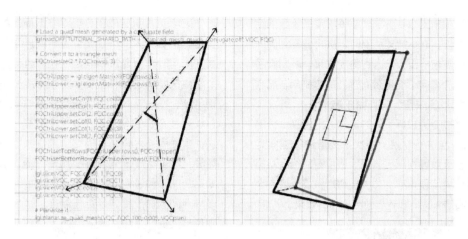

图3　平板优化方法

为了方便卡接与定位，每个单元面板之间都需要设计节点。由于轴向受压的找形方式，节点处应该不存在较大弯矩。通过对大量砖石拱的建造案例的研究，决定采用公母槽的方式作为单元节点，每个单元具有两条公槽，两条母槽。相邻单元之间的公母槽相互卡接，得到完整的空间定位。

4　加工与建造

4.1　机械臂精加工

机械臂应用于工业制造领域已经有许多年的历史了，如今大部分机器人都具有 4 到 6 个自由度，可以同人的手臂一样灵活运动，完成复杂构件的精准加工。通过在机械臂面前设置加工平台，可以使机械臂灵活的竖向铣削，省去了 CNC 的二次加工（图4）。而且因为 KUKA 机器人具有同 grasshopper 的接口（KUKA｜prc），可以通过生形的程序全流程导出加工信息，零点数据、工具坐标（TCP）数据以及加工数据全部通过一个模型生成，可以最大程度解决乱序的问题。模具刀路通过数字化手段只需要设置两种不同的刀路，公槽和母槽，其他的信息如模具长度、节点长度、节点深度/高度、榫卯信息等全部可以同步导出。相比于 CNC 制作一个模具的刀路文件就需要 1 分钟的时间，通过 grasshopper 生成的 288 个模具的机械臂刀路文件并导出，只需 5 秒钟。

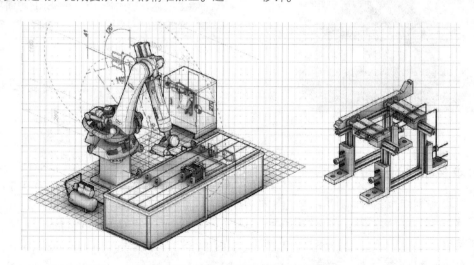

图4　机械臂加工平台与固定夹具设计

4.2　混凝土板预制

使用之前设计的硅胶模具进行浇筑，每块面板都有其独特的形式。通常来说下表面的曲率变化会相对较大，而上表面的曲率变化则较小。在力学性能方面，虽然突起的部分超出了轴向受压线，不过在节点部分的传力方式依然是按照轴向受压线的力流方向，所以整体的力学性能并不会受到太大的影响。

4.3　现场装配

拱桥的脚手架（模架）对于搭建来说至关重要，因为每个混凝土面板的形状不一，在拼接时难免会产生误差，因此需要设计脚手架来支撑并引导调整每块混凝土板的定位和拼接。除此之外，在拆卸脚手架时，拱壳需要经历一个卸载的过程，缝隙被挤压实，达到稳定效果，所以脚手架必须要在 Z 轴上下移动，借助带有顶托的脚手架，配合 CNC 铣胶合板，可以完成整个脚手架的搭建。

实际建造过程就是通过脚手架的定位进行混凝土板的拼合，需要前后两次进行拼接。初次拼接是进行空间定位，只是将混凝土板放置在脚手架的大概位置，然后观察误差并解决一些伴生问题。第二次拼接则是将公母槽完全卡紧，并通过云石胶加固，以达到较为安全的效果。

图 5 装配过程

图 6 建成效果

5 科研结合本科教学的项目组织模式

本次教学与研究活动采用了多种教研模式合一的模式，同时集合了本科毕业设计、SRP（学生研究项目）科研项目、学生社团 SCUT ADL（Archi Digital Lab 建筑数字化小组）及本科建筑学院数字建造实验室日常研究为一体。通过综合各个参与项目的研究特长的形式，整合了教研资源及工作团队。笔者作为 SRP 科研项目成员、学生社团 SCUT ADL（建筑数字化小组）主持及本科建筑学院数字建造实验室学生负责人为一体参与了本次研究过程的全程。在本次科研项目中，项目负责老师作为资源引入和研究指导引领了科研项目的方向，

而作为学生方则形成了自组织自下而上的合作形式。以项目学生负责人的毕业设计位研究原型，整个项目得以展开。同时作为建筑学院毕业设计也得以获得华南理工大学建筑学院的各种支持：学院模型室的 CNC 数控加工平台、操作工具、加工场地及搭建场所。

通过 SRP 科研项目引入了 7 位高年级主要学生负责人，通过擅长方向分类确立了柔性模具设计、实际搭建指导、水泥材质研究及数控加工方向，由 7 位同学完成早期的调研和研究进一步深化的方式，也同时为后期的多场地同时加工奠定了责任制度。学生社团 SCUT ADL 则作为人员补充和技术支持通过合作研究的方式，通过毕业设计负责学生 1 人及 SRP 内 4 位成员主导带入数十位具有数字化技术的低年级同学。通过分工的方式安排 SCUT ADL 内对低年级感兴趣同学作为研究实践验证的执行者，安排在 SRP 研究方向下各个领域。一方面充实了工作团队的人数，同时也引入合适的技术支持作为模拟、构造等细部需要时间投入的支持，同时也为未来数字技术研究的潜在爱好者提供了接触的平台。而数字建造实验室作为建筑学院本科教研的实验场所，通过负责老师及负责学生同为 SRP 研究团队的方式，得以合适运用实验室的硬件设备如机械臂 KUKA KR60 及加工平台等一系列的数控设备。通过这种结合模式，团队妥善的调度了硬件并提高了使用的频率，并为科研加工方式提供了多样的选择和高效的加工模式支持。

综上所述，通过毕业设计—SRP 科研项目—社团自研究—学院实验室自上而下的结合模式，得以合理运用学院及实验室提供的硬件和场地支持；并通过研究项目得以传授学生一定的研究方式，启迪了大量对建筑数字技术感兴趣的学生，从而达到了多合一、以小传大的教学影响力。

参考文献

[1] Orr J J, Darby A P, Ibell T J, et al. Concrete structures using fabric formwork [J]. Structural Engineer，2011，89 (8)：20-26.

[2] Veenendaal D, Coenders J, Vambersky D I E J, et al. Design and optimization of fabric-formed beams and trusses：evolutionary algorithms and form-finding [J]. Structural Concrete，2011，12 (4).

[3] Diederik Veenendaal, Prof. Mark West, Prof. Dr. Philippe Block. History and overview of fabric formwork：using fabrics for concrete casting [J]. Structural Concrete，2011，12 (3)：164-177.

贾　东　黄秋实

北方工业大学；999jd@ncut. edu. cn

基于数控建造技术应用的木构件精确加工研究*
Research on Accurate Processing on Wood Component based on Application of Digital Fabrication Technology

摘　要：本文围绕数控建造中的木构件精确加工，对比基于 MasterCAM 平台的 Robotmaster 以及基于 Rhinoceros 平台的 KUKA｜prc 两套可视化编程软件系统在数控建造过程中的异同点，分析两者的操作平台、操作方法以及对设计过程思路的影响，并使用库卡机械臂通过木造实例建造实验进行验证。

关键词：可视化编程；数控制造；数字化建造；机械臂

Abstract：The paper focused on the accurate processing on wood component in digital fabrication，compared the similarities and differences between Robotmaster based on MasterCAM platform and KUKA｜prc based on Rhinoceros platform in the process of digital fabricating，and analysis the operating platforms，operating methods and the impacts on the design process of these two visual programming system. Furthermore，it is verified by the wood construction experiment with KUKA robot arm.

Keywords：Visualization programming；Digital manufacture；Digitalization fabrication；Robot arm

近年来，在科学技术高速发展的时代背景下，建筑的建造形式由传统的"人—物理系统"逐渐转向"人—数字信息—物理系统"，从而兴起了有关数字建造的研究。与此同时，数控建造技术及其应用的相关研究工作也逐渐在国内外高校的科研团体与学术机构间兴起。如国外的瑞士苏黎世联邦理工（ETH）、斯图加特大学数字设计研究院（ICD）、伦敦大学学院（UCL），国内的清华大学建筑学院、同济大学建筑系等都较为深入地探讨了数字建造技术在数字建筑设计及建造过程中的应用，从而实现建筑设计的高性能未来。

1　研究背景

1.1　数控建造与机械臂

伴随着 CAD 系统的推出，传统的建筑手绘设计模式逐步被计算机辅助设计 CAAD（Computer-Aided Ar-chitectural Design）所取代，达到电子图纸化，节省了大量建筑图纸手工绘制的劳动时间。这种将数据进行矢量化存储的处理形式便利于修改与存储，也成为了数字化设计的重要基础。自 CAD 衍生出的 CAM 一般应用于制造业中的模具制作，通过对 CNC 数控机床编程以实现自动化加工，从而节省了手工机加工的劳动时间，提高了加工精度与复杂程度。但因计算机辅助建筑建造 CAAM（computer-Aided Architectural Manufacturing）规模与成本之间的反比关系，难以在大尺度、规模小的建筑构件定制中普及。[1]

作为一种相较于数控 CNC 机床更为灵活、低成本的新的数控加工技术的载体，机械臂的应用研究也逐渐在数字建造领域得到学界的关注与深入实践。[2]苏黎世联邦理工的科勒研究团队与麻省理工学院的自动装配研究室（Self-Assembly Lab）结合材料科学、计算机设计与数字建造，应用耦合自适应机械臂制造技术

---

* 科技创新服务能力建设-基本科研业务费（科研类）（市级），110052971921/049。

从建造尺度上探索干扰原理的新型建筑。[3]斯图加特大学 Martin E. Alvarez 教授带领的团队结合工业缝纫技术，利用具有传感机制的机器人技术探索薄木壳制造的新策略，从而在建筑尺度上连接复杂的三维曲面结构。[4]

1.2 北方工业大学关于机械臂木构件加工的研究

自 2016 年起，北方工业大学建筑营造研究团队（NORTH CHINA UNIVERSITY of TECHNOLOGY—ACHITECTURE SYSTEM of TECHNOLOGY，简称 NAST）在贾东教授的带领下由传统民居营造技术与营造流程研究逐渐聚焦于数字建造研究，并已初步建成了机械臂木构件加工平台。团队中的贺宇豪运用由 Rhino、Grasshopper 和 KUKA｜prc 组成的离线编程软件系统进行机械臂木构件加工实验，验证了该加工平台的实用性、互动性与开放性。将具体编程步骤进行拆分详解，并对机械臂木构件加工的做法要点作出系统的总结，为后续的研究提供了新的技术平台。

本文在此研究基础上引入数控机床编程软件 Mastercam 及其搭载的机械臂仿真模拟软件 Robotmaster，对比两套离线编程在界面、操作、功能上的异同点，并通过木造实例建造进行验证，分析两者对数控建造不同的推动作用。

2 基于可视化编程的机械臂木构件加工平台

2.1 Mastercam 及 Robotmaster

在原有基础的机械臂木构件加工平台基础上将 Grasshopper 及 KUKA｜prc 插件替换为由 Mastercam 与依托于 Mastercam 的 Robotmaster 软件，通过数控机床编程软件 Mastercam 进行加工刀路编写，使用 Robotmaster 对机械臂进行仿真模拟与控制。

Mastercam 是一款由美国 CNC Software Inc. 公司开发的基于 PC 平台的 CAD/CAM 软件，因其强大的数控编程能力而被广泛应用与机械、航空、电子等行业。华南理工大学的韩伟对典型的编程加工策略在五轴数控加工编程中的应用方法进行研究，并对相应的刀轴控制、机床结构种类等参数的设定方法进行比对分析，验证了 Mastercam 的实用性与研究潜力[5]；广东工业大学的梁焱使用 MastercamX7 中的高速加工策略进行机械零件的数控加工，验证了其有助于实现高效精确加工，且相较于常用的三维加工编程，其加工质量、效率都有所提高[6]。机加工知识的匮乏以及学科知识的壁垒，使 Mastercam 鲜少在建筑学院中得到传播学习，建筑学界关于该软件的研究多为一笔带过的介绍[7]，鲜少有基于

该软件的数控建造研究。

Robotmaster 是一款大型通用机器人离线编程仿真软件，由加拿大 Jabez 软件公司开发，并于 2002 年面世，该软件可兼容当前市面上绝大多数的主流工业机器人，可对机器人作业工序进行编程、模拟仿真和代码生成等功能，并能通过其强大的动态交互能力实现离线编程示教。江南大学的田媛利用 Robotmaster 对管—板焊缝定位路径进行仿真模拟，验证了管—板焊接方法的可行性[8]；张世炜使用 Robotmaster 对半挂车喷粉作业进行仿真，验证了喷粉机器人离线示教的可行性，降低了示教成本[9]；而建筑学界目前暂无相关应用研究。

操作流程（图1）：①将工件转为 STP 文件并导入 Mastercam，进行数字模型的初步处理；②根据工件模型规划加工路径并编写加工程序；③启动 Robotmaster 进行参数设置，再根据生成运动的轨迹与仿真结果进行路径优化，调整运动轨迹中机械臂的姿态；④若在工序模拟中出现奇异点、碰撞等报错现象，需重新对路径进行修改规划，最后导出程序并进行现场验证；⑤根据实物结果可进行方案再设计与模型再制作。

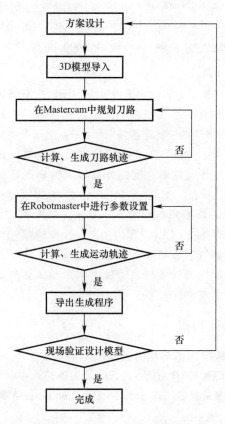

图1 木构件加工操作流程图

2.2 基于 Mastercam 及 Robotmaster 软件的可视化刀路编程

2.2.1 数字模型处理

Mastercam 作为 CAD/CAM 软件虽然具有一定建模功能，但在建筑及建筑构件的异形造型处理与参数化建模方面远不如 Rhino 与 Grasshopper 的组合强大，因此需将 Rhino 的 3dm 模型文件转换为更稳定的其他格式（如 stp 等）导入 Mastercam 进行处理，生成 encam 文件。由于机械臂可根据由 TCP 测量出的基座标为参照坐标系进行机器人运动以及位置的编程设定，在数字模型初步处理时可使用"转换—平移 3D 平移"功能对工件的坐标位置进行设置，以便于后续在计算机中进行实物操作的仿真模拟。

2.2.2 刀路规划

Mastercam 2017 软件的界面风格与 AutoCAD 以及 Office 系列软件相似，较为友好。主要菜单栏根据功能分为草图、曲面、实体、建模、标注、转换、机床以及视图几项，此外，用户可根据需求加入 MODOL-PLUS 以及 MASTERCAM 模块。在 Mastercam2017 铣床模块中，多轴加工的方式有：曲线、侧铣、钻孔、通道等，多种刀路编程策略提供了更多的加工方式选项，使加工轨迹更加合理高效，为加工效率及质量提供了保障。

在 Mastercam 中进行刀路规划与编写的步骤较为简单，设定机床参数，选择对应的刀路类型，如五轴钻孔、全圆铣削、曲线等，再进行刀路参数调整。此外，在刀路编辑方面，可利用 MODOLPLUS 插件对曲线刀路进行高效编辑，且 Mastercam 中具有刀路策略支持，可以通过计算机进行雕刻类与曲面铣削类刀路轨迹的大量运算。操作者需要对机加工基础知识有一定掌握，理解刀路类型的含义、刀具参数中进给速率、刀轴转速与刀径补正等数值的概念与设置方法。

1) 钻孔加工刀路的编写

Step1 在"机床—铣床"中选择具体的机床类型（KUKA kr60），并在弹出的新窗栏"刀路"中选择"多轴加工—钻孔"；step2 在弹出的参数面板中选择相应刀具，根据需要设置刀具相应的半径补正、线速度、进给速率等数值；step3 在参数面板中"切削方式—图形类型—线"一栏选择需要加工的孔洞中轴线，并可根据需要在"共同参数"一栏中对机械臂钻孔参数做出增量调整；step4 对刀路进行模拟与验证，进而对刀路及其加工效果进行优化。

2) 切割刀路的编写

使用 MODOLPLUS 模块中的五轴边缘路径（C5X

Paths Edges）进行切割刀路的编写：step1 点选目标边缘并保存，作为初步路径；step2 在五轴曲线面板（Create Curve 5 axes）中进行刀轴显示以及刀具参数设置；step3 根据模型特点对刀路进行刀轴角度变化、路径长短、路径剪辑等调整，并根据模拟加工效果进行再校正；step4 在群组编辑（Group Manager）中对路径进行刀具群组编辑，并进行生成与更新操作以同步到 Mastercam 中并生成相应的刀具群组；step5 对刀路进行模拟与验证，确保其与其他刀路衔接过程安全，进而对刀路及其加工效果进行优化。

2.2.3 机械臂模拟仿真

在刀路编写完毕后，打开 Robotmaster 插件，在"全局"中设定机器人的型号信息与基座标系、工具坐标系的参数。在"局部"中的"优化面板"选项中逐一对工序进行运动姿态模拟，结合现场操作的真实情况，根据直观的报错数据曲线进行机械臂姿态的调整优化。在各工序前后根据情况在"局部"中设置具有明确坐标的跳转点，或具有相对坐标与相对位移的退出点。在各个动作中均可使用离线编程示教功能对运动轨迹进行更改。

2.3 KUKA｜prc 与 Robotmaster 异同

在界面显示上，KUKA｜prc 延续了 Grasshopper 的电池组思路，是直白的可视化编程，相比之下 Robotmaster 更加友好易懂，不需要太强的空间想象能力。

在功能上，二者都可进行离线编程、仿真与代码生成，Robotmaster 能提供直观可视化的动作轨迹优化曲线，并可更简便地进行实时交互模拟，对机械臂进行离线示教。Kuka｜prc 则可以与参数化设计理念结合的更为紧密，可以根据模型文件中参数的更改而实时变更刀路。

在应用方法与学习上，KUKA｜prc 与 Robotmaster 大相径庭，Robotmaster 的使用中可通过软件内显示的机加工词汇查找机械知识进行学习，KUKA｜prc 则需要对机械臂的运动原理、程序编写以及机械知识都有较为系统的理解，但因 Grasshopper 的特性，其学习潜力更大。

3 木构件实物模型制作

3.1 从精准重复到精确加工

团队通过"冷板凳"与"三尺讲台"的设计与真实比例木构件加工制作（图2），分别实现了规则形体木构件的重复加工以及异性木构件等特殊加工，验证了基于 Grasshopper 与 KUKA｜prc 可视化离线编程木构件加工平台的实用性、互动性与开放性。通过本次桌子的设计与真实比例木构件加工制作，同样验证了基于 Mastercam 与 Robotmaster 可视化离线编程木构件

加工平台的实用性、互动性与开放性，并通过制造过程中的反馈及时优化方案，实现了在工件上多次精确加工。

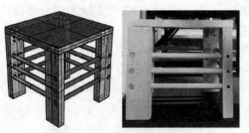

冷板凳数字模型与实物模型　　　　三尺讲台数字模型与实物模型

图 2　冷板凳与三尺讲台实验（图片来源：《北方工业大学学报》）

3.2　基于 Mastercam 与 Robotmaster 的桌子实物模型制作

桌子的制作融合了团队冷板凳模型的规则重复与三尺讲台模型的自由开放，延续了冷板凳简明准确的穿插结构加工逻辑，以及三尺讲台兼顾视觉与结构要求的形体表达根据人体尺度的数据进行整体建模。轴心对称的意向使构件的加工工艺可进行部分批量处理与个性定制相结合，在标准化加工的过程中充分发挥了机器人技术所独有的低成本小规模个性化定制的特点。其第一次制作过程为：在计算机

中对桌子进行了整体建模；对模型构件的加工工序进行组织计划；将各构件的数字模型导入 Mastercam 中，对其坐标位置进行 3D 转换；编写刀路加工程序并反复进行验证与优化；对模型各构件进行实物单体加工、组合加工和组装。

桌子的二次设计与制作是基于初步完成的模型基础上进行的，在结构稳定性与节点构造上都有了提升。在模型基础上进行设计层面的再次推敲，在设计的过程中结合建造过程的诸多可控因素，通过建造中的反馈来优化设计方案，从而达提高建造可靠性。

桌腿单体加工

桌腿整体加工

图 3　桌子单体加工与整体加工刀路、仿真模拟与实物操作

4　结论

1）验证设计与再设计制造

通过对可视化编程软件的研究，可利用 Mastercam 与 Robotmaster 软件配合机械臂实现木构件单体批量制作以及异形曲面或单个构件的个性化加工，通过木造实

例，也证明了这种加工方法的效果是理想可行的。采用机器人技术进行建造与制造，不仅大幅节省了传统木构件加工中耗费的时间、人力，并使设计人员能通过精确加工建造更好的加入到制造过程中，在设计的过程中结合建造过程需求来优化设计方案，验证设计可行性的同时提高了建造的可靠性。

桌子第一次设计数字模型与实物模型

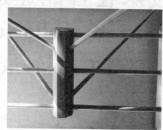

桌子优化设计数字模型与实物模型

图4 桌子实验过程展示

2）两种可视化编程辅助软件对比

KUKA｜prc 是针对于 KUKA 机械臂的插件组，在功能上可将建造过程中参数的变化结合的更好。在使用前应系统的进行 KUKA 机械臂的基本操作与在线编程、传统机加工操作方法以及以 Grasshopper 为主的可视化编程等能力的学习，在学习中应重点把握 Grasshopper 参数设计与控制的特点进行深入探索。

Robotmaster 是较为成熟的数控加工编程软件，在刀路策略支持、刀路加工验证与机械臂仿真模拟中效果更佳。在使用前可有针对性的进行机加工知识的学习，并需要对机械臂的基本操作与在线编程进行学习，在学习中可通过不同加工刀路策略与离线示教深入探索数控加工编程。

3）需要掌握的跨专业知识

不同木材的纹理、密度、含水量对加工技术的不同要求，包括切削方向、切削速度、每尺进给率、齿角与刃口圆角半径、装夹方法、刀具种类与选择等木材切削理论知识[10]；了解机械臂运动原理基础知识，掌握机器人投入运行中测量工具坐标、基座标的基本方法，能够执行机器人程序并通过示教器进行在线编程；能够理解与编写简单的逻辑指令，如信号输出与输入、等待功能与条件停止等。

参考文献

［1］ 于雷. 数字设计——从设计到建造的新途径［J］. 建筑技艺，2014（04）：48-53.

［2］ 袁烽，［德］阿希姆·门格斯，［英］尼尔·里奇等. 建筑机器人建造［M］. 上海：同济大学出版社，2015（6）：10-30.

［3］ Aejmelaeus-Lindström P.，Rusenova G.，Mirjan A.，Gramazio F.，Kohler M.．Direct deposition of jammed architectural structures［C］// Jan Willmann. Robotic Fabrication in Architecture，Art and Design2018. Switzerland：Springer，2018：270-281.

［4］ Alvarez M. E. et al. Tailored structures，robotic sewing of wooden shells［C］//Jan Willmann. Robotic Fabrication in Architecture，Art and Design2018. Switzerland：Springer，2018：405-420.

［5］ 韩伟，梁秋华，刘建光，胡伟锋. Master-CAM 五轴加工典型编程策略应用及分析［J］. 现代制造工程，2017（04）：82-85＋109.

［6］ 梁焱，林丽纯，谢韦莲. MasterCAM X7 高速铣削及其三维编程的实现［J］. 机床与液压，2017，45（20）：49-52.

［7］ 李飚，郭梓峰，李荣. "数字链"建筑生成的技术间隙填充［J］. 建筑学报，2014（08）：20-25.

［8］ 张世炜，吴沙，李晓甫，张智，张修荣. 基于 Robotmaster 的半挂车机器人喷粉离线编程应用研究［J］. 专用汽车，2018（12）：86-90.

［9］ 田媛，平雪良，姚方红，蒋毅. 一种机器人管—板自动焊接方法的研究［J］. 机械制造，2015，53（12）：80-82.

［10］ 马岩. 国外木材切削理论研究的进展［J］. 木材加工机械，2008（04）：35-39＋34.

同 悦 许 蓁

天津大学建筑学院；zhenxu@tju.edu.cn

机器臂技术在智能建造中的应用
Application of Robotic Arm Technology in Intelligent Construction

摘　要：信息技术和建筑工业化正在蓬勃发展，计算机模型与算法被引入建筑学领域，智能建造将会是建筑工业化的发展趋势。智能建造需要数字文本、数字设计、数控加工、建成后需要智能化管理，这体现了信息化促进制造业的升级。我国在这两个领域起步较晚，因此研究建筑领域的数字建造实践具有重要意义。本文以机器臂在建筑工程领域的实践为研究对象，首先梳理工业4.0时代下的智能建造：背景沿革、设备平台、建造思维、建造实践；其次通过"数字柔墙"工程实践探讨这种"计算与建造相结合"的数字设计与建造理论方法。阐述建筑工业化对建筑设计提出新的要求，未来建筑师需要懂得数字设计，了解智能建造。

关键词：工业机器臂；数字化设计；数字化建造；材料建造；建筑工业化

Abstract：Information technology and industrialization of buildings are booming, and digital construction or intelligent construction will be the development trend of building industrialization. Intelligent construction requires digital text, digital design, CNC machining, and intelligent management after completion. This reflects that the upgrading of information technology promotes the architecture industrialization. China started late in these two fields, so it is of great significance to study the digital construction practice in the field of architecture. This paper takes the practice of robotic arm in architecture as the research object, firstly sorts out the intelligent construction under the industry 4.0 era: background evolution, digital platform, construction method, construction practice, and then through the "special-shaped column" engineering practice, this digital design and construction theory of "combination of calculation and construction" is discussed.

Keywords：Robotic arm; Digital design; Digital construction; Programmable material; Architecture industrialization

1　数字技术与建筑学科

作为建筑学人，我们手中的工具一直在变化，建筑学向复杂性和高整合度发展，数字工具的深度介入理所当然[1]。数字技术在建筑学科的渗透和影响也是日益明显的，它从早期的辅助绘图发展到当今的数值模拟、数字设计、数字建造等各方面，同时，数字技术拓展建筑文化的外延，催生了新的建筑美学——数字文化。近年以来，数字技术在建筑设计领域的探索更多是方案阶段的形式生成（数字图解），缺乏可得到检验和反馈的实际建造（数字建造），这无法解决我国建筑制造业升级发展的需要。数字化技术应用和新型建筑工业化将是建筑学发展的趋势，体现了信息化带动下的制造业转型[2]。伴随建筑领域的数字化建造实践日趋增多，其物理形态的输出方面的进展已成为建筑行业关注的焦点。2019年5月11日在清华大学举行的首届"中国建筑学会数字建造学术委员会"则是探讨我国数字设计与数字建造的模式和体系，旨在推动工程设计与建造产业的创新发展。会议聚集跨学科的建筑、结构、材料、机械领域专家，相关学者和工程专家以主题报告、学术研讨、热点交流、成果推广等形式，聚焦当下数字建造领域的学术理论和工程实践等问题。

2 从工业制造到智能建造

相比于建筑行业，将信息技术和数控技术应用在汽车、船舶等制造领域实现从数字设计到数字制造已有成熟的实践经验。一百年来，美国福特公司开发的高效率生产流水线是制造业标准生产方式，通过数字信息的传递完成汽车设计、加工、装配和检测。工业制造以福特公司开发的流水线开始到工业机器臂的应用，工业制造完成了向智能化的飞跃（图1）。进入新的发展时期，随着数字技术的飞速进步，并且建造技术和建造材料不断更新，已经成为 AEC（建筑行业）最为活跃的发展因素。德国"工业4.0"及"中国制造2025"等的新工科概念对工程人才素质提出全新的要求。在新工科语境下，智能建造作为新学科推进我国设计工程行业的数字化转型发展。另外伴随着算法与机器臂的引入，建筑学正在经历从虚拟到现实的"数字孪生"过程，数字化、网络化、协同化成为建筑新工科的特色[3]。

图1　机器臂装配流水线
（图片来源：http://www.archdaily.com）

徐卫国教授指出自 DADA 发起6年以来，相关行业意识到未来发展离不开数字技术，今天是建筑师站在行业发展前列在推动新的产业链，数字建造或智能建造将会变成建筑工业的发展方向。我们所知数字文化反应了数字技术两个最基本的特征：其一是数字化设计；其二是基于数字化设计的智能建造。而智能建造的基础是

参数化工具，这是由于随着计算机技术不断进步和复杂性科学理论的发展，计算机模型与算法被引入建筑学领域，可以通过软件编程控制构件加工或直接施工建造。算法设计和计算机图形学结合使数字设计触碰到更深层的设计思维，帮助设计师去比选和优化设计。基于数字化设计的智能建造使用数控技术、加工多种材料，既可以建成普通的建筑，也可以实现建筑师天马行空的想法。而智能建造需要数字文本，数字设计、数控加工、数字工地、建成后需要智能化管理，所以对我们建筑设计提出新的要求：建筑师需要懂得数字设计，了解数字建造，未来数字设计师将完成从数字设计建模、加工路径编程、再到加工机械控制等一整套的智能建造的数字流程。

3 工业机器臂与数字建造

3.1 数字建造设备发展

1990年代晚期，数字设计与建造之间的不平衡已无法被忽视；2000年后数字化建造概念（Digital Fabrication）逐渐出现在各类实验性方案中，建筑师开始关注从建筑设计到施工过程中数据的对接与整合。实践者将三维模型通过工业软件分析转换为加工数据，输出实际构件，由于这些构件在精度上达到前所未有的工业级标准，特别适合于现场的对接和拼装。数字建筑的早期实践在弗兰克·盖里（Frank Gehry）设计的古根海姆博物馆得以体现（图2），盖里团队在 Catia 软件的基础上开发支持参数化设计到构件级输出的建筑施工软件 Digital Project。

以1952年 MIT 实验室研发的三轴数控机床为开端，到激光切割机和三维打印机，再到五轴加工中心和工业机器臂，数字建造手段的升级让建筑师通过定制化的数字工艺算例来实现复杂的设计。因此，建筑设计思维方式和实际建造都与数字技术逐渐融入一体。技术与设计的发展使得产品突破标准化和模数的束缚，定制化模块可以被更加高效、快速、廉价地制造。未来建筑设计鼓励个性化定制、柔性化生产，设计中的"模数"这一概念将会更多被"参数"这一概念取代。

3.2 数字建造思维转化

科学技术是第一生产力，二战后欧洲兴起的第一波装配式建筑风潮是以降低建造成本，提高建造效率为目的，基本做法是通过模数设计和工厂预制来实现构件的适应性和精确性。但模数化预制构件也因其对个性需求的漠视而成为现代主义建筑的缺陷[4]。

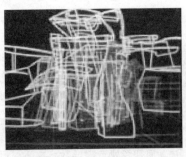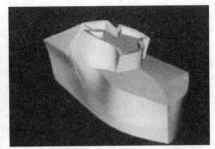

图2　古根海姆博物馆（图片来源：许蓁. BIM应用·设计）

目前，以传统建造方式为主体的建筑业正逐渐被数字加工方式替代，数控技术下的建造方式直接影响到建筑形式和结构设计，也影响到传统的方案设计。从建造思维转向出发，3D打印机与工业机器人技术使得建筑从设计到建造成为一套连续完整的产业链，我们需要了解哪些可以交给计算机去思考；哪些应当由设计师思考，利用工具来实现。虽然工业机器人在制造业领域应用十分成熟，但是在建筑学中它作为全新的数字控制工具出现。部分欧美院校开始探索机器臂在建筑产业化中的应用。例如德国亚琛工业大学在硕士课程中设置机器人建造实训，包含一系列的从虚拟到现实的数字孪生建造实验。在相关的硕士生毕业设计中（图3），关于装配式构件化的在场建造更是研究者的关注焦点。

图3　德国亚琛工业大学硕士毕业设计
（图片来源：代茹诗. 德国亚琛工业大学）

当下中国建筑工人数量只有十年前的一半，工人成本花费的增长将大幅度提高建造的成本。而智能建造未来可以把工人从繁重危险的施工环境中解放出来，同时开拓建造思路，为方案后期施工提供参考。以智能建造为导向的设计将更加注重功能模块的应用，以及在计算机技术驱动模块下实现功能自动化设计，形式自动化生成，构件装配化建造。因此我们发现3D打印技术和机器臂技术对于建筑行业最大突破是建筑师完全介入从设计到建造的全数据流中，使得建筑师对结构性能、材料特性、加工工艺等建造本体问题进行深度的探索。

3.3　建筑机器人

数字设计的内涵其一是将传统的工艺在数字平台上置换和优化，这区别于电气时代"人、图纸、机器"之间的交互关系；其二是数字时代不仅仅让人与人之间的沟通媒介变得更加广泛与直接，同时将人与机器之间的沟通与操作关系变得更加自动化和智能化。匠人，也就是说建筑师的祖先们，同场地和材料发生天然的联系，在建筑师作为一个成熟的职业之前，他们以匠人身份把材料、设计、建造工艺整合在整个设计流程中[5]。进入现代主义以来，由于建设工期和生产效率的要求，建筑师同建造之间被工厂和设备隔离开来，工业流水线的出现让大批量生产成为满足大规模建造的主要物质化手段。设计过程和建造工艺被割裂，建筑师的角色被缩减为"图纸绘制者"，建造变成了脱离设计或是限制设计的一个重要因素，这是由于成本等现实生产因素将设计范围限定在标准构件选型之中。因此机器人作为智能建造的工具，让建筑师重新回到一种传统的工匠精神。

在机器人进入建筑领域之前，数字化建造设备大致包括数控机床、激光切割机、三维打印机。传统三维打印技术有很多优势，但是也受到材料和设备的制约条件，首先，加工尺度方面，3D打印机在打印等尺度的建筑构件受制于打印平台尺寸的限制，CNC设备在一般桌面级的工作范围仍受较大局限。机器臂工作范围为超过桌面级的CNC，且具有移动能力。譬如机器臂可根据不同的加工需求设置工作区，将其固定在导轨或地轨上（图4）。其次，3D打印材料方面也受到塑料（PLA）抗弯性能差的局限，而机器臂较少受到材料的限制，新型复合材料或者传统材料的创新应用都是材料建造的驱动力。再次，机器臂是多轴自动化编程的机械且有开放的工具端，所以同样是数字技术工艺，其建造模式确有很大的不同。

(a) 机器臂在地轨上铣削

(b) 机器臂在导轨上打印

图 4

（图片来源：GRAMAZIO KOHLER RESEARCH, ARCH, ETH）

4 建筑机器人实践

4.1 国外建筑院校机器人建造实践

近十多年以来，法比奥·格拉玛奇奥（Fabio Gramazio）和马蒂亚斯·科勒（Matthias Kohler）成为建筑机器人领域的先驱，在瑞士苏黎世联邦理工学院，他们是数字建筑和数字建造研究领域的第一人。他们在2005年成为首先使用工业机器人在建筑学领域进行多用途建造实验。两位学者一手推动了建筑机器人学科的研究，他们在瑞士苏黎世联邦理工学院成立了世界上第一个建筑机器人实验室。两位教授作为探路者实际上催生出一个新的交叉学科领域：通过机器人技术、计算机技术，将硬件和软件的结合使得建筑师充满想象力的设计通过数字建造手段得以实现。最新的研究关注如何通过机器人技术在材料差异性和形式的复杂性的方面的潜力来扩大产品设计的范围，并且在实际生产中将机器人应用到大尺度在场建造，使用机器人可以开启构件装配从标准化到定制化的转变。

ETH 在 2018 年进行的 D-Fab House 项目（图 5a）研究的是砂型三维打印机器臂技术，该混凝土是特制的，并采用砂型模具浇筑混凝土楼板和墙体。"Smart Slab"与以往巨型砂型三维打印构件不同，本次采用模块化成型的混凝土楼板是基于结构及装饰一体化的研究，借助先进的数字化模拟手段，基于机器人加工平台的数字化建筑设计与建造方式本身具有传统营造方式所

不可比拟的优势，即为工艺非常复杂、定制化程度高的装配式建筑。类似的机器臂加工的模具也曾在 2017 年悉尼大学的铸模研究中出现。楼板表面的纹理是研究者通过算法生形，可以优化室内声音的装饰（图 5b），这是将传统砂型三维打印的艺术装置深化到建筑尺度的构件层级。

(a) 机器臂装配式建造

(b) 算法生形的楼板

图 5

（图片来源：www.dfab.ch 2018）

4.2 国内建筑院校机器人建造实践

国内也有部分建筑院校参与到数字设计与数字建造相关研究中，清华大学建筑学院在徐卫国教授的主持下，从2004年起开设基于算法生形的"非线性建筑设计课"，并依托 DADA 系列学术活动，通过建造工作营、国际会议论坛、展览学术活动来展示数字化设计与建造领域的研究前沿和发展动态。该课程从2005年起开始了对数字建筑设计方法的探索历程，每个作品包含数字设计的技术路线、算法研究、设计过程、建造结果；自 2015 年起，在本科毕业设计开始探索算法生形及机器人建造的教学研究。首先，它扩大了建筑从设计到建造的创作路径和实现手段；其次，它充分显示了数字建造之于设计所充当的限定与创造的双重角色，致力于将数字图解与机器人建造两者的关联和整合。整个教学以建造为核心进行展开，主要包含前后连接的三个环节[6]。课程从生物原形研究出发，探索"形式"与"结构"的内在关联性，通过数字建造来训练学生对建筑本体问题的探索。

最新的建造实践是 2018 年 CAADRIA 清华工作营的成果。清华大学建筑学院——中南置地数字建筑中心

是以徐卫国教授为核心致力于智能建造系统的研究团队，其自主研发的多项混凝土打印技术缩小了我国与欧美高校相关领域的差距。"弯曲迷宫"项目展现了机器臂精准空间定位特性，科学把控混凝土材料性能，及多台机器臂协同打印的优势，从而高效呈现数字建筑的复杂形态。本次设计原型选用线粒体内膜形态，通过模拟线粒体内膜褶皱的嵴膜形态，将线粒体形态用在曲面形体上。在建造阶段采取分参错缝的打印方式解决混凝土接缝处强度薄弱问题（图6），充分展示3D打印混凝土技术对于智能建造的优势[7]。

图6　机器臂协同挤出打印
（图片来源：CAADRIA Tsinghua Workshop 06，2018）

5 "数字柔墙"工程实践

5.1 大规模定制化的机器臂数字工艺

自第一次工业革命（1760-1820）发生，制造业在大规模生产领域蓬勃发展，建造实践也被缩减成工厂里的简单工艺，而工厂大规模生产的都是批量、标准的线性建筑构件。这往往难以再现参数化设计中复杂的几何形态，且这种生产方式的材料利用效率低，表明标准化的现成工具在定制形体上的困难。滑模工艺（Slip Forming）是指固定尺寸的模板由设备牵引进行施工，一般应用在建筑在场建造的构件化中。滑模施工以液压千斤顶为提升动力，带着1米左右的模具沿着混凝土表面向上滑动，成型材料则分层浇筑，达到一定强度后模板会继续滑升，最终完成构件的设计高度，适用于加工出规则截面的几何构件。将传统滑模工艺同机器臂技术相结合，即数字化编织工艺可以进行非线性数字模型的生成，也可以大大减少材料的使用和浪费。

北京郎园Vintage"数字柔墙"互动景观装置是笔者在于雷工作室（ASW）参与的实际建造项目。ASW团队旨在研发基于混凝土材料的建造工艺，并且将机器臂技术引入大规模定制化生产"工业4.0"模式。本次案例研究的对象是混凝土材料，研究的工艺是混凝土异形柱的构件化。项目经过一系列的参数化找形、结构优化、算法生形的路径规划、混凝土材料实验、气动工具端设计，为工业4.0时代的建筑产业化做出一次尝试。

5.2 研究过程

5.2.1 参数化原型

景观墙原型是基于参数化找形的异形柱（图7），构件表面不是平面而是双曲面，使用各个矩形截面的旋转度数控制整个墙体的非线性找形过程。前面提到机器臂在工业化中诸多优势：负重（承担几百公斤的荷载）、灵活性（更大尺度的加工空间）、精准性（工业级别的精度），因此使用新型数字工艺可以使传统材料创造出复杂的空间曲面形体。

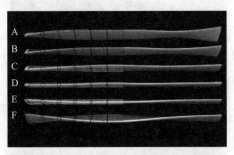

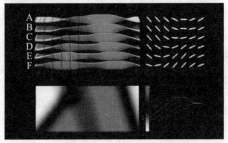

图7　混凝土异形柱参数化找形
（图片来源：Yu Lei. ASW）

5.2.2 结构优化

这部分我们结合混凝土的材料实验、通过Grasshopper对异形柱扭转程度进行调节，在受力和美观上做出优化，对景观装置墙的整体曲度、局部曲度进行把控，分别呈现出扭转0度、15度、30度和45度的状态（图8）。

5.2.3 机器臂滑模工艺

机器臂基于多轴空间定位的提升过程可以将滑模工艺内嵌其中，在第六轴法兰盘端加载夹具控制材料在运行过程中生成的形状（图9），来完成定制非标的混凝土建筑构件。使用数字设计工具和机器人建造来重塑设计和建造之间的联系，将几何、材料和工艺整合在一起。基于此工艺的建造表现为是物理环境中的数字孪生过程，即数字信息模型在虚拟空间中进行仿真，并将其数据格式最终转为真实建造中加工指令，即KUKA加工代码（KUKA Robot Language）。通过加载至第六轴夹具利用法兰盘的转动脱模，让混凝土凝结塑形为异形

柱。机器臂对线性材料断面控制提供了有效的方法，激

发出混凝土作为工艺制品的精确性。

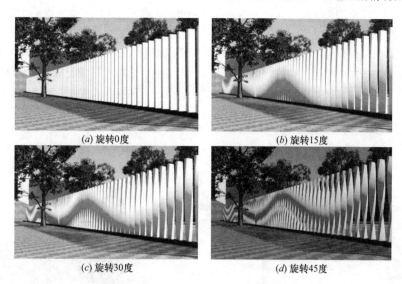

(a) 旋转0度

(b) 旋转15度

(c) 旋转30度

(d) 旋转45度

图8 "数字柔墙"参数化原型的旋转角度（图片来源：Yu Lei. ASW）

图9 机器臂法兰盘转动控制异形柱的形态
（图片来源：Yu Lei. ASW）

5.2.4 机器臂路径规划

异形柱建造时的路径就是让机器臂的工具端在既定规划路径上移动，让机器臂建造的运动轨迹同规划路径相吻合，所谓路径规划指在虚拟空间中模拟真实物理环境的数字孪生。材料建造策略是一个几何截平面按照轨迹曲线在不同标高处扭转不同的角度（图10）。路径规划将异形柱进行面化、线化、点化，提取出这些点的几何信息：坐标、曲率、法向量。进一步将几何信息转化成机器臂加工时的运动轨迹，最重要是将机器臂工具端前沿点的坐标（图11a）同法兰盘中心点关联。由于机

器臂在运动时遵循逆向运动学算法，法兰盘中心点坐标与工具端（TCP）的偏移量非常重要，它关系到工具端运动时两者坐标之间实时换算以决定机器臂的空间定位（图11b）。

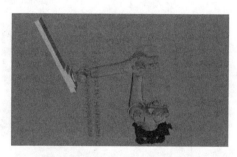

图10 机器臂路径规划中不同标高的构造平面

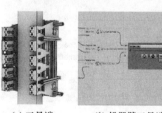

(a) 工具端　　　　(b) 机器臂工具端与法兰盘连接

图11

在机器臂滑模工艺的路径规划中，是依据每根异形柱几何原型的运动轨迹，求得机器臂工具端从前一点滑升至下一点的坐标平面（图12a）。每个运动轨迹是针对姿态各异的115个异形柱的几何原型拆解，描绘出115个与之对应的机器臂的运动轨迹（图12b）。

提取经过修正的矩形平面中心点的构造平面，将构造平面输入到KUKA | PRC路径运算器，生成KUKA

87

Command，再把 KUKA Command、KUKA Tool、KUAK Play 接入 KUKA｜PRC 核心运算器，生成由 KRL 指令操纵机器臂运动的规划路径（图 13）。

5.2.5 机器臂实际建造

机器臂能精准、高效完成加工任务关键在于其工具端的研发，也同实施滑模数字化工艺时建造材料、建造时长密不可分（图 14）。工具端是气动的三维打印的，可以快速开合关闭，保证混凝土在施工中凝结塑形的时长。该项目致力于为自由形态的混凝土构件开发一种新型的模板工艺系统（图 15 HYPER 异形柱工作流），生成定制的、复杂的混凝土建筑（图 16）；目标是通过数字设计工具和机器人建造来重建设计和建造之间的联系。

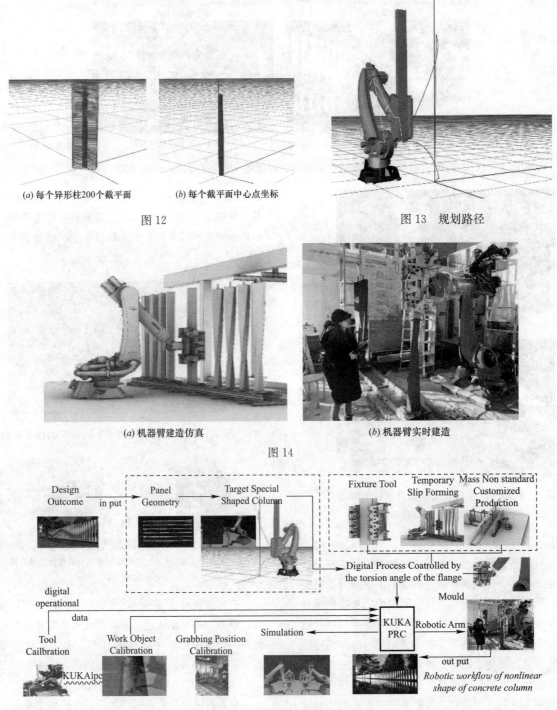

(a) 每个异形柱200个截平面　　(b) 每个截平面中心点坐标

图 12

图 13　规划路径

(a) 机器臂建造仿真　　(b) 机器臂实时建造

图 14

图 15　HYPER 异形柱工作流

(a) 日景

(b) 夜景

图 16

6 结论

本文探讨数字化技术在新型建筑工业化中的发展趋势，阐释机器臂技术在智能建造领域中的优势，它构建的数字设计与建造施工一体化的平台体现信息化带动下的制造业的升级。

这将是建筑教育界关注的重要问题，我们不禁想到未来智能建造会如何改变设计师、技师和工人的角色。联想到文艺复兴时期的工匠曾经把设计和制造合并在一起，创作出充满人文关怀的作品。在工业时代后期，建筑师同建造之间被工厂和机器隔离，所以设计过程和建造工艺被割裂，如今我们看到在数字技术强力的支持下，重拾工匠精神的火炬又被燃起。

文章对于机器臂技术在智能建造的研究停留在初期阶段，未来还需要从建造工具、材料建造、加工工艺等多方面进行探索，从而发挥智能建造主导下的建筑设计、工厂定制化构件、现场装配的优势。

参考文献

[1] 钟冠球. 机械臂的野心——数字控制工具视角下的建造思维转向 [J]. 新建筑，2016（2）：24-27.

[2] 王志刚，许蓁，贺鹏飞，曲翠萃. 虚实结合——美国密歇根大学数字化建造教学浅析 [C]. 数字技术·建筑全生命周期——2018 全国建筑院系建筑数字技术教学研讨会，长安大学，2018：14-17.

[3] 袁烽，赵耀. 智能新工科的教育转向 [C]. 数字技术·建筑全生命周期——2018 全国建筑院系建筑数字技术教学研讨会，长安大学，2018：6-12.

[4] 许蓁，白雪海，巴婧. 基于 BIM 的建筑模型构件化研究 [J]. 城市建筑，2017（2）：19-22.

[5] 于雷，同悦，朱小凤. 记 CAADRIA2018 清华亚洲数字设计年会工作营 [J]. 建筑技艺，2018（8）：22-25.

[6] 陈中高，吉国华，隋杰礼. 建造驱动下的数字化设计教学总结与思考 [J]. 装饰，2017（11）：10-15.

[7] 徐卫国，李宁. 生物形态的建筑数字图解 [M]. 北京：中国建筑工业出版社，2018.

杜 明

同济大学建筑设计研究院（集团）有限公司；52dm@tjad.cn

上海音乐厅室内装饰方案的数字技术综合应用

摘 要：上海音乐厅作为上海市重要的文化场所，近期因设备设施老化展开全面修缮工作，其中音乐厅地下小厅进行了较为深度的破损修复与空间修缮。

鉴于该建筑深厚的文化底蕴，在音乐厅地下小厅的室内设计过程中，设计决定研究并提取地上室内部分的四叶花瓣设计元素，并采用现代化手法加以应用。在地下小厅墙面和天花的设计过程中，为充分拓展设计自由度，我方数字团队专门编制了一套可控概率分布的数字排布算法，利用程序在指定边界条件下，随机生成由固定基本元素构成的完全拼贴图案，并根据建筑师要求实现了各类基本元素的概率控制，以此得到了细腻而生动的设计方案。方案完成后可导入声学计算软件计算混响时间，并迭代修改设计、从而满足声学功能要求。

此外，为充分研究照明条件下不同纹理方案的室内空间效果，我方还利用VR技术全程对各方案进行了即时演算。演算光源全部采用IES导入，以保证模拟效果与真实照明匹配。

通过在本项目中综合应用数字设计手段切入方案生成和评估，显著缩短了设计版本迭代时间、提高了设计深度，并针对声学也可进行快速的响应更新，达到视觉和功能的统一。

关键词：数字技术；程序算法；参数化；VR；室内修缮

Abstract：As an important cultural place in Shanghai, the Shanghai Concert Hall has recently undergone comprehensive repair work due to the aging of equipment and facilities. The underground hall is relatively deeply damaged and worn.

In view of the profound cultural heritage of the building, interior renovation extracts the four-leaf petal elements from other parts of the building, and applies it in a modern way. When designing the walls and ceiling of the underground multi-function hall, the digital team compiles a set of controllable probability distribution digital layout algorithm to further expand the design freedom. The program functions under specified boundary conditions, and it randomly generates a complete collage of basic elements with probability control according to architect's requirements. After program execution, the model can be imported into acoustic calculation software to calculate the reverberation time, etc. This iterative design process repeats until the design meets acoustic functional requirements.

In addition, in order to fully study the indoor space effect of different texture schemes under real lighting conditions, VR technology is also adopted to perform real-time calculations on each scheme. The calculus light source is all imported from IES files to ensure that the simulation matches on-site illumination.

Through the integrated application of digital design method in this project, the solution generation and evaluation are significantly shortened, and the design depth is improved. Acoustic response and lighting condition could be taken into consideration with acceptable cost.

Keywords：Digital Design Method；Algorithm；Parametric；Virtual Reality；Renovation

1 背景

上海音乐厅位于黄浦区延安东路 523 号，始建于 1930 年，原名南京大戏院，1950 年更名北京电影院，1959 年改名为上海音乐厅至今，为上海市文物保护单位（编号 A-Ⅱ-012，保护级别为二级，保护要求二类）。2002 年~2004 年进行了平移和修缮，并于新址新建二层地下室，于原房屋南侧和西侧新建四层房屋。总建筑面积 12986.7m²，其中地上建筑面积 7896.4m²，地下建筑面积 5091.3m²。

作为一个向公众开放的重要艺术表演场所，上海音乐厅自 2004 年 10 月平移修缮重新开业以来，十余年时间里平均每年举办 500 余场演出，建筑本体及设施设备都有不同程度的老化和损坏。应相关部门委托，我方对其进行维护修缮。本文主要对其中地下小厅的改造设计进行讨论。

图 1　上海音乐厅外观

2 设计改造

2.1 现状条件

音乐厅分为文物保护部分（简称文保部分）和非文物保护部分（简称非文保部分）。本文探讨的改造范围为"地下小厅"，位于地下一~二层，属于非文保部分。小厅结构为 2 层挑空，面积约 450m²，305 座的配置与 1243 座的大厅和 120 座的南厅形成渐进梯次，非常适合举办小型室内乐和流行、跨界以及其他探索性音乐活动，是上海音乐厅的重要演出空间。在十余年的持续使用后，建筑本体及设施设备都亟待维护和修缮。此外，上海音乐厅在舞台设备、观众和演职人员配套服务设施设备等方面，都已与当下标准剧场要求存在较大差距。

图 2　地下小厅改造前照片

2.2 小厅改造逻辑

音乐厅地下小厅的室内改造需要综合考虑建筑流线、消防安全、声学特性、室内视觉效果等诸多因素。

建筑流线布局上，减少小厅的出入口，优化声学条件，保留 4 扇门，作为安全疏散出口；由于小厅位于地下一、二层，消防方面采取了增设消防联动门、放大消控室、严控室内装饰材料防火等级等措施。建筑围合方面，在小厅内部采用独立的钢结构柱＋GRC 及双层石膏板，形成新的小厅轻钢龙骨内墙，围合而成的小厅面积不大于 400m²。

原有小厅声学效果欠佳，存在水平串音、混响时间略短、反射区域不均匀等不足，因此本次改造考虑了利用内部装饰提高小厅的建筑声学效果，并顾及与建筑整体风貌匹配度的艺术性。

2.3 建筑声学效果

根据朱相栋、白朝勤等人对观演类建筑声学设计的研究[1][2][3]，要达到良好的建筑声学效果，需要进行合理的体型设计和计算好混响时间。体型设计与大厅的形状和每座容积有关；而混响时间的计算则需要综合考虑顶棚、侧墙、后墙、舞台的位置距离，以及室内装修材料的吸声特性。利用伊林公式对室内进行混响时间计算，表 1 为不同功能观众厅的混响时间推荐值[2]。计算范围包括 125~4000Hz 中间的 6 个倍频带。当混响时间不能满足要求时，可以调整室内装修的材料和构造做法进行修正直到满足设计要求为止。

不同使用功能观众厅满场

混响时间推荐值　　　　　　表 1

使用条件	观众厅混响时间设置
歌舞	1.3~1.6s
话剧	
戏曲	1.1~1.4s
多用途、会议	

本项目室内空间容积较小，在观众席位置上听到的来自各个方向的反射声延迟时间均小于50ms，因此体型不需要为消除回声而做特殊处理，但是对于尺寸较大的房间，反射声的设计就需要特殊处理。如进行墙面的扩散处理、增加反射板等都是消除反射延时回声的常见做法。

2.4 装饰的艺术性风格

为了在装饰改造过程中达到整个建筑风格的统一，设计过程以音乐厅地上部分（文保部分）作为取材来源进行分析和提炼。

本建筑的重点文物保护部位均在地上，主要分为门厅、东侧走廊、大观众厅、舞台等部分，具有典型的欧洲古典建筑风格。门厅室内挑空三层，海上蓝穹顶中镶嵌着金色雕花，四周十六根合抱式的罗马立柱，正中汉白玉旋转楼梯，门厅东侧为两层侧厅，南侧即为四层挑高的观众厅，面积约600m²，两层阶梯型观众席位1243座。海上蓝穹顶上镶嵌着金色雕花，与海上蓝雕花座椅浑然天成。观众厅南侧为舞台，舞台挑高四层。

经过设计人员的多次现场踏勘和素材采集，提炼出极具上海音乐厅地上部分风格代表性的四叶花瓣元素，如图3所示。

图3　地上原有建筑风格及抽象元素

3　地下小厅的数字化设计

3.1　墙面纹理设计

根据项目特点，为了兼顾建筑声学效果和装饰的艺术风格，在地下小厅装饰工程的设计中采取了人工设计基础纹理，并进行复杂拼贴的方式。基础纹理以地上部分建筑的古典风格四叶花瓣为灵感提炼而成，并制作了1×1，2×2，3×3，4×4四种不同规格的大小，采用埃舍尔图案拼贴的方式平铺布置。

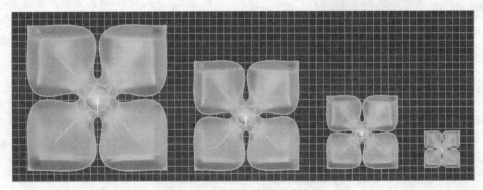

图4　四种不同规格的基础纹理

3.2　人工布置解决方案

方案设计最初采用人工布置的方式贴合四种基础纹理，通过构成一个较为复杂且无缝拼接的基础形态（图5），再不断重复此基础形态，最终达到铺满整个墙壁的目的（图6）。在基础形态设计完毕后，利用数字VR虚拟现实技术将其作为完整的内装方案呈现出来，如图7所示。

在真实比例的VR环境中，不足之处也较为明显：人工布置的基础纹理小范围内预览视觉效果尚可，若拼贴范围扩大至整个墙面则会因基础形态单一、视觉符号大量重复而使视觉疲劳，整体观感欠佳。由于工作量巨大，由人工设计能够满足无缝拼贴要求的基础纹理组合数量有限，不足以支撑大面积场景的均匀随机散布　　需求。

图 5　基础形态

图 6　人工布置后的重复纹理

图 7　人工排布方案效果

3.3　数字技术解决方案

为满足声学与美学的双重要求，在方案设计的第二阶段引入了参数化纹理拼贴技术。结合了三维建模软件 Rhino 与参数化插件 Grasshopper，以实现基本纹理元素的小范围随机拼贴，而整体上呈现四种基础纹理均衡分布的效果。整体上采用了对单元格逐级随机细分，最终批量提取单元格中心点坐标作为拼贴定位点的方式实现图案的无缝拼接。图 8 为算法逻辑图。具体思路如下：

1）网格划分。为实现整体上均匀的效果需要对墙面按照最大的单位纹理，即 4×4 的尺寸进行网格划分，作为下一步随机化生成的基本单元。后续操作都将以该单元为单位，在不打破网格边界的约束下进行四种纹理的随机拼贴组合。

2）随机排除部分单元网格。此时单元网格的尺寸与最大的拼贴纹理相等，故应随机剔除一定数量的网格作为该尺寸的拼贴纹理的放置处。

3）基本单内部切割。将最大的将基本单元格按照预制好的切分逻辑进行随机化切分，并对切分后的子单元进行判断，若边长符合要求，则提取符合要求的图形，并根据边长对应的纹理尺寸进行分类。循环此步骤

直至所有的单元格均被切分成符合要求正方形。

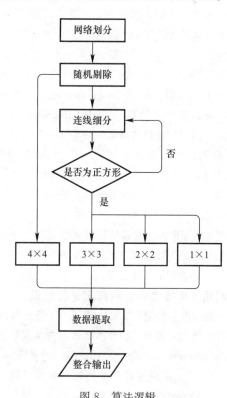

图 8　算法逻辑

93

4）中心点提取并放置基础纹理图形。按类别批量提取处理后的单元格中心点，并以此为参照对设计的纹理进行排布。最终排布成果如图9所示。

使用基础纹理结合数字化技术拼贴排布的方式，极大的缩短了设计方案迭代调整的时间，达到了整体墙面均匀随机的协调效果。且过程透明可控，若后期需要对拼接好的基础纹理进行声学优化，也只需要在排布方案生成后，对输入的基础纹理进行替换即可，计算迭代时间仅几十分钟，远超人工布置效率。输出的模型文件仅需少量操作便可接入VR环境，以更直观的方式来评判方案的合理性。

图9　数字排布方案效果

4　地下小厅的数字化表现

4.1　虚拟现实（VR）技术

虚拟现实技术（VirtualReality，简称VR）是指利用计算机创建出虚拟的视觉空间，并提供给人们真实空间体验的仿真技术。自2016年虚拟现实技术爆发以来，VR软件技术快速发展，VR头显等硬件设备的研发也呈加速态势，其在医学、军事、娱乐等方面已经有较成熟应用。在建筑领域，虚拟现实主要应用于建筑仿真、灾害演习、建筑效果展示、房地产销售、历史建筑保护等多个方向。[7][8][9]

随着图形学的发展，基于UnrealEngine4引擎所支持的强大PBR（Physically Based Rendering）物理材质系统，以及真实细腻的GI（Global Illumination）全局光照系统，可以把建模构建出来的场景以更为逼真的形式表现出来。再利用头戴式显示设备HMD（Head-Mounted Display），可以让观看者身临其境的进入设计的建筑空间之中，进行更为准确和高效的建筑设计效果评估。[10]

本案中，VR技术是建筑可视化模拟和数字设计之间的一座桥梁，可以提供技术手段支持以便更好的将数字化设计结果直观的展现出来。

4.2　利用VR技术中还原真实光照效果

IES是光度学数据标准文件格式，所有文件均以后缀名＊.ies结尾。该文件标准格式最初由美国照明工程学会 The Illuminating Engineering Society（IES）发起创立[11]，用于记录指定灯具发光的一系列信息，如照度、色温、空间光分布、光效等。

IES文件可完整的描述对应特定光源的在三维空间中的光度表现，现已成为许多国家和地区默认的存储光源空间光强分布文件格式。IES文件本质上是一个ASCII文本文件，描述并记录了光源的所有空间配光信息，如果采用子午面配光曲线图，即极坐标曲线图表现的话，可以看到如图10所示的配光分布。

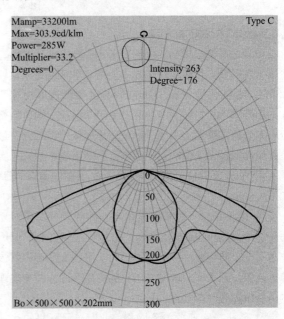

图10　极坐标配光分布图示例（IES文件）

在虚拟现实场景的制作中，IES文件的主要用途是配合照明设计师做照度模拟。通过IES文件产生的光源，反映的是对应灯具在三维空间里的真实光度表现。这就避免了虚拟环境模拟的光照效果与最终建成后效果不匹配的问题。图11中展示了经过IES文件传递光源信息下的上海音乐厅地下小厅虚拟现实场景。可以看到不论是墙面洗墙灯还是顶面筒灯，均展现了高还原度的光照模拟效果，为建筑师、泛光设计师和室内设计师把控最终工程质量提供了强有力的支持工具。[12]

图11 配合IES真实光照效果的虚拟现实场景

5 结语

作为市文物保护单位、优秀历史建筑，上海音乐厅是音乐艺术公益普及和艺术教育的专业基地。本次修缮改造工作，以修复文物保护建筑的原貌、提升老剧场安全的合规性、提升演出及配套的专业性、提升空间使用的有效合理性为主要修缮方向。更新建筑硬件设施设备，优化场馆设施，并综合应用数字设计手段辅助整个地下小厅的设计修缮过程，提供从逻辑设计到视觉呈现的综合数字解决方案，显著地缩短了设计版本迭代时间、提高了设计深度。由于数字设计的可重复、可量化性，针对声学设计的响应更新速度也大大提高，更大程度地保证了视觉和功能的统一。

参考文献

[1] 朱相栋. 观演建筑声学设计进展研究 [D]. 清华大学，2012.

[2] 白朝勤. 小型多功能观演建筑设计浅析 [D]. 西南交通大学，2007.

[3] 张朝虎. 复合性观演空间设计研究 [D]. 华南理工大学，2013.

[4] 中华人民共和国建设部. GB/T 50356—2005 剧院、电影院和多用途厅堂建筑声学设计规范. 北京：中国计划出版社，2005.

[5] 凌颖松. 上海近现代历史建筑保护的历程与思考 [D]. 同济大学，2007.

[6] 章柏林. 上海音乐厅和上海玉佛禅寺大雄宝殿平移顶升工程的技术比较 [J]. 建筑施工，2018，40（06）：936-938.

[7] David Riley. 虚拟现实在英国建筑业中的应用 [A]. 建设部工程质量安全监督与行业发展司、中国土木工程学会计算机应用分会、中国建筑学会建筑结构分会计算机应用专业委员会、上海现代建筑设计（集团）有限公司. 勘察设计企业信息化建设研讨会资料汇编 [C]. 建设部工程质量安全监督与行业发展司、中国土木工程学会计算机应用分会、中国建筑学会建筑结构分会计算机应用专业委员会、上海现代建筑设计（集团）有限公司：中国土木工程学会，2003：5.

[8] VR技术在地震后文物建筑修复设计中的应用 [A]. 周鼎. 建筑历史与理论第十一辑（2011年中国建筑史学学术年会论文集-兰州理工大学学报第37卷）[C]. 2011.

[9] 苏建明，张续红，胡庆夕. 展望虚拟现实技术 [J]. 计算机仿真，2004（01）：18-21.

[10] 虚幻引擎官方网站 [DB/OL]. https://www.epicgames.com/site

[11] 英文维基百科IES词条 [DB/OL]. https://en.wikipedia.org/wiki/IES

[12] 光照效果配比均来源于网络数据库 [DB/OL]. https://www.orbitelectric.com/led-lighting/ies-files.html

董 嘉

东南大学；230159622@seu.edu.cn

基于路网的超级街区功能布局量化表述 *

Superblock Functional Layout Measurement Based on Street Network

摘 要：我国老城中的超级街区是一种普遍存在、具有特色的城市结构组织方式。对于街区内功能布局的研究，一般以地块为基本度量单位，以建筑容量为量化结果，较少表达功能的空间布局方式。作为城市交通的载体，道路网络以提供可达性的方式构建起城市功能的结构。换言之，城市中的建筑功能、地块容量等均是通过道路网络组织起来的。本文以南京老城的 10 个超级街区为例，以路网结构的拓扑关系来表述不同 POI 功能的空间布局。一方面，以功能为表述主体，将 POI 所在位置的道路拓扑属性赋值于五种功能，得到不同街区的功能布局特点。另一方面，道路可基于功能与拓扑属性进行聚类。在此基础上，提炼出超级街区功能组织的不同模型。本研究首先提供了量化表述功能布局的一种思路，其次可作为寻找功能组织规律、进行街区生成设计的研究基础。

关键词：超级街区；路网；拓扑；POI；功能布局

Abstract：Superblocks in old cities in China are a common and characteristic way of urban structure organization. For the study of functional layout in blocks, the basic unit of measurement is plot，and the quantitative result is plot capacity. There are few ways to measure function distributions. As the carrier of urban traffic，road network constructs the structure of urban functions. In other words，function and capacity are organized through road networks. This paper takes 10 Superblocks in the old city of Nanjing as examples，and measures the spatial layout of different POI functions with the topological relationship of road network structure. On the one hand，the road topological attributes of POI locations are assigned to five functions，and the functional layout characteristics of different blocks are obtained. On the other hand，roads can be clustered based on their topological and functional attributes. On this basis，the ideal models of different superblock functional organizations are established. This study first provides a way to quantify functional distribution layouts，and secondly，it can be used as a research basis for functional distribution layouts rule block generative design researches.

Keywords：Superblock；Street network；POI；Functional distribution layout

1 引言

功能合理混合的布局对城市建设有多种好处，例如有助于提升土地的利用价值，促进街区的多样性与活力，缓解交通拥堵，减少出行导致的碳排放等。因此，对于功能混合方面的研究在近年来得到越来越多的重视。为研究功能混合，首先需要做到的是对功能的布局进行描述。而对一个街区内的功能进行描述，通常的方法是比较局限的。最常用的方法为对多种功能分别进行容量的统计。更具有建筑学科特征的方法一般为图示、图解法。前者的弊端是显而易见的：容量的统计无法反映具体的空间布局。而后者虽然可以做到尽量的直观与详尽，却通常难以被简洁地量化，也难以形成可推广的描述方式，从而导致了不同街区之间难以进行量化的比较和评判。

* 国家自然科学基金资助项目 51578123，中央高校基本科研业务费专项资金资助，江苏省研究生科研与实践创新计划项目（KYCX17_0111）。

常见的对于功能空间布局的描述的基础度量单位为地块，描述方法为单位面积中某种功能的容量指标，并不涉及功能的空间布局及组织方式的。由于地块内甚至建筑内的混合功能的存在，以地块用地性质为基准的功能描述与实际情况相差甚远，而以建筑为基本度量单位的描述则需要实地调研与精准绘图等大量体力劳动。在线地图POI包含了分类的功能与位置地址等信息，提供了有限人工劳动下快速而较为准确获取功能空间布局的可能性，避免了以上两种度量基本单位的重要缺点。

若能将功能的空间布局特征加以量化的表述，则是对于单纯的功能容量描述的有益补充。在建筑学空间的形态分析中，空间的容量及其之间的组织关系是最为基础的要素。在建筑单体的设计中，空间之间的组织关系在设计初期的表现形式为泡泡图与流线组织。然而在城市设计中，功能之间的组织关系却很少表达。借鉴图论的理论与计算方法，希列尔在1970年代提出空间句法的理论设想，其内涵的第一次完整系统的阐述体现在1984年出版的 *The Social Logic of Space* 以及1996年出版的 *Space is the Machine* 两本论著中，并且在之后的几十年中逐渐发展为一个有影响力与生命力的理论体系，包含了若干实用的计算工具与应用研究。以道路为载体，城市功能可以基于可达性的内涵，将空间组织关系通过拓扑指标进行量化计算，从而以一种定量的方法对功能的空间布局进行描述。

本文以超级街区为研究尺度，以POI功能点为功能的基本度量单位，以道路为载体，将POI与路网的拓扑属性相结合。以南京老城中10个超级街区内部的83条道路为例，量化描述不同超级街区内不同的功能布局模式。并以此为基础，提炼出超级街区功能组织的不同模型。

2 研究对象

本次研究对象为南京老城中10个超级街区内部的83条道路。超级街区被定义为一个相当大的矩形区域，边长在600~1600m之间，其边缘主要是主干道，由多

个内部块组成[1][2]。它们是世界许多地方城市形态的基本单位。中国超级街区的原型可以追溯到公元前2世纪官方城市规划指导方针《考工记》中提出的理想模式。根据本指南，应将城市划分为九条连接城市大门并形成九个超级街区的干道[3]。从那时起，中国继承了超级街区的城市单元结构，超级街区的边界一般形成了城市骨架，作为干道和主要街道[4]。从这个意义上说，中国传统城市的街道大致可以看作是两个系统，一个是由超级街区边界演变而来的城市交通骨架，另一个是原本是超级街区内车道和路径的地方街道。这两种类型的街道不仅在长度和宽度上有很大的差异，而且其沿街布局的功能也有很大的差异。在多年的发展过程中，主干道沿线的地块优先建设城市规模的公共建筑和设施。然后以城市主干道为中心，城市发展垂直于道路的方向进入内部街道。经过一轮又一轮的建设，超级街区内的许多街道都进行了自下而上的改造，同时还进行了小零售店等零散小规模的功能改造，同时承担了城市公共生活的空间。

南京是六朝古都，南京老城有着典型的双重街道系统和超级街区单元。以宽度超过20m的主干道、河流边缘和大型公园为城市骨架，将主城区划分为78个超级街区（图1左）。平均面积52.08hm²，最小面积3.69hm²，最大面积219.03hm²。78个超级街区中，面积在20~30hm²、30~40hm²和40~50hm²之间分别有13个、15个和7个超级街区，占总面积的一半。由于城市最初是在中心地区发展起来的，并在这段时间内扩大了其范围，因此城市中心地区的街区是最典型的。除了具有大面积大学、旅游景点、城市标志性建筑和在建工地的特殊功能性街区外，本研究选择10个超级街区作为样本（图1右），平均面积为37.40hm²。居住功能是主要的土地利用类型。边缘要么是具有长距离跨度的主干道，要么是重要的河流边缘，而内部街道基本不超出超级街区的边界。作为样本的超级街区内道路数量从4到13不等，平均有7条道路（图2）。

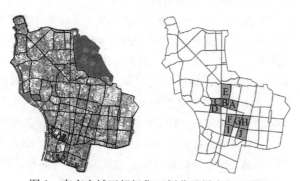

图1 南京主城区超级街区划分及样本街区位置

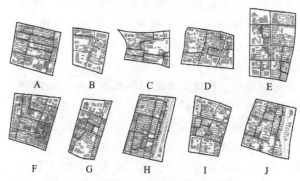

图2 十个样本超级街区的内部道路示意

3 研究方法

3.1 路网拓扑属性的计算

街道网络的研究经历了从描述性到定量分析的过程。早在19世纪，建筑师就开始意识到城市的空间结构的重要性。随着图论的发展及其在生物学和社会学领域的应用，利用拓扑方法处理城市街道网络获得了新的见解。将图论应用于街道网络分析的早期工作可以追溯到20世纪60年代，其中包括比尔·希利尔和汉森所倡导的空间句法理论[5]。空间句法计算方法的开创性贡献很大程度上在于处理街道段及其交叉口的对偶表示法。

与将交叉口视为节点、街道视为边缘的原始（primal）表示方法不同，对偶（dual）表示以不同的方式建立了街道网络模型（图3）。尽管交通工程师和经济地理学家大多遵循原始方法，但城市设计的主要应用往往遵循对偶方法。在城市设计中，对偶抽象的优势在于，它是基于人们对现实世界的体验方式，通过眼睛感知的线条形成认知地图，然后由头脑重构。基于对城市空间认知的理解，空间句法等理论将街道网络的拓扑指数与空间认知和人的行为联系起来，揭示了城市空间的秩序，成功地解释了许多城市空间现象[6]。

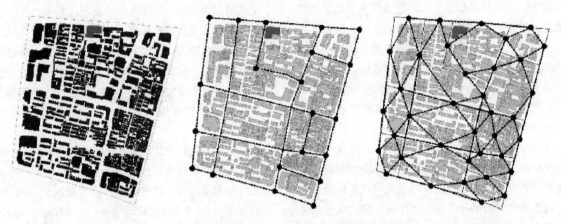

图3 对偶表示法（以每两个交叉路口之间的
一段道路为网络中的节点）

在对偶模型中，有不同的方法可以将街道转换为网络中的节点。最广泛使用的三种街道网络抽象建模方法是轴线、路段和命名街道[7]。轴线表示法是最早的，并通过许多实证研究证明了其有效性。为了解决使用轴线代表街道时存在争议的情况，通过引入角度分析，将路段模型作为轴线方法的修订版出现，即考虑方向变化中角度的总和。最近的研究也证明了分段模型更精确，因为它是基于轴线的概念更精确的表示。第三种方法对轴线法产生了质疑，基于用真实街道名称识别街道的思想。一些学者认为，与根据抽象规则开发的基于轴线的模型相比，第三种抽象方法在认知和计算上更为合理[8]。当城市街道数据信息不充分时，命名街道模型有其替代的自然街道模型，该模型是通过跟踪街道中心线方向变化而形成的。实证研究也证实了命名街道和自然街道模型在城市结构分析和人类运动预测方面的合理性优势。利用命名街道建模的思想，不仅可以用层次分析的方法识别拓扑分析，而且可以识别街道模式结构。综上所述，不同的模型都以人们对空间

的认知为核心，对空间感知和连续性概念持有不同的看法。基于轴线的模型严格地将视线与运动选择联系起来，而命名的街道模型则考虑了街道环境的一致性和人们运动的连续性。由于两者在城市空间分析中都是合理的，且被证明具有很高的有效性，因此模型的选择主要取决于街道网络特征和原始数据可用性的具体情况。在本研究中，为便于与POI结合，选取了以道路作为网络中节点的抽象方法。这同时也是对实际城市环境中不同等级街道之间的连续性、路网系统架构逻辑的回应。

路网拓扑关系的计算有一个问题在于确定计算范围的边界。本次研究以南京内环线、玄武湖沿线、城墙等共同限定边界，边界对于交通关系具有较强的界定作用。夫子庙历史街区作为历史风貌保护的旅游区，其肌理与功能与别的区域有较大差异，因此也不被包括在内。给街道编号，共有338条街道。以街道之间是否相交作为其拓扑连接关系的依据。通过计算，得到每条街道的集成度。本次计算范围及道路编号、对偶表示图，计算结果如图4所示。

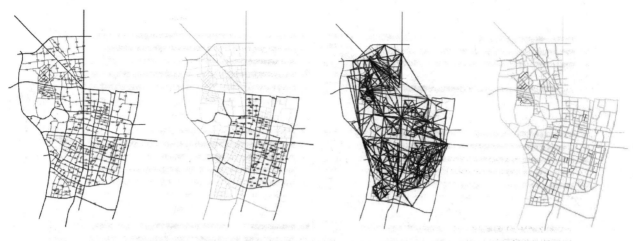

图 4   本次计算范围及道路编号、对偶表示图、计算结果

3.2   街道 POI 的获取

本研究以 POI 来作为功能的统计单位。POI 数据由高德地图（www.amap.com）API 接口抓取。高德地图提供多种 POI 类型的大类与细分小类。本次抓取的数据以"政府机构及社会团体"作为"政府"，"公司企业"与"商务住宅；楼宇；商务写字楼"作为"商务"，"商务住宅；住宅区"作为"居住"；"餐饮服务"作为"餐饮"；"生活服务"作为"生活"，以 POI 地址所在街道作为其位置定位，统计了样本街区内街道的五类 POI 数量。POI 密度定义为沿街道每米的 POI 数，并计算为"总 POI/街道长度"。

4   研究结果

为便于比较计算，将各街道五种功能的 POI 密度、集成度归一化处理。一方面，以功能为表述主体，将 POI 所在位置的道路拓扑属性赋值于五种功能，得到不同街区的功能布局特点。另一方面，道路可基于其拓扑、几何、功能属性进行聚类。

4.1   以功能为主体的"功能集成度"分析

将十个样本街区的五类功能分别制作百分比堆积条形图可以较为直观地看出每种功能在街区内部的集成度布局比例（图5）。每个条形中表示了各街道的 POI 占此种功能类型总数的百分比。将每个街区中道路按照集成度排序，颜色越深集成度越高，可以看出具有一定 POI 密度的街道的集成度高低。以 A 街区为例，政府功能大多分布在集成度高的街道上，而商务功能则在集成度较低的街道上密度较大，居住功能多分布在集成度中等的街道上。生活、餐饮功能的分布则比较平均。同时，也可以看出在不同街区中，功能布局的可达性存在差异。例如，以 D 街区和 I 街区作比较，可以看出 D 街区的功能多分布在集成度较高的街道上，而 I 街区的功能分布则比较平均。

为便于量化比较，定义街区内的单种功能集成度：

$$功能集成度 = \frac{\Sigma(道路 POI 密度 \times 道路集成度)}{\Sigma 道路 POI 密度}$$

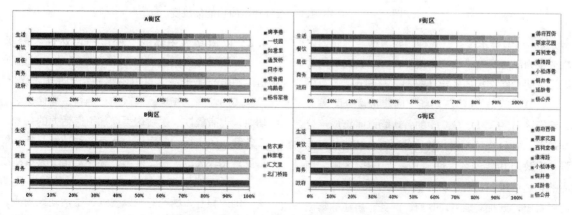

图 5   各街区内五种功能的街道分布百分比堆积条形图（一）

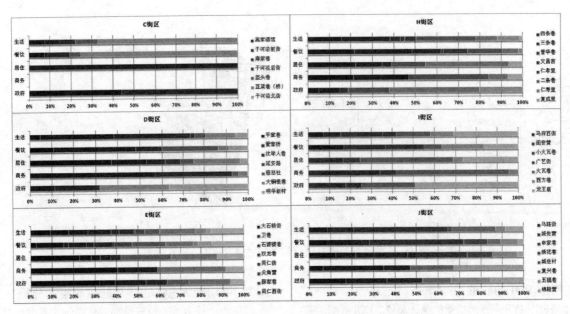

图5 各街区内五种功能的街道分布百分比堆积条形图（二）

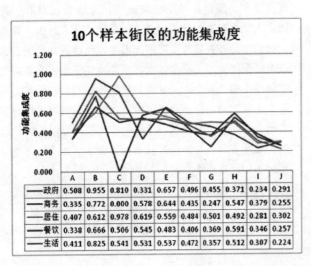

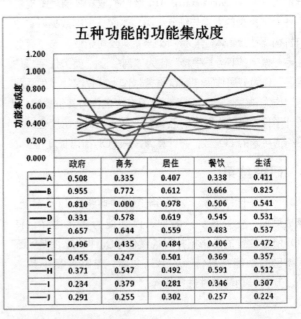

图6 10个样本街区、五种功能的功能集成度

分别以10个样本街区、五种功能为横坐标轴，以功能集成度为纵坐标轴，绘制折线图，可以发现不同功能、街区之间功能布局的差异（图6）。从图6上图可以看出，街区A、F、I、J的各功能之间集成度分配差异较小，而街区B、C、D、G、H的各功能之间集成度分配差异较大。以D街区为例，其居住、商务功能的可能性较强，而政府功能的可达性较弱。而G街区中，商务功能的可达性最弱，居住功能的可达性最强。从图6下图可以看出，五种功能中，政府、商务、居住的集成度差异最大，生活功能次之，餐饮功能的差异性最小。

4.2 以道路为主体的"密度—可达性"聚类

以路网为研究主体，以五种功能的POI密度为数值绘制堆积条形图，可以看出各街道的功能组织情况（图7左）。有的街道既有政府、商务、居住这类必要的功能，也有餐饮、生活这类增加街道活力的功能。例如二条巷、鱼市街、管家桥，兼有多种功能，其功能的丰富度是比较高的。而仁寿里、高家酒馆、大石桥街的餐饮、生活功能则占比较小的比例，以公共必要功能为主。例如科巷、绣花巷则以餐饮、生活功能为主，其街道活力与人气应该是比较强的。当然，每种类型的街道对于城市都是有必要的。雷达图可以反映在一个超级街区中，街巷功能的侧重（图7中）。在G街区中，几乎所有街道都是偏向于餐饮、生活类的功能，街道类型比较单一。而A、D、H、I街区的街道类型则是比较丰富

的。以五种功能的POI密度和集成度为聚类的依据，可以做层次聚类谱系图（图7右）。从谱系图的关系中，可以发现相似的街道。若增加数据量，则可进一步进行聚类分析。

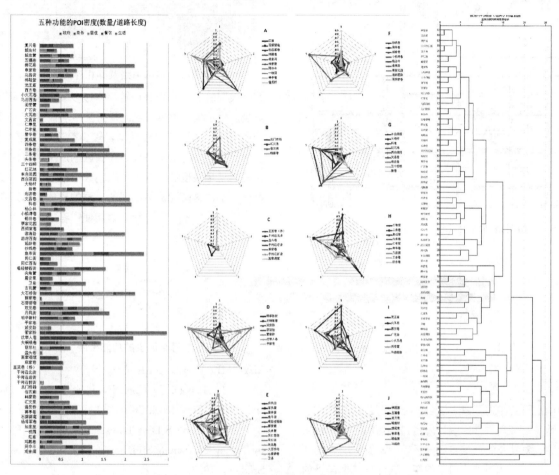

图7　各街道的POI密度堆积条形图、雷达图、层次聚类谱系图

5　理想模型的建立

根据以上对现实街区的分析，可以得出结论，在同样路网与功能划分的基础上，由于功能地块与路网连接关系的不同，街区的功能布局会呈现不同的特征。一组理想模型可以直观地说明此问题。在此模型中，为简洁地说明问题，作出了两个简化。首先是把繁杂的POI功能简化为地块的功能，第二是将多种功能简化为一种无区别的功能。在图8中，两个超级街区均采用7＊7网格单位进行规划，做出相同的路网结构与地块划分（左上、右上），可以有两种截然不同的功能布局结构，分别命名为A街区、B街区（左下、右下）。每个超级街区的内部道路为7条，地块为29个，其中直接面向外围街道的地块数量为11个，与内部道路相连的为18个。

为方便计算，由于超级街区的边界一般为城市主干道，形成城市主要的交通框架，在此模型中将外围道路简化抽象为一个整体的道路元素。外围道路、道路a的集成度为3.448，道路c、e、f的集成度为1.724，道路g为1.379，道路d为1.149，道路b为0.985。为便于观察，与其相连接的地块也被赋予同样的颜色（图9）。

以网格为单位，计算A、B街区每条道路的功能密度。从百分比堆积条形图可以看出，A街区的功能基本分布于集成度高的街道上，而B街区的功能分布则比较平均（图10左）。A街区内部的功能密度基本随着集成度的递减而递减，而B街区的功能密度则比较平均，与集成度没有显著关系（图10右）。A街区的平均功能集成度为2.17，而B街区为1.59。一方面，这说明A街区内大多数功能的城市可达性较强，但另一方面，在可

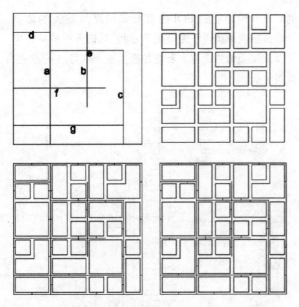

图 8　相同路网结构与地块划分的 A、B 街区

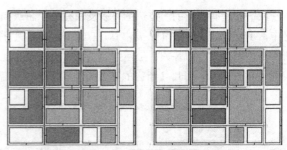

图 9　内部道路及其相连的地块

达性较弱的街道上则有可能存在过多的消极空间，造成安全、生活便利性的问题。B 街区中功能的城市可达性较弱，然而各街道比较平均，较少有连续的空白界面。从功能可达性与效率来说，A 街区的道路可达性与功能密度的正相关度高，满足地块高效组织利用的一项判断标准。不过这两种截然不同的布局的具体优劣还要结合功能之间的关系、局部地区功能使用者的路径来进一步分析才能下最终结论。

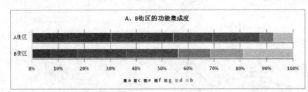

图 10　A、B 街区功能密度的街道分布百分比堆积条形图（左）与每个街道的功能密度（右）

6　小结

目前的研究中对于具有混合功能的街区功能量化表述多以地块功能属性作为统计内容，以功能容量的数字统计为主，对功能的空间布局分析较少，量化地表述功能布局则更少。本研究将道路的拓扑属性与其相连接的功能相结合，提出一种量化表述功能布局的方法。以南京老城的 10 个超级街区为例，计算了 83 条样本道路的功能集成度数值，并对超级街区内功能的布局特点进行量化的图表描述。在此基础上，提出两个简化的超级街区理想模型，为生成设计提供了一种思路。

本研究的理论意义在于将路网拓扑结构与大数据相结合，提出一种衡量功能布局的量化指标。本研究的城市意义在于，老城中的超级街区的路网与功能经过多年数轮的建设与改造，呈现出功能充分混合的布局。这种功能混合的布局有利于促进街道的活力与便捷的日常生活。认知老城超级街区的混合功能组织有怎样的共性与规律，对于新城区建设与改造具有借鉴意义。

参考文献

［1］　Colquhoun A. The superblock //Colquhoun A. Essays in architectural criticism. ［M］. Cambridge, MA：MIT Press, 1981.

［2］　Peponis J, Chen F, Park J, et al. Diversity and Scale in Superblock Design ［J］. Urban Design, 2017.

［3］　Chang S D. Chinese Imperial City Planning. by Nancy Shatzman Steinhardt ［J］. Journal of Asian Studies, 1992.

［4］　Xu, Y. The Chinese City in Space and Time：The Development of Urban Form in Suzhou. ［M］. University of Hawaïi Press, 2000.

［5］　Hillier, B., & Hanson, J. The social logic of space. ［M］. Cambridge University Press, 1984.

［6］　Penn, A., Hillier, B., Banister, D. and Xu, J. Configurational modeling of urban movement networks ［J］. Environment and Planning B：Planning and Design, 24：59-84.

［7］　Jiang, B. and Claramunt, C. Topological analysis of urban street networks ［J］. Environment and Planning B：Planning and Design, 31 (1)：151-162.

［8］　Ratti C. Space syntax：some inconsistencies ［J］. Environment and Planning B：Planning and Design, 2004, 31 (4)：487-499.

C 数字化建筑设计与理论研究

张琪岩　李　飚

东南大学建筑学院；307126314@qq.com

基于类型学的算法生形方法探索
——以意大利普拉托城市更新设计为例 *

Generative Approach for Architectural Form Based on Typology
——Case Study of Urban Renewal in Prato，Italy

摘　要：建筑形式生成是生成设计探索中的重要环节之一，而基于类型学研究方法的形式语言演绎，赋予这一过程更加系统、理性和客观的研究可能性。本文源于与佛罗伦萨大学联合的意大利普拉托城市更新研究课题，运用类型学的分析方法提取和归纳既有建筑的形式类型及其组织规则，构建形式元素类型数据库；通过 Java 程序设计进行转译，综合多个层级形式逻辑规则之间的相互作用，完成数字化程序建模。本研究基于既有的或生成的建筑轮廓快速获得大量、多样的建筑外部形式生成成果，旨在为建筑生成设计中的形式塑造提供更加高效的设计方式和新的参考思路。

关键词：生成设计；类型库；形式规则；程序建模

Abstract：The generation of architectural form is one of the important parts of generative design，with the methods of architectural typology concerned making the process more systematic，rational and objective．This paper is based on the research project of urban renewal in Prato，Italy，jointly organized with the university of Florence．Typological approach was employed to extract the types of form and their organizational rules from existing buildings，establishing the database of form types．Translated by Java programming，the interaction between hierarchical formal rules was integrated to accomplish computer modeling．In the study，a large number of diverse external forms were generated according to the existing or generated building outlines，offering an efficient method and effective references for architectural form-generating.

Keywords：Generative design；Type database；Form rules；Program modeling

1　研究背景

形式是建筑师用以表达设计思想、塑造空间形体的语言。随着当代建筑语汇的不断发展，形式语言渐渐超越了依赖传统美学规律和设计师主观思维的功能性形式和象征性形式，形式本体逻辑推演的纯粹性得到了一定的体现[1]。其中类型学的研究将城市和建筑的形式统一在某种体系中，使得建筑师可以系统全面地认识和探索建筑物的形式发展过程。应运而生的数字技术与建筑学科的融合，为建筑形式生成过程提供了更加理性、高效和多元的科学方法，能有效应对工作量巨大、过程繁琐、过分依赖于设计师的主观判断等困难。通过计算机程序设计手段综合类型众多、数量庞大的形式元素，以及多个层级形式演化规则的相互作用，高效获得丰富的建筑生成成果，并可以进一步进行方案的优化比选，为建筑形式生成的设计和实践提出了新的思路和工作

* 国家自然科学重点基金项目"数字建筑设计理论与方法"（编号：51538006）。

方法。

在建筑生成设计过程中，根据设计问题并借助计算机技术，设计师提出相应的数理模型，对数据、规则、算法等进行提取和筛选，通过程序设计完成算法模型的构建、优化和应用[2]。华好在其研究中通过程序算法从既有建筑模型库中提取墙体、楼板和楼梯的组合，构建起实例库，再由定义的拓扑关系组合各建筑构件[3]。郭梓峰等提出的"赋值际村"系统，提取传统徽派建筑的类型特征，在地块剖分基础上，完成从内部的木架到外部的围护墙面的语法生形过程[4]。相关基于规则制定或实例模型库建立的形式生成探索，为本次研究的思路和方法提供了重要的参考。

本文基于东南大学、重庆大学、佛罗伦萨大学的意大利普拉托城市更新国际联合教学，探索在建筑平面轮廓给定或已经生成的条件下、建筑外部形式生成设计的数字化方法。基于类型学分析方法，从既有建筑案例中提取类型化的形式元素，探究建筑形式的深层结构和组织规则，建立形式元素数据库；利用数字化方法转译为相应的程序语言，通过多个层级形式规则的综合和相关类型数据的设定，完成复杂规则作用下的高效生成设计，构建形式生成的算法模型。最终从课题基地的具体条件出发扩充类型数据库，对生成逻辑和算法模型进行应用和验证，获得多样化的生成成果，实现建筑单体的更新。

2 算法生形方法的构建

为统筹复杂的形式语汇系统和形式演绎规则，构建起算法生形的层次化系统架构。依据这一架构完成各个层级的形式类型的分析归纳，同时建立与程序逻辑的映射关联，建立形式生成的程序化工具。

2.1 生形方法的层次化系统架构

以基本单元模块为核心处理对象，由整体到局部，从建筑物、单元模块、墙面组织、屋面形式、门窗开洞类型五个层次综合复杂的形式规则，控制建筑形式生成的过程（图1）。

为便于形式生成过程的规则化和程序化，将复杂的建筑体量拆解为基本单元模块，单层高的单元模块可以按照设定好的空间拓扑关系组合生成完整的建筑物。单元模块依据空间限定要素归纳出三种基本类型，可进一步衍生多样化的变体。而不论哪一类单元模块，都由墙面和屋面共同定义，这两者自身又可提取出无数多种形式类型，依据一定的演绎规则组织在单个模块上。开洞类型以及门、窗、楼梯、栏杆等局部构件的匹配同样影响着建筑物的外部形式。

2.2 类型数据库的建立

为建立完整的类型库，需要选择建筑形式素材，并从上述五个层次分别分析和归纳形式类型，对提取出的类型元素进行数据描述和程序编码。核心方法是制定和编写算法规则，同时将门、窗、栏杆、格栅等立面构件元素存储在外部 Sketch Up 模型库中配合使用。数据库可以进行不断的优化和扩充，依据具体设计目标的形式风格特征等持续添加新的类型元素。

2.2.1 单元模块的类型

单元模块依据空间限定元素体块、柱网、板片，被分为三种基本类型（图2）。体块式的单元模块是形式生成的核心，由于不关注建筑的内部空间形式，以板片和柱子构成的单元模块主要用于在模块组合时构成建筑形体里架空的部分。

生成时首先由外部输入的基础多边形轮廓线限定模块的总体轮廓，任意不规则多边形也适用；第二步选取具体的模块类型，根据对应的形式规则，由基础多边形和单元高度两个预设的数据完成对单元模块的编码。

（1）体块式模块：楼板轮廓线、墙面轮廓线和墙面高度控制模块的生成，窗墙比影响墙面类型的匹配。其中楼板轮廓线若基于输入的基础多边形向外偏移，则模块在竖直向组合时，会被挑出的楼板分隔、表现为分层的形式，若未偏移，则是墙体包围楼板、构成尺度更大的完整体块。对基础多边形进行切分或插接的操作，进一步变换出多样的模块类型。

（2）板片式模块和柱网式模块：在生成网格划分后，基于格点生成墙面或匹配方柱、斜柱或圆拱柱等模型。划分间距及墙体或柱子的类型属性是基本的控制参数。

2.2.2 墙面的类型

墙面按照虚实关系设定为玻璃界面、实墙界面和柱廊三个基础类型，实墙界面进一步对应多种开洞类型（图3）。

（1）玻璃界面：输入的墙面底边线、玻璃面划分的网格、划分杆件的尺寸，及其横向、竖向距离，是基本的属性参数。并可同柱子或格栅结合，扩展玻璃界面的形式范围。

（2）实墙界面：形式主要取决于墙面底边线、窗墙比和所选开洞类型。预设了 1.5、2.5m 和 4m 三种单元宽度以完成墙面开洞类型和外部 Sketch Up 立面构件的匹配。选定开洞类型后基于其对应的单元宽度对墙面进行横向的划分，界面上可以组织单一的或多种组合的开洞形式，因此包括等距划分和组合距离划分。因宽度限定会出现小于 1.5m 的部分无法划分，设置为实墙。窗墙比会进一步影响将匹配窗洞的墙面单元的数目和开洞的大小，最终完成匹配。

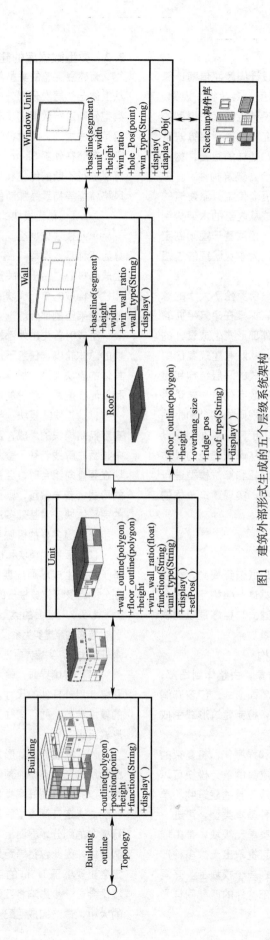

图1 建筑外部形式生成的五个层级系统架构

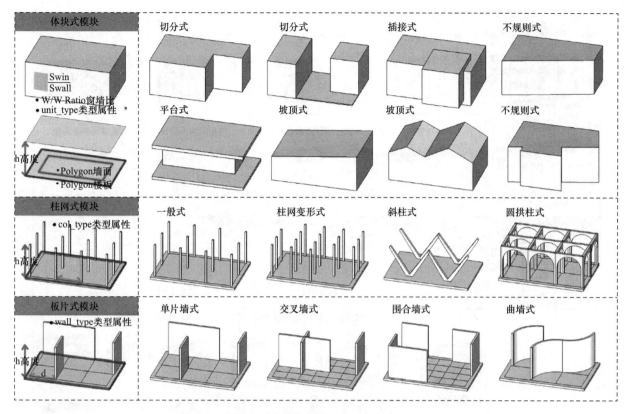

图 2　建立单元模块类型数据库

（3）开洞类型：由 1.5、2.5m 和 4m 三种单元宽度定义下的开洞类型，总体上有窗洞式或阳台灰空间式两个选择，类型属性和窗墙比是主要的控制参数。窗洞式又对应普通窗、落地窗、水平条窗等类型，设置随机变量影响窗洞大小、位置和数目。而阳台式除了形式类型的变化，突出墙面或陷入墙的位置关系也会影响外部形体。窗洞口还需要进一步匹配外部 Sketch Up 模型库的门窗构件，与洞口设置有不同的位置关系。

（4）柱廊：生成方法同实墙类似，单元划分后匹配方柱、斜柱或圆拱柱等构成不同形式的柱廊灰空间。

2.2.3　屋面的类型

由楼板轮廓线为基础数据控制屋面的尺度，设置了平屋顶、坡屋顶和组合式屋顶（图 4）。以变量控制屋面的出挑距离和坡顶屋脊的位置，组合式屋顶包括坡顶的组合和屋面与柱子的组合。

2.3　类型组织规则的制定

建立起类型数据库后，还需要定义墙面上开洞类型组织，以及单元模块上墙面和屋面组织的相关规则和控制参数（图 5）。

为制定在数据库中进行类型查找匹配的规则，首先会预设建筑物的功能属性、风格属性，并在功能限定的开窗率范围内给定窗墙比数据。建立这三个属性与数据库中元素的类型属性和特征信息之间的映射关系，实现各层级类型元素的筛选和匹配。其中功能设定包括三个大类，居住、文化、商业，风格则设定为秩序和自由两种。

2.3.1　墙面系统的匹配规则

墙面系统生成的第一步是选择其具体的组合类型。居住属性模块的墙面全部由实墙组成，文化属性模块可选实墙组合或虚实组合的系统，商业属性模块匹配全玻璃或虚实组合的墙面。窗墙比属性则限制系统包含玻璃面的多少。其中虚实组合的系统会首先对模块的墙面轮廓线进行重构，分别存储实墙底边线和玻璃底边线，可以设置多种虚实分隔的形式规则。

第二步为单片墙面匹配窗洞、柱子等类型。这里以实墙的生成具体说明这一过程。风格属性首先限定了墙面会匹配几种开洞的类型，秩序式限制只能在普通窗或阳台式中选取 1 或 2 种近似形式的窗洞，自由式的墙面则可对应多种开洞类型的组合。其次设定居住属性模块主要匹配普通窗式、落地窗式和阳台式，文化属性限制在普通窗式和水平窗式之间选取，商业属性匹配水平窗式和阳台式。同时，窗墙比会影响选择窗洞的面积大小和位置信息，可以进一步细化筛选条件。类型选定后以其单元宽度划分墙面，并将窗洞轮廓线与之匹配。

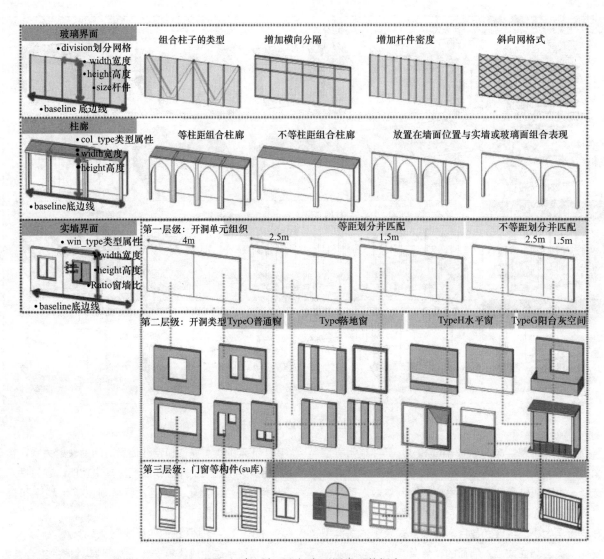

图3　建立墙面和门窗开洞类型数据库

图4　建立屋面类型数据库

2.3.2　屋面的匹配规则

在模块组合成建筑物时，这一单元模块若处于顶层，则会匹配屋面对象，否则生成上层楼板。居住属性对应平屋顶、坡屋顶和组合柱网式屋面，商业属性只能匹配平屋顶，文化属性四种类型都可选择。同时实墙面积较大、窗墙比较小时，模块匹配坡屋顶的可能性增大，较为通透的模块更倾向于匹配平屋顶。

2.4　模块组合成复杂建筑形体

生成的单元模块按照设定的空间拓扑关系组合成复杂完整的建筑形体（图6）。模块首先在垂直方向叠加组合成建筑物。其中文化和商业模块可以组织在一起，居住模块组合时可在底层加入其他功能模块，自由式和秩序式风格的单元模块不可以相互组合。几个单元模块纵向组合成更大体量的模块，可以进行平移、变形或旋转的变换。另一方面，水平方向可设定穿插式，邻接式，线式，组团式等拓扑关系，将叠加起的建筑体块进一步组合成复杂形体。

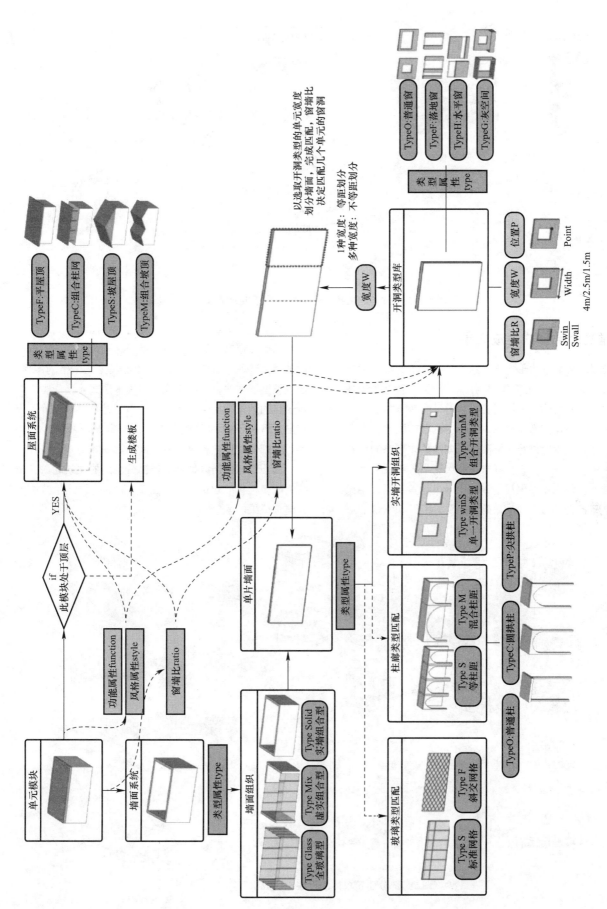

图5　制定类型匹配规则

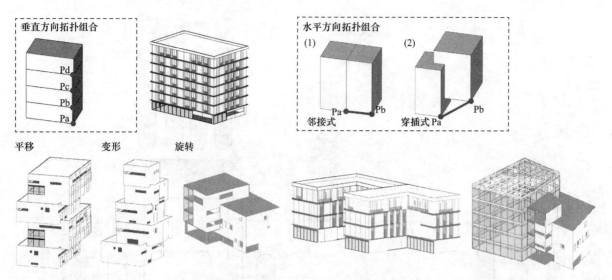

图 6　依据设定的拓扑关系得到的程序生成结果

3　建筑外部形式生成成果

通过上述算法生形方法，结合普拉托市的城市和建筑的形态特征，扩充类型数据库，优化制定的算法规则，对构建的生形工具进行应用和验证。

课题旨在运用数字技术对华人区的城市肌理、街区形态、建筑风貌等进行更新改造，建筑单体形态的更新是其中的重要一环。普拉托市是意大利华人移民最为众多的城市。华人主要聚居的 Macrolotto 区等街区，相比紧邻的普拉托老城区显得破碎而杂乱，街区和建筑的形态及社区氛围等都呈现出截然不同的状态。

因此在选择建筑素材时，既包含基地范围内的既有建筑，也选取了古典主义风格和现代主义风格的案例。通过类型学方法，从所选素材中提取形式元素原型，进行一定的还原和简化，基于同一原型进行形式变换，演化出一系列不同的类型元素[5]，丰富类型数据库的内容，并细化和优化各层级元素间的组织规则。

基于课题中街区地块更新部分生成的建筑轮廓，最终生成多样化的建筑单体。图 7、图 8 为程序生成的部分建筑成果。

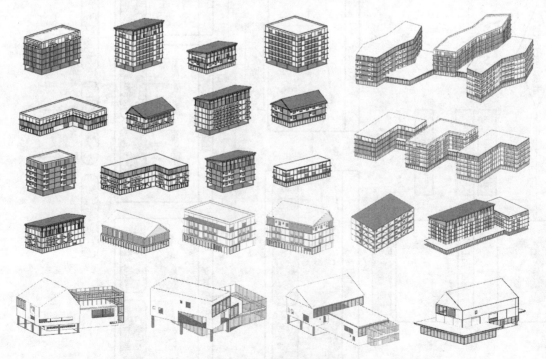

图 7　部分建筑单体的程序生成成果（一）

图 7 部分建筑单体的程序生成成果（二）

图 8 建筑群程序生成成果

4 结语

此次基于普拉托城市设计课题的生成设计实验，是运用数字技术搭建建筑单体外部形式演绎链条的一次尝试。从类型学分析方法出发，解析形式语汇的要素和相关性特征，统筹复杂的形式演绎规则，逐步建立起基于设计需求、构筑参数模型反复求解的形式生成动态演化机制[2]，扩展了建筑生成设计中形式塑造的相关思路。类型数据库和组织规则可以依据具体设计场地的既有建筑等进行补充和优化，整合进已经搭建起来的算法生形链条中，因此这一生成工具还可应用于很多不同的场景。方法本身有其局限性，设计师在形式要素组织架构和演绎逻辑方面的主观性，对数理模型的抽象和规则的提取有主要的影响；既有建筑素材的选取、形式类型的归纳和变换等决定了数据库对建筑形式风格的契合度和丰富度；而目前的逻辑组织架构局限在部分的外部形体和立面生成，也远不能满足纷繁复杂的建筑与城市形态的需求，有待进一步增添更多的参考因素和规则信息加以完善。

数字化生成设计为建筑和城市设计过程提供了新的参考思路，拓宽了设计工作的思维方式同时提高了设计效率。基于计算机科学、数学等的算法和原理的融入，使得设计过程具有进行理性的分析、抽象、综合、评价的可能性，提供了可参考的理论依据和科学方法。

参考文献

[1] 蒋敏. 信息时代的建筑形式生成的变迁初探[J]. 建筑与文化，2015（08）：105-106.

[2] 李飚. 建筑模型提炼与程序算法实现[J]. 新建筑，2015（05）：15-18.

[3] Hao Hua. A case-based design with 3D mesh models of architecture [J]. Computer-Aided Design，2014，57.

[4] 李飚，郭梓峰，季云竹. 生成设计思维模型与实现——以"赋值际村"为例[J]. 建筑学报，2015（05）：94-98.

[5] 汪丽君，舒平. 类型学建筑[M]. 天津：天津大学出版社，2004.

吴佳倩　李　飚

东南大学建筑学院；jz_studio@126.com

基于规则的高层住宅立面生成方法初探*

Research on Generative Method of High-rise Residential Facade Based on Rules

摘　要：居住类建筑的立面造型设计有着其功能限定的特定目标和约束。高层住宅的立面设计表现出了模式化特征。通过一系列实践，设计单位内部往往形成了一套成熟的设计模式，并在不同项目中重用。相似的立面构成与生成逻辑使其可转化为编码问题，通过算法设计进行生成。本文针对高层住宅立面的建构与材料问题，基于Java语言开发面向建筑师的生成设计工具，使得生成结果满足其功能与视觉需求。

关键词：高层住宅；立面；规则系统；建筑生成设计

Abstract：The facade design of a residential building has specific goals and constraints that are defined by its function. The facade design of high-rise residential buildings shows a characteristic of patterns. Through a series of practices, the designers often summarize a mature design pattern and reuse it in different projects. Similar facade composition and generation logic can be transformed into coding problems, and generated by algorithm design. This research focuses on the construction and material problems of high-rise residential facades, develops architect-oriented generative design tools based on Java programming language, in order to generate results which meet the corresponding functional and visual needs.

Keywords：High-rise residential building；Facade；Rrule system；Architectural generative design

1　研究背景

随着城镇化进程，为了缓解用地紧张的问题，高层住宅大量涌现，以适应当前的高密度发展模式。经过近几十年的快速建设和市场选择，国内对于高层住宅设计与建造的探索已有了一定程度的积累。透过大量的实际案例可以发现，其立面造型逐渐表现出了模式化的特征。高层住宅一方面由于其量感普遍较大，影响着城市天际线，在城市环境中有一定的标志属性；另一方面其内部具有相对确定的功能及使用方式，对应的立面形式往往也有规律可循。

基于以上目标和需求的多重约束，设计单位通过一系列的实践，通常已形成了一套成熟、完善的应对策略

和设计模式，对于立面构图、体量关系、构件选配、装饰细部等层面的处理手法都形成了详尽的设计原则，包括三段式构成、风格化装饰、立面标准化控制等，并在不同的项目中进行模式重用。这套流程在一定程度上加快了设计进程，同时保证了设计成果的稳定输出和品质把控。然而，随着项目数量的增多，这一过程依然消耗了大量的时间与人工成本。尤其对于立面建造控制规则的落实和用量、成本等数据的统计，相关工作十分机械化，且计算效率和准确率均有待提高。

事实上，基于这一模式产生的高层住宅立面，往往具有相似的构成与生成逻辑，故可以转化为编码问题，通过算法设计进行立面生成。并且能在设计阶段，依托于逻辑建模的优势和数据结构的高效组织，实现立面方

---

* 国家自然科学重点基金，数字建筑设计理论与方法，51538006。

案对应的性能指标和建造数据的输出，从而辅助建筑师进行方案的评估和调整，对设计问题作出更加合理的判断。

2 立面模式研究与平面信息建模

2.1 高层住宅立面模式研究

由于高层住宅立面形式的丰富性与复杂性，各种风格的定义仍然比较模糊，本研究中以立面构图规则为出发点，试图对典型的三种组织模式（图1）进行规则提炼与总结。

1）垂直型：以 Art Deco 风格最为典型，强调竖向构图，有向上的动势，凸显建筑高耸、挺拔的造型特点。又因其风格鲜明、装饰简约、建造成本适中的优势，在当前市场中被广泛运用。

2）水平型：典型类型为现代风格。表达标准层的竖向叠加与重复，水平感大于垂直感。

3）网格型：同样在现代风格中较为常见。体量简洁明确，立面平整。水平的楼层分割线与垂直的开间分隔墙量感相当，形成网格化的肌理，塑造出统一、匀质的公建化立面形象。

现对以上三种构图原则涉及的具体处理手法进行如下归纳（表1）：

图1 垂直型、水平型、网格型构图规则

（图片来源：张维昭. 当前国内高层住宅立面设计探索的研究 [D]. 清华大学，2012.）

立面构图原则及处理手法 表1

立面构图	体量处理	元素处理	装饰处理
垂直型	a）三段式构图 b）顶部收分	a）飘窗间空隙用砌体封闭 b）百叶等元素贯穿上下，构成竖向线条	a）凸出体量的装饰柱 b）三段式分界处线脚划分
水平型	每层的楼板出挑	栏板采用半透明或不透明材质	无线脚
网格型	无附加体量	主要采用平窗与凹阳台	线脚弱化处理

2.2 输入端文件协议

建筑的外立面依据方案平面图生成，而通常的平面图对于立面生成来说，包含了较多的冗余信息。因此，需要制定输入端的平面文件格式协议，简化平面图，仅输入影响生成结果的核心数据——平面开间及功能信息。

为了尽量保留程序中立面建模的自由度和可编辑性，输入端的平面图仅绘制轴线，墙厚等参数可在程序中进行修改。此外，平面图也不必保留门、窗等洞口的位置信息，仅将外轮廓开间按功能分类，在不同的图层中进行绘制（图2），由程序依据面宽等数据执行相应

的开洞操作。在测试程序中，提取了13种开间功能，功能与对应的图层命名协议如表2所示。其中，电梯与墙体为无洞口的开间，阳台、露台为无封闭围合的开间，其他功能则依据开间大小及相邻关系，生成不同大小的洞口及其对应构件。

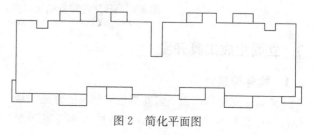

图2 简化平面图

开间功能	DXF 图层命名
客厅	FG＿LIVINGROOM
餐厅	FG＿DININGROOM
卧室	FG＿BEDROOM
书房	FG＿STUDY
……	……

2.3 平面信息数据结构

DXF 文件中，建筑平面图的所有信息相互间是离散的，并不存在数据间的关联和引用。这种数据结构的访问、查询等操作非常困难。而平面轴线信息作为核心数据，在整个生成过程中将不断地被引用。因此，需要对平面数据进行整理和重构。建筑平面图可以看作一个简单的多边形网络（Polygon Mesh），包含的主要数据可分为点、边、面三类。

在此，引入半边数据结构来描述所需的建筑平面信息。在 Java 平台中实现点（Node）、半边（Edge）、面（Face）三个基本类，具备的属性和建筑学语义如表 3 所示。

基本类的建筑学语义及属性			表 3

类	建筑平面图要素	建筑功能	可访问属性
Node	开间端点	N/A	以当前点为起点的开间
Edge	开间	(1) 一般性开间：客厅、卧室等 (2) 无封闭围合开间：阳台、露台 (3) 封闭开间：电梯、墙体	(1) 开间相连的前、后开间 (2) 是否开门/开窗 (3) ……
Face	闭合平面轮廓	(1) 一般性轮廓：功能轮廓 (2) 无封闭围合轮廓：阳台、露台 (3) 封闭轮廓：电梯	(1) 相邻功能平面 (2) 当前立面风格 (3) ……

将按照 2.2 节中协议简化的建筑平面图 DXF 文件作为程序的输入数据，调用 Java 平台的第三方库 Kabeja 对其进行数据解析，构建多边形网络。并依据边所在的图层，赋予其相应的平面功能属性。某高层住宅平面图 DXF 文件的解析以及多边形拾取结果如图 3。

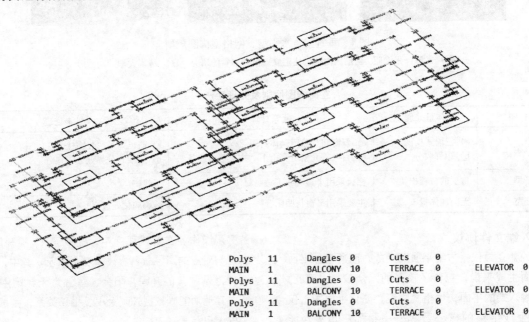

Polys	11	Dangles	0	Cuts	0		
MAIN	1	BALCONY	10	TERRACE	0	ELEVATOR	0
Polys	11	Dangles	0	Cuts	0		
MAIN	1	BALCONY	10	TERRACE	0	ELEVATOR	0
Polys	11	Dangles	0	Cuts	0		
MAIN	1	BALCONY	10	TERRACE	0	ELEVATOR	0

图 3 DXF 文件解析结果（图片来源：作者编写过程生成，后同）

3 立面生成工具开发

3.1 构件库建立

建筑工业化的趋势下，高层住宅使用的立面构件往往是标准化生产下的部品，建造成本也可基于单价与用量进行准确的计算。因此，本研究中针对细部构件并未采取程序建模的方式，而是确定了一组常规的构件规格，建立了相应的模型库（图 4），通过程序解析外部 OBJ 文件，将特定构件载入到模型中。

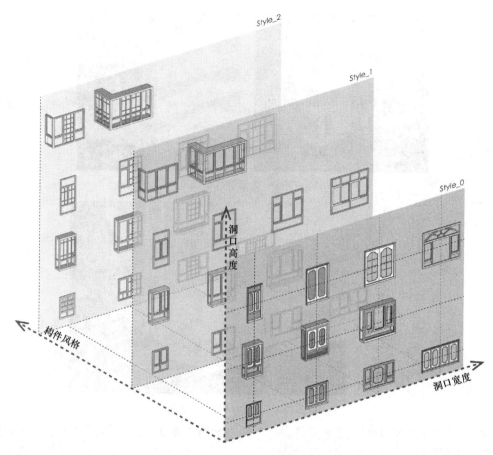

图 4　部分构件库矩阵

(图中标注：Style_2、Style_1、Style_0、洞口高度、构件风格、洞口宽度)

3.2　三段式立面生成实验

由于居住类建筑的平面功能类型相对有限，空间布局也基本固定，高层住宅的立面直接反映内部空间的使用方式。依据其三段式立面的普遍特征，将完整的立面生成问题分解为标准层、顶层和底层生成实验，分别解析其特性与通用规律，对应编写不同的规则。

3.2.1　中部标准层生成实验

高层住宅的主体部分多为标准层的竖向叠加。其中，通常会在腰线层产生局部的变化，或是奇偶楼层使用两种略有不同的标准层平面，呈现出明显的规律性的变化。因此，高层住宅立面的中间部往往表现出高度的重复性和韵律感。

定义标准层生成器的输入端为：标准层平面图文件，立面风格，适用楼层的集合以及底部楼层的层高。程序解析获取平面轴线信息后，向外偏移半个墙厚获得外立面的平面基准线。首先，对于一般性功能轮廓，需判定是否存在转角窗的特殊情形（图 5）。然后，依据平面多边形的拓扑关系，一般性功能开间如与阳台或露台相邻，则判定为开门，否则执行开窗操作。而当阳台或露台功能邻接时，往往是分属两个套型的阳台邻接的

情形，共边的位置则需要生成分隔墙。

此外，按照输入的风格类型，对基准外立面进行处理。在当前生成实验中，预定义了 2.1 节中的三种立面风格的构图类型。垂直型在标准层以装饰柱的形式，突出竖向构图的特点；水平型则出挑楼板强化立面的水平感（图 6）；网格型没有进行明显的体量处理，相关规则更多地在构件库选取中体现。

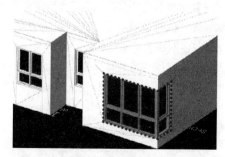

图 5　角窗判定

为了打破标准层立面表情的单调性和重复性，腰线层的特殊处理也是立面造型中的常用手法。输入端可指定楼层和线脚截面形式的 DXF 文件，通过扫略生成立面腰线造型（图 7）。

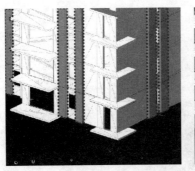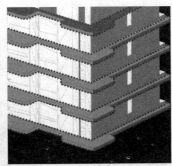

图 6　体量处理

图 7　线脚截面选型及腰线层处理

接着，针对一般性功能开间和阳台、露台平面，设定了一系列的构件选取原则。对于一般性功能开间，影响立面开洞尺寸的因素主要有三个：

(1) 当前的立面风格类型；

(2) 开间的功能属性；

(3) 开间的面宽尺寸。

程序返回的构件结果是一个可选构件列表，包含了多种尺寸和样式，程序默认采用列表中的首个元素并在开间内居中放置。相关数据可写入 Excel 文件，输出给设计师进行细部调整，程序读取更新后的参数，重置模型。通过一套完整数据的读写，尽可能地保留了立面模型的可编辑性。以某蝶形平面为例，输出的模型相关数据如图 8。灰色两栏为可编辑参数，分别表示当前选取构件以及构件距开间中点的偏移值。

而对于阳台、露台等无法标准化和规格化的要素，定义了几种栏杆围挡形式 (图 9)，依据不同的平面形状直接在程序中进行建模。

3.2.2　上部和下部楼层生成实验

高层住宅的顶部处理通常采用退台式收分的手法，既实现平面户型（如跃层户型）的多样性，同时也营造出层次感，丰富立面造型。程序运行流程与标准层生成实验类似，读取顶层平面图，重构相关信息，依据预定义的规则生成立面模型。不同的是，由于阶梯状收分的处理方式，顶部平面会出现大面积的露台或屋面，相应的构件模型应考虑设计规范中女儿墙及栏杆的生成 (图 10)。根据体量收分方式，装饰柱会在顶部的不同楼层进行收头处理，生成几何体块 (图 11)。除此之外，高层住宅往往将电梯筒作为塔楼收分的最后一个层次。程序需要单独读取平面图中的电梯筒图层，基于拾取出来的多边形生成电梯井的围合墙体、屋面及女儿墙。

在近地部，住宅底层的功能构成略有不同，会出现作为室内外过渡空间的门厅或大堂空间。这是没有与阳台或露台相邻、但仍需执行开门操作的特殊功能类型。本次生成实验中，尚未考虑存在底层商业裙房时的相关规则，以常见的纯居住功能的高层住宅为例。入口处的造型包括雨篷、门头、檐口、台阶、无障碍坡道等构件。对于门厅功能开间，同样以面宽大小和立面风格类型作为判定条件，载入构件库中的对应模型。

特别的是，由于无障碍坡道的存在，入口门厅的构图通常是不对称的。当住宅存在多个单元及入口时，应考虑总体布局对称与否，使得入口门厅的构图方式与整体保持一致。因此，需要设定底层平面图的对称性属性 (图 12)，如为轴对称型平面，半数的门厅模型也需要执行镜像操作。若为非对称平面，如单元重复型平面，则将门厅模型简单复制即可。

StartID	EndID	Function	Width/mm	Pair	ModelLib	Current	OffsetRange	Offset
0	1	STAIR	4620		WIN_GRI_1200_1500	WIN_GRI_1200_1500	(-1710, 1710)	0
3	4	KITCHEN	1912	BALCONY	DOOR_HOR_800_2200	DOOR_HOR_800_2200	(-556, 556)	0
6	7	STUDY	3300		WIN_GRI_2400_2000 WIN_GRI_2400_1500 WIN_GRI_2400_2400	WIN_GRI_2400_2000	(-450, 450)	0
8	9	BEDROOM	3600		WIN_GRI_2400_2000 WIN_GRI_2400_1500 WIN_GRI_2400_2400	WIN_GRI_2400_2000	(-600, 600)	0
9	10	BATHROOM	2100		WIN_HOR_700_1500	WIN_HOR_700_1500	(-700, 700)	0

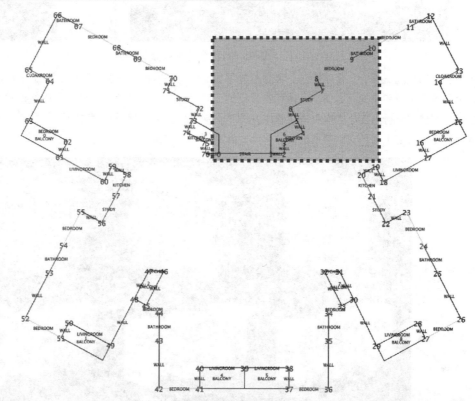

图 8　某蝶形平面输出数据

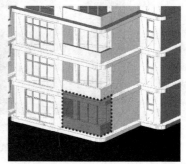

图 9　阳台栏杆围挡形式

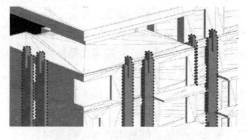

图 10　露台构件处理　　　　　　图 11　装饰柱收头处理

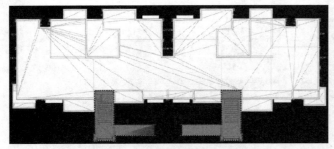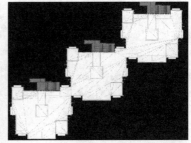

图12 对称型与非对称型平面

经过以上的生成流程，向程序输入一套完整的平面图后，即可迅速生成完整的立面模型，并可在预设的三种风格之间切换，进行预览。本次生成实验中，测试了三种典型的高层住宅平面形式，包括板式、单元式和点式。图13显示了三套平面图的立面生成结果。由此可见，经过编码后的立面造型模式可在不同的项目中快速重用，保留既有的设计语汇，辅助建筑师进行方案决策。

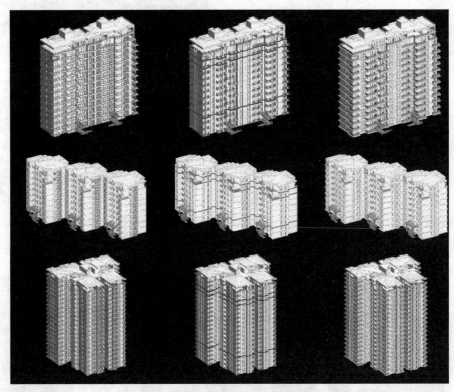

图13 立面生成结果

图片说明：版式、单元式、点式平面及其对应的网格型、垂直型、水平型立面

3.3 立面控制规则编写

除立面造型外，材质的选配也是决定立面效果的关键因素，且与建造成本有着紧密的关联。对于一套成熟的设计模式而言，立面要素与材料选型的映射关系较为明确。近地部的外墙，一般选配石材等增加品质感的立面材料。中部、顶部以及底部背面，则以造价更低、施工更为便捷的面砖或涂料为主。门窗、扶手等部品则通常依据立面整体形象，采用相应的工厂预制件进行现场装配。设计师可依据不同项目的具体情况，制定材料以及立面部位的映射规则。

排砖分缝为立面建造成本控制中的重要一环，可由此测算出总的立面建造成本。由于排砖分缝原则往往都有具体、明确的数理定义，通过编码可大大提升这一步骤的执行效率和准确率。以面砖分缝原则为例，将图14所示细则转译为函数方法，进行了外墙局部分缝实验。由于面砖的计算量较大，仅测试了标准层的四个开间墙体，分缝方案以及面砖用量如图15。程序可输出不同材料的规格（如普通砖、角部砖等）以及相应的用量数据，快速进行成本估算。

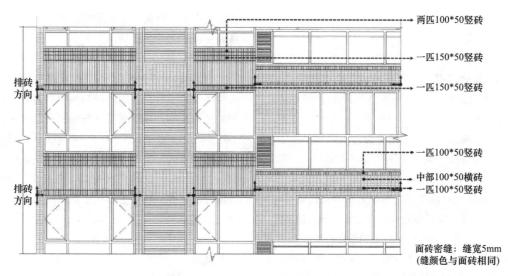

图14 面砖分缝原则（图片来源：上海水石建筑规划设计有限公司）

右侧标注：
两匹100*50竖砖
一匹150*50竖砖
一匹150*50竖砖
一匹100*50竖砖
中部100*50横砖
一匹100*50竖砖

面砖密缝：缝宽5mm
（缝颜色与面砖相同）

左侧标注：排砖方向、排砖方向

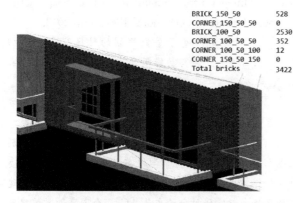

```
BRICK_150_50        528
CORNER_150_50_50      0
BRICK_100_50       2530
CORNER_100_50_50    352
CORNER_100_50_100    12
CORNER_150_50_150     0
Total bricks       3422
```

图15 分缝方案及面砖用量

3.4 相关指标数据运算

在方案阶段，由于当前普遍采用的设计工具的局限性，如SketchUp等建模工具仍然采用物理建模而非逻辑建模的方式，方案模型信息并没有得到有秩序的组织。导致的结果是，不但模型的修改成本高，而且在设计阶段缺失相当一部分的数据，相关信息往往需要在后期施工图深化阶段，不同专业通过BIM技术进行协同工作时，才会进行具体的数据测算与反馈。如此，建筑师就难以在项目前期，对相关性能指标和经济数据有精确的把握，从而无法有针对性地进行方案的修改与调整。在本次生成实验中，依靠程序建模的方式，以半边数据结构为核心，建立起模型与平面轴线图的引用关系，基于边（开间）和面（平面轮廓）两个层级，储存了大量的模型数据，建筑师可从中挖掘出许多有效信息。现对部分关键性数据进行梳理，归纳出如下三类信息：

（1）模型信息：反映方案本身的数据信息，在建筑设计阶段一般容易忽略对这类信息的统计与量化。如外墙总长度及面积、阳台总面积、露台及屋面总面积等等。

（2）性能指标：影响建筑能耗计算的指标，可辅助判断方案的性能表现。如体型系数、各朝向窗墙比等常见指标。

（3）建造数据：与建造成本息息相关的数据。如门窗规格及对应的数量，栏杆总长度，石材、面砖、涂料等立面耗材的精确用量等等。

以上数据在方案调整之后，会联动更新，迅速反馈给建筑师，为设计决策提供精确、科学的参考。表4为3.2节中三套平面图的部分输出数据。设计师可以结合性能表现、立面总造价等可量化因素，推动方案向更合理的方向深化。

相关指标数据输出　　　　　　　　　　　　　　　　　　　　　　表4

平面类型		板式			单元式			点式		
立面类型		网格型	垂直型	水平型	网格型	垂直型	水平型	网格型	垂直型	水平型
窗墙比	北向	0.497	0.383	0.474	0.479	0.297	0.426	0.352	0.239	0.344
	东西	0.073	0.072	0.073	0.135	0.097	0.124	0.233	0.148	0.247
	南向	0.469	0.344	0.472	0.411	0.391	0.439	0.404	0.209	0.382
体型系数		0.303			0.347			0.248		
栏杆长度		967.2m			535.8m			1653.7m		
……					……					

4 结语

4.1 研究成果

本研究初步探索了基于规则系统的立面生成方法，尝试了生成设计在居住建筑立面造型问题上的简单应用，并试图在方案前期阶段实现对相关性能指标与建造成本的精确控制，辅助进行立面造型设计。通过对高层住宅立面和相关算法模型的理论研究与编程实践，取得了一定的研究成果，归纳如下：

1）特定的立面设计模式可在不同方案中快速重用

设计单位在大量的实际项目中积累的设计语言和模式，经过实践检验和市场选择后，趋于完善和稳定。基于规则系统，对模式化设计方法进行解析和编码，实现在不同的项目中迅速调用，保留特有的立面语汇。此外，也降低了平面方案的修改成本，有效提升了立面设计效率。

2）初步实现方案设计阶段的立面建造控制

本研究通过程序建模的方式，保留了立面设计相关的大量数据，包含性能指标、建造成本等等，可实时输出给设计人员，使得建筑师对于方案有更加精准的把握，建立设计与建造控制之间的快速反馈。

4.2 研究不足

高层住宅立面设计的影响要素呈现出多维度的复杂特征，包含场地、文脉、气候等诸多因素。本研究中完成的原型程序简化了生成规则，围绕楼层平面切片和功能开间进行编写，许多影响要素也因此未能纳入算法模型。

此外，基于规则系统的生成方法往往是自上而下的，程序执行一套确定的逻辑判断处理不同的输入情形。规则的提炼和制定直接影响生成结果的合理性，且要求开发者对规则的编写较为周全，以确保程序的鲁棒性。采用硬编码的方式有较大的局限性，当需求产生变化时，需要不断的人工干预来改进规则系统，对未来发展和更新的适应性较弱。

4.3 研究展望

一方面，高层住宅立面造型问题中，庞杂的设计影响要素难以进行全面的归纳与抽象。另一方面，对于不同的立面风格，其模糊定义与规则系统的转译有较大的难度。在下一步的研究中，可以尝试从基于规则系统转为数据驱动的方式，即通过概率方法，运用机器学习来实现立面生成。这种方式能够适应持续的改进与完善。数据库的建立和特征工程的选择将成为进一步研究的关键点。

参考文献

[1] Hao Hua, Ludger Hovestadt, Peng Tang, Biao Li. Integer programming for urban design [J]. European Journal of Operational Research, 2018.

[2] 李思颖. 基于整数规划的住区生成方法初探——以日照、交通与功能限定为例 [D]. 东南大学, 2019.

[3] 郭梓峰. 功能拓扑关系限定下的建筑生成方法研究 [D]. 东南大学, 2017.

[4] 彭文哲, 李飚. 住区生成探索——位图识别生成立面 [A]. 全国高等学校建筑学学科专业指导委员会. 模拟·编码·协同——2012 年全国建筑院系建筑数字技术教学研讨会论文集 [C]. 全国高等学校建筑学学科专业指导委员会：全国高校建筑学学科专业指导委员会建筑数字技术教学工作委员会, 2012：8.

[5] 李穗. 当代城市高层住宅建筑立面形式设计研究 [D]. 长春工程学院, 2019.

[6] 张维昭. 当前国内高层住宅立面设计探索的研究 [D]. 清华大学, 2012.

张 烨 许 蓁 白雪海

天津大学；yaapp2012@gmail.com

性能驱动下的数字化设计与建造
Performance Oriented Digital Design and Fabrication

摘 要：本文针对计算机辅助设计时代下部分建筑运算生成与物质实现相割裂的问题，从整合材料特性、结构表现、建造方式与空间形态设计的角度，对基于性能的数字化设计与建造进行了阐述。文章介绍了天津大学建筑学院的数字设计教学体系，并结合教学成果中的代表性建构作品，进一步阐释了性能驱动设计的具体方法和步骤。

关键词：建筑设计教学；数字设计；数字建造；性能驱动设计

Abstract：Computer-based design often appears to neglect the material dimension of architecture. On a computer screen，forms seem to float freely without constraint. To bridge the gap between computer formation and materialization，this article researches on performance oriented digital design and fabrication. This article also introduces the whole framework of the digital architecture education in Tianjin University. By showing the process and result of a pavilion in digital design course，this article explains the methods of performance-based design.

Keywords：Architecture design education；Digital Design；Digital Fabrication；Performance-oriented design

1 性能驱动下的数字化设计与建造

计算机辅助设计提高了设计效率与设计精度，赋予建筑更多形式可能性。然而，数字化设计在趋于非标准化、建构复杂化和形式曲面化的同时，缺少对建筑物质性的关注，导致部分作品片面地追求形式感，材料、结构、建造方式等因素沦落为形式的附庸。目前不同领域之间存在信息断层，性能信息难以及时、有效地反馈到设计和建造阶段。因此有必要从思维方式和设计方法上重新审视"数字化设计"，通过在设计过程中同时考虑外部环境和材料内在属性，找到空间形态与结构的合理关系，实现建筑"物质性"与"形式性"的统一。

1.1 前数字时代的形式主义与物质性缺失

前数字时代，数字化设计更多的是将形式表达计算机化。在设计思维上，以弗兰克·盖里（Frank Gehry）、扎哈·哈迪德（Zaha Hadid）为代表的雕塑化设计派，以及以彼得艾森曼、克雷格·林恩（Greg Lynn）为代表的图解理论派，都采用了基于计算几何的设计方法。在设计工具上，Rhino，Maya 等参数化软件的建模方法是建立在 Nurbs 曲面或多边形网络（ploygon mesh）几何逻辑上的，并不能够比传统的二维图纸表达出更多的物质性。数字化设计被狭隘地理解成"用各种参数来定义一个形体"。形式生成与结构性能、材料性能、环境性能相脱离导致了许多问题。

首先，对数字化建筑理解的偏颇导致了物质维度和物质体验的丧失。正如同哈佛大学设计研究院的安东万·皮孔（Antoine Picon）教授在《建筑与虚拟—走向新的物质性》（*Architecture and the Virtual：Towards a New Materiality*）一文中担忧的那样，计算机主导下的设计使建筑的物质性岌岌可危。形式不受其他因素的制约，成为猎奇和炫技的手段。

第二，脱离性能的数字化设计加大了模型效果与实际作品间的差距。由于缺乏对材料连续变化的复杂行为的认知和处理技能，设计与建造过程严重脱节。施工过程变得被动、低效、高价，并且精确性难以得到保证。

第三，随着机械化进程的普及，材料加工从手工化操作转换为机械化操作，这造成了对材料各异性（per-sonality）的忽视。不同特性的材料经过相同的加工程序，被批量生产成固定尺寸的规格构件，之后被随机地使用在建筑中。材料被表面化、形式化的运用，其独特属性被抹杀了。

最后，形式与性能的脱离导致建筑形象同质化加剧。脱离地域性、忽视环境参数的建筑充斥在各个城市中。对于当地材料、工艺和文化的忽视导致了我国城市建筑环境建设中的一些不健康发展。

基于以上原因，有必要在数字化设计中关注建筑的物质性。数字技术的发展不仅给我们带来了建筑形式和空间上的突破与创新，更优化了对复杂问题的综合求解。

1.2 从主观决策、算法生成到性能驱动的设计思维

在数字技术的支持下，物质性能导向的设计思维将从"主观决策思维"最终演化到"性能驱动思维"。主观决策思维未能发挥材料、结构、建造方式等因素对于建筑可能性的探索；生成设计思维则未能发挥建筑师对设计和建造过程的控制；性能驱动思维可以弥补前两者的不足，优化设计逻辑和建造逻辑。

性能信息包含结构性能、环境性能、材料性能等。通过将性能信息作为设计参数输入形式设计过程，驱动建筑形式生成，优化建造逻辑和建造工艺，性能化设计方法实现了将信息分析、有限元模拟、计算机模型建设和机器人制造统一起来的数字信息链。

基于性能的数字化设计从根本上颠覆了"先设计形式，然后分析结构，最后填充材料"的序列式工作模式，避免了对建筑物质性的忽视；解决了设计和建造过程彼此脱离带来的矛盾；提高了工业化时代复杂建造的精确程度和效率；优化了形式生成逻辑。

2 天津大学数字设计课程

天津大学建筑学院数字设计研究所对基于性能的数字化设计进行了研究与实践。学院开设了数字设计系列课程，自2011年起，经过多年的探索，目前包括本科生三年级数字设计专题、本科生四年级数字设计专题、本科毕业设计、研究生设计课等四个部分，内容包括了算法与生形，基于性能的数字化设计与建造，互动设计，智能建造驱动下的装配式建筑等内容。

2.1 基于图形学和算法的生成式设计

天津大学在三年级本科生秋季学期设计课中开设了数字化设计专题，为期8周，每周8学时，内容包括三维参数化软件的学习与运用、建筑图形学、算法研究和形式逻辑编译。

该课程以"图案密码"为切入点，首先分析干旱土地的裂纹、沙丘的形状、向日葵籽的排布等自然现象，带领学生在看似没有规则的图案、形态与律动中归纳出简洁的逻辑。然后师生共同探讨形式生成和变化的原因、规律、特点、衍变可能性，在grasshopper或processing等数字化软件中编写这一过程将其可视化。最终将研究成果和功能性建筑联系在一起，以"居住胶囊"为例，理解生成的形式和涌现的系统为建筑带来的更多的启发、选择和可能。

2.2 综合性数字化设计与建造

本科生四年级的数字化专题是天津大学重点的数字设计课程，旨在锻炼和培养学生在建筑设计中综合运用数字技术的能力。

随着计算机技术与机械制造的发展，建筑设计的思维方式发生了重大变化，建筑师设计的不再仅仅是形式，更是逻辑、路径、算法和行为。建筑设计与建造一体化过程将实现更加便捷、更加精确、更加个性化的设计。在这一背景下，四年级数字专题力求引导学生对性能驱动下的建筑原型（prototype）进行深入探索。该原型一方面符合工业化产品设计精细、高效、低成本的特点；一方面又比普通工业产品具有更多的灵活度和适应性，它仍然满足建筑设计基于案例式的特点，能够体现环境的反馈和建筑师的思考。

2.3 可感知城市与交互式设计

这是五年间毕业设计的专题，作为可感知城市成为国际研究热点背景下的一种教学探索，希望能够让学生利用大学五年的建筑学知识，重新思考数字化城市下建筑设计的内涵和外延。课程最终成果为实体装置。

当今世界处于数据互联的时代，人的各种活动和行为数据通过各种手持电子设备、分散的感应器和GPS终端被上传到虚拟的网络空间中，然而这些数据是真实存在的，并且可以被城市所感知。利用这些数据系统，人们可以通过临时或永久搭建的局域网络和互联网络设想建筑前所未有的形态和功能，是建筑的空间、功能、形态顺应数据的变化产生相应的调整。

本课程引导学生利用大数据、虚拟现实、算法设计等手段探索实现上述应对策略和设计成果的方式。在这里，建筑不再是一个封闭的知识系统，而是被作为一个核心价值来看待，拓展其价值的手段不但涉及建筑学、图形学等学科的知识，还涉及视觉艺术、计算机科学、自动化通讯等领域，通过建立建筑与城市的动态数据联系，实现建筑与人、自然、城市的更好融合。

本毕业设计的目的是探索一种可变的建筑形态，运用建筑学及相关学科的知识，使建筑能够以艺术或技术

的方式感知城市或被城市感知。设计过程中将对设计创意，生成逻辑，建造方式及其关键技术环节进行研究和实践，并在模型尺度下验证和展示设计的成果。

2.4 智能建造引导下的装配式建筑设计

本课程针对研究生一年级学生开设。课程从构件的制造、装配、和拆解入手，引导学生设计一个装配式建筑原型。该原型由预制模块组成，同时也是一个参数化系统，可以满足定制化需求。通过改变参数和组合方式，该原型可以生成不同的空间形态，以满足不同功能的需求。

通过该专题的训练，学生不仅完成了从概念设计、适应性设计、模块化设计、到装配式建造的完成流程，同时也掌握了"产品化"与"定制化"，"模数化"与"模块化"的区别和联系，并探讨了它们对建筑模式发展的意义。

3 性能驱动的数字化建构作品

2018秋季学期，天津大学建筑学院数字化设计研究所结合本科生四年级设计课，开展了"性能驱动下的

数字设计与建造"专题，引导学生将建筑材料和结构作为设计参数融于形式概念生成之中，成为设计过程的驱动因素。作者以其中一组的数字化建构作品为例，从构件的制造、装配和拆解入手，运用数字技术，论述方案从形式生成到实体建造的全过程。

3.1 概念生成

方案最初由揉皱的卫生纸得到启发，发现柔性材料在受到揉搓后变得坚挺这一现象，促使学生提出"柔性材料具有作为自身支撑结构的可能"这一想法。

首先，作者引导学生尝试从凌乱的褶皱中找到规则，并分析出具备结构功能的褶皱肌理。然后，师生共同讨论纸张摊开后褶皱的图案纹理，将其抽象提取为长度不同的杆件，并进行试验研究杆件的排布、角度、距离、轴线等因素对于褶皱生成和纸张形式的影响。因为纸张的尺度限制，笔者接下来引导学生尝试不同的材料。我们尝试的柔性材料有：不同种类的纸，布，1.5cm厚的PVC软塑料，3cm厚的PVC软塑料，和5cm厚的PVC软塑料。在这样的过程中，学生深刻体会到材料性能对于设计与建造的重要作用。

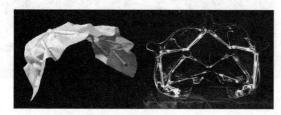

图1 概念生成与实体模型测试

3.2 数字模拟与优化

利用数字化软件，笔者带领学生对设计方案进行了研究、模拟和优化。师生共同在 Grasshopper 和 Kanga-

roo 中模拟了柔性材料伴随褶皱产生的二维到三维过程，计算了材料内部产生的拉力与压力，最终得到当力达到平衡后整体的形式。

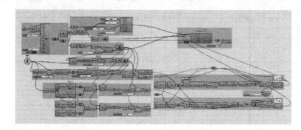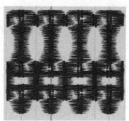

图2 数字模拟

3.3 节点设计与实际建造

在天津大学数字化工厂内，利用CNC、激光切割机、和铣床等工具，师生共同完成了建构作品的搭建。

建造中我们进行了数次尝试和改变。在材料方面，我们对柔性材料的拼接方式和杆件材料的选择进行了研究。柔性材料确定为5mm厚度的PVC塑料，但是因为

可购买的塑料卷在宽度方向上的尺度限制，需要对其进行剪裁和拼接。通过对结构形式的分析，引导学生得到合理的剪裁形式和拼接位置。杆件材料我们尝试了木板、MDF板和铝管。在这过程中，学生体会到建筑师对建构过程设计和把控的必要性。在节点方面，通过利用天津大学建筑学院建造实验室的软硬件设备，我们设

计并制作了连接杆件的节点。每一个钢构件都是学生自己切铣、攻丝、组装的。

最后的建构尺度约 4m×3.6m×2.1m，可供人在内游玩或休息。作品在天津大学校内展览。

图 3　建造过程及分析

图 4　作品展示

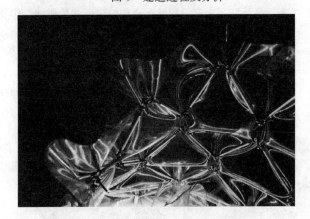

图 5　方案细部（图片来源：学生拍摄）

图 6　节点展示（图片来源：学生拍摄）

参考文献

[1] 袁烽. 从图解思维到数字建造. [M]. 上海：同济大学出版社. 2016.

[2] Antoine Picon. Architecture and the Virtual: Towards a New Materiality. [J] PRAXIS, 2004 6: 114-121.

[3] 徐卫国，黄蔚欣，于雷. 清华大学数字建筑设计教学. [J] 城市建筑，2015. 10.

[4] 黄蔚欣，徐卫国. 非线性建筑设计中的"找形". [J] 建筑学报，2009. 11. 20.

[5] Michael Fox and Miles Kemp, Interactive Architecture [M]. Princeton Architectural Press，2009.

邹 雪 虞 刚

东南大学建筑学院；525617236@qq.com

数字化技术下枯山水景观布置的现代化演绎 *
Modernization of Dry Landscape Design under Digital Technology

摘 要：本文旨在将传统枯山水的设计思维与数字化技术相结合，产生更加丰富的、符合现代审美的枯山水景观布置形式，探讨一种高效、多样、可选择的现代化设计方式，最终达到拯救枯山水衰落的命运。首先，将枯山水的形态抽象化，提炼出最根本的设计逻辑——枯山水中"因子（element）"互为干扰的物理线的可视化表达，并依据这一逻辑行进参数化模型生成；第二，将数字化技术下枯山水景观模型与传统手工枯山水进行对比，总结出数字化模型逻辑更为缜密、形式更为复杂、选择性更为多样的优势；第三，讨论了枯山水景观布置的计算机模型在实际应用之时的影响及局限。

关键词：数字化技术；枯山水；景观布置

Abstract：The purpose of this paper is to combine the traditional design thoughts of dry landscape with digital technology to produce a abundant and modern aesthetic style of dry landscape，and explore an efficient，diverse and alternative modern design method，then finally achieve the ambition of rescuing the dry landscape. Firstly，by abstracting the shape of the dry landscape，the visual expression of the physical line that the elements interfere with each other in dry landscape was extract and was regarded as the most basic design logic；secondly，the dry landscape under digital technology and the traditional manual dry landscape was compared and after that the advantages of the former such as having more rigorous logic，more complex form and more options were summarized. Thirdly，the influence and limitation of computer model of dry landscape layout in practical application are discussed.

Keywords：Digital technology；Dry landscape；Landscape layout

枯山水是日本传统的造景形式，其以细沙碎石的组合指代山水，讲究环环相扣、山水相间，与建筑共同组成人生活的背景。枯山水的布置方式大多为匠人巧妙运用尺度和透视感、凭借经验来布置。匠人的手艺具有脆弱性，随时间推移，人们对枯山水景观布置的形体和效率要求提高、审美也有所变动，若一门手艺无法追上时代的潮流，将不可避免地凋敝。当今社会正处在这样一个阶段，数字化影响着人们的观念，人们越来越追求精巧复杂的、不可手工制作的参数化产物。假若能够将数字化可控、可调、可量身定制的优势，与传统枯山水手法相结合，无疑将会大幅度提高枯山水景观的设计的效率，为其注入活力，促成枯山水景观布置的现代化演绎。

基于以上的初衷，笔者利用参数化建模软件Grasshopper，编写了枯山水景观布置的数字化基本模型（图1）。在这一模型框架之下，可以根据输入因子（Input element）的不同、约束条件的变化，最终达到自动生成适宜的方案供使用者根据自身喜恶进

* 国家自然科学基金青年基金，项目批准号51808104。

行选择的目的。本次探讨，不仅是为了应对日本枯山水景观布置在数字时代的生存问题，更是为了探讨唤醒以枯山水景观布置为代表的、不易复制的传统手工业的方式。

图1　数字化模型效果图

本文的讨论主要是围绕数字化的计算机模型而展开，是一个理想化的数字模型。而在实际应用过程中，难免需要面临材料选择、空间局限、视线分析等一系列实际问题。虽然存在数字模型转换为实际景观的讨论还不够成熟，但为今后数字化枯山水景观布置的实际应用提供了可视化的参考。

1　数字化模型生成

1.1　从"传统工艺"提取出"生成逻辑"

在对比数字化设计与传统工艺的差异中，可明确找到设计的入手点。数字化设计是理性化、带有强烈数学性、思维严谨的建模方式，其注重数学元素之间的关系的设计，实质上是对最本源的逻辑思路进行的设计。而枯山水景观布置这一传统手工艺，更多的是依赖于布置者个人的经验和喜好，因此对传统枯山水的设计精髓进行简化、抽象、提炼是设计中至关重要的第一步。笔者通过资料收集、分析总结，将传统枯山水的设计中布置者自身情感因素予以排除，发掘枯山水景观布置所遵循的理性而又科学的准则，最终总结出其最本源的逻辑思路——枯山水中"因子"互为干扰的物理线的可视化表达。即在场地中置入数个点状因子（等同于传统枯山水布置中的石块、枯树等），因子周围相应出现水波状、磁感线状的"涟漪"，且涟漪之间相互干扰，它们遵循一定的物理规律将其统称为物理线，对这些物理线具化、可视化后，便形成了纯粹的、符合自然规律与逻辑的枯山水景观布置。

相仿于实际中涟漪的生成，笔者提炼出了如何在计算机中用数字构建类似的参数化涟漪。对于实际中涟漪，它的出现是因为落入水中的石头是一个干扰点，引起了中心水面分子的上下震动。而作为介质的水是连续

的，水分子之间又相互作用的力，因此，中心水分子的震动也会带动其周围的水分子上下震动，并由于阻力，震动由中心到边缘逐渐消失。根据自然中涟漪形成的启发，笔者以落入点阵中的因子为中心，因子周围的点阵以这个因子为中心进行旋转操作，距离越近旋转角度越大，距离越远旋转角度越小，用反比例函数来控制旋转角度，因为反比例函数能保证连续不断且能做到人为可调，更重要的使其虽 x 方向的增加 y 值减少，符合涟漪逐渐晕开变无的自然规律。这样就形成了旋转、曲折、渐渐散去的类似的涟漪的参数化波纹形状。

经过参数化设计涟漪的生成与涟漪之间干扰，最终完成了从"传统工艺"中提取"逻辑思路"的过程。在保持这一逻辑思路不变的前提下，操作最初的自变量因子的性质以及物理作用的强弱变化，达到可控的枯山水参数化建模。

1.2　将"生成逻辑"细分为"干扰的传递过程"

枯山水中"因子"互为干扰的生成逻辑其实可以分为几个干扰的传递过程。比如第一个因子与第二个因子相互干扰产生一个物理线的形态，之后再与第三个因子相互干扰，然后第四个、第五个……，干扰不断地传递、叠加形成最后的形态。这样将枯山水生成的逻辑思路分为几个过程进行生成，有利于对每一段过程进行把控，更好的对每一段的干扰强度进行调整。数字化技术下枯山水景观布置的现代化演绎也因此简化为两个技术问题：基础干扰单元（Basic interference unit）的构建，干扰传递过程的构建。在实际的建模过程中具体采用了 Graph mapper 这一精确的基本函数控制干扰范围和干扰强度，构成了基础干扰单元块（图2）其中函数的使用让得到的结果多样化、个异化成为可能；采用 Grasshopper 的打包循环操作，将上述基础干扰单元块循环输入、连接，可得到多控制因子干扰下的最终模型。

利用数字化的优势，还可打破了二维的束缚，使得设计能在三维上展开。通过对产生的流线模型进行分析，利用 Pull point 分析流线曲率，使曲率大小对应垂直升高的强度大小，这样将枯山水原本水平发展的水与垂直发展的山进一步抽象化，进一步组合成为一个整体。最终实现曲率较大处大幅上升形成"山"，曲率较小处形体平缓象征"水"，产生更加耐人寻味、发人深省、令人沉静的现代化枯山水形式，完成对枯山水的现代化演绎。

1.3　具体建模过程

通过从日本枯山水的传统工艺中简化、抽象、提取生成逻辑，并对逻辑思路进行拆分，划分为数个干扰的

传递过程，之后就使用了 Grasshopper 进行具体的参数化建模。

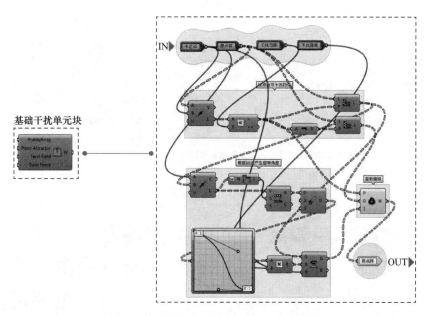

基础干扰单元块

图 2　基础干扰单元块 grasshopper 电池图

首先，是对基础干扰单元块（见 1.2 小节）的构建，基础干扰单元块是枯山水中因子互为干扰产生物理线的核心环节，是干扰传递的基础。通过对基本的干扰因素进行分析，笔者提取了四个控制变量作为程序的输入端：原有点阵的位置、因子（即干扰点）的位置、干扰范围（距离）、干扰强度（实数）。原有点阵中，点到因子的距离若大于干扰范围则不再进行进一步的运算，距离若小于输入的干扰范围，就进行下一步的运算，即生成参数化涟漪。对提取出符合干扰范围的点进行分析，根据其距离因子的远近赋予不同的旋转数值，具体的复制方法采用了 Graph mapper 这一精确的基本函数来进行控制。对于 Graph mapper 中函数的选取要符合以下两点：一是要是反比例函数的趋势，这样才符合波纹扩散中因为阻力的存在而导致从强影响到弱影响的自然规律；二是在 Graph mapper 函数中 x 的最大值处要对应旋转角度数为 0，作为波纹消散的最终点，能将波纹成功过渡到在干扰范围之外的不进行变化的点。在以上两点的范畴之内 Graph mapper 函数可自由化选择，根据用户的需求制定相应的函数。其中函数的使用让得到的结果更加可靠、可调。干扰强度用来调整函数的倍数，进而控制涟漪的大小。最后一步是将有旋转角度的、原点阵中的点以因子为中心进行旋转操作，重新编组后输出新点阵。以上构成了一个完整的基础干扰单元块。

其次，采用随机种子（random seed）或者人工指定来控制因子的初始排布位置。确定枯山水的界限，并在界限内的平面划分成均匀的点阵，即为初始点阵 Points 0。将第一个控制因子和初始点阵的信息输入到基础干扰单元块中进行运算，得出新的点阵 Points 1。为了得到多个因子干扰下的最终模型，使用了 Grasshopper 的打包循环操作，将 Points 1 在此输入基础干扰单元块得到 Points 2 循环往复，继而得到 Point 345……将所有干扰因子输入基础干扰单元块中循环完毕后，得到多控制因子干扰下的流线模型。另外，利用数字化的优势，还可打破了二维的束缚，使得设计能在三维上展开。通过对产生的流线模型进行分析，利用 Pull point 分析流线曲率，使曲率大的竖向位移大形成高耸的山石，反之，曲率小的位移也甚微，从而形成平静的水，这样可将枯山水原本水平发展的水与垂直发展的山进一步抽象化，进一步组合成为一个整体，产生更加耐人寻味、发人深省、令人沉静的现代化枯山水形式，完成现代化演绎（图 3、图 4）。由于数字化自带的优势，通过这一套现代化演绎体系的设计，使用者可以随意改变变量、随意挑选适合自己的控制因素，随意选取合适的生成结果，达到最终的为每个人量身定制。

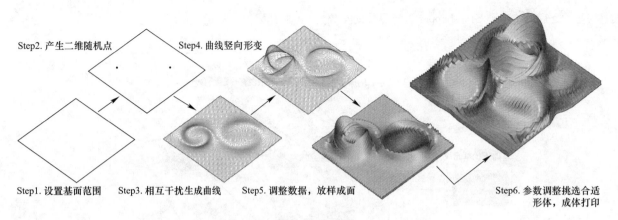

Step2. 产生二维随机点　　　　Step4. 曲线竖向形变

Step1. 设置基面范围　　Step3. 相互干扰生成曲线　　Step5. 调整数据，放样成面　　　　Step6. 参数调整挑选合适形体，成体打印

图3　模型生成过程图示

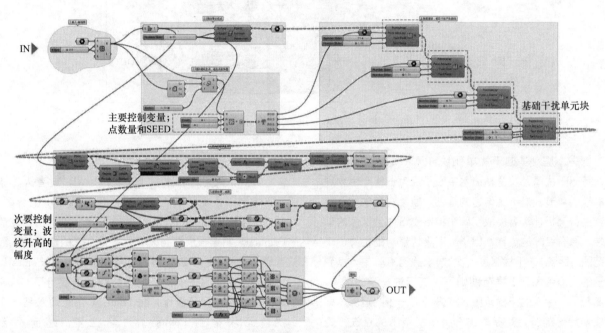

主要控制变量；点数量和SEED

基础干扰单元块

次要控制变量；波纹升高的幅度

IN ▶　　　OUT ▶

图4　完整 grasshopper 电池图

2　数字化枯山水的三点优势

利用数字化技术，枯山水景观布置有了更多的可能形式与变体，为今后枯山水的设计提供了前期参考。因为其很容易进行整体调整、局部调整，这极大地提高了枯山水景观的设计的效率。经过总结数字化指导下的枯山水景观布置有以下三方面的优势。

第一点优势在于枯山水景观布置的抽象化、现代化演绎，得到的最终模型纯净、一体，更加发人深思引人静悟。对传统手工艺中原型"涟漪"的剖析、简化、提取，增加了最终获得的枯山水形态的抽象性。相较于传统石头（涟漪产生的干扰物）是石头，水波是水波；本文的设计方法使得石头与水波二者融为一体，构成山与水交织、流淌的形态。山水相互转化并在三维空间中展开、变化，使得观看者看到的不仅仅是自然的涟漪，更是类似涟漪的似是而非的产物，其抽象性更能带人进入冥想的状态。

其次，数字化设计是由计算机进行数据处理，设计者只负责设计合理的逻辑关系，所以能达到常人所不能达到的运算量。在传统的日本枯山水设计中，干扰点产生的波纹大多只围绕干扰点自身，或是与相邻的一个干扰点的波纹产生叠加效果，相互干扰生成相互作用之后的新涟漪。一般不会与太多的干扰点的涟漪相互影响，因为这样的操作需要大量的逻辑分析，而且人脑构思有很大的误差与错误。但是，在数字化设计中大量的运算恰恰是其优势所在。如若程序的初始的逻辑构思，即基础干扰单元块的设计是正确而又合理的，那后期各个因子运用 Grasshopper 的打包循环，循环进入基础干扰单元块的运算则全部可依靠计算机来完成。运算结果更加准确可靠，快速高效。因此数字化技术下枯山水景观布置可以是进行多个干扰点之间相互作用的物理线的运算，是传统手工布置的升级与优化。

第三点优势是，数字化设计的优势是各个参数都可以调控，通过最直观的的数字和函数的选取，控制最终模型的形态。数字化设计中输入端的赋值，如干扰点的位置、干扰范围与强度等，都是有具体数值所控制的，若需要进行调整可对具体的数值进行可量化的调控。对于波纹产生的形态控制，可在基础干扰单元块中的Graph mapper 函数控制单元块内选择 Linear、Bezier、Conic 等各种函数，得到使用者满意的最佳形态。因为设计的逻辑思路一定，所以可以有各种变体（图5），极大地拓宽了用户的选择面，可以为用户私人定制设计方案。本文运用数字化对枯山水进行现代化演绎的方法。

数字化枯山水自身的三点优势，可促进其自身的推广、传播，为此计算机模型的落地助力。为这一传统手艺注入了现代化活力，有助于达到枯山水传统手工艺的现代化复兴。

3 数字化枯山水的效果及应用

为了使本文的讨论内容更加实际可行，笔者将数字化枯山水应用于实际的场景中，通过意向的展示，为今后数字化枯山水景观布置的实际应用提供了参考。项目场地位于南京东南大学四牌楼小区的老图书馆，以传统四合院的方式围合了一个方形小中庭。老图书馆有两层高，其中庭尺度较小，大约有 10m×10m，中庭内空旷而又缺乏生机。经过实地调研，发现四周的房间都对这个中庭进行开窗，为众多室内取景区，但是这个中庭只能从一层的室外一个偏僻的小入口进入，无法从老图书馆内部直接步入，因此老图书馆中庭只可远观不可接近。枯山水景观布置便可以应对这种只服务于视觉要求的空间，而且枯山水带来的冥想效果，有利于老图书馆的人更专注的思考、探求知识、进行办公。所以本次设计利用数字化进行设计，将枯山水景观布置进行现代化演绎后置入中庭之中，达到激发老图书馆中庭的目的，激活这个失落的角落（图6）。笔者在构建好计算机模型后进行了真实的 3D 打印模型（图7）的制作，其采用了 PVC 材质，如图可见其能够很好还原计算机模型，为方案的可实施性提供了支持。在实际大型建造中，对材料的选择可用细沙 3D 打印（3D Printing with Sand）（图8）。在 2014年，采用这一打印技术建造的地震柱（Quake Column）、渐开线墙（Involute Wall）都在美国洛杉矶的 3D 打印世界博览会（3D Printer World Expo）实际建成，并收获了专家的肯定。采用细沙 3D 打印可精确打印计算机中生成的模型形态，同时更好的还原枯山水中沙子的质感。

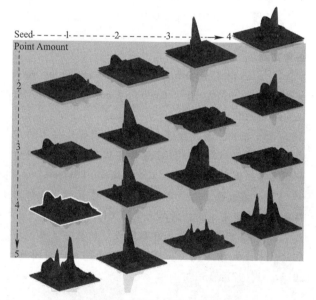

图5 最终模型形态的多方案图解

图6 枯山水应用意向图

图7　3D打印模型

图8　细沙3D打印效果
（图片来源：Printing Architecture[1]）

4　结语

本文介绍了运用数字化技术激活逐渐走向凋敝的传统枯山水布置的手艺。笔者对计算机模型的编写逻辑——枯山水中"因子"互为干扰的物理线的可视化表达，以及编写过程——基础干扰单元块的循环进行了详细解释。进一步解释了其相较于传统方法的优势所在：三位一体，引人深思；可进行大量数据的逻辑化处理；结果可控，可量身定制。在历史如此悠久的传统工艺中注入具有强烈现代性的数字化设计，借助其高效、多方案可选、精确可调的优势，根本的目的在于挽救承载着文化与记忆的枯山水在现代社会中逐渐被遗忘的命运，重新探讨了建筑设计中传统与现代如何进行结合的问题。虽然其落地时的材料选择等实际性问题尚待进一步考虑，但方案为枯山水景观布置这一传统手工设计问题提供了新的现代化设计思路，在一定程度上促进了景观设计走向数字化、信息化、现代化演绎。

参考文献

[1] Ochs J. Printing architecture innovative recipes for 3D printing [J]. Choice：Current Reviews for Academic Libraries，2018. 56：1-45.

[2] 虞刚. 感应图像——基于互动媒体技术的建筑设计教学探析 [C]. DADA数字建筑国际学术研讨会论文集. 北京：中国建筑工业出版社，2017.

[3] 袁大伟. 基于参数化技术的建筑形体几何逻辑建构方法研究 [D]. 清华大学，2011.

[4] 蔡凌豪. 风景园林规划设计的数字实践——以北京林业大学学研中心景观为例 [J]. 中国园林，2015，31（07）：15-20.

林进益　彭　悦　郭晓莹　郑婵珠

武夷学院；2736153787@qq.com

生态美学视野下绿色建筑的数字化研究
Digitalization of Green Architecture from the Perspective of Ecological Aesthetics

摘　要：人类在建筑居住需求及经济效益诱因下，已从过去依附自然原始生态，演变为现今"大地反扑"局面。在一次次惨痛的灾难之后，人们提出可持续的发展战略，开始倡导人与自然环境共生互存新建筑观念，注重建筑物的节能设计技术。

　　绿色建筑的兴起让我们重新考量回归自然以及唤回被忽视的生活美学本质，现代数字化技术的运用更是成功地启动了维护地球环境的生态列车。本文拟对绿色建筑、生态美学与数字化技术密不可分的三角关系，结合实例深入探讨，检视绿色建筑与美学、数字化与生态的契合关系。期待时隔不久的未来，绿色建筑能在数字技术协助下克服大自然环境的种种变卦以及其所衍生的困境，形成生态美学的新系统，实践出更能符合于大自然环境的规律。

关键词：生态美学；绿色建筑；数字化

Abstract：Under the inducement of housing demand and economic benefits, human beings have evolved from relying on natural primitive ecology in the past to the present situation of "land rebellion". After a tragic disaster, people put forward a sustainable development strategy, and began to advocate the concept of new buildings coexisting with the natural environment, focusing on energy-saving design technology of buildings.

　　The rise of green buildings makes us reconsider the return to nature and the neglected aesthetic essence of life. The application of modern digital technology has successfully started the ecological train to maintain the earth's environment. This paper intends to discuss the triangular relationship between green building, ecological aesthetics and digital technology, and to examine the relationship between green building and aesthetics, digital and ecological. It is expected that in the near future, green buildings can overcome all kinds of changes in the natural environment and their derivative predicaments with the help of digital technology, form a new system of ecological aesthetics, and practice more in line with the laws of the natural environment.

Keywords：Ecological Aesthetics；Green Architecture；Digitalization

1 引言

　　进入工业社会以来，人类生产力迅速发展，在征服自然、改造自然方面取得了巨大进步。然而，在无限制地消耗了自然资源之后，人们也付出了沉重的代价。地震、酷热、暴风雨等现象不断发生，使环境保护成为全人类的关注重点。

　　绿色建筑是建立人与自然协调关系的发展手段，它可以减少能源消耗，拯救生态危机，实现人类自我中心论向生态系统观的转化。数字化技术的出现，促进了绿色建筑的发展，在遵从以"人性为主"的建筑理念下，引发了人们对美的追求。将生态美学应用于数字绿色建筑是人与自然，自然与技术，人与技术关系的充分体现。因此，在生态美学视野下对绿色建筑的数字化研究具有至关重要的意义。

2 生态美学理念

在严重破坏自然环境的背景下，寻求人类的生存及人与自然环境、社会环境和文化环境的高度和谐，是发展的必然趋势。生态美学是一种基于当前社会形势的科学指导理论，它体现了人类对生态的关怀，塑造人们热爱自然、与自然和谐相处的情感和信念，对最终实现可持续发展道路奠定了基础。

2.1 人与自然、社会的和谐共生

生态美学在审视过去社会发展的道路上，重新认识到人与自然，人与社会之间的关系，这种关系建立在生活与非生活和谐之美的基础上。道家主张"人法地，地法天，天法道，道法自然"的哲学思想，强调"天人合一"的概念[2]；儒家提倡以"仁"为核心的中庸之道；生态美学则被用作"人与自然和社会"和谐共存的理论观点。在自然理性发展的基础上，生态美学要求人类在自然发展面前避免广泛的方式，坚持可持续发展的理念，通过人文科学更好地体现自然美，实现人类生活和自然环境的共同繁荣。因此，在现代数字化进程中，结合生态美学与绿色建筑，构建回归自然的生态建筑是非常有必要的。

2.2 倡导人文精神的回归

生态美学从人与自然、社会和全面发展的和谐共处角度指导人的行为，将真、善、美的思想重新融入人们的思想中，恢复了人与人之间和谐生活环境与自然健康生态系统，从根本上解决生态危机，最终重建人与人、人与自然、人与社会之间的和谐关系。人文精神的回归有助于尊重自然，保护自然，在追求经济发展的过程中最大限度地发挥自然生态环境的优势，创造精神愉悦和精神超越的自由空间。

3 绿色建筑的数字化发展

建筑数字化节能设计以绿色性能为导向，而绿色性能主要涉及到建筑耗能、室内对自然光的利用情况、热舒适等评价指标，要全面考虑建筑物的形状、空间、材料和其他问题。关于建筑数字化节能设计的发展流程，其一是建筑与环境信息集成，将设计目标与设计参量有机结合，充分考量建筑所在的场地环境及其气候特征，利用参数化建模的方式将建筑环境以及结构性能相关数据进行建模。其二是设计参量与性能目标映射关系建构，设计者应充分参考建筑性能目标与设计参量，综合运用诸如多元线性回归等多项技术构建二者之间的映射关系。

3.1 互联 BIM 技术：为可持续绿色建造提档庱

近 10 年来，欧特克始终致力于推动 BIM 的普及和应用，并结合仿真分析技术，使用创建的数字化模型来模拟优化项目，获得最佳项目成果，推动行业加速进入"优化时代"。今天，BIM 与大数据、云计算、机器人、3 D 打印、传感器、GPS、移动终端、虚拟现实和增强现实等先进技术的整合，联网 BIM 正在推动建筑行业迅速从"优化时代"走向"互联时代"，开辟了设计、建设和运营的新途径。

就绿色建造而言，全球建筑行业目前在可持续发展方面体现出了以下几大趋势：一是高性能建筑；二是模块化和预制建筑；三是能抵御气候变化和自然灾害的建筑；四是健康建筑。在这类建筑的设计建造中，互联 BIM 和 In- BIM 建筑能源分析等工具，可以有效提升新建建筑的价值资产，并在 7 年左右的时间内即可看到绿建方面的回报。同时，运用 BIM 等数字化技术还可以有效降低建筑的后期维护费用和运营费用，目前约有86 家的欧洲建筑公司就有由政府主导的明确的能效目标。

值得一提的是，在绿色建造过程中起到关键作用的互联 BIM，以数据为中心，互联与协同为手段，能够最大程度地帮助建筑行业实现设计、建造和运维全过程的互联互通，发挥 BIM 的最大价值。通过互联 BIM，建筑全生命周期中的各个阶段可以不断地相互渗透与融合，各个阶段产生的海量数据也可以相互作为参考与指导，帮助团队减少不必要的错误并提高施工效率。此外，借助互联的 BIM，建筑业从业人员可随时在云端更新、追踪施工现场的各类信息，管控现场可能出现的风险，促进更高效、更高质量的协作，并将收集到的海量数据用于今后项目的优化分析当中，为项目管理开启更多新的可能。

3.2 数字化协同：动向指引建筑业智能、绿色发展

此外，近年兴起的一些其他数字化技术也开始逐渐应用于建筑行业，助力建筑行业开启智能化、可持续发展的新天地，并与 BIM 技术相结合，推动行业高速迈进绿色、协同、智能的未来。如高分辨率的场地测绘可有效集成高分辨率影像、三维激光扫描等现实捕捉技术和地理信息数据，显著提高了站点模型生成的准确性和速度，从而将物理世界与数字世界有机地结合在一起。

近年来，人工智能的应用在各个行业中都很热门。如果具体到建筑行业，应用人工智能便是借助机器学习的先进技术，预见未来，创造新的设计，并规避以往的错误，提供更加绿色的建筑环境。比如在欧特克多伦多

办公室的设计过程中，项目团队针对办公室的整体布局做了关于多参数优化的研究项目，包括团队之间协作交流需要的步行距离、每个位置的视觉要求和声音干扰、自然光照、灯光照明以及声学的分析、室外景观的分析等方面。最终落成的办公室不但在风格上极大程度地满足了员工的偏好，也在舒适度、抗干扰等方面为员工带来了绝佳的办公体验。

伴随 VR、AR 技术的兴起，VR＋BIM，AR＋BIM 也开始被越来越多地应用在建筑业工程项目的设计建造当中。比如在 Autodesk Live 中，专业设计人员可以快速简便地将 BIM 设计模型转换为 VR 数据，并与市场上主流的 VR 头显设备进行集成，实现 BIM 应用的沉浸式体验。此举可极大简化从 BIM 到 VR 的工作流程，帮助设计师理解、探索、优化并分享他们的各种方案，并进行实时可视化的施工现场管理。最后便是如今越来越便宜，能够加载到任何事物上的传感器。传感器和 GPS 的集成使我们可以准确地定位目标，及时获取信息，并加载到 BIM 模型上，进行实时的分析，准确地了解施工现场的情况，建筑设施的性能，从而帮助我们能够及时地发现并解决问题。

4 生态美学在绿色建筑数字化中的运用

4.1 以现已建成的零能耗建筑实验室 HouseZero 为例——展现生态观与绿色建筑数字化技术结合的可能性

HouseZero[①] 的设计包括几乎零能量加热和冷却系统，零日间人工照明，100％自然通风和零碳排放。由于建筑物的翻新和后期运营是耗能过程，因此建筑物希望在其使用寿命期间产生比消耗更多的能量，从而实现零能耗建设的目标。HouseZero 的窗户设计使其在夏季不受阳光直射，减少室内冷却所需的能量，并在冬季将阳光引入室内空间，从而减少季节性能源需求。太阳能通风口的设计还可以促进室内和地下室活动空间的通风，并有助于为回收砖的集成热部件充电，并将阳光引入楼梯间。所谓的零碳排放是利用高性能的当地材料来保持空气质量和均衡的室内气候。HouseZero 的超高能效是其尖端技术与低端建筑设计措施的结合，这些措施使它们在建筑物上协同工作。

哈佛大学 GSD 的院长兼 Alexander and Victoria Wiley 资深荣誉教授 Mohsen Mostafavi 说道，"哈佛的 HouseZero 项目是效率和设计改变时尚的重要物理模型，作为生命实验室，它为哈佛学生和研究人员提供了无与伦比的创新基础设施。学校教师和学生可以使用 HouseZero 项目进行建筑探索和研究，因为在不久的将来，他们将承担建筑师的社会责任。设计并建造世界各地的新一代可持续建筑和城市。"建筑师和研究人员将使用 HouseZero 项目探索如何从根本上定义建筑物，使其不仅与周围环境相连，利用自然环境，营造高效健康的室内空间环境。HouseZero 的建筑外观和材料以更自然的方式与季节性和室外环境相结合，而不是简单的"密封盒体积"。

图 1 零能耗建筑实验室 HouseZero
（图片来源：https://www.gooood.cn/housezero-lab-and-prototype-by-snohetta.htm.）

图 2 零能耗建筑实验室 HouseZero 内部
（图片来源：https://www.gooood.cn/housezero-lab-and-prototype-by-snohetta.htm.）

---

① 位于剑桥，由哈佛大学设计研究生院（GSD）的下属机构哈佛大学绿色建筑与城市研究中心（CGBC）改造完成，曾作为研究总部大楼。

4.2 以重庆忠县移民培训中心初期设计为例——生态美学在绿色建筑数字化中的具体运用

前期设计主要针对其地形与气候要素进行考量，构建一个虚拟地形。一方面是地形要素，可以利用三维建筑软件 Archicad 进行设计。先要针对该地的地形进行分析，模拟重庆的山地路网系统进行道路分布设计，尽量保证道路的平缓稳定、土方平衡。随后将其导入人工环境系统分析软件中，进行风玫瑰的判定，实现对地形与环境要素的综合把握。另一方面是气候要素，选取重庆忠县十年内的气候数据，利用 Weather Tool 软件进行气象数据的整合，分析该建筑选址的最佳方位。同时综合应用被动式建筑节能技术评判气候对人体舒适性造成的影响，最终选取自然通风与太阳能加热等被动节能技术，为建筑节能设计增添一定的科学性和实用性。

中期设计以前期分析为基础，伴随建筑设计的逐渐深入，综合利用数字化技术进行方案设计以及方案有效性的评判，从而促进了设计方案的调整和优化，形成了一体化的建筑节能设计系统。以拔风井的设计为例，基于环境考量角度，对该建筑进行设计时着重考虑到建筑与当地自然环境的融合，以提高建筑的使用效率和节能功效。在针对风速、环境等要素的综合考量下，最终决定在该建筑的西墙中增设拔风井，这样既有利于打破建筑外型上单一呆板的弊病，促进建筑的竖向通风，也有助于能量贮存，同时还具有良好的隔热性能，可在冬天充当温室作用。此外，还应评判该拔风井在虚拟建筑所构造的三维空间中的造型效果，同时将其导入 Airpak 软件计算通风效果，实现感性与理性、美观与实用角度的综合评判。

后期设计经由中期设计对建筑各部分的完善与数据采集，此时该建筑的设计方案已经基本得以确定。然后，可以使用 Archicad-GBS 插件对建筑物的能耗，将材料和成本进行更深入的定量计算。全面系统性地评判各个工程部分与建筑整体之间的内在联系，有助于建筑师们针对其现实情况及时针对方案做出调整，得出更加合理的绿色建筑方案。

5 结语

日趋完善的生态美学理念给予绿色建筑的数字化发展强大理论支持，并且在实践中也发挥着愈发重要的作用。对于生态美学视野下的绿色建筑数字化而言，生态美学不仅是一种审美价值观念，更是一种情感和精神的体现。因此，在现代数字化的进程中，重新唤起人们对于绿色建筑生态美的回归，不断探索属于大自然环境的新规律必是未来发展潮流与走向。

美学是属于自然及自发的表现，因此何谓"美"，应该回归到以人为本的考量之上，我们应该重视将生态原始之美予以展现并且积极予以结合数字化的概念，让美学的教育以生态为师，创造出原始基本生态美的环境融入美学并且予以推展至建筑教育课程规划之中，实现以生态美学创造可持续发展的目标。

参考文献

[1] 金贤成，蒋德军. 绿色建筑与生态美学建筑的发展 [J]. 长沙铁道学院学报（社会科学版），2010 (3)：231.

[2] 包磊. 从生态美学角度探索我国茶文化旅游的发展 [J]. 福建茶叶，2016 (5)：155-156.

[3] 张涛，王益锋. 生态美学的兴起及其意义 [J]. 西安航空技术高等专科学校学报，2011 (2)：7-10.

[4] 孙澄，韩昀松. 绿色性能导向下的建筑数字化节能设计理论研究 [J]. 建筑学报，2016 (11)：89-93.

[5] HouseZero Lab and prototype by Snohetta [EB/OL].

https://www.gooood.cn/housezero-lab-and-prototype-by-snohetta.htm,2018-12-04.

[6] 张乐敏，曾旭东. 数字化技术在建筑节能设计中的应用——以重庆忠县移民培训中心建筑方案为例 [J]. 重庆大学建筑城规学院学报，【无卷期】.

[7] 罗海涛，赵兴茂. 以数字化设计技术擎起绿色建造的未来 [J]. 中国建设信息化，2018 (6)：24-27.

温 颖 王津红 丁晓博 于 辉

大连理工大学建筑与艺术学院；wenying@mail.dlut.edu.cn

参数化编织设计工作营
——自由形态网壳编织结构建造

Parametric Weaving Design Work Camp
——Freeform Reticulated Woven Structure Construction

摘　要：数字技术作为建筑设计有力的"催化剂"，近年来在国内发展迅猛。随着科技的发展，基于数字技术的参数化编织作为一种独特的设计思路，使编织结构本身的复杂形态和结构问题得以精准计算和操作，进而促使编织结构与建筑设计有机结合。本文从大连理工大学—清华大学参数化编织设计工作营的学习内容、方案设计、建造成果进行分析和思考，对"数字技术"与"编织结构"的生成逻辑：生成曲面、提取结构线、连接节点、结构优化四个方面进行分析探索。通过基于 Rhino 及 Grasshopper 的数字几何算法与力学模拟对传统意义上的编织结构进行参数化设计，创造出多种极具创意的曲面空间网壳建造系统，验证参数化编织设计的可行性与优越性，为编织形态及结构的数字化设计提供思路和具体操作方法。

关键词：数字设计；参数化编织；非线性；建构；编织结构

Abstract：As a powerful "catalyst" for architectural design, digital technology has developed rapidly in China in recent years. With the development of science and technology, parametric weaving based on digital technology is a unique design idea, which makes the complex shape and structure of the braided structure itself accurately calculated and operated, and then promotes the organic combination of woven structure and architectural design. This paper analyzes and thinks about the learning content, scheme design and construction results of the parametric weaving design work camp of Dalian University of Technology-Tsinghua University, and generates logic for "digital technology" and "weaving structure": generating curved surfaces, extracting structural lines, connecting Four aspects of node and structure optimization are analyzed and explored. Through the digital geometric algorithm and mechanical simulation based on Rhino and Grasshopper, the traditionally designed wove structure is parametrically designed to create a variety of creative curved space reticulated shell construction systems to verify the feasibility and superiority of parametric woven design. Provide ideas and specific methods for the digital design of the braided form and structure.

Keywords：Digital design；Parametric weaving；Nonlinear；Construction；Weave structure

1 参数化编织设计

1.1 自由形态网壳编织结构

编织结构作为中国传统工艺有着上千年的悠久历史，是一种利用线性杆件构成围合空间的结构体系，通过线条之间相互交汇、约束，围合成的复杂空间网格[1]，如原始社会中依据鸟巢形态用树枝竹条建造的居舍、栅栏，以及草席，竹篮等生活用品（图1）。大量相似而又不尽相同的单元网格重复构成了编织结构的建造特点，这种特性使编织结构在形态与受力间达到双重的平衡，具备非常清晰的构建逻辑，兼具艺术性与复杂性，因而也很难以人为方式进行精确的计算设计。

参数化编织结构是清华大学建筑学院黄蔚欣老师工作室的研究成果（图2），是一种利用弹性杆件力学性能找形，达到受力平衡实现自由曲面空间网壳生形和建造的系统，使用了数字几何算法和力学模拟进行设计，具有广泛的形态适应性[2]。编织结构作为一种新的建筑结构和建造系统，能用更加简单轻松并且"有机"的方式建造复杂的空间曲面形态。

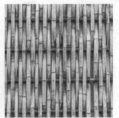

图1 传统编织形式（图片来源：http://www.huitu.com/design/show/20150323/150430336346.html）

图2 黄蔚欣工作室部分编织搭建成果（图片来源：黄蔚欣研究室）

1.2 编织结构与建筑设计

编织在建筑中有着由来已久的价值，在远古时期就有人类利用树枝依据鸟巢的编织形态修筑篱笆、建造居舍。森佩尔（Gottfried Semper，1803-1879）是西方近代建构理论的奠基人之一，他在《建筑艺术四要素》中提出了编织技术是人类最早的建造活动，所有建造形式的最初原型都可以在编织产品中找到原型。

编织形态在建筑设计中的发展应用也从未间断，许多建筑师通过对自然界中"鸟巢"、"蜘蛛网"等编织形态抽象提取，设计出形态各异的新潮建筑。赫尔佐格和德梅隆尤为注重建筑表皮肌理，如国家体育馆（图3）就是利用计算机软件对鸟巢结构的抽象提取，建造出编织形态钢构架；彼得·戴维森认为杂乱无章的网格形态会给建筑本身带来一种想象空间，其作品墨尔本联邦广场（图4）、SOHO·尚都等作品中看似繁复荒谬的表皮形态都是经过严谨的计算机计算而生成的。

图3 国家体育馆（图片来源：http://st.so.com/stu?a=simview&imgkey=t016cb6ae9d7a0abba2.jpg&fromurl=http://www.huitu.com/photo/show/20150403/162136316324.html&cut=0＃sn=7&id=d87df1e7ae1250cc4c7440e04eb296dc&copr=1)

图 4 墨尔本联邦广场（图片来源：http://travel.qunar.com/p-oi4443515-lianbangguangchang-0-36？rank=0）

计算机辅助设计的迅猛发展和广泛应用使得参数化设计手法被许多设计师偏爱，编织结构可以通过数字几何算法便捷的生成和调整，力学模拟找形为受力平衡、结构稳定提供了强有力的支撑，这种自由曲面空间网壳建造系统在建筑设计中具有广泛的适应性。

1.3 编织手法在建筑设计中的研究

对于理论研究方面，就现状而言，国内不乏对于编织手法在建筑设计中的应用研究，大多是从表皮形式或建构方面进行了探究，研究了编织这种特殊形态建筑的建构特征和逻辑秩序，分析了参数化设计的优越性，并说明数字技术催化了建筑的可持续发展，促成了编织类建筑设计，一般结合大量建筑实例进行了具体分析。这基本是对国外编织理念的总结，对于将参数化建模与编织在建筑设计中的具体操作相结合的探究寥寥无几，缺乏深入和具体形式的操作手法。编织作为一种历史悠久的传统工艺，可以实现对地域文化的继承，基于参数化的编织结构生成逻辑及应用探究，一方面可以实现编织纹理的视觉还原，另一方面可以运用新的设计方法将建筑与文化、空间更好的结合，具有一定的实际意义。

以此为框架和基础，本文以 2018 年 11～12 月份大连理工大学与清华大学联合举办的参数化编织设计工作坊的搭建成果为例，进行建筑编织主题的案例分析，尝试梳理编织结构的参数化生成逻辑，解析其实体搭建步骤，为建筑编织结构的相关设计提供较为系统的思路和方法。

2 形态生成逻辑

计算机辅助几何设计随着制造业和计算机的出现而产生和发展的，对现代工业的发展起着巨大的推动作用。如今计算机图形学与数字技术迅猛发展，编织

主题的数字建造在参数化工具的发展推广下日趋增多，基于计算机软件 Rhino 及 Grasshopper 平台的编织生成逻辑，为编织形态的数字建造研究提供了有力的支持[3]。

2.1 建立数字图形

2.1.1 编织结构的优势

编织结构具有显著的特征。一方面编织结构可以看作线性材料相互搭接、串联，根据材料物理性质以及组合方法的不同，可以生成各种形态，并满足不同的强度需求。另一方面编织结构又可视作由多个母题的组合——即大量相近的单元网格按照一定规律有机组合在一起，可以更加方便地进行形态优化。有机形式的编织结构可以同时采用网格优化和拓扑的手段，二者结合使其具有广泛的适应性，在力学以及营造方面具有优势。

2.1.2 方案初步形态——极小曲面的运用

杆件是编织体系的主要构成单位，在有限元环境中，其形态由其所受力情况所决定。同时，杆件也具有一定的均质性，各部分物理性质相似。也就是说，如果将杆件视作一条线，当其各部分曲率（图 5）没有突变时才能达到平衡态——此时形态稳定且达到力学平衡状态。此时还有另一个优势，这种达到平衡态的杆件由于曲率连续，可以较好地将荷载传导至基础或承重构件，避免局部严重形变，增强系统整体的承载能力与使用寿命。

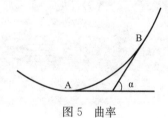

图 5 曲率
（图片说明：曲率 $K_{ab}=\lim|\Delta\alpha/\Delta AB|$（$\Delta AB\rightarrow 0$））

这些形态需求恰好符合极小曲面的概念——曲率连续无突变，也就是说当编织结构的编织杆件恰好拟合在极小曲面的情况下，如果忽略自重，整个体系将处于平衡状态。所以我们可以从极小曲面入手，通过 Grasshopper 自带的 Kangaroo 插件构建出符合需求的极小曲面，并在其上进行编制结构的构建，此时杆件系统在不受外力的情况下将处于平衡态。

在《山·园》设计中，通过模拟人流以及视线等因素对形体进行控制变化，生成了初步的极小曲面形态（图 6）。

2.1.3 编织结构的优化

在极小曲面上的杆件体系在不考虑外力的情况下会处于平衡状态，但是重力是不可避免的影响因素，而类似于弹力杆的非有限元体系并不能较为便捷地进行计算。但是在2.1.2中曾经详细论述过极小曲面上曲线的受力特征，当荷载均匀且均等时，单一杆件的重力会传导到荷载构件上，而其形态不会发生改变，类似拱的受力特征（此时仅有重力作为外力，且系统中的每根杆件端点均需在直接承重的基础构件上）。虽然看起来这一平衡较难达到，但是编织结构特有的杆件自锁特点会极大地降低不平衡状态的幅度，同时杆件的弹性也可以使整个体系从不稳定状态尽快复原。所以只需尽量将编织结构中的杆件分布的尽量均匀，就可以让其较为接近平衡状态，从而增强其稳定性。

2.1.4 编织结构的整体操作流程

整体编织结构的操作流程为：经过Grasshopper运算器Surface拾取概念曲面，载入Divided Surface运算器将结构面划分为点数据，依据网格算法切割成相似几何形状网格，利用Kangaroo求取极小曲面之后用SpherePacking运算器进行球体填补使网格均匀化并进行结果选择，继而生成结构杆件以确定节点关系。可以通过对运算器参数的调整控制（图7），改变编织结构的形态、网格密度、杆件尺寸以及长度和单元形式规律等，使得相对比较繁复的形态语言脚本编写程序化，这样结合拓扑手段使编织结构适应不同的曲面形状以达到形态需求。

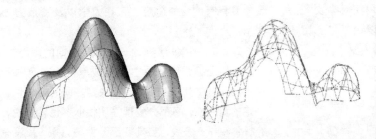

图6 形态优化（图片来源：工作营设计图）

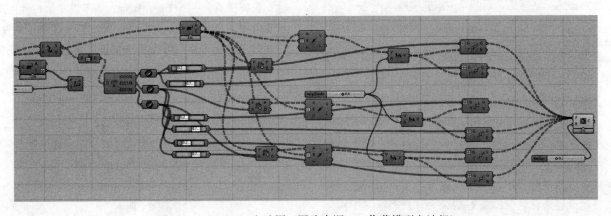

图7 Grasshopper电池图（图片来源：工作营模型电池组）

2.2 结构处理

编织线条的相互交错与约束使系统内部受力稳定平衡，因此编织结构的节点设计是结构处理的关键。通过以上步骤生成编织结构的初步形态后，需要对编织结构受力情况进行分析判断，将二维的编织结构线变为实体杆件的三维交叠关系。在此阶段中主要对结构线、点数据的所涉及的规则算法和相关参数进行调整，控制构件的变化使每个三角单元网格边长均等化，即相邻控制点（节点）之间的距离大致相等，保证每根构件尺寸合适并且不会与其它构件发生冲突。编织结构在这种形态下结构线、结构面的曲率较为平滑，可以确保结构内部构件所受应力不会发生突变并且弯矩均衡，最终形成一个自适应稳定系统。

3 编织与建构

编织结构——山·园由总长度403m内部穿有LED灯带的中空弹性PC管利用尼龙扎带捆绑编织而成，装置长11.8m，宽4.0m，高4.0m。其本身即作为结构支撑，同时作为发光的艺术装置，是结构形态一体化的自适应稳定系统。建造顺序依次为前期加工、基座定位、编织杆件、调试电路，其中前期准备与编织工作作为搭建活动核心内容最为关键。

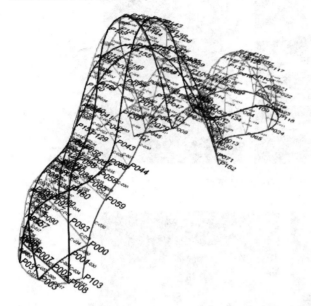

图8 结构杆件节点信息（图片来源：工作营设计图）

3.1 搭建前期准备

计算机前期工作主要是在Rhino模型完成之后，运用数字几何算法和力学模拟对其进行设计和优化，并可以分析得到每根结构杆件的长度与节点位置信息（图8）。由于整个编织网络具有复杂的拓扑结构，在电路规划（图9）上通过平面展开杆件进行设计[4]。

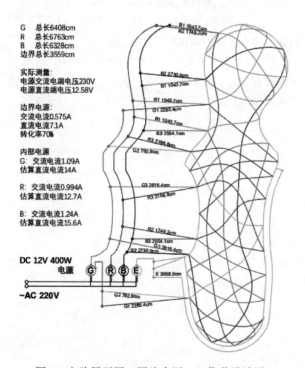

图9 电路展开图（图片来源：工作营设计图）

前期加工主要针对编织杆件以及基座进行预处理，杆件方面主要依据在计算机的测算将灯带与电路穿插进不同编号的PC管中，在本次搭建中共有33根长短不一的结构杆件构成，其中最长17.68m，最短1.75m，每根结构杆件由数根PC管以首尾相连的方式用PC套管拼接而成。为保证结构实现自身稳定性，每根结构杆件长度误差不能多于5cm。基座（图10）采用2cm高的木板双层固定而成，共有11组。

图10 基座形式（图片来源：工作营成员摄影）

3.2 编织搭建

基座定点需使用力学软件模拟测算位置，实际误差不能超过一厘米，首先在场地设置一个原点，在Rhino中求出每个点的相对坐标，从而完成底座定位。在编织过程中以固定杆件的连接方式为主，需依照每根杆件的节点编号标记进行用尼龙扎带与PC板绑扎固定（图11）。其中内部杆件均为两杆相交，通过十字交叉绑扎完成节点碰撞；边界杆件存在不同的杆件连接方式，为此设计了三种不同的节点以适应结构的受力需求，分别为两杆相交、边界三杆相交、底部支座节点。编织工作完成后进行电路调试完成搭建，在光线处理上日后还可通过设置Arduino单片机连接LED灯进行灯光设计，实现更具备感染力的人机互动。

4 结语

本文以参数化编织设计工作营为例，对"数字技术"与"编织结构"的生成逻辑进行了分析探索。在此次建造活动中以大连理工大学的校园文化作为积淀，通过数字几何算法与力学模拟进行设计，创造出多种极具创意的曲面空间网壳建造系统（图12），验证了参数化编织设计的可行性与优越性[5]。整个编织结构作为结构形态一体化的自适应系统，通过可视化编程可以演变为多种形态，为建筑行业乃至其它领域的参数化设计提供了一定的实践支撑。当然，作为实体搭建体系，其结构优化与形式仍旧需要更深入的探索，有待日后的学习研究中进行更多的思考与完善。

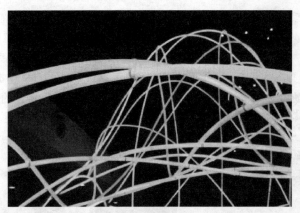

图 11　节点绑扎（图片来源：工作营成员摄影）

图 12　编织建造建成效果（图片来源：工作营成员摄影）

参考文献

[1]　郭晓伟. 现代建筑表皮材料的本土化表达. 清华大学硕士学位论文，2015.

[2]　黄蔚欣，徐卫国. 非线性建筑设计中的"找形"[J]. 建筑学报. 2009 (11)，96-99.

[3]　崔丽. 基于 Grasshopper 的参数化表皮的生成研究. 天津大学硕士学位论文，2014.

[4]　袁烽. 从图解思维到数字建造 [M]. 上海：同济大学出版社，2016.

[5]　张慎，尹鹏飞. 基于 Rhino＋Grasshopper 的异形曲面结构参数化建模研究 [J]. 土木建筑工程信息技术，2015，7 (5)：102-106.

李靖宇[1] 吕 帅[2]

1. 深圳大学建筑与城市规划学院；2172322209@email.szu.edu.cn

2. 深圳大学建筑与城市规划学院，深圳市建成环境优化设计研究重点实验室，
华南理工大学亚热带建筑科学国家重点实验室；lyushuai@szu.edu.cn

边界条件不确定性对办公建筑形体优化结果的影响研究 *

Research on the Influence of Boundary Condition Uncertainty on the Optimization Results of Office Building Shapes

摘 要： 在目前的建筑节能设计中，建筑性能模拟优化的运用逐渐增多，尤其针对建筑形体的优化做了大量的研究。然而，建筑设计初期阶段建筑的边界条件还没完全确定，比如材料参数和人员作息参数。在这种情况下，对建筑形体优化结果的可靠性存在一定的质疑。本研究针对以上问题，选择 DOE 商业建筑基准模型，对北京、上海、深圳和哈尔滨四个不同气候区的城市进行了建筑形体优化，尝试在不同的边界条件下优化了建筑的形体，具体选择了建筑的长度，窗高和朝向作为优化变量、针对不同玻璃透射系数和人员作息，探讨了边界条件对形体优化结果的影响。

关键词： 边界条件；办公建筑；形体优化；性能模拟

Abstract： In the current building energy-saving design, the application of building performance simulation optimization has gradually increased, especially for the optimization of architectural shapes. However, the boundary conditions of the building in the early stages of building design have not yet been fully determined, such as material parameters and personnel parameters. In this case, there is some doubt about the reliability of the architectural shape optimization results. In order to solve the problems, this study selects the DOE commercial building benchmark model and optimizes the architectural shape of four different climate zones in Beijing, Shanghai, Shenzhen and Harbin, and tries to optimize the shape of the building under different boundary conditions. The length, window height and orientation of the building are used as optimization variables, for different glass transmission coefficients and personnel, and the influence of boundary conditions on the shape optimization results is discussed.

Keywords： Boundary conditions；Office buildings；Shape optimization；Performance simulation

1 概述

随着我国经济建设的高速发展，我国的能源与环境问题越来越严重。而对于能耗量极大的建筑行业来说，降低建筑能耗已成为建筑设计的重要目标。目前建筑能耗所占社会商品能源总消费量的比例已从 1978 年的

* 国家自然科学基金青年项目（51708355），亚热带建筑科学国家重点实验室开放课题（2019ZB14）。

10%上升到目前的 25% 左右[1]，而根据发达国家经验，随着我国城市化进程的不断推进和人民生活水平不断提高，建筑能耗的比例将继续增加，并最终达到 1/3 以上。[2]如今，不少建筑师已经意识到设计初期的建筑节能优化对于降低建筑能耗重要性[3]。但是由于建筑本身物理环境的复杂性，传统的经验手段无法准确的判断设计方案的优劣。随着绿色建筑性能模拟技术、参数化设计与优化算法的飞速发展，计算机辅助设计方法已经纳入到建筑设计初期优化过程中，运用建筑性能模拟优化手段指导设计是实现建筑节能的重要手段。

从 20 世纪开始，国内外学者对建筑性能模拟优化开展了大量相关研究。Flager[4]等人回顾了几种商业上可用的 PIDO（过程集成设计优化）软件框架，并选择了 ModelCenter 来优化教学楼的能耗。Taheri 等人[5]选择 GenOpt 优化程序，利用粒子群优化算法的混合广义模式搜索，对大学建筑进行优化设计。Karaguzel 等人[6]使用 GenOpt 来最小化商业建筑物的生命周期材料成本和运行能耗。林波荣等人[2]对办公建筑提出了方案设计初期的节能优化方法，对设计初期建筑能耗快速预测，发展了针对多种建筑体型空间平面造型参数的目标寻优算法。石邢等人[7]通过对不同优化算法的性能指标进行研究，通过所提出的性能指标和基准设计问题来评估三类算法的各项性能。刘利刚等人[8]以办公建筑为例，通过对典型建筑平面的分析，总结出了建筑平面类型与设计措施对建筑能耗的影响。

针对既有研究中对不同优化算法及其设定（优化代数、个体数量等）对性能优化结果可靠性影响的研究较多，而对优化问题本身的边界条件设定对性能优化结果可靠性的研究关注较少。由于建筑设计初期阶段建筑的边界条件还没完全确定，形体优化常把材料参数、人员作息等边界条件设为定值，造成模拟结果与最终实际项目设计不符。在形体设计阶段，材料参数尚未确定，优化中的设定仅为估计、不精确，人员作息本身则具有不确定性、不是定值。在以上边界条件不确定的情况下，建筑形体优化的结果可靠性存在一定的质疑。因此，本研究对以往建筑性能模拟优化流程进行了分析和研究，提高性能优化结果的可靠性。借助耗模拟软件 Diva 和 grasshopper-galapagos 遗传算法来研究边界条件不确定性对办公建筑形体优化结果的影响，为设计师早期对建筑形体优化提供边界条件的选择依据。

2 研究方法

本研究以符合 ANSI/ASHRAE/IESNA 标准[9]最低要求的商业建筑基准模型[10]为基础，该模型包括 16 个地点的 16 种商业建筑类型，每种建筑类型有三个版本（新建筑，1980 年后建筑和 1980 年前建筑），共计 768 个模型。这些模型代表了所有气候区，占据了商业建筑库存的 60% 以上。性能模拟优化选择北京、上海、深圳和哈尔滨四个不同气候区的城市，对建筑形体进行性能优化设计，尝试在不同的边界条件下优化了建筑的形体，具体选择了建筑的长度，窗高和朝向作为优化变量，针对不同玻璃透射系数和人员作息参数，基于 Grasshopper 参数化模型、DIVA 能耗模拟以及 Galapagos 优化，探讨了边界条件的不确定性对形体优化结果的影响。

2.1 模型建立

中型办公楼为三层矩形建筑，长宽比为 1.5。每层有一个热区，总建筑面积 4800m²，层高 4m。每个立面原有的窗墙比为 33%，分布在整个墙体上，在整个分析过程中该比率是可变的。外墙的结构类型是钢框架，建筑内没有遮阳设备或悬挑。为实现基准模型的参数化设计，对此基准模型在 grasshopper 平台进行了数学建模，以建筑的西南角为坐标原点，顺时针依次连接其余三点，构成一个封闭的矩形平面。然后把封闭的平面向上挤压 4m，形成一个封闭的矩形空间，再连续向 z 轴移动 4m 和 8m，则形成一个三层矩形办公建筑。建筑的朝向统一为正南北。由于在实际的设计中，建筑面积在初期设计就已经为定值，所以取建筑标准层的统一面积为 1600m²。在以上的条件下，建筑的形态参数由 3 个参数确定，分别是建筑的长度，窗高和朝向。实验中对长度的取值 40～100m，宽度联动为 40～16m，窗高取值 0.4～3m，朝向取值 0°～180°。图 1 显示基准建筑的投影。研究采用理想的空调系统模型，在办公区域空调系统采暖温度控制在 20°，制冷温度控制在 26°。形体优化实验按实际办公空间对建筑运行方式提出不同的设计参数，办公区域内部热源包括人员、设备、照明灯。根据实际调查，办公区域的人员密度控制在 10m²/人，电器功率密度 12W/m²，灯光照明密度为 12W/m²。本文采用四个城市气象数据分别针对一个、两个、三个形体参数进行优化，探讨边界条件不确定对优化结果的影响。

2.2 优化方法

本研究使用 grasshopper 对办公建筑进行参数化建模，用能耗模拟软件 Diva 进行全年的能耗模拟，最后基于 Grasshopper 平台下的 Galapagos 作为遗传优化算法工具。在建筑全年能耗模拟中，采用总面积不变，通过变化玻璃透射系数和人员作息参数，达到优化其建筑形态的目的，力求在一致的条件下对建筑能耗进行最小

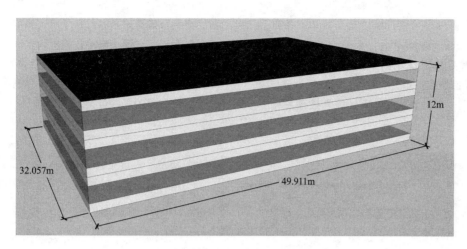

图1 基准建筑模型

化优化。研究中选取建筑类型为办公建筑,模拟时采用 diva 自带的办公建筑作息设置"Office _ OpenOff _ Occ"。针对以上设置,本研究基于单目标优化构建一套最低能耗目标建筑技术流程,根据遗传法寻求能耗的最优解。确立了优化变量的取值上下限,对其进行由约束性最小化分析,在能耗模拟计算中,对玻璃透射系数和人员作息参数进行了调整,使参数设置更加贴合办公建筑的实际玻璃材料的选择和作息模式。考虑到办公建筑的能耗以电能为主,所以采用了等效电法进行不同能耗之间的换算,能耗计算方程:

$$E_{total} = \frac{Q_{cooling}}{COP_{cooling}} + \frac{Q_{heating}}{COP_{heating}} + \frac{Q_{lighting}}{COP_{lighting}}$$

其中,E 为建筑总能耗,cop 为系统效率(照明 cop 设置为 1,制冷 cop 设置为 3.2,采暖 cop 设置为

0.9);Q 为负荷;下标 cooling 为空调;heating 为采暖;lighting 为照明。

2.3 优化设定

基于典型的办公建筑模型的建立,本研究分别选取了哈尔滨、北京、上海、深圳 4 个典型的不同气候区的城市,对每个城市进行 77 组优化(表1)。利用 diva 进行玻璃透射系数、人员作息两个控制变量的模拟实验,设置两个参数为研究对象,玻璃透色系数的取值为 0.4-0.9,人员作息的取值为 8 点、9 点、10 点开始上班(工作 9 小时)和工作 8、9、10 小时(9 点开始上班)。待优化形体参数:从长度、窗高、朝向中,分别选择一个、两个、三个。当参数未被选择时视为与标准模型相同的定值,长度 = 49.9m,窗高 = 1.32m,朝向 = 正北(0°)。

建筑优化模型组数 表1

待优化形体参数及其取值	玻璃透射系数						工作时间				
	0.4	0.5	0.6	0.7	0.8	0.9	8~17	9~18	10~19	9~17	9~19
长度	1	2	3	4	5	6	43	44	45	46	47
窗高	7	8	9	10	11	12	48	49	50	51	52
朝向	13	14	15	16	17	18	53	54	55	56	57
长度+窗高	19	20	21	22	23	24	58	59	60	61	62
长度+朝向	25	26	27	28	29	30	63	64	65	66	67
窗高+朝向	31	32	33	34	35	36	68	69	70	71	72
长度+窗高+朝向	37	38	39	40	41	42	73	74	75	76	77

3 优化结果分析

在编辑好的能耗计算公式和添加设计参数计算模组的基础上,添加 Galapagos 模块,进行遗传算法的建筑形体寻优过程。将建筑的长度、窗高、朝向三个参数整合起链接在 panel 面板上,使用 MassAddition 运算器求

得办公建筑全年的总能耗,作为遗传算法的目标函数。运行 Galapagos 模块,将 Fitness Target 调制到计算最小模式开始计算,即可得出在参数设定范围以内能耗最小的建筑形体。优化实验对玻璃透射系数和人员作息参数依次进行模拟分析,总结两个参数与办公建筑能耗之间的关系,研究边界条件的不确定性对能耗优化结果的

影响分析，进而指导办公建筑设计初期的边界条件选择，帮助设计师进行节能设计。

3.1 玻璃透射系数对优化结果的影响

优化一个设计参数：如图2所示，纵坐标为形体参数优化结果（归一化为0～1），横坐标为玻璃投射系数，得到玻璃透射系数与一个设计参数的的关系。从图中可以看出：玻璃透射系数的对哈尔滨、北京优化结果可靠性的影响很小，对深圳优化结果可靠性的影响最大；玻璃透射系数对朝向优化结果影响最小，对窗高和长度优化结果的影响最大。

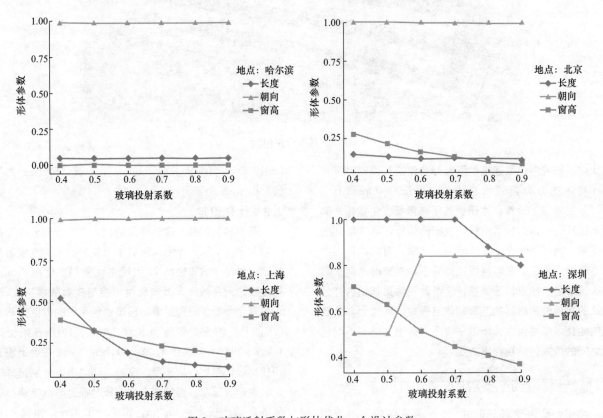

图2 玻璃透射系数与形体优化一个设计参数

以下对玻璃透射系数与优化一个设计参数结果的可靠性进行定量分析，本研究使用标准差和使用每移动0.1的偏差绝对值的平均值两种方式进行衡量，表1为标准差，表2为每移动0.1的偏差绝对值的平均值。

玻璃透射系数与形体优化一个设计

参数标准差　　　　　　　　表2

方差	哈尔滨	北京	上海	深圳	平均
长度	0.0017	0.0122	0.1637	0.0864	0.066
窗高	0	0.0733	0.0786	0.13267	0.0711
朝向	0	0.0029	0.0023	0.1750	0.045
平均	0.0006	0.0295	0.0815	0.13136	0.0607

表2数据结果表明：当玻璃透射系数在0.4～0.9之间随机选择时，优化结果的平均波动（不确定性）为6%。深圳的平均波动最大，为13%，哈尔滨的平均波动最小，几乎为0；窗高的平均波动最大，为7.1%，朝向的平均波动最小，仅为4.5%。

表3数据结果表明：玻璃透射系数的设定值与实际值偏差0.1，则优化结果平均偏差2.9%。其中深圳平均偏差最大，为5.8%，哈尔滨平均偏差最小，几乎为零；窗高平均偏差最大，为3.7%，朝向平均偏差最小，为1.8%。

玻璃透射系数与形体优化一个设计参数

偏差绝对值　　　　　　　　表3

偏差绝对值的平均	哈尔滨	北京	上海	深圳	平均
长度	0.0007	0.0067	0.084	0.04	0.0328
窗高	0	0.0385	0.0415	0.0677	0.0369
朝向	0	0.0011	0.0011	0.0678	0.0175
平均	0.0002	0.0154	0.0422	0.0585	0.0291

优化两个设计参数：如图3所示，横纵坐标均为形体参数优化结果（横坐标表示第一个形体参数，纵坐标表示第二个形体参数，归一化为0～1，箭头表示顺序），得到玻璃透射系数与两个设计参数的关系。从图

中可以看出：玻璃投射系数对哈尔滨优化结果影响很小；对北京的长度＋窗高的设计参数可靠性影响大；对上海长度＋朝向、长度＋窗高的设计参数影响大；对深圳所有的两个组合设计参数的影响都很大。

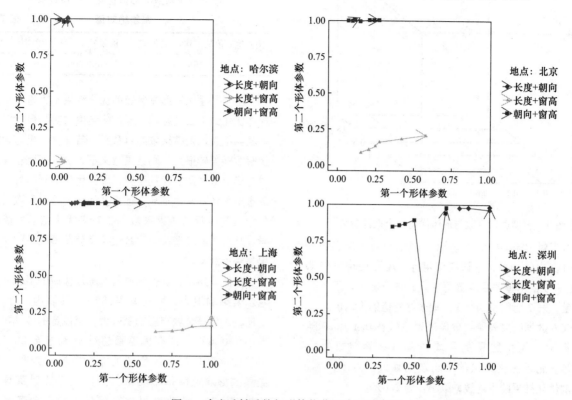

图3 玻璃透射系数与形体优化两个设计参数

以下对玻璃透射系数与优化两个设计参数结果的可靠性进行定量分析，本研究使用标准差和使用每移动0.1的偏差绝对值的平均值两种方式进行衡量，表4为标准差，表5为每移动0.1的偏差绝对值的平均值。

表4数据结果表明：玻璃透射系数在0.4～0.9随机选择时，优化结果的平均波动（不确定性）为11.9%，深圳优化结果的平均波动最大，为22%，哈尔滨优化结果的平均波动最小，为1.7%；窗高＋朝向组合优化结果的平均波动最大，为16.4%，长度＋朝向组合优化结果的平均波动最小，为7.3%。

玻璃透射系数与形体优化两个设计

参数标准差　　　　　　表4

标准差	哈尔滨	北京	上海	深圳	平均
长度＋窗高	0.0184	0.12	0.1763	0.0819	0.1191
长度＋朝向	0.0159	0.0118	0.1673	0.0985	0.0734
窗高＋朝向	0.0155	0.078	0.081	0.4798	0.1636
平均	0.0166	0.0965	0.1415	0.2200	0.1187

表5数据结果表明：玻璃透射系数设定值与实际值偏差0.1，则优化结果平均偏差7.9%。其中深圳平均偏差最大，为17.5%，哈尔滨平均偏差最小，为

1.4%；窗户＋朝向平均偏差最大，为13.3%，长度＋朝向平均偏差最小，为4%。

玻璃透射系数与形体优化两个设计参数

偏差绝对值　　　　　　表5

偏差绝对值的平均	哈尔滨	北京	上海	深圳	平均
长度＋窗高	0.0086	0.1060	0.0911	0.0446	0.0626
长度＋朝向	0.0215	0.0079	0.0863	0.0458	0.0404
窗高＋朝向	0.0113	0.044	0.0438	0.4348	0.1335
平均	0.0138	0.0526	0.0737	0.1751	0.0788

优化三个设计参数：如图4所示，X轴坐标表示长度参数优化结果，Y轴坐标表示窗高优化结果，Z轴表示朝向优化结果（归一化为0～1），得到玻璃透射系数与三个设计参数的关系。

从图中可以看出：玻璃透射系数对哈尔滨（红色）三个参数优化结果影响很小，对北京（蓝色）、上海（紫色）三个参数优化结果影响大，对深圳（绿色）三个参数优化结果影响较小；玻璃透射系数对长度的优化结果影响较大，对窗高、朝向的优化结果影响都较小。当三个形体参数均可调时，当边界条件发生变化，优化结果的长度优先被改变。

145

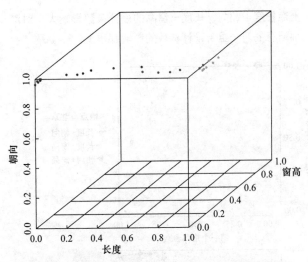

图 4　玻璃透射系数与形体优化三个设计参数

以下对玻璃透射系数与优化三个设计参数结果的可靠性进行定量分析，本研究使用标准差和使用每移动0.1的偏差绝对值的平均值两种方式进行衡量，表6为标准差，表7为每移动0.1的偏差绝对值的平均值。

表6数据结果表明：玻璃透射系数在0.4～0.9随机选择时，优化结果的平均波动（不确定性）为10.2%。北京优化结果的平均波动最大，为17.3%，哈尔滨优化结果的平均波动最小，为2.8%。

玻璃透射系数与形体优化三个设计

参数标准差					表6
标准差	哈尔滨	北京	上海	深圳	平均
长度＋窗高＋朝向	0.02841	0.17316	0.13323	0.07326	0.10203

表7数据结果表明：当透射系数设定值与实际值偏差0.1，优化结果平均偏差7.1%。其中北京优化结果平均偏差最大，为11%，哈尔滨优化结果平均偏差最

小，为2.7%。

玻璃透射系数与形体优化三个设计参数

偏差绝对值					表7
偏差绝对值的平均	哈尔滨	北京	上海	深圳	平均
长度＋窗高＋朝向	0.027063	0.10956	0.09336	0.05199	0.0705

基于上述比较形体参数的优化结果不太直观，如果形体优化结果虽受影响，但优化结果与实际最优解的能耗差异不大，则结果依然有意义；若优化结果与实际最优解能耗差异很大，则结果意义不大。以下比较优化结果与实际最优解的能耗差异，增强优化的科学性：以玻璃透射系数0.9为基准，计算其他玻璃透射系数对应优化结果的能耗与透射系数0.9对应优化结果的能耗差异，从而判断玻璃投射系数设定有偏差情况下的优化结果是否有意义。

如图5所示，优化结果与实际最优解的能耗差异对哈尔滨影响很小，所有偏差都在10%以内；对北京、上海、深圳三个城市影响都较大，当设定的玻璃投射系数小于0.6时，所有偏差都超过10%甚至20%。可见优化结果与实际最优解的能耗差异与对形体优化结果的影响规律基本类似，当可见当透射系数不确定性较大时，优化结果与实际最优解也会有显著的能耗差异。

使用平均偏差衡量优化结果与实际最优解的能耗结果进行定量分析，如表8所示，当玻璃投射系数不确定时（0.4～0.9），优化结果与实际最优解的能耗平均偏差为5.7%。其中玻璃透射系数的不确定性对上海、深圳的影响最大，优化结果与实际最优解的能耗平均偏差超过7%；对哈尔滨几乎无影响（仅为2%）。

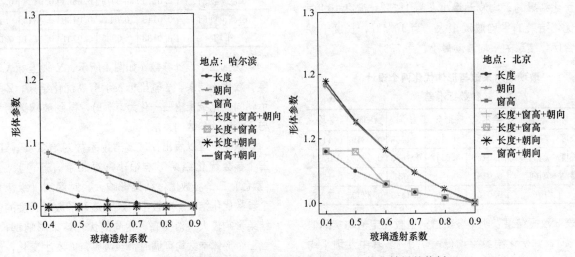

图5　玻璃透射系数优化结果的能耗与透射系数0.9优化结果的能耗（一）

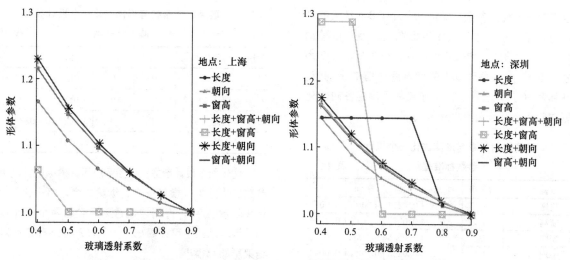

图 5 玻璃透射系数优化结果的能耗与透射系数 0.9 优化结果的能耗（二）

玻璃透射系数优化结果与实际最优解的
能耗平均偏差 表 8

平均偏差	哈尔滨	北京	上海	深圳	平均
长度＋窗高＋朝向	0.0414	0.0761	0.0901	0.0687	0.0691
长度＋窗高	0.0414	0.0759	0.0901	0.0677	0.0688
长度＋朝向	0.0102	0.0299	0.0643	0.0546	0.0397
窗高＋朝向	0.0419	0.0779	0.0958	0.0726	0.072
长度	0.0102	0.0299	0.0643	0.0981	0.0506
窗高	0	0.0779	0.0958	0.0727	0.0616

续表

平均偏差	哈尔滨	北京	上海	深圳	平均
朝向	0	0.0353	0.0105	0.0963	0.0355
平均	0.0207	0.0576	0.073	0.0758	0.0568

3.2 人员作息对优化结果的影响

优化一个设计参数：如图 6 所示，纵坐标为形体参数优化结果（归一化为 0~1），横坐标为人员作息参数，得到人员作息与一个设计参数的关系。从图中可以看出：人员作息参数对四个城市优化结果的影响都很小。

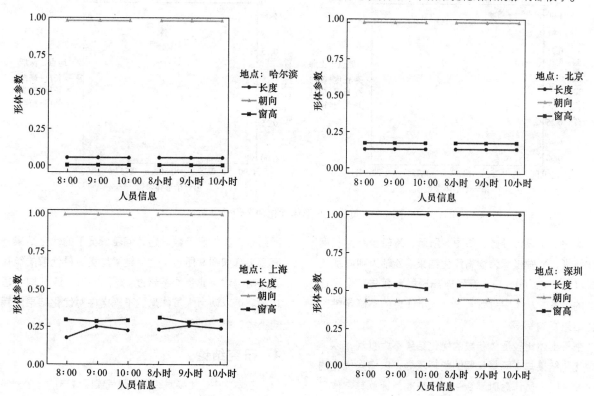

图 6 人员作息与形体优化一个设计参数

147

以下对人员作息参数与优化一个设计参数结果的可靠性进行定量分析，本研究使用标准差和使用每移动0.1的偏差绝对值的平均值两种方式进行衡量，表9为标准差，表10为每移动0.1的偏差绝对值的平均值。从表9和表10可以看出，人员作息的不确定性对优化结果影响都很小（最大不超过3％）。

玻璃透射系数与形体优化一个设计参数标准差 表9

方差	哈尔滨	北京	上海	深圳	平均
长度	0	0	0.0253	0	0.0063
窗高	0	0	0.0077	0.0103	0.0045
朝向	0	0	0.0038	0.0052	0.0023
平均	0	0	0.0123	0.0052	0.0044

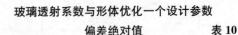

玻璃透射系数与形体优化一个设计参数 偏差绝对值 表10

偏差绝对值的平均	哈尔滨	北京	上海	深圳	平均
长度	0	0	0.028	0	0.007
窗高	0	0	0.0123	0.0169	0.0073
朝向	0	0	0.0033	0.0022	0.0014
平均	0	0	0.0145	0.0064	0.0052

优化两个设计参数：如图7所示，横纵坐标均为形体参数优化结果（横第一个、纵第二个，归一化为0～1，箭头表示顺序），得到玻璃透射系数与两个设计参数的的关系。从图中可以看出：人员作息的不确定性对优化结果影响都很小。

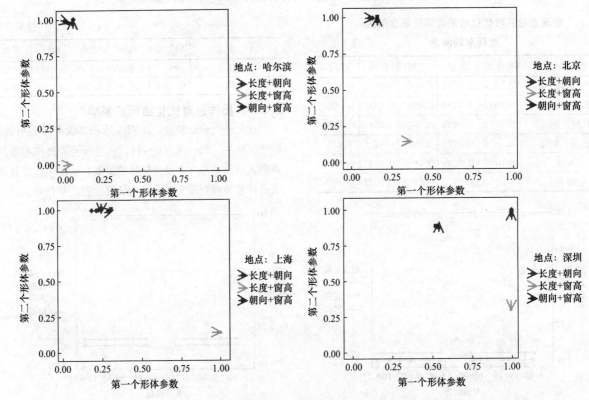

图7　人员作息与形体优化两个设计参数

优化三个设计参数：如图8所示，X轴坐标为长度优化结果，Y轴坐标为窗高优化结果，Z轴为朝向优化结果（归一化为0～1），得到玻璃透射系数与三个设计参数的关系，从图中可以看出：人员作息的不确定性对优化结果影响都很小。

基于上述比较形体参数的优化结果不太直观，以下比较优化结果与实际最优解的能耗差异，以增强优化的科学性：以人员作息时间9～18为基准，计算其它作息对应优化结果的能耗与9-18对应结果的能耗差异，从

而判断人员作息参数设定有偏差情况下的优化结果是否有意义。如图9所示：优化结果与实际最优解的能耗差异对哈尔滨、北京均不超过5％；上海、深圳均不超过10％。可以认为人员作息的不确定性对优化结果能耗影响不大、结果可靠。

4　研究结论

在本文中，主要对四个不同气候区城市的办公建筑进行单目标优化，以办公建筑的长度、窗高和朝向作为单目

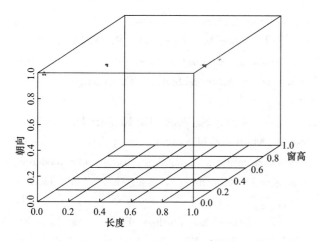

图 8 人员作息与形体优化三个设计参数

标优化的设计变量，针对玻璃投射系数和人员作息参数，设计了不同的模拟模型进行模拟研究，得出了以下结论：

（1）玻璃透射系数的不确定性显著影响办公建筑性能优化的结果，人员作息的不确定性对办公建筑性能优化结果影响很小。

（2）玻璃透射系数不确定性对建筑性能优化结果的影响程度与地点有关：对哈尔滨的影响最小，当透射系数的设定值与实际值偏差 0.1 时，形体参数的优化结果平均偏差不超过 3％，优化结果的能耗平均偏差不超过 5％；对北京、上海、深圳的影响均较大，当透射系数偏差 0.1 时，形体参数的优化结果平均偏差分别可达 11％，9.3％和 17.5％，优化结果的能耗平均偏差分别可达 7.8％，9.6％和 9.8％。

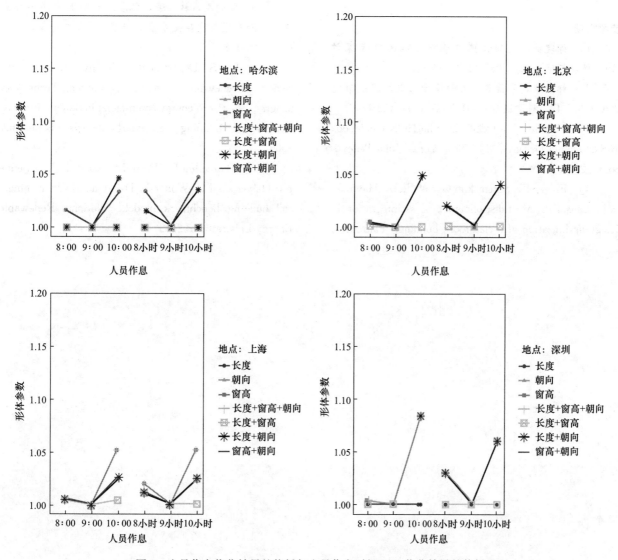

图 9 人员作息优化结果的能耗与人员作息时间 9-18 优化结果的能耗

（3）玻璃透射系数不确定性对优化结果的影响程度与待优化形体变量数量有关：对单一形体参数优化的影响较小，当透射系数偏差 0.1 时，形体参数的优化结果平均偏差不超过 3.7%，优化结果的能耗平均偏差不超过 6.2%；对两个、三个形体参数优化的影响较大，当透射系数偏差 0.1 时，形体参数的优化结果平均偏差分别可达 7.9% 和 7.1%，优化结果的能耗平均偏差分别可达 7.2% 和 6.9%。

当建筑师在进行建筑形体优化时，应尽可能准确地设定建筑窗户的玻璃透射系数，特别是当项目地点位于寒冷地区、夏热冬冷地区、夏热冬暖地区；及形体优化参数的数量达到和超过两个时。人员作息参数的设定则具有较强的容错性，有偏差的设定对优化结果的可靠性影响不大。

参考文献

［1］徐晓梅. 热回收机组节能性能的现代探讨 [J]. 科学与信息化, 2017 (10)：81-83.

［2］林波荣, 李紫薇. 面向设计初期的建筑节能优化方法 [J]. 科学通报, 2016, 61 (1)：113-121.

［3］Mendler S., Odell M. The HOK Guidebook to Sustainable Design [M]. New York：John Wiley& Sons, 2005.

［4］Flager F, Soremekun G, Welle B, Haymaker J, Bansal P. Multidisciplinary process integration & design optimization of a classroom building. Palo Alto, USA：Stanford University；2008.

［5］Taheri M, Tahmasebi F, Mahdavi A. A case study of optimization-aided thermal building performance simulation calibration. Optimization；2012，4 (2nd).

［6］Murray S, Walsh B, Kelliher D, O'Sullivan D. Multi-variable optimization of thermal energy efficiency retrofitting of buildings using static modelling and genetic algorithms：a case study. Build Environ 2014；75；98-107.

［7］Binghui Si, Zhichao Tian, Xing Jin, Xin Zhou, Peng Tang, Xing Shi. Performance indices and evaluation of algorithms in building energy efficient design optimization. Energy 2016；100-112.

［8］刘利刚, 林波荣, 彭渤. 中国典型高层办公建筑平面布置与能耗关系模拟研究 [J]. 新建筑, 2016 (6)：104-108

［9］U. S. Department of Energy. Energy efficiency and renewable energy office, building Technology program, net-zero energy commercial building initiative. Commercial building benchmark models. September 2009.

［10］Torcellini P, Deru M, Griffith M, Benne K, Halverson M, Winiarski D, et al. DOE commercial building benchmark models. National Renewable Energy Laboratory；2008

洪宇东　肖毅强

华南理工大学建筑学院；670704656@qq.com

适用于建筑表皮参数化设计的几何生形算法研究
Research on Geometric Shape Algorithm for Parametric Design of Building Skin

摘　要：参数化设计中的生形算法，是以计算机图形学为基础，依托新兴几何生成图形，作为设计形态的起始。随着参数化设计的进步与普及，建筑表皮形式逐步向复杂化与非标准化的趋势发展，很多先锋事务所通过不同的算法进行了大量参数化建筑表皮实践。本文旨在通过对几何生形算法的剖析，构建一套可供设计者用于建筑表皮参数化设计的算法库。通过相关理论和案例的研究，介绍了镶嵌、分形、折叠、多边形这四种算法的生成规则，分析了其生成形态的空间特性。使用 Rhino、Grasshopper 等参数化建模平台，实现了以上几种生形算法，并列举了大量生形结果，旨为建筑表皮设计提供参考并降低使用门槛。

关键词：建筑表皮；几何生形算法；镶嵌；分形；折叠；多边形

Abstract：The geometric shape algorithm in parametric design is based on computer graphics and relies on emerging geometry to generate graphics as the starting point for design patterns. With the advancement and popularization of parametric design, the building skin form has gradually developed towards the trend of complexity and non-standardization. Many pioneering firms have carried out a large number of parametric building skin practices through different algorithms. This paper aims to construct a set of algorithm libraries for the parametric design of building skins by analyzing the geometric shape algorithm. Through the research of related theories and cases, the generation rules of four algorithms of mosaic, fractal, folding and polygon are introduced, and the spatial characteristics of the generated morphology are analyzed. Using the parametric modeling platform such as Rhino and Grasshopper, the above several fractal algorithms are realized, and a large number of biomorphic results are listed, which is intended to provide reference for building skin design and lower the threshold for use.

Keywords：Building Skin；Geometric Shape Algorithm；Mosaic；Fractal；Folding；Polygon

轴线和网格一直以来都是控制建筑结构、空间和形态的重要几何策略，笛卡尔坐标系对建筑模数与网格划分起到了决定性的作用。这一操作方式使建筑迅速进入标准化，并可以投入流水线机械生产并影响至今。随着建造技术和计算机数字设计技术的发展创新，新建筑实践的生成已逐渐脱离传统的轴网控制，多样的几何形态组织和生成策略使建筑趋于非标准化与复杂化。不同的生形策略可以实现更多的变异、咬合、交叉、扭转等二维、三维形态，可应用于平面上形成表皮的肌理[1]。本文将基于当下建筑表皮的形态类型与算法设计的特征，从几何形态的生成规则入手，探索适用于建筑表皮参数化设计的几何生形算法。

1　镶嵌算法表皮生形

1.1　镶嵌的定义与类型

镶嵌的几何逻辑是通过重复一个或者多个几何单元体，无间隙、不重叠的铺满整个平面或空间，单元体相互无限关联[2]。这种几何结构在二维平面和三维空间均存在，在二维平面称为平面密铺，在三维空间称为堆砌或蜂巢体，本文将两者统称为镶嵌。根据周期性来看，镶嵌可以分为周期性镶嵌和准周期性镶嵌。另外还有广义上的镶嵌如空隙铺砌、铰链镶嵌、圆镶嵌等。

镶嵌图形的对称性质包括平移对称、反映对称、旋转对称和滑动对称四种类型[3]。具有平移对称性质的被称为周期性对称，也就是单元体或单元体组合可以通过平移的方式铺满平面。周期性镶嵌的特性与建筑的轴线网格体系不谋而合，因此在建筑实践中应用较为广泛，本文将主要围绕周期性镶嵌展开生形算法的相关讨论与研究。

周期性镶嵌根据单元体的种类数量和单元体的几何

特征可以分为正则镶嵌、半正则镶嵌、次正则镶嵌和不规则多边形镶嵌。正镶嵌是只通过一种正多边形实现满铺的镶嵌类型，一共包含三种，分别为正三角形镶嵌、正方形镶嵌和正六边形镶嵌。正方形和六边形具有良好的几何特性和结构特性，因此成为建筑设计中常用的轴网组成方式。半正则镶嵌是由两种或两种以上正多边形满铺，每个相交点连接的多边形种类和顺序都相同的镶嵌类型，半正则镶嵌共有八种。次正则镶嵌也是由两种或两种以上正多边形满铺，但是每个相交点连接的多边形种类和顺序不完全相同的镶嵌类型，次正则镶嵌的种类则有无穷多个（图1）。

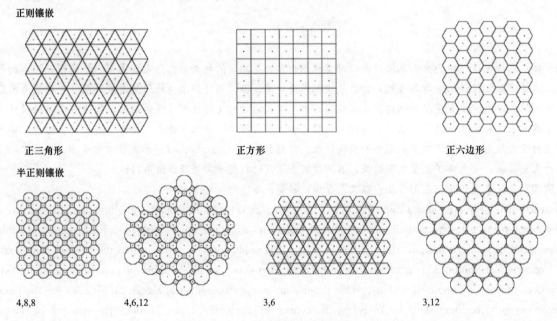

图 1 正则镶嵌与半正则镶嵌

除了正多边形，很多不规则多边形同样能够实现周期性镶嵌。同一种任意三角形、同一种任意四边形，因为其内角和分别为180°和360°，所以都可以进行平面镶嵌（图2）。正五边形无法镶嵌，但非正五边形镶嵌是存在的，不规则六边形在满足特定条件时才能实现镶嵌。另外还存在凹多边形镶嵌、曲线镶嵌、图案镶嵌等其他形式，在建筑中也有一定应用，但此处不做展开。

1.2 镶嵌的算法

我们可以通过数学方法对镶嵌的可能类型进行求解。已知实现镶嵌的必要条件是同一顶点处夹角之和为360°[4]，将多边形的边数以及个数作为未知数联立方程，可以得出镶嵌多边形的解。具体的数学计算过程在这里不展开详述，可以参考王晓峰[5]的《平面镶嵌》一文。

Rhino平台的Grasshopper中集成了几个用来生成

周期性镶嵌的运算器，分别为 Rectangular、Hexagonal、Triangular、Square 运算器，对应矩形镶嵌、正六边形镶嵌、正三角形镶嵌和正方形镶嵌。Grasshopper平台上的 Starfish 插件也可以生成周期性镶嵌，包括3种正则镶嵌和8种次正则镶嵌[6]。

英国自然学家和细菌学家 E·H·Hankin[7]对多边形镶嵌的生成方法进行了较为深入研究，他在文章中分析了伊斯兰建筑中图案的构成原理，并且提出了一种基于周期镶嵌图形的多边形镶嵌算法。这种方法需要一个多边形周期镶嵌的图形作为底，以多边形的每条边中点为基点，向两侧偏移一定距离△d（可以为零）得到两个点，再以这两点为起点向多边形内部做两条射线，两条射线以边的中垂线为轴对称，也就是与边的夹角θ相等，得到两条射线的交点。将所有相交点之前的射线部分连接成为整体，即得到新的镶嵌图形（图3、图4）。

任意三角形镶嵌

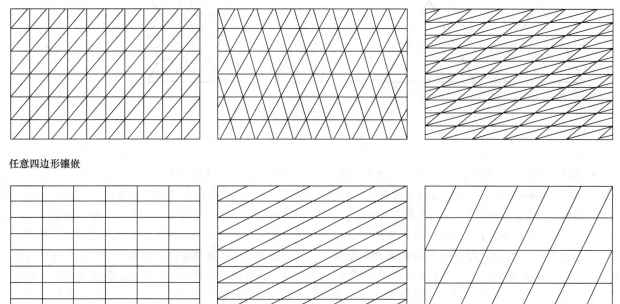

任意四边形镶嵌

图 2　任意三角形与四边形镶嵌

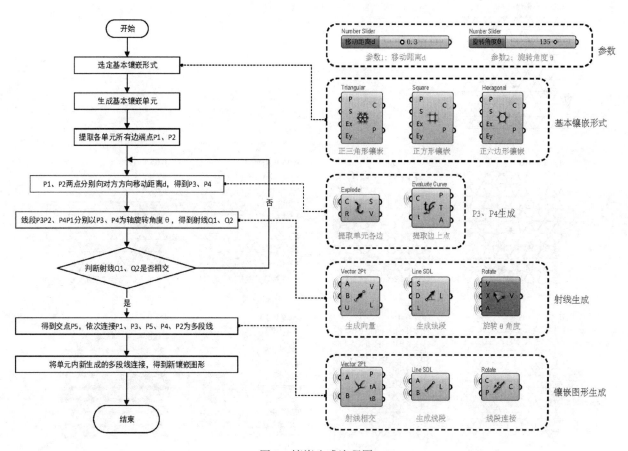

图 3　镶嵌生成流程图

153

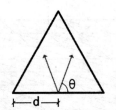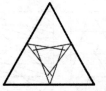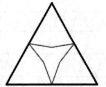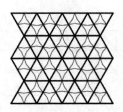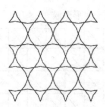

图 4　镶嵌生成分析图

　　然后将这种镶嵌生成方法转化为算法。利用 Rhino 平台的 Grasshopper 可视化参数化平台进行实现，在此过程中共有三个变量，分别为：①作为基底的多边形镶嵌图形；②偏移的距离△d；③射线与边的夹角 θ。

　　通过改变三个变量，可以得到种类繁多的新镶嵌样式。下面列举若干使用此方法生成的镶嵌图案，建筑设计者可以利用此算法进行建筑表皮生形，再将平面形态映射到曲面或平面上，图 5 为由正三角形变化得到的镶嵌图案。

　　周期性镶嵌的平面图案具有平移对称的性质，因此可以从复杂的图形中抽取出一个标准镶嵌单元，这个单元可以是一个图形或几个图形的组合。当镶嵌为正镶嵌或半正镶嵌时，标准单元是由若干等长直线组成的，这便意味着以此类镶嵌图案生成的表皮构件可以划分为有限的种类，非常适合工业化预制生产以及标准化建造。

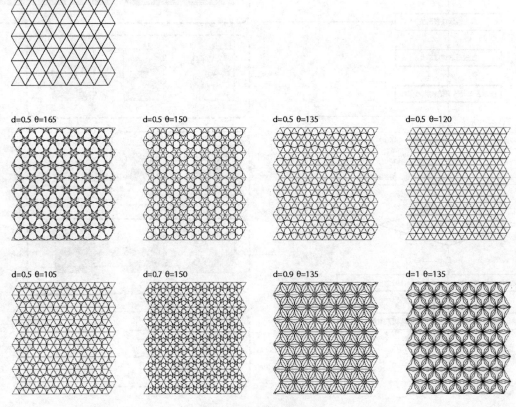

图 5　正三角形镶嵌变形

154

2 分形算法表皮生形

2.1 分形的定义与类型

分形（fractal）作为非线性科学（nonlinear science）中的最重要的三个概念（分形、混沌、孤粒子）之一，由法国数学家曼德尔布罗特（B. B. Mandelbrot）[8]于1975年提出。与传统欧式几何相比，分形是以一种动态、生成的过程来描述形态，并不直接描述对象的形态特征，可以根据需求确定被描述体的状态和精确度，数据量较小；而传统欧式几何是以一种静态的数据量巨大的方式进行形态描述。分形理论是现代数学中的一个新分支，但是其本质是一种世界观和方法论。

分形是自然界中最普遍存在的图形特征，小到草叶树木、大到河流山川，再到人类体内的血管、神经等都是分形[9]。分形可以将自然界中生物和非生物复杂的生成过程很好地描述出来，是对非线性关系的极佳描述。古村落、城市的自然发展形态同样呈现出分形的形态特征。分形可以通过简单的生长机制得到复杂的体系，因此可以在建筑和城市尺度上解决一些问题，建筑表皮也是当下被不断探索的领域之一，可以通过分形实现较为复杂的形态需求。

分形是一种动态的描述，因此并无明确的概念定义，但是我们可以总结出分形几何所具备的几个普遍性质，当一个集合具有以下的性质时，可以称之为分形[10]：

（1）自相似：分形几何的形态在不同尺度上都具备结构的相似性。当我们使用放大镜或其他设备放大分形图像时，并不会出现新的细节，而是相似的图案反复出现。这种自相似性也可能是统计意义上的。

（2）无限迭代：分形几何形态可以进行无限次的迭代。自相似性可以通过迭代来实现，一些简单的几何规则或公式通过计算和绘制的过程重复运行，得到复杂的分形形态。

（3）精细结构：在分形几何形态上任选一部分，对其进行放大或者缩小，得到的图像在复杂程度、形态、不规则性等各个方面均不会发生变化，依然具备充足精密的细节，表征的自相似系统和结构的定量指标如分形维数均不会因放大或缩小而变化。

（4）初始条件影响巨大：在分形几何中，初始条件的细微差异会使结果呈现巨大的不同。因为分形过程中的规则和公式始终保持不变，因此分形对于初始条件和初始值具有较高的敏感度，即使是微小的变化都会以指数速度产生巨大的改变，也就是通常提到的"蝴蝶效应"。

分形种类各式各样，根据几何形态划分可以分为规则分形和不规则分形[11]，根据生成规则的异同也可以分为迭代函数系统（IFS）、林氏系统（L System）、元胞自动机和扩散限制聚集等。本文挑选适宜建筑表皮生形设计的分形类型，逐一展开详述。

（1）康托集（Cantor Set）：给定一线段AB，将其分为三等份（AC，CD，DB），去掉中间的线段CD，再对剩余的两条线段AC、DB进行相同的操作并无限进行下去，最终得到Cantor集。

（2）科赫曲线（Koch Curve）：因形态似雪花，又称科赫雪花。给定线段AB，将线段分成三等份（AC、CD、DB），以CD为底边，向外（内外随意）画一个等边三角形CED，将线段CD移去，分别对AC、CE、ED、DB重复以上步骤，得到科赫曲线。将初始线段改为正三角形，最终会得到封闭的科赫雪花图案。同样当初始形态和分形规则（角度、长度、切割位置等）改变时，最终都会得到完全不同的分形结果。

（3）谢宾斯基三角形（Sierpinski triangle）：将一个实心正三角形沿三边中点连线分为四个小三角形，去掉中间的小三角形，再对剩余的小三角形进行同样的操作，便得到谢宾斯基三角形。

（4）谢宾斯基地毯：将一个实心正方形按3x3网格划分为9个全等的小正方形，去掉中心的小正方形，再对剩余的小正方形进行以上相同的操作便可以得到谢宾斯基地毯图案（图6）。

2.2 分形的算法

分形作为一种状态的描述，其自身的形体规则即表达了分形的算法。上文对康托集、科赫曲线、谢宾斯基三角形、谢宾斯基地毯等规则分形的描述即为其生成算法，均可以通过Rhino平台的Grasshopper实现，谢宾斯基三角形与谢宾斯基地毯的形态为单元模式，可适用于表皮生形，因此本节对这两种分形方式进行算法实现。

分形算法的计算本质即循环迭代，首先设定一个初始形态，然后确定分形的几何操作规则，接下来给定操作执行的次数即循环次数（应设定为有限值，否则计算机会进入无限死循环，最终运算过载而导致死机），最后可以运行。此算法在Grasshopper平台实现时需要使用一款插件运算器Hoopsnake，Hoopsnake可以实现反馈循环，其输出端的数据可以作为下一次迭代的初始值，连接给输入端，为Grasshopper中的迭代建模提供了可能性。

实现谢宾斯基三角形，首先以三角形作为基底，然后取三边上相同相对位置d的点，连线分为四个小三角形，去掉中间的小三角形，再对剩余的小三角形进行同样的操作，迭代n次后，得到最终的分形图案（图7）。此算法共包含3个变量：①作为基底的三角形图形；②点在各边上的位置d；③迭代次数n。

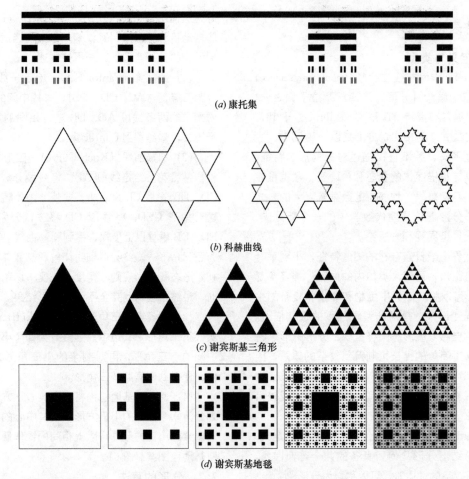

(a) 康托集

(b) 科赫曲线

(c) 谢宾斯基三角形

(d) 谢宾斯基地毯

图6　各类简单分形（图片来源：wikipedia）

通过改变3个变量，可以得到如图8的分形图案。

实现谢宾斯基地毯，首先以矩形作为基底，在各边上找到以中点为轴对称且与中点距离 d 相等的两点，连接对边同侧的点，将矩形划分为 9 个小矩形，去掉中心的矩形，再对剩余的小矩形进行相同的操作，迭代 n 次后，得到最终的分形图案（图9）。此算法共包含 3 个变量：①作为基底的矩形图形；②点在个边上的位置 d；③迭代次数 n。

通过改变 3 个变量，可以得到如图 10 的分形图案。

3　折叠生形

3.1　折叠的定义与类型

折叠是一个古老的概念，是一个表态的概念，用来描述一系列连续变化状态的过程。折纸的出现直接推动了折叠的不断发展[12]。随着折叠原理不断深入的研究，其具体的应用也在向不同领域渗透，设计便是其实践与探索的重地。折叠几何的算法已经应用于蛋白质折叠、

太空探测器设计、和降落伞折叠等问题的研究上。Sophia Vyzoviti 在《折叠作为建筑设计的形态生成过程》[13]一文中提到在进行建筑设计的过程中，使用折叠的手法进行生成是具有不确定性、实验性、非线性和自下而上的。折叠的过程模糊了界面的内与外，打破了建筑墙体、屋顶、楼板的维度。折叠的肌理可以作为一种具有空间厚度、围合特性、虚实关系的表皮，其自身还具备了一定了结构受力能力。考虑到建筑设计中的实际建造需求，由折叠生成的复杂形体是完全具备建造条件的，其可以展开成二维图形以便加工和建造。

折叠主要讨论几何物体折叠变形的数学关系。在折纸中，折叠是利用一张完整、不剪断的纸以直线或曲线作为折痕，改变各个部分的空间关系成为一个三维几何体的技法[14]。在折叠中，有峰折和谷折两种主要的折叠方式。峰折又名手后折，是将折痕位置向上方折出的操作，使纸折叠呈现为山峰的形状，谷折又称为手前折，与峰折相反。

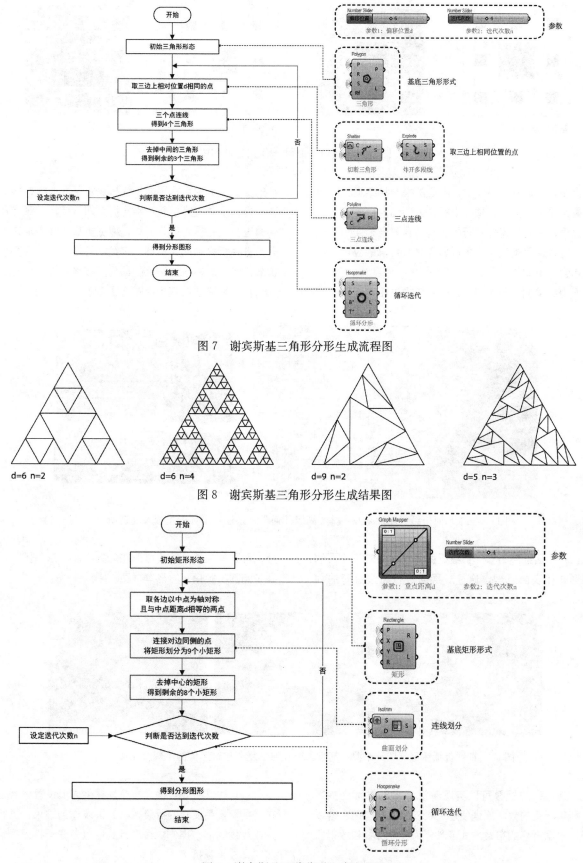

图 7　谢宾斯基三角形分形生成流程图

d=6 n=2　　　　d=6 n=4　　　　d=9 n=2　　　　d=5 n=3

图 8　谢宾斯基三角形分形生成结果图

图 9　谢宾斯基地毯分形生成流程图

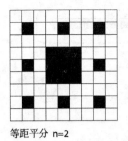
等距平分 n=2

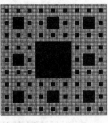
等距平分 n=4

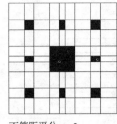
不等距平分 n=2

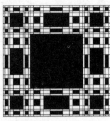
不等距平分 n=4

图 10　谢宾斯基地毯分形生成结果图

折叠，当视其为名词时，表达的是一种结果，即通过折叠操作得到的几何体；当视其为动词时，表达的是一个过程，即对几何体进行的操作本身。当延伸到建筑设计中时，这两类词义下的折叠均具有各自的应用，也分别包含了不同的类型，

作为结果的折叠可以为建筑表皮提供相对复杂、丰富的图像。其中包括平面直线折叠、平面曲线折叠。

（1）平面直线折叠：平面折叠即为使用一张完整的平面进行折叠得到的几何体，根据折痕的线条形态又可分为直线折叠和曲线折叠。直线折叠最广泛的应用便是折纸艺术，这种技法研究的都是折痕格局图，即是三维几何折纸最终的展开折痕图（图 11）。

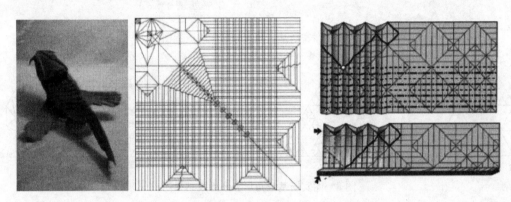

图 11　三维几何折纸（图片来源：基于高级几何学复杂建筑形体的生成及建造研究[15]）

（2）平面曲线折叠：曲线折叠可以提供基于曲面的空间形态和表面肌理，通过对平面进行曲线折痕的划分，得到复杂的曲线折叠形态。其平面图形由圆形扩展到了椭圆、圆角正方形等（图 12）。

图 12　曲线折纸镶嵌（图片来源：基于高级几何学复杂建筑形体的生成及建造研究[16]）

作为过程的折叠可以实现建筑表皮动态可变的需求，利用折叠的数学原理使建筑表皮的展开与闭合得以实现。根据折痕的布置方式可以分为线性折叠和放射折叠[17]。

（1）线性折叠：线性折叠是在平面上设置依线性分布（平行或相交）的折痕，以此折痕作为约束，进行展开或收拢的形态操作。线性折叠中也存在一种无折痕的情况，成为卷折。

（2）放射折叠：放射折叠是在平面上放置具有共同顶点的放射折痕，依据此折痕进行单顶点变形。其本质上也是线性折叠的一种特殊情况。线性折叠和放射折叠代表的是折痕的布置方式，折痕本身可以为直线、曲线、折线等不同形式（图13）。

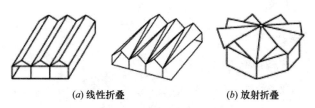

(a) 线性折叠　　　　　　*(b)* 放射折叠

图 13　折痕的布置方式

（图片来源：FOLDED STRUCTURES IN MODERN ARCHITECTURE[18]）

3.1　折叠的算法

作为结果的折叠，主要讨论的是折痕的布置。此处以矩形单元为例，实现一种具有单折痕的折叠算法。以矩形单元为基础，在内部水平方向设置一个折痕，折痕方式为峰折，即向上凸出，折痕与矩形上下两条边共同组成的面即为折叠形态（图14）。

此过程共包含四个变量，分别为：①折痕所在的垂直位置 a；②折痕所在的水平位置 b；③折痕的长度 L；④折痕折起的高度 h。

通过改变四个变量，可以得到不同的折叠形态（图15）。

动态的折叠可以与平面镶嵌相结合，实现动态化表皮的建立。平面镶嵌图案提供稳定的表皮框架，折叠单元作为表皮构件实现闭合与展开（图16、图18）。平面镶嵌的原理、类型以及算法可参考前文，此处进行折叠的相关算法实现。在实际的表皮构造和变形过程限制下，只有具有双轴对称性的偶数边多边形可以较好的适应线性折叠和射线折叠，如正方形、正六边形、矩形、正八边形等。

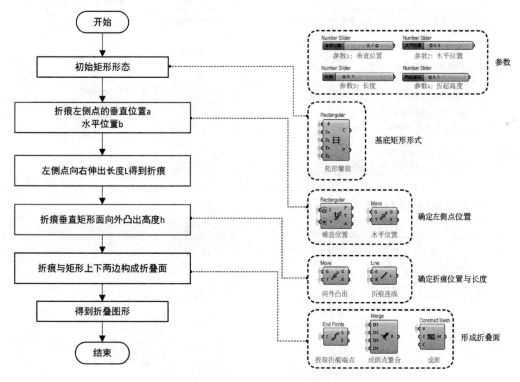

图 14　静态折叠生成流程图

此过程主要受三个变量影响[19]：①平面形状；②折痕布置，包括折痕的类型、位置和数量。主要有线性折叠和放射折叠两种；③折叠程度，可以以折叠点的移动轨迹范围描述。

通过改变这三个变量，可以得到类型众多的动态折叠形态。下面列举若干使用此方法生成的动态折叠图案，设计者可以利用此算法进行建筑表皮生形，再将平面形态映射到曲面或平面上，分别为由三角形、正方形、六边形得到的动态折叠图案（图17、图19）。

159

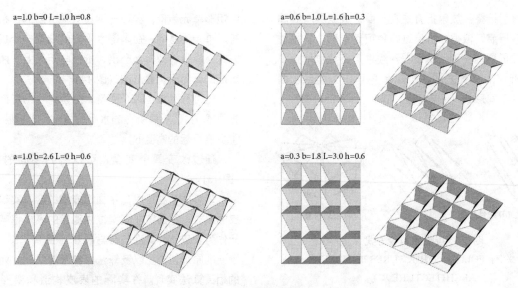

图 15 静态折叠结果图

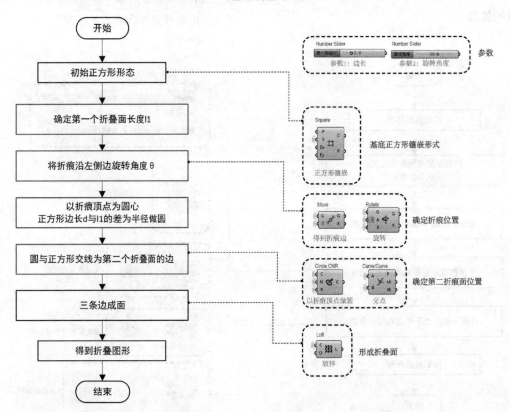

图 16 线性折叠生成流程图

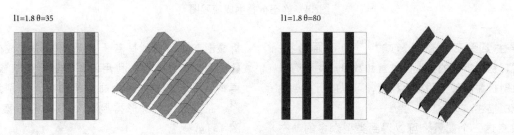

图 17 线性结果图（一）

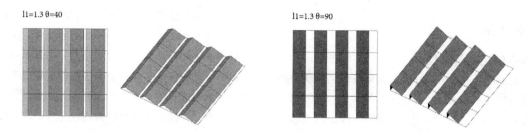

图 17　线性结果图（二）

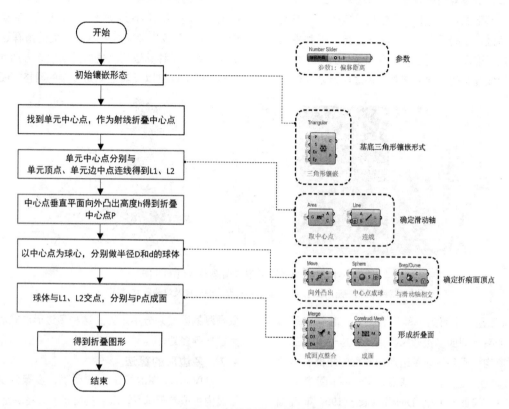

图 18　射线折叠生成流程图

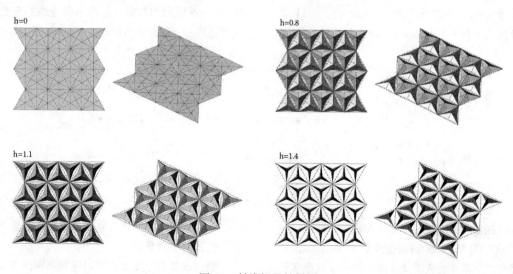

图 19　射线折叠结果图

4 多边形生形

4.1 多边形的定义与类型

多边形的形态是将平面或空间几何体进行切分获得的。前文提到的镶嵌也同样具备多边形的形式，但二者的生成逻辑是截然不同的：镶嵌是一种自下而上的生形过程，是通过多边形等基本元素的周期性移动或旋转实现平面的满铺，最终得到镶嵌形态；本节所讲述的多边形是一种自上而下的生形过程，由预先给定的平面或空间几何体，通过一定的规则进行切割与划分，得到平面内各式的多边形形态，此过程并不存在统一的单元体。

对建筑图像复杂化的追求推动了多边形元素在建筑设计实践中的应用，设计者通过切割、平移、叠加等操作使之呈现出模糊、无中心、混乱的效果，挑战了传统线性与欧式几何指导下的建筑设计。自然界存在的诸多多边形、多面体的几何原型被研究者提取出来，并归纳出它们的生成算法。这些形态基本上都具备结构上的受力合理性，因此具备充足的条件被应用到建筑设计中。

本节主要讨论 2D 和 3D Voronoi 泰森多边形。自然界中大量的枝叶图案、动物花纹以及细胞、肥皂泡等呈现的是复杂的、不规则的多边形及多面体形态。Voronoi 泰森多边形算法可以较完美的解释这类形态的生成规律。这种算法可以根据需求生成方形网格、钻石网格、蜂巢网格以及其他更为复杂的网格（图20）。

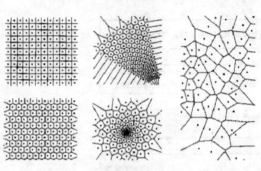

图20　自然界的多边形镶嵌图案及 Voronoi 图
（图片来源：基于高级几何学复杂建筑形体的生成及建造研究[20]）

Voronoi 图是对平面的一种划分方法，其特点是多边形内部的所有点到此多边形内基点（多边形生成的依据点）的距离均小于到相邻多边形内基点的距离，每个多边形内包含且仅包含一个基点。Voronoi 图最初由 Dirichlet 提出，因此也称为 Dirichlet 图。1907 年俄国数学家格奥尔吉·沃罗诺伊在笛卡尔凸域分割空间思想的基础上，对 voronoi 图进行了进一步的阐述。1911 年荷兰气候学家 A·H·Thiessen 将 voronoi 图应用到气象预测的区域划分中，因此这种多边形形式后来又被称为"泰森多边形"。

4.2 多边形的算法

2DVoronoi 图的算法十分明确，步骤依次为：①在平面内生成若干基点，基点的排布方式将决定最终形态；②将所有基点与其临近点相连，得到 Delaunay 三角形，是 Voronoi 图形的对偶；③做所有连线的中垂线，在相交点处停止，得到的图形即为 Voronoi 图，如图21。

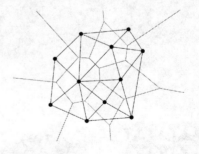

图21　Voronoi 生成原理

在 Rhino 的 Grasshopper 平台中 Mesh 运算器一栏中集成了 2D 和 3D Voronoi 图的生成算法 Voronoi，可以结合已经生成的基点生成图案。基点的生成有很多形式，包括矩阵、随机点、螺旋线等（图22）。

此过程共包含两个变量，分别为：①基点的排布方式；②基点的数量。

通过改变两个变量，可以得到不同的 Voronoi 形态（图23）。

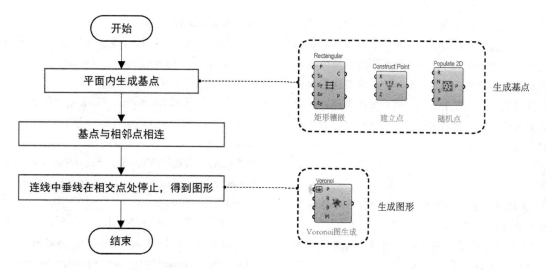

图 22　Voronoi 生成流程图

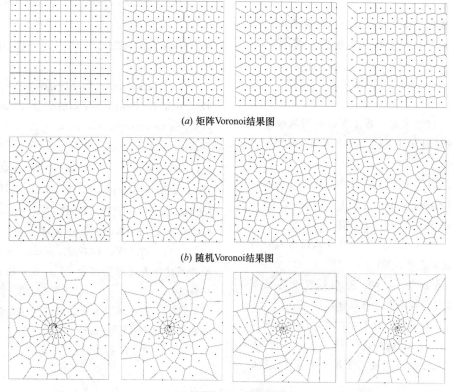

(a) 矩阵Voronoi结果图

(b) 随机Voronoi结果图

(c) 螺旋线Voronoi结果图

图 23　Voronoi 结果图

5　结论

本文主要介绍了几种不同类型的适用于建筑复合表皮的生形算法，归类为镶嵌、分形、折叠、多边形四种。首先对每种算法的历史来源进行了回溯，归类整理了相同算法下的不同类型；然后对其的几何逻辑、数学逻辑进行梳理，绘制了生成逻辑流程图；通过算法设计

平台对算法进行编写，使之成为可以被反复应用的算法生形规则，提取出每种生形算法的参变量，通过改变不同的输入值，生成并列举了大量的生形图案；再从生形算法的角度对当下各种先锋的建筑表皮设计进行了分析与介绍。

究其本源可以发现，不同的生形方式来自于不同学科领域。镶嵌最初起源于室内外装饰，其本质是研究平面满铺的数学问题；分形源于对自然界生长的自然形态的数学研究；折叠起源于折纸，其本质研究可展面的空间几何问题；多边形中的 Voronoi 最初研究的是数学领域的空间划分，后来被应用到气象学中。这些建筑复合表皮的生形算法具备浓厚的理论与实践发展基础，具备推动建筑复合表皮设计发展的能量，对指导设计者的研究与实践有重要的意义。

参考文献

［1］ 王凤涛. 基于高级几何学复杂建筑形体的生成及建造研究［D］. 清华大学，2012.

［2］ 王蓉蓉. 基于空间镶嵌规则模式的建筑表皮设计研究［D］. 浙江大学，2016.

［3］ 苏冲. 几何镶嵌找形的参数化设计过程研究［D］. 天津大学，2012.

［4］ 王晖，曹康. 镶嵌几何在当代建筑表皮设计中的应用［J］. 浙江大学学报（工学版）. 2009，43（06）：1095-1101.

［5］ 王晓峰. 平面镶嵌［J］. 数学教学. 2003（10）：20-24.

［6］ 徐跃家. 镶嵌表皮：基于多边形周期性镶嵌的参数化建筑表皮设计方法［J］. 华中建筑. 2019，37（02）：31-35.

［7］ Hankin E H. Examples of Methods of Drawing Geometrical Arabesque Patterns［J］. *The Mathematical Gazette*. 1925，12（176）：370.

［8］ 李英伟. 基于分形几何的建筑立面形式分析研究［D］. 华南理工大学，2010.

［9］ 孙霞，吴自勤，黄畇. 分形原理及其应用［M］. 合肥：中国科学技术大学出版社，2003.

［10］ 顾红男，詹巨聪. 分形学在建筑设计的应用［J］. 四川建筑. 2011，31（01）：73-74.

［11］ 常靖. 基于分形理论的建筑尺度研究［D］. 天津大学，2017.

［12］ ArthurLebée, From Folds to Structures, a Review［J］. *International Journal of Space Structures*. 2015，30（2）：55-74.

［13］ SophiaVyzoviti. *Folding Architecture：Spatial, Structural And Organization Diagrams*.［M］Hongkong，2009：1.

［14］ SophiaVyzoviti. *SuperSurfaces：Generating Forms for Architecture, Products and Fashion*［M］. Hongkong，2007：1.

［15］ Sekularac N, Ivanovic-Sekularac J, Cikic-Tovarovic J. Folded structures in modern architecture［J］. *Facta universitatis- series：Architecture and Civil Engineering*. 2012，10（1）：1-16.

［16］ Nenad Šekularac, Jelena Ivanović Šekularac, Jasna Č iki ć Tovarovi ć，FOLDED STRUCTURES IN MODERN ARCHITECTURE［J］. *Architecture and Civil Engineering*，2012，10（1）：1-16.

［17］ Sekularac N, Ivanovic-Sekularac J, Cikic-Tovarovic J. Folded structures in modern architecture［J］. Facta universitatis- series：*Architecture and Civil Engineering*. 2012，10（1）：1-16.

［18］ Nenad Šekularac, Jelena Ivanović Šekularac, Jasna Č iki ć Tovarovi ć，FOLDED STRUCTURES IN MODERN ARCHITECTURE［J］. Architecture and Civil Engineering，2012，10（1）：1-16

［19］ 徐跃家，郝石盟. 镶嵌，折叠——一种动态响应式建筑表皮原型探索［J］. 建筑技艺. 2018（04）：114-117.

［20］ 王凤涛. 基于高级几何学复杂建筑形体的生成及建造研究［D］. 清华大学，2012.

唐 涛 龙腾霄 熊 媛

贵州民族大学建筑工程学院；2067608306@qq.com

大数据视角下的村庄规划及乡村建筑设计初探
Preliminary Study on Village Planning and Rural Architecture Design from the Perspective of Big Data

摘 要：近年来，随着空间规划的逐步落实和乡村振兴战略的逐步推进，针对乡村建设中基础信息数据采集和相关利益群体需求调查的关注也在逐步增大。而由于乡村地域空间的复杂性、聚落空间的分散性以及乡村规划工作信息需求的多样性，导致数据涵盖范围较大和获得信息难度也较大，对于数据采集后的使用也不尽人意，缺失规划反馈机制。因此，针对目前关于村庄规划建设和建筑设计工作面临的数据庞杂、相关利益群体需求多样化和区域统筹困难等问题，本文以贵州省百里杜鹃管理区大荒村和岩脚村的村庄规划和建筑设计为例，提出大数据视角下的乡村规划与建筑设计初步研究。

关键词：区域统筹；村庄规划建设；乡村建筑设计；信息共享；大数据

Abstract：In recent years, with the gradual implementation of spatial planning and the gradual promotion of rural revitalization strategy, the focus on the collection of basic information and data in rural construction and the demand survey of relevant interest groups is also gradually increasing. However, due to the complexity of rural regional space, the dispersion of settlement space and the diversity of information requirements for rural planning work, the data coverage is large and the difficulty of obtaining information is large, the use of data after collection is not satisfactory, and the planning feedback mechanism is missing. , therefore, in view of the present about village planning and construction and architectural design work are faced with the data, the related interest groups demand diversity and confused area as a whole difficult problems, based on the cuckoo administrative zones of decadence and rock in guizhou province hundred feet in the village of village planning and architectural design as an example, the big data is put forward under the perspective of rural planning and architectural design of a preliminary study.

Keywords：Regional coordination；Planning and construction of villages；Rural architectural design；Information sharing；Big data

引言

随着计算机与互联网技术的不断发展，数次技术革命之后在当今的信息爆炸时代，大数据已开始登上历史舞台，我们迎来了大数据时代，大数据正在掀起我们的生活、工作和思考方式的全面革新。基于此，在村庄规划及乡村建筑设计领域，研究人员已经开始探索大数据在村庄规划及乡村建筑设计的应用并取得了相关进展，

在村庄规划及乡村建筑设计领域，由于乡村本身的复杂性及乡村规划工作需求的多样性，数据广度和可获得难度增加。然而，乡村规划在基础数据调研和多用户需求等多方面都具有大数据特征。本文以贵州省百里杜鹃管理区大荒村和岩脚村为例，在总结村庄规划的技术问题的基础上，对大数据的到来所影响的规划数据获取与处理手段进行梳理，主要从村庄规划的基础调研手段和样本的选取、村庄规划的重点以及村庄评价体系等几个方

面研究了村庄规划及乡村建筑设计的变革走向。利用大数据的思维方式和技术手段，给村庄规划及乡村建筑设计提供了村民参与、村庄展示、设计交流、政府决策的平台。因此，本研究试图从大数据视角下对村庄规划及乡村建筑设计在应用方面进行初步探索。

1 大数据定义与特征

1.1 大数据的定义

大数据目前尚没有统一的定义，但一般认为大数需要满足规模性（Volume）、多样性（Variety）和高速性（Velocity）和价值性（Value）四个特点，大数据的研究就是通过数据挖掘，知识发现和深度学习等方式将这些数据整理出来，形成有价值的数据产品，提供给政府、行业企业和互联网个人用户使用和消费。总地看来，大数据是指大容量的、多类别的、通过一定技术手段处理后具有价值，并且处理和检索响应速度快的数据。大数据不仅是技术上的一次飞跃，还体现在思维方式上的转变，其的基础思想是整合散布的资源，发挥更大的作用。

1.2 大数据特征

（1）面对数据——目标决策导向：目标明确，迅速定位需求以方便决策；

（2）分类数据——数据价值导向：迅速挖掘具有价值的数据，便于搜集和再处理；

（3）使用数据——高效利用导向：通过数据的重新再次使用，提高数据的使用效率。

所以，大数据思维，是从数据应用的最终目的出发，在海量异构数据中提取挖掘数据价值，并迅速定位有价值的数据，从而为决策与预测提供依据。

2 村庄规划建设与大数据

2.1 数据信息推进乡村规划与乡村建筑设计的重要意义

（1）从自然生态、人文环境、聚落空间等多个角度，对村庄现状调研所采集的信息进行信息分类。

（2）通过影响村庄规划和建筑设计的各元素进行分析，从地域风格、空间格局、人文民俗、聚落形态、建筑形式、经济产业等多个方面筛选重要影响因素，形成参数评价体系和评分机制。

（3）建立基于大数据的反馈机制，结合评价体系和评分优化村庄规划和乡村建筑设计，形成大数据视角下的村庄规划建设与乡村建筑设计工作新思路。

在村庄规划建设和乡村建筑设计中采用大数据思维的工作方式，从基础数据的采集、提取到价值数据的定位细分，探讨大数据思维下村庄规划和乡村建筑设计的

原则与方法，推进村庄规划建设与乡村建筑设计进程，优化村庄规划建设和乡村建筑的设计方案，旨在提升乡村规划中政府决策的科学性以及设计人员的工作效率，同时保障村民对乡村规划的参与权。

2.2 村庄规划所具有的大数据特征

乡村规划因其涉及利益群体多样、基础资料庞杂且数据类型多样，使其具有大数据的海量异构数据特征，即体量（Volume）与多样性（Variety）特征；同时，由于乡村规划工作内容，特点与目的要求，使其具有大数据的速度（Velocity）和价值（Value）特征。村庄规划在行政区划、自然地理、社会人文属性三方面的特征在大数据视角下尤为突出：

2.2.1 行政区划属性方面

乡村作为我国行政区划等级的最小行政单元，致使其不同范畴的基础资料同时分布于不同的行政级别，其资料来源的行政级别多样。如村小组具体人员情况在村组级别，乡村经济数据在乡镇级别，而关于乡村的区域发展定位及大型基础设施资料需要到县市级别才能获取得到。因此，乡村的行政区划属性造就了乡村规划数据来源的广泛性特征。

2.2.2 自然地理属性方面

乡村的自然地理区位和农业产业特征，使其对自然生态环境的依赖性远大于城市。因此，乡村规划对于自然资源与生态环境数据的需求远大于城市规划，自然资源条件踏勘数据、地理信息数据等的深入调研增加了数据内容的复杂性。

2.2.3 社会人文属性方面

乡村自给自足的生产方式以及空间、交通阻隔等原因，相较于城市的开放性而相对封闭。这种封闭性造就了乡村独特的社会人文特征，其自身积淀和形成的历史文化底蕴与内涵深厚且各具特色的人文信息，也是乡村规划需要着重挖掘的价值数据。如乡村的民间传说、历史故事等信息数据需要深入访谈调查进行获取；而显示乡村独特风貌的传统建筑，则需要现场测绘记录。由此，不仅增加了乡村规划数据内容的多样性，也增加了数据获取涂径与形式的多样性。

2.3 村庄规划建设中的大数据

在村庄规划中，所有的定量定性分析大都是基于基础调研的数据，传统的定量分析的数据可以通过实地调研考察、调查问卷、统计年鉴资料及相关图书资料等方式进行获取，一般是研究村庄的现状基础数据、人口普查数据、土地利用数据、社会经济发展数据等，并以文字和数字的形式进行存储和分析。一般来讲，传统的实地调研和问卷调查较容易获取最新的一手数据，但存在

着调查样本量较小、主观性较强、成本较高以及周期较长等缺陷，且调研工作量大。

3 大数据在乡村规划建设中的初步探索与应用——建立乡村信息中枢 APP

3.1 建立乡村规划建设信息平台用以指导村庄规划建设

以乡村评价 APP，由旅游规模、游客偏好、游客停留时间、主要消费需求、各色资源数量和种类以及在区域文化格局中的地位、村民建设意愿、依托景区的辐射能力和区域影响力、交通现状、发展阻力以及当地政府的支持力度等组成一个信息采集体系，同时对规划村庄综合进行信息采集评价。以此作为村庄发展潜力的评价标准，衡量村庄建设的标准，涉及足够多的数据分析，依托于大荒村乡村设计、岩脚村工作坊的调查的真实性，精准评价村庄发展潜力，以此实践于毕节地区村庄规划标准和成为政府衡量村庄发展的辅助意见，完成乡村振兴背景下的乡村规划与乡村建筑设计。

3.2 建立基于大数据的反馈机制，形成村庄规划建设工作新思路

通过大数据的反馈机制，获取乡村规划建设相关信息，形成一套评价体系和评分体系优化村庄规划和乡村建筑设计，更加能提升村庄规划建设工作效率。评价体系如下：

3.2.1 评价体系的基本要则

"三境"集合

推介村庄规划的设计与建设，应充分考虑到"人"

"文""绿"三者之间的共生集合方式，这一集合方式以美景为极进行共生，即自然生态美丽大环境、人文美丽小环境和人居美丽微环境。

3.2.2 村庄规划必须具备四个不可分割的基本特性

生产美：产业发展方式科学，现代农业特征突出，农民就业增收明显。

生活美：村民生活宽裕，收入水平较高、生活条件便利、生活方式文明。

环境美：生态环境优美，村庄庭院整洁，呈现景观化特征。

人文美：乡风文明和谐，干群关系融洽、道德风尚良好、文化活动健康。

3.2.3 村庄规划评鉴指标体系

1) 中国美丽村庄评价体系主要指标内涵组成如下：

【Ⅰ级指标：7项】

①环境生态体系；②村庄规划体系；③村庄规划体系；④人文内涵体系；⑤公共事业服务体系；⑥经济结构发展体系；⑦品牌形象体系。

【Ⅱ级指标：21项】

Ⅱ级指标辅助参考指标见表1。

2) 以自然村作为主要评鉴对象，其中包括部分村改居的新型社区。

3) 评价体系的权重比如下。

环境生态体系：18%；村庄规划体系：16%；居住健康体系：20%；人文内涵体系：12%；公共事业服务体系：9%；经济结构发展体系：15%；品牌形象体系：10%。

村庄规划评鉴信息指标体系 表1

Ⅰ级指标	Ⅱ级指标（基准指数）		权重系
环境生态体系	景观资源	村庄森林环境保护率达50%	18%
		有一定规模或独特的自然、人文景观，并且组合关系良好	
		自然、人文景观基本保存完整，人为干扰较小，且不构成明显影响	
	特色价值	农田种植田园景观特色显著	
		在观光游览和休闲度假方面具有较高的开发利用价值，具有较大影响力	
		能够较完整真实地体现地方、民族特色、民俗风情和传统村庄特色、自然风貌	
		有文化传承载体，有文化活动队伍，形成独特的文化形象	
	发展前景	在周边市县知名，美誉度较高，具有一定的市场辐射力	
		有一定特色，并能形成一定的旅游主题	
		观赏游憩价值较高	
村庄规划体系	总体规划	村总体规划应为近期编制或修编，并符合省级《村镇规划编制办法》、《村镇规划标准》的要求	16%
	体系规划	基本农田保护区及生态保护区划定合理；产业布局及村庄体系空间布局合理；对村域经济社会发展中的地位、职能、规模做出科学的预测并提出其实施计划及阶段目标	
		确定生态环境、土地和水资源、能源、自然和历史文化遗产保护等方面的综合目标和保护要求，提出空间管制原则，明确禁建区、限建区、适建区范围	

Ⅰ级指标	Ⅱ级指标（基准指数）		权重系
村庄规划体系	设施规划	土地利用规划及规划执行率达市级以上标准，并明确界定不同性质用地的范围，做到功能合理，有利生产，方便生活	16%
		公共建筑及居住建筑设施配套完善，建筑风格简洁大方，体现地方及民族特色	
		传统风貌区、历史街区得到有效保护，新建建筑与原有风貌协调统一	
		村庄道路硬化率≥90%，交通标志、路灯、停车场等交通设施完备，进出便捷	
居住健康体系	自然环境	生态绿化设计符合人们远观、近赏并能融入到"绿"的氛围中，体验"绿"的清、静、凉爽、舒适感受	20%
		小区与周边自然生态环境和谐共荣，自然生态植被作用于小区避暑微环境	
	感知环境	水景观设计上，除了部分可让居民安全亲水，纳凉避暑，儿童安全游憩之外，设计上应考虑调节微环境降温的作用	
		安全饮用水普及率达到100%，利用自然水域、流域能改善小区避暑微环境	
		生态绿化、建筑设计、建材使用、环境通风、户型设计等方面能起到区域降温的效果，惠及于社区人居避暑需要	
人文内涵体系	村民内涵培育	村民教育设施、教育内容、学习氛围与环境的设置	2%
		村民与外界交流的渠道、路径与场所的畅通	
		村民文明生产与生活的体系形成，精神面貌的综合反应度	
	历史文化挖掘	村落地域文化、乡里制度、建筑体系的历史价值挖掘	
公共事务管理体系	安全与治安环境	民主法治村创建达市级以上标准	9%
		平安村创建按指标达市级以上标准	
	教育综合体系	文化体育示范村指标达市级以上标准	
		村民各类学校的建设与管理	
		农村转移就业培训和实用人才培训≥70%	
	村民保障体系	新型城乡合作医疗参加率≥95%，村民养老保险覆盖率达省级以上标准	
		村民精神生活的丰富与满足制度建立，并确保定期实施	
经营结构发展体系	村集体经济	村集体经济发展迅速，产业结构合理，可持续性发展性强	15%
		农业服务业在村集体经济中占比不低于20%	
	村民收入水平	村民人均纯收入≥1.5万元，村民年人均集体可支配收入≥500元	
		与农业服务业相关联经济收入占总收入的20%以上	
	吸纳外地劳动力就业	村域经济发展过程中，吸纳周边与外地就业人数占村总人口量不低于10%	
品牌形象体系	媒体美誉影响	国际、国内不同媒体报道程度与报道数量	10%
	公众口碑影响	村域范围之外的知名度和好评率	
	专家评价影响	研究机构对村庄综合研究成果的发布级别与数量	
	过往荣誉奖项	获得过国家级称号或表彰	
		获得过省级以上文明村称号或表彰	

3.3 大数据在乡村规划与建筑设计的实际运用，以贵州省百里杜鹃管理区大荒村和岩脚村的村庄规划和建筑设计为例

3.3.1 大荒村与岩脚村现状

（1）大荒村现状

大荒村位于普底乡政府驻地西北面，相邻桥头村、元岩村、红丰村。总面积 934.6hm²，海拔在 1600～1800m 之间，东至永丰村、南至大水村、西至石牛村、北至龙竹村。普底乡大荒村位于百里杜鹃普底景区中心腹地，北与主花区相接，南与正在建设中的百里杜鹃花海文化城相连，区位优势明显。

（2）岩脚村现状

岩脚村位岩脚村位于金坡乡西面，北抵大水乡和普底镇、南向石笋村、西靠普底镇、东临金坡乡集镇驻地化哪村，距离乡政府驻地 1.5km。212 省道自东向西贯通本村，途径周家寨和石花寨 2 个自然寨，对外交通主要依靠 212 省道、5J8 县道和通村路与其他乡镇、村庄相连。

（3）在大数据支持下通过 APP 做出的村庄规划建设

村庄规划建设的主要内容归纳为：建筑的整治和新建、道路的修缮和疏通、各项配套设施的建设、环境整治等。将每一项主要内容都作为一项评价指标，一方面可以保证规划内容的完整性，另一方面可以对各项内容的合理性进行评价。规划一向强调公众参与。而 APP 正好满足这一需求和特性，它是一种有政府部门、规划单位与公众交流，相互了解的最佳途径，同时也是使规划方案更加切合实际，推进规划实施的重要过程。而在实施中，更需要保证规划方案的经济可行性。规划方案

的法律和行政可行性、规划实施措施和规划内容是否具有可操作性，则需要专家们详细了解当地的实际情况后来做出判断。因此，强制性的指标主要是基于规划编制内容的合法、规范和完善，并且尊重民意，使规划决策更为合理，以确保规划的顺利进行。

图1　贵州省百里杜鹃大荒村

图2　贵州省百里杜鹃岩脚村

3.3.2　信息平台建立

利用与中国西南地区可持续创新乡村研究联盟产生可持续的紧密联系，并已于2018年3月31日在贵州省百里杜鹃管理区大荒村和岩脚村协助召开乡村振兴联合工作坊。

该工作坊联合贵州百里杜鹃管理区城乡建设规划局、来自于国内外各大高校的乡村建设研究人员、中国西南地区可持续创新乡村研究联盟成员、贵阳市建筑设计院有限公司等乡村振兴研究及设计力量在贵州百里杜鹃管理区岩脚村召开联合工作坊，建立信息平台。通过信息平台建立获得以下信息：百里杜鹃管理区乡村发展及规划研讨、民居改造设计、建筑改造及修复的技术支持、建筑材料选择建议等，并能在后续工作中获得可持续的智力支持。

3.3.3　高校研究信息数据智库成立

贵州百里杜鹃管理区大荒村被选为2018中国大学生乡村规划方案竞赛西南地区定点基地，通过竞赛活动的组织可获得社会力量和资源的广泛关注、竞赛方案可

成为村庄规划及发展方向的有力参考等。

通过高校研究信息数据成立，可以充分收集当地村民意愿与建议，进行数据统计分类，从多个角度进行信息数据分析，应用多种技术手段，为解决村民的实际需求，为科学的村庄规划提供更多方面的信息支持与途径选择，形成"思维—技术—策略"的村庄规划新方向，通过在村庄规划中引入大数据思维，探讨村庄规划需要使用的技术策略，为村庄的进一步发展注入无限活力，加速城乡一体化的发展。

3.3.4　公众参与所形成的数据信息——指导乡村规划与乡村建筑设计

村庄规划应该有村民的全过程参与，通过大数据手段整理收集信息。尽管目前公众参与程度较低、规划信息传播途径有限，但是村民依然拥有强烈的参与意愿，在贵州百里杜鹃管理区大荒村积极呼吁村民参与乡村规划建设工作，形成数据信息，用以指导和更好的完善乡村规划与乡村建筑设计。

图3　乡村振兴联合工作坊合影
（在贵州省百里杜鹃管理区大荒村和岩脚村召开乡村振兴联合工作坊）

图4　乡村振兴联合工作坊现场研究讨论
（国内外各大高校的乡村建设研究人员研究讨论岩脚村建设）

图 5　贵州省百里杜鹃管理区岩脚村村庄规划
（通过乡村规划 APP 信息系统指导下的岩脚村村庄规划）

4　结语

当今，大数据正在冲击着人们生活的方方面面，如何更好地利用数据是大数据时代需要思考的首要问题。从数据应用角度出发的大数据思维，可以如有效地利用与挖数据，并使数据在应用过程中得到高效循环利用。

将大数据思维引大乡村规划是时代的推动，同时也是乡村规划本身的工作属性需求。大数据思维的数据价值挖掘与分析，为乡村规划提供了更加迅捷有效的判读基础。但是数据不懂背景，数据价值的挖掘离不开人工识别的价值取向与应用方向引导用。所以，无论是数据挖掘还是以预测为主要目的机器学习，人工识别的介入是使数据发挥效用的关键所在，这就需要规划工作与研究人员在数据识别与价值挖掘时进行专业的判断与考量。

今后，随着城乡之间的交流与互动更加紧密，更多的价值数据会被引入乡村规划，推动城乡一体化发展。如何将这些数据更快集成并应用于沟通更多领域，是乡村规划大数据研究的重要课题。

参考文献

[1] 杨世河，章锦河，戴昕. 基于类型的乡村旅游竞争力研究 [B]. 资源开发与市场 2008，2404）：361-364.

[2] 董平，邦守祥，张胜武. 论乡村旅游开发的民俗资源凭借——以甘肃陇南为例 [U] 安徽农业科学，2006，34（23）：6294-6296.

[3] 葛丹东，华晨. 域多统筹发展中的乡村规划新方向 [C]. 浙江大学学报，2010，40（03）：148-165.

[4] 贺勇孙佩文，柴舟跃. 基于"产林景"一体化的乡村规划实践 [D]. 城市规划，2012，36（10）：58-62. 92.

[5] 何临砚. 基于发展休闲旅游的乡村规划探索 [D]. 产业与科技论坛，2013，12（I5：24-25.

[6] 再红娟. 珠江三角洲地区乡材转型及规划策略研究 [D]. 现代城市研究，201306）：41-45.

[7] 汤海孺，柳上晓. 面向操作的乡村规划管理研究——以杭州市为例 [D]. 城市规划，2013，37（03）：59-65.

万 博¹ 杨 滔²

1. 万博 北京交通大学建筑与艺术学院；wanbocn@163.com
2. 杨滔 中国城市规划设计研究院创新中心；taoyang128@qq.com

基于空间组构的北京学区空间形态特征浅析
A Preliminary Study on the Characteristics of Spatial Configuration of Contemporary Beijing School District

摘 要：可量化的、能感知的学区空间形态活力认知，为学区空间品质优化从单纯关注空间建构的艺术走向更为客观有效的空间组织提供了分析基础。基于地理信息系统平台的分析和展示，将学区空间活力建构的城市设计目标与现实的城市空间运行状态对接，通过将空间组构、建设强度聚类分析、功能混合度解析等一系列定量的城市形态分析工具与传统的城市形态学及城市设计理论相结合，设计师在城市设计的多个阶段可方便地针对学区空间活力营造目标进行量化校核。城市学区空间的建构作为当代北京城市设计的重要目标之一，是可以被清晰地量化分析的。这一认识，对于推动学区空间城市设计从经验集成走向科学分析、更高效的实现空间环境品质的提升具有重要意义。

关键词：学区空间；空间句法；空间组构；形态矩阵；功能混合度指标

Abstract：The quantifiable and perceptible spatial morphological vitality cognition of the school district provides an analytical basis for the spatial quality optimization of the school district from the simple focus on the art of spatial construction to the more objective and effective spatial configuration. The traditional urban space creation mostly relies on the designer's own intuition and experience. The cognition of quantifiable school district spatial morphology and analysis and display based on the GIS platform connect the urban design goal of school district space vitality construction with the actual urban space operation state. Through combination of a series of quantitative urban morphology analysis tools such as spatial configuration，development intensity cluster analysis and land mix use analysis with traditional urban morphology and urban design theory，designers can easily conduct examinations on the goals of urban space vitality with a quantitative method at multiple stages of urban design.

Keywords：School District Space；Space Syntax；Spatial configuration；Form matrix；Land Mixed-use Index

1 引言

近年来，我国的基础教育事业取得了长足的发展，已从解决"人人受教育"的阶段转入"追求公平享有教育资源"的阶段。在这一背景下，如何扩大优质教育资源的覆盖范围，如何正确处理享有优质教育资源，促进教育均衡健康发展成了当今社会关注的热点问题之一。

2013 年中共中央明确提出"试行学区制"，标志着我国学区的建设已经全面展开。北京从 2014 年起全面启动严格按照学区就近入学的举措，截至 2017 年 10月，全北京市共有 131 个学区，学区在校生总数 96.8万人，法人学校共 1053 所，占中小学总数的 64.6%。

学区与城市空间存在紧密联系，这种关系从公共教育诞生的第一天起就客观存在，无论是学校的选点布局，教育组织管理，还是资源分配调整，学区包含的地域空间范围总是以城市空间为承载基础的，但是，从城市空间角度、建筑和规划的角度专门针对学区的专项研究相对匮乏。因此，以城市空间视角来探究学区空间的研究具有重要意义。

本文的学区空间是指从城市空间角度出发，以相应的空间尺度（Scale）为基础，以就近入学为原则，根据学龄人口与教育资源匹配度划分的，在一段时间内保持

相对清晰的边界，有着明确空间地域范围界限的承载基础教育等相关活动的一系列城市公共空间。

考察当代北京中心城的 63 个学区（图 1）后能够发现，学区空间中的学校、住区以及连接二者的上学路径是学区空间原型的三个基本构成要素，这三种要素之间紧密的自然联系构成了一幅普通幼、小、中学生基本日常生活的范围图景。

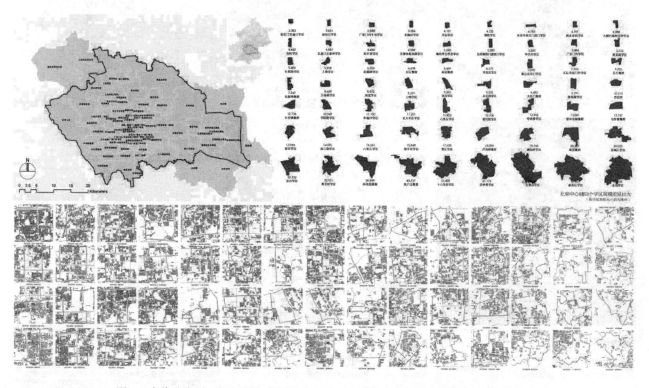

图 1　当代北京学区空间研究范围及中心城 63 个学区（按学区面积从小到大排序）

要研究当代北京的学区空间，就需要对北京学区空间的整体形态特征有所了解，面对北京中心城学区 1241.22km² 的范围，上千所学校，如何全面系统的从城市空间形态的角度对当代北京学区空间的现状进行分析梳理，是一个方法选择的问题。一般而言，显性的学区空间结构包括两个方面：一是学区物质空间形态本身的结构，如放射状、方格网模式等；二是学区功能在空间中布局所形成的结构，如校点的散点布局模式、校点和住区在布局中的联系模式等。除了描述和呈现这些显性的空间特征外，本文将从网络组构特征、形态指标特征、功能混合特征三个方面，对学区物质空间形态的基本特征进行一些初步探索，讨论学区空间的组构形态、开发强度，并结合学区空间的功能混合度，挖掘其功能形态所隐含的空间属性，以期发现一些当代北京学区空间的客观规律。本文因篇幅所限，仅对学区空间的组构形态展开详细论述。

2　学区空间形态的量化方法

便捷的街道空间可达、适度的空间建设强度、合理的功能空间混合被视为空间活力营造的三个关键城市形态要素，如何量化分析这三要素？同时能够适用于认识和发掘学区空间的空间特征与空间建设，本文将带着这样的目标展开。基于空间组构（Space configuration）、形态矩阵（Form matrix）和功能指标（MUI：Mixed-use Index）三个定量形态学研究的工具，以地理信息系统（GIS）为平台，展开学区空间形态的描述与分析（图 2）。

空间句法通过对城市街道联通关系的组构分析，在一定程度上能够客观地刻画人、车在街道空间的流动性与可达性，通过已有的大量的空间句法与城市运行状态的统计与相关研究我们看到，高相关度、分析过程高效，使得空间句法有优势来评价空间设计的效应，最重要的是基于学区空间的城市公共空间本质，组构能够反

映出学区空间在不同空间尺度上的整合度核心、选择度　核心、空间效率核心等。

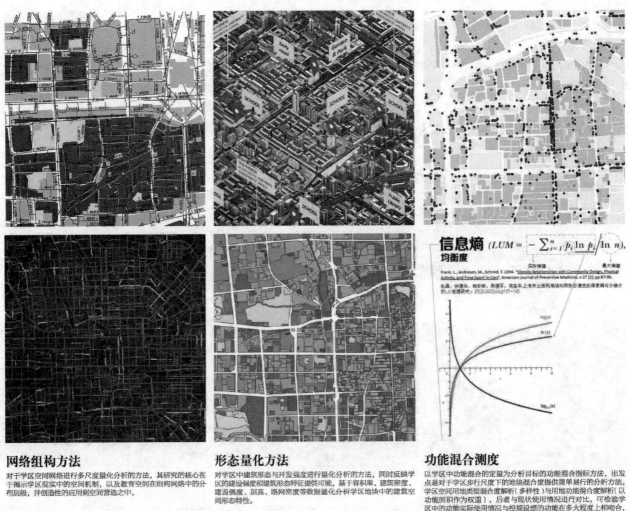

网络组构方法
对于学区空间网络进行多尺度量化分析的方法，其研究的核心在于揭示学区现实中的空间机制，以及教育空间在组构网络中的分布层级，并创造性的应用到空间营造之中。

XL　10 km – 50 km
L　　1 km – 5 km
M　　200 m – 1 km

形态量化方法
对学区中建筑形态与开发强度进行量化分析的方法，同时反映学区的建设强度和建筑形态特征提供可能，基于容积率、建筑密度、建设强度、层高、路网密度等数据量化分析学区地块中的建筑空间形态特性。

L　　1 km – 5 km
M　　200 m – 1 km

功能混合测度
以学区中功能混合的定量为分析目标的功能混合指标方法，出发点是对于学区步行尺度下的地块混合度提供简单易行的分析方法。学区空间用地类型混合度解析（多样性）与用地功能混合度解析（以功能面积作为权重），后者与现状使用情况进行对比，可检验学区中的功能实际使用情况与控规设想的功能在多大程度上相吻合，同时优化学区中核心空间的功能构成。

L　　1 km – 5 km
M　　200 m – 1 km

图 2　学区空间研究的三种方法

　　形态指标是指限定城市地块上建筑物空间形态表征的容积率、密度和高度等相关技术导则数据，Berghauser等为同时表达地块之上的建设强度与形态表征提供了探索性的一些研究（Berghauser Pont Metal，2010）。

　　混合功能主要以分析功能用地占总用地的面积比例及基于信息熵的混合度定量分析。

　　综上，通过街道网络组构分析的空间句法、地块的形态指标、地块的功能混合指标三个分析视角，可以实现对于学区的街道可达性、学区内地块建设强度与建筑形态、学区中地块功能混合情况的表述与分析，同时结合学区空间本身的一些指标，如学龄人口、师资状况、教育资源供给能力等，能够实现对学区空间形态的客观

认知和比较评估，为学区空间活力的建构提供基础量化分析支持。

　　城市设计中的量化分析思想和研究历史由来已久，随着空间网络科学与大数据的不断被记录及开放，学区空间形态成为一个可以被感知、测量、分析及可视化表达的领域，基于关键形态要素量化研究学区空间形态特征成为现实。从城市空间形态学角度来说，学区空间活力取决于便捷的街道空间可达、适度的空间建设强度、合理的功能空间混合三者的同一时空集聚。伴随着这些空间形态学要素的集聚，学区空间活力会有相应的提升。从空间活力的角度来看，学区空间活力的高低可表现为家长和儿童的选择性活动的强弱。

3 学区空间网络组构特征

空间句法，是组构理论指导下的多尺度城市空间网络量化分析方法，该方法起源于 20 世纪 70 年代，是一种以定量指标表述建筑和城市空间网络特征及其对应的社会经济影响的方法（Hillier B，1984、1996、2005；Hanson J，2003），其研究的核心在于揭示社会经济现实中的空间机制，并创造性的应用到空间营造之中。

空间句法采用了一系列变量来度量空间构成，其中两个最为重要的是整合度（Integration）和选择度（Choice）。整合度被认为可预测到达性交通潜力，而穿行度被视为可预测穿越性交通潜力（Hillier Betal，2005、2007）。基于这两个变量，空间句法曾提出一系列关于空间构成与功能的理论，例如自然出行的理论（Hillier B，1993）、无所不在的中心性（Hillier B，2009）、模糊边界（Yang T，2007）等。自然出行的理论是指空间形态的组织构成方式在很大程度上会影响、甚至决定人们自然的交通出行频率；无所不在的中心性是指城市中的中心不仅仅只包括那些日常生活中那些耳熟能详的城市级别的中心，而是与尺度规模紧密联系，换句话说，有可能社区的菜市场就是你每日生活半径的空间度量中心，中心不拘泥于人为指定，而是和出行的尺度紧密联系，中心无处不在的现象可以被看作是一种城市普遍性功能，由于学区空间中的上学活动具备日常出行半径的特征，因此描述不同出行半径尺度下的学区空间中心有助于进一步理解学区空间。模糊边界是指城市空间网络的多尺度分异现象，这种现象与行政区划的边界不可能完全重合，但是这种分异能够比较良好的适应不同尺度的社会经济互动集聚。

空间句法分析的计算尺度分为全局和微观两类。全局尺度中高可达性的主要路径被识别；微观尺度中街区中心具有小尺度的可达性空间能被凸显（Van Nes A etal，2012）。考虑两种尺度下的整合度、选择度与空间效率，在 GIS 平台上将各条街道的选择度数值赋予其所在的各个学区，可以作为学区空间组构特征的度量值。

之所以采用空间句法作为学区空间研究的主要方法之一原因有三，其一，基于图论与网络科学，30 多年以来这一描述分析城市空间的方法本身是客观、负责任、有说服力的，虽然近年来对空间句法的局限性以及方法改进的讨论逐步增多（肖扬等，2014；Ratti C，2004；Steadman P，2004），但这也恰好说明了一门正在不断发展的空间研究理论与方法是值得被检验、完善并应用在实际空间研究与建构之中的，并且空间句法本身在世界城市空间形态分析领域中的作用已被广泛承认；其二，基于学区空间本身所特有的空间均布特质，各级各类学校的散点分布层级模式是能够被组构精确度量和分类表达的；其三，组构分析在一定程度上能够从空间拓扑的角度辅助学校的选点，面对这样一个量大面广的研究对象，选择合理的模型和合适的方法就显得尤为重要。

学区空间处在北京城的空间网络组构中，从空间整合度、选择度和空间效率的计算结果中能够看到，学区和学区之间是有差距的，这种差距一方面是空间位置的差别，更主要的是空间生长的时空效应所累加后产生的不同的组构特征。

在对北京学区空间的整体组构分析开始之前，要对模型本身进行验证。保证模型解释效力有三个要素，其一研究范围处于模型的中心位置，降低边缘效应，其二尺度层级完备，其三与现实交通有高拟合度，由于学区空间本身研究的尺度跨越因素，模型应当具备步行层级的网络，因此，本文模型在尽可能的情况下，基本上涵盖了所有学校周边主要交通网络。同时需要进一步确认这些模型将告诉我们城市运作和城市结构的信息。

交通是个关键问题，组构检测的变量表达了交通的特征。空间组构在某种程度上能反映真实的交通模式，可非常容易的去检测这一点，所需做的是去比较交通潜力的价值，将每根线段的空间变量和真实观测的交通量做相关分析。相关度在 0～1 之间，这将告诉我们在多大程度上所发现的结构与真实情况相吻合。如图所示的散点图（图 3），其中每个点代表了北京中心城地区中的街道线段，横轴代表半径 n 的空间选择度，纵轴代表观测到的车辆交通，由于数据分布的原因，这两个轴都取了对数。如果相关度绝对完美，这些点将构成一条从左下方到右上方的直线。如图所示，这两个变量的相关度 R^2 为 0.8，表明大概五分之四的交通分布取决于北京道路网络的选择度分布。因此，理论上我们度量交通潜力的变量能有效的预测真实交通，甚至没有考虑到其他影响因素。

基于空间组构的最基本度量整合度与选择度，下文将结合学区的行政划分范围、教育用地、居住用地的空间分布，从空间效率角度对当代北京学区空间的现状给予描述和分析。

从空间形态组构的角度来看，在较大的当代全北京市域范围内，基于出行尺度的差异，能够看到很明显的前景背景网络（图 4、图 5），如图 4 所示，全局空间效率 Rn 的计算识别值大于 1.4 的空间，2004 版北京城市空间结构规划图所预设的"两轴—两带—多中心"的城市结构通过十几年的城镇化建设已然非常明显，总体空间架构基本确立，放射加环状的整体空间结构十分明晰，横向联系密切；同时也能看到实际的市域空间结构与 2016 新版北京总规所提出的空间布局有着紧密的联系，如图 5 所示在标准化整合度 R5km（老城核心是五 km 见方）的计算中，“一核一主一副、两轴多点一区”的城市空间结构被清晰地识别出来。

学区空间整体组构模型的验证

在对北京学区空间的整体组构分析开始之前，要对模型本身进行验证。我们如何确认这些模型将告诉我们城市运作和城市结构的信息？空间变量和真实观测的交通量做相关分析，两个变量的相关度 R2 为 0.8，表明大概五分之四的交通分布取决于北京道路网络的选择度分布。因此，理论上我们度量交通潜力的变量能有效的预测真实交通。

Regression Summary
logsumVEHmovalday vs. logCHn

Count	107
Num. Missing	0
R	.895
R Squared	.801
Adjusted R Squared	.799
RMS Residual	.133

ANOVA Table
logsumVEHmovalday vs. logCHn

	DF	Sum of Squares	Mean Square	F-Value	P-Value
Regression	1	7.504	7.504	421.740	<.0001
Residual	105	1.868	.018		
Total	106	9.372			

Regression Coefficients
logsumVEHmovalday vs. logCHn

	Coefficient	Std. Error	Std. Coeff.	t-Value	P-Value
Intercept	.592	.066	.592	8.907	<.0001
logCHn	.241	.012	.895	20.536	<.0001

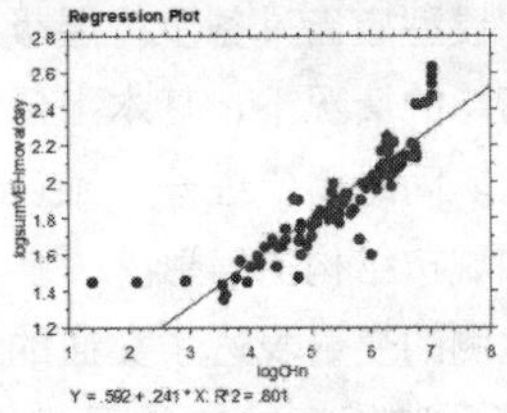

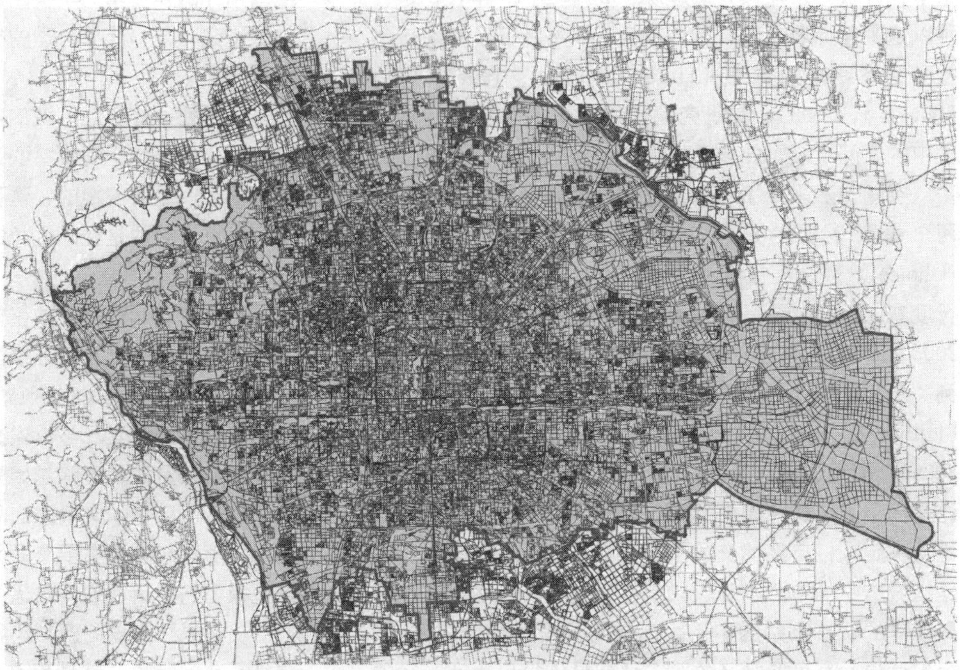

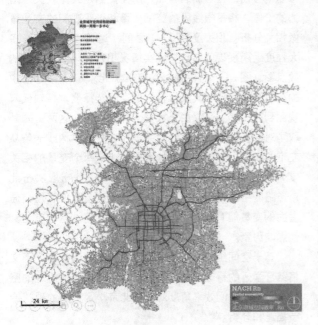

图 3　北京学区空间车行交通与空间选择度相关性分析

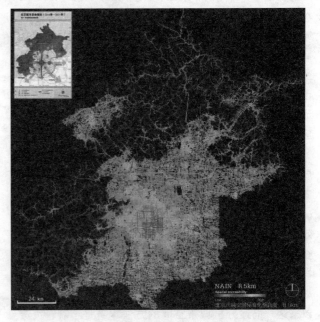

图 4　当代北京市域空间效率

图 5　当代北京市域空间标准化整合度

整合度和穿行度是城市空间网络的两个方面，在空间中的分布规律不相同，折射出到达性与穿越性的行为模式。总深度可被认为从某个空间到达其他所有空间需要付出的空间成本，而穿行度可被视为某个空间被其他空间路径穿越带来的空间收益。从数学逻辑而言，穿行度与总深度的比值用于度量空间效率。该变量为无刚量，即它不受系统规模的影响，可用于比较不同城市、街区、街道的物质空间形态。实证研究也表明了空间效率这个变量几乎完全排除了系统规模的影响，并且与穿行度高度相关（Hillier W R Getal，2012）。因此，空间

效率又作为对选择度进行标准化的一种方式。整合度标准化是指理论上总深度的均值与实际总深度进行比较，这一模式延续了早期空间句法的技术路线。这两个变量目前被广泛地应用于城市、片区、社区尺度的研究与实践。本文尝试将这种分析方法运用于学区尺度的研究。

近年来，希利尔、杨滔、特纳提出了角度选择度标准化和整合度标准化（Hillier B，2012），这对角度分析是新的提升。其目的是使不同规模的系统中的元素之间可以直接进行比较。提出关于线段模型中角度距离的新的标准化方法是非常有必要的，这是由于在轴线模型和凸空间模型中用于标准化拓扑距离的钻石值（D-value）在线段模型中是不适用的。选择度标准化源于对高选择度和高拓扑深度之间关系的研究，即越隔离（拓扑深度大）的系统，其选择度越高。因此，选择度被看作是克服街道网络中隔离成本的必要条件，这是由杨滔提出的成本效益原则。新的标准化角度选择度被命名为NACH，即：NACH＝log（CH＋1）/log（TD＋3）。采用半径为 n 的最小角度变化的标准化选择度研究城市的整体结构。突显那些数值大于 1.4 的空间，我们能看到北京的中心和放射结构明显，部分学区要么被凸显的放射线穿过，要么其边缘就是放射线本身。同时放射道路之间的横向联系也很突出（图 6）。

在希利尔等人的实验中，NACH 被证明了与城市规模（基于线段数量）没有关系，反而与街道的连接度有相关性。整合度可以更为简单地解释为系统与城市平均值的比较。标准化角度整合度（NAIN）的计算公式为：NAIN＝（NC＋2）^1.2/TD。

这两个标准化的方法可以更容易地揭示空间形态的内部结构，因此在学区空间的研究中，这一方法显然具有很强的适用性，理论上讲，根据整合度与选择度的最大值和平均值可以解读城市空间整体与局部的形态特征，最大值可以解读空间组构的前景网络，平均值可以解读空间组构的背景网络。当比较不同学区的最大值和平均值时，我们发现较高的数值表示城市结构化的程度较高；而平均值则可以揭示学区是在多大程度上构成了方格网的形态，然而它们并不是城市结构化的决定因素。与整合度的定义类似，NAIN 的最大值和平均值与街道网络中可达性的高低程度有关。NACH 的平均值与背景网络中街道的连续性有关，而 NACH 的最大值可以表示前景网络是如何变形或被打断的。不同学区的 NACH 和 NAIN 的值是不同的。不同学区的 NACH 和 NAIN 的值展现了不同类型的学区，不论是规则网格模式的变形，还是完全自下而上的有机形态。

如图所示（图 6、图 7），全局空间效率与全局标准化整合度的图示中，我们能够清晰地解读出城市空间的整体架构，学区的行政边界成为了一个管理教育资源的边界，局部 1km 半径下的空间效率与标准化整合度显示出了学区中更为精致的核心空间，尤其是半径在 1km 时的空间效率核心与几乎所有的学区空间的住区和学校有着紧密的联系（图 8）。同时由于这两个变量剔除了规模效应，因此可以对所有学区的网络结构进行空间效率和标准化整合度在均值和最大值方面的比较。

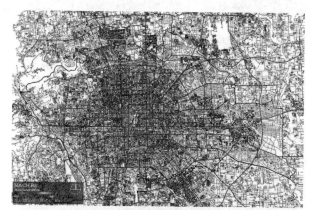

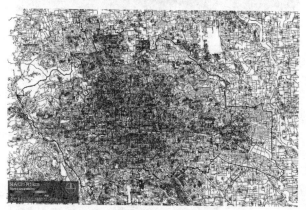

图 6 当代北京学区空间空间效率

以空间效率均值为例，有两个解读，第一是随着半径的增大学区网络空间效率的变化趋势、第二是随着半径的增大学区空间效率数值的离散程度。随半径的增加，所有学区的空间效率都是先升高，再降低，整个变化过程中，全体学区空间效率均值的最高值出现在1000m，说明学区空间网络存在最佳尺度的空间效率。以标准化的空间整合度均值为例，全体学区的数值随着度量半径的增大，学区的标准化整合度均值先降再升，峰值出现在半径24km，这表明每个学区空间网络存在最佳尺度的空间整合度。同时我们对所有学区空间效率和标准化整合度随半径变化均值的离散程度较 NACH

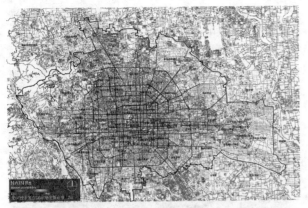

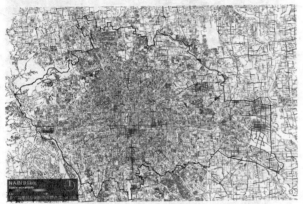

图7　当代北京学区空间标准化整合度

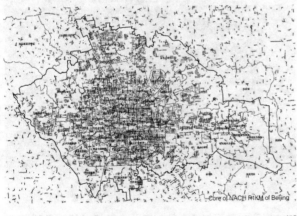

图8　当代北京学区空间 1km 半径下的
空间效率与标准化整合度核心

与 NAIN 最大值的离散情况相比要弱一些，标准整合度均值的最大值与最小值之间的跨度比空间效率的均值跨度还是略大的，从分布情况能够得出一个相对直观的感受。标准化整合度无论极值还是均值，随半径升降的趋势基本相同，并且最大值与最小值的差值在每个半径研究中相对保持一致；空间效率的极值随半径增大呈现一个先降再升的模式，极值的最低点出现在半径 1600m 左右，同时在 5km 时学区空间网络极值的离散程度最小，分布相对集中，并且随着半径的继续增大缓慢上升，同时我们看到在 250m 半径的空间效率极值离散程度最大。标准化整合度的极值随半径增大呈现一个先降再升再回稳的态势，极值的最低点出现在 1km 与 1.6km 左右，在 24km 出现离散程度最小的局部高点然后随半径的增大趋于稳定，同样在 250m 半径下的标准化整合度极值的离散程度最大，整体离散趋势是随半径逐渐减小的。

通过对以学区为单位的空间效率平均值和最大值随半径变化情况的研究，我们对学区空间的组构特征有了一个初步的判断，对于每个学区，计算其边界范围内的空间效率均值，包括 R＝1km 和 R＝n 的空间效率均值，作为局部（社区尺度）和全局（城市尺度）的空间效率，绘制坐标图，横轴为学区全局尺度的空间效率均值，纵轴为学区局部尺度的空间效率均值，当代北京学区空间 NACH 与 NAIN 在全局与局部半径的分布态势可以看出，中心城的学区空间效率与标准化整合度相对较高。标准化的方法可以更容易地揭示城市形态的内部结构，并使得我们可以比较不同学区的街道结构。

当比较不同学区的最大值和平均值时，我们发现较高的数值表示城市结构化的程度较高；而平均值则可以揭示城市是在多大程度上构成了方格网的形态，然而它们并不是城市结构化的决定因素。与整合度的定义类似，NAIN 的最大值和平均值与街道网络中可达性的高低程度有关。NACH 的平均值与背景网络中街道的连续性有关，而 NACH 的最大值可以表示前景网络是如何变形或被打断的。不同城市的 NACH 和 NAIN 的值是不同的。不同学区的 NACH 和 NAIN 的值展现了不同类型的学区空间。这些数据还揭示了城市是如何形成的，不论是规则网格模式的变形，还是完全自下而上的有机城市。

从宏观视角来看，城市空间是连续性的整体；然而个体对城市的感知与体验是建立在对局部空间片断的感知上的，个体对这些局部空间体验的整合，构成了其自身对空间整体的感知和解读。学区空间是一个有明确行政管理划定的边界，这种空间区域是以路网作为骨架，因此，一个区域的空间整合度及其空间效率在一定程度上就表明了这个空间整体在城市中的空间等级。当把这些学区逐个排开（图10），读者能够通过颜色（红黄绿蓝色依次降低），分辨哪些区域最有活力，哪些区域空间最具备效率，这是以评价单个学区在城市中的空间组构地位来衡量学区。同时，在单个学区中，学区内部空间的整合度、选择度、空间效率也是可以进行比较的，譬如学校路径的空间整合度如何？校园门前的那条路的整合度和效率如何等等。

4　结语

可量化的、能感知的学区空间形态学活力认知，为学区空间品质优化从单纯关注空间建构的艺术走向更为客观有效的空间组织提供了分析基础。传统的城市空间营造多依赖于设计师自身的直觉和经验，而可量化的学区空间形态认知，基于GIS平台的分析和展示，将学区空间活力建构的城市设计目标与现实的城市空间运行状态对接，通过将空间组构、建设强度聚类分析、功能混合度解析等一系列定量的城市形态分析工具与传统的城市形态学及城市设计理论相结合，设计师在城市设计的多个阶段可方便地针对城市空间活力营造目标进行量化校核。此项分析所需要的空间形态学要素，比如街道、建筑高度、平面形态及功能，都是开展城市设计所需要的基础数据。

同时在大数据时代，大量精确的位置数据能够展示居民与城市互动的图景，同时也是评价城市空间环境质量的有效手段。通过对个体数据的处理，能够获得传统上无法展现的城市空间如何被使用的实际动态精细图景，推动城市设计研究的深入化和设计效果反馈的直观

化。这一尝试是城市设计在大数据时代的有效呼应，有助于定量回答城市设计中的关键问题——人们到底如何使用空间？基于这种大样本的检验，能够指导设计政策的提出，采取有效的技术手段对本质问题更为高效的解决处理。

城市学区空间活力的建构作为当代北京城市设计的重要目标之一，是可以被清晰地量化分析和解构的。这一认识，对于推动学区空间城市设计从经验集成走向科学分析，从而更高效的实现空间环境品质的提升具有相当重要的意义。

参考文献

[1]　中共中央关于全面深化改革若干重大问题的决定[J]．前线，2013，12：5r19-27．

[2]　Batty，M．，2013．The New Science of Cities[M]．MIT．

[3]　Hillier B．1996．Space is the Machine[M]．Cambridge：Cambridge University Press．

[4]　Hillier B，Yang T，Turner A．2012．Advancing DepthMap to advance our understanding of cities：comparing streets and cities，and streets to cities[C]．In：Green，M and Reyes，J and Castro，A，（eds.）Eighth International Space Syntax Symposium．Pontifica Universidad Catolica：Santiago，Chile．

[5]　Hillier B，Yang T，Turner A．2012．Normalising least angle choice in Depthmap—and how it opens up new perspectives on the global and local analysis of city space[J]．JOSS，3（2）：155-193．

刘志宏

苏州大学建筑学院；261607194@qq.com

基于 ESGB、G-SEED 和 LEED 的比较分析研究 *
Comparative Analysis Based on ESGB，G-SEED and LEED

摘　要：绿色建筑是实现生态宜居的有效途径之一，对改善人类居住环境和自然生态环境有着重要的作用。本研究旨在提出中国绿色建筑评价认证标准（ESGB）的优化方案，并进行验证。结合我国环境现状，通过案例分析评价标准的适用性。通过对三种不同评价标准的比较分析，拟解决 ESGB 评价体系中部分存在的不足和需要优化之处。考虑到中国的实际国情，对现有版本进行完善和更新。本研究重点对绿色建筑评价在建筑可持续发展中存在的问题和解决措施进行探讨。通过利用中国的传统文化智慧和绿色建筑关键技术相结合的特点，开发出具有适宜性的中国特色绿色建筑评价指标体系。这一领域的突破，将进一步为保障人类居住环境可持续发展提供理论参考与科学依据。

关键词：ESGB；G-SEED；LEED；可持续发展；生态宜居；比较分析

Abstract：Green building is one of the effective ways to realize ecological livability，it plays an important role in improving human living environment and natural ecological environment. The purpose of this study is to propose and validate the optimization scheme of China Green Building Evaluation and Certification Standard（ESGB）. Based on the current situation of China's environment，the applicability of evaluation criteria is analyzed by case study. Through the comparative analysis of three different evaluation criteria，this paper intends to solve some of the shortcomings and needs to be optimized in the ESGB evaluation system. Considering the actual situation of China，the current version should be improved and updated. This study focuses on the problems and solutions of green building evaluation in the sustainable development of buildings. Based on the combination of traditional Chinese cultural wisdom and key technologies of green building，an evaluation index system of green building with Chinese characteristics is developed. Breakthroughs in this field will further provide theoretical reference and scientific basis for guaranteeing the sustainable development of human living environment.

Keywords：ESGB；G-SEED；LEED；Sustainable Development；Ecological Livability；Comparative Analysis

1　引言

目前，在地球环境中较为严重的问题就是全球变暖的问题。根据欧洲委员会共同研究中心和荷兰环境影响评价厅共同发表的报告中显示，预计 2019 年全球 CO_2 排放量将加快[1]。因此，对于每个国家来说 CO_2 排放量减少策略是最为重要的事，特别是建筑物领域对环境影响的最小化和节约能源是亟需解决的难题。中华人民共和国住房城乡建设部发布了《关于建筑节能与绿色建筑发展"十三五"规划》文件推进可再生能源建筑应用规

---

* 项目来源：2016 年度国家社会科学基金资助项目（16BSH050）。

模逐步扩大、农村建筑节能实现新突破[1]等一系列实际性的重大举措。在政策上有了一系列政府努力，也有了一定观念改变。但是在真正的意义上，为了环境与建筑更好地可持续发展，需要更科学和体系化的应对策略。然而绿色建筑是实现生态宜居的有效途径之一，对改善人类居住条件和自然生态环境有着重要的作用。

2 国内外绿色建筑政策分析

2.1 我国绿色建筑发展现状

中国改革开放40年以来，随着经济急速的发展，同时面临着严重的环境污染问题。尤其是随着建设市场快速的扩大和发展，对绿色建筑的社会认识还很不足，相关研究也比其他国家进行得晚。关于中国绿色建筑认证的研究从2002年住房与城乡建设部成立的"绿色建筑评价研究"课题开始，接着在全球需求的推动下，我国于2006年推出了第一版国家标准级别的评价认证体系：《绿色建筑评价标准》GB/T 50378—2006[2]，这标志着我国绿色建筑开启了新的发展历程。随着绿色建筑评价标准（以下简称ESGB）在实际中不断地运用，发现本版本不能完全满足社会发展的绿色建筑实际的需要。从而出现了2014年住房和城乡建设部组织多家机构开展了对2006版的修订工作，并推出了第二版ESGB 2014[3]，在评价体系及评价方法和评价类型上做了很大的变动。该评价指标体系由节地与室外环境、节能与能源利用、节水与水资源利用、节材与材料资源利用、室内环境质量、施工管理、运营管理七类指标组成，同时还增加了一项提高与创新的加分项。绿色建筑评定等级分为：一星级、二星级和三星级三类。2015年，开展了《绿色建筑评价技术细则》《绿色建筑评价标识管理办法》和《绿色建筑评价标识实施细则》的修订工作。

中国高速度发展的同时也对现有的绿色建筑评价体系有了新的认识和探索，针对我国国情，住房和城乡建设部今年重磅推出了第三版ESGB 2019[4]，该标准将于2019年8月1日起实施。新版确立了"以人为本、强调性能、提高质量"的绿色建筑发展新模式。在指标体系上，从"四节一环保"扩充为"安全耐久、健康舒适、生活便利、资源节约、环境宜居"5个方面；在"以人为本"上，提高和新增了全装修、室内空气质量、水质、健身设施、垃圾、全龄友好等要求。为保证绿色建筑的性能和质量，明确了建筑工业化、海绵城市、健康建筑、建筑信息模型等方面的技术要求。同时，新版标准还将与国际主要绿色建筑评价技术标准接轨，完善分级模式，由3个评价等级变为4个评价等级，增加1个

"基本级"。满足标准所有"控制项"的要求即为"基本级"，以利于兼顾我国地域发展的不平衡性，推广普及绿色建筑。从而做到了充分结合地域文化和建筑特性，分为定性和定量两种评价方法。

2.2 国外绿色建筑发展现状

韩国从1999年开始，在国土海洋部和环境部联合下制定了相关绿色建筑认证的制度，并进行了运营示范，2002年建设交通部和环境部共同提出了对住宅的绿色认证，随后2003年公共设施、2004年居住复合、2005年学校设施、2007年销售设施、2008年的住宿设施认证，共有6个用途，2010年7月成立绿色建筑物认证后，进行了首次修改。2013年，共同住宅领域的"绿色建筑认证制度"和"住宅性能等级评价认证级别"的合并，修改为"绿色建筑物认证制度G-SEED"，现有的共同住宅和现有的公共建筑物被选为应用的对象。韩国根据实际的评价阶段进行，在2016年推出了绿色建筑物认证制度G-SEED 2016 v1.2[5]，在之前版本的基础上评价领域增加到了7项，评价内容也做了很大的调整。

LEED是由美国绿色建筑委员会（USGBC）开发，基本目标是节约建筑物能源、节约、提高室内环境质量、提升设备品质等的全面评价标准及方案。不仅对绿色建筑进行认证，还在新材料、新技术推广和示范工程展示等方面都有其服务的内容。最初的LEED能源与环境先导设计标准是LEED 1.0[6]，于1998年8月发布实施，之后又做了修订版，LEED 2.0在2000年3月公布，LEED 2.1（2002年）和LEED 2.2（2005年）分别公布。随着2009年V2009（V 3.0）改订后，2013年11月LEED V 4.0公布，目前一直正在使用。LEED由USGBC开发，总括和下属机关GBIC一起进行评价，通过网络审查有效运营。LEED最初是以新建建筑为对象开发的，现在是现有建筑（LEED-ED-EB），商业建筑（LEED-CI），住宅（LEED-homes），学校（LEED-school），商店（LEED-retail），近邻结构企划（LEED ND: plan）等21个大奖。其中LEED-NC认证正在进行。

3 绿色建筑评价认证指标分类与比较

3.1 绿色建筑分类体系标准

为了有效地比较ESGB、G-SEED、LEED，需要评估领域的分类体系标准。本研究显示，3个认证标准中，韩国G-SEED的评价领域及评价部门的分类体系比其他认证标准明确细分化，对G-SEED评价部门的分类体系为基准，对LEED和ESGBE的评估项目进行了分类和比较研究。

3.2 绿色建筑认证机构及对象比较

3.2.1 认证机构比较

中国绿色建筑认证机构总共有 47 个，国家评价机构 2 个（科技发展促进中心、城市科学研究会）、地区 40 个、地方自治团体有 5 个机构。其中拥有最多的认证机关是广东地区，有 6 个机关及团体，唯独在西藏地区没有认证机构。决策管理部门 1 个（中华人民共和国住房与城乡建设部），主要用来引导绿色建筑的可持续发展。并分设各机构来配合决策管理部门的工作，开发和制定评估体系。

韩国绿色建筑认证目前有 10 个认证机构存在，韩国土地住宅施工研究院、韩国节能技术研究院 2002 年开始韩国首次的绿色建筑认证历程；2006 年韩国教育·绿色环境研究院在此基础上也开始了绿色建筑的认证工作；2012 年韩国进行绿色建筑物支援法的制定和公布实施，并授权韩国设施安全集团、韩国鉴定院、韩国环境集团、韩国环境商业技术院、韩国生产性认证院、韩国绿色建筑协会、韩国环境建筑研究院进行绿色建筑的认证工作。其中韩国环境集团由于再认证中没有达到国家规定和要求于 2014 年 6 月 31 日，绿色建筑认证事业被中止进行。

美国绿色建筑委员会的组织结构设置是围绕着 LEED 认证展开的，LEED 技术委员会加强技术研究完善标准、LEED 指导委员会开发标准来实现认证，LEED 各职责委员会保证认证的执行；而标准服务专委会的工作内容则比较分散，不仅对绿色建筑进行认证，还在新材料、新技术推广和示范工程展示等方面都有其服务的内容。绿色建筑评价各阶段、各部分的工作在部门的分工设置上也没有建立起一整套的体系[7]。

3.2.2 评价对象比较

中国绿色建筑认证评价对象按照设计评估和运行评估两个类别来进行，以居住建筑和公共建筑为评价认证对象为中心。"ESGB 2006"编制时，考虑到我国当时建筑业市场情况，侧重于评价总量大的住宅建筑和公共建筑中能源资源消耗较多的办公建筑、商场建筑、旅馆建筑。"ESGB 2014"将适用范围扩展至覆盖民用建筑各主要类型，并兼具通用性和可操作性，以适应现阶段绿色建筑实践及评价工作的需要。"ESGB 2014"适用

于绿色民用建筑的评价，评价以单栋建筑或建筑群为评价对象，分成居住建筑和公共建筑，评价分为设计评价和运行评价。[8]而到了"ESGB 2019"，适用范围扩展到了住宅建筑及环境设施等细部的一些评价类别，绿色建筑评定等级分为：一星级、二星级、三星级和四星级四类。评价变为设计评价、运营评价和环境宜居。

韩国"G-SEED"的评价对象为共同住宅（包括住宿设施）、学校建筑（包括学校设施）、办公建筑（包括销售设施）、复合建筑、其他建筑（除上述建筑类型以外的）。韩国的绿色建筑评价不仅包括新建的所有类型的建筑，还包括现存的共同住宅、办公建筑和其他建筑。绿色建筑评定等级分为一级、二级、三级和四级。

美国绿色建筑 LEED 评价认证对象为住宅、建筑物设计建造、社区开发、内部空间设计建造和既有建筑运行维护。美国 LEED 是受市场驱动自下而上的全开放式的运行模式，该体系从纵向（建筑的类型）和横向（建筑生命周期阶段）两个方面来分类市场，并通过多样化的评估方式、评估对象和评估阶段来实施。绿色建筑评定等级分为认证级、银级、金级和铂金级四类。

3.3 评价指标体系分析

以中国绿色建筑评价标准为对象，参考韩国和美国的认证制度，提议了符合中国社会、经济问题及国情的改善方案，提出了新绿色建筑认证制度。下面的表 1 是在前面比较的基础上进行了三个国家的评价项目及认证制度改善方向的整理和比较结果。ESGB，没有积分及权重值，以评估项目为中心，评估项目分类为"控制项、评分项、加分项"。中国"ESGB"采用定性和定量打分评价方式，和韩国"G-SEED"的评价方式较相似，这种方式能较细地对每个评分点进行评价，有数据量化评价，可操作性强，同时能让参评者更清楚地理解绿色建筑的各项指标。美国"LEED"的各项指标的评分标准不一，对可持续场址以及室内环境质量要求较高；LEED 的各项评价指标可以互换补充。我国标准可以在这一点上更加完善。因此，实施节能可持续发展战略需要根据本国的国情出发，体现本国的传统文化智慧、结合绿色建筑关键技术特点来进行。

中国、韩国和美国绿色建筑评价体系比较[9]　　　　　　　　　　表 1

类别	问题	ESGB	G-SEED	LEED
	场地的生态价值	●	●	●
	防止日照干扰措施的可行性	●	○	—
	为社区中心提供设施和区域的水平	●	●	○
土地利用	提供人行道	●	—	—
	与外部人行道路的连接	●	—	—
	铺筑地面停车场和任何其他硬地面的透水地板	—	●	●
	住宅区风环境	○	●	—

类别	问题	ESGB	G-SEED	LEED
土地利用	地下空间开发	—	●	—
	合理利用废弃场地	○	●	—
	选址	○	●	●
	发展密度	—	●	●
	污染区的发展	—	●	●
	现场预防	●	●	—
	热岛效应	—	●	●
能源	能源效率	●	●	—
	可再生能源	●	●	●
	公共空间照明采用高效光源和照明灯具	—	●	—
	自然条件（阳光、通风）	○	●	—
	强化调试	—	—	●
	优化能源性能	—	—	●
	低能耗性能	●	—	—
	绿色动力	—	—	●
材料和资源	承重墙和支柱长度的灵活性	●	—	—
	减少生活家具材料措施的适宜性	●	—	—
	回收储存空间	●	●	●
	食品垃圾回收贮存	●	—	—
	使用环保标签认证产品回收材料	●	—	●
	"碳足迹标签"认证材料	●	—	—
	简单建筑结构	—	●	—
	使用优质建筑材料	—	●	—
	重新使用现有建筑的结构	●	●	●
	建筑垃圾管理	—	●	●
	区域材料	—	●	●
环境污染	减少二氧化碳排放	●	—	—
	限制破坏臭氧物质	●	—	●
	控制居民区的环境噪声	—	●	—
	减少光污染	—	—	●
水资源	降低雨水负荷措施的可行性	●	●	●
	减少用水	●	●	●
	雨水收集	●	●	●
	灰水设施	●	—	—
	高效灌溉	—	●	●
	安全的非传统水源，如重水、海水	—	●	—
	施工用水措施	—	—	●
	增强的制冷剂管理	—	—	●
	非传统废弃物资源利用率	—	●	—
	使用再生水作为非饮用水	—	●	●
	利用附近区域的工厂再生水	—	●	—
维持管理	现场管理计划的合理性	●	●	●
	为建筑经理/操作员提供手册/指南	●	—	—
	为建筑使用者提供使用手册	●	—	—
	维修可用性	●	●	—
	家庭网络和安全内容	●	●	—
生态环境	提供绿轴	●	—	—
	自然地面率	●	—	—
	生态面积比	●	●	●
	提供生物定位	●	—	—
	种植多种植物	—	●	—
	栽培植物成活率90%以上	—	●	—

类别	问题	ESGB	G-SEED	LEED
	使用低挥发性有机化合物（VOC）排放产品	●	●	●
	自然通风	●	●	●
	住宅间隔音效果	●	●	—
	各房间温度自动调节装置	●	●	—
	地板撞击隔音效果	●	●	
	交通（公路、铁路）噪声	●	●	
	卫生间给排水噪声	●	—	
室内环境	提供日光灯	●		
	设计内表面无霜冻	—	●	
	可调外部遮阳装置	—	●	
	安装通风设备或空气质量监测装置	●	●	
	使用室内环境改善材料		●	
	最佳室内空气质量		●	●
	环境烟草烟雾控制		●	●
	系统照明的可控性		●	●
	热舒适性设计	—	●	●
	日光和视图	—	●	●

4 结论

中国目前新型城镇化急速发展，到了需要社会和自然共同可持续发展的重要阶段。特别是中国绿色建筑认证制度最初制定后，经过三次的修改，评价部分有了进一步的完善和改正，但是在解决中国当今社会和环境污染问题上还缺少实际的认证。绿色建筑评价体系也是一个不断发展完善的体系，也需要不断完善和进步。本研究中，中国 ESGB 的评价体系与韩国的 G-SED 和美国的 LEEED 相互比较，反映了中国的社会状况。本文通过对比研究"G-SEED"和"LEED"评价标准中评价对象、指标体系等几个方面，给出了以下结论和建议：

在目前中国绿色建筑认证体系 ESGB 2019 的情况下，为了人类的健康宜居环境，有必要进行可持续性研究，不仅要改善评估项目，还需要引进发达国家认证制度和权重值的量化评价方式。通过对三种不同评价标准的比较分析，拟解决 ESGB 评价体系中部分存在的不足和需要优化之处。考虑到中国的实际国情，对现有版本进行完善和更新。本研究重点对绿色建筑评价体系在具体的评价项目中存在的问题和解决措施进行了分析。建议利用中国的传统文化智慧和绿色建筑关键技术相结合的特点，开发出具有适宜性的中国特色绿色建筑评价指标体系。这一领域的突破，将进一步为保障人类居住环境可持续发展提供理论参考与科学依据。

参考文献

[1] 中华人民共和国住房和城乡建设部. 建筑节能与绿色建筑发展"十三五"规划. 建科［2017］53号，2017.3.1.

[2] 中华人民共和国住房和城乡建设部. GB/T 50378—2006，绿色建筑评价标准［S］. 北京：中国建筑工业出版社，2006.

[3] 中华人民共和国住房和城乡建设部. GB/T 50378—2014，绿色建筑评价标准［S］. 北京：中国建筑工业出版社，2014.

[4][10] 中华共和国住房和城乡建设部. GB/T 50378—2019，绿色建筑评价标准［S］. 北京：中国建筑工业出版社，2019.

[5][11] Korea Institute of Civil Engineering and Building Technology. G-SEED 2016 v1.2，2017.

[6] J. Zuo, Z. Y. Zhao, Green building research-current status and future agenda：a review［J］, Renew. Sustain. Energy Rev. 30 (2014) 271e281.

[7][12] 沈丹丹. LEED 与《绿色建筑评价标准》认证体系的比较［J］. 建设科技，2018，（6）：40-43.

[8] 邓高峰，袁艳平，王权，汪鹏，余南阳. 中韩绿色建筑评价对比分析（2）：GBCC 2011 与 ESGB 2014［J］. 制冷与空调，2015，29（1）：26-33.

[9] 홍종필，장향인. 중국 녹색건축 인증제도의 개선방안 연구-G-SEED（한국）및 LEED(미국)를 대상으로 비교검토[J]［J］. 한국건축친환경설비학회논문집，2015，（2）：8-7.

D　机器学习、人工智能与协同设计

祁乾龙　孟庆林

华南理工大学亚热带建筑科学国家重点实验室；694827286@qq.com

重庆绿色生态住宅小区协同设计策略探究
Strategies of Collaborative Design about Chongqing Eco-residential District

摘　要：2005 年，重庆市发布了我国西部地区首个生态住宅小区建设技术规程——《绿色生态住宅小区建设技术规程》DBJ/T 50-039-2005，并在全市范围内开展了绿色生态住宅小区的评审及管理工作。经过十多年探索与发展，结合内在不足以及外部驱动，技术规程分别于 2007 年和 2015 年进行优化升级。在城市发展过程中占有巨大建设量的住宅小区，对于营造宜居健康环境、构建绿色生态城区，为落实国家和地方节能减排工作影响深远。由于重庆地处我国西南，不论从开发定位到产品设计，还是从施工建造到运营管理，各方面发展较东部发达地区均相对滞后。通过调研，笔者发现重庆地区存在不少开发项目为了符合相关优惠政策，仅在设计阶段末期，给建筑进行了"绿色包装"，并未对生态小区做全寿命周期的"绿色设计"。此外，"四节一环保"评价体系所涉及到绿色建筑建设各个阶段诸多领域，内容纷繁复杂，使得技术规程在实际运用过程中，由于缺乏各方面的协同设计，从而大大降低了各专业的工作效率。因此，本文依据重庆市 2015 年新版《绿色生态住宅（绿色建筑）小区建设技术规程》DBJ50/T-039-2015，结合实地调研和模拟分析，总结出重庆生态住宅小区设计阶段各方面协同的总体目标。最终，针对总体目标和相关设计要点，得出一套相对完善并具有地域性的重庆生态小区协同设计策略，包括了适应地域特征的规划设计、结合气候条件的建筑设计、调节微气候的生态景观设计以及时代技术背景下的设计思路等四个方面。为此后地产运营、建筑设计以及相关行业提供参考依据，便于指导生态城市的可持续发展。

关键词：重庆市；绿色生态住宅小区；协同设计

Abstract：In 2005, Chongqing city published first technical specification for Eco-residential District in the western region of China—Technical Specification for Eco-residential District (DBJ/T 50-039-2005), and carry out the green ecological residential assessment and management work within the city. After more than 10years of exploration and development, technical specification were optimized and upgraded in 2007 and 2015 respectively. In the process of urban development, the residential area with huge construction amount has a far-reaching impact on the construction of habitable environment and ecological city, and also has far-reaching influence on the implementation of national and local energy conservation and emission reduction work. As Chongqing is located in the southwest of China, all aspects of development are relatively lagging behind the eastern developed areas. Through the investigation, the author found that the Chongqing area has many development projects in order to comply with the relevant preferential policies, did not do the whole life cycle of the "green design of ecological residential area". In addition, the Four Section One Environmental Protection involved in the various stages of construction in many areas, complicated content, greatly reducing the professional work efficiency due to lack of collaborative design. Therefore, on the basis of Chongqing city new Technical Specification in

2015, combined with field research and simulation analysis, this essay summed up the overall goal of the Chongqing ecological residential collaborative design stage. Finally, according to the overall objectives and related design points, the author draw a relatively perfect and regional Chongqing ecological residential building collaborative design strategy, including four aspects: the planning and design, building design, ecological landscape design and design idea under the background of era technology. Therefore, it provides reference basis for the real estate operation, architectural design and related industries, so as to guide the sustainable development of city.

Keywords: Chongqing; Eco-residential District; Collaborative Design

1 重庆绿色生态住宅小区

所谓绿色生态住宅小区（Eco-residential District）即住宅小区在规划、设计、施工和运营的各环节，充分体现节约资源与能源，减少环境负荷，创造健康舒适的居住环境，与自然和谐共生的住宅小区。绿色生态住宅小区充分遵循"四节一环保"（节地、节能、节水、节材、保护环境）的可持续理念，并对营造宜居健康环境，构建绿色生态城区具有深远影响[1][2]。

1.1 重庆绿色生态住宅小区发展现状

2005 年，重庆市建筑技术发展中心发布了我国西部地区首个生态住宅小区建设技术规程——《绿色生态住宅小区建设技术规程》DBJ/T 50-039-2005，并在全市范围内开展了绿色生态住宅小区的评审及管理工作。

自 2005 年起至 2018 年，重庆市已组织建设绿色生态住宅小区约 180 个，面积 5000 余万平方米，其中，已建成项目逾 160 个，面积超 3800 万平方米，项目分布在重庆市 28 个区县，涉及重庆市五大功能区中的四个（渝东南生态保护发展区暂无项目）。大型的房地产开发企业以及专业的设计研究机构积极参与到生态小区的项目评审中[3]。

同时，随着生存环境的恶化以及生活水平的提高，绿色生态住宅小区的高品质的居住空间及其外部环境也吸引着越来越多的消费群体。

虽然重庆地区生态小区发展取得了显著的成果，但是相比我国发展速度较快的地区，仍存在一定的差距[4]。其中，发展受到限制的主要因素包括建筑节能监管能力有待提高、绿色建材亟待转型升级、可再生能源应用仍需推广、政策法规体系尚需完善等。

1.2 绿色生态住宅小区建设技术规程

受城乡建设委员会委托，重庆市建筑技术发展中心于 2005 年编制并发布了首版《绿色生态住宅小区建设技术规程》DBJ/T 50-039-2005。技术规程主要依据建设部《绿色生态住宅小区建设要点与技术导则》《中国生态住宅技术评估手册》，结合重庆地区的地域性，从"四节一环保"的角度制定了相对完善的绿色生态住宅小区的评价体系，主要涵盖了规划设计、建筑设计、结构设计、给水排水、暖通空调设计、建筑电气设计、景观环境设计以及室内装修设计等八个专业的评价内容[5]。

此后，为了规范和指导重庆市绿色生态住宅小区的开发，结合自身评价的不足以及外部因素的驱动，同时，为了更好地协调并延续国家绿色建筑评价体系，重庆市建筑技术发展中心分别对技术规程于 2007 年和 2015 年对进行优化升级。如今，重庆地区现行的生态小区行业评价标准为《绿色生态住宅（绿色建筑）小区建设技术规程》DBJ50/T-039-2015。

1.3 绿色建筑相关标准比较

2016 年，重庆市城乡建设委员会发布了《居住建筑节能 65%（绿色建筑）设计标准》DJB 50-071-2016，规定自 2016 年 12 月 1 日起，主城区行政区域内报初步设计审批的居住建筑必须执行该标准，居住建筑在满足该标准的同时也达到了国家一星级绿色建筑设计标识及重庆市绿色建筑设计标识银级要求。

而《绿色生态住宅小区建设技术规程》的评价要求则是非强制性的，生态小区也是由甲方根据项目具体情况自愿选择进行申报的。依据技术规程的评价内容，针对开发规模，选用适当的建筑技术、设备和材料，对规划、设计、施工、运行阶段进行全过程控制，并提交申报书和相应分析、测试报告及相关文档。最终，由市城乡建设主管部门相关管理办法的要求组织专家评审。通过比较发现生态小区对规划与设计、生态绿化环境、能源系统、空气环境、声环境、水环境、光环境、建筑材料应用、生活垃圾及废弃物管理与处置、智能化、数字化服务与施工运营管理等十个方面提出了具体要求，是有权重的评价，评价指标内容多、要求细，需要的支撑材料更多、更全面。

此外，根据《国务院关于实施西部大开发若干政策措施的通知》相关内容，重庆地区申报生态小区并取得认证标识的项目，享受重庆市地方税收优惠政策，可减免10％企业所得税。

2 重庆绿色生态住宅小区设计目标

重庆地处我国西南，不论从开发定位到产品设计，还是从施工建造到运营管理，各方面发展较东部发达地区均相对滞后。通过调研，发现重庆地区存在不少开发项目为了符合相关优惠政策，仅在设计阶段末期，给建筑进行了"绿色包装"，并未对生态小区做全寿命周期的"绿色设计"。此外，"四节一环保"评价体系所涉及到绿色建筑建设各个阶段诸多领域，内容纷繁复杂，使得技术规程在实际运用过程中，由于缺乏各方面的协同设计，从而大大降低了各专业的工作效率。因此，为了更加高效地发挥协同设计的作用，结合重庆传统住宅绿色设计思路，基于重庆市2015年新版《绿色生态住宅（绿色建筑）小区建设技术规程》DBJ50/T-039-2015，并且通过实地调研和模拟分析，总结出重庆地区生态住宅小区设计阶段各方面协同的总体目标。

2.1 重庆绿色生态住宅小区现状调研

选取重庆地区典型的生态小区作为调研对象，通过对重庆地区已建成及在建中项目的实地调研，对其现状进行深入的分析，借鉴具有价值的设计手法，并且提出存在的不足以及改进的可能。调研的内容主要依据技术规程内所涉及的相关条文而展开，主要包括了生态小区的项目概况、技术指标等基本信息以及场地部分、建筑部分以及生态环境等相关评价内容。同时，对生态小区的自评估申请报告进行解读、分析，并且利用计算机模拟软件对典型的生态小区场地以及套型进行通风、采光等方面的模拟测试，为生态小区的协同设计策略提供相关的理论及实践基础。

通过调研发现，重庆地区大多的生态小区在设计方面仅基本满足于"控制项"，而对于"优化项"的提高则显得不足。而对此类仅以"达标"为目的的生态小区，应对项目设计加以充分的优化和改善，从真正意义上满足可持续的绿色生态住宅小区要求。其中，共性问题主要体现于以下几个方面：

① 场地规划设计：场地内无障碍设计不够完善；地下空间开发和使用缺乏多样性；地上乱停车现象较为突出。

② 建筑空间设计：室内天然采光不足；室内通风主要利用被动策略，效果较差；夏季建筑遮阳设计缺乏。

③ 生态景观设计：景观系统层次较为单一，同时需提高景观环境的乡土性及多样性。

2.2 重庆绿色生态住宅小区设计目标

技术规程主要涵盖了多个相关专业的评价内容，而本文主要选取与生态小区设计阶段中与建筑设计关联性较强的四个专业：包括规划设计、建筑设计、景观设计以及室内装修设计，其目的在于使得建筑设计专业更好地协调生态小区的整体设计，为建筑设计阶段提供合理有效的协同设计策略[6]。

结合重庆地区地域特征，本文遴选出82条涉及到生态小区建筑设计阶段与建筑设计相关的条文，并对其采取整合归纳，形成"适应地域特征的规划设计——结合气候条件的建筑设计——调节微气候的生态景观设计——时代技术背景下的生态小区设计思路"的总体研究框架。

最终，结合"控制项"和"优化项"的设计要点及设计内容，总结出绿色建筑评价引导下的重庆地区绿色生态住宅小区总体设计目标。

3 重庆绿色生态住宅小区设计策略

依据重庆生态小区总体设计目标，对绿色生态住宅小区的设计内容进行"控制项"和"优化项"的相关分类，形成与设计目标相对应的"控制要求"和"优化策略"，达到生态小区的设计策略与评价标准内容的相互呼应[6]，同时满足生态小区的协同设计策略（图1）。

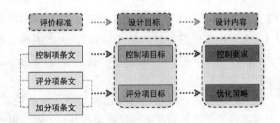

图1 设计目标及内容分类

3.1 适应地域特征的规划设计

规划设计应充分结合重庆地域性特征，以适应重庆复杂的山地、水体等自然地理环境[7][8]。同时，对于场地提出的较高要求，为小区的建筑设计以及生态环境设计的有利进行提供了重要保障。

基于重庆生态小区总体设计目标，对生态小区用地规划、交通组织、场地利用以及建筑布局四个方面进行控制要求和优化策略的研究（表1）。

适应地域特征的规划设计策略 表1

设计目标	设计要点		控制要求及优化策略
统筹的用地规划	用地选址	控制要求	①符合所在地城乡规划和各类保护区、文物古迹保护要求。②确保场地安全，无自然灾害及危险源的威胁
	周边公共设施	优化策略	①提高与周边公共交通联系的便捷性。②强调周边配套设施的完善性
高效的交通组织	交通组织	控制要求	①合理组织小区交通。②合理布置室外停车
		优化策略	①设计合理的"人车分流"交通组织形式。②合理使用停车场地资源。（多样化停车方式、错时停车模式）③完善场地内无障碍设计。④鼓励绿色出行
集约的场地利用	场地资源利用	优化策略	①保护原有地形地貌，合理利用场地资源。②合理开发利用地下空间
	配套设施布置	控制要求	合理设计活动场地
		优化策略	①灵活布置配套用房。（建筑底层、底层商业、坡地空间）②节约活动场地空间。（建筑底层、低层建筑屋顶）
合理的建筑布局	建筑密度	控制要求	控制小区建筑密度
		优化策略	优化小区建筑密度
	日照朝向	控制要求	满足建筑规划布局的日照影响
		优化策略	①调整住宅朝向。②采用错列式建筑布局。③结合坡地地形，争取较好的日照
	室外风环境	优化策略	①利用建筑布局改善室外风环境。②利用山地地形调节微气候。③架空建筑底层空间。④设置绿化和导风墙
	地域化布局形式	优化策略	①利用场地特征，减少场地破坏。②营造当地微气候特点。③体现巴渝建筑空间特征
	场地污染源控制	控制要求	避免场地污染源排放
		优化策略	①构建完善的绿化系统。②分级处理水系统。③利用植物屏蔽削弱噪声污染和视线影响。④采用垃圾分类措施

3.2 结合气候条件的建筑设计

结合气候条件的建筑设计不仅对居住空间舒适性提出了较高的要求，同时合理的建筑空间设计对绿色建筑的节能要求也具有重要的意义[9]。建筑设计应对于重庆典型的夏热冬冷气候特征进行相关的优化策略设计。

基于重庆生态小区总体设计目标，对生态小区建筑空间以及建筑外围护方面进行控制要求和优化策略的研究分析（表2）。

结合气候条件的建筑设计策略 表2

设计目标	设计要点		控制要求及优化策略
适宜的建筑空间设计	建筑体型选择	控制要求	采用简约的建筑造型设计
		优化策略	①增大建筑体量。②简化建筑体型。③适当增加建筑层数。④采用组合体体型
	自然通风组织	优化策略	①适当增大面宽、减小进深。②保证足够通风开口面积。③合理地布置通风口位置。④采用通风竖井（风道）。⑤合理布置卫生间、厨房等空间，避免交叉污染。⑥利用宅间绿化
	天然采光	优化策略	①适当增大采光口面积。②选取合适的采光口形状。③选择合理的采光口朝向。④采用多种采光形式
	室内声环境优化	控制要求	①控制主要功能房间的室内噪声级。②主要功能房间围护结构构件隔声设计
		优化策略	①优化平面设计，控制噪声影响。②优化建筑内部结构
可调节的建筑外围护	屋顶设计	控制要求	①控制屋面结构隔热性能。②保证建筑屋面良好的防水性能
		优化策略	①采用通风屋面。②选用种植屋面
	外墙设计	控制要求	①控制外墙隔热性能。②保证建筑外墙良好的防水性能
		优化策略	①运用"腔体"结构。②采用植物作为建筑外围护。③选用浅色外墙色彩
	遮阳体系设计	优化策略	①设计固定式遮阳。②运用可调节遮阳体系。③设置垂直绿化

189

3.3 调节微气候的生态景观设计

生态景观设计应积极选取使用乡土植物，采用多种绿化模式，保证场地的原始生态型[10]。同时针对重庆缺水问题，通过高效地利用水资源利用对此进行回应。此外，对于场地的生态环境应采取有效的生物多样性营造和保护策略。

基于重庆生态小区总体设计目标，对生态小区多样的绿化设计、水资源利用以及景观系统的生物多样性进行控制要求和优化策略的研究分析（表3）。

调节微气候的生态景观设计策略　　　　　　　　　　　　　表3

设计目标	设计要点		控制要求及优化策略
多样的绿化设计	场地绿化	控制要求	①绿化植物以适应当地气候和土壤条件的乡土植物为主。②场地内设置绿化用地
		优化策略	①鼓励使用重庆地区乡土植物。②采用多样化的绿化模式。（景观小品、园林道路、小型广场以、水体景观等）③采用乔木、灌木、草地结合的复层绿化。④提高场地的地面透水性
	垂直绿化	优化策略	采取附壁式、篱垣式、棚架式、窗台及阳台绿化、屋顶绿化等垂直绿化模式
高效的水资源利用	水资源利用	控制要求	规划利用水资源
		优化策略	①保护场地内原有水体。②高效利用雨水资源。（绿化灌溉、道路洒水、景观水体补水等）③合理使用非传统水源
丰富的生物多样性	①结合地形地貌构建生态系统。（山地、水体等）②建立生态缓冲区。③引入可恢复乡土景观斑块		

3.4 时代技术背景下的设计思路

依据总体设计目标，上文针对绿色生态住宅小区规划设计、建筑设计依据生态景观设计三个方面提出相应的控制要求和优化策略[11]。除此以外，本文还根据时代技术背景下的生态小区发展现状，提出相关的优化设计思路。

首先，依据重庆市于2011年出台的《加快推进重庆市建筑产业化的指导意见》所提出的七个方面的建筑产业化发展方向，倡导重庆地区生态住宅小区积极探索并打造出具有地域特色的产业化住宅。同时，鼓励重庆地区生态小区设计需采用建筑信息模型（BIM）技术，并在建筑的规划设计、施工建造和运行管理阶段加以运用。BIM技术作为建筑行业的一次重要的革命，对绿色生态住宅小区的设计具有深刻的意义。此外，随着科学技术的飞速发展，生态小区智能化设计也渗透到了生活的各个角落。2016年发布的《中共中央、国务院关于进一步加强城市规划建设管理工作的若干意见》提出，新建住宅要推广街区制，原则上不再建设封闭住宅小区。已建成的住宅小区和单位大院要逐步打开，实现内部道路公共化，解决交通路网布局问题，促进土地节约利用。随着"紧凑城市"概念的提出，智能化设计将体现出重要的意义。

4 结语

经过十二年的探索与发展，重庆市开展绿色生态住宅小区工作已形成相对成熟的规划、设计、施工和运营体系。随着2016年《绿色建筑后评估技术指南》的面世，绿色生态住宅小区设计将更加关注可行性研究、设计、施工、运营、后评价反馈和回收回用阶段在内的全生命周期综合方法，通过协同设计策略以真正实现营建宜居健康的环境，构建绿色生态的城市空间。

作为生态城市建设、智慧城市建设、住宅产业化发展的重要载体，绿色生态住宅小区的推广为城市和村镇的发展提供了可持续的人居环境。绿色建筑评价引导下的协同设计策略，为此后地产运营、建筑设计以及相关行业提供参考依据，便于指导城市空间的可持续发展。

参考文献

[1] 刘加平，董靓，孙世钧. 绿色建筑概论 [M]. 北京：中国建筑工业出版社，2010.

[2] GB/T 50378—2014，绿色建筑评价标准 [S].

[3] 重庆市绿色生态住宅小区发展报告（2005-2015）[Z]. 重庆：重庆市建设技术发展中心，重庆市建筑节能中心，2015.

[4] 李孟夏. 重庆市生态住区评估体系优化研究 [D]. 重庆：重庆大学，2014.

[5] DBJ/T 50-039-2015，绿色生态住宅（绿色建筑）小区建设技术规程 [S].

[6] 董世永，李孟夏. 我国可持续社区评估体系优化策略研究 [J]. 西部人居环境学刊，2014（02）：112-117.

[7] 伍未. 适应气候的建筑设计策略初探 [D].

重庆：重庆大学，2009.

[8] 卢峰，朱昌廉. 重庆吊脚楼民居的保护与改造策略 [J]. 住宅科技，2003 (02)：30-35.

[9] 李江南. 夏热冬冷地区低能耗生态小住宅探索与实践 [J]. 建筑学报，2007 (11)：16-18.

[10] 齐康. 绿色建筑设计与技术 [M]. 南京：东南大学出版社，2011.

[11] 祁乾龙. 绿色建筑评价引导下的重庆生态小区建筑设计研究 [D]. 重庆：重庆大学，2016.

刘念成[1]　唐芃[1,2]　华好[1]

1. 东南大学建筑学院；1079604193@qq.com
2. 城市建筑与遗产保护教育部重点实验室

基于程序化建模的建筑立面生成方法探索
——以意大利普拉托老城区内住宅建筑为例 *

Exploration of Architectural Facade Generation Method based on Procedural modeling
——A Case Study of Residential Buildings in the Old Town of Prato，Italy

摘　要： 历史街区的建筑风貌保护规划是现代城市设计重点关注的问题之一，而建筑立面是反映建筑风貌的重要表征，当需要在历史街区内新建建筑时，其立面与周边旧建筑的风貌关系就显得尤其重要。为了探索一种能快速自动生成适应当地文化特征的建筑立面生成方法，本文通过对程序化建模（Procedural Modeling）思路和 CGA 形状语法（CGA shape grammar）的研究，搭建了"规则提取—类型匹配—构件选择"的程序结构。然而，本文并没有深入研究规则提取和类型匹配这两部分，而是通过假设要生成的建筑立面规则已经与历史街区内的相似建筑相匹配，重点研究类型匹配之后的立面生成方法。本文对历史街区建筑风貌保护规划等领域的指导意义在于提出了合理可行的新建建筑立面数字化生成的程序结构，并且重点探讨了基于程序化建模思路下对立面规则的描述方法和生成方法。

　　本文以意大利普拉托老城区内的住宅建筑为例，依托 Java 程序语言，对老城区内住宅建筑的立面生成规则进行提取、编码和描述，并建立门、窗、阳台等相关立面元素的数据库，探索建筑立面的数字化生成方法。

关键词： 程序化建模；CGA 形状语法；立面生成方法；Java；数据库

Abstract： The protection and planning of the architectural features in the historic district is one of the key issues in modern urban design，and the architectural facade is an important representation of the architectural features. When new buildings need to be built in the historic district，the relationship between the facade and the surrounding old buildings is particularly important. In order to explore a rapid automatic generation of architectural facade adapting to local cultural characteristics，based on procedural modeling and CGA shape grammar study，this thesis set up the program structure of "rules extraction—type matching—component selection". However，this thesis did not focus on the two parts of rule extraction and type matching. It focused on the method of facade generation after type matching，assuming that the building facade rules to be generated had been matched with similar buildings in the historical district. The guiding significance of this thesis is to propose a reasonable and feasible program structure for the digital generation of new building facade，and mainly

　　* 国家自然科学基金面上项目（51778118）与住房和城乡建设部科学技术计划北京建筑大学北京未来城市设计高精尖创新中心开放课题（UDC2017020212）。

to discuss the description method and generation method of facade rules based on procedural modeling.

Relying on the Java programming language, this thesis extracted, coded and described the facade generation rules of the residential buildings in the old town of Prato, Italy. Then, this thesis established the database of facade elements such as doors, windows and balconies. This thesis explored the digital generation method of architectural facade.

Keywords: Procedural modeling; CGA shape grammar; Facade generation method; Java; Database

1 引言

1.1 研究背景

历史街区风貌保护中,建筑立面是反映街区风貌的重要表征之一。当需要在历史街区内新建建筑时,其立面与周边旧建筑的风貌关系就显得尤其重要。随着建筑数字化技术与理论的发展,关于建筑的程序化建模(Procedural Modeling)[1]的研究已经成为各国学者研究的热点之一,诸如粗糙集(Rough Set)理论[2]、CGA形状语法(CGA shape grammar)[1]等方法提取建筑立面规则模式的技术也已经比较成熟,为历史街区建筑立面规则的提取提供了理论和技术支撑。

目前,运用特征向量的程序方法能有效地建立多因素影响下寻求较优解的程序评价体系,可用于对新建建筑和地块内相似建筑或相邻建筑的立面规则进行匹配,提供新建建筑立面的多种参考设计方案。

本文以东南大学建筑学院和佛罗伦萨大学联合设计教学的课程设计为契机,共同研究意大利普拉托的旧城改造设计思路,其中必然会涉及到一些新建建筑的立面生成,其立面设计需要与周边环境协调。并且,普拉托位于托斯卡纳大区东北部,佛罗伦萨和匹斯托亚平原的中心,临比森齐奥河。普拉托大致可以被划分为三个片区:城墙围合的老城区,华人聚集的中国城以及相对独立的工业区(图1)。其中老城区内的住宅建筑立面具有典型特征(图2),一般为中轴对称式布局,首层和顶层立面可能稍加变化,中间各层立面几乎不变,这一呈现规律性变化的立面规则十分适合用程序语言进行描述和生成。

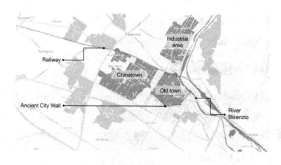

图1 普拉托城市分区

图2 普拉托老城区内住宅建筑照片(图片来源:陈宇龙、徐怡然、张琪岩及作者拍摄)

1.2 研究内容及方法

基于以上背景,本文希望在借助前人研究成果的基础上,搭建"规则提取—类型匹配—构件选择"的程序框架。并且,本文将通过假设要生成的建筑立面规则已经与历史街区内的相似建筑相匹配,重点探讨类型匹配之后,基于程序化建模思想下对立面规则的描述方法和生成方法。

本文以意大利普拉托老城区内的住宅建筑为研究对

象，依托 Java 程序语言，对老城区内住宅建筑的立面生成规则进行提取、编码和描述，并建立相关立面元素的数据库，编写从数据库中识别、读取、放置和替换相应立面元素的程序语言，探索一种快速自动生成适应当地文化特征的建筑立面的数字生成设计方法。

1.3 国内外研究现状

苏黎世联邦理工学院（ETH）的 Pascal Müller、Simon Haegler、Andreas Ulmer 等学者于 2006 年发布的《Procedural Modeling of Buildings》一文，成为探讨建筑程序化建模的著作。其中，关于建筑立面的数字生成方法也给予了较为细致的阐述，其中所涉及的 CGA 形状语法、L-system、立面生成逻辑都为本文的立面数字生成方法的探讨提供了很好的示范。国内的相关学者如吴富章、严冬明、董未名、张晓鹏等学者于 2014 年发布的《Inverse Procedural Modeling of Facade Layouts》一文探讨了通过识别现有建筑立面图像，将其立面规则转译为程序语言并重新用于生成新的建筑立面的数字化生成方法。而国内的其余相关研究则多借助于 Eris CityEngine（简称 CE）或 Autodesk 等参数化建模软件，受制于软件平台的程序规则和细分程度，缺乏一定的创新性。

2 程序化建模

《Procedural Modeling of Buildings》一文中，关于建筑立面的程序化建模生成思路进行了较为详尽的阐述，为本文的立面数字生成方法提供了很好的参考。

2.1 CGA 形状语法

CGA 形状语法是一种用于计算机建筑过程建模的新型形状语法，它能生成具有较高的视觉质量和几何细节的建筑立面。CGA 形状语法是一种并行语法，像 L-system 一样适合捕捉随着时间的增长，顺序应用规则表现结构的空间分布特征和纹理。因此，这种上下文相互关联的形状规则允许用户指定分层形状描述的实体，实现良好的人机交互[1]。

2.2 立面规则描述

2.2.1 立面元素描述

准确有效的描述立面元素的位置和尺寸是立面生成设计中十分重要的一个方面，目前普遍使用的方法是通过定义一个矩形区域 R_i，并且通过参数 (x_i, y_i, w_i, h_i) 对 R_i 进行描述，其中 (x_i, y_i) 定义了 R_i 左下角的点的坐标，而 w_i 和 h_i 则分别定义了 R_i 的宽度和高度[3]（图 3）。

2.2.2 立面划分规则

目前，立面生成设计中使用的立面划分规则主要有两个：简单分割规则或重复分割。简单分割规则主要是在立面元素个数确定的情况下，划分立面元素范围；重复分割则是立面元素的重复排布，其立面元素尺寸确定，通过当前划分方向的总长度除以立面元素的尺寸倒推元素个数，确定立面范围的划分，这一分割规则多用于大尺度范围的分割需要[1]（图 4）。

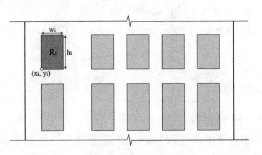

图 3　CGA 立面元素描述方法

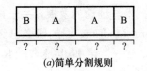

(a)简单分割规则

(b)重复分割规则

图 4　CGA 立面划分规则

2.2.3 立面布局划分

CGA 形状语法向我们提供了一个进行立面布局划分的典型范式，这种范式按照一定顺序的层级结构对立面进行划分：（1）首先是基于已有的立面范围，沿着某一个坐标轴或者坐标平面对立面进行第一次划分，一般是沿着垂直方向按照楼层高度进行初次划分；（2）其次，针对于划分出来的各层范围指定水平方向的二次划分规则（简单分割规则或重复分割），得出门窗构件等立面元素的位置和范围；（3）然后，在确定的范围内进一步具体描述立面元素的位置；（4）最后，根据已经划分好的立面布局指定具体的门窗构件，生成具有一定细节的建筑立面[1]（图 5）。

这一过程先用抽象模式表示立面布局，最后指定具体的立面元素，并且因为每一层级结构的规则和参数都可以进行人为设计和干预，具有较大的自由度，可以实现良好的人机交互。

2.2.4 缩放问题

简单分割规则应用在不同范围的立面中时，其对应的划分尺寸自然也是不同的，这就涉及到了范围的缩放问题。CGA 形状语法通过在设置参数时区分绝对值和相对值很好的解决了这个问题，通常直接用数字代表绝

对值，在数字后加 r 代表相对值，代表的是范围之间的

比例关系[1]（图 6）。

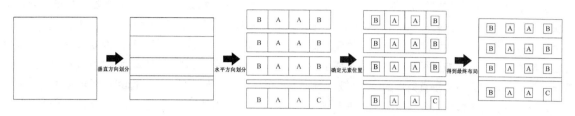

图 5　CGA 立面布局划分过程

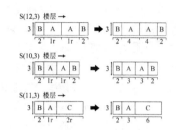

图 6　CGA 立面布局缩放规则

3　立面生成方法实践

本文参考了程序化建模和 CGA 形状语法的立面生成逻辑，以意大利普拉托老城区的住宅建筑为例，通过 Java 程序语言进行程序方法的研究和实践，并且进行了一定的简化和创新。

3.1　普拉托老城区住宅建筑立面规则提取

普拉托老城区内的建筑和街道风貌保存良好，具有较为清晰的立面规律，适合用程序语言描述。通过现场的实地调查，总结归纳该地块内住宅建筑的立面规律，并用程序语言的方式对部分立面规律进行了编码和描述（图 7）。

3.2　数据库建立

借助 SketchUp 等三维建模软件，建立具有当地特色的门、窗、阳台等立面元素的数据库，并且将所有立面元素放在一个 SketchUp 文件中，方便数据库的整理和用 Java 程序语言对数据库文件位置的访问。

同时，设计师或其他相关人员可以对数据库内已有的立面元素进行编辑修改，也可以自行增加新的立面元素，增加了立面设计的自由度，实现了良好的人机交互。

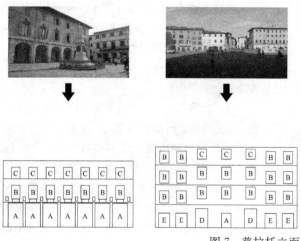
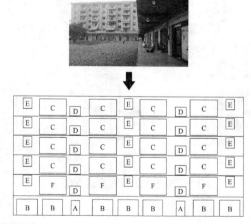

图 7　普拉托立面规则提取

在建立数据库过程中，每个立面元素单独建立群组，数据库建立完成后导出 Obj 文件。借助 Java 程序语言读取 Obj 文件以后，可以根据群组名称准确地读取设计需要的立面元素的坐标、方向向量、长度、宽度、高度等参数信息，参与之后的立面生成设计。

3.3　立面布局划分创新

在提取立面规则和建立数据库之后，需要在已提取立面规则中选取匹配适合新建建筑的规则，这一步骤需

要使用特征向量建立程序评价体系，由于本文重点研究部分落在基于程序化建模思想下对立面规则的描述方法和生成方法的探讨，对于建立程序评价体系和匹配立面规则的程序逻辑和过程就不再赘述。本文假定需生成立面的建筑立面规则已经匹配完成，本次立面生成方法不同于 CGA 形状语法的创新部分主要体现在以下 3 个方面：

3.3.1　增加垂直方向划分层级

在进行立面布局划分之前，首先需要将建筑的首层

平面外轮廓线作为基本信息导入 Eclipse 平台下所建立的 Java 程序中。通过输入各层的楼层高度创造出三维建筑体块，并且每层平面可根据首层平面做出适当变化，产生一定的凹凸。此时，程序中将每一层的建筑体块都与这一层的立面一一对应，相当于在建筑体块生成之时就已经完成了对建筑立面垂直方向的一次划分。

并且，每一层的建筑体块依旧可以分别再进行一次垂直方向的划分，相当于增加了一层垂直方向的划分层级（图 8）。这样的层级结构不仅完全不影响原先同一层建筑体块出现多层立面元素的情况：如建筑首层为店铺需悬挂广告牌、存在 loft 的住宅建筑等；还将每一层的立面规则与该楼层建筑体块之间建立信息关联，解决了当局部升高某楼层的楼层高度之后，可以单独对这一楼层的建筑体块进行垂直方向的再次划分而丝毫不影响其他楼层。

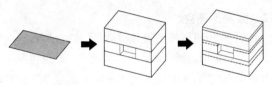

图 8 增加垂直划分层级

3.3.2 调整立面元素描述方法

CGA 形状语法中多用左下角坐标点 (x_i, y_i) 定义立面元素的位置，并且描述顺序多为沿水平方向划分轴的正方向。而普拉托老城区内住宅建筑的立面多为中轴对称布置，因此改用立面元素下部中点来定义其位置的坐标点，描述顺序改为由中轴依次向左右两侧描述，达到简化程序和便于思考的目的。（图 9）

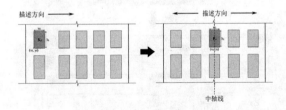

图 9 调整立面元素描述方法

3.3.3 结合两种分割规则的水平方向划分

合理且可重复应用的立面布局规则需要适应不同尺寸的立面范围，这势必将涉及到水平划分范围的缩放问题。CGA 形状语法中通过在简单分割规则中引入相对值或者直接使用重复分割的方法解决了这一问题。然而这两种方法都存在一定的弊端，简单分割规则只适应小程度范围内的变化，当立面范围尺寸变化过大时，简单分割规则因不再增加立面元素个数，致使生成的立面与原始提取的立面偏差较大，容易导致"失真"；而重复分割虽可适应较大程度的立面范围尺寸变化，但由于立面元素种类较为单一，无法生成丰富多变的立面效果。

因此，本文试图研究一种能结合简单分割规则和重复分割的水平方向划分方法，可以既能产生较为丰富的立面效果，又能适应较大程度的立面范围尺寸变化。这一方法分别针对每一层立面范围，以原立面范围尺寸 p_i、现立面范围尺寸 c_i、边缘立面元素的尺寸 a_i、窗间墙的尺寸 b_i 四者之间的关系为参考，应用情况可以归纳为以下三种（图 10）：

（1）当 $|c_i - p_i| < a_i + b_i$ 时，以简单分割规则为主，由于立面元素的尺寸 a_i 是通过读取数据库得到的，一般为绝对值，且现实生活中立面元素的尺寸也往往存在一定的模数，所以不更改立面元素的尺寸而是通过修改窗间墙的尺寸 b_i 达到适应立面范围尺寸变化的目的。

（2）当 $p_i > |c_i - p_i| > a_i + b_i$ 时，以简单分割规则和重复分割相结合方式，先保持原立面布局不变，再根据 $(a_i + b_i)$，直接在立面左右两侧重复增加原立面最边缘的立面元素，直至不能再增加为止，此时立面元素个数已确定，再通过简单分割规则调整窗间墙尺寸 b_i，得到该层立面范围水平划分结果。

（3）当 $|c_i - p_i| > p_i$ 时，以简单分割规则和重复分割相结合方式，取整数 $n = \text{int}(|c_i - p_i|/2)$，将原立面布局作为一个整体，沿水平划分轴的负方向移动 n 个单位长度，再沿水平划分轴的正方向重复增加整个原立面，直至不能再增加为止，此时判断剩余立面范围与 $(a_i + b_i)$ 的关系，判断并进行第（1）种情况或者第（2）种情况，得到该层立面范围水平划分结果。

将各层立面范围的水平划分结果合并，得到了最终的建筑立面布局划分。

这一水平方向划分方法不同于 CGA 形状语法中先确定各部分范围，再具体确定立面元素位置的思路，主要体现在第（1）种和第（2）种情况中，在条件判断时立面元素和窗间墙的尺寸参数就已经参与了程序计算，尤其是在第（2）种情况中，立面元素和窗间墙的尺寸参数直接确定了重复增加的立面元素的位置而不需要确定其范围。这一方法参数之间的关联性更高，立面效果更多变。

3.4 最终立面生成成果

在立面布局划分完成之后，程序通过读取数据库内与规则内匹配的立面元素自动生成具有一定立面细节的建筑模型。在此过程中，因为每一层的立面规则都与该楼层建筑体块之间建立了信息关联，所以设计师或其他相关人员可以选择修改任一楼层或所有楼层的建筑高度、立面元素种类、窗台高度等参数信息，这些修改后的参数信息将会被返回上级程序重新参与计算，生成具有新的立面效果的建筑模型，程序运行结果如图 11 所示。

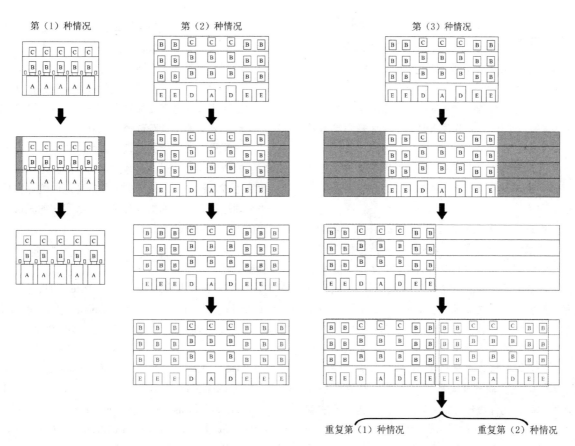

图10　结合两种分割规则的水平方向划分

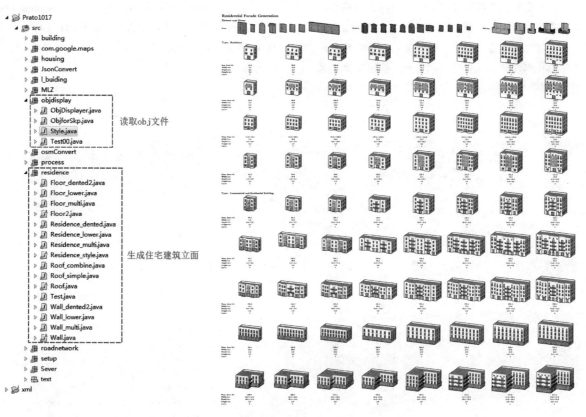

图11　程序部分代码截图及运行生成结果

197

4 总结与展望

本文通过对程序化建模思路和 CGA 形状语法的研究，借助 Java 程序语言，初步探索了立面规则的数字化描述方法和生成方法。本文的研究成果对于三维城市建模以及在历史街区内新建建筑时提供立面规则参考都具有一定的指导意义。

本文在研究的过程中解决了立面数字化生成设计方法的部分问题，也具有一定的创新性，但仍存在一些不足之处：

(1) 首先，本研究搭建了"规则提取——类型匹配——构件选择"的程序框架，然而在实践过程中重点实现了类型匹配之后对立面规则的描述方法和生成方法的探索上，对前两部分的研究略显不足，对于这几部分的程序衔接问题也无法探索，应在后续的深入研究中予以改进。

(2) 数据库的建立允许用户自行修改、编辑或增加数据库中的立面元素，也允许用户选择替换导入程序的立面元素。但在立面元素导入程序以后，其诸如长宽高、构件类型、构件数量等相关属性便已确定，无法直接通过程序对这一立面元素进行再编辑。

(3) 当前数据库内的立面元素皆以独立群组的方式建立，不存在群组嵌套的情况。但随着数据库的不断扩大，需要对数据库内的立面元素进行群组分类，以及若想进一步丰富立面元素的变化，将涉及到立面元素细部构件的替换和增加。这两种情况都将产生群组嵌套的情况，增加读取 obj 文件时 Java 程序语言的数据层级。

(4) 建立了立面规则与建筑楼层体块之间、与主立面、山墙面之间的关联，但是没有建立立面规则与建筑内部空间、建筑朝向、建筑周边环境之间的关联。

(5) 本研究按照楼层高度创造三维建筑体块，并将每一层建筑体块与其立面规则一一对应的这种方式，无法生成部分立面元素跨越楼层的立面规则。

基于程序化建模的建筑立面生成方法探索，初步实现了快速自动生成适应当地文化特征的新建建筑立面的数字生成设计方法，对历史街区的建筑风貌保护规划等研究领域具有一定的指导意义，为数字化的城市设计方法探索了一种新的思路。

参考文献

[1] Pascal Müller, Wonka Peter, Haegler Simon, et al. Procedural Modeling of Buildings [J]. *ACM Transactions on Graphics*, 2006, 25 (3): 614-623.

[2] Peng TANG, Xiao WANG, Xing SHI. Generative Design Method of Facade of Traditional Architecture and Settlement Based on Knowledge Discovery and Digital Generation: A Case Study of GuNan Street in China [J]. *International Journal of Architectural Heritage*, 2018 (04), DOI: 10. 1080/15583058. 2018. 1463415.

[3] Fuzhang Wu, Dong-Ming Yan, Weiming Dong, et al. Inverse Procedural Modeling of Facade Layouts [J]. *ACM Transactions on Graphics*, 2014 (08), DOI: 10. 1145/2601097. 2601162.

彭 冀

东南大学建筑学院；woodpeng@163.com

多智能体复杂系统在南京历史敏感地段城市肌理智能控制中的应用 *

Application on Urban Fabric Smart Control in Nanjing Historic Sensitive Site based on Multi-agent Complex System

摘 要：随着古都南京城市更新进程，历史敏感地段大尺度、高容积率商业综合开发需求同传统高密度城市肌理保护之间矛盾日益突出。目前，以红线退让、限高、固定容积率等控制指标为主导的城市建设模式由于缺乏相对精细和灵活的管控，导致历史敏感地段保护和城市更新开发难以平衡。本文将重点聚焦南京历史敏感地段，通过对真实的历史敏感地段进行调研，利用java计算机编程开发一套基于多智能体复杂系统的城市肌理智能控制生成工具，为南京以及和同南京一样面临同样矛盾的城市在更新保护中提供可行的技术路线和研究模型，从而将南京历史敏感地段城市公共空间记忆的保护落到实处。

关键词：城市更新；多智能体复杂系统；历史敏感地段；城市肌理；智能控制

Abstract：With the development of urban renewal in ancient capital city, Nanjing, the conflicts between the requirements for large-scale and high-FAR commercial exploitation and protections for traditional high density urban fabric are increasingly outstanding. At present，the urban development mode based on red-lines setback, height limit and FAR etc. is difficult to balance protections and exploitations organically in urban historic sensitive sites because of its lack of precise and flexible control. The paper focuses on a real historic sensitive site in Nanjing，develops a generative tool written by Java based on multi-agent complex system for urban fabric smart control in order to provide a practicable technique route and research model on urban renewal and protection for Nanjing or the city like it that is facing the same problems. So it will put the protection of memories in urban public space into practice.

Keywords：Urban renewal；Multi-agent complex system；Historic sensitive site；Urban fabric；Smart control

1 背景与研究基础

随着古都南京城市更新进程，历史敏感地段大尺度、高容积率商业综合开发需求同传统高密度的城市肌理之间的割裂矛盾日益突出。目前，以地块内建筑红线退让、限高、固定容积率等控制指标为主导的城市建设模式由于缺乏相对精细和灵活的管控，导致历史敏感地段保护和城市更新开发难以有机融合。重新召唤宝贵的城市历史文脉和居住者的集体记忆要求当下的城市规划和设计工作更为精细化。而精细的"外科手术"式城市改造除了靠设计者的观念植入和经验直觉，更需要精准的专业研究语言和工作方法与之匹配。

* 东南大学校级教材建设项目。

英国的著名地理学家康泽恩（MRG.Conzen）和他的后继者们认为，那种被地理学和建筑学笼统称作城市肌理的事物基本上由三个相互关联的元素组成：城市平面（town plan），它指的是街道体系；地块模式（pattern of urban land use），即土地的分割；地块模式下的建筑布局（pattern of building forms），建筑形式模式[1]。而多智能体复杂系统通过定义智能体、制定相互作用机制、生成宏观网络的计算思想能够体现康泽恩对城市肌理的定义，揭示背后的运行机制，模拟新旧城市肌理的融合过程。

论文研究载体选取即将更新开发的南京上新河地区，通过对真实的历史敏感地段进行调研，利用java计算机编程提出一套基于多智能体复杂系统的城市肌理智能控制方法和实用工具。主要涉及内容包括多类型智能体的定义、不同约束条件下多智能体的相互作用机制、增强型 Beyond Voronoi 图算法以及与主流图形软件相关的图形数据接口研究。

2 现状梳理

上新河地区位于南京水西门外的河西地区，原为明初开凿的长江下游最为有名的木材集散市场。明初建都时城内所需的大量木材多通过此市场进行交易，南京明故宫的木材也大多购置于此。后由于陆路发展，逐渐衰败。河段被填为道路，道路两边的旧有民居大多还是保持原有肌理。在南京河西开发进程中，上新河地段也没有逃脱拆迁的命运，周边的道路已经变成现代城市规划体系下的路网体系。如图1所示，这种模式使得原有街巷格局和城市记忆几乎消失，地段开发完全顺从于基于现代城市路网，其形成的城市肌理也是现代城市的尺度和形态。上新河变成名副其实的"伤心河"，成为老百姓历史记忆中永远的伤痛。

图 1 南京上新河地区卫星地图（图片来源：基于百度地图加工）

（图片说明：传统街巷肌理逐渐被现代城市开发模式下的城市肌理吞噬。）

上新河大街地块东西长约1000m，南北约600m。目前，周边地区已经开发成型，整个地块已经完成拆迁工作。用地南侧为南京内环南线，往西为长江的过江隧道。南面为100m内的高层住宅区。西侧为沿长江的扬子江大道快速路，临河为沿河公园绿化。北侧为集庆门大街，北面为超过100m的超高层商业办公建筑以及100m内的高层住宅和局部多层公寓。东侧为乐山路，主要是100m内的高层住宅和一个多层小学。整个地块内在先后开发力度下被产权用地分割，呈锯齿状，用地边界较为复杂。地块内上新河大街的走向依然可见，南端还有一区级历史保护建筑——清代王汉洲名人故居，现已于2018年修缮完毕。王汉洲是清末民初南京上新河地区的一位开明绅士，经营木材生意。其故居为旧式三进四合院，传统砖木结构。建筑群长约42米，宽12米有余，由大门、走廊、前厅、中厅、厢房、后楼、后厅所组成，皆为一至二层传统江南民居。木门及大厅横梁上均为精美的高浮雕木刻，花卉、人物、鸟兽图纹，形象生动、栩栩如生。

从城市设计操作层面来看，上新河地段更新中亟待解决的关键问题是在继承既有整体规划的大框架现状下重新唤起历史公共空间记忆、保护历史建筑的同时满足大尺度、高容积率城市开发的需求。首先，大尺度现代城市肌理不能直接覆盖到原有传统肌理之上形成强势的吞噬效应。其次，也不能采用分区规划、分区设计的方式将现代肌理和传统肌理在地块内完全割裂。一种理想的状态应该是基于一定约束规则下新旧肌理相互融合、自然过渡，同周边城市环境一起形成一种城市织补效应。传统建筑和肌理能够得到保护和延续，城市开发规模也能够满足商业模式的需要，从而激发城市活力。

3 算法研究

算法研究工作主要包括多智能体类属性、方法的定义以及网络生成算法研究三个方面，具体如下。

多智能体类属性的定义主要包括三类。历史保护建筑或不可移动的重要建筑为一类智能体——死智能体。用地红线内的重要历史保护建筑——王汉洲故居智能体定义如图2所示，由于其具有强势地位，本身不可移动，并且其文保范围必须有效保证，通过定义多个智能体来覆盖其保护范围。新建建筑为一类智能体——活智能体，相对灵活机动，可根据大小机制占据用地空间形成有机布局。另外公共集中绿地为另一类活智能体，在一定范围内也相对灵活自由。每类智能体根据自己的性质定义有不同的特殊属性，如柱网尺寸、定位坐标、影响半径等，但同时又遵从整个复杂系统的基本框架，形成可被识别和计算的系统要素。

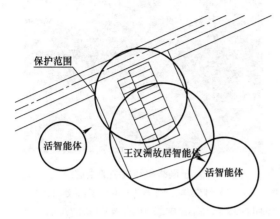

图 2　历史保护建筑的智能体定义
（图片说明：王汉洲故居历史建筑保护范围通过两个死智能体覆盖，其他新建建筑活智能体不得侵入。）

多智能体类编程方法的声明对应相互作用机制，如边界效应、体量大小变化、占据与避让等机制。历史保护建筑智能体相对固定，当和其他类型智能体发生作用关系时保持不变。而新建建筑智能体之间则发生相互排斥机制，并与周边用地边界和关键控制线形成退让机制，决定其最终形态。如图 3 所示，当两个智能体距离大于其覆盖范围时相互吸引，而小于覆盖范围时则相互排斥。同时还受到边界的限制，不得逃逸到边界外。

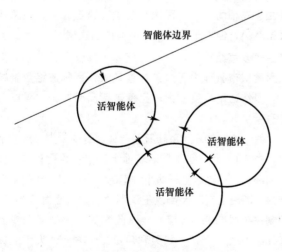

图 3　多智能体之间的相互排斥机制
（图片说明：新建建筑活智能体之间遵循排斥机制紧密排列，互相制约关联。）

多智能体网络生成算法研究对应场地划分、绿地保留、道路生成以及建筑体量生成。多智能体网络目前较为流行的为基于 Delaunay 三角剖分的 Voronoi 图，具

有成熟算法。在实际研究中，Voronoi 采用中垂线进行划分，这并不能很好地反映智能体之间的相互关系，因此在此基础上研发了基于根轴的增强型网络算法 Beyond Voronoi，如图 4 所示，增强型网络更加贴合原始状态的智能体关系。这种基于三角形根轴的算法前后经历了两个版本。当前最新版本不仅解决了老算法的缺陷，还提高算法效率。

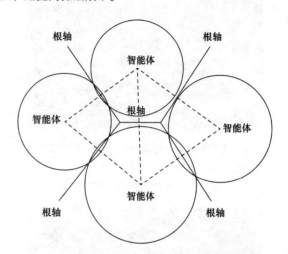

图 4　基于三角形根轴的 Beyond Voronoi 图
（图片说明：在分离和相交状态下利用圆的共同根轴进行场地划分，形成增强型网络，即 Beyond Voronoi 图。这比基于中垂线的简单 Voronoi 图更能反映真实的智能体边界关系。）

4　模拟生成

多智能体复杂系统自下而上在遵循运行机制下模拟城市生长，形成不可预判但又一定程度上有序的城市肌理宏观图景。整个生成过程主要有三个步骤。

第一步是在整个用地范围内按照城市一般性规划要点引入多智能体系统进行空间占据。主要包括用地红线、建筑红线与多智能体作用范围的对接和楼层限高、间距退让、建筑类型等的控制研究。如图 5 所示，所有智能体都在一定的约束范围内，每个智能体的大小受其与上新河大街的距离决定大小，并且以相互排斥机制调整位置，在宏观上形成一种过渡、渐变效果的有机排列形态，模拟传统街巷肌理和现代城市开发肌理融合。

第二步是对上新河大街的留存退让。如图 6 所示，原来处于上新河大街区域内的智能体根据所在位置按一定规则进行筛选过滤。由于整个用地的不规则性，最终形成三个智能体覆盖区域。每个智能区内仍然维持第一个阶段的生成逻辑，即相互排斥机制以及上新

河大街距离机制。考虑到传统建筑合院建筑群南北方向轴线，同时结合已有王汉洲故居建筑群尺寸，沿上新河大街两侧的智能体适当后退形成南北向较大进深建筑空间形态。

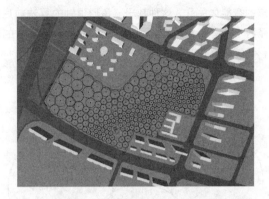

图5　基于整个地块距离和排斥机制的生成结果
（图片说明：死或活智能体共同作用，紧密排列，占据整个用地范围，生成场地布局初始形态。）

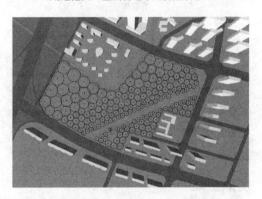

图6　基于上新河大街退让机制的生成结果
（图片说明：智能体沿上新河大街进行智能筛选和退让，形成符合历史建筑和传统街巷尺度的街巷空间。）

第三步是继承第二个阶段的智能体分布形态生成道路以及退让后的建筑。如图6所示，利用增强的Beyond Voronoi图来划分用地地块，生成网络。在每个地块按照距离机制进行道路退让以及建筑退让，并确定建筑高度，从而生成单个建筑体量和集中绿地。建筑体量高度依照距离机制控制，沿上新河大街为低层和多层建筑，生成传统街巷尺度肌理。而远离上新河大街则以高层建筑为主，逐渐融入周边现代城市肌理中。地块内的道路系统也结合基于Beyond Voronoi图退让机制生成。沿上新河大街的低层和多层建筑区域的道路尺度以步行系统为主，宽度较窄。而与之远离的高层建筑区域道路符合机动车尺度，形成环路。机动车停车主要集中在高层地下部分。最后统计生成主要经济技术指标并为设计人员进行样本积累，并在此基础上进行评判，从而优化

调控。

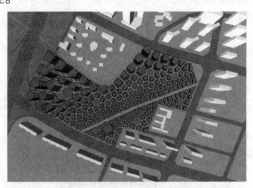

图7　基于网络织补机制的生成结果
（图片说明：基于智能体分布状况进行道路退让、建筑退让、高度控制以及绿地分布，生成建筑体量、集中绿地以及道路系统。）

通过对智能体数量、道路宽度、建筑退让距离、建筑限高等参数的调控，生成多方案以及对应的经济技术指标，可以帮助设计者进行高精度的对比研究。如图8所示，智能体数量280个、最小半径12m、最大半径32m、最大限高100m情况下，容积率为3.01，建筑密度为38.13%，整个城市肌理较为紧密。智能体数量减少到200个、最小半径18m、最大半径45m、最大限高同为100m情况下，容积率上升到3.27，建筑密度为41.6%，整个城市肌理较为宽松。从生成结果看，这一结论并非完全符合经验认知，即小尺度的建筑分布一定带来高密度低容积率，而大尺度建筑分布就一定得到低密度、高容积率。究其原因在于小尺度城市肌理由于在相同用地范围内包含的建筑数量多，道路尺度虽然小，但由于数量多（不考虑贴建情况），因此会产生较多道路面积，从而在整体上降低了覆盖率。而大尺度城市肌理由于建筑体量较大，所需道路数量减少，虽然道路尺度变大，但覆盖率反而在一定程度上会有所上升。

两个方案的容积率随着智能体数量的减少，尺寸增大，由3.01上升到3.27。表面上看似乎并没有带来优异的增长，但这是基于两个方案的限高规则一致的生成结果，即沿上新河大街以王汉洲故居建筑高度为参考，控制在2层约9m高度，并以此为基数按梯度渐变到100m。如图9所示，如果利用第二个方案的大智能体优势放宽限高规则到150m，容积率则可达4.29，得到显著提高。最终的高度控制范围需要在行政管理、商业开发和专业设计多方协同下综合决策，在生成层面上是完全可以保证技术模拟的。

经过对比研究，在一定的智能体数量、大小以及退让距离等参数控制下，在城市肌理、空间形态以及经济

技术指标方面可以得到较优的生成结果。如图10所示，智能体数量为268，最小半径13m、最大半径38m、最大限高150m参数控制下，容积率可达到为4.16，建筑密度为38.03％。

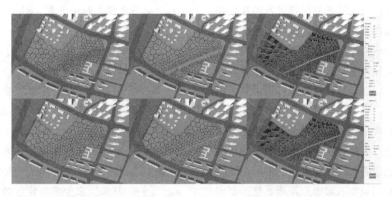

图8 不同智能体数量控制下的生成结果比较

（图片说明：智能体数量越多，建筑体量越小，道路所占比例变大，整个城市形态越接近传统小尺度城市肌理。相反，智能体数量越少，建筑体量越大，道路所占比例变小，整个城市形态越接近于现代大尺度城市肌理。）

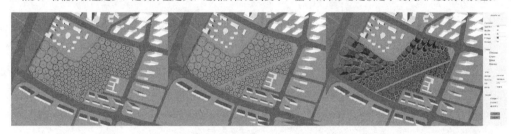

图9 提高建筑限高下的生成结果

（图片说明：最高的建筑限高提高到150米后，容积率可增加到4.29，在保持两种城市肌理融合的空间形态前提下，能够提高目前城市开发的规模。）

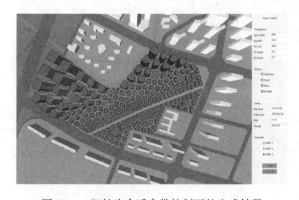

图10 一组较为合适参数控制下的生成结果

（图片说明：在较为合适参数组合控制下，生成结果能够形成具有较好织补效应的城市空间形态，其各项主要经济指标也能够满足商业开发的需求，激发城市活力。）

如图11所示，整个空间形态保留了上新河大街沿街的传统城市肌理，并具有一定纵深层次，而不仅仅是一层舞台布景式的沿街表皮。而远离传统街巷的区域在建筑体量和高度控制下逐渐融入周边的现代城市尺度肌理中，能够增加容积率，满足城市开发对规模的需求。整体方案在传统街巷肌理和现代城市开发之间通过多智能体复杂系统的生成控制，形成智能织补效应，同时较好地实现了各方的利益平衡。

图11 生成的空间形态效果

（图片说明：传统街巷空间肌理与现代城市大尺度开发模式下的效果形成自然过渡，有机融合）

5 结论与后续研究

本研究着眼于南京历史敏感地段，通过对上新河地段的保护建筑和现存城市肌理进行调研，利用Java计算机编程开发一套基于多智能体复杂系统的城市肌理智能控制生成工具，为南京以及和同南京一样在城市更新中面临高价值地段内高容积率商业开发同历史敏感地段传统建筑和城市肌理保护之间的矛盾提供可行的技术路线和研究模型，从而将南京历史敏感地段城市空间记忆的保护落到实处。整个研究以实存的历史敏感地段现状为研究载体，以多智能体网络算法研究为研究根基，以Java编程为实现驱动力，以参数优化和多样本积累为结论支撑，达到研究预期。

在接下来的后续研究中，主要有三个工作重点：一是继续在以往研究基础上有针对性地选择具有多样性的历史敏感地段进行实战研究；二是探索新的多智能体相互作用机制以便积累不同语境下城市更新所面临的新问题；三是进一步拓展新的网络算法研究工作，使得网络生成更具适应性。

参考文献

[1] 斯皮诺·科斯托夫. 城市的形成——历史进程中的历史模式和城市意 [M]. 单皓 译. 北京：中国建筑工业出版社，2005.

[2] 李飚. 建筑生成设计 [M]. 南京：东南大学出版社. 2012.

[3] 陈薇 王承慧 吴晓. 道路遗产与历史城市保护——以南京为例 [J]. 建筑与文化，2009，(5)：22-25.

[4] 童明. 城市肌理如何激发城市活力 [J]. 城市规划汇刊，2014，216 (3)：85-96.

[5] 彭冀. 基于多智能体的 SmartFAR 在城市设计中的应用 [J]. 新建筑，2015，(4)：128-132.

曾旭东 龙 倩

重庆大学建筑城规学院；zengxudong@126.com

基于 BIMcloud 云平台的建筑协同设计
——以某医院设计项目为例*
Building Collaborative Design Based on BIMcloud Platform
——Take a Hospital Design Project as an Example

摘 要：建筑信息化是我国建筑业发展规划的重要组成部分，是信息时代数据资源利用水平和信息服务能力的重要反映。本文基于 BIM 技术在建筑设计阶段的应用研究，从时间、空间上探讨多专业设计人员协同设计的技术流程，探索不同专业利用同一平台、同一模型的信息联动机制，以及解决协同工作中的错、漏、碰、缺等问题。本文以某医院设计项目为例，建立适合该项目规模的协同平台，明确每位设计人员的角色及权限，便于高效率、高质量的完成模型的信息集成。同时利用 BIM 三维可视化，实现任一阶段的碰撞检查和性能优化；利用 BIMcloud 云平台不受时间、地点、终端设备的限制，实现异地设计人员间的信息交流与反馈，进一步的提高了工作效率和设计质量。

关键词：BIM 技术；BIMcloud 云平台；协同设计；优化设计

Abstract：Building informatization is an important part of China's construction industry development plan, and an important reflection of data resource utilization level and information service capability in the information age. Based on the application research of BIM technology in the architectural design stage, this paper explores the technical process of collaborative design of multi-professional designers from time and space, explores the information linkage mechanism of different professions using the same platform and the same model, and solves the mistakes in collaborative work. Leak, touch, lack, etc. Taking a hospital design project as an example, this paper establishes a collaborative platform suitable for the scale of the project, clarifying the roles and permissions of each designer, and facilitating the information integration of the model with high efficiency and high quality. At the same time, BIM 3D visualization can be used to realize collision check and performance optimization at any stage. The BIMcloud platform is not limited by time, location and terminal equipment, and realizes information exchange and feedback between remote designers, which further improves work efficiency and Design quality.

Keywords：BIM technology；BIMcloud platform；Collaborative design；Optimized design

引言

工程项目的完成需要多方参与合作，在项目的全生命周期的各个阶段，都存在着信息流的相互反馈与跨专业的协同设计。尤其在建筑设计阶段，各专业（建筑、结构、暖通、给排水、电气等）之间的协同设计，为各

---

* 依托项目来源，重庆市研究生教育教学改革研究项目，yjg183012；重庆大学教学改革研究项目，2017Y56；重庆大学研究生教育教学改革研究项目，cquyjg18207。

参与专业提供了一个直观、清晰、实时同步的信息共享平台，有效的避免了传统工作模式中往往出现矛盾后再进行协调、修改、补救的被动式协同。

BIM 技术的发展，建筑业信息化水平的提高，为建筑工程项目的协同设计创造了更方便的操作平台，更效率的工作模式，不仅实现了从单纯的二维图纸到建筑信息模型的转变，也实现了从独立分散的专业设计到异地实时同步的协同工作[1]。基于 BIMcloud 云平台的建筑协同设计，本文重点研究创建协同工作平台的技术流程以及协同工作中各专业设计人员如何更效率的参与设计。以实际项目为例，运用 BIM 技术建立协同平台，并通过前期协同流程的计划制定，实施多专业的协同设计，完成建筑信息模型（BIM）信息集成的渐进式过程。利用相关的技术资源辅助与专业人员的指导，深入探究在协同工作中如何实现统一的坐标、角色权限的设置、工作过程中的元素请求、发送与接收以及权限的保留与释放等具体技术流程和控制要点。

1 BIM 协同设计

1.1 建筑协同设计

计算机技术的发展将人类社会推进到信息时代，改变着企业的经营过程与人们的工作模式。随着信息化的深入和网络技术的普及，计算机应用从过去的单用户工作模式逐渐转变为多用户协作工作模式，形成了计算机支持下的协同设计——CSCW（Computer Supported Cooperative Work）[2]。而建筑设计由于自身的复杂性与工作的精细度，对于各专业人员的相互配合要求也更严密。

建筑设计的协同工作需要多个专业的参与配合才能完成，在建筑协同设计过程中，通过约定专业内和专业间的协同工作方式，确定其工作流程与技术要点，才能在并行的协同工作中保证专业间的信息传递及时有效。传统的建筑设计中，即使采用二维协同设计，也仍旧有部分内容协调压力较大，首先二维协同设计受文件管理局限，同一文件无法两人同时编辑，从而影响专业内的协作，其次，专业间表达的相同内容，受图形表达的影响，需要设置比较复杂的工作流程。

而在 BIM 的协同设计中，可以允许同专业人员在同一个文件上同时操作，专业间不仅传递图形，同时传递属性，重复内容即使专业间各自创建重复表达，重复表达的内容也是联系并联动的。多个专业子系统的建立合并，共同构建复杂的建筑体系，有效并及时地实现了各个专业间的信息流反馈，其三维可视化的协同设计，更为后期室内净高的控制、立管穿墙、预留孔洞等提供了现实依据，避免了后期很多不必要的方案冲突，大大

减少现场的设计变更及工程返工，在质量和效益上都有较大提升。

1.2 协同设计平台

ArchiCAD 是 Graphisoft 软件公司的核心产品，最早的 BIM 核心建模软件，具有较大的市场覆盖率，是符合建筑师需求的 BIM 设计软件。2009 年，Graphisoft 基于 BIM 服务器产品基础上研发了 BIMcloud，它为设计工作者创建了一个共享和交流 BIM 数据的平台，实现了从单一服务器管理到多服务器环境的转变，为多专业团队协同工作在同一平台上进行工作提供了可能性。

BIMcloud 解决方案由一个中心的 BIMcloud 管理器、若干服务器和若干客户端组成，并通过中心的 BIMcloud 管理器构成连接。BIM 项目在同一个 BIMcloud 中可以在 BIM 服务器之间自由的移动，可以在不打断其他任何客户端工作的情况下进行改变，最终的数据由专门的 BIMcloud 服务器进行统一存储和管理。

1.3 协同设计的工作模式

BIMcloud 的协同工作具有自由、实时、整合、扩展、稳定的特点，其工作模式不受时间、地点、终端设备的任何限制。异地现场调研的同学可以随时携带 ipad 等移动终端进行资料搜集，实时反馈给校内在电脑旁进行设计工作的同学；本地在校学生则可在 ArchiCAD 客户端中对设计方案进行调整，并实时将修改信息回传给现场和其他专业的工作人员；而其他专业的人员再根据修改意见进行调整优化。整个协同过程，专家跟指导老师可以通过任一终端进行项目访问，并将指导意见及时批阅并回传（图 1）。

图 1　协同设计工作模式示意图
（图片说明：BIMcloud 云平台协同设计不受任一终端限制）

1.4 BIMcloud 协同设计的优势

（1）提高工作效率：在传统的二维设计协同模式下，建筑师在整个过程中需要不停地修改调整，且整个协同设计是单向不可逆的，不仅质量得不到保证，还需要花大量的时间精力进行各专业模型的匹配统一[3]。而

通过 BIM 技术的协同设计，建筑以信息模型的方式搭建，项目参与人员在同一个共享平台、同一套标准下完成项目的协同工作，避免了很多不必要的重复问题修改，将许多问题前置暴露并解决，同时也方便了各专业人员互相检查专业冲突的问题，不仅效率提高，也保证了模型的质量[4]。

（2）信息一致性：BIM 技术的协同设计，是在 BIMcloud 云平台上将大量的建筑信息组成三维可视模型，其模型信息通过直接或间接地方式交互后，每个阶段的信息都是一致的，确保了项目协同设计的精确性。

（3）三维可视化：BIMcloud 云平台为各专业人员提供了一个真实的、同步的可视化平台，在设计的任何阶段都可以进行模型与数据的直观检验。如果某专业人员将数据参数变更后，模型参数会即时的改变，并同步给其他专业。

三维可视化的操作，不仅更加精确，还有利于发现问题并及时修改，比到工作快完成后再发现修改更经济快捷。

（4）模型信息的高效整合：通过 BIMcloud 云平台的团队协同设计，完成了建筑设计从粗到精、信息由简到繁的建筑信息集成过程，解决了不同专业协同工作推动模型信息逐渐完善过程中的错、漏、碰、缺等问题。最终的建筑模型是一个高度信息整合的信息库，在建筑的全生命周期中，业主、施工单位、监理、设计等端口都可以实时的查看该平台、检验模型、性能优化以及管理储存等，充分发挥 BIM 模型的信息化价值。

2 BIMcloud 协同设计的应用实践

2.1 项目简介

本项目为某医院的改扩建工程，医院大楼总建筑面积 9218m²，原建筑面积 7183m²，建筑占地面积 1993m²，原占地面积 1330m²，地上六层，建筑总高度 23.4m。大楼于 1991 年 10 月开工，1992 年 10 月竣工，框架结构，经莆田市建筑工程质量监督站验收，主体、装饰、电气部分质量优良，给排水合格，核定结果为优良。该项目的主要任务是建筑物内部功能及装修改造、外立面更新设计、给排水、通风空调等专业改造。在大楼南侧加建二层入口广场，二至六层加设疏散外廊，扩大后一层为大楼新增设备房、消毒供应中心及室内车库。在一层设置口腔诊室排水预处理系统，经预处理后的牙科废水经水泵排至大院的污水处理站集中处理。

2.2 团队协同

医院项目在 ArchiCAD 的 BIMcloud 云平台上完成了项目的建模过程，主要包括结构、建筑、暖通、给排水、电气的模型搭建。首先在 BIMcloud 云平台上创建用户及划分小组，设置团队项目——某医院 BIM 项目，进行不同角色权限的设置，包括建筑师、结构工程师、暖通工程师等；然后会形成一个团队工作的面板，所有项目参与人员在工作面板上进行用户及元素的请求、发送与接收，以及用户权限的保留与释放。最后在云平台上完成了整个医院项目的 BIM 模型搭建。

2.3 项目协同

（1）净高的控制：由于此次医院项目是一个改扩建工程，原始建筑层高并不高，除了六层为 4.8m 外，一至五层均为 3.6m。为了最大限度的增加室内净高，在排水管的排布中，让起点（最高点）尽量贴梁底使其尽可能提高，然后保持直线和一定坡度接入立管处；而各类暖通空调的风管尺寸比较大，需要较大的施工空间，所以风管上方有排水管的，安装在排水管以下，风管上方没有排水管的，尽量贴梁底安装，以保证天花板的高度整体提高。在保证各个系统管线不交叉碰撞的前提下，最大限度的控制了室内净高。最终其室内最高净高 2.7m，最低净高 2.4m，得到了各参与方的一致认可。

（2）管网综合的调整：通过 BIM 软件碰撞检查报告可知，在整个项目协同设计中出现了很多碰撞。首先是排水管与空调风管位置重叠，标高的冲突使得排水管穿风管而过，纯水系统的小排水管也穿梁而过。通过暖通与给排水专业的协同工作，以大管优先的原则，在不改变风管位置的前提下进行排水管的垂直下移，且与吊顶间留有检修的空间（图2）。

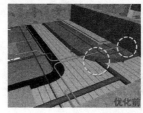

图 2 排水管与风管位置优化图
（图片说明：排水管与风管位置重叠，利用三维可视化优化设计）

其次是消防排水管与电缆桥架的碰撞，这些碰撞因为在同一个标高，二维图纸根本无法准确的发现问题，通过 BIM 中的碰撞检查可以将它们进行有效地调整，小管优先避让大管，然后调整消防排水管的竖向位移。如果电缆桥架与吊顶间的间距不够时，可适当提高电缆桥架的竖向高度，保证排水管从电缆桥架的下面通过（图3）。

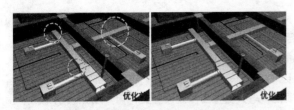

图3 优化消防管与电缆桥架发生碰撞

（图片说明：排水管与风管位置重叠，利用三维可视化优化设计）

（3）内装与管网综合的调整：内装模型的建立后，需要尽可能的减小空调机的尺寸，使得在净高控制的条件下其他管网有足够的空间排布通过，还要保证管道距墙、柱以及管道间的净间距不小于100mm，留有检修空间；而通风口支管以及喷头支管长度要超出吊顶20～40cm，保证消防喷淋系统的有效排布；同时，还要调整灯具与空调机的位置，如果重叠，可以将灯具挪动到旁边继续阵列排布。

3 结语

通过BIM技术让所有专业的人员在同一个项目上进行协同设计，共同完成医院项目的BIM模型搭建。

基于BIMcloud云平台的建筑协同工作，可在方案设计阶段实现三维可视化管线综合，在设计阶段发现传统二维工作模式无法发现的问题，对专业协同的结果进行全面检验，解决专业之间的冲突、标高上碰撞等难点，并尽早进行管线优化设计，其成果可对后期实际施工提供相应参考与指导。通过BIMcloud团队协同工作可减少因图纸错误导致的方案变更或者返工而造成的进度与成本的损失，提高工作效率，项目工程质量也得到保证。

参考文献

［1］ 何关培. BIM总论［M］. 中国建筑工业出版社，2011.

［2］ 赵昂. BIM技术在计算机辅助建筑设计中的应用初探［D］. 重庆大学，2006.

［3］ 姚远. BIM协同设计的现状［J］. 四川建材，2011（1）：193-194.

［4］ 梅苏良，周与淳，等. 中国BIM协同设计的现状分析［J］. 科技创新导报，2012（28）：4-5.

李 力 韩冬青 董 嘉
东南大学建筑学院；101012053@seu.edu.cn

基于深度学习的公共空间行为轨迹模式分析初探 *
Analysis of Trajectory Pattern in Public Space based on Deep Learning

摘 要：建筑能耗不仅取决于建筑的物理节能性能，更受到使用者室内行为的影响。随着室内定位技术的发展，大量的室内行动轨迹可以被监测记录。这些轨迹既可以揭示人在室内的分布规律，也可以被进一步转译为具体使用行为，从而探究使用行为和建筑能耗间的关联性。但是，由于轨迹信息的复杂性、多样性及外部噪声干扰，现有统计分析方法很难对数据进行深度解读，且容易受到研究者先验知识的影响。本文提出了一种全新的基于卷积自编码神经网络（CAE）的行为轨迹聚类算法。该算法使用 CAE 模型，将原始轨迹数据进行压缩并产生对应的特征向量，根据特征向量间进行聚类分析。算法可以通过非监督式的学习方式，自动提取轨迹主要特征并排除噪音等干扰。此算法被成功应用于真实展览空间中参观人员行为特征的分析中，并成功提取了典型的空间行为轨迹模式。在此基础上，结合问卷调查的背景信息，将参观者人员的个体属性与行为模式进行了综合的分析，并发现内在规律。

关键词：深度学习；神经网络；室内定位；行为模式；公共空间

Abstract：Building energy consumption not only depends on the physical energy efficiency of the building, but also by the user behavior. Whereas, due to the lack of efficient observation means, there is not enough data to support in-depth research. Now, With the development of indoor positioning technology, a large number of indoor action tracks can be recorded. These tracks can reveal the distribution of people in the room, or can be further translated into specific use behavior, In order to explore the use of behavior and building energy consumption correlation. More in-depth analysis of the study first need to be based on the similarity of action trajectory comparison. Whereas, because of the complexity and diversity of trajectory data, it greatly increases the difficulty and stability of data comparison. In this paper, a new algorithm based on convolutional self-coding neural network (CAE) is proposed. The algorithm compresses the original trajectory data into corresponding feature vectors through the deep learning of CAE, The Euclidean distance between eigenvectors is used to compare the similarity of trajectories. The algorithm can be used in unsupervised learning, The main features are extracted automatically and the interference such as noise is ignored. This algorithm has been successfully applied to the analysis of the clustering features of visitors' action trajectories in real exhibition space. Experimental results show that compared with the existing algorithms, the proposed algorithm has great advantages in robustness, flexibility and practicability.

Keywords：Deep learning; Neural network; Indoor tracking; Behavior pattern; Public space

* 本文受国家重点研发计划资助项目（2017YFC0702300）之课题"具有气候适应机制的绿色公共建筑设计新方法"（2017YFC0702302），国家青年自然科学基金（51808104）"基于用户行为模式挖掘的建筑使用效能研究"，江苏省双创人才资助项目资助。

建筑能耗不仅取决于建筑的物理节能性能，同时受到使用者行为的影响。即使建筑本身采取了节能设计，也会由于使用不当而浪费能源。在一项既有的研究中发现，某些建筑物在非工作时间（56%）比工作时间（44%）消耗了更多能源。这不仅是因为使用者离开建筑物时未能关闭等与能耗设备，也是建筑分区设计与管控的不良结果[1]。目前越来越多的研究者提倡根据使用者的实际需求来进行建筑物能耗的计算与精细化设计[2]。如今，随着室内定位技术的发展，大量的室内行动轨迹可以被记录下来。这些轨迹既可以揭示人在室内的分布规律，也可以被进一步转译为具体使用行为。这就要求首先对空间中使用者的行为模式进行深入的分析。

1 研究背景

1.1 主观分类方法的局限性

聚类分析是模式研究的重要手段，由于空间中使用者的行为各不相同，将其分为若干典型的类别是对其进行规律性概况的重要手段。公共空间使用者的行为模式类型研究中，通常以使用者的个体属性如性别、年龄、职业来进行分类研究。在某些特定的研究中也有针对性的分类，如交通综合体中的通行者与购物者、游憩公园中的通行者与停留者、图书馆中的借阅者与自习者等。这些分类方法均是先假定了具有相同客观属性的人具有相似的行为，且多基于研究者的先验知识及主观的预判。此类方法虽然简单明了，通用性强，在很多场景中的确揭示了一些空间使用规律。然而其主观选择的分类依据并不能被确保是主要影响因子。

1.2 定位数据采集技术

对使用行为进行量化分析的基础是行为数据的采集。传统的环境行为学方法分为以观察为基础的计时、计数、行为注记、痕迹测量等和以自我报告测量为主的问卷、访谈、任务绩效测验等两大类[3]。应用在建筑学研究领域，常用的有计数器计数法、杨盖尔的行为注记法与调研法、绘制城市意象图调研法等。较好的数据采集方法首先应具有非干扰性，其次是数量、精确度能够达到要求，并且具有可行性与经济性。从这些判断标准来看，传统方法往往消耗大量的人力物力，记录的结果也不一定准确。以网络数据、交通数据、定位数据与摄取数据的获取为代表的结合通信科技与大数据分析的技术，能够帮助研究者能够获得样本量更大、种类更多样、行为特征更全面的行为数据与信息[4]。

在最新的中小尺度空间研究中，国内外已经有 GPS 手持机与基于 Wi-Fi 的室内定位系统技术在街区研究中得到运用[5]。东南大学建筑运算与应用研究所与瑞士 Nexiot 公司共同研发的室内定位系统基于超宽带（Ultra-wideband，UWB）无线定位技术，可在经济可行的前提下，将精度提高到厘米级，得以准确监测复杂室内外环境中使用者的位置信息。装置简单易携带，已在多个室内场景中得到应用。在超市中，通过与购物篮的结合，实现了无法通过传统方法进行的购物者分布的观测，帮助确认了超市布局经验与空间句法的预测准确度[6]。在图书馆阅览室中，结合阅览者行动轨迹及物理环境信息，优化平面设计等[7]。

1.3 行为轨迹的解读与应用

空间位置数据与其采集时刻的时间戳相结合，可以从位置、移动速度、发生时间等方面推断其包含的使用者行为意义。其中，位置数据依据时间排序得到行为轨迹，可以揭示使用者的行为规律。行为轨迹分析在较为宏观的城市领域已得到广泛应用。主要在居民通勤、购物、旅行等方面进行时空行为特征的地理学分析。数据来源主要有 GIS，手机信令，GPS，监控影像等。通过对行为轨迹的分析，城市学者探讨了出行选择与空间规划直接相互制约的关系，居民决策与空间的互动，城市空间布局与发展演变等问题。例如利用手机信令数据测度城镇体系的等级结构[8]，利用公交刷卡数据分析背景职住关系布局[9]，以旅游者的 GPS 轨迹优化景区路线设计[10]等。这些研究中通过发现大量轨迹数据中的规律进行研究，包括若干轨迹模式的总结归纳和判断。相对而言，中微观尺度的行为轨迹研究则较少。事实上，在建筑室内尺度的使用者轨迹可以有效反映使用者的行为模式，代表了室内空间的实际使用状况。在此基础上对于优化室内功能布局、分区能源控制等方面均有重要的基础价值。

1.4 行为轨迹相似性分析

行为轨迹的相似性分析是聚类分析的基础。目前的方法可以主要分为三大类。第一类方法，逐点比较不同轨迹中的定位点之间的距离差异[11]。此类方法要就对定位点的采样频率数量一致性要就很高，容易受到噪音的影响且计算量大。第二种方法受时间序列分析领域的启发，使用离散傅里叶变换（DFT）或离散小波变换（DWT）[12]将轨迹转换后进行比较，但此类方法要去轨迹长度相同。对于第三种方法，轨迹的形状不再是比较的对象。相反，轨迹首先被转换为一系列位置或兴趣点（POI）的意义含义。然后，将形状比较转换为这些位置或 POI 的顺序模式的比较[13]。此类方法只适合大尺度且 POI 稀疏的场景中。在室内小尺度环境中，POI 会有大量重合，不适此类方法。

现有的行为轨迹分析方法应用于室内环境时，都具有一定的局限性。此外由于行为的复杂性及随机性，通过人工标记轨迹类型来提供训练数据的难度和工作量都很大，因此无法通过有监督式机器学习的方法来进行分类。在此情况下，无监督学习法可以自动在原始数据中发现模式规律，寻找主要特征，是从大量行为轨迹中提炼出典型的行为模式的有效途径。在诸多非监督机器学习模型中，卷积自编码神经网络（CAE）在图像聚类分析中已经获得了很好的表现[14]。因此，只需将轨迹数据进行图像化预处理，便可借助 CAE 模型来对轨迹数据进行聚类分析。

2 基于 CAE 的行为轨迹聚类及分析方法

为了测试算法的实际应用效果，作者在真实环境中，对真实对象进行了实验，并且涵盖了从数据收集到数据管、数据挖掘的整个过程。

2.1 数据采集系统

实验所采用的室内定位系统由本的团队基于 Deca-wave DWM1000 模块开发的（图1），可以实现实时、高精度、多目标、全覆盖的行为数据收集工作。该模块基采用超宽带信号进行定位。在理想条件下，它可以将定位误差水平降至 ±10cm，已经达到室内空间（例如公寓，办公室或博物馆）的定位精确需求。系统由三种设备组成：标签节点、锚节点及控制终端。标签附在被观测对象上，用于测定被观测对象的位置。在本次实验中，标签被制作成方便佩戴的智能手环的形式。锚节点位于具有已知坐标的固定位置。标签节点可以通过和三个不同的锚点执行至少三次距离测量来确定其位置。所有锚节点通过以太网连接到并将测量上传到控制终端。控制终端收集所有距离测量值，使用三边测量算法计算标签的位置，并录入数据库中。

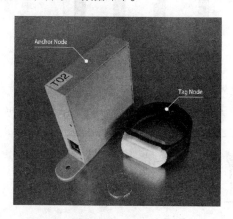

图 1　定位基站（Anchor）及
定位标签（Tag）

2.2 监测场景

实验场景选择在东南大学前工院展厅开办的一次为期两周的展览。展览分为室内与室外两个展区。展厅位于前工院一层，面积分别为 450m² 和 745m²（图2）。展品共 21 组，其中室内 14 组，室外 7 组。展品形式多样，大小不一，以展品和展台本身对展厅形成自然的分隔，参观者可以自由穿行。8 个锚节点固定在吊顶上以覆盖整个展览空间。每个定位点的采样间隔根据为活动目标的数量的不同在 5 秒左右。监测过程中，收集了 248 个轨迹和 22，356 个跟踪点样本。除了轨迹信息，在向参观者发放和回收定位标签的同时，通过数字问卷的形式获取了参观者的背景信息，包括性别、职业、对展览领域的了解程度。其中职业分为本科生、建筑学院研究生、其它学院研究生、教师与科研人员、相关从业者、兴趣爱好者共六个选项；对展览领域的了解程度由浅到深分为六个层级。

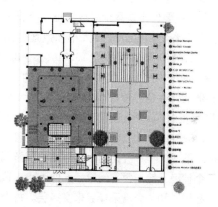

图 2　展厅平面图

2.3 数据预处理

每个定位点 p 由空间坐标集 x，y 及时间戳 t 组成，例如 p＝（x，y，t）。每个轨迹 T 是一系列按时间顺序排列的定位点。例如，T＝p1→p2→…→pn 是具有 n 个定位点的轨迹。依次将这些定位点用线段链接起来，可以创建一个新的 n－1 的多段线 pL，pL＝s1→s2→…→s(n－1)。pL 用来表示参观人员的行为轨迹，采样间隔越短，越接近真实轨迹。

由于 CAE 最初是为图像处理而设计的，首先需将轨迹转换为栅格化图像（图3）。为了获得数据损失和计算量之间的平衡，最终选择使用 64×64 像素的灰度图像来保存轨迹数据。灰度值由一个字节表示，0 为空白，255 为黑色。与轨迹线段交叉的像素设置为 255，否则设置为 0。

图 3 轨迹转换为栅格化图像

2.4 机器学习模型的建立

CAE 模型经常被用于聚类的研究，例如在手写文字的聚类分析上已经达到了非常高的准确度。经过训练的 CAE，相似的输入会有相似的隐藏层神经元输出。基于此原理，可使用 CAE 将图像转换为可以定量比较的低维特征向量。

轨迹数据被格式化为灰度图像后，输入数据大小为 $64 \times 64 \times 1 = 4096$ 个维度，因此与输出数据的尺寸相同。在研究了几个成功的 CAE 特性之后，最终确定的神经网络架构设计如下：该架构由卷积编码器，全连接层和卷积解码器组成，从输入层到输出层分别是三个部分。卷积编码器采用交错层的形式，具有 4 个卷积层和 4 个池化层。主要作用是逐步提取特征并降低输入数据的维度。每个卷积层的滤波器大小和数量分别设置为 9×9、7×7、5×5 和 3×3 以及 16、16、8、8。在池化层中，$2 * 2$ 网格将图像的维度降为前一层的 1/4。经过卷积编码器后，数据维度减小到 $4 \times 4 \times 8 = 128$ 维。全连接的层包括三层完全连接的神经网络，分别具有 128、3、128 个神经元。这是架构中的瓶颈层，整个图像在此被压缩成 3 个神经元输出。利用卷积解码器，又可将这三个神经元输出重建为原始图像大小，该解码器使用 4 个卷积层和 4 个增采样层来交错。每个卷积层的滤波器大小和数量分别设置为 3×3，5×5，7×7 和 9×9 以及 8、8、16、16。在增采样层中，使用 $2 * 2$ 网格将图像的宽度和长度在每层之后乘以 2。卷积解码器层后，数据又回到 $64 \times 64 \times 1 = 4096$ 的维度。

2.5 工作流程

整个工作流程可以分为两个步骤。第 1 步为训练，第 2 步为相似性分析。

在训练期间，所有轨迹图像作为训练数据被馈送到 CAE 中。然后，CAE 根据每个输入图像生成相应的输出图像。输入和输出图像会有所不同，称为误差。训练的目的是通过反向传播算法调整神经网络的权重，以最小化输入和输出之间的误差。训练后，输出图像与输入非常相似，这意味着 CAE 以权重组合的形式获取了最重要的特征。

训练完成后，CAE 中的所有权重被调整并保存。在相似性分析期间，所有轨迹图像再次被馈送到同一个 CAE 中。收集瓶颈层中神经元的输出值作为用于比较的特征向量。两个向量之间的欧氏距离可以作为原始图像之间的差异度的衡量标准。

3 聚类结果与分析

3.1 训练结果

CAE 模型将所有轨迹都被压缩成包含 3 个值的特征向量的形式。如此就可以通过比较这些特征向量而不是原始轨迹数据来获得不同轨迹之间的相似性，可以显著降低计算成本，并且避免原始轨迹数据中的噪声。这些特征向量可有不同的应用。例如，特征向量可用于在大型数据库中快速搜索类似的行为轨迹。图 4 中，右侧的 5 个轨迹是左侧第一个轨迹在数据库中最相似的轨迹。

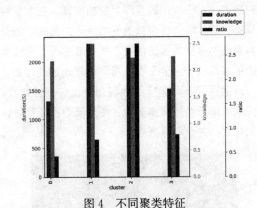

图 4 不同聚类特征

此外，通过引入聚类算法，可以将轨迹分组到不同的聚类中。例如，在图 5 中，所有轨迹都用 Kmeans 算

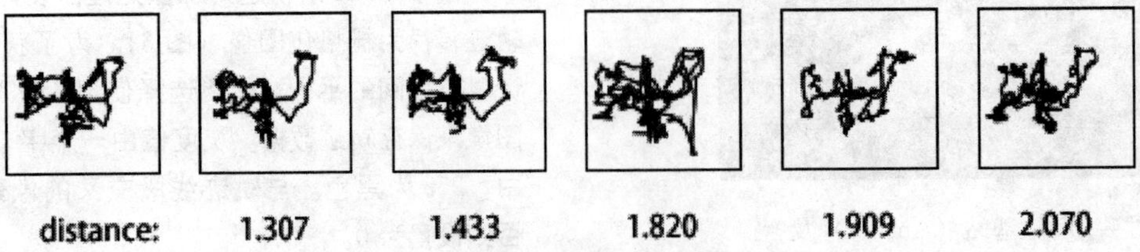

distance: 1.307   1.433   1.820   1.909   2.070

图 5 与右侧轨迹最相似的五个轨迹

法聚类成 4 组。由于特征向量的长度为 3，因此可以在三维视图中可视化。

3.2 聚类分析

将聚类结果与其他背景信息相结合，可以发现更有意义的规律模式。通过分析不同聚类中参观人员的性别、职业、对展览领域的了解程度等的统计信息，还可以进一步揭示模式的成因，检查背景和轨迹聚类之间的关系。

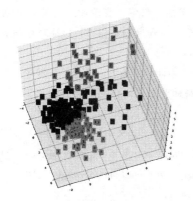

图 6　聚类分析

图 6 显示了每个聚类的平均访问持续时间，访客对展品的了解程度以及男女比例。群集 1 具有最高的了解程度和最长的平均持续时间。但了解程度与其他集群没有太大差异。因此，很难得出了解程度会影响观览的持续时间。但是，如果比较第 1 组和第 2 组，它们的持续时间远远高于第 0 和第 3 组，这意味着这两个聚类中的参观者对展览感兴趣并在展览上花费更多时间。但是，他们中的男女比例差别很大。群集 2 中的男性访问者比群集 1 中的访问者多得多。这意味着可以仅仅通过看观察他/她的轨迹来分辨感兴趣的参观者的性别。通过分析每个集群中的典型轨迹可以找到内部机制。第 1 组和第 2 组中的轨迹都覆盖整个展区。然而，群集 2 中的轨迹路径在室内和室外均匀分布，而群集 1 轨迹主要在室内空间中。这意味着第 2 组（主要是男性访客）的访客在访问室内和室外展览时花费的时间相似，而第 1 组（主要是女性访客）的访客在室内空间花费的时间更多。这可能是由于展览举办在深秋季节，而室内外的温差大而导致的行为差异。女性对温差更敏感，不愿意长时间待在室外的寒冷的环境中。

图 7 显示了一天内各小时不同聚类轨迹的出现频次。一些聚类的分布有明显的趋势。例如，聚类 1 和聚类 2 的出现峰值是 14：00，因为它们都包含许多感兴趣的访问者。这些参观者做好了充分的准备，在展览结束前需要预留足够的时间。第 0 和第 3 聚类的分布相对均

匀，有几个小峰值。因为他们中的大部分是学生，集中在下课时间出现，花了 15-20 分钟观览。在第 0 聚类在 11 点左右有个例外。原因是展览开幕式是在第一天的 11：00。开幕仪式吸引了很多路人。群集 0 的典型轨迹显示，该群集中的访问者大部分没有看完所有展览。因此，可以得出结论，大多数感兴趣的访客在 14：00 左右到达。

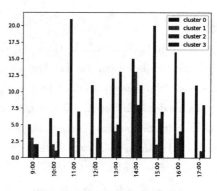

图 7　不同聚类人员到达时间

4　总结与展望

4.1　算法优势

与现有的轨迹相似性分析方法相比，本文提出的方法具有以下几个优点。首先，该算法鲁棒性高，对低质量数据也有较好的聚类表现，例如噪声，丢失数据点，异构采样间隔和轨迹长度。这些在现实场景中是不可避免的。与基于逐点比较的方法相比，本方法在数据清理阶段节省了时间。其次，本方法直接比较轨迹的几何属性。与先转化成 POI 相比，它更直接，更能够防止数据预处理过程中的信息丢失。POI 最初用于在城市规模进行的研究中，并且当点稀疏分布时没有出现问题。但是，在室内环境中，大多数点重叠。例如，由于展品沿人行道的两侧分布，因此难以确定通过哪个感兴趣的点进入。第三，本算法生成的特征向量的长度可以通过改变瓶颈层中神经元的大小来任意设置。因此，输出特征向量可以容易地与其他特征组合以满足其他分析算法（例如，K 均值，SOM 和 SVM 算法）的要求。

4.2　后续研究

目前算法还有可以改进的方面。在数据预处理过程中，将室内行动轨迹转换为灰度图像时仅考虑位置信息，而忽略时间戳。因此，转换成图像的训练数据不能表示移动速度。当采样率设置为固定频率时，可以根据跟踪点的密度来判断速度。但是，如果采样频率发生变化，则无法表示。忽略时间戳带来的另一个问题是路径没有先后顺序，形状相同但相反方向的路径看起来是相

同的。在未来的工作中，为了解决这个问题，可以将时间戳作为另外一个维度添加到训练数据中。

本文提出了一种基于 CAE 的非监督式的室内行为轨迹聚类方法。通过实际案例，展示了其余被观测者的背景信息的关联性研究。此方法还可以进一步拓展，结合室内环境参数、设备运行状态及能耗，从而发掘用户行为与能耗间的关联性。

参考文献

[1] Masoso, O. T. and L. J. Grobler, The dark side of occupants' behaviour on building energy use [J]. *Energy and Buildings*, 2010. 42 (2): 173-177.

[2] Delzendeh, E., et al., The impact of occupants' behaviours on building energy analysis: A research review [J]. *Renewable and Sustainable Energy Reviews*, 2017. 80: 1061-1071.

[3] 贝尔. 环境心理学 第五版 [M], 北京: 中国人民大学出版社, 2009.

[4] 褚冬竹. "行为—空间/时间"研究动态探略——兼议城市设计精细化趋向 [J]. 新建筑, 2016 (3).

[5] 黄蔚欣. 基于室内定位系统（IPS）大数据的环境行为分析初探——以万科松花湖度假区为例 [J]. 世界建筑, 2016 (4): 126-128.

[6] Jia Dong, ISOVIST BASED ANALYSIS OF SUPERMARKET LAYOUT——Verification of Visibility Graph Analysis and Multi-Agent Simulation [C], 11th *International Space Syntax Symposium*. 2017:

University of Lisbon, Portugal.

[7] 魏云琪, 戴思怡, 王奕阳, 李力, 虞刚. 基于室内定位技术的用户行为模式与优化设计研究 [C]. 数字技术·建筑全生命周期——2018 年全国建筑院系建筑数字技术教学与研究学术研讨会论文集. 2018.

[8] 钮心毅, 王垚, 丁亮. 利用手机信令数据测度城镇体系的等级结构 [J]. 规划师, 2017. 33 (1): 50-56.

[9] 龙瀛, 张宇, 崔承印. 利用公交刷卡数据分析北京职住关系和通勤出行 [J]. 地理学报, 2012. 67 (10): 1339-1352.

[10] 李渊, 丁燕杰, 王德. 旅游者时间约束和空间行为特征的景区旅游线路设计方法研究 [J]. 旅游学刊, 2016. 31 (9): 50-60.

[11] Agrawal, R., C. Faloutsos, and A. Swami. Efficient similarity search in sequence databases [C]. *International Conference on Foundations of Data Organization and Algorithms*. 1993.

[12] Chan, K. P. and W. C. Fu, Efficient time series matching by wavelets [C]. *Proc the IEEE ICDM* 1999, 2003: 126-133.

[13] Ye, Y., et al. Mining Individual Life Pattern Based on Location History [C]. *Tenth International Conference on Mobile Data Management: Systems, Services and MIDDLEWARE*. 2009.

[14] GE Hinton, R. S., Reducing the dimensionality of data with neural networks [J]. *Science*, 2006: 504-507.

张 帆 贾 冰 刘万里

沈阳建筑大学建筑与规划学院；1518752492@qq.com

基于分形理论的沈阳市典型区域天际线维数测算研究*
Research on Fractal Dimension Calculation of Skyline of Typical Areas in Shenyang Based on Fractal Theory

摘　要：分形理论作为非线性几何学理论，用于描述不规则的形态。天际线是由建筑构成的整体结构，承载着一个城市的人文意向、审美特征和回忆归属，对其进行量化的形态分析是城市分析和设计的基础依据，具有重要的理论价值。本文选择若干沈阳市典型区域的天际线作为研究对象，借助分形理论和相关数学方法对其形态特性进行量化评价。运用"计盒维数法"，通过测算典型区域的天际线的分形维数，建立起直觉和数据之间的联系。对比不同区域分形维数，分析天际线层级的区域差异及其成因。研究结合各区域的城市空间特征，为沈阳市的天际线研究提供一种具有数据科学性的研究方法，作为城市设计和城市更新的可靠理论支撑。

关键词：分形理论；天际线；维数测算；计盒维数法

Abstract：As a nonlinear geometry theory Fractal theory is used to describe irregular shapes. The skyline is a whole structure. It consists of different architectural contours. It carries the humanistic intention，aesthetic characteristics and memory attribution of a city. The quantitative analysis of it is the basis of urban analysis and design，and has important theoretical value. This paper selects some skylines of typical areas of Shenyang as the research object，and quantitatively evaluates its morphological characteristics by means of fractal theory and related mathematical methods. Using the "counting box dimension method"，the connection between intuition and data is established by measuring the fractal dimension of the skyline of a typical area. Compare the fractal dimension of different regions and analyze the regional differences in the skyline level and their causes. The study combines the urban spatial characteristics of each region to provide a scientific and scientific research method for the study of Shenyang skyline，as a reliable theoretical support for urban design and urban renewal.

Keywords：Fractal theory；Skyline；Fractal dimension measurement；Box-counting dimension

沈阳作为东三省的核心城市，其天际线轮廓线承载着一个城市的人文意向、审美特征和回忆归属，对其进行量化的形态分析是城市分析和设计的基础依据，具有重要的理论价值。当下的城市天际线研究中大都停留在主观的定性研究，缺少量化的疏浚分析支持。本文以三个具有代表性的区域的天际线为研究对象，借助分形理论对其进行定量研究。

分形理论（Fractal Theory）由数学家芒德布罗（Mandelbrot）在1975提出，明确了分形的概念和数学定义[1]。分形几何是分形理论下的一门以不规则自然形态为研究对象的几何学。在传统的欧式几何中，经常把自然界中的实体行惯性的概括为欧式几何形体，而分形理论则可以直接研究多尺度下具有自相似性的图形的内在规律并将其量化，是一种描述自然实体的新方法[2]。

---

* 基金项目：1. 国家自然科学基金面上项目（51678371）；2. 辽宁省高等学校基本科研项目（LJZ2017039）；3. 辽宁省自然科学基金项目（20180551279）。

而天际线作为由复杂的城市建筑轮廓构成图形，在一定尺度下具有自相似性，分形理论可以量化其图形属性和层次信息。

1 研究对象

本文选取了沈阳市三处各具特征的区域，分别是浑河长白岛对岸住宅区天际线，青年南大街西侧天际线与沈阳站太原街区域天际线。

1.1 浑河长白岛对岸

该区域位于沈阳浑南新区的西北部，全长约6.8km，对岸是沈阳长白岛（图1）。此区域多为2010年之后建成的住宅区，最东侧是分布着盛京大剧院和K11艺术中心等大型公共建筑。河两岸为浑河景观带，是沈阳滨水景观空间的代表。

图1 浑河长白岛对岸

1.2 青年南大街西侧

沈阳青年大街是沈阳市"金廊工程"的主要部分，是沈阳政治、经济、文化上的中轴线。本文研究区域为青年南大街西侧，全长约3.8km。该区域建筑用地类型十分丰富，有商务用地、文化设施用地、居住用地、行政办公用地和公园绿地等。沈阳K11中心、皇朝万鑫酒店、辽宁广播电视台、万象城、彩电塔等标志性建筑皆聚集于此。

历时数年的改造和建设后，青年大街沿线已经成为沈阳的窗口，是一条名副其实的景观路。

1.3 沈阳站太原街

该区域位于沈阳站东南侧，由胜利街、南京街、南五马路与北五马路围合而成。区域面积约为1.8km²，天际线全长约为2.1km，建筑密度极高。区域内包括数十座商场写字楼和住宅，是集商业、饮服、文化娱乐为一体的多功能的商业社区。同时该区域西侧传统建筑较多，其中包括一些俄式建筑，是沈阳著名的传统街区。经过多年的发展建设，沈阳站太原街区域已经成为沈阳市特色商业街区的代表。

2 分形评价理论基础与研究方法

以往评价城市天际线的方法为层次分析法（AHP）、使用后评价法（POE）、美学分析法、主要成分分析法等。这类方法大都收到主观因素（使用者）和客观因素（评价对象）的制约，不能准确理性的对天际线进行评价[3]。

而分形理论是以分形维数为主要量化参数，通过对不同区域的天际线或者同一区域天际线的不同部分进行维数的测算，揭示其规律性和层次性。传统评价方法只是停留在特定层级对建筑形态特征进行观察，而运用分形学理论可以在多标度变化中来评价建筑形态的动态信息。所以分形维数能更客观全面动态的的评价天际线的复杂程度。分形维数的测算方法较多，对于城市天际线来说，计盒法是比较合理的方法。

2.1 分形维数

分形维数是分形理论的量化基础，分形维数是指将某个图形平均分成为N个形状和大小完全相同的小正方形，每个小正方形的边长是原图形的r倍，有公式（1）成立：

$$D_0 = \lim_{r \to 0} \frac{\ln N(r)}{\ln(1/r)} \tag{1}$$

公式（1）中D_0代表分形维数，简称分维；$N(r)$为含有图像信息的方格数量；$1/r$为每个小图形的线段长度。

分形维数是对图形复杂程度、层次信息的量化指标，也是评价城市天际线的主要依据。城市天际线是具有自相似性的分形图形，可以通过测算天际线分形维数量化其自相似性与复杂性。

2.2 计盒法

计盒法测维数是使用最广泛的计算图形分形维数的方法，它的原理是分别用边长（r）不同的正方形网格覆盖研究图形，当边长r的数值变化时，具有图像信息的方格数目$N(r)$也发生变化，根据分形理论有公式（2）成立：

$$D_c = -\lim_{r \to 0} \frac{\ln N(r)}{\ln r} \tag{2}$$

公式（2）中D_c为计盒维数；$N(r)$为含有图像信息的方格数量；r为方格的边长[4]。

以青年南大街西侧区域天际线为例，将提取的天际线图像放入不同尺寸的网格之中。若图像高度为1，当r为1/4，1/8，1/16……不断变化时，带有图像信息的方格数N相应的变化如（图4），r与N同时取对数，将结果导入坐标系中得出双对数散点图 LnN～Lnr。

如图 2 所示,散点图存在线性关系,斜率的绝对值即为分维值。可以看出该区域的分维值为 1.23。

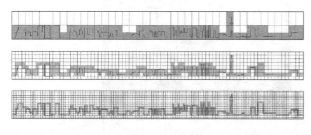

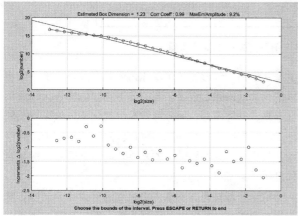

图 2　青年南大街西侧计盒法测维数示意图

2.3　研究方法

2.3.1　数据采集与模型建立

以往大多数天际线分形研究大多通过描绘天际线照片获得天际线图形。这种方法受到图片变形和拍摄位置的影响很大。测量结果不具有客观性。本研究以城市规划现状图为基础,获取建筑具体位置和层数,结合实地调研核实位置和层数信息,在 AutoCAD 中绘制图形,使用 Sketchup 建模,采用非透视视角导出不同区域的天际线信息。然后运用绘图软件调整线框、颜色和透明度等要素,使其便于图像处理。

2.3.2　图像处理

使用数学建模软件 MATLAB 编程进行图像预处理,把所研究区域与背景区分开来以降低干扰,即把RGB 转换为一个二值的二维矩阵。将导入后的矩阵数据转化为二值数据。运用 Fraclab 工具箱对图像进行计盒法分形维数测算。

3　沈阳市典型区域天际线整体特征分维测算

城市天际线是由开放空间中城市建筑构成的整体结构,其形态组合特征已经成为现代城市具有标识性的视觉属性,承载着一个城市的人文意向、审美特征和回忆归属。本节对沈阳三处具有代表性的区域的天际线形态进行量化分析。试图通过维数测算探究其成因,并对不同区域的天际线进行比较,找到背后的隐含规律。

根据来源不同,分形可以分为两类,包括数学分形和物理分形。按严格的数学分形规律生成的图形属于数学分形,在全尺度下皆具有分形特征,如科赫雪花(Koch curve)、谢尔宾斯基三角形(Sierpinski triangle)等。而在现实世界中由自组织随机生成过程的事物属于广义的物理分形,它们只是在特定的尺度下具有分形特征,如海岸线、植物的枝杈和城市天际线等[4]。

在城市内部,不同的区域,由于视点位置不同,天际线的连续程度也不尽相同。开阔地带的建筑天际线更为开阔,而在街区中的建筑天际线则相对较短。同样,在分形理论的视角下,曲折的天际线并不是在全尺度下都具有分形特征,过大和过小的尺度是不需要的,在其标度区内,部分与整体具有自相似性,超过此范围则不然,所以在测算时应该明确其无标度区。

本次选取的三个区域的天际线长度不同,所以无标度区也略有不同。从青年南大街西侧区域的分维测算图(图 5)可以看出,分维值在 $1_1/2^4 - 1_1/2^{10}$ 的尺度内维度基本稳定,具有自相似性,所以无标度区范围为 $1_1/2^4 - 1_1/2^{10}$(1_1 为该区域的总长度)。测算无标度区各个尺度下的分维值,如(图 9)所示。运用该方法可得出浑河长白岛对岸区域与沈阳站太原街区域的无标度区分别为 $1_2/2^2 - 1_2/2^{10}$ 和 $1_3/2^4 - 1_3/2^{10}$(1_2、1_3 分别为浑河长白岛对岸区域与沈阳站太原街区域的总长度)。

如图 3 所示,曲线的斜率的负数即代表该尺度下的分维值,斜率的绝对值越大分维值越大,散点图中的每个点的纵坐标即代表该尺度的分维值,纵坐标的绝对值越大则分维值越大。三个区域各个尺度的分维值统计成折线图,根据折线图的走势可以分析该区域天际线在各个尺度下图形的复杂程度。

由青年南大街西侧无标度区分维值图(图 4)可以看出分维值随着尺度的减小呈变小的趋势,在 3.7～7.4m($1_1/2^9～1_1/2^{10}$,$1_1≈3.8$km)尺度下分维值达到最小。发展成熟的天际轮廓线在各个尺度下的复杂程度保持稳定,即分维值保持稳定。作为沈阳的门户,青年大街两侧高楼林立,是沈阳的政治、经济、文化和金融中心,功能十分复合,在大尺度上的细节十分丰富。但由于发展时间较短,小尺度上的形态单调是不可避免的。

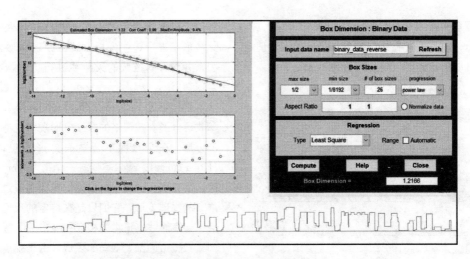

图 3　青年南大街西侧区域的分维测算图浑河长白岛对岸天际线

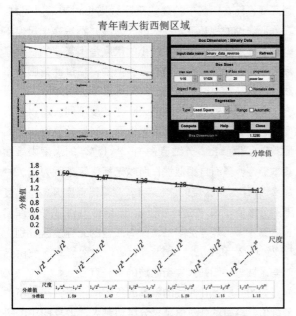

图 4　青年南大街西侧无标度区分维值

由浑河长白岛对岸无标度区分维值图可以看出分维值在各个尺度上基本保持稳定，但整体分维值较低。由现状图可知，该区域中段与西段以生活空间为主，且住宅小区内住宅楼的层数基本一致，导致整体的分维值的平均值较低，虽然观看者的阅读兴趣不高，但却是私密性对分维值的内在要求。

由沈阳站太原街区域无标度区分维值图可以看出各个尺度下的分维值特征与青年南大街西侧区域较为相似，缺乏小尺度下的图像信息。

4　天际线的层次分维测算

天际线的层次是指距离可视界面距离不同的街区而形成的不同层次[5]。不同层次的天际线组成了完整的天际线轮廓。同样不同层次的天际线之间存在着持续不断的相互作用。分形维数可以作为度量工具，评价不同层级的天际线的融合程度。高的分形维数值代表天际线层次丰富、形体多变，而分形维数的变化百分值可以反映出的不同层级天际线的融合程度。对于成熟的天际轮廓线，其分维值要达到较高的水平，同时不同层次的融合程度也是必不可少的。

每个区域按距离观察点由近到远分为三个层次，第一层次为第一个街区的天际线轮廓，第二个层次为第一和第二个街区的天际线轮廓，第三个层次为全部的天际线轮廓。绘制出三组图形进行测算。

测算得出青年南大街西侧区域（图 5）三组天际线分形维数的变化百分比（精确到小数点后三位）分别为5.458%和2.667%。浑河长白岛对岸区域三组天际线分形维数的变化百分比（精确到小数点后三位）分别为0.069%和0.356%。沈阳站太原街区域三组天际线分形维数的变化百分比（精确到小数点后三位）分别为1.472%和2.089%。比较得出表 1。

由数据可以看出，浑河长白岛对岸区域各层次天际线融合度最优，青年南大街西侧区域较差，沈阳站太原街区域的融合度介于两者中间。浑河长白岛对岸区域三个不同层次的天际线轮廓也可以直观的发现前后差异不大。由现状图可以发现浑河长白岛对岸区域主要是二类居住用地（R2），不同层次间的用地性质相似且楼层数相似。分形维数的变化值反映了该区域的特征。而由沈阳站太原街区域现状图可知，其用地性质较为单一，多为商务设施用地（B2）和二类居住用地（R2），虽然融合度相较于浑河长白岛对岸区域较大，但1.781%的平均变化值也是很小的。青年大街的层级分维变化较大的原因应该是主街沿线的再开发，和老城区城市形态差异巨大导致的。

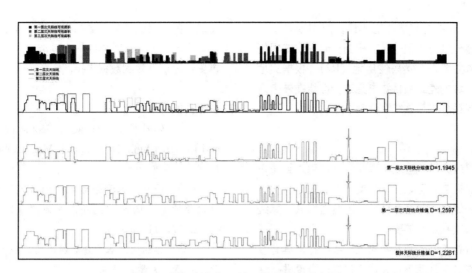

图 5　青年南大街区域天际线层次分析图

区域 变化值	青年南 大街西侧	沈阳站 太原街	浑河长白 岛对岸
变化值 1	5.458%	1.472%	0.069%
变化值 2	2.667%	2.089%	0.356%
平均变化值	4.023%	1.781%	0.213%

天际线各层次分维值变化值统计表　　表 1

5　天际线的走势分维测算

天际线的复杂程度是其重要的指标。复杂的形态特征能使人保持持续的阅读兴趣。天际线的走势可以用来描述一个区域的天际线不同分段复杂程度的变化趋势。持续保持高分维值的区域，可以呈现出更丰富的层次信息和细节。

对同一区域的天际线进行平均分段，然后对每一段的天际线图形进行分维测算并绘制成折线图，该图可以反映出天际线复杂程度的变化趋势。本文将三个区域的天际线平均分成16段（图6），分别进行分维测算并绘制成折线图（图7）。

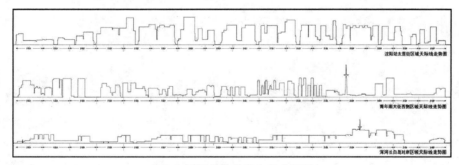

图 6　天际线分维值走势分析图

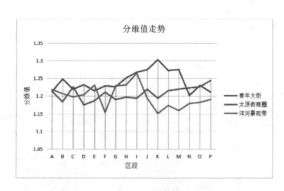

图 7　天际线分维值走势分析图

由折线图可以发现，三个区域的分维值走势不尽相同。沈阳站太原街区域的走势相对平缓，分维值基本保持在1.2左右，具有较好的连续性。青年南大街西侧区域的分维值在 I 至 M 段较高，且在 K 段达到峰值。由于该区域的各个区间的分维值整体高于其他两个区域，观察者可以保持连续的阅读兴趣，并且 I 至 M 段建筑穿插汇聚，天际轮廓线更为曲折变化，观察者的阅读可以兴趣进一步提高，天际线整体表现较好。对于浑河长白岛对岸区域，其天际线分维值走势忽高忽低，对比现状图和折线图可以发现，分维值较高地段主要是二类居住用地（R2）区域中的高层住宅小区，而别墅区和浑河景观带的整体分维值表现较差。根据控制性详细规划可以看出该区域主要是二类居住用地（R2），根据实地调研发现部分区域的建筑项目并未完工，可能在未来几年该区域的天际线分维值连续性会有所改观。

6　总结

分形理论是较为精确客观的量化工具，引入到城市天际线的量化研究中，可以在多标度下对其进行量化评价。本文通过分维值测算，分析了沈阳典型区域天际线的无标度区、层次和走势等要素。

由于视点位置不同，观看者对天际线的印象具有多标度性，所以在各个尺度下对天际线的复杂程度进行评价是合理的也是必要的。运用分形理论进行量化评价可以通过数据反映出各个尺度下的图形丰度信息。同一个连续的建筑天际线是由纵向不同层次的建筑组合而成，也是由横向不同地块的建筑组合而成，各个部分间的融合程度反映了天际线的视觉丰富度和连续性。对各个部分进行分维值测算分析可以准确的反映出天际线的

特点。同时对比不同区域的天际线分维值也可以分析城市轮廓层级的区域差异并探求其成因，对城市设计和城市更新提供可靠的数据支持。

参考文献

[1]　Carl Bovill. Fractal Geometry inArchitecture and Design ［M］. New York, Merry Obrecht Sawdey, 1996.

[2]　严军. 基于分形理论的城市滨水景观天际线量化分析_以南京玄武湖东岸为例 ［J］. 现代城市研究, 2017, 11: 45-50.

[3]　林秋达. 基于分形理论的建筑形态生成 ［D］. 北京: 清华大学, 2014.

[4]　范思楠. 传统城镇街道系统的空间形态基因研究 ［D］. 天津: 天津大学, 2007.

[5]　钮心毅, 李凯克. 基于视觉影响的城市天际线定量分析方法 ［J］. 城市规划学刊, 2013（3）: 99-105.

E 数字化建筑设计教学研究

林育欣 范梦凡 丁 雯 王 羽

厦门大学建筑与土木工程学院；lyx33333@163.com

VR 技术在幼儿园设计教学中的运用
Application of VR Technology in Kindergarten Design Teaching

摘 要：我们二年级公建设计课题"幼儿园建筑设计"有严格的设计规范限制，而现代的幼儿教育必须十分尊重幼儿的自主性和自发性，尽量满足幼儿的兴趣和心理渴求，我们希望利用数字技术来拓展设计思路和深化方案。我们引导同学们始终努力以儿童的目光来想象、以儿童的身份参与在这些场所将会发生的活动。VR 也正是用了身临其境的一种模式，让设计者或使用者来感受建筑。这是从建筑设计者的认知角度、使用者的知觉角度来研究建筑设计，研究空间与心理之间的辨证关系。因此，学生设计出的幼儿园里也令人欣喜地发现了许多超出预期的、富有童趣的精彩空间。

关键词：幼儿园设计；VR 技术；空间体验；设计教学

Abstract：Our second-year public building design project "Kindergarten Architectural Design" has strict design and specification restrictions. Modern preschool education must respect children's autonomy and spontaneity and try to satisfy their interests and psychological desires. We hope to use digital technology to expand design ideas and deepen the program. We guide students to always try to imagine and participate as children in the activities that will take plac. e in these places. VR also uses an immersive model that allows designers or users to experience architecture. This is to study architectural design from the cognitive perspective of architects and users，and to study the dialectical relationship between space and psychology. Therefore，the kindergartens designed by the students are also delighted to find many wonderful spaces which are beyond expectation and full of children's interest.

Keywords：Kindergarten Design；VR Technology；Space Experience；Design Teaching

1 引言

VR 技术是利用计算机技术生产实时动态的虚拟环境，并融合传感、仿真等多种技术，使用户通过交互性设备，使自身融入虚拟环境，完成沉浸式体验。最近十多年里，虚拟现实技术的应用得到极大的扩展，通过视频界面的交互促进了娱乐游戏事业的繁荣，接着在影视、医学、军事、交通和工业仿真等领域展示出前所未有的发展，特别是在各种环境设计领域，VR 技术的发展改变了对环境的体验方式。设计师把电脑等设备接入 VR 软件平台，把设计方案变成逼真的虚拟空间环境，戴上头盔显示器，便可以漫步在自己构思的建筑空间中，直观地观察和推敲空间效果。它可以用于设计过程中的方案推敲和修改，也为师生之间提供了一种更好的讨论交流平台，有效提高了设计教学效率。

在建筑设计教学中，通常会使用的几个软件是 SketchUp、Rhino 等等，这些都是非常常用的软件，学生基本能运用自如。但是这些软件存在很大的局限性，比如它们能呈现的都是上帝视角，很难体会其中的尺度、光影和材质。诚然，上帝视角或者说透视和轴测视角更能把握设计的整体性，但是因为造型而放弃建筑最本质的功能体验显然是不可取的，所以 VR 技术与建筑设计的结合有效解决了这个问题，它与现有软件的结合将为我们提供一个更加直观的设计环境。

2 VR 技术在幼儿园设计中的应用

2.1 在设计教学中引进 VR 技术

我们建筑设计者不但得从我们自身的认知角度，也要充分假设建筑使用者的感知觉，来多方面地综合研究建筑空间与知觉心理之间的辨证关系。"瑞吉欧"理念认为幼儿园空间环境是有别于家长和教师的第三位老师，友好的环境可以促进与幼儿产生良性互动，这种理念对我们现实的幼儿园设计教学大有裨益。VR 技术也正是用了身临其境的一种模式，让设计者或使用者来感受建筑。我们可以借助 VR 技术将建筑心理学应用在我们的设计教学中。

建筑设计不仅仅是具体形态的设计，更重要的是形态、空间与功能、体验相结合的问题。建筑的理念、空间、材料、结构和建造都是影响一个设计完成度的重要因素，而这些在没有实际建造展现之前，都是一个设计师本人内心想象出的作品。而 VR 技术所能提供的接近真实的元素使得建筑设计能够更容易地进行。结合此次课程设计来说，幼儿园设计本身有严格的规范限制，这使得我们对一些功能区域的要求是任务书规定的，而在这样规定的范围之内，我们需要设计出不同于往常活动单元模块化排列的、富有童趣的、让小孩子喜欢的建筑，这需要我们打破常规。幼儿需要在特定的适宜空间中，充分调动自身的主动性去探索和理解各种环境信息，通过儿童戏耍慢慢培养对空间环境的一系列感知能力和应对能力。我们希望所设计的幼儿园空间能成为幼儿们相互学习交流的场所。在结合当代幼儿教育所提倡的自由自主的教育环境的情况下，VR 技术的引进对于设计思路的拓展和对方案的深化都有非常有利。

2.2 用 VR 技术的进行模拟幼儿的行为

随着 VR 技术的发展，也许将来我们可以通过模拟幼儿的具体活动行为，比如幼儿的爬、钻、蹦、跳等行为来确定空间的尺度、形状、材质、光线、色彩等，使其更好地满足幼儿的需求。

我们的幼儿园是为幼儿而设计的，我们的目的是为了让幼儿在其中学习和成长，而不同的幼儿教育模式所需要的空间也不相同，不同的幼儿所喜爱的空间也不尽相同。我们可以通过让建筑的使用者——幼儿使用 VR 技术走进我们的方案，通过它们的角度和心理感受，对方案进行改进。同时，基于专业学者对幼儿行为的研究，我们可以通过使用 VR 技术结合幼儿的模仿心理、好动心理、合群心理、喜欢户外等心理需求，对设计进行改进，以贴合大多数幼儿的需求。

在往常的设计过程中，我们一般都是先设计体块或者是先设计平面，然而这两者都有不可规避的局限性：先设计体块的往往是以轴测的角度来俯瞰整个建筑，当然这可以使空间布置更为清晰，但是不能忽视的一点是如果整个建筑建起来的话，几乎很少有人会以俯视的角度去观察建筑，人们大多还是以正常视角去感受建筑，更何况幼儿园建筑所服务的对象是幼儿，他们的平均视线更低，要充分考虑人在建筑中的感受才是最重要的；其次从平面发展来的空间大多非常理性，这样的建筑作为办公楼来说可能算合适，但是作为幼儿园就会显得有点不近人情。所以为了增添幼儿园建筑中活跃欢快的氛围，需要我们去以幼儿的视角感官体验建筑、以幼儿的身份来体验建筑。因此在设计构思和发展的过程中，将虚拟仿真技术引入设计教学可以有效地理解使用者的行为和体验，避免一些常识性的错误。

3 利用 VR 改进幼儿园空间体验

3.1 空间组合形式

方案初期对大空间内的各个小体块采用了规则的摆放组合，当我们使用 VR 技术进入其中感受时，发现空间较为无趣和普通，没有达到应该营造的幼儿园有趣的效果。于是我们尝试将内部小体块进行无规则的摆放，比如部分体块的斜放、穿插，为幼儿营造"迷你城市"的有趣体验。同时，对于不同功能的空间，我们也进行了不同的组合方式，比如教育空间则大体上采用规则的摆放形式，配合其较为安静的教育功能需求。对于情感交流空间，比如玩耍区，则采用较为夸张的斜放，形成活跃的空间。幼儿喜欢在大人难以直接进入的小空间里进行游戏，这是因为小空间往往会给予他们足够的安全感与私密感，所以在幼儿园设计中的小空间设计是必要的，我们可以通过 VR 交互设备，身临其境地感受小空间的设计尺度，以在确保趣味性的同时还要保证其安全性。我们也使用 VR 技术，对户外环境设计进行了改造，使用软件中的树木、人物、动物，对户外环境氛围进行营造，同时通过切身感受不断调整，最终形成最适合幼儿的户外环境。

3.2 流线的模拟

我们通过对幼儿园各种使用人群的特点分别进行流线模拟和分析。如何组织好流线是对幼儿、教师与管理人员、后勤服务之间各个功能空间利用方式的检测，决定了幼儿园设计的成败。其中幼儿作为被服务的主要群体，肯定是需要优先考虑其流线是否通畅、空间上的转换是否有趣。在确保主要流线畅通的情况下，还需要布置一些"支线"，这样的"支线"对于幼儿来说就像一次冒险，前路的未知性能够很大程度上激发他们的探索欲。

使用 VR 技术，分别模拟幼儿、老师、后勤人员和家长的流线要确保流线之间搭配合理。比如，模拟幼儿的流线时，当我们在感受流线是否合理顺畅的同时，也能感受到空间是否丰富有趣。该设计过程中，从幼儿活动室到达某个玩耍空间，存在多种可能性的路线，这些不同的路线带来不一样的空间体验，通过对这些交通空间进行材质、家具、灯光上的修改，使这些空间也成为丰富有趣的空间。如果技术支持，我们可以通过同时模拟幼儿与后勤人员路线，判断幼儿与后勤人员的路线是否会发生重叠，确保幼儿活动安全性。通过模拟家长流线，我们可以判断放学时段，家长的停留是否对周边街道交通造成了不良影响。基于以上模拟和判断，我们对流线进行修改，使其更方便、有趣、合理。

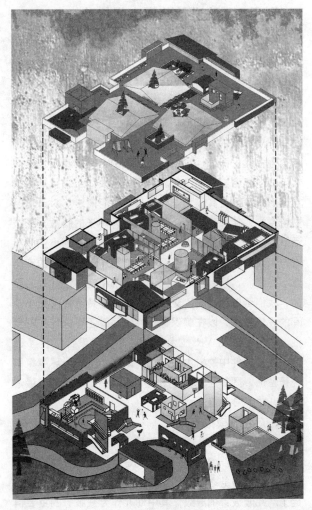

图 1 幼儿园剖轴测图

3.3 建筑氛围的营造——材质尺度 光线 家具等

3.3.1 材质

幼儿园不同于其他公共建筑，它需要鲜明的细节设计，所以材质和家具的选择非常重要。通过 VR 技术，我们可以通过运用软件材质库里的材质，近距离感受不同材质所带来的感觉，由此便可以结合自己的设计理念，选择更加适合的材质，切身感受不同材质营造的不同氛围及其带来的不同空间感受。在更换过程中我们发现暖色系或鲜艳色彩的材质更适合幼儿园氛围的营造，同时搭配干净色彩的材质，使整个幼儿园的氛围活跃、轻快。而且在 VR 技术的支持下，我们可以在虚拟空间中进行材质的改换，这有效地提高了我们是设计效率。

3.3.2 尺度

调节 VR 设备人物视线高度，我们使用幼儿的身高，以幼儿视角进入建筑，调节各个空间的高度、进深、宽度等使各个空间与其想要营造的氛围相符，以及调节各个家具的尺度，使其满足幼儿使用需求。

3.3.3 光线

让开窗的尺度、位置也配合氛围的营造，比如该方案中为了给幼儿带来置身自然的感受，在教学空间使用了大面玻璃，让教室的光线更加贴近自然。同样，建筑室内的灯光设计以及周围环境的采光都可以在虚拟环境中进行调整，不同空间的室内灯光也选用不同的色调、强度，是它们贴合各自的氛围。方案改进前，生硬冰冷，看起来更像一个办公室，没有幼儿园欢乐活跃的氛围。我们使用 VR，对上述影响氛围的几个因素进行了调整。

4 同学们在利用 VR 操作后的反馈

4.1 同学 A

VR 实验室的体验让我发现了一些电脑模型上看方案注意不到的细节性问题，比如说楼层尺度、材质搭配、光影感受以及流线上的问题；我通过 VR 体验，还发现了设计考虑不周而存在的错误，因为幼儿园里设施的使用者不仅有儿童，还有老师，所以一些设施和设计比如开窗的高度、大小，以及家具布置的方位，尺度之类的，这些既需要考虑儿童的使用感受，也需要方便教师使用和管理，这是我在使用 VR 亲身体验之前忽略的部分。

但是 VR 实验室也存在一些可以提升的空间和可以改善的问题，比如我们现有的设备对戴眼镜的同学不太友好，需要摘了眼镜去看，这就使得看的过程比较吃力，也不清楚，而且现有的设备也比较卡慢，画面经常蓝屏和跳动。

4.2 同学B

目前的VR体会还停留在空间尺度和寻找问题的层面，我觉得我们应该运用VR锻炼自己的尺度感，从而在今后设计模型时就少犯错误。相比起用VR头盔体验，我感觉Enscape更方便，速度也比较快。使用VR主要是能够亲自去体会那种空间感，可以发现自己的很多设计不足之处，比如说内外景观的布置，不同空间之间的开合节奏和视线互动，平面流线和垂直交通的流畅便捷。其实在设计方面给我启示最大、最重要的是这种自我的空间体验，在设计中自我带入真切体会，能够得到很多电脑模型上得不到的发现和感悟。

图2 幼儿园一层平面与家具设计（任若珺同学作业）

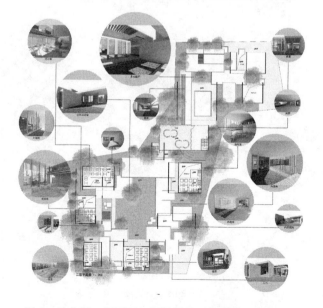

图3 幼儿园二层平面与场景设计（任若珺同学作业）

4.3 同学C

在VR的实际操作中我认识到了设计上的不足之处，而之前考虑的一些效果和VR体验的结果也有出入，原本认为幼儿园连廊的部分采光会比较差，但最终体验结果显示采光正常。还有一些细节方面的问题也在VR中得到了修改，比如楼层的尺度，阳台的效果，墙面开窗开洞的光影效果，比较好的一点是可以根据不同的时间段来查看光影效果的变化，这样就可以很清晰地看到儿童进行早晨活动、午休以及傍晚夕照的情况。在软件操作、设置方面对于我来说没有太大的问题，稍作研究就可以解决，唯一不足的地方应该就是这个设备对戴眼镜的同学不太友好，我只有200度的近视，就难看清菜单里面的字，都是由其他同学在显示器上面看再告诉你方位，这一点是对我而言不太方便的。

4.4 同学D

我觉得VR体验里面跳来跳去的设置不太方面，是否能更改成前后左右的移动模式，而且速度可控，就像普通模式步行，高调模式跑动的形式，而且很奇怪的一点就是经常跳到墙壁里，卡在一些比较复杂的小空间里面。还有一点就是我在使用上经常遇见一些BUG，跳出BUG的说明但是我们不是特别明白要怎么解决。比较有用的地方是给我的空间体验感好，设身处地地体会是更有意思的。在VR体验过程中，我发现了自己在楼梯设计的不足之处，好的楼梯不仅要尺度合理，还要给人以安全感，不能显得太过腾空。我觉得VR给我一个很大的启示，就是流线的通畅性很重要，保持交通流线通畅性是一个设计好坏的决定因素之一。

由于现有VR设备数据的连接方式，目前在使用过程中，体会到很局促的活动限制。它的有效范围比较小（对角线为五米的正方形区域内），这也就使得使用者基本是在原地转动，带来的问题就是人的前进过程会有点失真，现在的都是通过两点间跳跃来完成的，有时候控制不好还会跳进墙壁的夹缝里这可能会对使用者的感受有所影响。总体而言，VR体验在对于设计中后期的细节修改，景观设计、材质搭配和光影设计方面有很大作用，结合设计规律和基本理论能够使设计细节得到较好的完善，有较高完成度。

5 结束语

VR技术提供的这种交互式的可沉浸三维空间，不仅给人以真实的尺度感受它的机会，更是提供了一个再创作的平台。它展现给我们的不仅仅是设计中亮眼的部分，同时还可以让我们在近距离观察的过程中发现问题、弥补不足，也给教师和学生、建筑师和客户之间提供了交流互动平台，可以更便捷地解决设计甚至实施过程中遇到的问题。

参考文献

[1] 田铂菁，王青，黄磊."空间体验式"教学法在中小型建筑教学课程中的应用研究 [J]. 建筑与文化，2019，178（01）：59-60.

[2] 曹稳，吴伟东，周玉佳. 探析建筑设计教学中虚拟现实技术的应用 [J]. 安徽建筑，2017，（06）：207-209.

[3] 钟健. 虚拟教学软件与建筑设计基础课程——浅谈 VR 虚拟软件在"空间构成"训练环节中的运用 [C]//数字技术·建筑全生命周期——2018 年全国建筑院系建筑数字技术教学与研究学术研讨会论文集. 北京：中国建筑工业出版社，2018：259—262.

[4] 张蔚. 以行为分析为导向的幼儿园家具设计研究 [J]. 装饰，2018，305（09）：126-127.

[5] 苏杭. 空间作为教育者 张家口莱佛士幼儿园及早教中心 [J]. 时代建筑，2018，（05）：110-115.

田杰仁　俞传飞

东南大学建筑学院；tjr1992@163.com

基于实时数据分析的城市环境动态模拟系统的研究
——以"南京市铁北新城"重点地段为例

Research on Urban Environment Dynamic Simulation System Based on Real-Time Data Analysis
——Taking the Key Section of "Tiebei New City" of Nanjing as an Example

摘　要：建筑所处的城市环境是一个复杂的、动态的数据系统，设计模拟可以帮助我们客观了解城市环境及其运行逻辑，科学地做出设计决策。但是，相对于复杂的现实环境，现有模拟系统操作复杂、结果单一；不同于传统的建模、分析工具，模拟游戏提供了一种全新的思考问题的方式与观察城市的视角；作为简化的模拟系统，城市模拟类游戏平台具有多种信息复合，动态运行与实时交互的特点。因此本文选取城市模拟游戏为研究对象，利用以交通、区划概念优先的城市天际线（Cities：Skylines）建立南京市铁北新城重点地段的城市模型，分析游戏运行逻辑，评估综合、动态、交互的游戏模型对于城市环境模拟的潜力。

关键词：实时交互；动态模拟；城市环境；城市模拟系统；模拟游戏

Abstract：The urban environment in which the building is located is a complex and dynamic data system. Design simulation can help us objectively understand the urban environment and its operational logic，and make scientific design decisions. However，compared with the complex reality environment，the existing simulation system has complex operation and single result. Unlike traditional modeling and analysis tools，the simulation game provides a new way of thinking about the problem and observing the perspective of the city. As a simplified simulation system，the urban simulation game platform has a variety of information composite，dynamic running and real-time interaction features. Therefore，this paper selects the urban simulation game as the research object，and uses the city skyline (Cities：Skylines) with priority of transportation and zoning concept to establish the urban model of the key area of Tiebei in Nanjing，analyze the game operation logic，and evaluate the comprehensive，dynamic and interactive. The potential of game models for urban environment simulation.

Keywords：real-time interaction；dynamic process simulation；urban environment；city simulation system；simulated game

1　介绍

随着城市化的进展，面对不断产生的城市问题，人们逐步认识到城市是一个复杂的数据与信息系统。针对复杂的城市问题，各个领域的专业人员分别构建了多种环境下的模拟系统、建筑空间模型、城市物理系统模型、资源利用模型、交通模型、经济模型等。同时，城市问题的解决需要不同领域知识共同介入，为了高效的进行多领域交流与直接的设计参与，相关学者致力于研究综合的城市模拟模型，指出动态模拟、多因子评价的理念和模型有助于解决早期模型中缺乏开放性的问题，提出了以数据集成与可视化为特点的规划支持系统[1]。J. A. Sokolowski 与 C. M. Banks 总结出利用模拟模型辅助设计的四步工作流程：建模（model），运行（simulation），结果（results），分析（insight）[2]。同时，近年来出现了一批开源的或商业的城市模拟系统如 UrbanSim（Waddell，Borning）、SWARM（Ligtenberg 等）、SLEUTH（Arthur-Hartranft 等）以及 Eris 公司的 ArcGIS 与 CityEngine。

现有的模拟模型面临着以下挑战：

（1）需要综合各个方面的动态因素：城市系统由人文、交通、物理环境、经济等多个子系统共同构成，在理想环境中运行的单一模拟系统无法预测各个子系统之间的相互影响；同时，现实城市不是一个静止的模型，城市中的各种影响因子不断的相互作用，共同构成一个动态的城市环境。

（2）需要实时反馈交互结果：作为设计决策测评系统，为便于设计想法的交流，城市模型需要互动的可能性和实时反馈互动的结果。实时的反馈也会利于设计人员对方案的直接推敲，降低对方案可行性预测的工作量，提高工作效率。

（3）需要低门槛易于交流与推广：为了得出客观的设计方案，设计决策过程往往需要多方参与，由于参与人员背景不同，基于编程语言的模型或是传统语言的交流限制了沟通的便利性。同时，一个低门槛的清晰简洁的交流平台言，能够确保信息传递的有效性。

游戏模拟环境的越发复杂与真实，同时其具备便于操作、实时反馈与动态交互的特性，这些启发了利用游戏作为设计工具可行性的讨论。本文也将利用一次模拟过程分析比较游戏作为设计工具的优缺点。更进一步，借助游戏工具帮助大家了解基于实时数据反馈的动态模型作为工具在设计过程中的作用。

2 动态的模拟与实时的反馈——基于游戏的动态模拟模型

相较于科学的辅助工具或专业的分析工具，（电子）游戏主要关注玩家者的体验，随着游戏对真实性的追求，

今天的城市建造类游戏已然为游玩者提供了一个越发科学、准确、客观感的城市环境交互模型，包含生产、交通、公共设施等等城市系统。因此，伴随着游戏机制的发展，相关学者开始关注于运用模拟游戏的潜力去处理复杂的现实问题。这种简化的交互系统与城市模拟系统可以快速地帮助使用者体验并建立城市建筑数据流转的观念，甚至乐观的预见模拟游戏可以取代部分的设计辅助软件。P. C. Adams[3] 与 J. Gaber[4] 等已经运用 SimCity 游戏进行了多次教学研究的尝试，还有 B. Bereitschaft 等针对 Cities：Skylines 用于教学的讨论[5]。一些学者进而提出基于游戏的模拟实验不应被狭隘的看作是"玩游戏"本身，而应当视为一种利用游戏机制进行的设计思考与逻辑训练[6]。综合的评价机制，实时的交互反馈特性，成熟的模拟环境，以及更加仿真的游戏内容，促使本次实验使用城市模拟游戏作为实验工具，对基于实时数据分析的城市环境模拟系统进行研究。

涉及城市问题的游戏可以追溯至古希腊的一种棋盘游戏"polis"[7]，尽管这更偏向于一种策略演习，但是其中对城市问题分析打分的数据处理雏形已然影响到后来的城市模拟游戏机制，甚至部分城市数据信息的研究。随着计算机技术的发展，城市模拟游戏经历了从早期的类似传统棋盘，到现今加入时间与生成的概念，更加自由化与真实化的过程。游戏内容是选择一块场地建造并管理一座城市，先是以一种"上帝的视角"塑造游戏的棋盘——地理地形，再以"建筑师的视角"在"棋盘"上建造城市，在建造城市的操作过程中，伴随着时间的演进对现有"棋局"的交互行为进行实时评分，以及相应的结果的信息表达（反馈）[8]。操作过程从开始简单粗糙的满足于更高的分值，到现在细化评分内容，通过满足市民需求与城市运行状况达到综合的评价结果；反馈的过程，从开始的总结性质的数据图表，到现在通过市民活动与数据图表结合，这些都更为真实的再现了设计师乃至政府管理部门的工作环境。表 1 中对现有较为热门的城市模拟游戏进行了总结[9]。评价标准为游戏运行机制的真实性、客观性，是否便于交互操作，游戏运行机制的侧重方向，以及是否便于置入自定义模块成为选取游戏类型的标准。

现有的主流城市模拟游戏软件与其特点 表 1

Name	Developer	Year	Engine	Focus	Modifications
Cities：Skylines	Colossal Order	2015	Unity	Buildup, traffic management	Possible (Steam Workshop)
Sim City (2013)	Maxis	2013	Glassbox	Buildup, (social) multiplayer	Possible but restricted
Cities in Motion 2	Colossal Order	2013	Unity	Traffic management	Possible but restricted
Cities XXL	Focus Home Interactive	2015	Own development	Buildup, trade	Possible (Steam Workshop)
Mobility	GLAMUS	2001	Own development	Traffic management, buildup	Not possible

（文献来源：Juraschek，M.，Herrmann，C. and Thiede，S. Utilizing Gaming Technology for Simulation of Urban Production[9]）

依照本次实验内容的需求，最终选择城市天际线（Cities：Skylines）作为实验工具。城市天际线具有以下特点：游戏的运行机制侧重交通系统，建筑单元需要依路而建，导致建造城市时要先规划路网，这与现实的设计过程类似。同时，模拟城市的运行依靠具体到单个市民的交通流线的概念，这样就提供了丰富的道路体系，从人行道到不同等级的机动车道路，还有具体到单一线路的公共交通系统。其次，类似于现实中的规划用地区划组团理念，游戏机制将城市建筑分为动态模型与固态模型两个类型。动态模型以区划的形式"生成"，包括居住区、商业区、办公区与工业区，依托土地利用属性随时间动态生长，并随着环境改变自动完成地块置换过程。固态模型包括警察局、医院、小广场等城市服务设施，一经建设不会发生变动。最后，游戏附带的区域理念与政策树可以仿真现实环境中的城区概念，针对不同地区可以制定不同的管控政策，例如控制风貌，绿色出行，货车禁行等[10]。

3 概念启发——基于游戏的动态模型对城市环境模拟的逻辑框架

实验以实验对象作为模拟工具，动态地对城市样本进行模拟，并评测模拟结果与反馈效果，讨论实验对象作为基于实时数据分析的动态模拟系统的可行性。为了尽量避免技术黑箱造成实验成果的不确定性，因此需要对作为实验对象的游戏评价机制、影响因素进行解析，还需要提出实验优化思路与验证方法。

3.1 城市运行逻辑框架与变量

游戏运行的评价标准需要通过对相关指标进行实时的测评与反馈。内置的测评系统具体到每个模拟单元。模拟单元从单个市民、车辆到整个城区的集合，都是相互影响的独立系统。这些指标通过游戏内的可视化图表得以表达，包括幸福度、市民教育与健康、污染、噪音、基础设施利用率等[10]。如同现实环境中市民需要各种设施满足生活需求，游戏的运行机制（图1）是以置入的建筑模块解决市民需求（表2），提高幸福度

与土地价值两个游戏内的综合指标，推进环境评分，进而影响区划中动态生长情况；另一方面，附带的污染、噪音、火情隐患，以及随着市民迁入导致的拥堵、犯罪率会降低评分导致区划的衰退。综上所述，置入的建筑模块及其参数作为影响因子调节着游戏运行机制。在作为区划子概念的动态模型中，可以设置的参数只有容纳人口上限，具体人数是环境评分的结果，每个市民指标的集合决定区划中最终的数据量；在作为城市服务建筑的固态模型中，可以设置所有建筑共有的通用型数据（表3），与根据建筑服务类型不同而改变的类型数据，设置过程可以在游戏自带的编辑器完成，也可以不做设置采用默认数据。

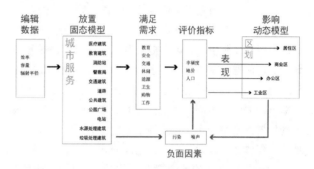

图1 游戏运行机制

对市民需求的模拟分类与相关建筑　表2

需求	供给
健康	医疗建筑（医院、理疗店、墓地）
教育	教育建筑（学校、图书馆）
安全	警察局、消防站
交通	交通建筑、道路
休闲	公共建筑（公园、体育馆、展览馆、地标）
购物	商业区
住房	住宅区
工作	工业区、办公区、商业区、所有建筑
能源	电站、垃圾焚烧站、水站、污水处理厂
卫生	垃圾处理建筑
(-) 噪声	工业区、办公区、商业区、能源建筑、垃圾处理建筑、交通建筑、车辆
(-) 污染	工业区、垃圾处理建筑

游戏内固定型建筑可编辑参数指标　表3

通用数据	固定型建筑类型	类型数据			
		效率	辐射半径	容量	负面因素
尺寸 火情 垃圾容量 成本 维护花费 水、电用量 工作人口	医疗建筑	服务指数、处理能力	服务半径	病患容量、救护车数量	
	教育建筑	服务指数	服务半径	学生容量	
	警察局	服务指数、处理能力	巡防半径	警车数量、监狱容量	
	消防局	处理能力	巡防半径	消防车数量	
	交通建筑				噪音

229

通用数据	固定型建筑类型		类型数据			
尺寸 火情	公共建筑	服务指数、吸引力	服务半径			
垃圾容量 成本	垃圾处理建筑	处理能力、产出量	服务半径	垃圾容量、垃圾车数量	噪音、污染	
维护花费 水、电用量	水处理建筑	处理能力、产出量			噪音	
工作人口	电站	产出量、消耗量			噪音	

3.2 优化思路

本次实验的样本选定南京市"铁北新城"重点地段，作为南京中心城区的边缘，远离老城区，正在进行城市功能置换，区域内有良好的交通优势，铁路、火车站、地铁站、城市主干道穿城而过，同时辐射三处自然公园，具有优美的风景资源优势。实验设想将铁北新城重建为新的商业中心，因而提出激发商业潜力，提升商业价值，依据游戏内城市运行逻辑，提出以下优化思路：

（1）功能置换后的土地价值提升，功能混合型布局比单一布局价值更高。土地价值的概念可以使用游戏内土地价值的图解表示，这里的土地价值不等同于现实的地价，仅作为游戏内一项综合的评分。

（2）公共绿地的置入提升土地价值。根据设计框架，公共空间带来景观效应直接提升地价，同时公共空间隔离道路与建筑的污染、噪声间接影响地价。

（3）道路等级与道路类型影响地价。道路等级越高，道路流量上限越高，道路的交通越顺畅，同时，作为道路类型的人行步道可以疏解交通压力，顺畅的交通间接提升地价。

（4）根据优化思路与游戏特性，实验采用对比分析的方式进行，实验中游戏内模块采用默认参数。

4 城市环境动态模拟的实施

4.1 工作流程——模型的构建

为了检验上述优化思路，选取城市中一段街区在城市天际线中构建模型。第一步是选定实验区域，收集建立城市模型的相关数据。为了建立城市模型需要以下改造前后的数据：地形数据，路网信息与其他交通基础设施数据，公交系统信息，经济指数，居民与就业的相关指数，土地利用分区，住区、商业、办公单元属性，城市服务类建筑信息（警察、医院等等），公园及地标。

在对上述信息归类整理之后，下一步是城市建模。在城市天际线中，城市建筑模型的构建分为两步，先制作地形模型，再在地形模型的基础上构建城市建筑模型。地形模型一旦建成，在后续运行中，只能做小范围修改。首先，建立地形模型；这步操作，既可以导入

PNG 格式的 DEM 图，利用游戏内置的生成工具自动生成地形，也可以利用游戏内的地形修改工具手动填挖。关于 DEM 图的制作这里不详细展开，游戏官方配套的网址可以下载到任意地区已有的 DEM 图。然后建立交通网，主要是沙盘模型的出入接口，以及航道、航线、铁路、城市主干道。这步需要手动建造，一些插件可以辅助建造过程（overlay 插件可以映衬一个城市底图，达到一种描图的效果）。

地形模型建立完成后，才可以在运行模式中建造城市模型。游戏机制决定了建筑单元必须依靠道路建立，因此完成城市模型的第一步是在已有的主干道基础上深化路网。游戏中提供了完备的路网层级与多种形式的道路模型，足以匹配多数情况下的现实道路状况。继而铺设市政管网，包括供水、排水、暖通管道，电网与信号，同时还有相应的基础设施。上述过程需要依靠手动绘制，相关插件可以为绘制过程提供参照。由于现实中道路在形态、状况存在各种差异，无法做到"完美"复制现实道路与基础设施，因而需要对现实信息做一定的概括处理。

完成路网与基础设施绘制后，下一步是生成或摆放建筑模型。依据上问题及的动态模型与固态模型的分类概念，分别"涂抹"功能区划与"摆放"公共服务设施，随时间演进与环境评分机制的互动，最终生成城市模型。同样的，这一操作过程需要手动绘图，建筑"生长"的过程需要花费大量时间，同时难以把控生成结果，建筑层面的空间形式与现实环境难以做到完全的匹配，仅能表达城市层面的空间聚集、离散的效果。最终是绘制公交线路，设置区域政策等附属新系统。样本模型的构建过程见图 2。

游戏中提供了可以手动编辑建筑模型的端口，得以导入 SU、Rhino 等常规建模软件的 .OBJ 文件，达到空间形式也"完美"匹配的效果，这一过程耗费大量时间，将会占用大量运行空间，影响流畅性。自制模型的编辑过程不同于寻常简单的"导入"，同时伴随对运行数据的编辑。自制模型可以借助于相关论坛发布[11]，同时也可以从论坛上下载到其他用户的自制模型与插

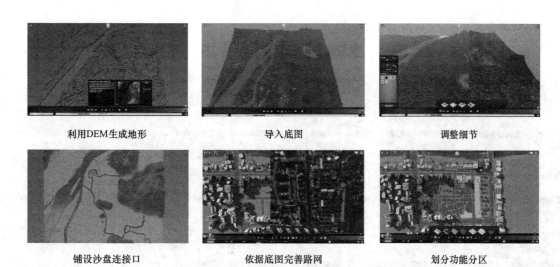

利用DEM生成地形	导入底图	调整细节
铺设沙盘连接口	依据底图完善路网	划分功能分区

图 2　样本地段建模过程

件，丰富城市建筑类型与形式，以达到更真实的还原现实环境的效果。通过相关插件可以增强游戏功能，更为真实的模拟现实环境，例如 Rush-time 插件可以控制模拟市民的作息时间，仿真交通高峰期的情况；RICO 插件，可以"摆放"动态区划内的建筑，使动态区划变成固态模型，但这样势必会影响游戏的运行机制，同时也会影响部分实时反馈与动态仿真的效果[11]。城市建筑模型及附属系统制作完成后，通过对模型的交互可以对上述提及的优化思路进行验证，对比分析不同的城市设计方案的操作，结果可以通过可视的数据图像或者动态模型的变化效果直接观察。

4.2　结果与分析——实时的数据反馈

按照上述步骤，根据地块信息构建完成城市模型并在游戏中运行，成果见图 3。现有模型模拟城市功能置

换前厂区存在的城区状况，为了反映城市模型的运行情况，发现模型对应的城市问题，游戏内提供了数据可视化的表达工具，这些图表包括表格、坐标图以及覆盖在模型上的图层，内容涵盖环境、能耗、人口状况、交通、公共服务、经济、自然资源、地形高度、灾难应急几个方面。这些图表反映的是游戏运行机制对表 1 中变量变动的评估结果，也就是对城市操作方案的评估结果。尽管这些可视化的图表规格不统一，计算过程不透明，更多的是表达一种定性的倾向，但是却表达了城市运转中各个变量以及各个参数之间的相互作用，例如污染分析图虽然没有给出详细的数据表格，但表达了工厂制造污染，绿植、公园隔绝污染，还有它们之间的数量级关系。根据游戏开发者释放的信息，表 1 中涵盖全部的变量[10]。

样本地段建模成果

样本地段卫星底图

图 3　样本地段建模成果

根据游戏内城市运行逻辑与优化思路，选定污染、噪音、地价、交通状况作为对比时使用的分析图示。如图 4 所示，(b) 将所有被置换的工业用地替换为商业用地，同时在郊区划定同等规模的工业用地，图 4 (c) 为置换后的地块为商业、办公、住宅合理混合的方案；共

同经历 1 年的运行（成长）后，对比 4 (a) 置换前地块内污染、噪声、地价、交通状况，可以看到置换后污染消失，噪声减弱，地价抬升，但是交通出现拥堵，混合用地噪音进一步减弱、地价抬升、交通改善。图 4 (d) 对比路网改善前后地块内运行状况，图 4 (d) 为合理

调整后的路网方案，可以看到，路网调整后，交通状况改善、地价抬升。图4 (e) 所示为增加一条城市绿轴的

情况，可以看到增加公共空间后地价抬升，沿绿轴噪声减弱。

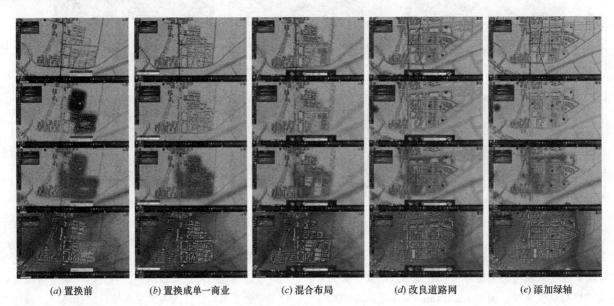

| (a) 置换前 | (b) 置换成单一商业 | (c) 混合布局 | (d) 改良道路网 | (e) 添加绿轴 |

图4　几种操作反馈结果的对比
（说明：从上至下分别为交通量、污染、噪声、"地价"）

5　结论与展望

本次实验目的是探寻城市模拟游戏作为实时反馈的动态城市模拟工具的潜力。游戏具备的实时反馈与动态仿真的特性以及作为集成多种专业知识的综合模型，在应对复杂的城市问题时得到了积极地成果。为了验证游戏作为工具的可行性，本次实验依照现实环境的相关数据，在游戏内构建了样本模型。同时，在实验过程中发现利用这种动态模型系统建模时需要一种新的思考模式，即需要预先提出假设并构建运行框架，按照运行框架有目的地收集原始数据。

5.1　讨论：基于游戏的城市模拟系统的优缺点

运用游戏作为实时动态的建模工具具有很大的潜力，同时作为一款游戏而非科学的建模软件也有很多不足。需要明确的是，实验目的是验证游戏作为实时动态的模拟系统的可行性，因此要明确这些优势中，哪些是实时动态模型这一种新的模型工具本身的特点。

作为实时动态的建模工具，首先是可交互性与实时反馈的特性。不同于 ArcGIS 等传统的空间数值分析软件，实时对交互行为进行反馈，可以直观展现操作手段的结果，降低使用者参与城市策略实践的门槛；例如置入道路后直观的表达出，除了地价的提升，道路带来的噪音对居住质量的下降，改变方式只是简单地擦除道路，就可以立即体现擦除后的结果。其次是动态的模型效果。

不同于静止的三维模型，运转中的模型可以全面的仿真真实的城市环境，展现城市问题变化的趋势，一些曾经容易被主观屏蔽的问题点在动态模型中可以被直接的观测，例如可以在模型中不断变化的分析工具辅助下，观测一个街口一天的交通变化，而非特定时段的静态图形。

在实验过程中，城市天际线作为一款游戏，相较于科学的建模软件的确有种种不足。首先作为一款闭源的游戏系统，我们无法准确量化的了解游戏提供的城市运行框架的可行性，即"黑箱效应"，同时这也限制了使用者对软件框架的修改。其次，缺少输入输出的端口，同时造成工程文件与软件无法互通，以至于需要花费大量时间建模与模型成果无法导出用于制图。作为娱乐游戏，系统缺少量化数据，也无法生成具体数据的表格，缺乏客观性。但是，作为一款成熟的模拟游戏，其提供了易于上手的优化策略与生动的可视化图示系统（见表4）。综上所述，游戏作为实时动态的模拟系统，的确可以帮助对城市问题的分析与设计过程的推进，但是电子游戏作为一款娱乐工具，有其自身的局限性。

以游戏作为基于实时数据反馈的城市模拟模型的优缺点

表4

实时动态的城市模型特点	城市模拟游戏优点	城市模拟游戏缺点
可交互与实时反馈	易上手的优化策略	"黑箱"效应，闭源导致的软件不透明，限制对内容的修改

続表

实时动态的城市模型特点	城市模拟游戏优点	城市模拟游戏缺点
动态模型	生动、明确的可视化图示系统	缺少输入输出端口，导致工程文件无法互通，建模耗时。 无法准确量化输出游戏参数，缺乏客观性

5.2 下一步工作

本文论证了模拟游戏作为实时数据反馈的动态模拟系统的可行性进，在此基础上不应局限于使用游戏取代科学的设计工具，面对实时动态的模拟系统的优势与模拟游戏的局限性，下一步应详细分析游戏中体现出的实时动态的系统的构成方式，以期构建基于这套逻辑的科学的城市模拟系统。关于实时的交互反馈，同样作为基于程序逻辑的城市模型生成平台，CityEngine 提供了相应的程序语言；同时，关于动态生长的过程，已有细胞自动机与 L 语言等等运算算法。如何以城市模拟系统的角度全面剖解相关游戏内容，并进一步组织这些内容最终形成新的模拟系统，还需更多的工作。

参考文献

[1] 邹经宇. 多尺度的跨学科环境模拟与可持续城市规划和绿色建筑设计支持 [A]. 中国城市科学研究会. 2006 中国科协年会 9.2 分会场——人居环境与宜居城市论文集 [C]. 中国城市科学研究会：中国城市科学研究会，2006：13.

[2] SOKOLOWSKI，J. A. and BANKS，C. M. *Modeling and Simulation Fundamentals* [M]. Hoboken，N. J.：Wiley，2010.

[3] Adams，P. C. Teaching and Learning with SimCity 2000 [J]. *JOURNAL OF GEOGRAPHY-CHICAGO THEN MACOMB THEN INDIANA-*，1998，vol. 97，no. 2，pp. 47-55.

[4] Gaber，J. Simulating Planning：SimCity as a Pedagogical Tool [J]. *JOURNAL OF PLANNING EDUCATION AND RESEARCH*，2007. pp. 113-121.

[5] Bereitschaft，B. Gods of the City? Reflecting on City Building Games as an Early Introduction to Urban Systems [J]. *Journal of Geography*，2016，03.

[6] Prensky，M. *Digital game-based learning：practical ideas for the application of digital game-based learning* [M]. St. Paul，MN：Paragon House，2019.

[7] M. H. Hansen and K. A. Raaflaub. *More Studies in the Ancient Greek Polis* [M]. Stuttgart：Franz Steiner Verlag，1996.

[8] D'Artista，B. R. and Hellweger，F. L. Urban hydrology in a computer game [J]. *ENVIRONMENTAL MODELLING & SOFTWARE*，2006. 09. 004.

[9] Juraschek，M.，Herrmann，C. and Thiede，S. Utilizing Gaming Technology for Simulation of Urban Production [J]. Procedia CIRP，2016. 11. 224.

[10] Wikipedia，"Cities：Skylines，The Paradox Wikis" 2019. [Online]. Available：https://skylines.paradoxwikis. com/Cities：_Skylines_Wiki/. [Accessed：05-Jun-2019].

[11] Valve Corporation，"Steam Community：：Cities：Skylines- Workshop，" 2019. [Online]. Available：https://steamcommunity. com/app/255710/workshop/. [Accessed：05-Jun-2019].

任鹏宇

重庆交通大学；469963273@qq.com

建筑类专业 BIM 工程操作能力与跨专业协作能力培养
Training BIM Project Interdisciplinary Capability
of Architecture Students

摘 要：BIM（Building Information Modeling）建筑数字技术近年在建筑业界加速普及，在设计院与建筑事务所的工作中，Autodesk Revit 软件在建筑设计中已经被深度应用于方案设计、初步设计等不同工程阶段。BIM 技术强调数据与模型共享与互用，建筑界的跨专业协作趋势日益明显，在此影响下传统的建筑师工作模式与角色开始发生转变。为了适应新的变化趋势，提升学生的 BIM 工程建模操作能力与跨专业协作能力，本文将会探讨从课程设置与教学内容角度，探讨合理的 BIM 工程操作能力与跨专业协作能力的培养模式。

关键词：BIM；工程操作能力；跨专业协作能力；课程设置；教学模式

Abstract：In recent years，BIM（Building Information Modeling）building digital technology has accelerated its popularization in the construction industry. In the work of design institutes and architectural firms，Autodesk Revit software has been deeply applied in different stages of project design，preliminary design and so on. BIM technology emphasizes data and model sharing and interoperability，and the trend of cross-professional collaboration in the construction industry is increasingly obvious. Under this influence，the traditional architect's work mode and role begin to change. In order to adapt to the new trend and improve students'BIM engineering modeling operation ability and cross-professional collaboration ability，this paper will explore a reasonable training mode of BIM engineering operation ability and cross-professional collaboration ability from the perspective of curriculum and teaching content.

Keywords：BIM；Engineering Operation Ability；Interdisciplinary Collaboration Ability；Course Setting；Teaching Mode

1 引言

数字时代的到来正在重塑建筑学的面貌，由于 BIM 技术"全生命周期"与"跨专业协同"的特点，建筑师开始从过去纯粹设计师向建筑项目管理者角色过渡，在工作中将会更多的涉及到跨专业协调性工作。因此现在的建筑师除了需具备本专业知识以外，也需积累足够的 BIM 工程经验和广阔的跨专业知识面（暖通、结构、给排水等方面），以支撑建筑项目中的团队协作。

BIM 技术的价值近年来随着在建筑业中的应用不断加深变得日益明显，建筑设计单位从过去对 BIM 技术的审慎怀疑态度转变为接纳和欢迎的态度，BIM 技术在建筑方案设计、设计分析和管线综合等方面体现出了很大的应用效益，而且也被用于进行多专业模型整合。因此，现在建筑设计单位在招纳新的建筑师的时候，就对多专业 BIM 建模能力（基于 Autodesk Revit 软件）与工程操作经验有较高的要求。

而目前建筑学教学体系较为庞杂，理论与设计类别课程占的比重较大，教学重心在于培养学生的建筑设计能力，强调对建筑形式与空间的理解。关系 BIM 工程操作能力的建筑技术部分有一定程度的涉及（例如建筑构造、建筑物理等课程），但是缺乏相对应 BIM 建模工程实践环节，来完善并强化学生对于理论知识认知与对实际项目操作能力的培养。对于土木、暖通等其他跨专业内容，在现有教学体系中较少涉及，难以培养学生的跨专业协作能力。

为了培养建筑学专业学生适应未来 BIM 工作环境，同时探索 BIM 课程教学与传统建筑教学的契合点，将数字化教学理念融入现有建筑课程体系中。本文将以提升学生 BIM 工程实践能力与跨专业协作能力为出发点，平衡并完善现有课程教学体系，培养工程实践与设计能力更加全面的学生。

2 总体培养思路

重庆交通大学建筑与城规学院建筑学课程体系是经过多年教学调整逐步形成的，直接对其进行改革以容纳 BIM 工程实践部分难度较大，因为涉及课程结构与课时量的大范围调整，并且会额外增加学生的学习负担。在以提升学生 BIM 工程操作能力为培养宗旨，考虑提升教学效率的前提下，BIM 工程操作能力培养体系将会通过两部分开展：

（1）课程教学体系部分：首先将会针对现有建筑数字化技术课程进行改革，使得 BIM 内容能够循序渐进的覆盖从本科低年级到高年级的课堂教学，在数字化课程中适当添加跨专业知识点（例如结构图纸的识别），同时也会与其他专业课程如"建筑技术设计""建筑构造"等形成良好互补关系。同时自 2019 年起面向全校专业，会筛选优秀学生（以建筑类专业学生为主）组成 BIM 实验班，以校企合作培训形式对光辉城市、Dynamo、斯维尔绿色建筑等 BIM 软件的工程实际应用操作进行技能强化训练。

（2）课外工程实践部分：由学院牵头学生自发组织，依托学院实验室成立 BIM 学生社团。社团成员以建筑类专业学生为主，同时招收土木、给排水等专业成员，营造跨学科工作氛围，培养团队工作能力。社团活动开展方式为：①由教师或者企业技术人员牵头，利用课余时间进行 BIM 项目实训，强化学生的工程操作技能，使学生接触到业界前沿 BIM 应用点。②由教师牵头，带领学生参与实际建筑项目，通过项目实践提升学生的 BIM 工程操作能力。

2.1 课程教学部分改革

建筑设计步入数字化领域，BIM、虚拟仿真、数字建造等技术在建筑业界中得到逐步推广，信息化技术在建筑创作中的重要性开始上升，而 BIM 技术在建筑工程中的应用。旧有建筑课程教学体系发展滞后，开设在本科阶段的建筑数字化课程内容较少，而且多为 SketchUp、AutoCAD 等基础软件操作，教学内容缺少 BIM 部分，导致学生缺乏相应工程操作能力。自 2017 年起，数字化课程教学体系开始基于 Autodesk Revit 软件开展，教学过程同步强调学生对建筑识图与构造知识的理解。

经过课程调整，建筑类专业本科阶段的 BIM 课程安排如图 1 所示，必修课程有"建筑与数字技术 1""建筑与数字技术 2"，选修通识课程有"BIM 导论课程"。

	必修课程	选修
本科一年级		BIM导论
本科二年级	建筑与数学技术1	
本科三年级	建筑与数字技术2	

图 1　重庆交通大学建筑类专业课程体系
（图片来源：教学文件）

选修课"BIM 导论课程"面向大一年级建筑类与非建筑类专业开设，是一门通识课，宗旨在于普及 BIM 技术特点，简要介绍流行的 BIM 软件与硬件平台，讲解 BIM 技术在不同专业领域的应用热点如图 2 所示，使学生理解 BIM 技术在不同专业工程中的应用潜力和价值，培养学生对 BIM 技术的兴趣。

必修课"建筑与数字技术 1"面向建筑类专业大二学生开设，学生在初步掌握建筑图纸识图技巧与初步建筑设计知识的前提条件下接触 BIM 课程。课程以分组练习上机形式开展，学生将会以 4 人一组的形式，在教师的课堂讲解与上机练习辅导下学习 Autodesk Revit 软件的基础建模命令如图 3 所示，以及体量工具和族编辑器的应用，使学生初步具备 BIM 建筑专业模型的建模能力。

必修课"建筑与数字技术 2"面向建筑类专业大三学生开设，在这个阶段学生已经具备基础的 Autodesk Revit 软件与建筑类图纸的阅读梳理能力，这门课程将会强化学生 Revit 建模能力，并且初步让学生掌握结构专业 BIM 模型的创建方法。同时也会讲解 BIM 建模效率插件的使用，例如 isBIM 魔术师。课程将会以项目实训的方式在学院 BIM 工程中心开展，学生将会以 5 人一组形式进行上机演练，教师负责图纸讲解与课堂辅导。第一个实训项目是小型农贸市场，学生将会完成建筑与结构专业建模，初步接触跨专业协同，如图 4 所示。第二个实训项目是某大厦裙楼部分，学生将会完成建筑与结构专业建模工作，提升团队合作能力，加深对结构专业的认识。

◆某工业生产线项目

某工程技术有限公司马来西亚年产120万吨球团生产线项目为例，其在设计过程中通过Autodesk Revit和Naviswork Manager的应用在设计阶段完成了项目的工程量统计、局部碰撞检查、优化设计等工作内容，这不仅为工程建设前期的工程材料备料提供了精确可靠的依据，更为后期的施工和设备安装提供了方便，减少了传统施工过程中的很多不必要的返工及重复劳动。

图2　"BIM导论课程"BIM技术在工业建筑领域应用示例（图片来源：课程课件）

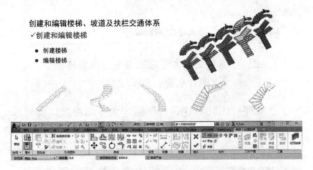

图3　Autodesk Revit基础建模教学（图片来源：课程课件）

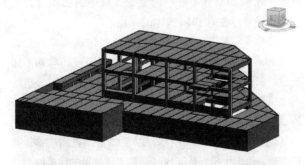

图4　结构专业模型的创建（图片来源：学生作业）

从2019年起，重庆交通大学建筑与城规学院成立BIM＋工程创新设计实验班，主要招收建筑类专业大二到大四学生，参加实验班成员可以替换其他课程学分，解决了课程时间冲突的矛盾问题，课程结构如图5所示。实验班的开设是重庆交通大学建筑与城规学院的BIM工程能力培养探索，意图打破传统学科专业的壁垒，实施学科交叉融合的培养体系，着重强化工程实践能力训练与技术创新能力引导，使学生能够熟练应用BIM＋多种数字化技术手段完成建筑、交通、土建类工程项目的设计。BIM＋工程创新设计实验班将会从以下四个方面开展培养工作：

"BIM+工程创新设计实验班"课程设置

课程类别	课程名称	开设年级	课时	学分
课程学习	数字技术基础1	本科二年级	32	2
	数字技术基础2	本科二年级	32	2
	数字技术应用1	本科三年级	32	2
	数字技术应用2	本科三年级	32	2
选修课程（校企合作）	绿色建筑技术课程（斯维尔合作）	三、四年级	32	2
	BIM数字化技术设计课程（谷雨时代合作）	三、四年级	32	2
	以"慢屋"为基础的房屋建筑学的虚拟仿真课程（光辉城市合作）	三、四年级	32	2
工程项目实践课（校企合作）	BIM实践工程1	三、四年级	64	4
	BIM实践工程2	三、四年级	64	4
	BIM实践工程3	三、四年级	64	4
	BIM实践工程4	三、四年级	64	4
竞赛辅导	市级及以上等级BIM工程相关竞赛	三年级	16	1

图5　BIM工程实验班课程结构（图片来源：教学文件）

（1）教学形式

针对二年级学生开设线上为主、线下为辅的校选课：数字技术基础1、数字技术基础2。针对三年级学生开设线上为辅、线下为主的技能课：数字技术应用1、数字技术应用2。针对三年级学生开设专题讲座＋专题设计。

（2）竞赛组织＋项目实训

针对大三与大四学生，将会组织参加全国BIM类别数字化设计竞赛，同时会通过校企合作的形式对学生进行项目实训。

（3）创新引导＋企业孵化

针对四年级与五年级学生设置BIM＋的创新训练项目与创业实践项目，开发教学资源库与项目资源库。

（4）BIM＋综合毕业设计

针对四年级或五年级学生毕业设计环节，开展交通土建大类专业综合毕业设计。

2.2 课外工程实践开展

BIM学生社团于2017年3月由重庆交通大学建筑与城规学院牵头成立，给建筑类学生提供了一个BIM实践平台，了解BIM技术业界前沿应用的机会。学生在课余时间能够亲身参与建筑项目实战，以积累工程操作与跨专业协作经验。在社团中学生将通过相互交流以提升软件操作水平，来弥补课堂教学缺乏工程操作环节的问题。BIM社团常驻学院GCB云端实验室。

社团人员构成以建筑类专业为主，同时少量招收土木、给排水和暖通专业的学生，以辅助跨专业工程实践。社团成员以大三学生为骨干，大二学生作为社团人才后备梯队，大四学生则作为技术骨干起到以老带新的作用。社团成员人员流动性较大，常年保持在35人左右，由学生推举社团负责人，BIM技术骨干在5～7人间。社团成员分为6个工作组，每组5～6人左右，包含小组负责人一位，负责制定工作计划、小组分工与问题汇总反馈等任务。社团的运作章程由教师制定，学生承担纳新、社团推广等宣传类工作。

在2017年3～7月间，对社团成员的基于Autodesk Revit软件的项目实训工作以校企合作的形式（建规学院与谷雨时代合作）在每天的课外时间开展，整个项目实训循序渐进的分为三个阶段，通过建模与专业协同难度逐步加深提升学生的建模水平：

（1）实训第一阶段，周期15天，项目为双拼别墅建筑，建模完成建筑专业部分。第1天由教师讲解梳理图纸，辅导建模技巧，之后学生独立完成BIM建模工作，强化对Autodesk Revit软件基本建模技巧的掌握——门窗族的创建、屋顶坡度调整等内容，通过制定小组分工表等形式初步掌握团队合作技巧，如图6所示。

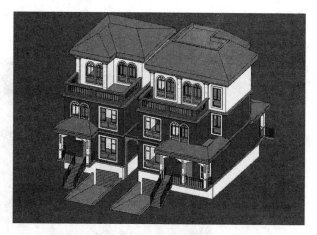

图6 双拼别墅建筑Revit模型（图片来源：实训项目）

（2）实训第二阶段，周期12周，项目为某证券大厦，项目体量大复杂度较高，建模需完成建筑、结构与给排水专业三个专业的工作，教师每天进行教学辅导。第1周，教师对地下车库部分结构专业图纸进行识图教学，然后学生梳理图纸并完成小组分工，在第2周时间内完成地下车库结构部分建模工作。第3周教师梳理地下车库部分建筑专业图纸，之后学生自行完成地下车库建筑部分建模工作。第4～6周，学生在教师引导下，完成地上部分裙房与塔楼的结构专业建模工作。第7～10周，学生在教师引导下，完成地上部分裙房与塔楼的建筑专业建模工作，并将Revit建筑与结构模型进行链接，然后进行模型审查写出问题汇总报告。第11周，进行给排水专业教学与Autodesk Revit MEP软件培训。第12周，学生完成建筑地上与地下部分消防喷淋模型的建模工作。通过强化培训，学生将会深度掌握Autodesk Revit操作技巧，懂得使用Revit输出建筑、结构、给排水施工图纸，通过图纸阅读、建模与跨专业BIM模型链接审查的形式学生将会理解跨专业工作协作方式，具备初步的BIM工程操作能力，如图7所示。

（3）实训第三阶段，周期4周，项目为装配式建筑预制混凝土剪力墙内墙板，项目复杂度高，建模需要完成装配式墙体的细节建模工作，并掌握在Revit族编辑器中参数化驱动原理。第1周，教师讲解Revit参数化驱动基本原理与参数数据类型梳理，如图8所示，引导学生阅读装配式建筑构件图集，理解墙板中钢筋的尺寸定位、套筒位置等信息，掌握预制内墙板的结构组成关系。第2～4周，学生通过参数化驱动族设置原理如图9所示，完成内墙板创建，并以符合国家建筑标准设计图集的形式导出图纸，如图10所示。通过实训，学生会掌握建筑业界前沿工程操作技巧，加深对结构专业的理解。

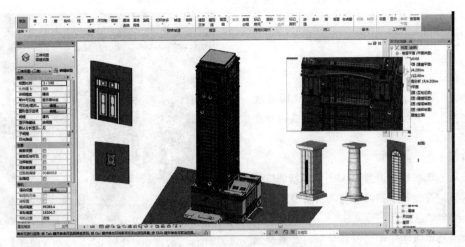

图7 某证券大厦BIM模型（图片来源：实训项目）

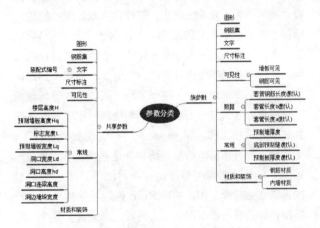

图8 Revit参数类型梳理（图片来源：实训项目）

尺寸标注			
圆头球形吊钉水平距离(	325.0	=	☐
开关插座预留孔水平距	130.0	=	☐
开关插座预留孔水平距	280.0	=	☐
斜支撑套筒水平距离MJ	300.0	=	☐
斜支撑套筒水平距离MJ	150.0	=	☐
斜支撑套筒竖直距离MJ	200.0	=	☐
斜支撑套筒竖直距离上(	900.0	=	☐
斜支撑套筒竖直距离下(	550.0	=	☐
斜支撑套筒竖直距离下	250.0	=	☐
楼层高度H(默认)	2900.0	=	☐
预制墙板厚度	200.0	=	☐

常规			
座浆科厚度	20.0	=	☐
洞口墙垛宽度(默认)	600.0	= 0.5 * 预制墙板宽度Lq -	☐
洞口宽度Ld(默认)	900.0	=	☐
洞口连梁高度(默认)	510.0	= 预制墙板高度Hq - 洞口	☐
洞口高度Hd(默认)	2230.0	=	☐
预制墙板宽度Lq(默认)	2100.0	=	☐
预制墙板高度Hq(默认)	2740.0	= 楼层高度H - 座浆科厚度	☐
预制墙板厚度(默认)	140.0	=	☐

图9 参数化驱动族数据设置（图片来源：实训项目）（一）

数据			
固定值(默认)	400.0	=	☐
套筒直径(默认)	42.0	=	☐
套管长度a(默认)	80.0	=	☐
套管长度b(默认)	0.0	=	☐
边缘构件箍筋长度(默认)	800.0	= 洞口墙垛宽度 + 200 m	☐
连梁箍筋长度(默认)	620.0	= 洞口连梁高度 + 110 m	☐
连梁纵筋上到墙身顶部	35.0	=	☐
连梁纵筋下到洞口顶距	40.0	=	☐
连梁纵筋长度(默认)	2500.0	= 预制墙板宽度Lq + 400	☐

图9 参数化驱动族数据设置（图片来源：实训项目）（二）

2.2.1 课外建筑项目实战

在2018年5月，社团参与了重庆市渝北区龙湖中央公园项目，并负责F125与F126两块用地的建模工作，项目总建筑面积14万平方米。社团学生在两周时间内以《重庆市建筑工程信息模型设计交付标准》为技术参考，完成了建筑、结构、暖通、给排水部分的建模工作，如图11所示。通过这次实战工程操作，学生理解如何通过现行BIM规范进行工程操作——制定项目文件结构、Revit模型操作标准、项目模型拆分、项目模型命名、项目模型定位等内容，并理解现行BIM模型的交付标准。

在项目进程中，由教师牵头带领学生进行图纸的梳理，同时教师负责与设计院的沟通工作共同制定项目节点，即时反馈工程进度与项目图纸问题，沟通设计变更，承担项目管理者角色。学生团队共20人，分为4个专业组别，由社团与各组负责人完成项目分工，督促社团成员在项目节点以前完成图纸建模工作，每日将图纸中的问题汇总发给负责教师，并通过链接不同专业的Revit模型进行初步模型审查，发现了建筑与结构模型碰撞、楼板管线开孔等问题，锻炼了自身的工程操作实践能力。

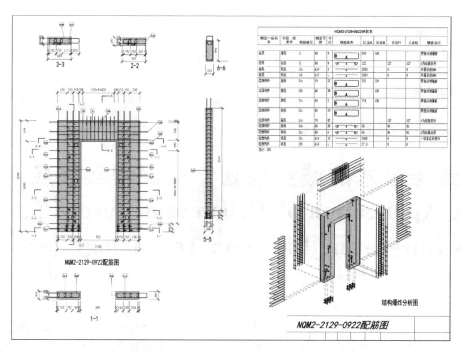

图 10　装配式内墙板图纸集制作（图片来源：实训项目）

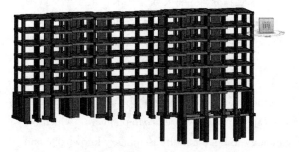

图 11　龙湖中央公园 F126 地块 6♯ 结构模型
（图片来源：实训项目）

3　结语

以上便是重庆交通大学建筑与城规学院在培养学生

BIM 工程能力与跨专业协作能力上的探索，通过"课堂教学＋课外实践"相互结合的方法，以更为灵活的教学组织形式，激发学生的学习能力，提升学生的工程实践能力。

参考文献

［1］陈柯达. 建筑工程 CAD 课程向 BIM 转型的路径探索［J］，产业与科技论坛，2017，24（17）：268-269.

［2］周琴，高子坤. 基于 BIM 跨专业毕业综合实训模式探索与实践［J］，莆田学院学报，2017，6（4）：99-103.

庄 筠[1] 林志航[1] 顾嘉欣[1] 王成芳[2]

1. 华南理工大学建筑学院

2. 华南理工大学建筑学院，亚热带建筑科学国家重点实验室；16120316@qq.com

融合大数据技术的城乡规划专业课程实践应用 *
Practice Application of Urban and Rural Planning Courses Integrating Big Data Technology

摘 要：随着信息技术的迅速发展与普及，分析并解决复杂城市问题的数字技能成为未来城市规划人员需掌握的重要能力，这需要我们学生在学习传统空间规划设计的同时，有意识地跟进前沿技术的应用，构建多学科交叉的知识与技术体系。笔者在华南理工大学城乡规划三、四年级课程实践及课外学术科研项目竞赛中，通过多平台课程学习、多渠道数据获取、多方式数据呈现及多技术数据分析，将大数据技术应用于城市数据解读、交通问题探究、行为规律研究等方面，锻炼了自身与项目团队的数字技术应用与科研创新能力。本文结合课程实践应用，从学习方法与思维锻炼、技术应用与实践探索等方面进行实践梳理，对大数据技术实践应用的学习探索进行思考和总结。

关键词：大数据；实践应用；城乡规划；教学实践

Abstract：With the rapid development and popularization of the information technology，the analysis and resolution of digital skills in complex urban issues has become a key capability for future urban planners，which requires our students to consciously follow the cutting-edge technology to build a multidisciplinary knowledge and technology system while learning traditional spatial planning and design. During the third and fourth-grade curriculum practice and extracurricular academic research project competition of South China University of Technology，the author applies Big Data technology to urban data through multi-platform course learning，multi-channel data acquisition，multi-modal data presentation and multi-technology data analysis，which exercised the digital technology application and research innovation ability of the project team. The paper combines the practical application from the aspects of learning methods and thinking exercises，technology application and practical exploration，to consider and summarize the learning and exploration of the application of Big Data technology.

Keywords：Big Data；Practical Application；Urban Planning；Teaching Practice

1 引言

"大数据"（Big Data）是一个庞大的概念集合，用以指代各种规模巨大到无法通过手工处理来分析解读信息的海量数据，具有数据海量、类型丰富、价值密度低及处理速度快等优点[1]。随着信息时代的迅速发展普及与数据可视化技术的日渐成熟，人们能够以更精细的认识和更快捷的信息了解城市，最终促使未来城市规划由静态规划到动态规划，专家评审到公众参与，行政管理到法制化管理的规划转型。但目前，由于大数据来源不

* 面向提升学生创新能力的 GIS 教学改革与实践，华南理工大学本科教改重点项目，2019.4-2021.4。

受规划业务影响，其数据类型较不统一、数据质量难保障，处理技术有限，使得大数据仍较难直接用作城市规划的预测中。[2]

此前在城市规划领域中，大数据主要发挥着传统学科基础中数据研究辅助的作用，改变了学者和规划师研究城市时的关注时间序列和视角。国内学者相关研究多从人群活动与需求角度，将大数据与传统模型相结合，使其在推断、验证与评价方面发挥优势：用手机信令统计居民的出行行为，了解其居住、就业空间与社会关系（周素红，2018；许宁、尹凌等，2014；钮心毅、丁亮等，2014），以此构建对城市经济、社会等方面构建指标评价体系（甄峰，2018）；利用公共交通预付费卡的刷卡记录分析职住关系、通勤交通（龙瀛、张宇等，2012）；运用交通数据与移动轨迹数据分析区域关联强弱与城镇群发育等（甄峰等，2013）。

在建设智慧城市的背景下，传统的城市静态建设管理指标已不适用于动态多变的城市系统，通过传统的问卷访谈等形式获取城市运行信息也存在较大的滞后性，通过大数据对城市运行情况实施监控，逐渐成为城市管理的主流，在城市交通的监控管理上更为突出。同时随着近两年来国土空间规划编制、评价和管理等研究的推进，大数据在规划的前期研究、方案预测与动态评价等方面也发挥着一定的作用。然而大数据在构建更为科学、成熟的空间规划应用体系上，仍未达到数据的深度融合与动态关联。这迫切需要一批扎根于数据技术与学科理论研究人员，在城市规划数据领域内不断创新与探索，也对未来规划人员的数据技术能力提出了更高的要求。

目前，规划从业者主要借助地理信息系统软件（简称GIS）对采集的大数据与传统空间数据模型进行整合分析，该软件融合一系列基于计算机技术的信息分析方法和模型，可支持算法开发、规划展示与效果预测等[3]。而笔者在大学本科阶段的学习中，基于GIS软件的课程学习，初步探索了规划领域的大数据技术的实践应用。

2 学习方法与思维锻炼

不同于传统理论知识的学习，大数据方面的知识需要多平台、多渠道获取，与时俱进，同时建立多学科交叉分析的思维方式，锻炼清晰的逻辑思维能力，并将大数据与传统数据结合进行实践应用，以此提高自身分析问题、解决问题的综合能力，加深对城乡规划学科的理解。

2.1 大数据分析学习方法

地理信息大数据分析的学习方法多种多样，通过专业课程的学习、网络课程的拓展、论文的写作、实际项目的参与等方式皆可进行；而总体上可分为大数据学习的启蒙阶段、中间阶段和实践阶段三个部分，以下结合笔者自身经历进行阐述。

在大数据学习的启蒙阶段，笔者通过城市地理信息系统的任课老师对空间大数据分析技能的介绍，获得一定的基础认识，并由此激发出学习探究的热情和兴趣，课后通过网络的检索及互联网学习平台，逐渐对地理信息系统操作和大数据分析的发展历程和应用场景有了更加深入的了解，也因此加入到各类的大数据论坛和圈子，阅读最新的研究文献、成果推送、技术问题等内容。

在大数据学习的中间阶段，笔者借助互联网学习平台的网络课程，了解到大数据分析最新的应用项目和进阶的软件操作技能以及分析工具；并通过积极参加学校内外举办的各类大数据技术分享讲座，强化大数据分析的选择逻辑和操作技巧。

在大数据学习的实践阶段，受惠于本专业的课程设置及任课老师的鼓励，笔者通过撰写多门课程论文，融合大数据分析方法研究广佛同城交通一体化发展及共享单车管理等相关议题，对交通等时圈、共享单车、兴趣点、道路网等大数据进行实际的分析操作；并在后一学期，加强与老师的沟通交流，参加实际的项目，对广佛同城交通建设、共享单车停车点选择及单车道建设情况进行前期的大数据分析，对道路交通可达性及公服设施配套情况进行评判，为后期建设及管理提出改进建议。

经历启蒙、研究、实践三个学习阶段，笔者对地理信息系统大数据分析的手段、逻辑和应用场景有了系统性的了解，不再单单着眼于课本教材及课堂内容，借助互联网学习平台扩展相关专业视野，提高了自己的创新能力，并结合规划实践项目进行实操运用。

2.2 多学科交叉融合的思维锻炼

地理信息大数据分析需要多专业、多层次、多维度的综合分析能力，同时建立规划专业内以及多专业之间的逻辑思考，在融合传统研究方法的基础上结合大数据分析手段，互为补充。在大数据分析的实际研究和应用中，笔者结合当前社会经济的发展情况，紧跟时事热点，在城乡规划专业课程实践中，选择广佛交通一体化建设、共享单车管理等议题，培养了理性的思维逻辑。

在多学科交叉的实践方面，一方面将各专业的数据进行整合，将清洗后的多种数据整合到统一的地理信息系统平台上，打通实时交通出行数据、传统交通路网数据、共享单车运行数据、设施兴趣点空间分布等不同数据之间的联系。另一方面则将各专业的技术手段进行整合，有条理、分层次地使用了计算机专业、规划专业、交通专业、公共管理专业、工业设计专业等多个专业的相关技术手段，跨学科、跨领域从多个角度对相关议题中发现的问题提出综合有效的建议。

在整个实践应用过程中，学科穿插引发的逻辑碰撞和断裂的情况时常发生，团队成员加强相互之间的理解，理清各自的逻辑和矛盾点，取其精华去其糟粕，积极创新，摸索出一套适合实际情况的个性化解决方案，整体增加思维的深度和广度，加强研究的综合性、科学性和创新性。

3 结合课程实践的技术应用与探索

未来的城市研究不仅需要对其进行宏观层面的多角度、多类型规律分析，还需要充分重视微观个体的行为偏好，并在充分利用大数据（宏观群体行为、微观个体活动）与小数据（宏观城市空间和经济现象、微观居民属性与行为情感偏好）的基础上实现全尺度综合研究。[4] 在对大数据应用初步探索的阶段，笔者将尝试通过大小数据结合的方式对大数据进行校核及实际验证，将传统调研方式所得数据与新兴网络大数据进行结合，并对数据分析结果进行修正，以提高研究的科学性及准确性。

3.1 融合大数据的广佛同城交通建设研究

2019 年年初国务院发布的《粤港澳大湾区发展规划纲要》中重点强调了广佛的极点带动作用，在湾区各核心城市的集聚功能不断增强的背景下，广佛同城发展提上更高的战略地位。基于此，笔者与团队成员紧密结合时事热点，将所学知识加以实践应用，站在粤港澳大湾区发展背景之下，将大数据分析技术融入其中对广佛同城交通建设情况进行评估。

在广泛阅读相关文献的基础上，笔者发现，交通运输是实现区域一体化发展的重要途径，现阶段对广佛同城的研究主要集中在同城发展阶段、区域管制及城市交通空间结构等方面，日趋广泛的大数据技术也被较多地应用于研究跨区域交通建设中，然而目前现有的研究尚缺少基础交通建设数据与大数据的结合分析。于是在运用传统路网数据构建现状与规划的交通路网通达格局的同时，笔者引入网络开源大数据对广佛跨市城际通勤、时空圈和城市建设情况等进行研究，系统梳理广佛交通格局及其与土地利用建设间的相互关系，为广佛一体化建设提供分析参考。

在对广佛时空圈的研究中，笔者尝试运用实时交通数据对广佛时空圈进行描绘，通过百度 API 接口爬取了从广佛 16 区区政府出发到两市市域范围内 2km×2km 网格内中心点的实时公交及自驾出行数据，并通过 Arcmap 进行反距离权重插值计算，将对文献中所定义的都市圈通勤时长的 1.5 小时出行等时圈进行可视化分析（图 1），以此对广佛两市的出行时空圈进行特征画像。在此基础

上，进行地理空间的统计，比较公交出行和自驾出行时长及时空圈地理范围，评判两市公交联系及路网建设情况。

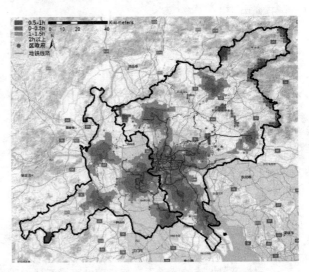

图 1　公交出行等时圈

同时，团队成员有幸结合规划实践项目——白云西部科技走廊总体城市设计项目，构建多种交通通达模型对广佛边界的地块进行交通规划建设评估，研判其交通建设及土地利用之间的相互关系，同时叠加 poi 兴趣点的公服设施分布数据（图 2），挖掘场地内的价值单元，以此为未来重点城市设计地块的选址提供参考。

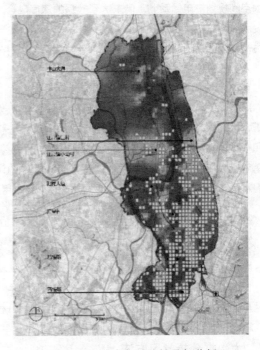

图 2　POI 分布与通达性叠加分析

在大小数据结合方面，笔者结合 502 份问卷调研结果及实际访谈的多位专家学者的观点，对数据研究结果

进行修正，并将实地调研成果与大数据进行结合，将广佛地区居民能接受的最长通勤时长从 1.5h 修正为 1h，使交通建设的评价标准更加符合研究案例地的实际情况。通过传统调研方式获取小数据与大数据分析相结合，互为补充，来弥补单一大数据研究的局限及不足。

3.2　基于智慧街道建设的共享单车时空数据研究

在智慧城市智慧街道建设的进程中，大数据分析在描述城市动态活动中有着主导的作用——实时反馈，有效管理。笔者通过对典型的智慧城市议题：共享单车的交通管理进行深入研究，理论联系实际，以研究项目为主题，学习和应用地理空间系统的大数据分析。具体做法为，结合地理信息系统的大数据分析，对广州荔湾部分老城区的共享单车交通进行研究，分析出研究范围内共享单车的时空分布情况，测算出道路网在共享单车方面的通行潜力，计量出街道兴趣点对共享单车停放的吸引程度和距离，最终根据上述三者提出关于建设智慧街道的管理建议和设施改进措施。

在本专业内，笔者站在规划专业的角度，首先就共享单车管理和旧城街道利用两大方面的问题进行专业思考；而后对慢行系统、智慧街道、共享单车、旧城更新四个关键词进行文献的翻阅；接着通过路网数据、共享单车时空数据对客观基础设施以及骑行行为的分布进行大数据分析；选择通过大数据分析发现的典型地点进行实地的验证空间注记调研；最后提出关于共享单车管理的改进建议及更新设施。

在实际操作中，笔者运用了大小数据统一分析的方式，对大数据进行校核及实践应用。在大数据分析方面，笔者通过跨学科听取讲座和课程的学习的方式，总结了其他学者对共享单车数据的清洗方式，分析各种清洗方式的优势和不足；最后以去除停留点，匹配前后时间的方式；通过 Python 编程，输出每一辆单车的轨迹属性表；直接导入 Arcmap 生成单车轨迹，节省大量时间的同时大幅提高数据的精准程度。在对大小数据统一的分析上，笔者通过路网数据分析与认知地图描绘、共享单车时空数据分布分析（图 3）与空间注记（图 4）的方式，使用大数据寻找典型的地点和问题集中区域，实地调研获取小数据反过来对其进行验证，从而不断修正自身数据分析模型，与实地匹配并对未来进行预测。

总体而言，在共享单车大数据的研究中，笔者及团队成员运用多种分析手段和方式，多角度对现状进行描绘，构建骑行者和道路网运行的画像，综合多个方面最终形成一套较为科学合理的动态描述系统和预测管理系统。

图 3　实地实证调研空间注记　　　　　　　　　　图 4　共享单车全天密度图

4　结语

最后，笔者有幸将课程实践的内容加以梳理后作为课外科研项目进行更深入的学术研究，参加了"挑战杯"课外学术科技作品竞赛，并在校级及省级赛事中都取得了较好成绩。通过融合大数据技术的专业课程实践

探索，团队成员逐渐摸索出一套大数据与传统调研方法相结合的实践方法，对大数据得出的数据特征进行描绘，同时通过实地调研进行数据的校核及修正，以此确保大数据研究的科学性及合理性。然而技术的提高需要匠人精神，大数据的学习不仅需要我们学生多扩展自身视野，通过多平台、多渠道积累相关方面的知识，建立

理性及量化分析的思维方式，锻炼多专业、多层次、多维度的综合分析能力，还需要我们对确定的问题不断钻研、实地验证、修正模型、循环往复，尝试多种调研手段和大数据结合的实践方法，对大数据进行实际校核及检验，以此不断提高自身技术水平、调研方法和分析、解决问题的能力。

从近年来城乡规划专业课程教学实践及课外科研能力培养机制上来看，增设了有利于培养学生的创新能力、开拓思维的课程实践及课外科研项目，逐步替代了传统的教学模式及培养方式，对启发学生自主学习的兴趣，开发学生的创新意识和实践能力有较大帮助。融合大数据技术的城乡规划专业课程，不再是单一的授予课程知识的理论课，而是逐步作为城乡规划专业课程理论和创新实践的平台，倡导多学科交叉融合的思维方式，提高了同学们利用城乡规划新技术分析问题、解决问题的综合能力，加深其对城乡规划学科的理解。[5]

参考文献

［1］朱兰萍. 城市规划中的大数据应用构想分析［J］. 中国住宅设施，2017（05）：44-45.

［2］宋小冬，丁亮，钮心毅. "大数据"对城市规划的影响：观察与展望［J］. 城市规划，2015，v. 39；No. 334（4）：15-18.

［3］李苗裔，王鹏. 数据驱动的城市规划新技术：从 GIS 到大数据［J］. 国际城市规划，2014（6）：58-65.

［4］秦萧，甄峰. 大数据与小数据结合：信息时代城市研究方法探讨［J］. 地理科学，2017，37（03）：4-13.

［5］李渊，林晓云，邱鲤鲤. 创新实践背景下的城市规划专业地理信息系统课程的教学改革与思考［J］. 城市建筑，2018（15）：120-122.

孙澄宇　胡　苇

同济大学建筑与城市规划学院；ibund@126.com

用户界面要素对虚拟学习效果影响的研究
——以保国寺虚拟搭建教学实验为例 *

The Effects of User Interface Elements on Learning Performance
——A Teaching Experiment of Ancient Architecture VR-Assembling

摘　要：建筑教育越来越涉及到大量三维物体的操作和认知环节，所以将虚拟现实（Virtual Reality，VR）技术应用到建筑教育中是很有潜力的。怎么更有效率的应用虚拟现实在这个领域是一个很热门的话题。已经有很多学者在对于 VR 硬件和平台开发进行研究，然而关于 VR 环境中的用户界面（User Interface，UI）设计的研究还相对匮乏。本文聚焦了针对建筑教育 VR 应用的几个 UI 设计要素，通过实验的方法，定量地的进行了其与使用者学习效果的相关性分析，旨在找到更好的建筑教育 VR 应用的 UI 设计方法，从而提高建筑教育 VR 应用的教学效果。

关键词：用户界面；交互设计；学习效果；虚拟现实

Abstract：As the architectural education involves a large number of cognitive links of three-dimensional objects and operations，there is a great potential to apply VR technology to the architectural education. How to use VR more efficiently is a hot topic in this field. Apart from the difference between hardware platform and virtual engine，UI design is also an important aspect that affects its learning effect. However，the research on the UI design of virtual reality in the field of architectural education is relatively few. This study extracted four key factors from UI design：navigation modes，observation scales，operation methods and background options. A coherence analysis based on experiments was conducted to explore the influences of these factors on the learning performances. According to the experiments，a virtual construction process with the best UI configuration (fishing mode，grasp operation method，1：10 scale) has a much better performance （39.2% higher completion percentage，59.7% higher correction percentage，0.72 higher speed) than the worst UI (bird mode，proxy method，1：1 scale，no background). A validation experiment also confirms the above correlation between the observation scales setting and learning performance.

Keywords：User interface（UI）；Interaction design；Learning performance；Virtual reality（VR）

1　介绍

目前的 VR 技术飞速发展，在各个方面有越来越多的应用——不仅应用于娱乐方面，在教育方面也逐渐受到了重视。世界范围内的各大高校都纷纷围绕机械、建筑、医学、物理、设计等多门学科开展虚拟仿真教学应

---

* 本研究由"2019 年上海高校本科重点教改项目""同济大学教学改革研究与建设项目"资助。

用的实践与研究。

虚拟现实技术在建筑学教育中有其特别的优势。首先，建筑学教育中有一类陈述性知识是严重依赖于视觉信息的，需要学生对课程中涉及的三维对象进行认知，例如建筑史课程中，需要让学生对历史上经典建筑案例的各个主要构件的名称、位置和形象，以及整个建造过程加以记忆。虚拟现实技术即可从视觉、听觉、触觉等各种感官方面加强交互性，沉浸性和构想性[6]，使学生认知学习的过程从单向灌输变为双向互动，有利于记忆效果的提高[7]。严钧[10]运用虚拟现实技术编制多媒体课件，创建了"建造虚拟实验"，让学生可基于电脑屏幕组装一个斗栱的三维模型。汤众等[11]应用虚拟现实技术，以在线课件方式进行辅助教学，有效地在教学中让学生通过自主学习快速掌握中国古建筑的特点，学习中国古代木构建筑各个主要构件的名称、位置和形象，了解其建造过程。其次，建筑学教学中，还有些对于程序性知识的学习，如果实际操作的话会有时间、成本、安全性等问题，而如果将这个操作过程置于 VR 环境之下，那么对于时间和成本的节约、保证学习者的安全是非常有优势的。袁浩[12]研究了在虚拟现实环境中将各个部件组装成一栋建筑。因此，虚拟现实技术是建筑学教育的一个重要工具。

目前在 VR 的建筑领域应用的实践中，绝大部分项目都关注硬件平台或者软件引擎的选择问题[13]，关于 UI 设计的研究还很有限[19]。UI 设计是指由硬件和软件共同执行的人机交互范式，是操作逻辑和界面美学的总体设计[20]。UI 是 VR 系统与使用者之间最直接的交互界面，好的 UI 设计不仅是让软件变得美观，还会让软件的操作变得更加简便，更加易于学习和使用。而对于教学软件，好的 UI 设计会让学生更快速地、方便地学会如何使用软件，将更多精力集中于教学内容上，使教学的效率得到提高。

目前很多 VR 的 UI 设计沿袭于二维软件的 UI 设计思路，但是 VR 的 UI 由传统的平面变为沉浸性的三维空间，会有一些不一样的特征。传统 UI 的二维视窗范式（WIMP<Window, Icon, Menu, Pointing Device>）[21]很难适应三维虚拟空间。在以前的研究中[22]，我们发现当虚拟现实教育应用采用类似二维软件的 UI 设计时，不能显著得提高学生的记忆效果。适合于 VR 建筑学教学的 UI 设计特征在 VR 应用于建筑教学领域的研究中理应是必不可少的一环。在基于 VR 的建筑教学应用中，如何设计 UI，以尽可能好地发挥学习效果，是本研究的核心问题。

首先，我们在 Bowman[23]、Caputo[24]等学者及我们以前的研究[22]中，提取了四个建筑教育 VR 应用中 UI 设计的关键因素，即移动方式、操作方式、观察尺度和背景选项。然后，设计并进行了一系列基于保国寺 VR 建造教学的比对实验，来通过实验结果中呈现出的要素与学习效果之间的相关性，找到这四个要素对建筑学习效果的不同影响。

这一比对实验共有 120 名学生参与，使用 HTC Vive。参与实验的学生按照四个要素不同选项的不同组合被随机分为四组。四个要素的不同水平分别是：移动方式（钓鱼线模式/飞行模式）、操作方式（抓取模式/虚拟坐标模式）、观察尺度（1∶1/1∶5/1∶10/1∶20）、背景选项（有/无）。学习效果的评价包括完成速度、完成率和正确率三项。基于对实验结果的统计分析，得到以下结论，并完成了针对保国寺应用的最佳用户界面设计，学习效果对于最差情况有明显提升：

（1）对于移动模式，钓鱼线模式优于飞行模式。

（2）对于操作方式，抓取模式比虚拟坐标的方式更适合虚拟建造的操作。

（3）对于观察尺度，使用者和被操作对象的比例越接近人和桌面物体的比例时效果越好。

（4）有没有背景环境对学生的学习效果没有明显影响，甚至对于对称的建筑来说也是如此。

2 方法

本次研究采用了基于 VR 教学实验的定量相关性分析方法，研究了影响学习效果的主要因素。下面介绍了实验平台、实验变量、实验对象、参试学生的选取以及实验过程的设计。

2.1 实验设备的选择

应用于教育的 VR 设备选择也是很重要的，需要考虑大规模使用的成本，在成本低廉、性能尚可、占用空间小等因素上兼顾。

VR 的硬件设施种类丰富，他们的实施价格可以相差近十万倍（从不足 10 元的谷歌卡纸眼镜盒，到几百万的沉浸式全尺度虚拟环境），涉及的功能从视听表现到互动控制，再到穿戴嵌入等，呈现出空前的丰富。

面向个人的虚拟现实设备如 PC、手机、HTC vive 等都较好的兼顾了成本、性能、大小等因素。本实验选择了个人平台中自由度最大的 HTC vive 作为实验平台，如图 1。因为有手柄的支持，HTC 平台能提供丰富的操作手段，方便建筑教学中较为复杂的操作的实施，这一点是价格更为低廉的手机平台难以比拟的。

图1 学生用 HTC vive 设备参与实验（图片来源：实验过程实拍）

2.2 实验变量的选择

本次实验的变量是从国内外的一些研究中选取了几个对交互效率有重要影响的 UI 设计因素。

Bowman[23]等人将三维用户界面（3D User Interfaces，缩写为 3D UI）简单定义为：包含三维交互的用户界面。三维交互即用户直接在三维空间背景下执行任务的人机交互（human-computer interaction，简称 HCI）。交互任务分为三类：即选择/操纵、导航以及系统控制。选择/操纵的子任务包括选择、移动和旋转。选择任务指的是与目标的相对距离、方位以及目标的尺寸、数量等。移动任务指相对初始位置的平移。旋转任务是指相对目标的距离、初始和最终方位以及旋转量。导航任务的子任务为漫游和路径查找。漫游任务指用户通过脚步移动等方式以调整视点位置和方向，查找路径包含对空间所处位置的理解、路径和对任务的规划。系统控制任务指为请求系统实现一项特定功能而改变系统交互模式和系统状态的命令。对于三维交互的这三类任务所涉及的交互设计，已经有学者进行了研究。对于导航子任务，刘氢[25]研究了移动方式在 VR 交互中的影响，提出在基于 Unity3D 和 HTC vive 的 VR 交互设计中的关键技术之一是"瞬间移动"。瞬间移动的模式是受到了 Valve 的游戏"The Lab"启发。用户的控制器会发射出一条向前方下垂的抛物线，用户将控制器举到更高的角度时，选择点会生成的更远一些。如果用户将控制器举过 45 度（抛物线的最大距离），角度将会锁定在那个距离。经研究发现瞬移操作时屏幕的淡入淡出可降低用户的疲劳和眩晕感。对于系统控制子任务，Bowman[26]等认为观察尺度是一个影响 VR 环境中交互的重要因素，提出在大范围 VR 环境中进行漫游时，应采用配合比例缩放的交互模式，也就是允许直观地放大

或缩小 VR 世界的某一部分。但该模式面临的几个问题是：①当缩放比例时，空间尺度观念被改变，用户是否能判断自己所处的位置？②当 VR 环境/代理人放大或缩小时，用户是否能理解视觉反馈？对于选择/操纵子任务，Caputo[30]等人则研究了在 VR 中不同的对物体操作方式的影响，他认为不同的 VR 操作方式会有不同的认知效果。

本次研究聚焦了四个待研究的变量因素，即移动方式、操作方式、观察尺度和背景选项，其中移动方式属于导航子任务，操作方式属于选择/操纵子任务，观察尺度和背景选项属于系统控制子任务。本次实验中移动方式有飞行模式和瞬间移动模式两种。瞬间移动模式前文已经介绍；飞行模式就是操作者通过控制器，选择一个方向，然后沿着这个方向飞行前进或者后退，如图2所示。本次试验中操作方式也有两种，一种是使用控制器上的触发器来虚拟地抓取和释放对象。当被抓取时，对象将随控制器的运动实时移动和旋转，称之为握持模式；另一种方法是使用围绕选定对象显示的虚拟代理作为 3D 按钮来驱动移动和旋转，称之为代理模式，如图3所示。观察尺度即操作对象保国寺与操作者在 VR 环境中代理的比例关系。若保国寺保持真实大小，代理人也为真实人物大小，则观察尺度为 1∶1；如果将代理人放大为真实人物的 10 倍大小，则观察尺度为 1∶10。本次实验中有四种（1∶1，1∶5，1∶10，1∶20）观察尺度可供选择。本次实验还对保国寺背景的有无进行了研究（图4）。

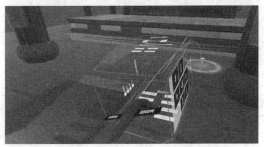

图2 移动方式（图片来源：虚拟实验截图）
（图片说明：左：飞行模式；右：瞬移模式）

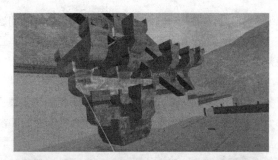

图 3 操作方式（图片来源：虚拟实验截图）
（图片说明：左：握持模式；右：代理模式）

图 4 背景选项（图片来源：虚拟实验截图）
（图片说明：左：有背景；右：无背景）

四个关键因素与其在本实验中的可选项汇总如下，见表1。

四个关键因素与可选项　　　表 1

关键因素	移动方式	操作方式	观察尺度	背景选项
可选项	飞行模式	握持模式	1：1 1：5	有背景
	瞬移模式	代理模式	1：10 1：20	无背景

2.3 实验对象的选择

本次 VR 建造教学实验的操作对象是古建筑保国寺大殿。实验中执行的学习任务是建筑史课程中一个典型的虚拟学习模块。参加者必须通过一系列互动的实际施工操作，记忆保国寺的施工步骤。保国寺大殿是研究中国古建筑构建及结构的理想对象，对其学习研究有利于建筑学的学生掌握中国古建筑的结构和建造过程。同济大学国家级建筑规划景观虚拟仿真实验教学中心开展的"宋保国寺大殿仿真建构实验"[22]，已经积累了详细的模型数据与大量的其他教学方法下的学习效率数据，为本研究奠定了基础。本研究之后的优化用户界面设计也将在未来对该应用的修订中应用。

2.4 参试学生的选取

本次实验的参试人员为建筑类本科二年级学生。具备一定中国木构建筑知识基础，以保证学习过程顺利进行，但又从未学习过保国寺大殿建筑，以避免对学习效果的测试出现干扰。总共 120 人，年龄为 18～20 岁，男生 52 人、女生 68 人。

所有受试者随机分为 4 组（ABCD），每组 30 人。每个组的用户界面设计都是根据上文所述四个因素的不同选项组合进行设计的（表 2）。在 VR 建造学习过程中，学员可以根据自己的喜好调整移动方式和操作方式。C 组和 D 组也可以调整观察尺度。实验的时候每秒都将记录下受试者对因素可选项的不同选择。

不同实验组的设计　　　表 2

组	观察尺度	背景选项
A	1：1	有背景
B	1：1	无背景
C	可调尺度	有背景
D	可调尺度	无背景

2.5 实验流程

本实验通过从基座到屋顶的整体装配和斗栱的局部装配练习，使学生快速且有逻辑地掌握保国寺自下而上的建造过程，最后进行考核。

在实验的开始，参试者有 5 分钟时间熟悉 HTC vive 设备以及虚拟用户界面和基本操作。由于在年轻人群中 3D 游戏的流行，几乎所有的参与者都能在练习后流利地使用用户界面。

在接下来的 20 分钟里，根据上面的实验设计，参与实验的学生使用 HTC vive 设备在带有设计的用户界面里，至少学习 3 遍所有的保国寺建造步骤。学习的时候，在正确的位置会显示一个红色透明的提示组件，用来提示学习者需要把当前的组件摆在何处。学习过程中学生可以随时把提示组件关掉/打开。

最后，经过1个小时的休息，学生将参加时长15分钟的测试。在测试的时候，将不会出现提示组件，参试者需要通过自己的记忆来将组件摆放到正确的位置。在考试过程中，系统将自动记录学生的每次操作，并对学生的测试成绩进行评估，包括操作速度、完成百分比和正确率。其中操作速度（项/分钟）定位为操作的部件的总数除以操作的总时间（分钟）；完成百分比是指完成建造的部件数除以总可操作部件数；正确率是指摆放正确的部件数除以总可操作部件数。

3 实验结果

本次实验从 2017 年 11 月 25 号开始，持续一个月的时间，在同济大学国家级建筑规划景观虚拟仿真实验教学中心，同时使用两套 HTC vive 设备平行完成。

3.1 移动方式

实验过程中实时记录了参试学生使用两种移动方式（瞬移模式/飞行模式）的时长，其中飞行模式使用时长占 39.2%，而瞬移模式占 60.8%，使用时长的分布显示学生偏好于使用瞬移模式进行移动。

根据学生成绩与移动模式进行的相关性分析，分析结果显示移动模式与成绩之间没有显著的相关性，见表 3。不过在实验的过程中，有学生反映使用飞行模式进行长时间操作容易导致头晕，甚至有学生在长时间使用飞行模式之后要求取下头部显示器进行休息，这些生理上的不良体验无疑会影响学生的学习效率。

两种移动方式与测试成绩的相关性分析 表 3

移动方式	指标	操作速度	完成率	正确率
飞行模式	皮尔逊相关性	−0.018	0.065	−0.028
	显著性（双尾）	0.842	0.468	0.752
瞬移模式	皮尔逊相关性	0.018	−0.065	0.028
	显著性（双尾）	0.842	0.468	0.752

3.2 操作方式

实验过程中实时记录了参试学生使用两种操作方式（握持模式/代理模式）的时长，其中握持模式使用时长占 52.6%，而代理模式占 47.4%，使用时长的分布显示学生对于两种操作方式的偏好不明显。

根据学生成绩与操作方式进行的相关性分析，分析结果显示操作方式与成绩之间有显著的相关性，见表 4。其中代理模式与成绩呈负相关，说明代理模式不利于虚拟建造的学习，使用代理操作方式的时间所占比例越大，操作速度就越慢，完成率越低，正确率也越

低。造成这种不利影响可能的原因是，代理模式在移动和旋转过程中需要分别对 x、y、z 轴进行操作，这在 3D 虚拟环境中是一种不自然并且低效率的操作方式。握持模式与所有成绩指标都呈正相关，握持方式在交互中是一种类似现实世界里人拿取物品的自然方式，由此推断操作交互中自然程度直接影响操作的顺畅程度，进而影响到学习的效果。

两种操作方式与测试成绩的相关性分析 表 4

操作方式	指标	操作速度	完成率	正确率
握持模式	皮尔逊相关性	−0.320 **	−0.304 **	−0.384 **
	显著性（双尾）	0.000	0.001	0.000
代理模式	皮尔逊相关性	0.320 **	0.304 **	0.384 **
	显著性（双尾）	0.000	0.001	0.000

**. 在 0.01 级别（双尾），相关性显著。

3.3 观察尺度

在本实验中，有一半的被试学生在 1：1 的固定观察尺度下操作，另一半被使学生可以在操作过程中自由选择 4 个观察尺度（1：1、1：5、1：10、1：20）。实验过程中实时记录了参试学生使用不同观察尺度的时长，在可自由选择观察尺度的学生中，1：1 观察尺度所占时间比例为 6%；1：5 观察尺度所占时间比例为 24%；1：10 观察尺度所占时间比例为 60%；1：20 观察尺度所占时间比例为 10%，使用时长的分布显示学生对于 1：10 的观察尺度偏好明显。

根据学生成绩与观察尺度进行的相关性分析，分析结果显示观察尺度与成绩之间有显著的相关性，见表 5。结果显示 1：1 的观察尺度与成绩指标呈显著负相关，其他观察尺度呈显著正相关。其中可能的原因是保国寺大殿的规模比较大，如果采用 1：1 的观察尺度，操作者置身于保国寺大殿之中，只能观察到建筑的局部而不能观察到建筑的整体，这对于整体性地学习建筑的结构和建造过程是不利的。此外，最受学生欢迎的观察尺度（1：10）实际上是将 5 米高的保国寺大殿变为 0.5m 高的模型在 VR 环境中显示，这与建筑学生平时在现实世界中使用的实体模型的尺度非常接近。因此可以推断，VR 环境中虚拟化身与操作目标之间的比例越接近真实世界中人体与桌面上建筑模型的比例，越有利于学生学习建筑的结构与建造过程。

观察尺度与测试成绩的相关性分析 表 5

观察尺度	指标	操作速度	完成率	正确率
1：1	皮尔逊相关性	−0.447 **	−0.480 **	−0.562 **
	显著性（双尾）	0.000	0.000	0.000

观察尺度	指标	操作速度	完成率	正确率
1:5	皮尔逊相关性	0.205 *	0.180 *	0.063
	显著性（双尾）	0.021	0.044	0.484
1:10	皮尔逊相关性	0.271 **	0.378 **	0.577 **
	显著性（双尾）	0.002	0.000	0.000
1:20	皮尔逊相关性	0.073	0.103	0.048
	显著性（双尾）	0.416	0.251	0.597

* 在 0.05 级别（双尾），相关性显著；
** 在 0.01 级别（双尾），相关性显著。

3.4 背景选项

根据实验设计，有一半的被试学生在没有背景环境的场景中操作，另一半则在有背景环境的场景中进行操作。

虽然实验之前预期背景环境这一因素会像现实世界中寻路任务那样对成绩由影响，然而根据学生成绩与背景选项进行的相关性分析，分析结果显示背景选项与成绩之间没显著的相关性，见表6。一个可能的原因是保国寺大殿部件的名称中加了"东""西""前""后"等字样帮助学生区分方向，另一方面建筑物的纹理也可能帮助学生进行方向的区分。对于这个问题未来将进行进一步的实验研究。

背景选项与测试成绩的相关性分析　表6

背景选项	指标	操作速度	完成率	正确率
有背景	皮尔逊相关性	0.169	0.081	0.085
	显著性（双尾）	0.059	0.367	0.342
无背景	皮尔逊相关性	−0.169	−0.081	−0.085
	显著性（双尾）	0.059	0.367	0.342

3.5 综合四个UI设计因素对测试成绩的影响

通过以上分析，得出了VR建造系统的UI设计中四个因素对学生学习效果的影响。为了进一步定量研究UI设计对使用者学习效果的影响，我们对被试者的数据进行了两组抽样。一组是拥有所有最佳的条件（瞬移模式、握持模式、1:10观察尺度、无所谓背景）；另一组是拥有最差的条件（飞行模式、代理模式、1:1观察尺度、无所谓背景）。两组学生的成绩差距明显：最佳组完成率比最差组速度快0.72项/分钟；完成率高39.2%；正确率高59.7%，如图5。因此，在不同的UI设计下，VR环境中的建造学习效果会有很大的差异。

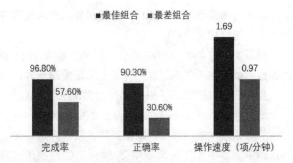

图5　最佳组合和最差组合的成绩对比

4　总结

由于建筑教育涉及大量的三维对象和三维操作过程，因此应用VR技术提高教育的质量和效率是很有潜力的。如何更有效地运用VR应用进行建筑教育是这个领域的一个重要课题。除了着眼于硬件平台和虚拟引擎的研究之外，VR教育软件的UI设计也是不应忽视的一个方面。然而目前对于此领域研究还较少。

本文从UI设计中提取了四个关键因素：移动方式、操作方式、观察尺度和背景选项。以建筑虚拟搭建的教学实验为基础，进行了相关性分析，定量的研究了这些因素对学习成绩的影响。

在实验中，有120名学生使用HTC vive设备参与了保国寺的虚拟建造学习任务。根据因素的不同选择组合，将其平均分为四组，通过对他们学习成绩与因素选择的相关性分析，得出了以下结论：

（1）对于移动模式，钓鱼线模式优于飞行模式。

（2）对于操作方式，抓取模式比虚拟坐标的方式更适合虚拟建造的操作。

（3）对于观察尺度，使用者和被操作对象的比例越接近人和桌面物体的比例时效果越好。

（4）有没有背景环境对学生的学习效果没有明显影响，甚至对于对称的建筑来说也是如此。

参考文献

[1] Sheridan T. Interaction, imagination and immersion some research needs [C]. In: Proceedings of the ACM symposium on virtual reality software and technology. ACM；2000：1-7.

[2] Siebra SA, Salgado AC, Tedesco PA. A contextualized Learning Interaction Memory [J]. Journal of the Brazilian Computer Society. 2007，13（3）：51-66.

［3］ 严钧. 运用虚拟现实技术编制多媒体课件的研究与实践［J］. 高等建筑教育，2008，17（5）：147-149.

［4］ 汤众. 中国古代木构建筑的在线虚拟教学实验——宁波保国寺宋代大殿为例［A］. 全国高等学校建筑学专业教育指导委员会建筑数字技术教学工作委员会. 数字技术·建筑全生命周期——2018年全国建筑院系建筑数字技术教学与研究学术研讨会论文集［C］. 全国高等学校建筑学专业教育指导委员会建筑数字技术教学工作委员会：全国高校建筑学学科专业指导委员会建筑数字技术教学工作委员会，2018：6.

［5］ 袁浩. 基于HTC Vive的体感交互式虚拟现实建造教学方式［J］. 山西建筑，2017，43（24）：256-257.

［6］ Portman M，Natapov A，Fisher-Gewirtzman D. To go where no man has gone before：Virtual reality in architecture，landscape architecture and environmental planning［J］. COMPUTERS ENVIRONMENT AND URBAN SYSTEMS. 2015，54（11）：376-384.

［7］ Suh YS. Development of educational software for beam loading analysis using pen-based user interfaces［J］. Journal of Computational Design and Engineering. 2014，1（1）：67-77.

［8］ Braesicke C，Dean J，Fisher D，et al. User interfaces［C］. ACM Sigada Ada Letters. 1985，IV（5）：90-96.

［9］ Smith D C. Pygmalion：a creative programming environment［D］. Stanford University，PhD thesis，1975.

［10］ Sun CY，Xu DQ，Daria K，Tao PH，A "Bounded Adoption" Strategy and its Performance Evaluation of Virtual Reality Technologies Applied in Online Architectural Education［C］. In：Proceedings of CAADRIA 2017，2017 April 5-8；Su Zhou，China；p. 43-52.

［11］ Bowman DA，Coquillart S，Froehlich B，et al. 3D User Interfaces：New Directions and Perspectives［J］. IEEE Computer Graphics and Applications. 2008，28（6）：20-36.

［12］ Caputo F，Giachetti A. Evaluation of basic object manipulation modes for low-cost immersive Virtual Reality［C］. In：Proceedings of the 11th Biannual Conference on Italian Sigchi Chapter. ACM；2015：74-77.

［13］ 刘氢. 基于Unity3D和htcvive的虚拟现实游戏设计与实现［J］. 通讯世界，2017，（03）：43-44

［14］ Bowman DA，McMahan RP. Virtual Reality：How Much Immersion Is Enough？［J］Computer. 2007，40（7）：36-36.

［15］ Caputo F，Giachetti A. Evaluation of basic object manipulation modes for low-cost immersive Virtual Reality［C］. In：Proceedings of the 11th Biannual Conference on Italian Sigchi Chapter. ACM；2015：74-77.

曾旭东　安嘉宁　梁梦真

重庆大学；zengxudong@126.com

增强现实技术在建筑学教学中的应用以及影响*

The Application and Influence of Augmented Reality Technology in Architecture Teaching

摘　要：建筑学教育一直是高校教学学科中的重点之一，它是一门艺术与技术相结合的学科。近年来，增强现实（Augmented Reality，简称 AR）技术在建筑领域的发展与应用成为了国内外学者关注、研究和探讨的热点，它涉及了建筑设计、建筑表现及建筑施工等多个方面，同时对建筑学教育领域也产生了直接的影响。本文将通过分析增强现实技术在建筑学教学以及建筑学学习实践中的应用，来阐述建筑 AR 技术对建筑初学者的益处以及对传统建筑教学模式的影响，进而探究建筑学教学应该如何全方位应对建筑 AR 技术带来的种种机遇和挑战。

关键词：增强现实技术；三维空间设计；建筑课题实践

Abstract: Architecture education has always been one of the key teaching subjects in colleges and universities. It is a subject combining art and technology. In recent years, the development and application of Augmented Reality (AR) technology in the field of architecture has become a hot topic concerned, studied and discussed by scholars at home and abroad. It involves many aspects, such as architectural design, architectural performance and architectural construction, and also has a direct impact on the field of architectural education. By analyzing the application of augmented reality technology in architectural teaching and learning practice, this paper will elaborate the benefits of architectural AR technology to architectural beginners and its influence on traditional architectural teaching mode, and then explore how architectural teaching should deal with all kinds of opportunities and challenges brought by architectural AR technology.

Keywords: Augmented reality technology; Three-dimensional space design; Architectural subject practice

1　AR 技术

1.1　AR 技术简介

AR 起源于虚拟现实（VR）技术，是通过计算机系统对信息的处理，将虚拟物体、场景或者信息数据与真实的场景进行叠加混合，从而实现对现实的增强效果，为使用者提供了一种半浸入式的环境，它强调了虚拟世界与真实场景位置坐标与时间坐标之间的准确对应关系。

1.2　建筑 AR 技术与传统建筑学教学的对比

AR 技术的交互性与可视化的特点对传统的建筑设计的思维模式带来了巨大改变，优化了传统建筑学设计教学中的仅仅以草图构思、CAD 制图、计算机建模为基本流程的设计过程，将真实的空间浸入体验融入到设计过程中，摆脱了传统上二维空间的设计构思，实现了在三维空间中对建筑进行设计与体验，可以培养学生的空间想象能力，拓展新的建筑设计手段，为建筑学生提供更好的尺度体验以及信息反馈，使学生们即使在建筑

　*　依托项目来源：重庆市研究生教育教学改革研究项目，yjg183012；重庆大学教学改革研究项目，2017Y56；重庆大学研究生教育教学改革研究项目，cquyjg18207。

设计的初期阶段，也能对自己的设计方案进行直观的分析和优化。

传统的建筑教育多采用二维多媒体手段，如幻灯片、文字、图形图像、视频和声音等来传达和表现三维的实体和空间。图形文字对于建筑空间的表达是片面的，而音频对于建筑空间及环境的表达也局限于特定的视角，学生很难根据的自己意愿对建筑空间进行全面直观的体验。被动接受使得学生的积极性和主动性受到影响。而在教学成果的输出阶段，即使有手工模型的辅助，受到空间想象能力局限，学生也很难真正进入建筑的实体空间去感受空间尺度和体验视线视角，无法对自己的方案进行进一步的深化。AR 技术给建筑学教育带来的革命性变革的核心就是传播媒介的转换使得受众可以得到更加真切的体验，达到高沉浸感和多感知的效果。以下是建筑 AR 技术相较于传统建筑教学的几点鲜明特征。

1.2.1　复杂内容简单化

将建筑空间展示形式由难以理解的二维图形和等比例缩小的模型，转换为可视化的真实比例虚拟模型，这其实是通过简化解读方案的环节，直接将观察者转变为参与者，给予其更加直观的感受。尤其是一些如中国古代的木构建筑结构、屋顶、斗拱等复杂结构，通过 AR 体验，我们可以随时转换观察角度，更加地容易辨识尺寸，这种人与方案的交互关系也会更加清晰，相比二维图纸的展示更加容易被接受和理解。

1.2.2　参数可视化

传统教学方式中，学生对于建筑尺度的感知只能在已知参数的基础上进行想象。而空间想象能力的局限性对于建筑空间尺度的认知产生了极大的影响。增强现实技术可以使用户在体验空间的过程中真切体验空间尺度，将建筑模型在现实世界中无法体验的高度，角度，距离等参数转化为可视化的空间视觉效果。

具体来讲，在学生接受建筑教育的初级阶段，由于空间想象能力的局限性和考虑问题的不全面，除空间尺度不适宜之外，门窗尺度、立柱间距和位置等也无法通过单纯的想象和视觉上的估算达到施工规范和美学标准。而现实增强技术将平面数据生成可视化的空间，更加直观地反馈空间体验，促进学生对基本空间尺度的理解和掌握。

1.2.3　时空虚拟体验

现实增强技术的历史性和未来性可以突破时空限制，去探寻其他维度和其他时刻的空间。一方面，已经被损坏的历史建筑将不再单纯以数据、图文资料和虚拟或实体模型地形式存在，通过虚拟模型等比例导入现实

空间，学生们可以随时随地直观地体验和感知古建筑；另一方面，将还处于方案阶段的虚拟模型通过 AR 真实建造和呈现，可以让学生真实体验三维空间，身临其境感受空间完整和丰富性，空间组合序列性是否符合期望，这有助于学生发现问题，对虚拟模型进行实时拆解、重建、修改和深化。

图 1　古建筑的 AR 实践效果图

图 2　古建筑的 AR 实践效果图

1.2.4　虚拟现实融合化

建筑是环境的构成部分之一，独特的环境因素很大程度上决定了建筑的形态、形象和空间构成，建筑不能脱离环境而独立存在。现实增强技术可以将虚拟空间模型置于真实场地中，与现实环境产生联系，将建筑融合到环境中，使建筑与环境相互协调。因此建筑与环境的融合对比是建筑设计过程中不可或缺的一环。

2　基于 AR 技术的幼儿园设计实践

AR 技术对建筑学教学的影响体现在许多方面，贯穿整个设计过程始终。在大二学期的建筑设计学习中，笔者尝试着运用 AR 建筑技术对幼儿园建筑设计课题进行辅助，以此来探究 AR 技术在教学实践中，对方案生成的影响。

图 3　幼儿园设计课题方案鸟瞰图

2.1　前期调研阶段

利用 AR 技术对基地尺度、高差进行测量，模拟日照情况，从而在设计的前期调研阶段，拥有一个基地的基本数据库，并且可以直观的进行观察体验，即数据可视化。

此次场地位于重庆沙坪坝重庆大学内部，为一个狭长的方形场地，自西向东有着五米的高差，通过日照模拟可以分析出此基地地采光面较充足，减少场地外的建筑、景观遮挡。

2.2　概念生成、方案构思阶段

建筑设计的概念构思阶段往往是需要学生对建筑体量尺度、体量间的关系、功能布局进行反复的推敲，而建筑体量如何与场地的环境相适应，我们可以通过 AR 技术，将自己的建筑体量一比一地投放到真实场地环境中，去观察景观视线的遮挡关系、体量的尺度感以及与原有场地周边环境的契合度。

在当我确定单体式建筑形式后，面对场地，如何在保证减少错层感的情况下将三个单元有秩序地安置在场地中，以适应场地的高差。我通过将电子模型上传至网络端，便可用 AR 技术将我的虚拟模型投放于场地中，从而调整体量之间的距离与前后错动关系，保证每个班级的活动单元有着良好的采光面。

2.3　方案比选阶段

建筑学教学是老师与学生、教与学的互动过程，AR 建筑技术的出现可以将学生向老师展示方案的过程，变得更加高效，学生可以将 AR 模型以小比例的形式投放至老师面前，起到真实手工模型的效果，并且还可以通过设置的天气、日照情况，将一系列的分析进行展示，又打破了手工模型的不可交互的局限。通过多方案切换、对比的形式，更加高效地向老师进行表达与展示，老师可以更直接地理解学生的想法，并进行互动式教学。这就相当于系统与用户之间更加及时、低延迟的信息教学反馈。

2.4　空间形成与方案完善阶段

在空间的体验上，虚拟现实技术可以说是大大优化

了体验者的空间体验。VR 技术是通过头戴式外设，将体验者带入到虚拟的环境中进行空间体验，而 AR 技术则是相反，它是将虚拟的空间模型带入到现实场景中来。相比于虚拟、设定好的 VR 环境，AR 所基于的现实场景无疑更具有多变的因素，也相较于 VR 技术更贴近方案建造后的真实情况。而空间的尺度感往往在现实中更直观，学生可以以周边的现实物体作为参照，来对空间尺度、空间形式进行分析判断：空间尺度是否适合空间使用者，空间氛围是否适应功能与环境，空间秩序是否完整，设计是否适应环境变化等。这种直观的体验方式非常适合经验不足、尺度感薄弱的建筑学初学者。

图 4　入口与现实道路的对应关系

图 5　围墙与现实道路的对应关系

图 6　围墙与现实道路的对应关系

图 7　走廊的空间、尺度体验

3　对未来 AR 建筑技术的憧憬

尽管我们看到，AR 建筑技术利用其革新性的虚拟模型呈现方式，改变了传统的建筑学教学模式，但是当下的 AR 建筑技术仍存在有以下几点缺陷：

3.1　真实环境与虚拟模型的叠加更加智能

AR 建筑技术虽然可以实现真实环境与虚拟模型的叠加，但是对其的三维感知很大程度依赖我们视角镜头的转换过程，它不同于 VR 中的人眼观察方式。AR 模式下，模型在与场景叠加时仍然摆脱不了二维观察形式上的部分局限，图像显现仍然在屏幕上。虚拟模型与现实环境中的事物很难体现相互遮挡、投影关系。例如本人在拍摄 AR 技术的实践过程中时，当有路人经过时，屏幕中的虚拟模型会将路人的上半身遮挡住，从而削减真实感。

3.2　AR 模式下的模型定位精准度

由于上文所述的 AR 模式下的叠加形式，导致了虚拟模型与场景在叠加时定位精准度不高，现在主流的 AR 建筑软件采用的都是平面扫描定位的方式，但是这种定位仍具有较大的误差，不能把定位精准到"点对点式"的定位模式。

图 8　虚拟模型与场景的叠加下的汽车

3.3　降低对设备的依赖程度

目前 AR 建筑技术仍然受到可搭载 AR 技术的设备以及软件的限制，目前较为方便的设备为平板电脑，但是相信随着科学技术的不断发展，未来 AR 眼镜的量产、普及能让 AR 技术更广泛地被应用到建筑学领域。

图 9　未来的 AR 眼镜

所以在当下，相比较而言，虽然建筑 AR 技术下的虚拟模型仍处于较为小众的阶段，尚不具有手工模型所能表达的光影效果、尺度关系和材质质感，但是这些问题相信未来都能得到更好的解决。

4　结语

建筑学技术的发展无时无刻不再发生，而建筑学的教学往往是建筑技术的试验田，作为学生，我们接触到的 AR 技术也许是最基础、最简易的形式，但是我们感受到的技术对教学、生活的影响，却是最直观的。AR 技术对传统建筑学教育的影响可谓之巨大，虽然 AR 技术尚未普及，但我们可以预知到那一天终要来临：我们也许不需要手画工图、不需要做实体手工模型，只需要手指轻轻一划，虚拟的方案就会在我们面前"建成"。但是这种快节奏的方案设计会让我们迷失在技术中吗？也许会的，所以我们应清楚建筑学教学所围绕的核心是什么，对于低年级的学生来说，是尺度的把握、结构的稳定、环境的适宜、功能的合理以及形态的美感，这些标准不会因为受到技术的冲击而改变。我们要明白，技术是辅助人们快速理解这些建筑语言的工具，所以我们不能被技术所控制，不能改变建筑学系这条路上前进的方向。AR 建筑技术在建筑学教育领域，归根仍是学习的一种形式、一种手段，它可以让我们更方便地感受、比较、判断，但是并不能取代汲取知识的必要。把握了这个基本的立场，技术才能让未来有着无限美好的可能，整个建筑领域都是如此。

参考文献

[1] 安建妮. 信息融合与合成视景技术研究 [D]. 西安电子科技大学，2010.

[2] 程文钰，毛超，宋晓宇. 增强现实技术（AR）在建筑领域的应用及发展趋势 [J]. 城市建设理论研究（电子版），2014.

[3] 中国建筑协会建筑师分会建筑技术专业委员会，东南大学建筑学院. 绿色建筑与建筑技术 [M]. 北京：中国建筑工业出版社，2006.

[4] 张科云. 我国建筑技术与设计整合教学初探 [D]. 天津大学，2016.

[5] 叶飞. 面向设计初期的建筑节能优化方法 [J]. 装饰装修天地. 2018. 8.

雷　怡　董莉莉

重庆交通大学；12798062@qq.com

建构主义理论下建筑学设计课程虚拟仿真项目的建设实践 *

Construction Practice of Virtual Simulation Project of Architectural Design Course under Constructivist theory

摘　要："交通建筑设计"是许多高校建筑学本科专业四年级核心课程之一，课程内容涉及大型综合建筑的设计训练，构建该课程的虚拟仿真实验将培养学生的创新精神与实践能力，同时也能服务其他开设了同类课程的高等学校。通过"以人的行为为导向的轨道站点设计实验"项目的开发，初步完成了针对建筑设计课程实验的开发设计思路。以下几点可以作为其他建筑设计课程虚拟仿真实验化的建议：（1）改变教学互动方式，通过虚实相结合的方式营造强烈的情景感；（2）改变师生关系，让学生成为虚拟仿真项目的构建者、参与者、评价者；（3）打破课堂边界，让学生与老师随时都能参与学习。

关键词：虚拟仿真实验项目；建构主义教学策略；建筑设计课程改革

Abstract："Transportation Architecture Design" is one of the core courses of undergraduate majors in architecture. The course content involves the design and training of large-scale comprehensive buildings. The constructing of virtual simulation experiment of this course will cultivate students' innovative spirit and practical ability, and also serve other schools which offer similar courses. Through the development of the "Personal Behavior-oriented Orbital Site Design Experiment" project, the development and design ideas for the architectural design course experiment were initially completed. The following points can be used as experimental suggestions for virtual simulation of other architectural design courses：（1）Change the way of teaching interaction, create a strong sense of situation through the combination of virtual and real；（2）Change the relationship between teachers and students, and let students become the construction of virtual simulation projects., participants, evaluators；（3）break the boundaries of the classroom, so that students and teachers can participate in learning at any time.

Keywords：Virtual simulation experiment project；Constructivist teaching strategy；Architectural design curriculum reform

　　虚拟仿真实验项目是以 AR、VR 等新兴虚拟仿真技术为基础，依托网络开放平台，利用计算机对"涉及高危或极端的环境、不可及或不可逆的操作、高成本、高消耗、大型或综合训练"进行虚拟仿真，打造的网络在线实验项目。"交通建筑设计"是许多高校建筑学本科专业四年级核心课程之一，课程内容涉及大型综合建

---

　　* 　重庆市高等教育教学改革研究重大项目，四合一体化的建筑类专业新工科创新创业人才培养体系建构与应用，181010。

筑的设计训练，构建该课程的虚拟仿真实验将培养学生的创新精神与实践能力，同时也能服务与其他开设了同类课程的高等学校。

1 建筑学设计课程的虚拟仿项目建设的必要性

1.1 国家政策推动

自2013年至2016年，教育部开展了国家级虚拟仿真实验教学中心的建设工作，评选出了400个国家级虚拟仿真实验教学中心。实验教学中心的评选指标体系中，虚拟仿真实验教学资源这一一级指标，占有60%的权重。这些实验教学资源便是虚拟仿真实验项目的前身，由于在建设虚拟仿真实验教学中心的过程中，虚拟仿真实验教学资源建设的侧重点在数量而不是质量，追求资源数量大，设计内容广泛。因此为了深化建设虚拟仿真实验，教育部从2017年至2020年，进行示范性虚拟仿真实验教学项目建设认定工作。规划建设1000项示范性虚拟仿真实验项目，项目分为60类，分四个年度分别完成建设与认定的工作。建筑类的计划认定项目为10项，于2019年完成建设与认定。

1.2 建筑学教育改革升级的需求

建筑设计课作为建筑学本科教学的核心主干课程，一直都是建筑学教学改革的发生土壤。《高等学校建筑学本科指导性专业规范》中要求"专业教师数与学生数比例不小于1∶12，建筑设计课程每位教师指导学生数不多于15人"。因此建筑设计课程一直都具有授课班规模小班化、课程内容强调实践性、授课方式更偏向于传统的师徒带授式的特点。另一方面，计算机辅助建模技术的出现不仅优化了建筑设计的过程，同时也改变建筑设计课程，特别是高年级的建筑设计课程。高年级设计课主要针对大型复杂的建筑设计，学生普遍使用计算机建模技术辅助设计，辅助设计的过程就是对所设计的内容进行虚拟建造，这个过程本身就涉及到虚拟仿真的内容，可以说是一个"前虚拟仿真"的教学过程。专业的特性以及技术的变革催生了课程教学的改革，改革的中心必然是以学生为中心的，具有高阶性、创兴性与挑战度的虚拟仿真实验教学项目的建构。

2 建筑设计课程虚拟仿真实验项目面对的挑战及策略

互联网、计算机数字技术、大数据、人工智能等技术使人类进入信息时代，未来将引领人类社会进入智能时代，不同的时代的教育都具有其各自的时代内涵，带来了学习内容、学习方式、与学习环境的不同（表1）[1]，这些变革将打破传统课堂边界，促使教师构建新型教学模式，虚拟仿真实验项目就是新型教学模式之一。

人类文明进程中的教育形态变迁　　　　　表1

	原始社会	农耕时代	工业时代	信息时代	智能时代
动力系统	顺应环境求生存	改造环境求生活	习得技能成职业	个人终身发展	人类利益共同体
学习内容	生存技能 部落习俗	农耕知识 道德规范	制造技能、科学知识、人文素养	信息素养 自主发展 社会参与	学习能力 设计创造 社会责任
学习方式	模仿、试错、体验	阅读、吟诵、领悟	听讲记忆、答疑解惑 掌握学习、标准化	混合学习 合作探究 联通学习 差异化	泛在学习 协同构建 真实学习 个性化
学习环境	野外 不确定性时间	书院等 固定时段	学校/工作场所 确定性时间和教学周期	学校、网络空间 弹性时间	无边界的/任意地点 任意时间

2.1 建构主义教学观念下的建筑设计课程面临的挑战

建筑设计课程的问题学分类属于设计问题（design problem），设计问题根据问题的类型学分析，属于非良构的问题（ill-structured）（图1），非良构问题具有以下四个特征：问题具有特定的、有意义的情景；问题通常具有一定的深度和复杂性，并会持续一定的时间；问题的解决过程中一般会涉及合作关系（cooperative rela-tion）并会产生共享的结果（shared consequences）；问题被看做是真实的、值得解决的（real and worth sol-ving）。在解决非良构问题时，学习和情景本身（con-text）以及学习者与情境的互动是无法分割的，淡出的学习去情景化（decontextualized）的知识并不足以实现高质量的学习，参与真实情景中的实践促成了学习和理解[2]。因此一门优秀的建筑设计课程离不开优秀的情景教学过程。传统建筑设计课程，为了能更好的还原设计情景，通常都采用"真题假做"的方式：根据一块真实存在的场地列出适宜本科生难度的设计任务书。这样的方式可以在学生进行实地调研的过程中提供非常真实的情景感，然学生在设计的过程中切身体会到犹如真正建筑师工作的感受。学生在获得场地的真实情景后，又借助计算机辅助建模软件，对原场地进行还原并在虚拟的模型上进行设计，教师在整个过程中作为指导者与学生进行方案的讨论，帮助学生不断完善设计方案。这一"真题假做"的方式包含了大量的动手实践的过程，但现实情况中我们却常常发现仍然有学生难以融入情景，甚至有些学生动手实践后，收获的成果甚微。其原因是部分建筑设计课程没有在学生的情景认知与情节学习间建构起认知桥梁，导致个体在情景中的意义建构的缺失。而优秀的建构主义的教学策略需要包含以下五个特征：将学习嵌于复杂的、真实的相关情境中；将社会协商作为学习必不可少的一部分；支持多种视角并应用多种表征模式；激发学习者的主人翁意识；培养知识建构过程中的自我意识[3]。

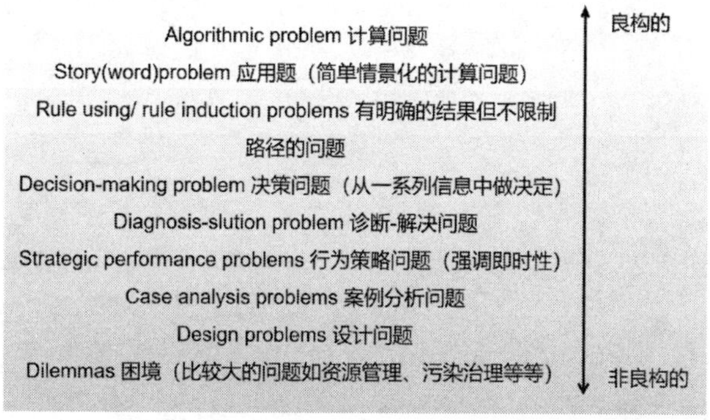

图1 问题的类型学分析

2.2 应对策略

2.2.1 构建虚实结合的教学情景

借助 AR、VR 等虚拟仿真技术，在教学过程中构建起虚拟仿真的教学场景，与传统的真实场景场地相结合，使学生随时都能充分嵌入真实情景中。学生在学习设计课的过程中，不仅能通过去实地调研获得真实的情景感知，也能够通过技术手段，反复感知场景，从而加深学生对情景的认知。老师也可以通过虚拟仿真的场景设置，对学生的学习过程进行有意识的引导，从而加强教学效率。

2.2.2 师生企业三方参与的教学架构

新的教学模式，将改变传统的师生关系，提升学生的主人翁意识，教学的全过程都融入学生、老师以及企业的三方合作。传统的教学过程中，教师作为教学组织者进行教学设计、教学实施以及教学总结的工作，而学生通常主要作为被授课者被动接受教师的教学安排。建筑设计课虚拟仿真实验项目的构建，将学生角色进行再分配，学生将参与教学设计，主动融入教学实施，并对教学进行总结。在整个教学过程中学生不仅仅是提出教学意见，更是以课程构建者的身份对项目中的部分内容进行搭建，而每一次学生完成课程作业的过程就是对课程资源的一次扩充。企业作为技术提供方，从技术层面为教师和学生提供自由发挥的平台。

2.2.3 主动融合的开放运行模式

建筑设计课虚拟仿真实验项目基于互联网开放平台运行，设计符合自然操作习惯的交互虚拟平台。学生通过该平台进行师生互动、生生互动以及人机互动。老师可以在学生进行操作学习的过程中在虚拟场景中对学生进行指导，打破教学过程中的时空限制。学生与学生可以在虚拟仿真场景中互相观摩作品，并对其他同学的作品进行评价与点评，提高学生在知识建构过程中的自我意识。学生通过该平台，能够随时随地以多种方式进行人机互动：电脑、VR 设备、AR 设备。

3 建筑设计课虚拟仿真实验项目的建设内容

"以人的行为为导向的轨道站点设计实验"项目是针对建筑学本科四年级课程"交通建筑设计"设计开发的实验项目。该项目顺应学生的认知逻辑，将轨道站点建筑设计的内容分解成三个模块：（1）建筑选址，（2）站厅与站台层设计，（3）室内设计与模型自由组合。使学生掌握以下能力：轨道站出入口位置规划设计；轨道交通建筑站厅的空间组合与设计；轨道交通站台的空间组合与设计；交通建筑的室内布置与设计。

3.1 模块建设

模块一建筑选址包括两个部分内容：轨道站点入口位置的选择与入口宽度的设置。学生通过点选场景上预设的入口，以获得轨道周边人行情况的虚拟场景，借此帮助学生理解场地人行对出入口位置选择的影响；在出入口宽度设置这一步骤中，学生需选择构成出入口的不同宽度与方向的楼梯与扶梯，最终楼梯与扶梯的组成数量需要满足系统内预设的疏散参数，最终学生通过楼梯与扶梯的宽度来确定出入口的宽度。

模块二站厅与站台设计包含两部分内容：站厅与站台的功能组合与家具布置。学生对给定的站厅与站台层的功能模块进行自由组合，系统根据轨道站点建筑的功能组合规律对学生的组合进行自动判定，并指出错误与正确的原因；学生完成功能组合这一步骤后，学生将根据自己的组合，对每个功能块内的空间进行家具的布

259

置，以满足人流疏散的需求。

模块三室内设计与模型自由组合。学生通过前两个模块的联系将构建起轨道站点建筑设计的基本认知框架，模块三基于前面两部构建出的认知框架，让学生对轨道站点内的空间、家具与室内装饰物进行自由组合，激发学生的创造力。

3.2 后续建设

虚拟仿真实验项目的构建不仅是提升建筑设计课程教学质量的探索性改革，更是不断激发教学创新的原动力之一。项目建成初期仍然存在教学资源较少的问题，本项目将利用开放互动的平台，不断完善项目资源素材，通过每一轮课程设计，扩充教学资源，形成良性的课程生态；并依托该项目，对四年级设计课程体系进行整合改革。

4 结语

通过"以人的行为为导向的轨道站点设计实验"项目的开发，初步完成了针对建筑设计课程实验的开发设计思路。以下几点可以作为其他建筑设计课程虚拟仿真实验化的建议：(1)改变教学互动方式，通过虚实相结合的方式营造强烈的情景感；(2)改变师生关系，让学生成为虚拟仿真项目的构建者、参与者、评价者；(3)打破课堂边界，让学生与老师随时都能参与学习。

参考文献

[1] 黄荣怀，刘德建，刘晓琳，徐晶晶. 互联网促进教育变革的基本格局 [J]. 中国电化教育，2017 (01)：7-16.

[2] David H. Jonassen. Instrictional Design Models for Well-Structured and Ill-Structured. Problem-Solving Learning Outcomes [J]. ERT&D, Vol. 45, No1, 1997：65-94.

[3] 斯伯克特. 教育传播与技术研究手册 [M]. 上海：华东师范大学出版社，2015.

郭　园[1]　时　新[2]

1. 重庆交通大学建筑与城市规划学院；gymg12@126.com

2. 重庆交通大学艺术设计学院

计算设计在设计类专业基础教学中的探索 *
Computational Design in Foundation Studies
of Design Education

摘　要：技术发展推动设计创新，设计类型同时也随之拓展。本文首先阐述了计算设计内涵与价值，分析了其与创新思维的关系，并通过设计专业基础课程中的三个设计项目，即参数化半立体、张力平衡结构、交互体验造型，实证探索应用参数化设计创意的工作流程，指出计算设计引入设计专业基础教学中，不仅有助于学生理解现代科技对设计的影响力，更可以直接提升了学生对创新工具的运用能力，让创意方案具有了多元化及无限可能性，同时引发我国对未来建筑师培养中关于科技与设计关系的思考。

关键词：设计教育；计算设计；张力平衡结构；空间交互

Abstract：Technological development promotes design innovation, and design types also expand. Expounded the connotation and the value of computational design, analyzed its relationship with innovative thinking, and introduced three design projects of foundation studies：Parametric from, Tensegrity and Interactive experience modeling. Explored the workflow of applying parametric form design, and pointed out that not only helped students understand the influence of technology on design, but also directly improved students' skills to use innovative tools, then let the ideas diverse and infinite possibilities when the computational design was introduced into the fundamental courses. Meanwhile, Reflected on the relationship between technology and design in the training of future Chinese Architects.

Keywords：Design education；Computational design；Tensegrity；Spatial interaction.

包豪斯奠定了现代设计基础教育体系及训练方法，但是随着科技的飞速发展，设计类型也在不断拓展，当下设计界存在传统设计（Classical Design）、设计思维（Design Thinking）和计算设计（Computational Design）三种设计类型[1]，其中的计算设计不仅是现代科技影响的外在表现更是颠覆性创新设计的未来发展方向。

1　计算设计的内涵与价值

美国卡耐基梅隆大学教授 Jeannette M. Wing 在 2006 年指出计算思维（Computational Thinking）是一种人类普遍的认知和一类普适的技能[2]。在当下数字技术快速发展的大环境中，人们可以借用计算机科学的基础概念对各类问题进行分析求解、发现其演化规律，解读其中蕴含的信息，并将这些信息转化成为计算机可以识别处理的形式，以实现对问题的推演和预测。这种基于计算的定义问题、解决问题的一系列思维活动，有助于人们理解自然和工程系统的运行，实现计算机专业知识与其他领域知识的衔接，更高效的解决所面临的问题。正因如此，计算思维开始备受关注并影响广泛，大数据、人工智能等逐步应用于更多的领域，甚至是人文

* 依托项目来源：重庆市教育委员会教改研究项目（132011），科学技术研究项目（KJ1705137）。

艺术等相关行业。

与此同时，一些设计专业的引领者开始将传统设计带入计算机领域。计算设计的出现正是前沿科技在设计领域深度影响的一种显现，同时也代表着一个能够为数以亿计的人们进行实时设计的时代的到来。设计本身是包容性的，当前沿技术的融入，以及更多具有计算思维的混合型设计人才的交汇，促使了大量与众不同创新设计的出现。不同于传统设计，计算设计体现着速度、变化与开放，其价值与商业密不可分。计算设计在数字时代所具有的优势正在被更多的设计领域所关注。正如摩尔定律揭示着当下信息技术进步的速度，同时也说明着数字化是设计的未来。教育界对设计人才的培养应首先符合社会发展的未来趋势，更要符合设计未来的趋势，体现教育内容与设计实践需求的切合。

2 计算设计在创新思维教育中的作用

高校教育不仅传授知识技能，还包含着思维的培养。思维活动伴随着人类的认知过程，思维方式关系着人们对事物的理解与洞察。因此，思维的培养与训练是教育中不能忽略的一项重要内容。例如设计思维是一种思维方式，同时也是一种科学的方法论，美国斯坦福大学就将设计思维（Design Thinking）纳入到自身的课程体系。学生通过设计思维的学习，去发现问题产生的原因、寻求合理的解决途径，并发挥自身的创造力解决问题。实际证明在市场需求为主要驱动时，这种思维适用于许多的商业领域，如零售业、医疗、消费电子行业。

计算思维是人类主要的思维类型之一，具有抽象化和自动化的特征，同时，计算思维也是确定性和有限性的，就像用数学公式定义某种规律，其语义表述明确肯定，这样不同背景的人都可以准确的理解。在数字化环境中，大量系统及产品的运行方式都基于计算与数据。因此，在基础教育阶段，学生通过学习与实践活动培养自身的计算思维能力，这样在与其他领域的人员开展协同设计时，能够准确的进行思维交流，在理解上不会出现歧义，有助于更好的衔接工作[3]。

3 计算设计与专业基础教学训练结合

3.1 挖掘潜在无限形态的工具

在专业基础训练中，初期形态的塑造是锻炼学生从平面到立体、单一到综合、感性到理性的思维过程。在计算思维和方法的引导与帮助下，学生依据形态设计的目标和影响形态设计的关键因素，寻找适当的程序化算法，构建可以参数化调节的形态模型，这种形态具有一定的秩序与规律，可以用准确的方式加以定义。在创作

的过程中，调节具体参数的同时可以不断挖掘新的形态，感受形态的延展与变化，理解影响形态因素之间相互作用的复杂关系，体会其中的形式美法则。

3.2 动态检测形态结构合理性的工具

结构是形态存在的保证，不同形态具有不同的力学结构，在设计中，力学与美的协调需要感知与理解，学生通常需要在不断的尝试与调整中获得最为优化的方案，计算设计可以使形态有序的展现出来，其形式能够转化为计算机语言，同时方便数字化工具时时动态观察结构的变化情况，帮助学生便捷高效的完成形态与结构相结合的设计训练。

3.3 综合交互展示的工具

展示同样属于基础训练范畴，具有不同目标的每个训练阶段最终都需要以具体形式进行表现，数字化技术让形态的呈现形式更为多样，并且具有了动态交互的特征。这样让原本静态的三维形态具有了时间属性，成为四维的物体。不同的时间点上变幻的形态会与空间环境综合构成动态交互效果，整个变幻过程同时也会给观者带来不一样的感官感受。对于形态的评估也不仅仅限于原有的形式、结构、美感，更是增添了动态的评价因素。数字技术为动态交互提供了有效的保障和更广阔的创新空间。

4 计算设计在设计类专业基础课中的应用实证研究

4.1 计算设计与半立体形态构建

在专业设计基础课程训练项目中，引导学生从利用计算机进行辅助设计（CAD）到实现计算设计（CD）的转变，这样一方面可以帮助学生更好的感知体会形态，另一方面学生在使用参数化设计软件的过程中，可以拓展他们对程序化复杂形态及空间组织法则的认识。例如在单元立体形态的重复组合训练中，以往学生从构思到表现，要经历三个阶段：第一个阶段为思考并手绘构思草图，分析单元体的造型特征以及组织法则；第二个阶段是使用各类材料构建单元体，这个时候学生开始接触并尝试使用材料，将构思方案从脑海中的想象转换到真实世界的单元形体；第三个阶段是将单元体以一定的规律重复组合形成 2.5 维的半立体形态。如图 1、图 2，整个思维过程包含了实证思维和逻辑思维。

而对比引入计算设计后，同样经历多个训练阶段，但由于学生可以使用如 Grasshopper 等参数化辅助工具，加深了对不同实践环节的理解，所以他们的思维认知及感官体验都将发生变化。在第一阶段中，学生仍然是构思创意的过程，但这个过程加入了数字化工具，除

了学生自己主导创新的形态外，还会出现随机的秩序形态或者是使用数学模数生成的形态，这些"意外"的形态会极大的丰富学生对单元体造型特征的认识。第二个阶段是使用各类材料构建单元体实物，可以尝试使用不同材料手工制作单体，也可以借助数字化辅助设备，3D打印快速成型单体。第三个阶段是单体的组合，学生可以通过计算机参数的修改，生成无数新的组织秩序。总之，在数字化环境中，形态设计与数字技术思维相结合经常可以产生意想不到的创新，这些创新形态在后期的建筑设计中，都可以成为设计的原型，如建筑表皮等。如图3为学生完成的一组2.5维的半立体形态训练，包括参数化设计与建模、3D打印成型。

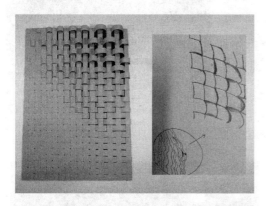

图1 创意-草图-实物制作训练（学生：雷雨晴）

图2 单元型半立体组合训练（学生：周炯，任贵川）

4.2 计算设计与形态结构动态分析

在专业设计基础训练中，有一项关于分析张力平衡结构（Tensegrity）的设计案例，学生不仅需要对空间连接形态进行多方面感知，还要对其中包含的结构力学进行分析和理解。在计算设计介入前，学生通常会选择不同的线材完成空间形态的搭建，这个过程中既要充分思考空间形态的形式美感：疏密关系、节奏与韵律等，同时还要考虑这类形态所体现的压缩与张力在结构力学上的平衡与流动。整个过程，学生没有外部数字化工具

的帮助，只能凭借自身感官直觉以及在真实世界搭建过程中的不断调整来实现最初的创意，期间主要使用实证思维和逻辑思维。

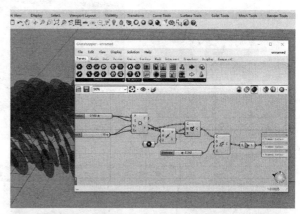

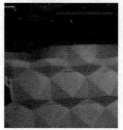 

图3 参数化半立体形态设计训练（学生：吕银，朱宣霖）

当计算设计融入学习过程中，学生的创新效率将大大提升。学生可以在基础阶段运用如犀牛软件（Rhino3D）等参数化动力学辅助设计工具进行构思设计，完成对张拉整体结构的模拟，在虚拟环境中探索结构调整带来的改变，分析结构的合理性，数字化的过程让学生可以感受到形态变化的多样性，而后再进行现实世界中真实形态的搭建，获取多层次的感官体验。如图4，学生以团队的形式开展设计项目，初期创意构思以草图和草模的形式呈现，过程可以使用数字化工具进行动态的分析，而后选择竹子为主要材料进行空间结构的搭建。

4.3 综合交互体验设计

20世纪60年代国外提出"智能建筑""智能环境"等一系列的概念，"建筑互动"相关理论研究及实践性探索也日趋丰富，美国麻省理工学院（MIT）、哥伦比亚大学（Columbia University）等高校相关实验室都进行了多学科交叉融合的研究[4]。

建筑学和设计学的设计基础课程中关于形态构造的训练，围绕静态的形态与结构的创新开展，在课程训练项目逐步结合数字技术，一些原本静态的物体开始向动态转变，赋予了形体与空间更多的可能性，使它们具备与用户交互的能力，有利于引导学生利用数字化技术探索形态与空间变幻的交互性、拓展性[5][6]。

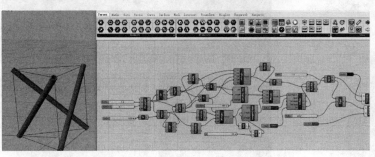

图4　Tensegrity设计训练（学生：方钰盈，向红燕，周炯等）

因此，项目中主要运用Arduino开源硬件及机械传动技术等，让静态的造型中形态与空间能够根据设计理念进行各种形式的变幻。突出培养学生对造型设计创新进行拓展、对造型的构造方式展开探索，对造型变化中时间节奏的把握。如图5和图6，项目希望形态的变化实现装置与人、与环境的互动效果。首先，展开形态与空间变化的设计交互创意设计，运用Rhino3D动力学插件进行计算机模拟与分析，采用手工与数字化相结合的加工方式完成单元体（Components）的设计与制作，其中包含激光切割机、3D打印机等应用；将舵机、人体红外感应电子模块、控制按键等组件连接至拓展版、面包板和Arduino UNO主板，在Arduino IDE中进行编程控制，进行测试；完成装置组装，调试并根据体验，迭代更新。

图6　舵机调试（学生：胡金瑞）

整个项目的完成需要学生掌握设计创新、机械加工与传动、信息控制等多学科专业的知识与技能，涉及多个软件和硬件的操作。尤其低年级学生来独立完成项目存在一定难度，应阶段性完成前期相关知识与技能学习，而后尝试不同年级、不同学科专业学生的配合实施。

5　小结

合理的将计算设计引入到专业基础课程中，可以有效的提升学生对多维形体转换的理解力，强化学生创新意识、动手能力与数字化技术应用能力。同时，在整个设计流程的不同阶段，巧妙结合计算设计有利于更好的培养学生的计算思维，使学生学会以基于计算思维概念的解决设计中的问题。

图5　单元体设计与制作（学生：胡金瑞）

参考文献

［1］ Maeda J. Design in Tech Report 2019 ［EB/OL］. https：//designintech. report/2019/03/09/design-in-tech-report-2019，2019-3-09.

［2］ Jeannette M. Wing. Computational Thinking ［J］. Communications of the ACM，2006，49（3）：33-35.

［3］ Brown N. C.，Mueller C. T. Design variable analysis and generation for performance-based parametric modeling in architecture ［J］. International Journal of Architectural Computing，2018，9.

［4］ 张汉仰，林正豪，钱世奇，姚伊迪，Kenny Constance. 基于 Arduino 的建筑互动系统研究初探 ［J］. 南方建筑，2015（03）：100-104.

［5］ 张玉琢，张童，马洁. 建筑土木学科 BIM 基础课程教学创新与实践 ［J］. 智能城市，2019，5（05）：182-184.

［6］ 曲翠萃，滕凤宏，许蓁. 建筑学专业的参数化 BIM 教学策略——德州农工大学建筑学院 BIM 教学启示 ［J］. 新建筑，2017（06）：112-115.

李丹阳　吕建梅

沈阳建筑大学 建筑与规划学院；lee_dy@126.com

VR 技术在低年级建筑空间认知与设计教学中的应用*

Application of VR Technology in the Teaching of Low-grade Architectural Cognition and Design

摘　要：对空间的体验和认知是设计行为的开始，缺乏空间想象力一直困扰低年级学生。VR 技术在建筑设计领域的沉浸式空间体验及内部空间可视化具有明显优势。在低年级建筑教学中运用 VR 技术，帮助学生在想象和真实之间建立起对应关系，与图纸表达、实体模型和 SU 模型同步进行，建立完整的空间概念。提高三维空间想象能力，建立空间思维，达到手、眼、脑的协同工作。

关键词：空间设计；建筑教学；VR 技术

Abstract：The experience and cognition of space is the beginning of design behavior. The lack of spatial imagination has always plagued lower grade students. VR technology has obvious advantages in immersive space experience and internal space visualization in the field of architectural design. The use of VR technology in the teaching of lower grades helps students to establish a correspondence between imagination and reality，and synchronizes with drawing expressions，solid models and SU models to establish a complete concept of space. Improve the imagination of three-dimensional space，establish spatial thinking，and achieve the collaborative work of hands，eyes and brain.

Keywords：Space design；Architectural teaching；VR technology

1　传统空间认知训练方法的局限性

传统低年级建筑设计教学，对空间设计能力的培养更多通过经验式感悟逐渐建立起来。通过图纸表达、实体模型与语言描述培养空间感知和设计能力，需要一个在头脑中想象和转换的过程。VR 技术的介入，为空间感知和设计提供了新的有效的方式。

1.1　图解与真实空间的差异

感知和体验是"空间构成"教学环节的重点，如何让一个初学者能够体验到一个空间，并以此为空间设计的起点，是建筑基础教学一直思考的问题。目前在教学中我们通常采用图纸表达、实体模型和计算机辅助建模手段结合，但在教学实践中仍然存在许多局限。

图纸表达以"分解"为基本方法，将三维的空间实体分别用二维的平、立、剖面图表达出来，学生在大脑里重新组合成空间三维视图。再利用透视图来理解空间的限定和层次，即便将图纸绘制的再仔细，也仅仅是将一个物体用不同的方法来表达，对初学者建立空间的整体思考和研究有比较大的难度。同时需要结合教师抽象的语言描述帮助学生理解空间感受，需要长期训练才能建立起空间想象力。

1.2　实体模型空间缺少动态视域和身体知觉

实体模型能够直接帮助学生进行空间形态的认知，但是因为很难做成 1∶1 大小的实体模型，很多时候更

　* 课题实验依托单位：沈阳建筑大学建筑与规划学院 建筑数字实验中心。

方便从外部观察空间形态，缺少真实的动态视域变化，只能获得静态的各个定点透视。在认知空间过程中的人体"运动"很难通过实体模型实现。

1.3 SU 模型与空间构想不能同步

Sketchup 是一款可以在短时间内建构任何形状和尺度空间模型的计算机辅助建模软件。但对低年级学生来说，三维空间构想能力还没有建立起来，直接应用 SU 建模，会把大量注意力花费在命令操作上，得出的模型不够理想。SU 模型只能感知空间的比例和尺度关系，内部空间氛围的体验度较差。此外，光影关系失真也是一个重大缺陷，对于初学者而言，光影关系是影响空间品质是一个重要因素。缺乏真实的空间光影关系无法完成一个完整的空间体验。

2 虚拟软件在空间认知和体验中的优势

针对低年级学生难于在头脑中形成清晰的空间意象，想象中的设计与实际效果差距较大，虚拟现实技术作为一种教学手段，其优势体现在两方面：一是降低对学生空间转译能力的要求，从而降低设计难度，利于设计者发挥发散性思维；二是学生通过第一视角的漫游式体验，为实现表达与修改的快速反馈提供更直观、真实、可体验的辅助设计工具，有效提升设计能力。

目前市场上和建筑设计相关的 VR 虚拟软件很多，教学中我们主要采用 Unity3D 虚拟软件，学生在体验过程中有以下几点感受：

2.1 身临其境的比例和尺度体验

空间设计中，尺度和比例关系对空间感知产生影响，虚拟修建是以第一视角去体验空间的尺度和比例，在这个阶段，SU 模型或者实体模型不能把握的尺度比例，如一个坡道的倾斜度，一片墙体延续，甚至空间高度变化对人的感受影响等，同时还可以验证教师在课堂上抽象的空间描述。

2.2 材质对空间体验的影响

随着技术的发展，多样化界面材质的表现力对建筑外部形态和内部空间影响力越来越显著，无论是普通玻璃、混凝土、砖等传统材料，还是金属穿孔板、编织结构等高技术材料在 VR 虚拟修建中都能够得到充分展示。

3 低年级教学体系中的空间认知与设计教学环节

空间认知与构想训练是低年级教学的主要内容，有一系列相关的教学环节。在一年级第一学期的"空间体验与学习"单元，设置了"大师作品分析与重构"的课

程设计。学习大师作品的空间概念构思和空间设计手法，在此基础上提炼出大师作品的空间特征与秩序，并应用到一个 15cm×15cm×15cm 的盒子空间设计中。在这一环节，主要对尺度、流线、界面、材质、光影等空间品质，有更准确深入的理解。

在第二学期的"空间概念设计"单元，设置了课程设计"我的理想空间"，在第一学期对空间学习和体验的基础上，进一步培养学生空间概念构思与设计的能力，掌握基本空间构成要素。在该环节首先对优秀空间作品进行 VR 沉浸式体验，根据空间体验的启发拟定"我的理想空间"设计概念和主题；然后在校园给定范围内确定 100m² 基地，以 3m×6m×9m 为基本形体，对基本形以一定的设计模数进行重新划分与组织。形成具有一定秩序和规律的空间概念设计（表 1）。

一年级建筑设计基础课教学单元　　表 1

教学单元	讲课内容	学时	
1	基本表现技能——建筑识图与制图	16	第一学期 88 学时
2	建筑环境认知——实地测绘、图解表达	16	
3	空间体验与学习——大师作品分析与重构（运用 VR 教学学习空间概念生成、组织规律）	56	
4	空间概念设计——我的理想空间	64	第二学期 112 学时
5	实体搭建	48	
合计		200	

4 "空间概念设计"单元 VR 教学过程

"空间概念设计"单元的课程设计题目为"我的理想空间"，是一个训练学生空间想象与思维的过程，分为体验空间（VR）——空间概念（草模）——空间设计（实体模型、SU）——空间评价四个阶段（VR、实体模型）（表 2）。

第一阶段：选择优秀的建筑作品进行 VR 虚拟修建，组织学生进入内部空间进行体验，引导学生观察空间的尺度、界面及光对空间的影响。学生需要建立空间围合、限定、沟通、转折的概念。

第二阶段：通过草图和制作过程实体模型进行空间概念构思，并调整方案。要求学生对 3×6×9M 的盒子进行设计。在体块基础上进行削减、切割并重新组合或在体块内部空间用元素进行划分。这个阶段，通过草模与 SU 模型结合的方式，教师引导学生观察不同体块之间形成的空间关系，进行削减操作后体块的变化以及简

单元素划分形成的空间特点。

第三阶段：在制作实体模型的基础上，可以建立 SU 模型，并在 SU 模型里体验和观察空间形态，引导学生在已建成的 SU 模型中调整空间的关系，区别水平和垂直要素，表皮和结构，开放空间和私密空间，丰富空间层次，如空间大小的变化，空间之间的对比、形状、比例、方向、摄入空间的光线变化等。

与实体模型做对比，通过增加体块的外表面来建立内部空间的概念。内部空间是在实体占据之外加入不同层级的界面来实现的，体块之间的虚空间也由外部空间转换成内部空间，学生在体验这样的转换过程中也能理解比例尺度在空间中的转换。

第四阶段：在 VR 虚拟软件里赋予真实材质，并且再次体验自己设计的空间，进行评价。

"空间概念设计"单元教学过程   表 2

教学单元	课程名称	教学方法	教学任务	学时	教学内容
空间概念设计（64学时）	我的理想空间	VR教学（8学时）	优秀建筑空间案例学习	8	VR体验（巴塞罗那德国馆等）
		普通课堂（56学时）	空间概念构思	8	草图、草模
			空间设计	24	实体模型、SU模型
			空间评价与改进	16	VR体验
			综合表达	8	图纸、实体模型

5 教学总结

5.1 教学过程

在"空间概念设计"单元，教学过程主要分为空间认与知体验、空间设计、空间评价三个阶段。在空间认知阶段，通过优秀空间设计作品建模和 VR 沉浸体验学生身临其境体验优秀作品，记录空间感受；在空间设计阶段，引导学生将体验到的空间关系与设计方法运用在自己的设计中，运用实体模型、SU 模型等多种方法推敲方案。再通过空间的虚拟修建，展示、发展、深入设计方案，达到动手能力、思维能力和表达能力全面提高的教学效果；在空间评价阶段，修改方案完成作业后，选取有代表性的学生作品建立模型进行 VR 虚拟体验，通过 VR 虚拟体验准确评价空间效果及设计方案。

5.2 教学效果

认知阶段：通过 VR 虚拟软件的介入，可以实现建筑外部空间和内部空间实时自由转换游历，从整体到细部不同尺度上体验感知经典建筑，认知作品在空间、材料与结构关系的特点，弥补了以往以图片形式展示大师作品导致学生对作品理解上存在的偏差（图1）。

方案设计阶段：在 VR 体验的基础上，学生对不同空间的尺度、比例、形态特征的认知能力明显提高，同时，注重建筑与环境的整体关系。学生通过 SU 模型推敲体块、造型与空间的关系，通过实体模型完成体块到空间的转换。通过实体模型、SU 模型相结合，使学生对自己的设计方案有准确的认识，随时发现问题，有针对性的解决问题（表3）。

(a) 室内空间

(b) 室外庭院

图 1 巴塞罗那德国馆 VR 虚拟体验图片

方案评价阶段：通过对学生设计方案进行 VR 虚拟体验使学生对最终空间设计效果有直观的认知。体验者不仅能够准确而清晰地描述空间感知，提出方案中存在的问题，而且积极寻找解决方法，说明 VR 虚拟体验能够有效激发学生对设计的思考（图2）。

(a) 探寻空间尺度

(b) VR体验中最需要修改的空间——结构逻辑不清晰导致对空间的划分混乱

(c) 学生在VR体验过程中对问题进行交流讨论

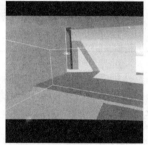

(d) VR体验中同学们最喜欢的开敞空间——与外部空间联系清晰

(e) VR体验中同学们最喜欢的私密空间——尺度舒适

图 2　学生方案 VR 虚拟体验照片（图片来源：自摄）

6　结语

VR 虚拟体验在建筑教育领域的实验性使用还是一个新生事物，就低年级建筑设计基础课程中 VR 使用情况来看其特点主要为：虚拟建成结果的可视性激发学生对空间研究的积极性和趣味性，学生乐于将自己的方案进行虚拟修建并与老师和同学直观地探讨空间问题，大大提高了教学效率，回归建筑空间教学的本质。虽然目前 VR 虚拟软件还有很多不足，尤其是在硬件使用上还存在诸多不便，但随着技术的升级，VR 虚拟现实除视觉外的听觉、触觉、嗅觉等多感知综合的实现，必然会为教育领域带来更深远的影响。

方案设计过程及表达　　　　　　　　　　　　　　　　　表3

内容	概念表达	方案深化	方案表达
体块组合	通过变换体块组合方式，观察体块之间的空间关系	体块的虚实关系在模型中的表达及空间对立面的影响	

内容	概念表达	方案深化	方案表达
体块减法	通过对体块的切削，得到体块之间的虚空间	将体块之间的虚空间进行转换建筑内部空间，内部空间影响表皮开洞	
L形元素划分空间	L形元素在空间中不同位置，划分不同性质的空间	L形元素分别作为界面和结构时形成不同的空间设计方案	

参考文献

[1] 黎继超，张锦砚. 建筑设计基础教学空间观的培养 [J]. 高等建筑教育，2009，18 (5)：109-111.

[2] 张帆，陈冉，刘万里. 真实的虚像：交互式建筑的社交化倾向研究 [C] 数字技术·建筑全生命周期——2018 年全国建筑院系建筑数字技术教学与研究学术研讨会论文集 北京：中国建筑工业出版社，2018：276-280.

[3] 葛明. 建筑群的基础设计教学法述略 [J]. 时代建筑，2017 (3)：41-45.

[4] 顾大庆. 建筑空间知觉的研究——一种基于画面分析的方法 [J]. 师姐建筑导报，2013.

[5] 顾大庆，柏庭卫. 空间、建构与设计 [M]. 北京：中国建筑工业出版社，2011.

童滋雨　周子琳　曹舒琪

南京大学建筑与城市规划学院；tzy@nju.edu.cn

算法生成在建筑设计教学中的应用
——以三年级幼儿园设计为例*

Application of Algorithmic Generation Method in Architectural Design Teaching
——Taking Kindergarten Design as an Example

摘　要：在以新工科为驱动力的建筑学科发展中，计算机辅助建筑设计从原来初级的辅助制图和简单的计算机工具学习向通识化体系化的辅助设计、促进创新、推动科学研究的方向发展。同时，基于算法的设计生成方法也进一步提高了设计的研究性和成果的多元化。在三年级的幼儿园设计教学中，我们充分了研究幼儿园自身特征对环境性能的特定要求，并将这些要求转化为一系列限定规则，从而可以通过算法设计来生成满足所有限定规则的设计方案。在设计过程中，学生尝试了多种生成算法，并对限定规则进行完善和组合，展现出一种崭新的思考范式。最后的设计成果与传统设计方法得到的结果也有着显著的区别，并体现出了鲜明的科学性、研究性和创新性。

关键词：计算机辅助建筑设计；算法生成；研究型设计；幼儿园设计

Abstract：In the development of architectural disciplines driven by new engineering education, computer aided architectural design has evolved from the primary aided drawing and simple computer tools to the promotion of innovation and scientific research. Meanwhile, the algorithm-based generation method further improves the research of design and diversification of results. In the kindergarten design teaching in the third grade, we fully studied the specific requirements of the kindergarten's specified characteristics for environmental performance, and translated these requirements into a series of defined rules. Then the design can be generated based on some algorithms to meet all the defined rules. In the design process, students tried a variety of generation algorithms, refined and combined the qualification rules. The process reveals a new thinking paradigm. The final design results are also significantly different from the designs based on traditional methods, and reflect a distinct scientific, research and innovative nature.

Keywords：CAAD；Algorithmic Generation；Research-based Design；Kindergarten Design

1　研究背景

计算机辅助建筑设计（Computer Aided Architectural Design，CAAD）是将数字技术融入建筑设计的专业研究方向，在以新工科为驱动力的建筑学科发展中，CAAD教学从原来初级的辅助制图和简单的计算机工具学习向通识化体系化的辅助设计、促进创新、推动科学研究的方向发展。而随着绿色建筑、建筑性能、城市环

＊　教育部新工科研究与实践项目，以综合性大学通识教育为基础的新工科建筑学教学体系研究与实践。

境等要求的提高，对建筑设计的研究性要求也在日益提高，从而对建筑设计教学也提出了新的要求。

南京大学建筑与城市规划学院数字技术教学团队以相关研究为基础，以设计教学为主干，主动引导学生进行设计研究，将教学重点放在综合处理建筑和城市的功能、环境性能、形式之间的关系上，以参数化建模、数字化模拟、算法优化为手段，探索新的设计方法[1],[2]。

本学院三年级上学期"建筑设计（三）"的题目是一个九班的幼儿园设计。在教学中，我们尝试抛开传统的设计方法，而将重点放在研究幼儿园自身特征对环境性能的特定要求，并将这些要求转化为一系列限定规则，从而可以通过算法设计来生成满足所有限定规则的设计方案。在设计过程中，学生尝试了多种生成算法，并对限定规则进行完善和组合，展现出一种崭新的思考范式。最后的设计成果与传统设计方法得到的结果也有着显著的区别，并体现出了鲜明的科学性、研究性和创新性。

2 教学计划

2.1 任务书设定

此课程训练解决建筑设计中的一类典型问题：标准空间单元的重复和组合。建筑一般都是多个空间的组合，其中一类比较特殊的建筑，其主体是通过一些相同或相似的标准空间单元重复而成，这种连续且有规律的重复，很容易体现出一种韵律节奏感。对这类建筑的设计练习，可以帮助学生了解并熟悉空间组合中的重复、韵律、节奏、变化等操作手法。

任务书的设定比较宽松，要求在约 7200m² 的用地上放置一个 9 个班的幼儿园，每班人数为 25 人，使用面积总计约 2100m²，高度不超过 3 层。在功能上包括标准的幼儿生活活动用房、服务用房以及供应用房。场地要求包括人均面积不小于 2 平方米的公共活动场地和每个班专用的不小于 60m² 的室外活动场地。此外，按照规范，对幼儿生活用房和室外活动场地的日照有明确的要求。图 1 是设计的场地位置，周边都是典型的城市居住区，比较特殊的条件是周边主要道路与正南北方向呈大约 45 度角。

2.2 算法生成的可能性

通常来说，计算机擅长处理的是界定比较清晰的问题（Well-defined problem），而建筑设计却是一种比较典型的不明确问题（Ill-defined problem）[3]。在三年级的建筑设计中引入算法设计的操作，必须尽量提高问题的明确性，以减小操作难度，同时也便于学生对算法设计的理解和操作。

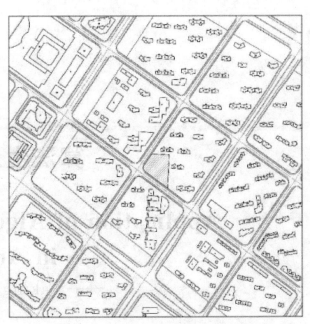

图 1　设计基地

幼儿园作为一种比较特殊的建筑类型，在设计规范中对日照、面积等都有着非常严格的规定。这样的严格限定给了算法设计明确的规则，从而更容易进行规则的设定，并利用计算机的特点生成更多的可能性。

根据《托儿所、幼儿园建筑设计规范》[4]要求，活动室朝南并满足大寒日满窗日照 3h 以上；室外要求设置公共活动场地和每班的专属活动场地；室外活动场地应有一半以上的面积在标准建筑日照阴影线之外。而根据任务书的设定，一共需要每班 25 人的小中大各 3 个班，共计 9 个班，在入园处设置医疗、安保，在下风处设置厨房和后勤服务用房。此外，从地形特点出发，道路红线的退让、出入口距离道路交叉口的位置以及消防间距也是需要满足的条件。这些都是具有强制性的要求，可称之为"强约束条件"。

除了强约束条件，设计中一些通常的价值判断，如"大中小班各自成组""远离道路噪音""易到达""拥有良好视野""室外空间丰富度高"等，并非强制性要求，但也可以作为对设计的约束条件，可称之为"弱约束条件"。其中部分弱约束条件也可以转化为评估标准，以促进成果的丰富程度。

综合上述分析，幼儿园设计对问题的界定趋于明确，从而很大程度上提高了算法生成的可能性。

2.3 设计小组架构

在传统的设计教学中，学生毫无疑问是设计的直接负责人，从功能解读到布局设计再到成果表达，都是由学生独立完成。而在基于算法的设计过程中，考虑到学生的知识背景和能力，要求其独立完成算法生成设计几乎是不可能的任务。为此，在教学中，借助于南京大学的研究生助教计划，我架构了设计小组的模式，除了三年级学生之外，还安排了一位计算机辅助建筑设计方向的研二学生作为本课程的助教，负责解决设计过程中遇到的算法编程等计算机方面的问题。在设计小组中，学生、助教和教师分别担任着设计者、辅助者和指导者的角色，并且三者共同合作解决问题和推进设计的过程（图2）。

图2 设计小组架构

在这一架构中，本科学生依然是设计的直接负责人。他们需要从设计任务书中梳理相关的条件，并转化为不同的规则。设计从传统的功能、空间和形式的推敲转化为各种规则的限定，而形式本身则几乎没有限定。研究生助教则负责根据本科学生总结的规则应用合适的算法编写程序，从而实现满足设定规则的建筑布局。助

教不用考虑规则本身的合理性，而是着眼于算法的合理性。与此同时，指导教师一方面要与设计者讨论规则的合理性，另一方面需要与助教讨论算法的合理性。

3 教学成果[①]

在具体的设计过程中，设计被分解为三个阶段共四个模块（图3）。其中阶段一是规则制定阶段，包括场地属性模块与单元体属性模块。阶段二是算法生成阶段，阶段三是对生成结果的评估阶段。

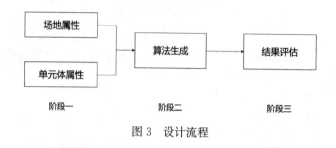

图3 设计流程

3.1 规则制定

规则制定包括对场地属性的量化和对单元体相互关系的量化两部分。

对场地属性的量化考虑了场地边界、道路退让、周边建筑的阴影、出入口的位置等因素，将这些因素综合得到场地对于建筑布局的适合程度分析图（图4）。

图4 场地属性

对单元体相互关系的量化则考虑了幼儿班级单元的面积、数量、对日照的需求、对空间围合的可能性等因素，因素的综合使得单元体的生成有了相应的依据（图5）。

3.2 算法生成

在规则确定的前提下，研究生助教在指导教师的协

助下，提出了多种算法，包括多主体系统、遗传算法等，但经过实验，发现这些算法都存在一定的局限，难以满足设计者的要求。最后，研究生助教选择使用蒙特卡洛树搜索的算法，在 Grasshopper 平台上完成程序的编写，实现了幼儿园总平面的算法生成（图6）。

---

① 本文中所展示教学成果的设计者是周子琳，研究生助教是曹舒琪。

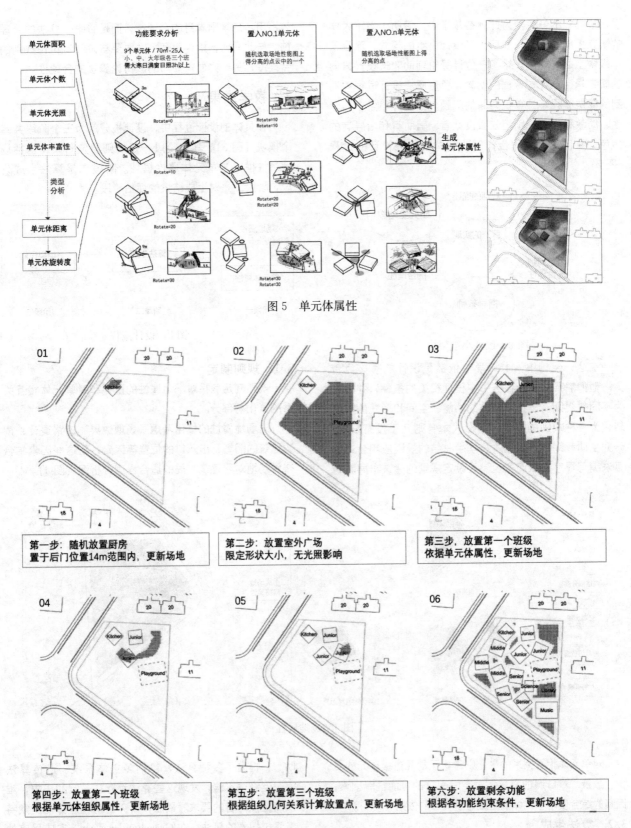

图5 单元体属性

第一步：随机放置厨房
置于后门位置14m范围内，更新场地

第二步：放置室外广场
限定形状大小，无光照影响

第三步：放置第一个班级
依据单元体属性，更新场地

第四步：放置第二个班级
根据单元体组织属性，更新场地

第五步：放置第三个班级
根据组织几何关系计算放置点，更新场地

第六步：放置剩余功能
根据各功能约束条件，更新场地

图6 算法生成

3.3 结果评估

在算法生成的一系列结果的基础上，设计者再次依据对单元体属性的解读，对所有结果进行评分，从中挑选出具有较高得分的一组生成结果（图7）。

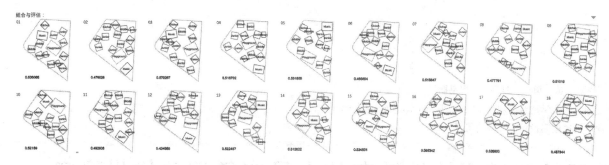

图 7　结果评估

在生成结果的基础上，再从交通、绿地、采光等方面对生成结果进行优化，最后得到了最终的设计成果（图 8）。

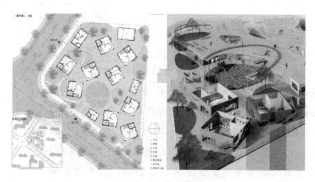

图 8　最终设计成果

4　结论与展望

在本科学生、研究生助教和指导教师的通力合作之下，在幼儿园课程设计中对算法生成的应用获得了成功。建筑不再拘泥于形式和通常的功能布局，而是利用规则来最大程度探讨设计的可能性。最后的成果也证实了这一点。因此，以算法生成来驱动建筑设计教学具有操作上的可行性和有效性。

然而，从教学过程来看，本次教学的成功很大程度上依仗了这次的研究生助教对建筑和算法的深入理解和强大的编程能力。这一方面说明计算机辅助建筑设计离不开跨学科人才，必须对建筑学和计算机知识都有深入的掌握才能完成算法与建筑设计的结合。另一方面，这也成为建筑设计教学引入算法生成的一大障碍，毕竟优秀的相关人才不是每次都能碰上。如何减少这种对人的依赖，而将教学计划标准化、程序化，将相关程序模块化、通用化，这将是我们未来需要着力解决的问题。

总的来说，设计中展现出的创新性和研究性也是对新工科教学改革的良好回应，其中的经验教训为我们进一步开展建筑学教学体系研究与实践提供了有价值的参考。

参考文献

［1］　童滋雨，钟华颖. 毕业设计专题化——数字设计与建造教学方法研究［C］//全国高等学校建筑学学科专业指导委员会，湖南大学建筑学院. 2013 全国建筑教育学术研讨会论文集. 北京：中国建筑工业出版社，2013：511-514.

［2］　童滋雨，刘铨. 与建筑设计课程同步的计算机辅助建筑设计（CAAD）基础教学［C］//全国高等学校建筑学学科专业指导委员会，福州大学. 2012 全国建筑教育学术研讨会论文集. 北京：中国建筑工业出版社，2012：538-542.

［3］　Elezkurtaj T. , Franck G. Genetic Algorithms in Support of Creative Architectural Design［C］//*Architectural Computing from Turing to 2000-eCAADe Conference Proceedings*. Liverpool(UK)，1999：645-651.

［4］　中华人民共和国住房和城乡建设部. JGJ 39—2016 托儿所、幼儿园建筑设计规范［S］. 北京：中国建筑工业出版社，2016.

宋　煜[1,2]　黄　勇[1]　李晋阳[1]　曹易萌[1]

1. 沈阳建筑大学建筑与规划学院；2005huanggong@163.com
2. 沈阳铁道勘察设计院有限公司

基于数字模拟的地铁车站人员应急疏散优化研究 *
Emergency Evacuation of Subway Station Based on Digital Simulation

摘　要：人员应急疏散是地铁车站建筑设计的重要内容，本文选取沈阳某地下标准岛式地铁车站，进行基于数字模型的人员应急疏散研究。在满足地铁设计规范的前提下，设置三种不同的情景进行应急疏散模拟，分析在远期地铁客流超高峰时期人员应急疏散结果的影响因素；利用模拟出的数据结果和分布特征，对该地铁车站的设置提出优化改进方案，并进行优化对比研究，提出合理化建议。本文通过数字模型的模拟研究，更加直观地对疏散人员行为与分布情况进行动态的观察，对车站的应急疏散能力进行合理分析，避免了按照规范公式中计算疏散时间的弊端，在建筑设计上为人员安全逃生创造基础性条件，为车站空间优化布局设计提供可靠的参考。

关键词：地铁车站；数字模拟；应急疏散；优化

Abstract：Emergency evacuation of personnel is an important part of the architectural design of subway station. In this thesis，a sub-standard island subway station in Shenyang is selected to conduct simulation research of emergency evacuation of personnel based on digital model. On the premise of meeting the design specifications of subway，three different scenarios are set up for emergency evacuation simulation，and the influencing factors of emergency evacuation results in the period of over-peak passenger flow are analyzed. Using the simulated data results and distribution characteristics，this paper puts forward an improvement plan for the optimization of the subway station，and makes a comparative study on the optimization，and puts forward some reasonable Suggestions. In this paper，through the simulation research of digital model，more intuitive for evacuees behavior and distribution of dynamic observation，emergency evacuation capacity of the station and reasonable analysis，avoid the formula of computing the disadvantages of evacuation time in accordance with the specification，in the architecture design to create basic conditions for personnel safety escape，as to optimize the layout design of the station space reliable reference.

Keywords：Subway station；Digital simulation；Emergency evacuation；Optimization

1　引言

地铁作为城市轨道交通的一种，具有运量大，准时，快速，避免城市地面拥挤和充分利用地下空间的特点，已经成为现代都市里人们出行的重要方式。地铁车站作为城市地下空间的重要组成部分聚集了大量的人群，由于空间环境相对封闭，人员应急疏散也成为了地铁车站建筑设计的重要内容。利用计算机对地铁车站人

---

* 十三五国家重点研发计划（2016YFC0700202）：北方地区高大空间公共建筑绿色设计新方法与技术协同优化。

员的应急疏散进行模拟研究，提出有效的干预和优化方法，对改进突发事件应对策略具有重要的现实意义。

地铁车站的应急疏散能力受站台宽度、楼扶梯的疏散能力、进出站闸机、车站出入口及水平通道的制约。现行的地铁相关规范对疏散时间的计算作了相关要求[1][2]，但这种静态计算方法实际上只考虑了疏散楼梯和自动扶梯的通行能力对疏散时间的影响，并且公式只能计算出疏散结果[3]，而无法获知疏散过程中的人员分布情况。我们使用计算机模拟疏散的全过程，不仅可以了直观地观察到整个疏散过程的人员状况，而且能够看到在楼扶梯通行能力相同的情况下，不同情景也会产生不同的疏散结果。在各主要关键部位宽度不变的情况下，研究如何利用建筑自身的布局来提高车站的应急疏散能力是非常重要的。

2 数字模拟

2.1 模拟环境

在利用 Pathfinder 软件进行疏散模拟时，需要搭建准确的建筑数字模型，并进行相对完整的疏散人员相关参数的设定，这是模拟结果能近似反映真实情况的前提条件。本文选取沈阳某地下二层标准岛式车站作为研究的案例。

2.1.1 地铁车站内部设计数据

车站地下一层为站厅层，中部为公共区，如图1所示，站厅层共设1、2、3、4号四个出入口分别命名为 Door1、Door2、Door3、Door4；连接付费区与非付费区的进出站闸机口分别命名为 Gate-Lin、Gate-Rin、Gate-Lout、Gate-Rout，建模时简化为一个3.1m宽的出口；车站站台层公共区西侧设置2部上下行扶梯，分别命名为 StairA、StairC，东侧设置一部上行扶梯和一部疏散楼梯，分别命名为 StairB、stair2，中间设置一部疏散楼梯和一部垂直电梯（电梯不得用作乘客的安全疏散设施），楼梯命名为 stair1，具体参数见表1。

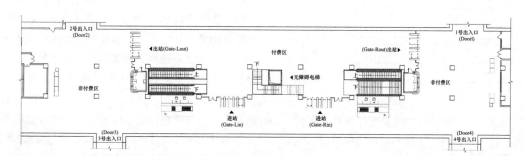

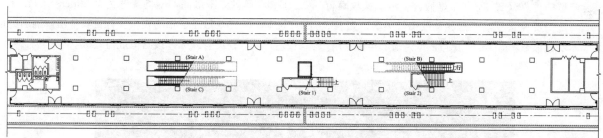

图1 站厅层和站台层平面图

车站内部设计相关参数　　　表1

项目	宽度（m）	运行速度（m/s）
stair 1	1.8	—
stair 2	2.4	—
stair A	1	0.65
stair B	1	0.65
stairC	1	0.65
Gate-Lout	3.1	—
Gate-Lin	3.1	—
Gate-Rout	3.1	—

续表

项目	宽度（m）	运行速度（m/s）
Gate-Rin	3.1	—
Door 1	6	—
Door 2	6	—
Door 3	5	—
Door 4	5	—

2.1.2 人员参数设定

模拟设定的站台层上的疏散总人数为一列进站列车

所载乘客与站台上的全部候车人数。以既有的客流预测专题报告为依据，计算出该列车远期超高峰小时最大客流量时一列进站列车的载客人数为851人，站台上的候车人数为101人，因此在远期客流超高峰时期，该车站站台上参与疏散的总人数为952人[2]。人员静态空间大小是指行人静止时所占空间的投影面积[4]。人员疏散的步行速度，受疏散人员年龄、性别、心理、着装等因素影响，还与人员的年龄组成比例有关[5]。基于有关地铁火灾人员疏散行为研究的问卷调查获得的数据资料[6]，在本次模拟环境设定中将人员分为青年人（15～30岁）、中年人（30～60岁）、老年人（60岁以上）和小孩（15岁以下）四类，综合考虑人员组成、人员比例、疏散速度和人员静态空间参数四个方面，可以确定该车站的人员仿真环境相关参数，如表2所示。

车站人员特征相关参数　　　　表2

人员组成	疏散速度		肩宽 (m)	比例 (%)
	平面速度 (m/s)	楼梯速度 (m/s)		
青年人	1.25	0.625	0.380	67.3
中年人	1.23	0.615	0.395	24.5
老年人	1.09	0.545	0.400	3.8
小孩	1.00	0.500	0.310	4.4

2.1.3　情景设置

在火灾工况时，该车站站台的两台上行扶梯和两部楼梯可以用作疏散使用，下行扶梯不能计入疏散用。地铁安全疏散的计算公式中，N-1是假设1台扶梯故障停运，针对此情况设置了以下三种疏散情景方案，如表3所示。本次模拟不考虑停运扶梯可以作为疏散楼梯使用。

车站应急疏散情景方案设置　　　　表3

方案编号	停运扶梯	参与疏散	疏散宽度 (m)
情景一	Stair C	Stair A、Stair B、Stair 1、Stair 2	6.2
情景二	Stair A	Stair B、Stair 1、Stair 2	5.2
情景三	Stair B	Stair A、Stair 1、Stair 2	5.2

2.2　模拟过程

根据相关规范要求，乘客应该在4min以内全部撤离站台，并在6min内全部疏散至站厅公共区或其他安全区域[2]。下面对上述的三种情景分别进行模拟。

在情景一下，模拟疏散的总时间为255s，在疏散进行到第11s时，第一位乘客通过Stair A进入站厅层；在疏散进行到第204s时，最后一位乘客离开站台层，疏散结果满足规范要求。图2可以看出此时的人员大部分已经聚集在了三处楼梯口，Stair C不参与疏散，故西侧站台的人流大部分聚集在了Stair A附近，还有一些人员往中间和东侧移动，此时Stair 1楼梯平台下出现了拥堵。从图3中可以看到各楼扶梯口累计的通过能力，Stair 2疏散的人数最多，Stair 1最少，上行扶梯虽然有效疏散宽度仅为1m，但是疏散速度是由人在楼梯上行走的速度加上扶梯的运行速度，所以疏散能力较高。图4为各闸机口和出口通过人员流速变化图，四个出口只有Door1，Door2，Door3参与了疏散；其中Door1疏散效率最高，平均流速为2.29pers/s；由于通过Door4的疏散路径相对较长，并且其他出口的通行能力充足，故没有人选择该出口进行疏散。

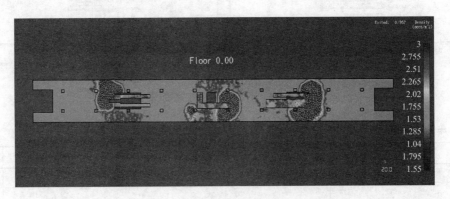

图2　情景一 第20s时站台层疏散人员密度图

在情景二下，模拟得到的疏散结果显示为：总疏散时间331s，在疏散进行到第10.5s时，第一位乘客通过Stair B疏散至站厅层；在疏散进行到第274s时，最后一位乘客离开站台层。从模拟结果可以看出，在Stair A处于故障状态时，不能满足乘客在4min内撤离站台的规范要求。从图5中可以看到在疏散进行到第20s时，站台中部和东侧的楼扶梯口已经开始产生人员的大量聚集，西侧站台的人员正在往中间和东侧移动，故出现了西侧扶梯两侧的人员密度的瞬时增加，并在 Stair 1 附近的站台上也产生了人员的大量聚集。如图 6 所示，Stair 2 疏散的人员最多，同组的 Stair B 疏散能力次之，Stair 1 虽承担着西侧和中部站台的疏散作用，但宽度有限，故疏散的人数最少。从图 6 中可以看出，

四个出口只有 Door1 和 Door3 参与了疏散，是由于疏散人员从中间和东侧的楼扶梯到达站厅层，这两个出口与其相对距离较近，在这些疏散口附近没有形成拥堵的情况下，人们往往会就近选择，这就造成了各出口通行效率差异较大的情况。

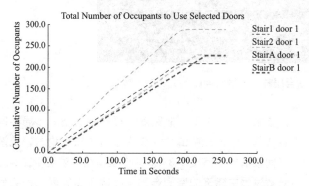

图 3　情景一 各楼扶梯口累计通过能力图

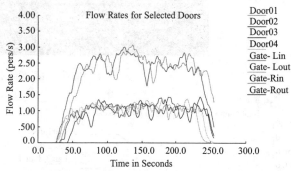

图 4　情景一 各闸机和出口通过人员流速变化图

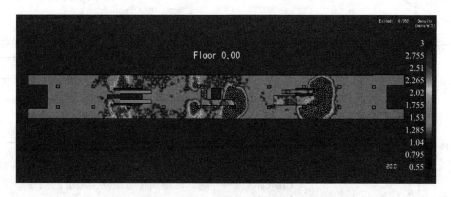

图 5　情景二 第 20s 时站台层疏散人员密度图

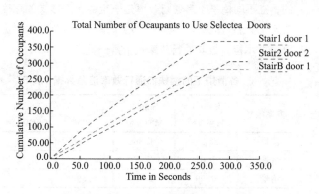

图 6　情景二 各楼扶梯口累计通过能力图

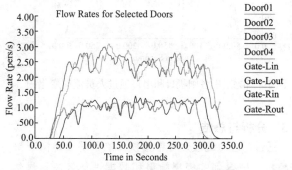

图 7　情景二 各闸机口和出口通过人员流速变化图

在情景三下，总疏散时间为 294s，模拟结果显示第一位乘客通过 Stair A 疏散至站厅层的时间为 10.5s；在疏散进行到第 236s 时，最后一位由 Stair 1 乘客离开站台，整个疏散过程满足规范要求。但是从乘客全部撤离站台的时间上来看，几乎要达到上限 4min，情景三对疏散时间的影响还是很大的。从图 8 可以看出三处楼扶

梯口附近都已经产生了人员的大量聚集，而这三处在站台上的位置分布比较均匀，所以显示出的疏散人员密度分布也相对比较均匀。如图 9 所示，Stair 2 疏散的人员最多，Stair 1 和 Stair A 疏散人数相差不多。图 10 反映出参与疏散的三个出口 Door1、Door2 和 Door3 的疏散效率情况，Door4 仍旧没有参与疏散。

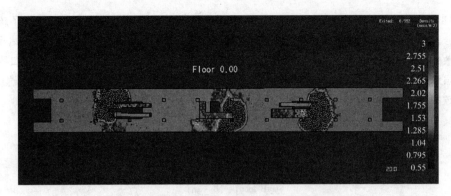

图 8　情景三 第 20s 时站台层疏散人员密度图

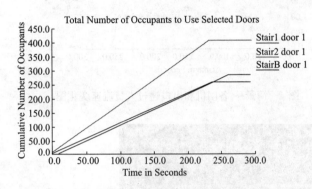

图 9　情景三 各楼扶梯口累计通过能力图

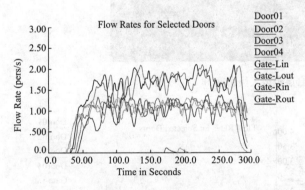

图 10　情景三 各闸机口和出口通过人员流速变化图

2.3　分析与总结

通过对应急疏散过程中楼扶梯的不同使用情况进行模拟，把得到的模拟结果和数据进行汇总，具体详见表 4～表 6，可以看到不同情景下，疏散的时间、楼扶梯的通行效率和安全出口的通行效率几项数据的汇总情况。

从表 4 中可以看出，楼扶梯的疏散宽度对疏散时间的影响，疏散宽度越大，疏散时间越短。情景二与情景三的疏散宽度相同，但模拟结果不同，并且情景二在实际模拟中不能满足乘客在 4min 内全部撤离站台的规

范要求。这是由于疏散距离和楼扶梯的空间布局不同造成的，情景三中的楼扶梯在站台中布局均匀，疏散时间较情景二缩短了 37s。这个模拟结果说明了在实际疏散过程中建筑的空间布局，疏散距离等因素都会使疏散结果产生很大的不同，这在静态计算标准中都是无法体现出来的。

各情景下的疏散时间汇总数据　表 4

方案编号	疏散宽度（m）	撤离站台的时间（s）	疏散总时间（s）
情景一	6.2	204	255
情景二	5.2	274	331
情景三	5.2	236	294

自动扶梯的运行方式对乘客安全疏散有较大的影响，自动扶梯也是安全疏散的瓶颈部位[7]。从表 5 的数据可以看出，自动扶梯受其本身的运行速度和宽度的制约，在不同情景下其通行效率是一定的，而楼梯的宽度决定了其通行能力。情景三中由于东侧人员疏散主要由 Stair 2 承担，故其通行效率较情景一提升了 13.9%。

各情景下的楼扶梯通行效率汇总数据　表 5

方案编号	Stair 1 （pers/s）	Stair 2 （pers/s）	Stair A （pers/s）	Stair B （pers/s）
情景一	0.98	1.36	1.08	1.01
情景二	1.01	1.32		1.03
情景三	0.99	1.58	1.09	—

表 6 说明安全出口的通行效率在一定程度上反映出乘客的路径选择。三种情景下均没有乘客通过 Door 4 进行疏散，这是由于在各出口的通行能力没有达到饱和状态时，模拟过程中的乘客会根据疏散路径的长短选择安全出口。疏散人员需要通过 Gate-Rin 闸机口到达 Door 4，其路程相对较远，故 Door 4 利用率最低。三种情景下从西侧楼扶梯口上来的疏散人员最多，乘客会就

近选择通过 Gate-Rout 闸机口到达 Door 1 进行疏散，故 Door 1 的通行效率最高。

各情景下的闸机口通行效率汇总数据　表 6

方案编号	Door 1 (pers/s)	Door 2 (pers/s)	Door 3 (pers/s)	Door 4 (pers/s)
情景一	2.29	1.08	1.03	—
情景二	2.24	—	1.05	—
情景三	1.63	1.08	1.03	—

3 优化对比

以上结果表明，参与疏散的楼扶梯宽度和空间布局对疏散时间有着明显的影响，疏散路径长短对安全出口的利用率有着直接影响。在车站各关键部位疏散能力不变的前提下，以缩短疏散时间，提高各关键部位的疏散效率为目标，研究优化楼梯的空间布局和闸机位置对疏散结果的影响。

3.1 楼梯设置

在车站规模一定的前提下，很难通过增加楼梯宽度减少疏散时间，但可以通过改变楼梯的空间布局来优化疏散设计。如图 11 所示把原方案中的 Stair 1 进行镜像布置，其他参数不变，对疏散情景二进行模拟。

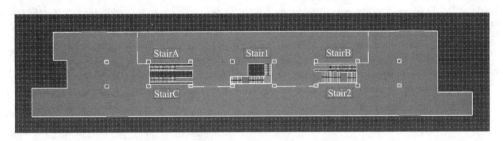

图 11　优化方案一站厅层结构俯视轮廓图

在情景二下，模拟结果显示总疏散时间为 320s，和原方案相比减少了 11s。乘客全部撤离站台的时间为 270s。从表 7 中可以看到 Stair 1 的疏散能力在上升，这是由于 Stair 1 镜像布置减少了西侧站台人员的疏散距离，使其承担了更多的疏散作用。

情景二下的 Stair 1 通行效率对比数据　表 7

情景二	Total use（pers）	Flowavg（pers/s）
原方案	280	1.01
优化方案一	292	1.02

从上述结果可知，情景二的疏散时间在优化前后均不能满足规范要求。故在实际情景发生时，应该考虑下行扶梯停运作为疏散楼梯供乘客使用；或者在运营的应急预案制定中，考虑在紧急情况下下行扶梯逆转上行来加速疏散过程。

3.2 闸机位置

上面三种疏散情景的模拟结果显示，Gate-Rin 和 Door 4 的利用率为零，如图 12 所示把原方案中的 Gate-Rin 向右侧水平方向平移 1.5m，其他参数不变，对情景二、三分别进行疏散模拟。

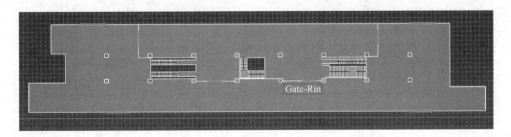

图 12　优化方案二站厅层结构俯视轮廓图

情景二下，模拟的总疏散时间为 326s，较原方案只减少了 5s，情景三的总疏散时间不变。但从表 8 和表 9 中可以看到 Door 4 的通行人数和通行效率较原方案有了明显的提高。这说明改变闸机口的相对位置并不能增大疏散效率，但是可以改变各出口的利用率。通过优化闸机口设置的相对位置可以帮助疏散人员合理规划疏散路线，这样能够在疏散人数较多的时候减轻各出口的通行压力，从而避免在闸机口和安全出口附近发生排队拥堵的现象。

情景二下的各闸机口通行效率汇总数据　　表8

Room	原方案		优化方案二	
	Total use (pers)	Flowavg (pers/s)	Total use (pers)	Flowavg (pers/s)
Door 1	672	2.24	474	1.61
Door 2	0	—	0	—
Door 3	280	1.05	272	1.05
Door 4	0	—	206	0, 76

情景三下的各闸机口通行效率汇总数据　　表9

Room	原方案		优化方案二	
	Total use (pers)	Flowavg (pers/s)	Total use (pers)	Flowavg (pers/s)
Door 1	409	1.63	176	0, 73
Door 2	283	1.08	284	1.09
Door 3	259	1.03	262	1.04
Door 4	1	—	230	0.92

4　结论

本文以沈阳某地下二层标准岛式车站为例，运用建立数字模型进行不同疏散情景模拟的方法，对地铁车站的应急疏散过程进行研究，并依据模拟结果提出优化布局方案。在参与疏散的楼扶梯总宽度不同时，疏散宽度越大，疏散时间越短。在参与疏散的楼扶梯总宽度相同时，疏散时间也会受疏散距离和楼扶梯的空间布局等因素的影响而不同。自动扶梯受其本身的运行速度和宽度的制约，其通行效率基本一定。疏散楼梯的通行效率由宽度决定，宽度越大，通行效率越高。在疏散人数没有达到各出口通行能力的上限时，疏散路径的长短对安全出口的利用率有着直接影响，路径越短，安全出口的通行效率越高。在车站各主要关键部位宽度不变的情况下，可以通过改变楼梯的空间布局和闸机口的相对位置关系来提高车站的应急疏散能力。

参考文献

[1]　北京市规划委员会. GB 50157—2013 地铁设计规范 [S]. 北京：中国建筑工业出版社，2013.

[2]　中华人民共和国公安部. GB 51298—2018 地铁设计防火标准 [S] 北京：中国计划出版社，2018.

[3]　夏菁. 城市轨道交通枢纽站客流组织优化与仿真 [D]. 兰州交通大学，2013.

[4]　刘梦洁. 基于 FDS 和 Pathfinder 的地铁车站火灾疏散研究 [D]. 华中科技大学，2016.

[5]　刘文婷. 城市轨道交通车站乘客紧急疏散能力研究 [D]. 同济大学，2008.

[6]　田娟荣. 地铁火灾人员疏散的行为研究及危险性分析 [D]. 广州大学，2006.

[7]　姚斌，徐晓玲，左剑，刘跃红，刘力. 自动扶梯运行方式对地铁站台人员安全疏散的影响 [J]. 火灾科学，2008（01）：19-24.

刘 明 张 磊

长安大学；liuming@chd.edu.cn

数字模型结合实体模型教学研究与实践
——以"建筑模型制作与设计"课程为例

The Teaching Research and Practice on Combination of Digital Model and Physical Model
——Taking the Course of Architectural Model Making and Design as an Example

摘 要：在当今数字化时代下，建筑模型作为连接"虚拟"与"现实"的桥梁，其制作已经离不开数字化设备的协助。本文以长安大学建筑学院建筑类专业一年级开设的"建筑模型制作与设计"课程为对象，在传统的建筑模型制作课程基础上，更突出传统的手工模型制作与新兴的数字模型制作相结合，强调学生"实体＋数字"的一体化学习，侧重模型参与建筑设计的过程而非结果。本文通过简述课程设置，重点介绍了3D智能数字化建模、3D打印模型的全过程以及数字模型结合实体模型的方法；形成了"数字化与实体建造相结合"和"教学与实践相结合"的课程教学特色并取得了显著的教学成果。

关键词：数字模型；实体模型；结合方法；教学研究

Abstract：In today's digital era，as a bridge connecting "Virtual" and "Reality"，architectural models can not be produced without the assistance of digital equipment. Based on the course of Architectural Model Making and Design，which is offered in the freshman year of Architecture Major of Chang'an University，this paper highlights the combination of traditional physical model making and new digital model making，emphasizes students'integrated learning of "Physical＋Digital"，and pays more attention on the process of architectural model making rather than the result. Through a brief course introduction，this paper focuses on the 3D digital modeling，the whole process of 3D printing model and the method of combining digital model with physical model. In addition，it forms the teaching features of "Combining Digitization with Physical Construction" and "Combining Teaching with Practice"，also achieves remarkable teaching results.

Keywords：Digital Model；Physical Model；Combination Method；Teaching Research

1 背景介绍

建筑模型是用于表达规划空间布局、建筑空间构成、景观空间营造的一种直观、形象的艺术语言。模型不仅是一种设计的表现手段和代替物，更是一种设计方法和思维方式，是一个动态的过程[1]。抽象的设计概念与具象的实际建成项目之间是通过模型设计和制作桥接起来的。

在当今数字时代下，随着技术的革新，模型的制作与模型辅助下的建筑设计推进过程正在发生巨大变革。复杂的建筑形态和空间结构可以被创造、推敲和实现，这得益于数字化设计媒介和数字化加工技术。模型制作作为建筑设计模拟过程的一部分，早已离不开计算机和数字化设备的帮助。在其协助下，模型的制作和方案的推敲变得更加省时省力、方便快捷。

长安大学建筑学院建筑类专业一年级开设的"建筑模型制作与设计"课程不仅强调由形态生成建筑模型的

理念与方法，同时突出建筑学科大类各专业的模型通识教育。通过采用具体案例全过程制作的方法，使各专业的学生既可以掌握本专业模型的制作与设计，同时又能直观、有效的了解其他专业模型制作的要点，明确不同专业的模型之间相互关系及如何进行综合的应用，实现了对建筑类专业之间通识性专业知识的理解，有助于后续学习及综合能力的培养。本课程在传统的建筑模型制作课程基础上，增加了数字模型制作模块，强调传统的手工模型制作与新兴的数字模型制作相结合，强调学生"实体＋数字"的一体化学习，侧重模型参与建筑设计的过程而非结果，如图1所示。其中，数字模型制作模块为建筑类各专业数字化教育发展提供借鉴。

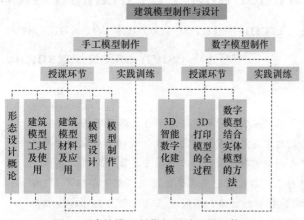

图1 "建筑模型制作与设计"课程体系

2 数字模型结合实体模型教学研究与实践

2.1 3D智能数字化建模

数字模型是利用智能数字化软件制作的表达建筑空间三维状态的虚拟模型。智能数字化软件是其核心。为了让计算机知道如何更好的设计形状，目前有两大类3D智能数字化建模方法：3D智能数字化设计和3D智能数字化扫描[2]。

2.1.1 3D智能数字化设计模型

在建筑类专业教育和实践中，为了推敲和展示空间和体量关系，除了使用二维的文字和图纸，还会使用三维的实体模型，数字模型以及虚拟现实技术（VR）。这里提到的数字模型即为上述第一类，设计师利用智能数字化软件，从无到有地设计方案并进行建模，将脑海中的设计构思转化为可视化的数字模型。建筑类专业教育和实践中常用的3D建模软件分为非参数化建模软件以及参数化建模软件。非参数化建模软件有 SketchUp，Rhino，Revit，Maya，3ds Max 等；参数化建模软件有 Grasshopper 以及基于 Grasshopper 的插件 Weaverbird，Lunchbox 和 Kangaroo 等，如图2所示。

2.1.2 3D智能数字化扫描模型

第二类数字模型源自3D智能数字化扫描。3D扫描也被称为3D照相，利用3D扫描仪对现实世界的真实物体进行扫描，采集到的数据常被用来进行三维重建计算，用来在虚拟世界中创建真实物体的数字模型。3D扫描技术是基于计算机视觉、计算机图形学、模式识别与智能系统、光机电一体化控制等技术的，可分为两种：主动式扫描（Active）与被动式扫描（Passive）。在扫描结束后，获得的原始数字化模型通常还需要被个性化编辑，得到最终数字模型后才会输出到3D打印机，完成3D打印。

图2 建筑类常用3D建模软件

2.2 3D打印模型的全过程

与传统的"切削去除材料"加工技术不同，3D打印以经过智能化处理后的3D数字模型文件为基础，运用各种各样的原材料，如塑料丝、石膏粉、光敏树脂和金属粉等，通过分层加工、叠加成型的方式"逐层增加材料"来生成三维实体。在3D打印成型阶段，首先通过计算机软件对3D数字模型进行切片处理，然后将这些切片信息传送到3D打印机上开始分层打印，逐层增加直到生成一个三维实体。本质上，3D打印将一个复杂的三维加工转变为一系列二维切片的加工，这种"降维制造"方式大大降低了加工难度。3D打印的工作流程大体分为三个阶段：前处理阶段，3D打印成型阶段和后处理阶段，如图3所示。

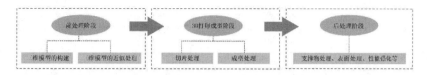

图3　3D打印工作流程

2.2.1　前处理阶段

前处理阶段包括三维模型的构建和三维模型的近似处理，即先利用3D智能数字化设计和3D智能数字化扫描建立三维模型，再将所得到的数字模型转化为可供3D打印的文件格式。3D打印的常见文件格式有STL、OBJ、AMF和3MF。

2.2.2　3D打印成型阶段

3D打印成型阶段包括切片处理和成型处理。在切片处理中，应该选择合理的分层方向，在成型高度上采用一系列固定间隔的平面来切割三维数字模型，从而获得各层不同的截面轮廓信息。切片间隔越小，打印时长越久，最终得到的实体三维模型精度往往也就越高。常用的切片软件有Cura，Simplify3D，Repetier，Maker-Bot Print，Netfabb Standard等。值得注意的是，有些切片软件仅支持某些3D打印机，需要配套使用。在成型处理中，3D打印机根据上述切片信息来控制打印全过程，分层打印，逐层增加直到生成一个三维实体。

2.2.3　后处理阶段

后处理是指对获取的三维产品进行后续处理，包括支撑物处理、表面处理、性能强化等，从而获得目标成品模型。由于使用的3D打印机加工尺寸和3D打印的成型技术不同，后处理的过程也就不同。常见的处理手法有抛光、粘合、上色。

目前，大多数的3D打印机都只能打印单色，少数3D打印机在加装多喷头（双喷头、三喷头）后，可打印双色、三色模型，只有极少数的几种打印机支持全彩打印，如3D Systems公司的Zprinter 3D打印机。建筑类模型，主要是为了表现空间、尺度、光影等，因而单色的3D打印模型就可满足绝大多数的需求，尤其是在方案推敲阶段。

2.3　数字模型结合实体模型的方法

在当代建筑类设计过程中，方案推敲常常是在实体模型和数字（虚拟）模型相互比对，反复推敲的过程中推进的；最终设计成果大多也是通过数字模型结合实体模型的方式进行展示的。例如，在成果展示阶段，可以通过虚拟现实（Virtual Reality）技术和成果展示模型来表现。通过虚拟现实技术，便能够使客户可以"眼见为实"，更直观地体验城市空间、建筑与周围环境、建

筑空间和景观小品等[3]。同时，不论是通过激光切割后再组装的实体成果模型还是通过3D打印出的实体成果模型，都能够使客户多视角全方位地观察感受空间、尺度、光线和材质，深入了解设计方案。从过程上来看，数字模型结合实体模型的方法主要分为从数字模型到实体模型的正向设计过程以及从实体模型到数字模型的逆向设计过程。常见的数控设备（CNC）包含中小型数控铣床、数控激光切割机、3D打印机等。中小型数控铣床，控制高速旋转的铣削刀具切削材料，达到成形目的。可加工木制材料、密度板、亚克力、PVC、ABS，乃至金属材料等。数控激光切割机，通过控制高能激光光路，利用高温切割和雕刻纸张、薄木片、薄密度板、亚克力、布、皮革等材料，为非接触式加工。3D打印机，使用不同的三维成形材料和原理，直接将虚拟的三维数字模型成形为实体模型。这种利用数控设备将数字模型变成实体模型的过程，即是用"虚拟"再造"现实"的过程。

2.3.1　从数字模型到实体模型的正向设计过程

（1）3D数字化建模与3D打印

设计师从3D数字化建模到3D打印出实体模型，即是一种数字模型结合实体模型的方法，用"虚拟"再造"现实"。具体工作流程如下：3D数字化建模—导出可供3D打印的文件格式（近似处理）—通过切片软件切片（切片处理）—3D打印（成型处理）—抛光、粘合、上色（后处理）—得到目标实体模型。

（2）3D数字化建模与数控铣削

设计师从3D数字化建模到利用中小型数控铣床进行切削材料来达到成形目的，即是一种数字模型结合实体模型的方法，用"虚拟"再造"现实"。目前，模型制作普遍使用的机械方式是CAD软件与中小型数控铣床的联合运作。此种方式大大缩短了手工切割或手动机械设备切割所投入的时间和精力，并且其极高的切割精度是手工切割或手动机械设备切割所无法比拟的，从而为下一步工作—零件的组装提供有力的保障。中小型数控铣床的工作原理是计算机控制高速旋转的铣削刀具按照X、Y轴进行二维平面的路径运行，而Z轴的切割深度需单独进行控制。Z轴控制铣刀进入材料的深度，决定了铣刀运行的X轴、Y轴路径是对材料表面进行雕琢痕迹的操作，或是直接贯穿材料的切割操

作。这种制作方法多用于建筑、规划、景观等基地模型的制作。

（3）3D数字化建模与激光切割

设计师从3D数字化建模到利用数控激光切割机进行切割、雕刻、镂空，再经过组装得到实体模型的过程，即是一种数字模型结合实体模型的方法，用"虚拟"再造"现实"。

激光切割是利用经聚焦的高功率密度激光束照射工件，使被照射的材料迅速熔化、汽化、烧蚀或达到燃点，同时借助与光束同轴的高速气流吹除熔融物质，从而实现将工件割开。激光切割属于热切割方法之一，可分为四类：激光汽化切割、激光熔化切割、激光氧气切割和激光划片与控制断裂[4]。与其他热切割方法相比，其优点是切割速度快、质量高。激光切割常用的建筑模型材料有：亚克力、有机玻璃、硬纸板、纸张、木板等等。具体工作流程如下：首先，利于智能数字化软件进行3D建模，如SketchUp，Rhino，Revit，Maya，3ds Max等；其次，将建好的3D数字模型每个面进行拆分，在AutoCAD中绘制二维图形并进行编号、排版；再次，在激光软件中导入AutoCAD文件，并根据不同的模型材料设置适当的参数；然后，将模型材料反面粘贴胶带（防止切割后的模型片移动位置影响未切割区域）固定到机器工作台面上，移动激光头到合适的位置，调好焦距，按下激光切割机控制面板上的"原点"键设置起始位置，再按"开始"键开始工作。随时观察切割、雕刻、镂空的情况，如果与目标效果不一致，随时可按暂定键，调整参数后再继续工作；最后，在激光切割机工作完成后，将模型材料整体取出至模型制作台，按编号取下每个零件后进行组装，最终得到目标实体模型。

2.3.2 从实体模型到数字模型的逆向设计过程

逆向工程（Reverse Engineering，RE），有时也被称为反求工程，它是相对传统设计而言的。首先，逆向工程利用三维扫描设备测量被测对象的轮廓坐标；其次，利用计算机进行曲面建构、编辑和修改，得到目标数字模型；最后，利用CNC设备将模型制作出来[5]。从实体模型到数字模型的逆向设计过程是指先制作复杂的三维实体模型进行空间关系的推敲；在初步确定方案后，再运用3D扫描仪对实体模型进行扫描；接着，将采集到的实体模型数据进行记录整合，并在计算机中进行三维重建，创建数字模型；最后，以此数字模型为基础，在计算机中进行调整和修改，进一步推进方案，即制作三维实体模型—数据采集—数据处理—曲面重构—编辑修改—得到目标数字模型。

这种设计过程是最符合大多设计师的设计习惯的，从设计初期就一直是从空间入手的，实体模型提供给了设计师直观观察空间、体量、比例、尺度和光影的机会，有利于在概念设计阶段发散思维，捕捉设计灵感。盖里事务所的很多项目即是采用这种方式完成，例如，毕尔巴鄂古根汉姆博物馆以及迪士尼音乐厅的推敲。纪录片《建筑大师盖里速写（Sketches of Frank Gehry）》详细讲述了盖里事务所的这种工作流程。

2.4 实践训练

数字模型制作模块中的很重要一部分即为实践训练。数字模型结合实体模型的方法多样，下面结合长安大学建筑学院建筑类专业一年级学生的实践训练来进行其中一种方法（3D数字化建模与3D打印）的介绍以及成果展示。

2.4.1 创建3D数字模型

双击打开Rhino软件，进入欢迎界面。首先，在Perspective视图中绘制50mm×50mm×25mm立方体；其次，在Front视图中绘制两个椭圆形；然后，点击"拉回曲线"，将两条椭圆形曲线投影至立方体上；接着，输入"Trim"（修剪）命令和"Join"（组合）命令，得到一条闭合的新曲线；紧接着。输入"ExtrudeCrv"（挤出曲线），得到一个新曲面；最后，输入"BooleanDifference"（布尔运算差集），得到目标数字模型，如图4所示。

2.4.2 导出STL文件

Rhino建模软件为用户提供了很好的格式导出功能。选择"文件"—"导出选取的物体"命令，在弹出窗口的"保存类型"中选取"STL（stereolithography）"选项即可。在接下来的近似处理中，按需选择原来的曲面或实体与建立STL文件的网格间的最大距离，此次选择0.1mm，如图5所示。

2.4.3 修正STL文件

为了确保打印成功，需要在打印前使用Netfabb软件先检查一下这个STL文件是否存在问题，要保证模型无裂缝和孔洞、无悬面、重叠面和交叉面，以免造成分层后出现不封闭的环和歧义。双击打开Netfabb软件，点击"项目"—"打开"命令，打开之前保存的STL文件。点击"附件设备"—"新分析"—"标准分析"命令就可以查看3D模型的详细统计信息，如告诉用户模型中是否有洞、翻转的三角形面或者错误的边。可以看出，之前导出的STL文件没有错误，不需要修复，如图6所示。如果出现错误，可通过"修复"命令，对上述错误进行修复。

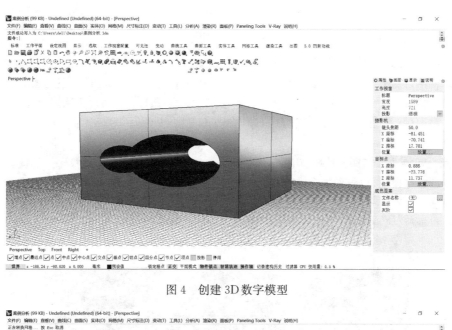

图 4   创建 3D 数字模型

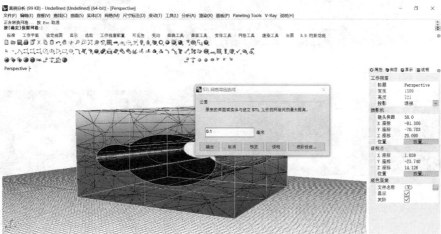

图 5   导出 STL 文件

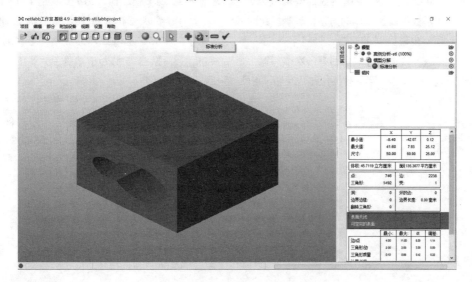

图 6   修正 STL 文件

2.4.4 切片处理

由于将要使用太尔时代 UP 系列的 3D 打印机进行打印,因而选择 UP Studio 软件进行切片处理。双击打开 UP Studio 软件,点击左侧工具栏"UP"—"＋(添加)"—"添加模型"命令,打开 STL 文件。然后,点击左侧工具栏"打印"按钮,根据需要调整打印参数。

调整参数结束后可点击"打印预览"查看打印时间,打印预览可全程模拟模型 3D 打印的全过程。若打印时间过长,可点击"退出预览",再按上述步骤重新调整打印参数。所有参数调整完毕后,点击"打印"命令开始打印。

2.4.5 3D打印模型

3D 打印机根据上述切片信息来控制打印全过程。首先,3D 打印机将进行平台加热与水平校准;其次,开始 3D 打印,分层加工,逐层叠加,直到最终三维实体成型;最后,在 3D 打印结束后取出成品模型,如图 7 所示。

2.4.6 后处理

3D 打印完成后,将打印好的模型从工作平台上取下,然后剥离支撑材料。最后,根据实际需要,选择抛光、粘合、上色等后续处理,最终得到目标实体模型,如图 8 所示。

图 7　3D打印模型过程

图 8　后处理

3　结语

通过"建筑模型制作与设计"课程的学习,长安大学建筑学院建筑类专业一年级学生不仅掌握传统的建筑手工模型制作方法,同时了解数字模型制作的方法,教学成果显著,为今后建筑类教育中模型辅助建筑设计打下基础。此次数字模型结合实体模型教学研究与实践是一次很有意义的尝试,有助于建筑类各专业数字化教育发展。

参考文献

[1] 杨爽. 感知的回归 [D]. 天津大学,2014.

[2] 吴怀宇. 3D 打印:三维智能数字化创造(第 3 版). 北京:电子工业出版社,2017.

[3] 茆雨婷. 虚拟现实动画在建筑展示设计中的意义研究 [J]. 设计,2018 (09):156-157.

[4] 袁庆贺,井红旗,张秋月,仲莉,刘素平,马骁宇. 砷化镓基近红外大功率半导体激光器的发展及应用 [J]. 激光与光电子学进展,2019,56 (04):35-48.

[5] 夏链,李小伟,张栋栋,韩江,胡静. 基于 CATIA 的逆向工程的曲面重建 [J]. 合肥工业大学学报(自然科学版),2007 (07):805-808.

F 大数据、云计算与建筑数字化运维

刘 也 王小荣

天津大学建筑学院；13622081925@qq.com

基于"互联网十"的社区养老模式探究

——互联网技术在养老服务中的运用*

The Study on the "Internet十" Community-based Elder-care Model

——The Application of Internet Technologies in Terms of Elder-care Service

摘 要：基于我国高涨的信息技术水平、稀缺的为老服务资源，互联网十养老的方式成为一个必然趋势。本研究寻求互联网技术与养老服务的结合点，探究互联网技术在社区养老服务与管理中的应用。以 SPSS 软件对大量调研数据进行统计分析为手段，阐述大数据分析指导养老服务匹配的过程，提炼老人的普遍需求特征，以此对养老服务功能模块进行设定。同时，根据老人所需的服务类型将社区服务资源进行整合与分类，形成服务供给主体构架，并梳理服务流程，进一步完善社区智慧养老虚拟平台。

关键词：互联网十养老；服务模块；资源整合；服务流程

Abstract：Currently，China is suffering the lack of elder-friendly resources. Thanks to the ever-advancing information technologies，"Internet十" elder-care has become an inevitable trend. This study，with the combination of Internet technologies and elder-care service，focuses on the application of Internet technologies in terms of community-based elder-care service and management. With the aid of the SPSS software，the statistical analysis is conducted on a large amount of data. By means of big data，effort is made to optimize the coordination of elder-care service and identify the general needs of senior citizens，so as to set up the functional modules of the elder-care service. Besides，according to the different service required by senior citizens，the community-based service resources are integrated and classified，so as to form the main structure of service supply；the service process is sorted out，in order to further improve the virtual platform of smart community-based care for senior citizens.

Keywords：Internet十 elder-care，the functional modules of the elder-care service，integration of service resources，service process

1 研究背景

我国人口老龄化程度高、发展速度快，且大量缺乏养老照护劳动力，养老形势严峻。根据民政部公布的数据显示，预计到 2025 年全国 60 岁以上老年人口将增加到 3 亿，我国将成为超老龄型国家。基于我国高涨的信息技术水平、稀缺的为老服务资源，互联网十养老的方式成为一个必然趋势。2017 年《"十三五"国家老龄事业发展和养老体系建设规划》提出要建设虚拟养老院，应用智能终端、智慧平台、信息系统等技术手段加强信息化的养老规划。事实上，我国智慧养老实践处于初级阶段，还存在法律规范不健全、服务系统尚不完善等问题。

* 国家重点研发计划资助，既有居住建筑宜居改造及功能提升关键技术，项目号：2017YFC0702900，课题编号：2017YFC0702905；国家自然科学基金青年基金资助，基于光热环境综合优化的养老设施建筑设计研究——以天津为例，项目批准号：51708393。

与传统养老模式相比，互联网技术为养老服务的供需配置提供了新的手段。本文分析互联网技术在社区养老中的作用，并从养老服务功能模块设定、服务资源整合、服务流程梳理三方面阐述互联网技术在社区养老中的运用，为服务资源供需匹配提供方式参考，以期完善基于互联网＋的社区养老虚拟平台，以期为老年人提供更高效高质的服务。

2 互联网技术在社区养老中的作用

我国互联网技术发展迅速，随着各大电商平台、移动出行平台等的成功运行，使得基于网络平台的养老服务方式也具有更大的可行性。互联网＋养老系统主要由线上数据处理平台、线下服务资源、智能终端三大板块构成，共同形成一个闭合的服务供需链[1]。与传统的进入养老院直接接受服务的养老模式相比，互联网技术能联结物联网、利用大数据分析等技术手段，使得互联网＋养老模式能丰富一定地域内的服务资源类型；能增强服务主体间的信息互通性；能有效把握老人数据信息，更快更准更便捷的为老人提供服务。

2.1 收集、管理与运用老人数据

数据管理平台收集并存储大量老人的基本信息数据，并对服务消费主体信息进行剖析，提炼出老人的普遍特征，形成数据资源库。利用大数据技术能筛选服务对象、管理老人档案，更重要的是实现对数据的利用能推断或预测养老服务的发展方向，能大大提高服务效率与管理效率。

2.2 管理与整合服务资源

互联网技术将线下的社区服务供给主体纳入平台，并对服务提供商进行分类管理，形成能为老人提供多类型、多层级的服务资源系统，在养老服务的供给方面起到至关重要的作用。服务资源的整合有利于对服务供给主体进行统一管理，提供服务资源质量。

2.3 实现服务供需主体间信息互通

互联网成为老人、老人家属、服务提供商、服务人员之间信息互通的线上渠道。互联网将服务供给主体的基本信息、主要特色、服务内容、活动信息等在电脑网页、微博、微信或专门的养老应用上等直观的呈现给每一位需求者，服务消费主体无需进行实地考察及咨询，就能对各大服务供给主体进行对比、分析、选择。服务信息的传递不在受制于空间限制，使得老人选择服务主体、服务内容的过程更高效便捷，能减少因信息闭塞而服务分配不到位的情况。

一方面，服务消费主体通过互联网获取更准确的服务信息，另一方面，服务供给主体能及时获得来自消费者的服务评价及反馈，有利于服务提供商进行自我评价、整改及服务优化。

3 基于数据分析的养老服务功能模块设定

3.1 调研数据分析——服务模块设定的基础

该课题组在 2018 年 6～8 月在全国 30 座城市进行了实地考察及问卷调研，获得了由老人填写的有效问卷 1198 份。通过对老人需要的社区服务项目进行调查发现，老人对健康护理类的服务需求最高，如入户医疗、上门护理或照料；老人对基础生活辅助类服务的需求较高，如物业生活琐事服务（家电水电维修、换灯泡等）、家政服务、送餐服务、居委会或街道行政服务，还有陪同服务、出行协助等；再者为精神及文化类服务需求，如文体娱乐、聊天解闷或心理辅导（表1）。

老人对各项社区养老服务的需求意愿　　　表 1

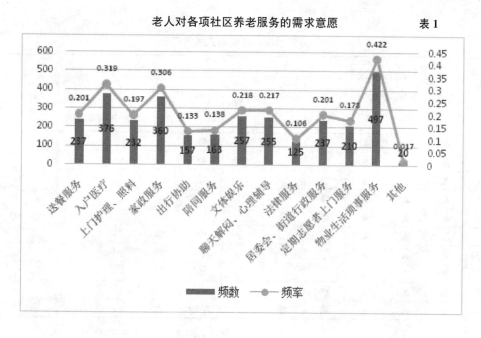

考虑到老人的服务需求可能与年龄、身体状况相关[2]，因此，本研究通过 SPSS 统计分析软件将老人"是""否"需要某项服务分别赋值 1，2。按照身体状况、年龄段，采用单因素卡方检验及 Fisher 精确概率法，P 值＜0.05 差异有显著性，分析老人不同特征对各项服务需求的显著性。

3.1.1 不同身体状况老人对服务需求的显著性分析

分析结果表明，身体状况在是否需要上门护理或者照料、陪同服务（就医、买菜等）、文体娱乐、聊天解闷、心理辅导、定期志愿者上门服务的分布差异有统计学意义（表2）。不能自理和半自理需要上门护理或者照料的率较高（分别为 50.0% 和 31.0%），不能自理和半自理需要陪同服务（就医、买菜等）的率较高（分别为 50.0% 和 31.0%），完全自理需要文体娱乐的率较高（23.9%），半自理、不能自理、基本自理需要聊天解闷、心理辅导的率较高（分别为 40.5%、33.3%、30.2%），半自理需要定期志愿者上门服务的率较高（33.3%）。

在身体状况上存在显著性差异的
信息需求统计表 表 2

	完全自理	基本自理	半自理	不能自理
上门护理、照料	17.9%	23.8%	31.0%	50.0%
陪同服务（就医、买菜等）	12.0%	17.8%	31.0%	50.0%
文体娱乐	23.9%	14.4%	11.9%	16.7%
聊天解闷、心理辅导	18.8%	30.2%	40.5%	33.3%
定期志愿者上门服务	16.3%	20.8%	33.3%	16.7%

3.1.2 不同年龄段老人对服务需求的显著性分析

年龄在是否需要上门护理或者照料、家政服务、出行协助(叫出租车)、文体娱乐的分布差异有统计学意义（如表3）。90岁以上、80～89岁需要上门护理或者照料的率较高（分别为 42.9% 和 31.6%），55～59岁、60～69岁、80～89岁需要家政服务的率较高（分别为 35.7%、33.0%、29.5%），90岁以上需要出行协助（叫出租车）的率较高（42.9%），55～59岁、60～69岁、70～79岁需要文体娱乐为率较高（分别为 24.6%、23.1%、20.9%）。

在年龄上存在显著性差异的
信息需求统计表 表 3

	55～59 岁	60～69 岁	70～79 岁	80～89 岁	90 岁及以上
上门护理、照料	18.5%	18.9%	17.8%	31.6%	42.9%
家政服务	35.7%	33.0%	23.1%	29.5%	0%
出行协助（叫出租车）	12.6%	14.6%	12.9%	9.5%	42.9%
文体娱乐	24.6%	23.1%	20.9%	11.6%	0%

3.2 服务模块设定

研究发现，身体状况与年龄对老人选择服务类型的影响较大，即不同身体状况、不同年龄段的老人的养老服务需求存在差异性。因此，根据老人的不同特征，采用常规服务与个性化定制服务相结合的方式[3]将多项为老服务内容分为必选模块、匹配模块、自选模块三种模块类型（表4），目的是为首次将个人信息录入至养老平台的老人配置可能更合适的服务。必选模块是指将大部分老人选择了的服务内容赋予给新进入的老人；匹配模块是指根据老人的身体状况、年龄等基本特征赋予不同的服务；自选模块是老人可根据自身喜好对已确定的必选模块和匹配模块内容可进行补充与删减，以求促进个性化的服务方式的施行。

不同身体状况、年龄老人服务匹配 表 4

		常规服务			定制服务									
		物业生活琐事服务	入户医疗	家政服务	上门护理和照料	出行协助	陪同服务	文体娱乐	聊天解闷和心理辅导	定期志愿者上门服务	居委会和街道行政服务	法律服务	送餐服务	其他
完全自理	55～59 岁	▲	▲	▲	○	○	○	●	○	○	○	○	○	○
	60～69 岁	▲	▲	▲	○	○	○	●	○	○	○	○	○	○
	70～79 岁	▲	▲	▲	○	○	○	●	○	○	○	○	○	○
	80～89 岁	▲	▲	▲	●	○	○	●	○	○	○	○	○	○
	90 岁及以上	▲	▲	▲	●	●	○	●	○	○	○	○	○	○
基本自理	55～59 岁	▲	▲	▲	○	○	○	●	○	○	○	○	○	○
	60～69 岁	▲	▲	▲	○	○	○	●	○	○	○	○	○	○
	70～79 岁	▲	▲	▲	○	○	○	●	○	○	○	○	○	○
	80～89 岁	▲	▲	▲	●	○	○	●	○	○	○	○	○	○
	90 岁及以上	▲	▲	▲	●	●	○	○	○	○	○	○	○	○

		常规服务			定制服务									
		物业生活琐事服务	入户医疗	家政服务	上门护理和照料	出行协助	陪同服务	文体娱乐	聊天解闷和心理辅导	定期志愿者上门服务	居委会和街道行政服务	法律服务	送餐服务	其他
半自理	55~59岁	▲	▲	▲	●	○	●	●	●	●	○	○	○	○
	60~69岁	▲	▲	▲	●	○	●	●	●	●	○	○	○	○
	70~79岁	▲	▲	▲	●	○	●	●	●	●	○	○	○	○
	80~89岁	▲	▲	▲	●	○	●	○	●	○	○	○	○	○
	90岁及以上	▲	▲	▲	●	○	●	●	●	●	○	○	○	○
不能自理	55~59岁	▲	▲	▲	○	○	●	●	●	○	○	○	○	○
	60~69岁	▲	▲	▲	○	○	●	●	●	○	○	○	○	○
	70~79岁	▲	▲	▲	○	○	●	●	●	○	○	○	○	○
	80~89岁	▲	▲	▲	○	○	●	○	●	○	○	○	○	○
	90岁及以上	▲	▲	▲	●	○	●	○	●	●	○	○	○	○

注："▲"表示必选服务，"●"表示匹配服务，"○"表示自选服务。

3.2.1 必选模块

总体上，老人对物业生活琐事服务、入户医疗、家政服务的需求强烈，因此将这三项服务设置为必选服务。物业生活琐事服务具体为家电和水电维修、管道疏通、换灯泡、代购和缴费跑腿、运送物品等，能为老人解决较为专业型的基本家庭生活问题。入户医疗服务具体为药品购买、体征测量、入户巡诊及跟踪、康复治疗、养生保健指导等，也可提供针灸、按摩、拔罐等中医药上门服务。家政服务具体为起居辅助、做饭、保洁、家教等综合型高技能的家庭管理工作。这三类服务可细分成很多不同辅助程度的具体服务，老人可根据自身状况对其进行删减。

3.2.2 匹配模块

采用定量的方式为不同特征老人选取服务类型，即选取与老人各项特征相关联且老人的需求率超过线上老人平均需求率的服务种类。将老人的四种程度的身体状况与五种年龄段相组合，构成了20种老人类型（即下表中最左列所示），再分别对其进行服务匹配。表中可以看出，对55~59岁、60~69岁、70~79岁三个年龄段的半自理以及90岁及以上的半自理老人匹配的服务最多，分别为陪同服务、文体娱乐、聊天解闷和心理辅导、定期志愿者上门服务四种以及出行协助、陪同服务、文体娱乐、聊天解闷和心理辅导、定期志愿者上门服务四种。其次是55~59岁、60~69岁、70~79岁不能自理的匹配服务为陪同服务、文体娱乐、聊天解闷和心理辅导三种。匹配服务最少的为55~59岁、60~69岁、70~79岁、80~89岁的完全自理老人，仅有文体娱乐。

3.2.3 自选模块

老人可在家属同意的情况下根据自身状况对必选服务和匹配服务进行删减，也可根据个人喜好增加自选模块内容或提出其他服务需求。自选模块内容主要为上门护理和照料、出行协助、陪同服务、文体娱乐、聊天解闷和心理辅导、定期志愿者上门服务、居委会和街道行政服务、法律服务、送餐服务等其他人性化为老服务。

4 服务资源整合与服务流程梳理

4.1 服务供给主体构架

社区居家养老服务按照老人的服务需求大体上设置为基础生活辅助类服务、医疗健康类服务、环境安全服务、精神文化类服务四大类，满足不同特征老人不同方面、层次不一的服务需求。

基础生活类服务包括家政服务、送餐服务、陪同服务、出行协助，为老人提供衣食住行等基础服务内容。这类服务可由物业、家政公司、餐厅及商超、各类缴费点及银行邮局、服装店、五金店等提供。医疗健康类服务包括上门护理和照料、入户医疗等，主要由药店、养老院或护理员、日料中心或日托所、社区诊所和卫生服务站、医院等为其提供服务。环境安全类服务主要包括物业对老人居家环境的水电煤气等的维修与管理、智能家居对老人生活空间的监测与管控等。精神文化类服务包括文体娱乐、聊天解闷和心理辅导，主要由老年大学、老年活动室、福利机构或公益组织、志愿者团队为其提供服务（图1）。

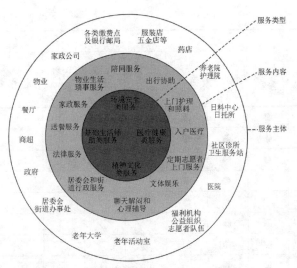

图1 服务类型、内容、主体构架图

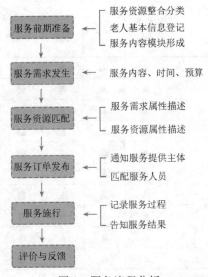

图2 服务流程分析

价，评价信息经平台处理后最终反馈给服务部门及服务人员，以期完善服务流程（图2）。

对服务内容进行有效分类能对服务进行分类管理，为服务管理系统搭建提供理论基础，有利于提升服务管理水平，为老人提供高质高效服务提供保障。由于社区规模不一、硬件条件也不同，对于服务资源丰富的社区服务主体完善，能靠社区内及周边的资源提供全面的服务内容。而对于位置偏僻、社区规模小、硬件条件差、服务资源匮乏的社区根据老人的需求，可将社区内的闲置设施改造成为老服务设施，集中布局配套设施，形成包含老人服务站的居民综合服务中心[4]。在虚拟养老院建设方面，可与周边社区或养老机构协作，共同搭建社区居家养老信息平台，借用其他社区以及社会资源以完善为老服务内容。

4.2 为老服务流程

借鉴美国NORC模式的养老服务项目流程，即需求评估、项目设计、项目执行、效果评价的循环式流程[5]，本文从互联网技术的运用角度对我国社区养老服务进行流程梳理。首先是前期准备阶段，社区管理平台对纳入该社区养老体系的服务资源进行整合及分类，将其归纳入基础生活辅助类服务、医疗健康类服务、环境安全类服务、精神文化类服务四大类型之中。同时，社区数据管理平台对老人基本信息数据储存留档，根据老人的基本特征为其提供必选服务模块、匹配服务模块，老人选择其自选模块。老人一旦有服务需求便可随即呼叫服务，其提出服务内容、时间、预算等要求。社区管理平台接到老人请求后，对老人需求信息进行描述，并对社区服务资源属性进行描述，选择与老人需求特征最佳匹配的资源。接着，详细的服务订单下发至对应的服务部门，服务部门派出服务人员对老人施行实体服务，服务人员记录服务过程及结果，服务部门将服务结果信息传输给社区管理平台，最终，由老人对其所接受的服务是否满足要求、服务人员专业度、服务态度等进行评

5 总结

本文在探讨"互联网＋"与社区养老服务的结合点的基础上，提出了"互联网＋"社区养老的服务内容应包括常规服务与定制服务两个部分，前者从总体老人需求角度提出了必选服务模块，后者从老人特征出发设置匹配服务模块及老人个性化自选服务模块，明确了针对不同特征老人的服务内容，并整合社区服务资源、明确服务主体。将服务匹配方式纳入至服务过程中，提出"互联网＋"社区养老的服务流程。

此研究基于老人需求对"互联网＋"养老服务模式进行完善，以期为我国养老实践提供理论支撑，从而促进老龄事业发展，提高老人生活质量。

参考文献

[1] 于潇，孙悦."互联网＋养老"：新时期养老服务模式创新发展研究[J].人口学刊，2017，39（01）：58-66.

[2] 姚虹.农村社区居家养老服务需要的区域及群体差异研究[D].武汉大学，2017.

[3] 左美云.智慧养老：内涵与模式[M].北京：清华大学出版社，2018.

[4] 中华人民共和国住房和城乡建设部.GB 50180—2018城市居住区规划设计标准[S].北京：中国建筑工业出版社，2018.

[5] 张强，张伟琪.多中心治理框架下的社区养老服务：美国经验及启示[J].国家行政学院学报，2014（04）：122-127.

陈扬骏　陈宏

华中科技大学建规学院；chhwh@hust.edu.cn

城市街谷形态对污染物扩散机理影响模拟研究 *
Simulation Study on the influence of Street Canyon Form on Pollutant Dispersion Mechanism

摘　要：数十年来，城市化进程不断发展，这也导致城市空气质量大幅下降，而街道峡谷是人员活动较为密集的地区，故研究具有不同形态的街谷污染物扩散规律，防止污染物堆积变得至关重要。通过三维数值模拟方法，分别模拟分析了街谷高宽比（H/W）、街谷长高比（L/H）、街谷对称性（H_L/H_W）对于街谷内部风场和污染物扩散规律的影响。研究发现：街谷形态对内部污染物浓度场分布产生显著影响，污染物浓度随高度的增加而减小；随着 H/W 和 L/H 的增加，街谷内的平均污染物浓度随之增加，宽街谷和短街谷更有利于污染物的扩散；街谷对称性对街谷污染物扩散的影响也较为明显。研究旨在为基于城市通风和加速交通污染物扩散的数字化城市形态设计提供理论参考。

关键词：城市街谷；交通污染物；数值模拟；空间形态

Abstract：Over the decades, the urbanization process has continued to develop, which has led to a significant decline in urban air quality. Street canyons are areas where people's activities are relatively dense. Therefore, the mechanism of street pollutants dispersion with different building forms is studied to prevent the accumulation of pollutants. Through the three-dimensional numerical simulation method, the height-to-width ratio （H/W）, the length-to-height ratio （L/H）, and the street symmetry （H_L/H_W） are considered and analyzed for the wind field and pollutant diffusion mechanism inside the canyon. The study found that the shape of the street canyon has a significant impact on the distribution of internal pollutant concentration field, and the concentration of pollutants decreases with the increase of altitude. With the increase of H/W and L/H, the average pollutant concentration in the canyon increases as well. Wide street canyon and short street canyon are more conducive to the spread of pollutants; the influence of street symmetry on the spread of pollutants in street canyon is also obvious. The study aims to provide a theoretical reference for digital urban form design based on urban ventilation.

Keywords：Street canyon; Traffic pollutant; Numeric Simulation; Spatial form

1　引言

数十年来，城市化进程不断发展，机动车保有量逐年攀升，这也导致城市空气质量大幅下降，人居环境受到极大影响，街道的丰富布局与高楼林立促成了峡谷型街道的大量出现，而高大的两侧建筑使得内部风场所受阻碍较大，交通污染物较难向外扩散，而在街谷内聚集堆积，而街道峡谷又是人员活动较为密集的地区，其内部人行高度空气环境质量的优良直接关系到人员的身体健康。故研究具有不同形态的街谷污染物扩散规律，在

* 项目来源："滨水街区空间形态与江河风渗透之"量""效"关联性研究——以长江中下游城市为例"（项目批准号：51778251）。

此基础上提出有效的街谷设计策略，从而防止污染物堆积具有重要的实际意义。对于街谷内部污染物扩散问题，主要研究手段有实地测量、风洞模拟、计算机数值模拟三类。实地测量通过定点测量和移动测量的方式，来获取街谷内部具体位置的污染物浓度、风速等参数，以研究街谷内污染物扩散规律，精确度较高，但受限于测量范围与设备数量的局限性，难以对整个区域进行考虑；风洞模拟操作简便且便于捕捉宏观趋势，但实验环境搭建较复杂，设备成本高；数值模拟方式成本低且精确度较高，并能够进行各类相关参数的计算和同步分析。本研究选用 CFD（计算流体力学）数值模拟方法，对设定的不同工况进行模拟计算。

大量国内外学者对街道峡谷内部风场和污染物扩散机制展开了研究：蒋海德[1]利用数值模拟方式研究了高架桥对于峡谷内一氧化碳浓度的影响，并发现高架桥的宽度和高度与街谷内污染物浓度关联性较强；Meroney R N[2]等通过 CFD 数值模拟与风洞实验结合的方式，研究了街谷内部污染物扩散情况；黄远东[3]利用数值模拟，研究了不同来风方向与路障设置位置与污染物扩散的影响；谢晓敏[4]通过 CFD 模拟研究了街谷两侧建筑屋顶形状对污染物扩散的影响；同时，也有学者考虑绿化布局对于街道峡谷内空气流动的影响[5]，以及停靠车辆[6]、上游阻挡建筑[7]、低矮栏杆[8]等实体对街谷风场及污染物扩散的影响；邹惠芬[9]，刘乙[10]通过实测结合数值模拟的方式，分别研究了沈阳和北京具体的街谷内部流场特征与污染物分布水平。

基于 FLUENT 软件中的标准 k-ε 模型，分别模拟分析街谷高宽比（H/W）、街谷长高比（L/H）、街谷对称性（H_L/H_W）对于街谷内部风场和污染物扩散规律的影响，并使用污染物扩散评价指标对模拟结果进行了量化分析，观察形态指标和评价指标的关联性，从而更好地进行街谷空间的形态管理和城市空间的合理建造，为城市规划与设计人员提供理论基础与改善策略参考。

2 模拟模型概述

本研究使用 ANSYS Fluent 软件为核心计算软件，把交通污染物排放源简化为连续排放的线源，由于交通污染物中一氧化碳（CO）的大气稳定性较好，故本研究使用 CO 来作为污染指示物，并设定线源持续排放标量物体，并根据具体的工况来进行模拟，来研究整个街谷内部流场和污染物分布特性。

2.1 模型建立与网格划分

建模使用 AutoCAD 进行三维模型的建立，基准模型的设定与研究讨论区域示意如图 1。建筑体宽度均为

20m，山墙间距为 30m，CO 线性污染源位于中心街道峡谷中，排放强度为 20g/s。模拟过程中不考虑景观以及树木的遮挡效应。根据室外风环境模拟相关研究及实验对比，计算域大小确定为建筑物整体距离入风口边界 6H（H 为建筑群体高度最大值，下同），距离两侧边界为 5H，拒了出风口边界 20H，计算域高度为 5H。

网格划分使用 ANSYS ICEM 进行，根据日本建筑学会建议网格划分方式[11]，采用非结构化网格并对街谷讨论区域及建筑体进行了逐级加密处理，最小网格尺寸为 1m，各工况计算网格数约 500-700 万个，模型质量均在 0.4 以上，并在 ICEM 中进行边界类型设定。

2.2 边界条件设定

模型湍流计算使用标准 k-ε 模型进行求解，速度压力耦合方式选用 SIMPLE 算法，为了使计算结果具有较强精确性，使用二阶迎风格式作为离散方式，CO 标量物以 10^{-6} 次方作为收敛残差标准，其余项以 10^{-3} 为收敛标准残差。具体边界条件设定见表 1。

计算模型边界条件　　　　　表 1

边界	边界条件	数值与说明
流入边界	Velocity-inlet	指法律分布风，$Z_0=10m$，$U_0=2.0m/s$；$k=1.5*(I*U_0)^2$，$I=0.1$；$\varepsilon=C_u k^{3/2}/1,1=4(C_u k^{0.5})$ $Z_0 Z^{0.75}/U_0$
流出边界	Outflow	完全发展条件
侧面	Symmetry	—
顶面	Symmetry	—
地面、建筑物	Wall	无滑移
排放源	Wall	Specified Value=20

2.3 工况设定

街谷尺度的污染物扩散问题受到环境及地理条件的影响比较大，其中包括街谷来风方向及风速、街道内部的温度、景观布置情况以及污染物位置和强度，其中街谷建筑形态是影响街谷内部风场及污染物扩散能力的主要影响因素之一。因此，将重点放置在街谷形态层面，有针对性的对街谷高宽比、长宽比、对称性的影响程度进行研究，模型均为南北向设置，风向均为南风，即从下至上。

3 模拟结果分析

由于人的呼吸范围主要在 1.5m 左右，故分析主要是基于不同街谷工况下人行高度的污染物水平扩散情况进行研究，从而为街谷形态优化提供参考依据。

本文评价浓度使用的单位为无量纲的质量分数比，各点分析的数值为该点污染物质量浓度与源强处质量浓度的比值，取值范围为0-1，数值越大，代表污染物浓度越高。

3.1 街谷高宽比对污染物扩散的影响

街谷高宽比即为街谷两侧的建筑物高度（H）与街谷宽度（W）的比值，街谷的宽窄对街谷内部风场和污染物扩散程度具有较大影响。选取五种常用的高宽比作为模拟工况，分别研究高宽比在1∶2，1∶1.5，1∶1，1.5∶1，2∶1五种几何形态下的污染物扩散情况。工况设定见表2，保持街谷两侧建筑高度、进深、形式均相同，建筑山墙间距均为20m。

高度比案例设置　　　　　表2

工况编写	高宽比	街谷建筑高度 H(m)	街谷宽度 W(m)
A-1	1∶2	30	60
A-2	1∶1.5	30	45
A-3	1∶1	30	30
A-4	1.5∶1	30	20
A-5	2∶1	30	15

如图1，分别为各工况下1.5m高CO浓度比分布标量图。可以看出，在研究区域内，当高宽比低于1.5

时，即前四种工况下，峡谷内部形成一个顺时针的涡旋，使得污染物在背风侧的浓度均明显高于迎风侧的浓度。而A-5工况下，即高宽比为2时，情况恰好相反，污染物大多聚集于建筑体迎风面附近。A-1与A-2工况下，污染物朝下风向的扩散程度较小，而在涡旋影响下，污染物更多朝上风向吸附。当高宽比大于1时，污染物由南向北渗透的程度逐渐增强，而垂直方向换气的能力逐渐减弱。各工况下，污染物浓度沿街谷高度方向呈现垂直分层效应，污染物主要堆积于街谷底部，即人行高度的污染物浓度会大于街谷开口处的浓度。

为了研究人行高度上污染物在迎风侧与背风侧的分布规律，在街谷内部1.5m高度上，每隔2.5m选一个取值点，并把各工况下的变化趋势绘制成图，如图2。各工况下，污染物浓度的最高值均集中在街谷中心，即污染物排放源处，高宽比低于1时，污染物浓度比在0.5左右，而当高宽比为1.5与2时，浓度比随之增加，高宽比为2时浓度最高值最大。背风侧上，高宽比为1.5时，浓度比最高，扩散情况最差，其次是高宽比为0.67和2时，污染物扩散情况较好的是高宽比为0.5和1的情况。迎风侧上，污染物浓度最大的是A-5工况，即高宽比为2时，其次是高宽比为1.5的工况，A-3、A-2与A-1工况的浓度较低。

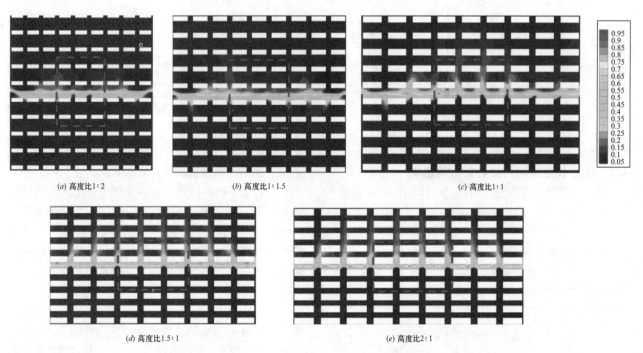

(a) 高度比1∶2　　　　*(b)* 高度比1∶1.5　　　　*(c)* 高度比1∶1

(d) 高度比1.5∶1　　　　*(e)* 高度比2∶1

图1　1.5m高A组各工况下CO浓度比

（图片说明：位置为0代表街谷中心，负值代表街谷背风侧，正值代表街谷迎风侧）

同时，将中心街谷的污染物浓度进行平均计算，研究各工况下中心街谷污染物浓度比平均值与高宽

比的相关性，绘制为图3。R²为相关性系数，取值为0～1之间，越接近1，则拟合优度越好，线性相

关程度越密切。可以看出，高宽比和CO平均浓度比相关系数为0.97，具有较强的线性正相关。即高宽

比越大，街谷内污染物扩散能力越差，污染物浓度越高。

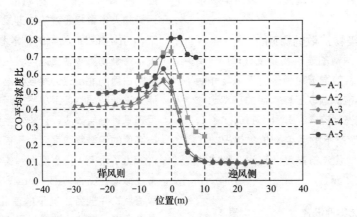

图2　1.5m高CO水平浓度分布

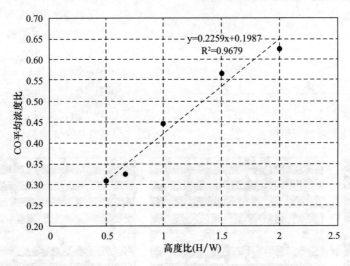

图3　高宽比与CO平均浓度比变化关联性

3.2　街谷长宽比对污染物扩散的影响

街谷长宽比为连续街谷的长度（L）与街谷宽度（W）的比值，选取四种常用的街谷长宽比（1:1/3:1/5:1/7:1）作为模拟工况，工况设定如表3，各工况建筑宽度、街谷宽度保持一致。

长宽比案例设置　　　　　表3

工况编号	街谷长宽比	街谷长度L(m)	街谷宽度D(m)
B-1	1:1	20	20
B-2	3:1	60	20
B-3	5:1	100	20
B-4	7:1	140	20

如图4，分别为各工况下街谷中心垂直截面CO浓度比分布标量图。各工况下，污染物浓度沿街谷高度方向呈现垂直分层，污染物主要堆积于街谷底部，即

人行高度的污染物浓度较大。长宽比为1:1与3:1的时候，由于峡谷内部的单涡旋作用，使污染物朝背风侧堆积，迎风面污染物浓度较低。当长宽比超过3:1后，B-3和B-4工况下，街谷的长度增加使得污染物难以通过湍流作用排出街谷，使得整个街谷污染物浓度处于一个较高的水平，且迎风面和背风面浓度相近。

在街谷内部1.5m高度上，每隔2m选一个取值点，并把各工况下的变化趋势绘制成图，如图5。各工况下，浓度的分布出现了分层现象，无论是在迎风面还是背风面，具有较大长宽比的案例污染物扩散能力较弱。B-1与B-2工况下，背风侧的污染物浓度要高于迎风侧，而当长宽比为5:1与7:1时，浓度分布呈现对称性，即迎风面和背风侧浓度相近。

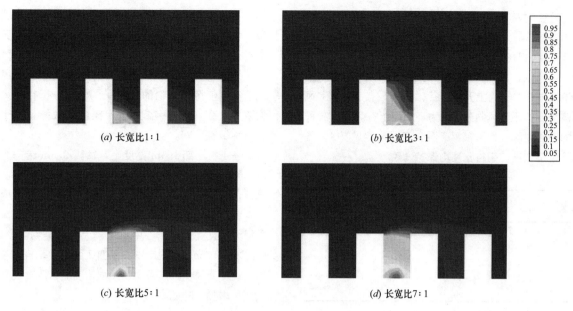

(a) 长宽比1:1   (b) 长宽比3:1

(c) 长宽比5:1   (d) 长宽比7:1

图4　1.5m高B组各工况下CO浓度比

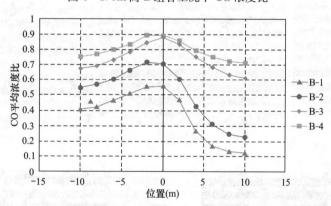

图5　1.5m高CO水平浓度分布

（图片说明：位置为0代表街谷中心，负值代表街谷背风侧，正值代表街谷迎风侧）

同时，将中心街谷的污染物浓度进行平均计算，研究各工况下中心街谷污染物浓度比平均值与长宽比的相关性，绘制为图6。长宽比和CO平均浓度比相关系数为0.88，具有较强的线性正相关。即长宽比越大，街谷内污染物浓度越高，污染物较难得到稀释。

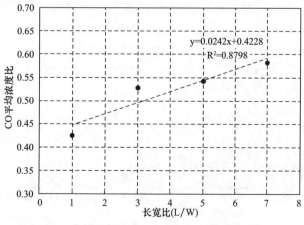

图6　长宽比与CO平均浓度比变化关联性

3.3 街谷对称性对污染物扩散的影响

街谷对称性为街谷上风向建筑高度（H_L）与下风向建筑高度（H_W）的比值，反映了街谷内部建筑物高度的不均匀性，即 $H_L/H_W>1$ 时表示上风向建筑高度大于下风向建筑，为上升型街谷，$H_L/H_W<1$ 表示上风向建筑高度低于下风向建筑，为下降型街谷。选取五种常用的街谷对称性作为模拟工况，工况设定见表4，各工况下建筑宽度、街谷宽度均保持一致。

如图7所示，分别为各工况下街谷 CO 浓度比分布标量图。各工况下，人行高度的污染物浓度较大。街谷为上升型时，建筑高差使得街谷内部风速增加，加快了污染物的扩散，而街谷为下降型时，上风向建筑的高度使得污染物的扩散受到阻碍，街谷整体污染物浓度较高。而对称街谷的污染物扩散能力介于两种不对称街谷之间。

在街谷内部 1.5m 高度上，每隔 2.5m 选一个取值点，并把各工况下的变化趋势绘制成图，见图8。各工况下，浓度的分布出现了分层现象，污染物浓度大小上，上升型街谷浓度最小，其次是对称街谷，下降型街谷最大，且上升型街谷中高差越大，污染物浓度越高。各工况下，背风面浓度均高于迎风面浓度，且浓度峰值均出现在背风侧，街谷内污染物浓度随着距离街谷中心的距离增加而降低。

对称性案例设置　　　　　　表4

工况编号	街谷对称性	上风向建筑高度 H_L(m)	下风向建筑高度 H_W(m)	街谷宽度 D(m)
C-1	1：2	30	60	
C-2	1：1.5	30	45	
C-3	1：1	30	30	30
C-4	1.5：1	45	30	
C-5	2：1	60	30	

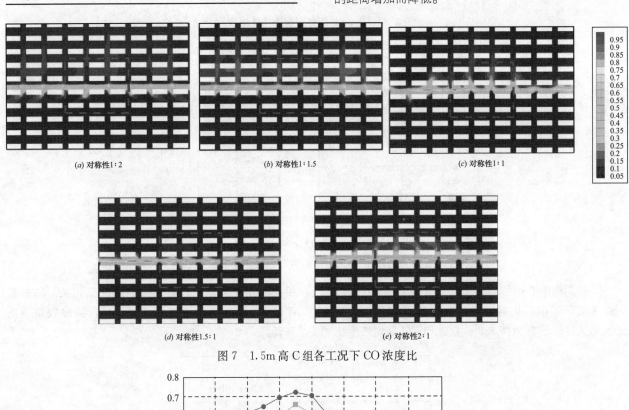

(a) 对称性1：2　　(b) 对称性1：1.5　　(c) 对称性1：1

(d) 对称性1.5：1　　(e) 对称性2：1

图7　1.5m 高 C 组各工况下 CO 浓度比

图8　1.5m 高 CO 水平浓度分布

3.4 结论

本节通过对三种重要的街谷形态因素（高宽比、长宽比、对称性）进行工况模拟分析与关联性研究，可以得到以下结论：

(1) 街谷高宽比与街谷内部污染物浓度有较好的正相关性，即高宽比越大，污染物扩散能力越差，浓度越高。

(2) 街谷长宽比与街谷内部污染物浓度有较好的正相关性，即长宽比越大，污染物扩散能力越差，浓度越高。

(3) 街谷对称性对街谷换气能力和污染物扩散能力有较大影响，其中上升型街谷有利于街谷污染物扩散，而下降型街谷会大幅降低扩散能力，使污染物在街谷内发生堆积。

4 结语

本文利用CFD数值模拟的方式模拟了不同街谷形态对街谷内部流场与污染物扩散分布情况，共进行了3组，14个工况的模拟，研究发现：宽街谷和短街谷更有利于污染物的扩散；街谷对称性对街谷污染物扩散的影响也较为明显，污染物扩散能力：上升型街谷＞对称街谷＞下降型街谷。研究旨在为基于城市通风和加速交通污染物扩散的数字化城市形态设计提供理论参考，并完善城市内部污染物评价预测模型。

参考文献

[1] 蒋德海，蒋维楣，苗世光. 城市街道峡谷气流和污染物分布的数值模拟 [J]. 环境科学研究，2006（03）：7-12.

[2] Meroney R N, Pavageau M, Rafailidis S, et al. Study of line source characteristics for 2-D physical modeling of pollutant dispersion in street canyons [J]. Journal of Wind Engineering and Industrial Aerodynamics，1996，62（1）：37-56.

[3] 黄远东，侯人玮，崔鹏义. 道路路障对街道峡谷内污染物扩散的影响 [J]. 环境工程学报，2018，12（04）：1135-1147.

[4] 谢晓敏，黄震，王嘉松. 建筑物顶部形状对街道峡谷内污染物扩散影响的研究 [J]. 空气动力学学报. 2005（01）.

[5] 任思佳. 城市街谷绿化形式对机动车尾气扩散影响的数值模拟研究 [D]. 华中农业大学，2018.

[6] Marcos. M，Feijo-Munoz J，Meiss A. Wind velocity effects on the quality and efficiency of ventilation in the modeling of outdoor spaces：Case studies [J]. Building Services Engineering Research ＆ Technology，2015，37（1）：2661-2665.

[7] 陈晓萌. 上游阻挡建筑间距对街谷内空气环境的影响 [D]. 东华大学，2017.

[8] Wang L，Pan Q，Zheng X P，et al. Effects of low boundary walls under dynamic inflow on flow field and pollutant dispersion in an idealized street canyon [J]. Atmospheric Pollution Research，2017，8（3）：564-575.

[9] 邹惠芬，李宗昆，殷梅梅，叶盛，李绥. 城市街谷内流场及污染物的实测分析 [J]. 沈阳建筑大学学报（自然科学版），2018，34（04）：750-758.

[10] 刘乙. 基于街谷污染机理的北京建外大街空间优化研究 [D]. 北方工业大学，2016.

[11] Tominaga Y，MochidaA，Yoshie R，etal. AIJ guidelines for practical applications of CFD to pedestrian wind environment around buildings. Journal of Wind Engineering and Industrial Aerodynamics，2008，96：1749-1761.

刘丹凤　陈宏

华中科技大学；494770456@qq.com

基于室外环境性能模拟的街区形态参数化设计
Parametric Design of Block Shape based on Outdoor Environmental Performance Simulation

摘　要：城市街区形态与城市微气候之间的关联性研究由来已久，现有的研究已经证明街区形态能够对城市空间中的热传递产生直接影响。但这些研究容易局限在对单一变量进行分析后寻求人工的耦合和优化，这种方式的劣势在于优化的结果不一定是最优解，且数量上具有一定的局限性。故本文选取武汉市某历史街区，提取该地块内的历史建筑形态为原型，基于 Grasshopper 参数化平台进行建模，结合 Ladybug＋Butterfly 对街区进行室外环境性能模拟，以街区内的室外舒适度作为优化目标，运用遗传算法运算器 Galapagos 进行自动寻优，从而在若干代运算之后得出能满足室外舒适度需求最优的街区形态。最后，结合模拟结果的数据与相应的密度和容积率的数据作对比与分析，由此挑选出满足室外舒适度要求的最优形态，为建筑师规划该片区提供有效的前期指导。

关键词：街区形态；室外舒适度；室外风环境；遗传算法；自动优化

Abstract：The relationship between urban block morphology and urban microclimate has been studied for a long time. Existing studies have proved that block morphology can directly affect the heat transfering in urban space. However，these studies are easy to be limited to seeking artificial coupling and optimization after analyzing a single variable. The disadvantage of this method is that the result of optimization is not necessarily the optimal solution，and has certain limitations in quantity. Therefore，this paper selects a historical block in Wuhan City and extracts the form of historical buildings in the block as the prototype，builds the model based on Grasshopper parametric platform，simulates the outdoor environmental performance of the block with Ladybug＋Butterfly，takes outdoor comfort of the block as the optimization objective，and uses genetic algorithm calculator Galapagos to optimize automatically，so as to get the result after several generations of calculation. It can satisfy the needs of outdoor comfort. Finally，by comparing and analyzing the simulated data with the corresponding density and volume ratio data，the optimal shape to meet the outdoor comfort requirements is selected，which provides an effective pre-guidance for architects to plan the area.

Keywords：Block form，outdoor comfort，outdoor wind environment，genetic algorithm，automatic optimization

1　引言

随着中国城市化进程越来越快，城市热岛现象以及城市微气候的恶化都成为了人们越来越关注的焦点。且当今的城市空间形态所原有的自然地貌多数已被完全改变，新形成的城市微气候情况从方方面面影响着居民的生活质量。而城市里的街区——作为城市居民最重要的一个活动和基本交往的组成单元，其周边的环境质量也是当地居民更加关注的一个问题。对于建筑学学科，从城市街区角度入手，通过对建筑群组合关系、城市街区形态的不断调整和优化，以室外舒适度等性能作为优化目标，来改善城市街区内的微气候环境，提高居民的生活质量，是做规划设计的重要依据。

近年来，随着计算机模拟技术的不断进步，越来越多的模拟软件都以其结果具有较高的精准度而被应用到街区形态与城市微气候调节的关联性相关研究中。例如通用的 CFD 流体模拟计算软件 Fluent，以及能够模拟水域、植物对环境热作用的 ENVI-met。但上述软件都有利也有弊，在某些方面也存在着一定的不足。如 Fluent 不具有一个较为开放的设计环境，整个分析计算过程都被限制在 Ansys 软件群的体系之下，因此复杂模型的建模能力就较差，且对于影响因素的优化调整上也多有不便。所以，上述模拟软件更适应于针对已经建成或不再需要进行过多形态调整的模型进行优化及模拟计算，而无法对形态动态变化的模型进行模拟，实现模拟与优化之间的反馈和联动。鉴于此问题，本文提出另一种更为便捷的模拟优化算法，在参数化设计平台 Grasshopper 平台上直接整合成熟的模拟工具计算内核。选用基于热环境模拟分析的 Ladybug[1] 和基于风环境模拟分析的 butterfly[2] 这两款模拟软件，由此可在同一模型的基础上进行热环境、舒适度、风环境以及能耗等的耦合计算，依托 Galapagos[3] 进行进化算法，实现针对特定性能目标的自动寻优。从而将街区形态生成、城市微气候模拟、自动寻优三个板块在同一平台搭接上。

本文以夏热冬冷地区武汉为例，选取了城市中心区域的中山大道上的庆祥里历史街区作为本次模拟优化的背景环境。且为了便于整个模拟优化的计算过程，将历史片区内的建筑形态进行简化和归类，提取其历史街区的形态原型。且由于此地块内夏季通风舒适等问题更为严峻，故本文对其热环境、舒适度的优化主要集中在夏季，仅对此季节的情况展开模拟实验。

2 研究方法

模拟参数主要利用 Ladybug 为接口，从涵盖了全球所有主要地区气象资料的美国能源部开放的专业气象分析软件 Energyplus 官网导入当地气象数据，以 Butterfly 计算区域内的风环境情况并接入 ladybug 接口，整合街区形态生成、室外舒适度模拟与自动寻优三个板块。将 Ladybug 模拟街区的人体室外舒适度的输出结果 UTCI 作为优化目标，运用 Galapagos 遗传算法进行自动寻优过程，在求解过程中计算机会自动根据个体的适应度进行筛选，从而淘汰掉适应度较低的个体，再以剩下的个体进行新一轮的遗传计算，最终在若干代计算之后得到最优的街区组合形态。

2.1 软件平台介绍

首先，本文运用基于 Rhino 运行的参数化设计插件 Grasshopper 进行三维建模，它主要是利用数据链接和运算模块来实现对于模型的建立与控制，可以说是一个可视化的算法编辑器（电池块配图）。同时它还配有强大的插件库，可以配套进行各种模拟分析。

然后利用模拟分析软件 Ladybug＋Butterfly，Ladybug 主要是在导入当地气象数据后，提供多种可视化日照辐射分析等热环境模拟和舒适度计算的功能；Butterfly 则是一款模拟精度较好的风环境性能模拟软件，通过调用 CFD 模拟软件 OpenFOAM 来实现风环境模拟，并且能够将分析计算结果进行可视化处理，主要是将场地内的实时风环境的模拟数据提供给 ladybug 进行舒适度和热环境的模拟。

最后采用 Grasshopper 中的遗传算法模块 Galagagos 进行自动寻优的过程。它具有遗传算法和退火算法两种优化计算方法，整个计算过程模拟达尔文的生物进化论——优胜劣汰，适者生存的原则。寻优过程就是将要解决的问题模拟成一个生物进化的过程，通过繁殖、交叉、突变、选择等概念引入计算过程中，由此生成一代可行解，并不断对可行解进行重组和繁殖，直至 N 代之后出现相对最优解。其算法组件的特点是操作简便、收敛速度快，且结果是一组可行解，而非单个可行解。

建模

环境性能模拟

优化

图 1　建筑设计模拟参数化平台

2.2 街区基础形态提取

用建筑体块来表征建筑与建筑之间的关系以及街区形态是一种最为直接的手段，而不同地段的建筑形态需要根据具体位置的建筑特征、肌理关系进行有针对性的形态提取。因此，本文通过对实验地块庆祥里街区的建筑形态进行仔细研究，发现该历史街区内多为19世纪末到20世纪上半叶的老里分，老建筑在形态上具有一定的共性，均是由小弄连接的联排式住宅群，建筑肌理关系和里分内的巷道也都具有一定的秩序关系，横平竖直，整个肌底关系十分简洁明了。故将街区内的基础建筑形态设定为28m×28m范围内的三种形态原型（图2），层高控制在9m，街区内的街道宽度根据整个历史街区的特点限定在4m。整个部分共设置两组变量，一组为街区形态，一组为建筑的旋转角度。街区形态通过slider拉杆进行控制，每个数字代表一种街区形态，通过对数字的控制来改变相应位置的街区形态，每个区块会有三种可能性，总共十个区块。Gen pool中则对应的是以90°为基数的建筑的旋转角度，上限为360°，所以每个街区形态会有四种可能性。

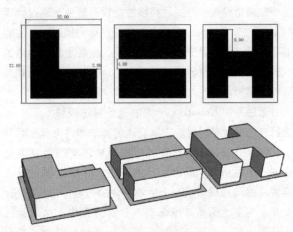

图2 三种街区形态原型

2.3 案例概况

案例选定在武汉市中山大道庆祥里历史街区，整片待规划的场地范围为64m×160m。根据基础形态原型将其划分为10个32m×32m的组团（图3），且基础形态原型的范围限定在28m×28m，故街区内的街道宽度就由此控制在4m。案例待优化的初始变量包括：建筑形态、建筑朝向。目标函数为场地内的室外舒适度。

2.4 模拟参数设定

由于场地模型的建立是参数化建模设计中的基础环节，且相同的模型可以有多种不同的建模思路和逻辑，故本文在此不多做赘述，仅针对模拟环节中的主要节点和参数设定做一定的简单介绍。整个性能模拟软件的设定部分主要分为两大板块：ladybug的室外热舒适模拟和butterfly的场地风环境模拟。

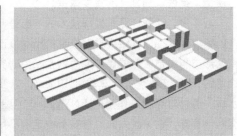

图3 街区组团

Ladybug室外热舒适度模拟的电池设定：1. 首先调用epwFile电池将EnergyPlus官网湖北武汉的气象数据导入；2. 调用Outdoor Solar Temperature Adjustor组件（图4）导入整个场地会形成阴影的建筑环境情况（context Shading）和需要进行室外舒适度计算的区域（body Location），并对平均辐射温度进行一定的修正。Body-Posture（图4）根据不同的数值去设置舒适人体模型的姿势，有站、坐、躺等。同时analysisPeriod可以用来设定模拟的起始时间和终止时间；3. 调用Outdoor Comfort Calculator（图5）组件进行室外舒适度模拟计算，此处需要注意的是ladybug本身是无法获取进行舒适度计算所需要的场地实时风环境数据，因此windspeed的接入端口需要利用butterfly对场地的风环境进行模拟后所获取的数据。

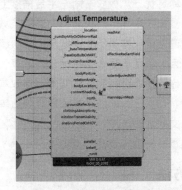

图4 室外太阳辐射调节

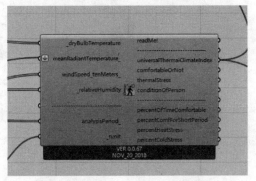

图5 Ladybug热舒适计算分析

Butterfly 场地风环境模拟电池设定：（1）利用 Creat Butterfly Geometry 电池（图 6）将表示建筑体量的多重曲面转化为 Butterfly 的几何文件；（2）第二步的主要工作是创建风洞模型，首先利用 refinement Region 将规划场地设定为网格精细化区域，其次需要设置风向量，武汉的夏季主导风向为西南风，该风向的平均风速为 2.02m/s，利用 wind Vector 电池设定好此类基础数据，然后调用 Wind Tunnel Parameters 电池设定风洞模型计算区域的尺寸；利用 Creat Case From Tunnel（图 7）电池，将前面设定好的相关数据分别接入，运行节点就创建好了风洞模型；（3）第三步主要是计算网格划分的相关参数设定，首先用 Blockmesh 工具将简单的六面体进行网格划分，然后再利用 snappyhexmesh 电池划分分裂加密六面体网格；（4）第四步则是关于计算运行过程中的部分参数设定，运用 RAS turbulence model 电池，表示采用 RNGk-e 湍流模型进行计算，利用 Generate test point（图 8）电池生成 1.5m 高度处的探针点阵，探针点间的间距根据模型具体情况进行一定的调整，运用 controldict 电池，将数值 500 输入 endtime 的接口，表示计算在 500 步的时候即会终止。至此，整个参数设定环节基本结束，调用 solution 电池运行 OpenFoam 进行风环境的计算。

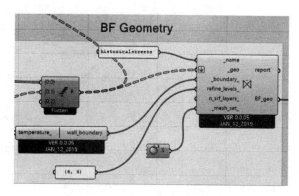

图 6　生成 BF 几何模型

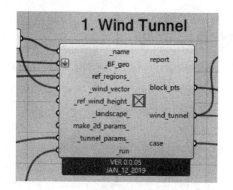

图 7　创建风洞模型模型

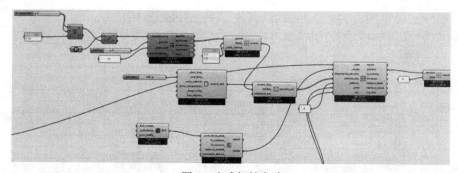

图 8　生成探针点阵

2.5　Galapagos 自动优化过程

Grasshopper 自带的遗传算法运算器的使用较为简单，只需设定相应的参数就可以开始计算。在优化板块中，本文将基础自变量的拉杆，如建筑形态和建筑的旋转角度连入运算器的 Genome 端，在计算过程中，计算机就会自动控制变量的变化和相互之间的组合关系。将室外舒适度满足要求的时间比例作为优化目标，接入 Fitness 端口当做评价指标，并且将 Fitness 设定为 Maximise 来寻找满足要求的室外舒适度的时间比例最大值。算法上选择进化算法进行优化计算。点击 Start Solver 即可开始运算。相应的参数数据通过插件 lunch box 导出 excel 表格（图 10）以供后期对比分析使用。

图 9　Galapagos 设置

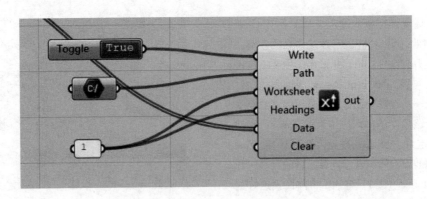

图 10　LunchBox 数据导出

3　优化目标与分析

模拟日期设定为 6 月 1 日～9 月 1 日，模拟时间从 8：00～18：00。优化目标选用德国国际生物气象学会在 2009 年提出的通用全球热气候指数 UTCI（Universal Thermal Climate Index）。本文参考了武汉市 UTCI 临界值 35.546[4]，以城市临界值为基准，把模拟日期内气温高于武汉市城市临界值的当天作为高温不舒适日进行统计。根据模拟计算出的 6 月 1 日～9 月 1 日的 UTCI 值，选取此 3 个月内高温不舒适日最少的形态情况作为优解。

将输出的舒适度指标通过 lunch box 导出表格后，结合密度容积率等按舒适度指标从优到差进行图表排序分析后可知，两者与舒适度指标的变化呈现正相关的趋势。且即使在密度和容积率等相应指标相同的情况下，由于加入了角度，使得建筑形态还是会对街区内的舒适度产生一定的影响。但本文更加偏重的是室外环境性能模拟优化的方法介绍，因此具体的数据分析在此不过多赘述。图 11 为系列优解中结合密度容积率等指标挑选出来的街区形态组合，由于武汉夏季多为西南风，所以偏南侧的建筑形态多为更加开敞一点的，可以将风引入街区中，改善街区内部的风环境，提升街区内部舒适度，后期的设计规划人员可以考虑将其作为设计的重要依据，并以此为基础再结合更多因素进行适当优化。

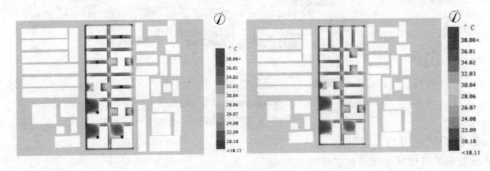

图 11　街区舒适度

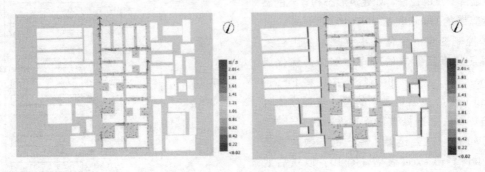

图 12　街区风速

4 结语

本文通过运用 ladybug＋butterfly 等工具对室外环境性能的优化，来探讨建筑形态对室外环境性能的影响作用，希望能够对江汉区该历史街区未来的规划设计在前期方案时期提供参考依据，为当地的居民在有限的条件下营造一个舒适的生活环境。但同时本文也存在很多局限的地方，例如建筑层数和街道宽度也都是可以纳入考虑的因素，且以夏热冬冷地区武汉市为研究对象，选择了夏季作为本次模拟实验的时间，但对于夏热冬冷地区而言，冬季的相关研究也十分具有意义，并应和夏季相结合，因此在后续研究中可以通过加入冬季的模拟使研究更完善和全面。

参考文献

［1］ 毕晓健，刘丛红. 基于 Ladybug＋Honeybee 的参数化节能设计研究——以寒冷地区办公综合体为例［J］. 建筑学报，2018（02）：44-49.

［2］ 罗毅. 基于参数化设计平台的建筑性能优化流程研究［D］. 天津大学，2018.

［3］ 冯锦滔. 基于城市风热环境的空间布局自动寻优方法研究［D］. 深圳大学，2017.

［4］ 周文娟，申双和. 热气候指数评价 1981～2014 年南京夏季舒适度［J］. 科学技术与工程，2017，17（04）：132-136.

［5］ 刘宇鹏，虞刚，徐小东. 基于遗传算法的形态与微气候环境性能自动优化方法［J］. 中外建筑，2018（06）：71-74.

［6］ 申杰. 基于 Grasshopper 的绿色建筑技术分析方法应用研究［D］. 华南理工大学，2012.

［7］ 罗逸. 参数化软件 Grasshopper 在小区组团设计中的应用分析［J］. 现代物业（中旬刊），2018（03）：96-97.

［8］ 韩昀松. 基于日照与风环境影响的建筑形态生成方法研究［D］. 哈尔滨工业大学，2013.

曹笛

郑州大学；447066913@qq.com

基于数字模拟的综合交通枢纽典型空间疏散设计研究 *
Research on Typical Space Evacuation Design of Integrated Transport Based on Simulation

摘 要：本文以郑州火车站为例，针对通廊连接型铁路客站的典型空间进行疏散分析，应用数字软件（Building EXODUS）进行疏散仿真模拟，对铁路客站的疏散设计进行研究，从而探讨既有铁路客站综合化升级改造中的人员疏散路线、疏散设施、建筑疏散空间设计以及应急疏散管理等相关问题。

关键词：综合交通枢纽；性能化防火；数字模拟；疏散策略；典型空间

Abstract：Taking Zhengzhou Railway Station as an example, this paper conducts evacuation analysis on the typical space of the corridor-connected railway passenger station, and uses the digital software (Building EXODUS) to carry out the evacuation simulation to study the evacuation design of the railway passenger station. Therefore, it discusses the evacuation route, evacuation facilities, design of evacuation space and emergency evacuation management in the comprehensive upgrading of existing railway passenger stations.

Keywords：Integrated Transport Hub；Performance-based Design；Digital Simulation；Evacuating Strategy；Typical space

进入 21 世纪，随着铁路建设的突飞猛进，铁路客站也进入大规模建设期。国家不仅新建了大量综合交通枢纽，对大量的既有铁路客站也进行了综合化改造。近年来新建或重建的综合交通枢纽，多在设计阶段进行了性能化防火报告的论证，对车站各个区域的烟气扩散情况、结构耐火性以及人员疏散时间进行模拟分析，防火安全性较高；即便发生火灾，及时采取合理的灭火措施，就能较好地控制火灾危害。而既有车站的改造，使旧车站服务水平升级的同时，往往也造成了建筑功能更复杂，流线更密集的问题，再加之消防设施陈旧，结构条件受限等问题，一旦发生火灾，疏散安全问题将更为突出，此类车站即是本文研究的对象。

1 综合交通枢纽的演变及空间组织类型

伴随着我国综合交通枢纽的快速发展，涌现了北京南站、上海虹桥站等一批现代化，符合时代特征，满足国情需求，规模巨大，且达到世界先进水平的综合交通枢纽。与此同时，原有铁路客站因为规模、布局、功能等情况不能与城市交通、周边环境等相适应，进行了改建或者拆除。因此，当前国内的特大型铁路交通枢纽规模、布局等特征具有一定的区别。

从我国几个阶段铁路客站的空间组织演变过程来看，铁路站房的建筑功能日渐融合，布局模式日益紧凑，旅客流线逐渐简化，新建和改造后的综合交通枢纽多为整体空间型。总结我国特等站级别的综合交通枢纽空间类型如表 1：

---

* 依托项目来源，国家自然科学基金青年基金："典型空间"布局视角下的综合交通枢纽防火性能化设计研究（项目批准号：51708509）国家自然科学基金面上项目：基于疏散模拟的小学教学楼疏散空间整体优化策略与方法（项目批准号：51878620）国家自然科学基金青年基金：站城空间关系分类下的高铁站区空间演化与规划应对研究（项目批准号：51808504）河南省高等学校重点科研项目：基于 FDS 烟气模拟的中原地区综合交通枢纽人员疏散和规划策略研究，（项目编号：18B560012）。

综合交通枢纽空间组织类型　　　　　　　　　　　　　　　　表1

空间组织类别	中心环绕		通廊连接	整体空间
	多向独立型	集中开敞型		
建设时间	改革开放前	1987年以后	1987年以后	2005年以后
主要候车空间特征	分散、多向且较独立	少数、集中且较开敞	独立、沿交通连廊两侧排列布置	整体、通透的大空间
站房与铁路的关系	线侧式		高架线上式	高架线上/线下式
总体布局模式	平面		立体	立体/综合
乘车模式	等候		等候	等候/通过
进站方式	天桥		通过长廊进站	通过检票口进站
示意图				

备注：示意图阴影部分为综合交通枢纽交通组织空间

本文的示例车站——郑州火车站的空间组织类别为通廊连接型，多个独立候车厅主要沿交通连廊两侧线上排列，旅客通过中央长廊进入各候车厅，并通过位于候车厅外侧的长廊达到列车站台。在安全疏散过程中，旅客离开车站建筑室内（包括到达室外列车站台）即为完成疏散。

2　基于疏散软件（Building EXODUS）的仿真模拟

计算机疏散模型主要分为两类，一类为"水力"模型，计算时仅考虑建筑各区域的疏散能力。这种模型的优势在于运算速度快，但是难以表现行人疏散时的行为细节，往往误差较大[1]。通过这种模式开发的疏散模拟软件主要有：EXITT、EVACNET、EVACSIM等。另一类疏散模型为"社会力"模型，计算时着重表现疏散的过程，结合建筑物理特性，综合考虑了疏散人员的行为特征以及人与人之间、人与环境之间的相互作用，运算量大，计算结果常取决于模型的驱动算法[2]。代表软件主要有：BuildingEXODUS、SIMULEX等。

目前，国内的性能化防火设计项目常用疏散模型软件有STEPS、SIMULEX、BuildingEXODUS等，三款疏散模型各有特色。在本论文中，采用BuildingEXODUS软件进行综合交通枢纽的疏散模拟分析。

常用性能化防火设计疏散软件　　　　　　　　　　　　　　　　表2

软件名称	设计开发者	应用特征
SIMULEX	Edinburgh大学设计、苏格兰继续发展	用以模拟多层建筑物中大量人群的疏散，强调疏散个体的心理反应，个体空间、碰撞角度以及其他生理行为
STEPS	Mott MacDonald设计	在出口的选择上，具有动态打分系统能够让模拟人员根据拥挤程度、耐心程度、距离远近等随时随地地进行出口的调整
BuildingEXODUS	Greenwich大学消防安全工程系（FSEG）	着重考虑人与人、人与灾害，人与建筑环境间的交互作用，个体在疏散过程中的移动轨迹可被定义和查看

BuildingEXODUS隶属于英国格林威治大学火灾安全工程团队开发的EXODUS系列疏散软件[1]，可广泛应用于各种复杂的建筑环境，如医院、交通枢纽、学校、住宅、多层与高层建筑等。BuildingEXODUS通过模拟建筑物中大量个体的逃生行为，评估建筑空间的疏散条件、人群逃生效率，从而论证建筑设计是否满足性

---

① 除了BuildingEXODUS之外，EXODUS逃离模式系列还包括airEXODUS和maritimeEXODUS。

能化设计等相关规范的要求。

BuildingEXODUS 属于"社会力"模型，模拟时考虑到了受困者的行为心理特征，运算结果更趋于真实情况，被广泛应用于建筑疏散的性能化设计分析。

2.1 疏散人数

依据密度法计算车站所需疏散人数，其中候车区按 1.2m²/人计算。其他区域主要为交通连廊、商业、办公等空间，现有规范并没有对综合交通枢纽此类空间的疏散人数计算规定。由于该区域有大量商业设施，因此参考《建筑设计防火规范》GB 50016—2014（2018 版）中表 5.5.21-2 中对商店营业厅的人员密度的规定进行计算。其中地面和高架层人员密度取值范围为 0.43～0.60 人 /m²，本文采用 0.43 人 /m² 进行计算。根据疏散几何模型，计算总疏散人数见表 3：

疏散人数计算   表 3

	功能空间	面积（m²）	人数
高架层	候车区域	16084	13403
	交通、商业、服务等空间	10104	4345
地面层	候车区域	1200	1000
	交通、商业、办公等空间	8574	3687
总计人数			22435

疏散仿真模型所参考的郑州火车站最高聚集人数为 22000 人，与计算结果基本一致。

2.2 行动速度

BuildingExodus 中，对不同行动模式，不同设施类型、不同性别的行人速度有不同的默认数值。在用户设定中，对每个被困者来说，行走速度共有 6 个水平，代表了被困者在不同情况下可达到的不受阻碍的最大值。上下楼梯的速度根据年龄、性别以及 FRUIN[3] 提供的数据设定。在人员设置中，快走的默认取值范围为 1.2～1.5m/s。

苏格兰爱丁堡大学通过研究，提出了 4 种不同类型人员步行速度的推荐值。其中，成年女性、儿童和长者的疏散速度分别为成年男性的 85％、66％和 59％[4]。

在 BuildingExodus 软件内置人员参数的基础上，结合其他学者研究以及本人调研结果、对计算机模拟的人群属性进行设计。

现实情况下，每个人的疏散开始时间并不相同，根据调研结果，仿真模拟时，较为保守的在 30～120 秒之间按对数正态①分布设置人员疏散预动时间。

---

① 根据相关资料记录，人员疏散预动时间大体上呈对数正态分布，也就是说，人员开始疏散的时间并不会完全一致，这一分布特征影响疏散过程中人员的排队等候。

3 通廊连接型车站整体疏散模拟分析——以郑州火车站为例

场景针对通廊连接型综合交通枢纽进行模拟分析，主要考察高架候车厅内候车人群的疏散能力，疏散模拟主要在高架候车厅和与高架层相连的进站厅。

BuildingExodus 中默认的疏散过程遵循潜地图的引导，受困者由高潜势值的节点向低潜势值的节点移动，距离出口越近的节点，潜势值越低。这种设置保证了受困者向离他最近的外部出口移动。但是由于建筑内部复杂的空间组成，以及综合交通枢纽内极易出现的瓶颈空间，很容易导致部分出口难以被利用，如图 1 所示，在整个疏散过程中，通往某些站台的疏散楼梯门没有被有效的利用，受困者大量拥挤在系统默认分配给他们的疏散出口处。

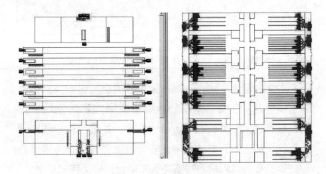

图 1 默认设置下人员疏散密度图

通过修改疏散楼梯处内部出口的潜势值，可以明显改善这种情况。经过反复模拟实验，设置没有被有效利用的内部出口潜势值为 96，疏散过程如图 2 所示。在不同时段，疏散出口的利用效率有了明显改善，部分受困者选择了距离他们略远的疏散出口来避免过度拥挤的人群。通过模拟同样可以发现，位于画面最下端的楼梯门处拥堵最为严重，原因是该出口承担了两个单元候车厅的疏散任务。

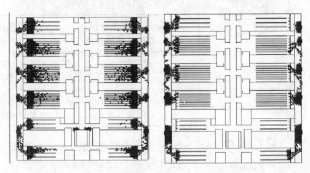

图 2 修改潜势值后的人员疏散密度

为了进一步改善疏散过程，提高疏散速度，对车站内受困者逃生出口进行指派设置。通过多次模拟比较，最终确定各区域人员所采用的疏散出口，并对人员进行设置，见图3。

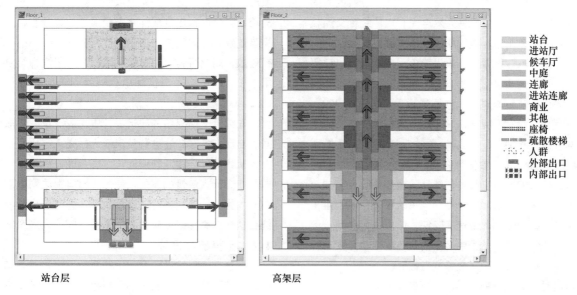

图3　人员疏散指派路径

对处于不同位置的受困者设置特定的疏散出口，其中红色和黄色部分分别引导人群通过楼梯经过两端的进站厅向室外疏散，蓝色部分人群仍然选择离他们最近的疏散口（通过室外疏散楼梯到达站台处）进行疏散。模拟结果见图4～图6。

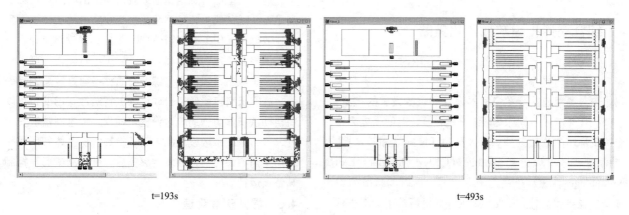

t=193s　　　　　　　　　　　　t=493s

图4　指定疏散出口后的人员疏散密度图

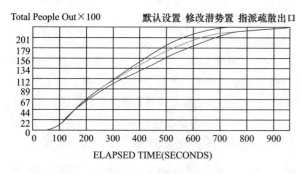

图5　总人流疏散图

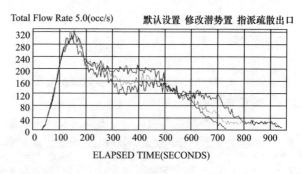

图6　疏散速率图

观察可知，在疏散初期，各疏散口拥堵情况相近，进站口作为疏散出口的使用效率得到了大幅的提高。疏散进行到后期时，多个疏散出口完成疏散的时间能保持基本同步，这样就最大限度了利用了综合交通枢纽内所有的疏散出口，有效缩短了疏散总时长。

通过比较默认设置与修改潜势值、指派疏散出口等设置的疏散结果可知，疏散进行 300s 之前，无论是总疏散人数还是疏散速率，三种情景相差不大，在 300～500s 区间中，为受困者指派疏散出口的情景仍保持了较高水平的疏散速率，默认设置的疏散速率下降最明显。修改潜势值的疏散情景在 700s 后以较低的疏散速率保持了较长的时间，最终与默认设置几乎同时完成疏散。这反应了总疏散时长由最后结束疏散进程的逃生出口所决定，即便先期疏散速度较快，最后也会受到疏散短板的影响。在这个情景中，负责疏散两个单元候车厅受困者的出口严重拖延了最终的疏散时间。

通过对疏散人群的引导，可以最大限度的利用各个疏散出口，达到最快的疏散速度。车站在制定火灾安全管理办法时，可尽量利用疏散软件对车站的疏散能力进行评估，找到人员疏散的薄弱环节，有针对性的对疏散人群进行引导，从而更快的将受困者转移到安全的区域。

4 综合交通枢纽疏散优化策略

人员疏散的重要安全指标——"疏散时间"受多重因素的影响，其中最重要的分别是疏散条件和疏散人员。疏散条件包括疏散空间的设计和疏散设施的布置，改善和优化疏散空间和疏散设施的设置，有助于提高整个建筑环境的疏散条件。而人员对环境的认知和掌握，特别是对与出口分布的知识（OEK：Occupant Exit Knowledge），通常是决定疏散进程、且影响疏散方案选择的重要因素[5]。在发生火灾等紧急情况下，熟悉建筑物的人员更容易找到逃生路线，而不熟悉建筑物的受困者倾向于沿进入建筑的路线进行逃生。综合交通枢纽内的部分旅客对车站不够熟悉，发生火灾后，受困人员容易因恐慌等心理因素影响其做出正确且合理的逃生决策，因此需要车站在管理方面做好人员疏散的引导和组织方案，才能更好的保障人员疏散安全和疏散效率。

4.1 优化疏散空间

在综合交通枢纽建筑内，安全出口的设计至关重要，其疏散宽度、数量、位置以及分布情况等因素都明显影响疏散时间的长短。通过建设高架进站车道，设计地下空间的室外下沉广场等设计手法，可以增加安全疏散出口的数量，进而提高疏散效率。为了提升交通枢纽的疏散安全性，应合理优化安全出口位置分布，进而提高疏散效率。火灾中，由于人群习惯采用熟悉的路径进行疏散，因此可将应急疏散路线与常用路线相结合进行集中设计，使旅客在慌乱中也能找到疏散楼梯和疏散出口。

在综合交通枢纽的建筑设计中，应尽量减少瓶颈空间的出现，尤其应注意避免疏散人群在某一瓶颈空间处大量聚集。对连续瓶颈空间，可运用计算机模拟，对各瓶颈处进行人流量的调配，使每个出口都达到人流速率的最大化，从而提升整体疏散效率。同时应尽量避免人群在楼梯这类踩踏风险较高的瓶颈空间处大量聚集。

4.2 完善疏散设施

综合交通枢纽站内交通流线复杂，旅客对车站内部结构系统不熟悉，需要借助引导标识或指示设施来进行疏散。疏散标识的设置要足够醒目，且区别于车站内的其他引导标识、车站内部背景以及悬挂广告牌，便于旅客识别，具有准确的辨识度，才能有效的发挥引导人群疏散的作用。

对于大型综合交通枢纽来说，安全出口的设置难以满足传统规范要求，虽然我国规范规定自动扶梯不可用作疏散楼梯，但美国 NFPA130[①]规定，在铁路交通枢纽中，供旅客使用的楼梯和自动扶梯可不封闭，并可以作为安全疏散出口。考虑到综合交通枢纽建筑性质的特殊性，旅客极有可能通过自动扶梯进行疏散，因此，可以将自动扶梯作为辅助疏散设施来使用。考虑到疏散安全性，作为辅助疏散设施的自动扶梯其扶梯主体和所属附件需采用不燃材料，且发生火灾后，可自动或远程控制其停止运行。

4.3 提升疏散管理

发生火灾等突发事件时，逃生人群若能听从管理指挥，可以在一定程度上避免疏散人流的过度集中，有利于缩短疏散时间。这需要综合交通枢纽应建立有效的紧急事件应急预案，全面考虑可能发生的各种情况。通过车站内的广播系统和经过培训的工作者对人员疏散进行引导和干预，既有利于稳定受困者的情绪，避免恶性踩踏事件的发生，又有助于更快的将人群疏散至安全区域。

为了使综合交通枢纽内的人员有秩序的进行疏散，应对不同区域的旅客分区进行疏散，避免人流在行进过

---

① NATIONAL FIRE PROTECTION ASSOCIATION：Standard for fixed guideway transit and passenger rail systems（NFPA130）美国消防协会：固定轨道交通和客运铁路系统标准（NFPA130）。

程中相互交叉、冲突，造成阻塞和拥挤混乱。不同类型的综合交通枢纽空间特征不同，宜采用不同的疏散范围和分区。以通廊连接型车站为例，候车厅分散布置，单元候车厅内的人员可经由该单元内的检票进站口疏散至地面站台上的准安全区；对于个别疏散能力较差的候车单元（如通往站台的疏散出口较少），可引导部分旅客由其他安全出口疏散。其他交通空间的人员可经由原进站路线返回进站厅，由进站口出站。

运用计算机模拟，可以更直观、更准确的对人员疏散流线进行分析和实际，从而选取疏散分区的最优方案。

参考文献

［1］ 陈亮，郭仁拥，塔娜. 双出口房间内疏散行人流的仿真和实验研究. 物理学报，2013（5）：78-87.

［2］ 李引擎，肖泽南，张向阳等. 火灾中人员安全疏散的计算机模型. 建筑科学，2006，22（1）：1-5.

［3］ Fruin J.，Pedestrian planning and design，Metropolitan Association of Urban Designers and Environmental Planners，New York，1971.

［4］ 施秀琴，姚浩伟，孟牒等. 某二层复式住宅火灾烟气流动及疏散模拟. 科技通报，2015，33（5）：110-113.

［5］ Gwynne S．Galea E R，Lawrence P J，Filippidis L．Modeling occupant interaction with fire conditions using the buildingExodus Evacuation model. Fire Safety Journal，2001，36（4）：327-357.

史立刚 崔 玉 杨朝静

哈尔滨工业大学建筑学院 寒地城乡人居环境科学与技术工业和信息化部重点实验室；slg0312@163.com

风环境与专业足球场罩棚形态的多目标耦合优化机制研究 *

Study on Multi-objective Coupling Optimization Mechanism of Wind Environment and Canopy Form of Professional Football Field

摘　要：作为职业足球运动的重要载体，随着2015《中国足球改革总体方案》《中国足球中长期发展规划（2016—2050）》的相继出台，当前专业足球场面临着政策赋能后体育产业化经济发展的"新风口"。目前对于体育场风环境研究的文章基本是着眼于单一研究对象或单一影响因素，而专业足球场的空间质量恰恰是内场、观众区等多目标健康环境综合平衡的结果，由于涉及影响要素较多，目前鲜有研究成果。本文确定以我国寒冷地区为研究对象，选取CFD软件为实验平台，以内场风环境质量和坐席区观众的舒适度为双评价标准，通过调度足球场罩棚设计参数，研究冬夏不同气候条件下球场罩棚形态对内场气流及赛场观众区舒适性的耦合关系，推敲理想建筑模型，并提出综合适宜的建筑设计策略，以拓展深化专业足球场设计理论。

关键词：足球场罩棚；风环境；数值模拟；多目标耦合

Abstract：As an important carrier of professional football, with the release of the overall plan of Chinese football reform and the medium - and long-term development plan of Chinese football（2016-2050）in 2015, the current professional football field is facing a "new wind mouth" for the economic development of sports industrialization after the policy enables it. At present, researches on stadium wind environment mainly focus on a single research object or single influencing factor, while the space quality of professional football field is exactly the result of comprehensive balance of multi-objective health environment, such as infield and spectator area. Due to many influencing factors involved, there are few research results at present. Determine in cold areas in our country as the research object, this paper select CFD software for the experiment platform, wind environment quality and reclined at the table area within the audience comfort for the evaluation standard, by scheduling football field tent design parameters, physical model is established, the winter and summer courses under different climate conditions covering morphology of diamond and the coupling between spectator area comfort scrutiny ideal building model, and puts forward comprehensive appropriate building design strategy, design theory deepening in professional football field.

Keywords：Football pitch tent；Wind environment；Numerical simulation；Multi-objective coupling

1 引言

随着人们对体育赛事的热情的提高，中超联赛（CSL）场均上座数量近十年来屡攀新高，中国足协2019年3月已向亚足联正式提出申办2023年亚洲杯足球赛，但我国专业足球场目前仅有7座，在建或筹

* 国家自然科学基金面上项目资助，体育建筑风环境与空间形态耦合机理及优化设计研究，编号：51878200。

备建造的球场有 6 座，而正在联赛使用的仅有 1 座，目前专业足球场的建设存在巨大的需求缺口，有望成为深耕体育产业的桥头堡。因运动员和观众对风环境的响应结果不同，且冬季大风天气和夏季闷热天气对足球场内风环境的需求不同，因此研究多目标的耦合优化至关重要。

2 专业足球场风环境优化的发展需求

2.1 专业足球场风环境研究的意义

（1）不同气候对专业足球场风环境的影响

我国寒冷地区在夏季天气炎热、风速较小，高温闷热的天气会对观众体验和球员运动产生严重的不利影响，适量的通风能够通过加快蒸发来帮助人体散热，显著改善夏季足球场场内的闷热情况。[1]在冬季寒冷的气候条件下，风将进一步恶化人在室外空间内对寒冷的感受，因观众身体素质相对薄弱且现场活动量小，低温和风速对观众区的干扰尤其严重。[2]因此专业足球场风环境在夏季应以加大通风为主而冬季应以降低风速为主。

（2）不同使用者对专业足球场风环境的需求

专业足球场开敞的建筑形式使内场和观众区都暴露于室外，受到自然环境的直接影响。[3]由于运动员和观众的身体素质、行为状态以及所处空间差异，使得足球场内场和观众区对风环境的要求不同。大风对内场主要以影响球员技术的发挥和比赛的精彩程度为主，对观众区主要以影响坐席区观众舒适性为主。

2.2 专业足球场罩棚形态多目标耦合研究的必要性

（1）单目标研究的局限性

查阅有关文献发现，目前对体育建筑风环境的研究成果主要集中于对罩棚的荷载[4-6]及对内场、观众区风环境的单因素模拟，且研究对象的选择仅考虑单一季节或大风天气，而球场风环境是多因素综合影响的结果，因评价标准不同，单因素的研究结果有其局限性和片面性，因此对风环境与专业足球场罩棚形态的多目标耦合机制研究更具现实意义。

（2）国内专业足球场风环境领域单目标研究的成果

对内场风环境的研究如安融融在 2016 年对专业足球场内场风环境进行模拟，经 CFD 数值模拟进而得出结论：罩棚平面形态中表现最佳的是四面贯通罩棚，最差的是双侧布置罩棚；罩棚剖面形态中表现最佳的是直面下倾罩棚，最差的是曲面上倾罩棚；罩棚连接处通透性模型中表现最佳的是全开敞连接模型，最差的是全封闭连接模型。[7]

对观众区风环境的研究如文献[8]通过研究球场罩棚上倾、平直、下倾三种形态和气流特征之间的趋势及相关性，分析大风环境对赛场观众区舒适性的影响因素，经模拟得出结论：直面下倾罩棚状态下观众区的风环境质量最差；而直面上倾罩棚和曲面上倾罩棚在模拟状态下满场风差较小，能够营造较舒适的室外观众区风环境。

（3）对比发现矛盾

根据目前针对专业足球场内场和观众区风环境的研究发现其主要的矛盾点是在罩棚剖面形态的选择上，因此本研究将变量设计为罩棚的不同剖面形态即平直罩棚、直面上倾、弧面上倾、直面下倾和弧面下倾五种。

3 专业足球场风环境 CFD 模拟

3.1 专业足球场空间形态选择

（1）专业足球场坐席容量

基于大量的体育场基本资料调研与归纳，综合使用情况与整体数量，目前最适宜我国大中城市的体育场坐席规模为 30000 座左右的中型体育场，因此本文的实验模型选择为 30000 座的专业足球场。

（2）专业足球场平面形式

在对已建成的专业足球场进行研究总结后，模拟实验中选择最具有代表性的方形倒圆角足球场建筑平面形态。[9]因四面贯通式罩棚形成的建筑外界面完整度高，维护性强，且在足球场建设前期采用的无罩棚、单侧罩棚或双侧罩棚，随着改建与扩建的不断进行最终都有可能成为四面贯通式罩棚，故罩棚形态选择四面贯通式。

（3）罩棚侧界面通透性

罩棚与坐席之间缝隙距离也会成为场地区风环境很主要的影响因素，风通过不同尺寸的缝隙会产生变化的风场，尤其是在全包围罩棚的情况下，是侧界面主要的风向来源。[10]因本文研究变量是罩棚剖面形式且篇幅有限，侧界面选取全封闭连接的形式。

3.2 CFD 数值模拟

3.2.1 模型建立

本实验中的模型建立使用三维建模软件 RHINO，在尽可能减少误差的前提下，对足球场模型进行适当简化，主要简化部分为观众座席布置及罩棚形态。（表 1）

模型设置图　　表1

剖面形态		平面图	剖面图	透视图
剖面形态	平直罩棚	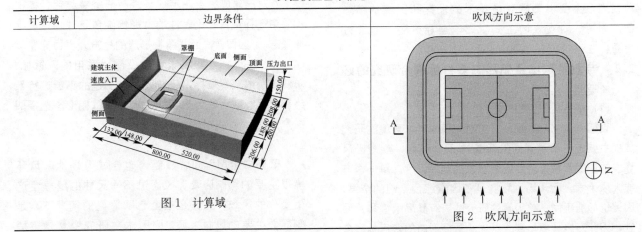		
	直面下倾			
	直面上倾			
	弧面下倾			
	弧面上倾			

（平面图尺寸标注：148000、80000、34000、34000；188000；34000、12000、34000；A—A）

3.2.2　参数设置

将 RHINO 简化模型导入 ANSYS 专业划分网格软件 ICEM 进行网格划分，划分好的网格导入 ANSYS Fluent 进行模拟计算。

（1）计算域

本文中计算域范围为 800m×600m×150m，建筑置于流场的前 1/3 处，流域设置阻塞率为 2.9%，满足小于 3% 的要求（图1）。[11]

实验模型基本信息　　表2

计算域	边界条件	吹风方向示意

图1　计算域

图2　吹风方向示意

（2）网格划分

因非结构化网格对模型的自适应性好，[12]主体采用非结构化四面体网格进行划分，定义网格基础尺寸为 5～25m，足球场附近区域网格细化加密，远离体育场的区域网格逐渐变稀疏，最终得到实验网格数量约 220 万。

（3）湍流模型

本研究属单体绕流模型，采用 Realizable k-ε 湍流模型，入口边界为速度入口，出口边界为压力出口，顶部和侧面为对称平面，而其余外流域边界设为滑移壁面。

（4）来流边界条件

本文的实验地点确定为寒冷地区代表城市—北京市（表3），选取夏季 6、7、8 月的平均风速及平均温度作为夏季风环境模拟的来流边界条件，选取冬季（大风天气）11 月的最大风速及平均温度作为冬季风环境模拟的来流边界条件。考虑到复合变量将削弱单一变量的准确性且

增加研究的复杂性，故本文忽略不同风向的影响即各种工况的外界风均由模型东侧垂直于长轴流入。(图2)

北京市地面气候资料月值数据集
（根据中国气象数据网资料整理）   表3

	夏季			冬季（大风天气）
	6月	7月	8月	11月
平均温度	25.1°	27.3°	25.9°	5.1°
风速（m/s）	2.4	2.8	2.3	4.3
平均风速（m/s）	2.5			4.3
最大风速（m/s）	6.7			8.2

3.3 确定评价标准

3.3.1 观众区风环境评价标准

（1）热舒适主观评价

笔者所在研究团队于2018年10月末在天津市区开展了"天津地区室外冬季风寒环境舒适度"调查研究，以广场、公园、体育场为主要测试点，手持LM-8000风速计并记录即时风速，对室外休憩或休闲活动人群进行风环境主客观调研，收回有效问卷380份，有效率为93.4%，并计入统计样本，通过归纳分析的方法建立起"风速与人体吹风感与舒适度"的回归模型。

吹风感（DSV）标度（根据问卷整理）   表4

人体感受	很大	稍大	适中	有点小	很小
吹风感标度（DSV）	2	1	0	-1	-2

热舒适（TCV）标度（根据问卷整理）   表5

人体感受	很舒适	较舒适	适中	很不舒适	不可忍受
热舒适标度（TCV）	2	1	0	-1	-2

根据气象学中的结论：风速每增加1m/s，人体感温度将下降2~3℃。[13]但由于气候条件差异，不同地区的人对环境的适应能力不同，本研究则针对我国寒冷地区天气气候特点用多因子权重回归方法建立了风速与人体吹风感和舒适性的回归模型，在前人基础上又做了进一步研究。

从图3、图5可以看出，吹风感DSV（draft sensation votes）主要分布在0（适中）和1（稍大），当DSV=0时的平均风速为0.90m/s；舒适度TCV（thermal comfort votes）也主要分布在0（适中）和1（较舒适），当TCV=0时的平均风速为0.80m/s。从图4、6的回归拟合结果看，当MDSV=0时，中性风速为0.54m/s，拟合直线的斜率为0.26，意味着风速每升高4.3m/s，MDSV将上升一个级别；当MTCV=0时，中性风速为2.66m/s，拟合直线的斜率为0.15，意味着风速每升高3.73m/s，MTCV将上升一个级别。

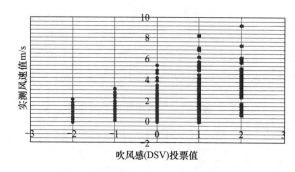

图3 风速与吹风感（DSV）的关系

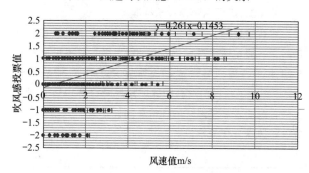

图4 吹风感投票值与风速拟合结果

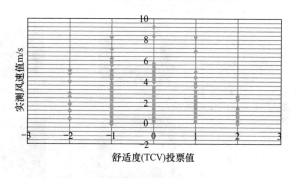

图5 风速与舒适度（TCV）的关系

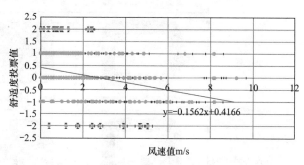

图6 舒适度投票值与风速拟合结果

（2）室外风速客观评价标准

国际上先后提出的Lawson准则、Davenport准则、荷兰风环境评价标准之间所采用的风速指标、行人活动类型等参数不尽相同。[14]将几种评价标准得到的舒适风速范围进行比较，并结合我国《绿色建筑评价标准》中的规定：在冬季典型风速和风向条件下，人行区域1.5m

317

高度处风速不应超过 5m/s，过渡季、夏季时场地内不出现涡旋或无风区，[15]以及我国建筑法规规定的夏季通风需求下避免静风（风速＜1m/s）区域产生，[16]从而得出适用于本文的足球场观众区舒适风速范围如表 6 所示：

我国寒冷地区室外行人风环境评价指标　表 6

季节	最优风速	舒适风速	可容忍风速	难以容忍风速
冬季	0.14＜v＜2.22	0＜v＜0.14	2.22＜v＜5	＞5
夏季	1＜v＜3	3＜v＜6	6＜v＜9	＞9

3.3.2　内场风环境评价标准

经实验证明，风力和风向的变化会影响到足球战术走向，一般足球比赛风力都在 3～5 级，如果过度将会影响比赛进程，导致运动员奔跑能力下降和缺氧现象。[17]国际足联目前没有明确规定足球比赛中适宜风速上限，为此本文将风环境评价准则设定为：风场分布均匀性和风速变化稳定性。

4　专业足球场风环境 CFD 模拟结果分析

对内场以选取距地面 1.5m 高度处风场分析，其对足球短传运动轨迹、球员体能消耗速度以及足球长传运动轨迹会产生最大影响。对于坐席面观众坐高处的风场研究采用的数据处理方法为：将观众视点高度估计为 1.2m，在坐席界面垂直向上 1.2m 处建立与坐席面形状相同的衍生截面，该数据等值面则作为数据显示面。[18]结果如表 9 所示：

综合分析观众区和内场在冬夏季节的风场分布状况得出结论：曲面上倾罩棚在维持足球场内风环境稳定性上表现最好，平均风速处于最优评价标准内的面积最大，且风速分布相对均匀。而直面平直罩棚在维持足球场风环境稳定性上优于下倾罩棚，特别是在南北两侧看台区，直面平直罩棚的风速变化率仍处于舒适范围之内，而下倾罩棚形态下的看台区风环境情况则不容乐观。

水平截面风场云图　　　　　　　　　　　　　表 7

	冬季（8.2m/s，5.1°）		夏季（2.5m/s，26.1°）	
	观众区	内场	观众区	内场
直面平直				
直面下倾				
直面上倾				
曲面下倾				
曲面上倾				

5 专业足球场罩棚形态优化设计策略

5.1 新建专业足球场罩棚形态的选择

不同剖面形态的罩棚中，风环境表现最好的是曲面上倾式罩棚，其次是平直式罩棚，较差的是下倾式罩棚。在实际情况中，罩棚形态还需考虑足球场雨水处理、声效处理、设备悬挂及光环境等因素，综合来看，平直式罩棚在这些方面表现不如上倾式罩棚，因此选择曲面上倾式罩棚是专业足球场罩棚的最优形式。

5.2 改建专业足球场罩棚形式选择

对于寒冷地区来说，在新建或改造专业足球场时，建议首选曲面上倾和直面上倾式罩棚，如果改造前足球场的罩棚剖面倾角较小，也可以改造为平直式罩棚。

5.3 冬夏季节不同风环境需求的应对策略

因夏季的风速相对冬季较小气温却很高，高温闷热条件下需在保证足球场内场区风环境的稳定性的同时加强观众区的通风，这与冬季需要降低风速会存在一定的相悖之处。为应对此矛盾，笔者认为可通过调节外部围护界面的通透率和内部坐席界面的通透率来实现，根据需求在夏季将界面进行一定的开放引导风流入场内，冬季将界面封闭以防止大风的侵袭。

5.4 研究不足

数值模拟由于操作本身会存在一定误差，而且研究中提取的简化模型是抽象性的，其结果与真实状态存在一定偏差，所以本研究是一个理想状态，真实的建筑风场环境需根据周边场地综合的影响而确定。由于时间及篇幅限制，为便于观测不同罩棚形态下风场的变化，罩棚倾斜角度选取为 15°，对于罩棚倾斜角度等其他影响因素也有待进一步深入探讨。

6 结语

本文选择具有代表性的建筑平面及罩棚形态，建立了适用于我国寒冷地区足球场风环境模拟的物理模型，并结合实地调研分析和国内外客观标准提出了适宜我国寒冷地区的专业足球场风环境评价标准，得出应优先选择上倾罩棚或平直罩棚，尽量避免使用下倾罩棚的结论。本研究从专业足球场环境舒适角度探求我国专业足球场空间形态优化设计的新路径，通过多目标耦合以得到更适宜我国寒冷地区专业足球场罩棚形态的优化方案。

参考文献

[1] 孙杰红. 基于观众区风环境模拟的体育场界面形态设计研究 [D]. 哈尔滨工业大学，2017.

[2] 史立刚，杜旭. 专业足球场观众区风环境模拟优化设计研究 [C] // 2018 年全国建筑院系建筑数字技术教学与研究学术研讨会. 0：366-370.

[3] 陆阳. 基于 CFD 模拟的体育场场地区风环境设计研究 [D]. 哈尔滨工业大学，2014.

[4] 陈水福，张学安. 体育场主看台悬挑屋盖表面风压的数值模拟. 工程力学，2007，24 (6)：98-103.

[5] BLOCKEN B, STATHOPOULOST. CFD simulation of pedestrian-level wind conditions around buildings：Past achievements and prospects [J]. Journal of Wind Engineering & Industrial Aerodynamics，2013，121 (5)：138-145.

[6] WHITE B R, COQUILLA R, KUSPA B. A Wind-Tunnel Study of Pedestrian-Level Wind Speeds for the Renovation of the Getty Villa [R], 2627 (530), (2001). 95616-2627.

[7] 安融融. 基于风环境模拟的专业足球场罩棚形态设计研究 [D]. 哈尔滨工业大学，2016.

[8] 史立刚，杜旭，杨朝静，崔玉. 健康中国语境下寒地专业足球场观众区风环境优化的逻辑与路径 [J]. 西部人居环境学刊，2019 (2)：36-42.

[9] 史立刚，安融融，杜旭. 基于内场风环境模拟的足球场罩棚形态优化研究 [J]. 城市建筑，2018，300 (31)：112-115.

[10] 庄智，余元波，叶海，et al. 建筑室外风环境 CFD 模拟技术研究现状 [J]. 建筑科学，2014，30 (2)：108-114.

[11] Bekele S A, Hangan H. A comparative investigation of the TTU pressure envelope-numerical versus laboratory and full scale results [J]. Wind and Structures，2002，5 (2-4)：337-346.

[12] 曹岳超. 基于自然通风模拟的体育馆界面形态设计研究 [D]. 哈尔滨工业大学，2014.

[13] 刘璟瑜. 空气湿度和风对体感温度的影响 [J]. 河南气象，2003 (3)：34-34.

[14] 史立刚，安融融，曹岳超. 专业足球场内场风环境数值模拟与优化策略 [J]. 世界建筑，2017 (7)：98-102.

[15] 肖丹玲. 建筑风环境人体舒适性指标试验研究 [J]. 城市建设理论研究：电子版，2013 (10).

[16] 芦岩，李春茹，于伟东. 绿色建筑室外风环境模拟中主导风向与风速确定 [J]. 建设科技，2013 (9)：59-61.

[17] 刘阳. 足球天气学 [J]. 足球俱乐部，2009 (1)：66-68.

[18] 曹智界. 建筑区域风环境的数值模拟分析 [D]. 天津大学，2012.

陈宇龙　李　飚

东南大学建筑学院；Sorrowr@qq.com

基于多智能体交通模拟的城市节点研究
——以意大利普拉托 Macrolotto Zero 区为例 *

Urban Node Research based on Multi-agent Traffic Simulation
——A Case Study ofMacrolotto Zero in Prato，Italy

摘　要：城市交通流量分长期影响着城市空间节点的形成和状态。本文源于与佛罗伦萨大学关于意大利普拉托的城市更新的合作研究，以普拉托 Macrolotto Zero 区的城市交通模式和市民行为模式为原始数据，基于多智能体的相关算法，结合 A * 算法，模拟城市交通的运行模式，对城市节点活力和空间结构进行分析。在合理的行为规则和区块评价规则下，本研究尝试准确而快速地得出城市区块内的流量分布，旨在为城市节点的研究分析提供直观有效的参考和依据。

关键词：城市空间节点；多智能体；市民行为；交通模拟

Abstract：Urban traffic flow affects the formation and situation of urban spatial nodes in long terms. This paper is based on a collaborative study with the University of Florence on urban renewal in Prato，Italy. Based on data of the urban traffic patterns and citizen behavior patterns of the Macrolotto Zero in Prato，the vitality and spatial structure of urban nodes was analyzed depending on the multi-agent algorithms and the A * algorithm. Under reasonable rules of behavior and block evaluation，this study attempts to accurately and quickly derive the distribution of traffic within urban blocks，aiming to provide intuitive and effective references for the research of urban nodes.

Keywords：Urban spatial nodes；Multi-agent；Citizen behaviors；Traffic simulation

1　引言

城市节点作为城市设计五要素之一，是城市中观察者所能进入的重要战略点，是从一种结构向另一种结构转换的关键环节。[①]而城市中市民的特征行为和交通，是影响城市空间节点的形成和状态的关键要素之一。但因相关数据难以获取和不准确，在有关城市的生成设计中，有关交通流量的信息往往被忽略或是回避。

在城市的数值模拟研究中，多智能体系统是建立城市模型常用的算法原理之一。多智能体算法是由多个智能体（Agents）构成的自组织系统，每个智能体包含特定的属性和行为规则，通过相互交换信息体现出"自下而上"的行为模式。此外，A * 算法服务于每个智能体的路径选择。在明确每个智能体的出发点与目的地后，即可计算得到多智能体在城市模型中运动的较优的路径。基于城市中行为数据调整规则和参数，结合多种算法模拟城市的交通状态，可还原城市人流及行为的复杂过程，实现对城市交通与节点的模拟与分析，从而建立普适性的城市空间节点的分析评价体系，为进一步区块的更新优化提供必要的策略参考。

本文将从模拟系统的构成及具体的场地实践两方面展开具体阐述。前者关注模拟系统的模块组成和规则的

---

*　国家自然科学重点基金项目"数字建筑设计理论与方法"（编号：51538006）。

①　引用自凯文·林奇在《城市意象》中对于城市节点的阐述。

制定，后者集中阐述该模拟系统在普拉托 Macrolotto Zero 区的具体实践。

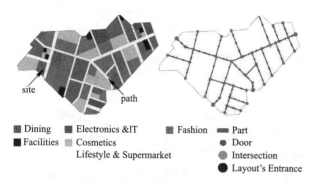

图 1　基于多智能体算法的商场流量模拟和区块划分

（Feng T，Yu L Yeung S，et al. Crowd-driven Mid-scale Layout Design ［J］. ACM transactions on graphics，2016，35（4）.）

2　模拟系统的构成

2.1　原始输入数据

　　用于构建模拟系统的原始数据主要包括区域内道路、房屋、功能、区块、人口结构等相关信息。其中，道路和房屋的信息相对客观且容易获取，用于作为构建供智能体"运动"载体的半边数据网格。该类数据具体包括道路长度、道路交汇情况、房屋建筑面积、房屋朝向、绿化分布等信息。人口结构相关的数据主要包括区域内人口数量、年龄分布、性别比例，职业分布等。此类数据是多智能体行为规则的数据来源，客观但难以直接使用，需要进行组织和规则化。道路、房屋、区块的原始数据整合为一个 3dm 矢量文件，人口相关信息作为表格数据供程序读入。

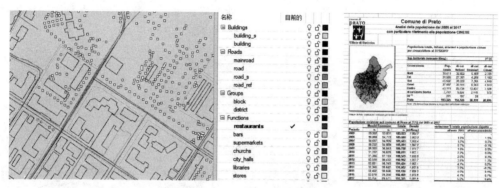

图 2　原始数据的整合与读取，3dm 文件和表格数据文件

2.2　数据组织及规则的制定

　　A＊算法是在半边数据结构的网格或量化的节点集中寻找两个节点之间最短路径的方法。它通过计算起点到某一节点的移动代价和该节点移动到终点代价[①]，两者求和不断迭代比较，从而得出由起点到终代价最小的路径。

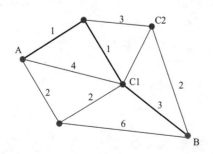

图 3　运用 A＊算法在半边网格中寻找最短路径

　　原始数据中道路和房屋的相关信息用来构建系统的"基地"，供智能体依照规则在其中运动。其中，道路将

被组织整合成为具有半边数据结构的路网，并用参照道路情况，用 A＊算法得出每个节点之间的距离和路路径，使得每个智能体可以付出对应的代价（时间）可以到达路网内的任何一点。房屋在获得出入口之后，通过出入点与道路相连接从而纳入路网。此外，由于场地的区域性，所构建的路网必然会出现非闭合节点，需要进行特殊处理。

　　模拟市民行为的智能体的运动规则，是模拟系统中重要的部分。同时，因为人口结构的数据难以直接获得和进行直观转换，运动规则的制定过程较为复杂、容易包含主观的因素。苏雷曼（Suleiman，2016）在其研究中讨论了人的移动与空间的关系，并制定了若干一般性规则。吉迪恩（Gideon，2012）在其步行系统模拟的研究中，讨论了人口结构、建筑容积、功能和分布对市民行为规则的共同影响。本文基于原始人口数据和场地特征，总结出若干条行为规则，并确定拥有每条规则的智能体数量。具体行为规则将在下文模拟实践中详细阐述。

---

　　①　即 A＊算法中的 F＝G＋H，其中 G 是起点移动到该节点的代价，H 是该节点移动到终点的代价，F 则是不断被比较的总代价。

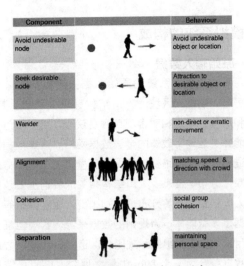

图 4　The generative tool principles

（Alhadidi S. Generative Design Intervention：Creating a Computational Platform for Sensing Space ［C］// Association for Computer-aided Architectural Design Research in Asia. 2013.）

2.3　模拟过程中的数据收集

在路网模型建立完毕、智能体的行为规则赋予完成后，基于 Eclipse 平台的 Java 程序开始运行。每个智能体会按照其被赋予的规则进行循环往复的移动，并与路网系统中的检测点产生关联。基于实际的场地调研，检测点通常设置在道路交汇处、重要公共建筑处以及其他人工设置的点。

程序在运行过程中，系统每隔一个很短的时间会统计每个检测点附近的智能体个数，即该点的即时流量，并添加到该点的流量数上。同时，每个点会同步地计算该点流量和总流量的比值，即流量比例。经过多次实验发现，在程序运行一定时间后，各检测点的流量比例会趋于稳定，由节点半径直观地显示出来。各个点的流量比例值往往同时呈现出复杂性和规律性。流量比值作为原始的结果数据，被运用于之后的评价。

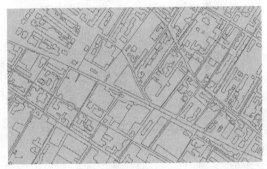

图 5　路网的构建，用矢量线段构建半边数据网格

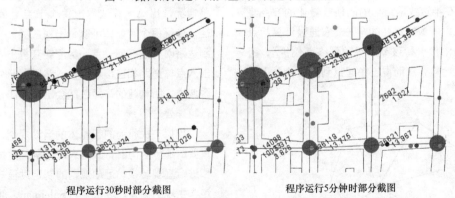

程序运行30秒时部分截图　　　　　程序运行5分钟时部分截图

图 6　流量（左侧）与流量比值（右侧）。随着模拟时间的增加，节点流量不断增加，同时流量比值趋于稳定

2.4　成果数据的整理与评价

城市系统的交通模拟需要获得以区块为单位的评价建议，从而为区块的更新改造提供改造建议。场地中的区块依据道路和建筑群的分布划分而来，每个区块与其包含的检测点的发生关联。通过分析区块内各检测的点的流量比例以及其分布，结合该区块内的绿化、建筑密度及分布情况，即可初步给出一个"普通""良好"或"需要调整"的评价。

若该区块被认为"需要调整"，则系统需要进一步提供该区块的调整方向。影响具体调整方向的因素主观且复杂，王（王德文 2018）在其研究中列出了有关土地利用强度、建筑物情况、经济效益等 7 层不同的准则。结合实际场地，本文关于成果数据的评价只尝试提出相对简单的调整建议。

3 目标场地的模拟实践

3.1 场地背景

模拟实践的场地位于意大利普拉托 Macrolotto Zero 区，是一个华人与意大利人混居区域，人口结构为大部分华人劳工和少数普拉托本地市民，在 19 世纪后新的混合社会圈在普拉托形成。华人随着财富的积累和生活水平的提高，开始表达出对故乡的追思和怀念，对于居住生活品质也提出了更高的要求，为本次更新设计提供了前提条件。

场地内的道路、建筑等相关信息主要来源于 OpenStreetMap[①]（OSM）开源地图数据库，可以方便地获得分层的道路线、建筑轮廓线的矢量文件。而 Google Map 提供了有关各类功能点的位置和人流量。[②] 于此同时，普拉托当地的政府网站[③]上包含了该市各区域的重要旅游点、公园绿化的位置以及各区域人口年龄、种族、性别、职业等相关数据。以上数据是交通模拟系统可以在该场地成功实现的基础和前提。

图 7 从 OpenStreetMap 和 Google Map 上获取数据 3.2 场地数据的整合

（1）路网信息：在获取道路线的矢量文件后，对线段进行重合以及交叉判断，从而得到交叉点以及点之间的相互关系，并以此建立包含半边数据结构的路网体系。区域内的建筑设置一个或多个入口点与道路相接，从而实现建筑与路网的连接。除此之外，每个路网都会有部分节点只有一条边，即为该区域与外部的连接点。在该场地中，除一种特殊的行为外，大部分智能体不会通过该类节点，从而保证系统的稳定和闭合。

（2）区块信息：区块由建筑聚类以及路网划分构成，每个区块包含检测点、绿化及建筑的相关信息。建筑的几何模型相对而言不重要，故只读入简单的建筑轮廓。每个建筑包含其功能类型、常住人数等等。区块作为连接市民与路网的中间模块，也是模拟系统结果的记录模块。

（3）市民信息：从普拉托的市政网站中获得人口相关的信息后，以此为依据同时结合实际的场地调研，为每个人制定一种行为规则，并将其按比例分进每个区块。[④]市民的相关信息是智能体代理行为规则的主要依据。

3.2 行为规则的制定

在通过实际的场地调研和市民信息的分析，笔者在普拉托 Macrolotto Zero 区共总结出四种主要的行为模式。实际情况下的市民行为会有更多的随机性和复杂性，但对模拟结果影响较小，故暂不予考虑。

（1）漫步者：该类智能体从起点出发，自由而随机地在城市移动，并最终回到起点。每个漫步者都会有一个活动范围，超出活动范围的区域去的可能性更小。此类智能体代表了区域内的散步者，他们没有明确的活动目标，但会在一个大致范围内运动，此类智能体除了年龄与活动范围部分关联外，没有特别的倾向，占比约为 24%。

（2）规则者：该类智能体往返于区域内特定的几个点，并在目标点内停留一段时间，如此循环往复。此类智能体代表了区域内日常的工作群体，生活规律性极强，缺乏变化。以此区域内该类智能体大部分为华人劳工以及个体营业者，作为该区域的行为主体，占比 47%。

（3）搜寻者：该类智能体会一次经过相似或成序列的一组特定功能点后返回原点，之后前往另一组特定功能点，如此循环。该类智能体代表了区域内负责交流、货运以及采购的人员，也有部分是暂居与此的游客或商人，活动方式有较大的随机性，占比 16%。

---

① OpenStreetMap 是一个开源的地图数据平台，可提供矢量文件的下载。

② Google Map 提供的 Location 功能，可以获取区域内功能点的坐标和类型。

③ 普拉托电子政务网站 http://egovernment.comune.prato.it/，普拉托城市地图 http://mappe.comune.prato.it/mappebinj，普拉托城市人口统计 https://www.citypopulation.de/php/italy-toscana.php 等。

④ 此种方法并不完全准确。从场地整体看，针对单个建筑中的人口结构难以获取，也无太大必要。

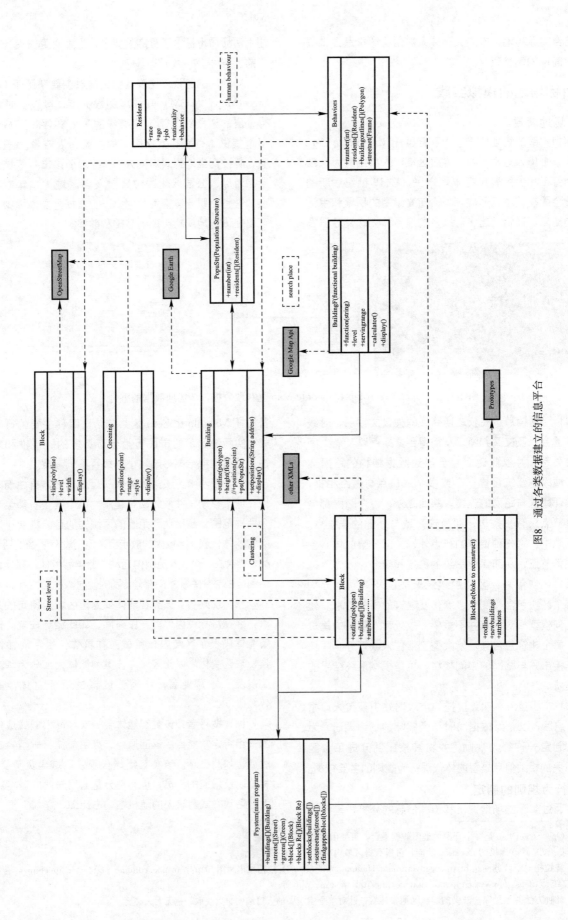

图8 通过各类数据建立的信息平台

324

（4）外来者：该类智能体由外部，即从孤立节点进入，经过一系列景点后从另一孤立节点离开。此类智能体，代表了该区域的外来人员，多为外地游客，占比13％。为保持系统的平衡，在一个外来者离开后，立刻会有新的外来者从其他节点进入该区域。

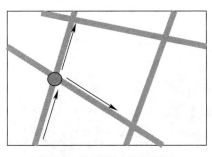

漫步者：随机性较大的四处移动

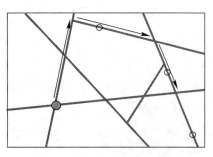

搜寻者：寻找目标而经过一类功能点

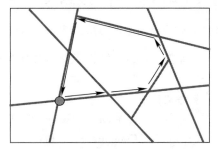

规律者：规律地往返在特定一组位置

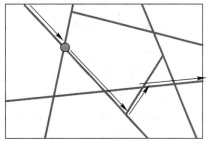

外来者：在经过特定一组节点后离开

图9　四种主要的智能体规则的演示

3.3　结果的分析及反馈

在所有信息处理加载完毕后，基于 Eclipse 平台的模拟系统即可顺利运行。一段时间内，每个检测点的流量比例趋向稳定，整个场地的流量分布也有着直观的体现。

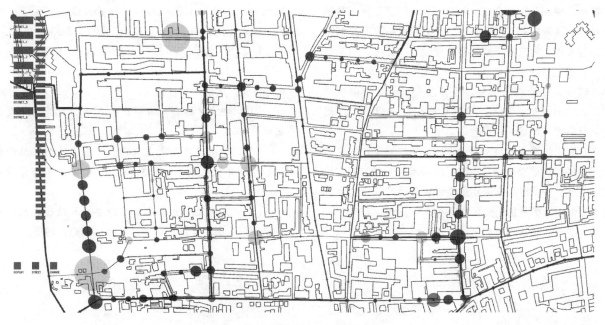

图10　场地典型区域的模拟结果

在交通模拟过程结束后，以区块为单位，综合分析其检测点的流量比例，得到针对该区块的评价。针对此次普拉托的区域更新改造，笔者提出三种具有代表性的评价。

325

（1）流量过小（Lonely）：该区域的检测点流量比例之和远小于该区域建筑和场地中应容纳的流量。

（2）流量过大（Crowded）：该区域的检测点流量比例之和远大于该区域建筑和场地中应容纳的

流量。

（3）流量不平衡（Inbalanced）：在平均流量处于正常水平的前提下，该区域的检测点流量方差较大，且存在明显的分布不均。

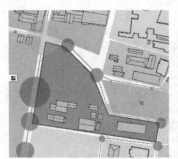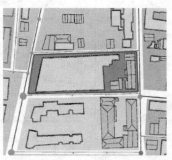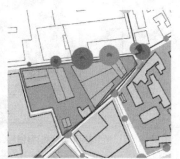

图11　场地典型区域的评价结果（从左到右依次为流量过小、过大以及不平衡）

在模拟和评价趋于稳定之后，系统可以以此生成针对性的建议，为下一步更新改造提出重要建议。另一方面，模拟系统的输入数据可以实时调整，实时更新模拟结果，从而可以实现一定程度的人机互动，不断反馈从而得到更优的结果。

4　结语

本次研究基于意大利普拉托的区域更新改造，在获得场地内建筑、路网、人口结构等信息的基础上，基于多智能体、A＊等相关算法，构建了模拟市民行为流量的模拟、检测及评价系统，获得了场地的流量分布数据以及针对区块的初步评价，为该区域的更新改造在城市交通与市民行为方面提供了参考建议。

在模拟系统中行为规则的以及评价准则的制定上，存在较多人工介入的部分，逻辑性相对于其他模块较弱，因此对模拟系统的完整性和连续性造成了一定影响，且需要实地调研考察验证。

在获得所需要的路网、人口结构的前提下，本文所构建的多智能体交通模拟系统可以运用在更多的城市场地。为此，该模拟系统需要建立更有逻辑性的行为规则生成方法以及更完善的交互反馈系统，从而形成更准确、快速、实时的流量分布和区块评价。城市交通模拟系统

的完善，可以推动城市设计方法朝科学系统的方向发展。

参考文献

［1］ Alhadidi S. Generative Design Intervention：Creating a Computational Platform for Sensing Space ［C］// Association for Computer-aided Architectural Design Research in Asia. 2013.

［2］ Aschwanden G. Agent-Based Social Pedestrian Simulation for the Validation of Urban Planning Recommendations ［J］. SIGraDi 2012 ［Proceedings of the 16th Iberoamerican Congress of Digital Graphics］Brasil-Fortaleza 13-16 November 2012, pp. 332-336, 2012.

［3］ Feng T，Yu L Yeung S，et al. Crowd-driven Mid-scale Layout Design ［J］. ACM transactions on graphics，2016，35（4）.

［4］ 凯文·林奇，城市意象 ［M］. 北京. 华夏出版社. 2001.

［5］ 李飚. 建筑生成设计——基于复杂系统的建筑设计计算机生成方法研究 ［M］. 南京：东南大学出版社，2012.

［6］ 王德文. 更新地块改造潜力与改造成效评价研究 ［J］. 中国房地产，2018，621（28）：19-22.

李沛文 李 力

东南大学建筑学院；lpwseu@163.com

基于 UWB 室内定位系统的失智老人行为模式量化分析与可视化

——以南京市某养老院为例 *

Quantitative Analysis and Visualization of Behavioral Models of Demented Elderly Based on UWB Indoor Positioning System

——Taking a Nursing Home in Nanjing as an Example

摘 要：随着中国人口老龄化以及阿兹海默症在老年群体中的越来越高的发病率，针对养老院中的失智老人的行为模式的研究与探讨变得日益重要。本研究旨在运用 UWB 室内定位技术，获取南京市雨花台区某养老院某楼层的失智老人在公空空间中的行为样本数据，并将数据进行深度挖掘以及定量化与可视化的呈现，结合活动轨迹分布规律、行为时序变化、空间停驻时间比与热度图分析出患者老人的潜在行为模式，并最终反馈到养老院中现存的空间矛盾与潜在问题之上。本文对养老院建筑中的空间设计方面与医护领域的相关研究也有一定借鉴价值。

关键词：室内定位技术；数据采集；量化分析；可视化；养老院建筑设计

Abstract：With the aging of China's population and the increasing incidence of Alzheimer's disease in the elderly, research and discussion on the behavioral patterns of demented elderly in nursing homes has become increasingly important. The purpose of this study is to use UWB indoor positioning technology to obtain behavioral sample data of demented old people in a public space on a certain floor of a nursing home in Yuhuatai District，Nanjing，and to carry out deep mining and quantitative and visual presentation of data，combined with the activity track. Distribution patterns，behavioral timing changes，spatial hangover time ratios and heat maps analyze the potential behavior patterns of the elderly，and finally feed back to the existing spatial contradictions and potential problems in nursing homes. This paper also has some reference value for the research on the space design and nursing field in the construction of nursing homes.

Keywords：Indoor positioning technology；Data acquisition；Quantitative analysis；Visualization；Nursing architectures design

引言

近年来，随着生活水平的日益提高及医疗技术的不断发展，65 岁以上的老龄化人口越来越多，我国人口也呈现明显的老龄化趋势。然而，失能、失智（如阿兹海默症）等典型症状在老年群体中越来越严重，并随着

* 本文受国家重点研发计划资助项目（2017YFC0702300）之课题"具有气候适应机制的绿色公共建筑设计新方法"（2017YFC0702302），国家青年自然科学基金（51808104）"基于用户行为模式挖掘的建筑使用效能研究"，江苏省双创人才资助项目资助。

年龄上升而快速增长，根据相关数据表明：65～79 岁、80～89 岁、90～99 岁和百岁以上老年人的失能率分别是 5.5%、15.6%、34.1% 和 51.7%；失智率分别是 4.8%、17.1%、36.3%、56.6%[1]。由于老龄患者家属关于应对知识与护理技能的缺乏，面对这样的老年症状时，越来越多家庭选择了养老院养老这样一条医养结合的照护模式：既能充分发挥医院的专业化医疗、护理的资源优势，又能大幅改善老龄患者的生活自理能力、精神行为症状。尽管养老院针对患者老人进行专业的诊治与细致的看护，有关患者老人行为数据、行为模型等实验分析的缺失，仍对医护领域进一步的研究造成了阻碍。如何获取有效而准确的患者老人的行为数据，同时避免给老人带来"监管式"的心理感受，已逐渐成为亟待解决的重要课题。

针对室内行为的定量化研究，室内定位系统（IPSs）的引入，在本质上改变了传统的研究方式（调查问卷、认知地图、现场观察等）。区别于 GPS 户外定位系统，室内的 GPS 信号会受到墙体与楼板的遮挡域反射，因而室内定位系统常采用 Wi-Fi、蓝牙、超声波、红外线、ZigBee 以及超宽带等技术方式[2]。相关的实验诸如 Y. 吉村（Y. Yoshimura）等使用蓝牙方式对巴黎卢浮宫中部分区域的人流量进行数据测量[3]；清华大学团队，东南大学团队也分别使用超宽带室内定位系统对万科松花湖度假区与东南大学图书馆阅览室进行环境行为的分析[4]，都一定程度上证明了室内定位系统的可行性。其中，新兴的超宽带（UWB）技术的运用，使室内定位系统可以更加高效、实时而连续的获取室内行为数据，这也为养老院中患者老人的行为数据的测量实验提供了可能。为了进一步发掘患者老人的行为规律，并对养老院的医护模式、养老院内的空间设计研究提供一定的参考，我们旨在运用 UWB 室内定位技术，获取南京市雨花台区某养老院中某楼层的部分失智老人在三天内的全样本数据，对老人的行为模式进行量化分析和可视化表现，并结合实验结果，反馈到养老院室内空间的再设计上，形成了实验—分析—反馈完整的研究闭环。

1 UWB 室内定位系统

超宽带（Ultra-wideband，UWB）技术之所以能运用于室内定位系统，并满足建筑尺度研究的需求，是因为同其他无线信号相比，UWB 信号具有更大的带宽、3.1～10.6GHz 的频率[5]、低信噪比状态下仍能正常工作、低密度的功率谱、很高的时间分辨率以及良好的抗多径能力[6]，采用 UWB 技术进行室内定位能够达到亚

米级的误差精度[7]。因而，UWB 室内定位系统具有很高的使用与应用价值。在本次实验中，我们使用了由东南大学建筑学院建筑运算与应用研究所和瑞士 Nexiot AG 联合开发的团队开发的 K-Ranging 高精度超宽带实时定位系统。

K-Ranging 定位系统是基于 UWB 双向测距技术（TW-TOF，two way-time of flight）并提供从硬件到软件到服务器全平台支持的一套实时定位系统。如图 1 与图 2 所示，K-Ranging 定位系统包含由标签（Tag）与基站（Anchor）构成的硬件端、包含定位程序的软件端、提供无线局域网络的传输端以及存储数据信息的 MySQL 数据库。使用时，通过在无线网络环境的配置下搭建定位系统基站，记录携带移动标签的用户位置[8]。目标对象所佩戴的标签，通过高频发射极窄脉冲无线信号与所处同一个网络环境中的基站进行通信，根据 TOF 算法可以测算出标签距离基站的距离，当获得了标签与相邻的 3 个基站的距离信息，便可以通过三边定位算法计算出标签所在的空间坐标位置[9]，坐标数据通过无线网络传输到终端设备，由执行程序将标签的坐标信息记录在数据库中，并最终显示在程序图形界面上。

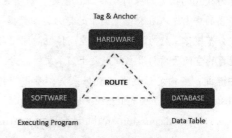

图 1　K-Ranging 定位系统框图

图 2　系统中标签与基站的实物图

2 实验过程

2.1 室内定位系统在养老院中的搭建

本次实验以南京市雨花台区某养老院中某楼层的失智

老人作为实验研究对象。通过为期 2 周的前期调研，我们将养老院中老人活动状态与护工管理模式进行了初步划分为八个阶段（见表 1），根据调研发现：老人除去回房休息的时间（17：30-4：40），其余都在公共区域（大厅与走廊）进行活动，因此本次实验主要以研究患者老人在公共区域的行为模式为目的。整个公共区域室内定位系统的搭建过程包括：基站位置选择，基站安装，无线网络环境搭建以及对该楼层失智老人样本进行随机抽样并发放标签。

养老院该楼层 24 小时内老人活动状态与护工管理模式 表 1

	医护人员状态	患者老人状态		医护人员状态	患者老人状态
阶段 1：4：40-6：00	护工将行动不便的老人移至大厅	老人起床、并坐在大厅固定座位上	阶段 5：12：00-13：30	医护人员休息	老人坐在外置上自由活动
阶段 2：6：00-7：30	医护人员提供早餐并帮助老人用餐	老人用餐	阶段 6：13：30-16：00	医护人员组织老人在活动室活动	老人按批次前往活动室活动
阶段 3：7：30-10：30	医护人员检查老人生理状态	老人坐在位置上自由活动	阶段 7：16：00-17：30	医护人员提供晚餐并帮助老人用餐	老人用餐
阶段 4：10：30-12：00	医护人员提供午餐并帮助老人用餐	老人用餐	阶段 8：17：30-4：40	医护人员清理活动区并值勤	老人回房休息

2.1.1 无线网络环境搭建

为了使所有基站与标签处于同一无线网络环境，我们并未使用养老院中现有的 WiFi 网络，而是采用在大厅重新搭建局域网的方式，并结合多个信号放大器，在保证网络的全覆盖同时，避免了网络传输对养老院正常医疗工作的影响。

2.1.2 基站的安装

下一步便是在公共区域中安装基站。为了覆盖患者老人在公共区域中全部活动范围，并使标签能与基站发生正常的通信（如果标签自动识别的三个基站之间是一个角度较大的钝角三角形，定位准确性将大幅度下降；标签信号最多能穿越 3 堵墙），我们在走廊、大厅与房间内一共安装 8 个基站。

在搭建中不可避免的一个问题便是患者老人对陌生物件的焦虑性与破坏性，并在该楼层曾发生过数起患者老人破坏公共消防柜、医疗设施等事件，为了保证实验的顺利进行，我们将基站设备进行隐匿化保护处理（如图 3），相关措施包括：将走廊中的基站放置在集成吊顶上方、大厅的基站放置于空调机上并固定在墙面 2.5m 高、房间内部的基站插座安装插座保护盖与保护锁、电路延长线沿墙边整齐排布并使用理线器进行固定。从而尽可能地减少基站对患者老人心理状态的影响，降低基站损坏率。

2.1.3 标签的发放与实验对象

在实验中，我们对该楼层患者老人进行随机抽样并选取 15 位作为本次研究对象，其中男性 4 名，女性 11 名；年龄段分布在 65～87 岁之间；3 名老人使用轮椅。15 位患者老人中，阿兹海默症患者有 14 名，仅有 1 名为抑郁症；在患阿兹海默症的老人中，轻度患者 1 名，中度患者 10 名，重度患者 3 名；入住时长、行动能力也都有所差异。

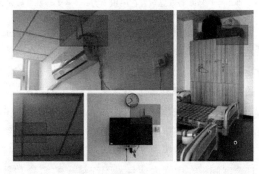

图 3 基站的隐匿化处理

在给 15 位患者老人佩戴标签的时候，我们发现部分老人对佩戴标签的排斥性（如拥有较强意识的老人 A 会主动取下标签，重度患者老人 B 会藏匿标签），为了让老人在佩戴标签的状态下进行日常活动，我们在老人外套肩膀处缝制了小布袋并放置标签（图 4）。在实验中，需要每隔一段时间对每个标签的状态进行检测，防止出现标签掉落、标签未激活、老人拆下标签意外情况，并在患者老人入睡后对所有标签进行统一的充电与管理。

图 4 标签放在老人肩膀上的布袋中

2.2 实验阶段

在搭建完室内定位系统后，我们对实验过程进行了模拟与测试，发现标签的定位信息不定时跳转（比如从走廊区域跳转到室内的卫生间中或直接瞬移至平面图外围）、个别基站不定时与网络断开等问题。通过不断调试与优化基站、路由器的位置，我们尝试降低定位系统的出错率并最终将路由器安装在平面图的中心处（护士台的桌面），以及如图5所示安装8个信号基站。同时，我们根据测绘出的楼层平面建立笛卡尔坐标系，依次开展为期三天的老人行为数据采集实验。

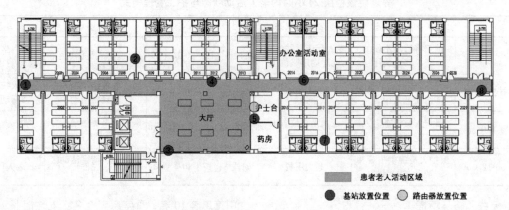

图5　养老院该层平面布局与基站、路由器的安装位置

（其中1号4号6号8号基站放置在吊顶上方；3号7号基站放置在空调机上方；2号5号基站则分别放置在桌面与电视机上并配备插座保护装置）

在实验中，数据的采集主要有三种来源，其中主要来源为室内定位系统获取的老人行为数据，另外两中包括现场实验人员的行为观察记录与医护人员提供的研究对象的信息数据（包括基本信息、性别、患病情况与偏好）。通过前期搭建的室内定位系统，固定在楼层内的基站每隔20ms会记录各个标签的定位数据，并上传至终端设备进行存储。由于患者老人的活动时间为4：30-17：30，其余时间都在房间内休息，因而每天的实验测量时间为早上4：30到下午5：30，数据收集从2018年12月3号到12月5号，共获得15个标签的30000余条。

2.3 数据预处理

实验期间部分时间段的部分标签发生失灵、被私藏等现象，实验人员通过可用数据统计表对相应时段与标签序号进行记录，并对采集到的相关数据进行初步剔除。此外，发现存在部分瞬间波动过大、跳转至平面边界外的异常数据，对此我们设定合理的横纵坐标跳转容差值与平面边界的信息数据，对异常数据进行过滤与筛选。由于设备在静止状态一段时间后会自动进行休眠，也会形成一定的空缺数据。我们结合人为观察记录表所记录的老人行为状态，对这些预处理后的空缺数据进行适当补充。最终，我们使用降采样和降噪算法等方式对剩余所有数据进行优化与均匀化处理，获得了较为准确的包含时间信息、平面坐标信息、标签编号的行为数据集。

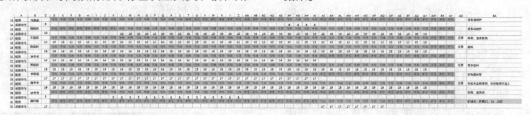

图6　标签的可用定位数据统计表

（图中绿色部分表示标签在正常状态下进行实验，红色部分表示该时段标签数据不可用）

3　数据分析与处理

在前期的实验与数据预处理结束后，我们通过Python语言编写的可视化程序，将数据库中的位置数据信息进行可读性呈现。图7所示为2号标签在12月3日与12月4日两天内的活动轨迹图，其中红色点表示选取的坐标原点，绿色点代表基站位置，蓝色点则表示每次基站测量获得的标签位置，通过蓝色点的累计叠加，可以清晰的显示出研究对象的活动规律。通过对比15个样本的三天内的活动轨迹，我们提取了其中的两个明显的行为特征：停驻行为（图7中饱和度较高的蓝色点）与走动行为（图7中呈现出连续的蓝色路径），进行进一步的分析。

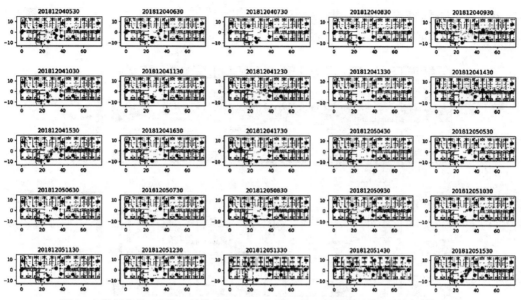

图 7　2 号标签从 12 月 3 日的上午 4：30 到 12 月 5 号下午 3：30 的活动轨迹图

3.1　停驻行为

在图 7 与其他标签数据可视化后的图表中，都多次出现饱和度较高的蓝色点，是因为定位蓝点的累计叠加造成的，这一意味着：目标对象在该位置处长时间停驻。蓝色点的饱和度越高，表示目标对象在该点处（在后文中称为停驻点）停驻的时间越长。针对这样的停驻行为，我们提取了数据库中的前后坐标位置差异在规定容差值之内（即表明在停驻点或周围可接受范围内活动）的数据列表，将其对应时间进行统计与可视化，建立了每个标签在一天内的行为时序图，其中部分图表如图 8 所示。经过统计，图表中 6：30-7：30；9：30-12：30；15：00-17：00 的时间段间，标签基本上处于

停驻状态或仅发生小范围移动（所有标签的平均停驻时间占总时间的 80％以上），这些时间段基本上与表 1 中的早餐用餐、护工检测、午餐用餐、晚餐用餐时间段相对应，表明在相关时段内患者老人在医护人员的照看下在大厅座位处进行行为活动。而在 4：30-5：30、7：30-8：30、12：30-14：00、17：00-18：30 的时间段内，标签的平均停驻时间占比低于 40％，表明相关时段内患者老人主要发生走动行为。而其余时间段内，患者老人中存在着不定时的走动与停驻行为。由图表中可见，部分的停驻行为（或小范围移动）发生在标签的走动区段之间，推测原因为患者老人在走动过程中会步伐减缓或者原地停驻。

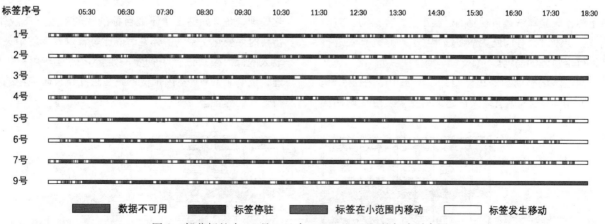

图 8　部分标签在 12 月 3 日内 4：30-18：30 的行为时序图

在此基础上，为了进一步分析患者老人的停驻位置，我们将公共区域平面按照 1m×1m 的尺度划分为网格，并通过 Python 绘制了不同标签在三天内的停驻空间热度图（图 9），单个标签的停驻点被清晰地显现出

来。其中，单个标签在不同日期内饱和度最高的停驻点基本重合，这是因为医护人员在大厅中给每人患者老人都安排有固定的位置，方便医护人员的记录与管理。另外部分的停驻点出现在走廊的两个近端空间与大厅内的

其余座椅处，结合行为观察记录表，推测出患者老人在大厅内会发生离开固定座位的停驻行为（如在大厅中表演节目、在其他位置上与不同对象进行聊天交流等）以及在走动时更倾向于在走廊尽端处停驻。

图9 2号标签在两日内的空间停驻热度图
（上图为12月3日内4：30-18：30的数据；下图为12月4日内4：30-18：30的数据）

3.2 走动行为

在对比了所有标签样本的活动轨迹图与行为时序图中的走动时段后，可初步将患者老人的走动行为分为4个阶段。4：30-5：30（标签平均停驻时间比为32%）；7：30-8：30（标签平均停驻时间比为28%）；12：30-14：00（标签平均停驻时间比为35%）；17：00-18：30（标签平均停驻时间比为23%）。为了对每个阶段的走动行为路径进行进一步量化，我们尝试了路径矢量算法（将两个相邻坐标位置点进行连线）与区域移动算法（将公共区域划分为16个子区域，进行区域名的连线），由于路径矢量算法在可视化的过程出现路径抖动、方向偏移、误差过大等问题，最终选定了区域移动算法进行老人行走轨迹的呈现。

通过区域移动图的统计归纳，如图10，在4：30-5：30的时间段内患者老人在起床后主要发生往返病房与大厅固定座位间的走动行为；在7：30-8：30、12：30-13：00的时间段内患者老人在早餐结束后主要发生着公共空间中走廊内的徘徊行为，并多次在走廊尽端停驻；在13：00-14：00内老人主要发生着公共区域内大厅中的徘徊行为，并停驻于其他座位处。在17：00-18：30内老人以回房休息的走动轨迹为主。

4 结果与展望

本次实验通过使用室内定位系统对养老院中患者老人行为数据进行测量，并对数据进行校对、分析、可视化处理，统计归纳出了研究目标的活动轨迹分布规律、行为时序变化、空间的停驻时间比等，对养老院中失智老人的行为模式进行了初步的定量化处理与可视化处理，证明了UWB室内定位系统在医疗建筑研究中的可行性与优越性。

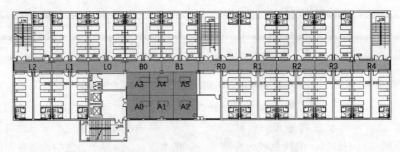

图10 使用区域移动算法提取样本行为路径（一）
（上图：将公共区域划分为16个子区域；下图：区域移动的统计归纳表）

标签序号	行走区域统计	时间段	区域移动统计		移动趋势统计
1	A0-A1-A0-A0-A0-A0-A3-A0-A0-A0-A0-A1-A2-A0-A0-A0-A0-A0-A0-A0-A0-A0-A3-B0-B1 -B0-B1-R0-R1-R2-R3-R4-R3-R4-R4-R4-R3-R2-R1-R0-B1-B0-L0-L1-L2-L1-L0-L0-B0-B1-R0-R1-R2- R3-R4-R4-R4-R4-R3-R2-R1-R0-B1-B0-L0-L1-L2-L2-L1-L0-L0-B0-B1-A3-A0-A0-A0-A0-A0-A0-A0- A0-A0-A0-A0-A0-A3-A0-A1-B0-A0-A0-A0-A0-A1-A2-A0-A0-A0-A0-A0-A0-A0-A0-A0 -A0-A0-A0-A3-B0-A4-A4-A3-A0-A0-A0-A0-A0-A0-A0-A0-A0-A0-A3-A0-A0-A1-...	08:30-09:30	A区域内移动次数	5	A区域内移动
			A、B区域内移动次数	1	
			L、B、R区域内移动次数	2	
			L、B、A区域内移动次数	1	
			R、B、A区域内移动次数	1	
	A0-A0-A0-A0-A0-A0-A0-A0-A0-A0-A1-A0-A0-A0-A0-A0-A3-A0-A0-A0-A0-A1-A0 -A0-A0-A0-A0-A0-A0-A0-A0-A0-A0-A0-A0-A0-A0-A0-A0-A0-A0-A3-A0-A0-A0-A0-A 0-A0-A0-A0-A0-A0-A0-A0-A0-A0-A0-A0-A0-A0-A0-A0-A0-A0-A0-A0-A0-A0-A0-A0- A0-A0-A0-A0-A0-A3-B0-B0-A3-A4-A3-A0-A0-A0-A3-A0-A0-A0-A0-A0-A0-A0-A0-A0 -A0-A1-A0-A0-A0-A0-A0-A0-A0-A0-A0-A0-A0-A0-A2-A0-A0-A0-A3-A0-...	09:30-10:30	A区域内移动次数	3	A区域内移动
			A、B区域内移动次数	1	
			L、B、R区域内移动次数	0	
			L、B、A区域内移动次数	0	
			R、B、A区域内移动次数	0	
	A0-A0-A0-A0-A0-A0-A0-A0-A0-A0-A0-A0-A0-A0-A0-A0-A0-A0-A1-A0-A0 -A0-A0-A0-A0-A0-A0-A0-A0-A0-A0-A0-A0-A0-A0-B0-B0-A3-A4-A3-0-A0-A0-A0 B0-B0-A0-A0-A0-A1-A3-A4-A3-A0-A0-A0-A0-A0-A0-A0-A0-A0-A0-A0-A0-A0 -A0-A0-A0-A0-A0-A0-A0-A0-A3-A0-A0-A0-A0-A0-A3-A0-A0-A0-A3-A0-A -A0-A1-A0-A0-A0-A0-A0-A0-A0-A0-A0-A0-A0-A2-A0-A0-A0-A0-...	10:30-11:30	A区域内移动次数	4	A区域内移动
			A、B区域内移动次数	2	
			L、B、R区域内移动次数	0	
			L、B、A区域内移动次数	1	
			R、B、A区域内移动次数	1	
	A0-A0-A0-A0-A0-A1-A0-A0-A0-A1-A2-A0-A0-A0-A0-A0-A0-A0-A0-A0-A0 -A0-A0-A0-A0-A0-A0-A0-A0-A0-A0-A0-A0-A0-A0-A0-A0-A0-A0-A3-B0-B 1-B0-B1-R0-R1-R2-R3-R4-R3-R4-R4-R4-R3-R2-R1-R0-B1-B0-L0-L1-L2-L1-L0-B0-R0-R1-R2 -R3-R4-R4-R4-R3-R2-R1-R0-B1-B0-L0-L1-L2-L2-L1-L0-L0-B0-A3-A0-A0-AA0-A0-A0-. 	11:30-12:30	A区域内移动次数	2	L、B、A区域内移动
			A、B区域内移动次数	2	
			L、B、R区域内移动次数	3	
			L、B、A区域内移动次数	5	
			R、B、A区域内移动次数		
	A0-A1-A0-A0-A3-A0-A0-A1-A2-A0-A0-A0-A0-A0-A0-A0-A0-A3-B0-A3 -A4-A3-A0-A0-A0-A3-A0-A0-A0-A0-A3-A0-A0-A0-A0-A0-A0-A0-A0-A A3-B0-B1-B0-B1-R0-R1-R2-R3-R4-R4-R4-R4-R3-R2-R1-R0-B1-B0-L1-L1-L2-L1-L0-L 0-B0-B1-R0-R3-R4-R4-R4-R3-R2-R1-R0-B1-B0-L0-L1-L2-L2-L1-L0-B0-B1-A3-A0-A0-A 0-A0-A0-A0-A0-A0-A0-A0-R2-A3-A0-A1-A0-A0-A0-A3-A0-A0-A1-A2-A0-A0-A0-A1-.	12:30-13:30	A区域内移动次数	5	L、B、R区域内移动
			A、B区域内移动次数	6	
			L、B、R区域内移动次数	15	
			L、B、A区域内移动次数	11	
			R、B、A区域内移动次数	7	

图 10　使用区域移动算法提取样本行为路径（二）

（上图：将公共区域划分为16个子区域；下图：区域移动的统计归纳表）

在实验中，我们根据老人的停驻行为与走动行为进行了详细的分析与探究，发现了养老院在内部空间上存在的相应问题：（1）走廊尽端空间较为狭长，仅存在一个封闭的窗口，而患者老人常在此处停驻，尽端缺乏景观绿植与美化措施。（2）患者老人在走廊内部的徘徊行为，与医护人员的工作活动路径发生重叠与交叉，空间上的矛盾会造成潜在的安全隐患。（3）患者老人在大厅中的移动路径与大厅布置发生冲突，老人需要挪动椅子才能实现位置的转移，大厅空间亟待考虑老人行为模式的再设计。因而在养老院建筑的空间设计要更进一步结合患者老人的行为状态，创造出怡人的尽端空间，或者采用环形流线、阳光角落、室内盆景等手法，让老人在走动与驻留时能更加舒适。此外，本文的实验过程也将对UWB室内定位的更进一步运用提供了新的思路与实现方式。

参考文献

[1]　熊贵彬. 中国走失老人总量测算与区域分布特征分析——基于全国救助站随机抽样调查 [J]. 人口与展，2017，23（6）：103-108.

[2]　黄蔚欣. 基于室内定位系统IPS的环境行为分析——万科松花湖度假区 [J]. 世界建筑. 2016（04）：126-128.

[3]　YOSHIMURA Y，GIRARDIN F，CARRAS-CAL J P，RATTI C，BLAT J. New tools for studying visitor behaviours in museums：A case study at the Lou-vTe. Information and Communication Technologies in Tourism 2012. Proceedings of the International Conference（ENTER 2012）. Eds FUCHS M，RICCI F，CANTONI L. New York：Springer，2012：391-402.

[4]　详见 [2]，[8]，[9]，（清华大学的黄蔚欣老师与东南大学的李力老师关于室内定位撰写的论文）.

[5]　葛利嘉，曾凡鑫，刘郁林，等. 超宽带无线通信 [M]. 国防工业出版社，2006.

[6]　朱永龙. 基于UWB的室内定位算法研究与应用 [D]. 山东大学. 2014.

[7]　Silva B，Pang Z，Akerberg J，et al. Experimental study of UWB-based high precision localization for industrial applicationsin 2014 IEEE International Conference on Ultra-WideBand（ICUWB）. 2014.

[8]　魏云琪，戴思怡，王奕阳，李力，虞刚. 基于室内定位技术的用户行为模式与优化设计研究——以东南大学四牌楼校区图书馆阅览室为例 [P]. 全国高校建筑学学科专业指导委员会建筑数字技术教学工作委员会. 2018年全国建筑院系建筑数字技术教学与研究学术研讨会论文集.

[9]　李力. 超宽带室内定位系统在建成环境人流分析中的应用 [A]. 全国高等学校建筑学专业指导委员会建筑数字技术教学工作委员会、中国建筑学会建筑师分会数字建筑设计专业委员会. 数字·文化——2017年全国建筑院系建筑数字技术教学研讨会暨DADA2017数字建筑国际学术研讨会论文集.

任 惠

哈尔滨工业大学；hui12066119@163.com

寒地办公建筑自然采光及能耗性能设计参量敏感性分析模块构建及应用[*]

Development and Application of Design Parameter Sensitivity Analysis Module for Natural Lighting and Energy Consumption Performance of Office Buildings in Cold Region

摘 要：随着计算机辅助技术的发展，建筑性能的提升已广受关注。其中，建筑设计参量对建筑性能影响较大，且不同建筑性能对不同建筑设计参量敏感性不同，若能在方案阶段选出敏感性设计参量，则可有效提升后期建筑性能优化效果。本文基于渐进梯度提升回归树算法，运用 Python 编程在可视化程序编程平台 Grasshopper 中构建设计参量敏感性分析模块，并结合参数化建模、建筑性能模拟、建筑性能多目标优化整合为建筑性能设计参量敏感性分析工作流进行设计参量敏感性分析并验证。结果显示，办公建筑自然采光与能耗性能对建筑进深、东向中庭宽度与建筑开间设计参量的敏感性较大，且优化方案的 UDI 性能为 74.58%，全年热负荷能耗为 79.96kW·h/m²，较既有研究中办公建筑的 UDI 值与全年热负荷能耗更优。

关键词：寒地办公建筑节能设计；自然采光及能耗性能耦合；渐进梯度回归树算法；设计参量敏感性分析；Python 编程

Abstract：With the development of computer aided technology, the improvement of building performance has been widely concerned. Among them, architectural design parameters have a great impact on architectural performance, and different architectural properties have different sensitivity to different architectural design parameters. If sensitive design parameters can be selected in the scheme stage, the optimization effect of architectural performance in the later stage can be effectively improved. Regression tree algorithm based on evolutionary gradient increase, using the Python programming in the visual programming platform building design parameter sensitivity analysis module in the Grasshopper, which could combine the parameterized modeling, building performance simulation and building performance integration of multi-objective optimization design together for the building performance parameter sensitivity analysis of workflow design parameter sensitivity analysis and verification. The results show that the east to the width of the atrium and deep bay design parameters are more sensitive to the natural daylighting and energy consumption. The optimization scheme of UDI performance was 74.58% and the heat energy consumption load for the whole year is 79.96kW·h/m². which is better than the previous study.

Keywords：Energy-Saving Design of Office Buildings in Cold Region；Coupling of Natural Lighting and Energy Consumption Performance；Gradient Regression Tree Algorithm；Sensitivity Analysis of Design Parameters；Python Programming

1 引言

现代建筑设计不仅需对建筑形态美学进行考究，还应注重对建筑性能的整体提升。另外，随着参数化设计与建筑性能模拟技术的发展，其可为高性能建筑设计提供技术支撑，并为传统建筑设计方法注入新鲜血液。同时，不同建筑设计参量对建筑性能具有不同影响，敏感性强的设计参量可有效提升建筑性能优化水平。本文以参数化建模、建筑性能模拟与建筑多目标优化技术为基础，基于 Grasshopper 平台构建了设计参量敏感性分析模块，并与前文所述几项技术进行整合，构建了建筑性能多目标优化设计工作流，为寒地办公建筑自然采光与能耗性能优化设计提供决策支持工具。

2 研究理论

2.1 建筑性能模拟

随着我国城市化的高速发展，建筑面积与建筑耗能所占比重不断增加。据统计，我国建筑能耗占总能耗比例可达 33%[1]，为保证建筑可持续发展与能源节约型设计社会的建设，高性能建筑设计具有重要意义。建筑性能模拟技术作为高性能建筑设计的有效手段主要在建筑方案设计阶段展开，建筑性能模拟可指导设计者对设计方案展开性能评价以对模型进行不断修正与评价，经过多次性能模拟计算后生成满足设计要求的设计方案。另外，既有建筑性能模拟种类有建筑室外风环境模拟，建筑室外热环境模拟，建筑能耗模拟，建筑室内自然采光模拟以及建筑遮阳与日照阴影模拟等，与之对应的性能模拟平台也不同。现阶段应用较为广泛的平台有依托 CFD 模拟技术的 Fluent 软件以支撑建筑室外风模拟；有承载 Radiance 模拟引擎与 EnergyPlus 模拟引擎的 Honeybee&Ladybug 插件以支撑建筑室内采光模拟与建筑能耗模拟等。基于不同软件平台可辅助设计师对建筑性能模拟结果进行定量与定性分析提供依据，建筑性能模拟技术是支撑建筑方案设计阶段中建筑性能提升的有效工具，并且方案设计阶段又是建筑节能设计的根源，因此，建筑性能模拟技术有助于设计师进行高性能建筑设计。

2.2 多目标优化

方案阶段的建筑设计优化可获得较优建筑方案性能，例如建筑形态设计参量、建筑非形态设计参量以及建筑室内功能影响设计参量等。这些建筑设计参量与建筑性能具有密切联系，且多种建筑性能之间又存在复杂的耦合关系，单一采用建筑性能模拟方法获取最终优化性能的方案具有人工操作繁琐且耗时长的缺陷，为弥补

这一缺陷，建筑性能多目标优化技术可为最优建筑性能设计参量搜索提供技术支撑[2]。

建筑性能多目标优化技术可基于多目标优化算法展开建筑最优性能搜索，现阶段的多目标优化算法有 NSGA、PAES、SPEA 和 NSGA-II 算法等。其中，NSGA 算法是基于决策向量空间共享函数方法，将非劣个体与优化个体进行分类并对非劣个体进行循环分类以完成对所有个体的分类，该方法具有优化非劣解分布均匀但效率低且计算复杂的特点；PAES 算法是将非劣解统一归类到一个集合中并将变异后的每个解与非劣解进行比较并保留与之相似的解，不符合要求的解将继续变异；SPEA 算法是将待优化种群中的个体复制到外部群体计算个体强度与适应度值以便筛选优秀个体，这几个多目标优化算法同属于遗传算法，基于遗传算法的多目标优化流程也具有一定普遍性（图1）。

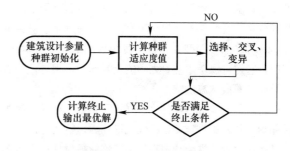

图 1　多目标优化流程

2.3 敏感性分析

不同建筑性能对不同建筑设计参量的敏感度有所不同，从多种建筑设计参量中筛选敏感性设计参量，对分析、模拟与优化建筑性能具有重要意义。在建筑性能模拟与优化过程中，选择敏感程度高的设计参量作为建筑优化参量可有效提升建筑性能水平，提高建筑使用舒适度。既有建筑设计参量敏感性设计分析方法主要有以下四种：

（1）局部灵敏度分析法：该方法也称为微分灵敏度分析法，属于一次一因素法的类别。其灵敏度测量通常是假定其他因素固定不变的前提下变化一个因素以计算该变量对待测试性能的影响度。局部灵敏度分析法具有明显的优势，其很容易被应用且可视化能力强。相比之下，该方法通常需要少量模拟就可以获得相应的敏感性设计变量。然而，此方法只能探索少量的输入建筑设计变量，而不能检测多种设计变量之间的相互作用。

（2）回归分析法：该方法是通过利用数据统计原理，对大量统计数据进行数学处理以确定因变量与某些自变量之间的相关关系，以建立相关性良好的回归方程（函数表达式），从而预测因变量之后变化的分析方法。

因为该方法计算速度快，易于理解，且许多指标可以通过该方法进行灵敏性测量，然而该方法具有主观性强，准确度相对低的缺点。

（3）筛选分析方法：该方法通常是通过输入一些来自大量因素中的某些固定因素以降低计算输出的方差值。其中，莫里斯法是最常用的一种全局敏感性筛选分析方法，且该方法的每一步基线变化和最后的敏感度测量是通过在不同点上取平均值来计算的。这种方法具有计算成本低的优点，但其更倾向于通过排列输入因子来提供定性的度量，而不能量化不同因素对输出的影响。

（4）方差分析方法：该方法根据待测量变量数量又可分为单因素方差分析与多因素方差分析。其中，多因素方差分析可用来研究两个及两个以上控制变量是否对观测变量产生显著影响。多因素方差分析不仅能够分析多个控制变量对观测变量的独立影响，更能够分析多个控制变量的交互作用能否对观测变量产生显著影响，最终找到利于观测变量的最优组合。该方法适用于复杂的非线性和非加性模型并可量化每个模型的输入与输出，同时，它还可以考虑变量之间的交互作用，但是，该方法具有计算成本高的缺点。

现阶段，建筑性能优化过程涉及参数化建模、建筑性能模拟与建筑性能多目标优化等步骤，待优化设计参量种类多、建筑性能模拟耗时长且性能模拟依托平台单一的特点导致设计多采用方法一或者方法二进行设计参量敏感性分析[3][4]，这两种方法虽然能有效获得敏感性设计参量，但这类方法具有模拟耗时长，数据处理与多平台转换效率低且人工操作繁琐等缺点。

3 设计参量敏感性分析模块构建与验证

3.1 设计参量敏感性分析模块构建

鉴于敏感性设计方法存在的缺点，及既有参数化建筑设计、建筑性能模拟与多目标优化技术，本文在 Rhinoceros 软件的 Grasshopper 平台中，基于 Python 编程

将渐进梯度提升回归树算法（Gradient Boosting Regression Tree，GBRT）置入 GH_Cpython 插件中，构建了设计参量敏感性分析模块，该模块可通过输入建筑性能模拟采样数据库完成对建筑设计参量的敏感性分析，并以设计参量敏感性由强到弱进行排序并呈现在 Python Figure 的可视化界面中，以便设计者对敏感性设计参量的选择。

至于该模块的核心算法—渐进梯度提升回归树算法，其与决策树相似，是一种树形结构的预测模型，树的分叉表示对象属性与对象值之间的映射关系。树中的每个节点表示待预测对象的某个属性，连接属性的分支表示某一属性的可能值，通过从根节点—中间节点—叶节点的决策路径实现对某一问题的决策。然而，单一决策树在连续性字段较难预测，且当对象自身属性值较多时容易产生错误。于是，Friedman 在 1999 年提出一种 Gradient Boosting 算法，其可通过在残差减少的梯度上建立一个新的决策模型，通过不断迭代产生新的决策树组合，以推动损失函数计算值不断优化并向梯度减小方向发展，以此为基础产生了 GBRT 算法，该算法可通过对 Gradient Boosting 算法的改进实现对每个决策树计算结果的权重值处理，对于错的答案增加其权重以便加强对这部分决策树的训练，而对于正确结果权重值则予以保留，使得整体模型不断向梯度减小的方向发展，通过不断迭代产生回归树模型并加以组合，可实现将所有回归树预测结果进行累加并作为最终的输出结果。

如图 2 所示为构建的设计参量敏感性分析模块，设计者可通过输入能够反映设计参量与建筑性能之间关系的建筑性能遗传采样数据库，并设置设计参量敏感性分析模块运行参数。其中，GBRT 迭代次数为 3000，学习率为 0.01，比率为 0.8，之后即可开启分析模块，模块运行结果将呈现在一张可视化界面中以便设计者进行敏感性设计参量的选择。

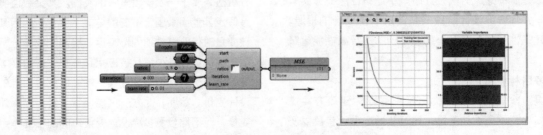

图 2 设计参量敏感性分析模块应用过程

3.2 模块使用效果验证

为验证构建的设计参量敏感性分析模块的使用效果，本研究选取文献[3]中实验案例的设计参量作为验证实验组的设计参量，基于研究中的设计参量敏感性分析

功能模块，实现对寒地办公建筑有效天然采光照度百分比性能影响设计参量敏感性分析，并与原文献得出的性能模拟结论进行比较。原文献中的实验设计参量如表1所示，根据文献中的建筑实验设计参量建构寒地办公建筑自然采光性能模拟模型，同样基于GH中的OCTO-PUS插件可进行建筑性能采样（图3），并将模拟数据存储到性能模拟采样数据库中。

自然采光性能模拟实验参量设置　表1

参量类型	实验设计参量	设计参量值	模拟步长
地理位置	哈尔滨	—	—
建筑形态设计参量	窗墙比	0.1-0.6	0.1
围护结构热工设计参量	玻璃可见光透射率	0.3-0.9	0.2
	地面反射率	0.1-0.3	0.05
	墙面反射率	0.6-0.8	0.05
	天花板反射率	0.6-0.8	0.05

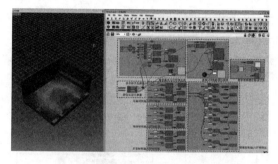

图3　建筑性能模拟数据采样过程

经过历时10小时的建筑性能模拟采样后可得到200组建筑性能模拟数据组，以反映建筑设计参量与建筑有效天然采光照度之间的映射关系。然后将该数据库输入至设计参量敏感性分析功能模块中并设置迭代次数为3000，学习率为0.1，学习速率为0.8，随后可开启模块执行开关并得到如图4的分析结果。建筑有效天然采光照度百分比性能对设计参量的敏感程度排序依次为南向窗墙比、玻璃反射率、地面反射率、墙体反射率与天花反射率，原文献中得出的设计参量敏感性排序依次为窗墙比、玻璃透射率、地板透射率。通过比较基于设计参量敏感性分析功能模块得出的敏感性设计参量与基于单因素敏感性分析法得出的设计参量敏感性较为相似，但是基于设计参量敏感性分析功能模块的设计参量敏感性分析速度得到提升，人工操作步骤得到简化。

3.3　模块应用

为验证基于寒地办公建筑决策支持模型得到的敏感性设计参量准确性及建筑性能提升效果，本节将分别基于单因素敏感性分析法与设计参量敏感性分析模块确定不同设计参量对不同建筑性能的影响程度，并通过比较基

于两种方法分析得出的敏感性设计参量差异性，并基于不同敏感性设计参量得出的建筑性能模拟结果，从而对该设计参量敏感性分析模块的应用效果进行验证与评价。

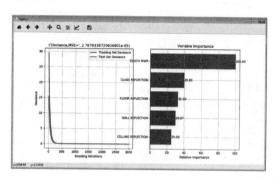

图4　建筑设计参量敏感性分析结果

实验中的寒地办公建筑设计参量值域是基于对既有大量寒地办公建筑节能设计文献相关参量值域统计的，其中包括建筑形态设计参量（表2）与建筑非形态设计参量（表3），其可基于这些参量构建自然采光性能模拟模型与能耗性能模拟模型，从而对不同设计参量及相应性能模拟值进行建筑性能映射关系建构，从而能根据建筑设计参量值与性能模拟值建立回归方程以分析不同设计参量对不同建筑性能的影响程度。

办公建筑形态设计参量值域统计　表2

设计参量名称	统计值域	模数	控制变量选定参数
建筑平面总开间	25-80m	3m	60m
建筑平面总进深	12-50m	3m	30m
建筑层数	4-15	1	12
建筑层高	3-4.5m	0.3	4.2m
建筑东向窗墙比	0.1-0.35	0.05	0.2
建筑西向窗墙比	0.1-0.35	0.07	0.2
建筑南向窗墙比	0.13-0.6	0.05	0.3
建筑北向窗墙比	0.13-0.6	0.05	0.3
东部中庭宽度	6-30	2	18
西部中庭宽度	6-30	2	18
南部中庭宽度	6-10	1	8
北部中庭宽度	6-10	1	8
屋顶天窗x长度比例	0.15-0.2	0.01	0.10
屋顶天窗y长度比例	0.15-0.2	0.01	0.10

办公建筑非形态设计参量值域统计　表3

	统计值域	模数	控制变量选定参数
建筑墙体传热系数	0.15-0.35 W/(m²·K)	0.05 W/(m²·K)	0.2 W/(m²·K)
建筑屋顶传热系数	0.2-0.25 W/(m²·K)	0.05 W/(m²·K)	0.2 W/(m²·K)

	统计值域	模数	控制变量选定参数
建筑窗体传热系数	0.7-2.3 W/(m²·K)	0.4 W/(m²·K)	1W/(m²·K)
人均使用面积	5-10m²/人	—	10m²/人
室内照明	11W/m²	—	11W/m²
设备功率	15W/m²	—	15W/m²
夏季室温设定值	26℃	—	26℃
冬季室温设定值	20℃	—	20℃
人员密度值	0.1人/m²	—	0.1人/m²
人均新风量	30m³/h·人	—	30m³/h·人

　　基于单因素敏感性分析方法的建筑性能模拟实验过程中，可通过控制变量法对建筑设计参量进行调整并完成建筑性能模拟结果的记录，然后可通过对不同建筑性能模拟结果的回归分析得出不同建筑设计参量对两种建筑性能的影响程度，经模拟分析得出不同建筑设计参量的敏感度统计如表4所示：

设计参量敏感度统计表　　　表4

设计参量名称	UDI$_{100-2000}$敏感度（%）	年单位建筑面积耗能敏感度（%）
建筑总开间	14	10
建筑总进深	72	32
建筑层数	37	120
建筑层高	1576	830
东向窗墙比	3356	1017
西向窗墙比	3162	1381
南向窗墙比	3900	1127
北向窗墙比	140	2444
天窗X方向长度比例	630	0
天窗Y方向长度比例	340	0
墙体传热系数	0	8622
屋顶传热系数	9480	8800
玻璃传热系数	0	921
东部中庭宽度	48	132
西部中庭宽度	66	141
南部中庭宽度	103	126
北部中庭宽度	39	101

　　另一方面，实验基于 Grasshopper 中的多目标优化模块 OCTOPUS 进行了建筑性能遗传采样，在历时 49 天的 146 次迭代计算后，可得到能够满足进行设计参量敏感性分析的性能模拟总数并完成建筑性能模拟数据库汇总，然后可基于设计参量敏感性分析模块分析建筑自然采光性能与年单位建筑面积耗能量对各种建筑设计参

量的敏感程度。在分析过程中应注意将两种建筑性能模拟值与相应建筑设计参量值分别置入两个数据库中，并设置渐进梯度提升回归树的训练学习速率为 0.1，迭代次数为 300，学习率为 0.1，即可展开两种建筑性能相关设计参量的敏感性分析。其中，建筑性能敏感性分析过程所得结果准确性可通过计算所得的均方误差值（Mean-Square Error，MSE）进行判定，其计算公式见式 1-1：

$$MSE = 1/n \sum_{k=0}^{n} (OBSERVED_K + PREDICTED_K)^2$$

$$(1-1)$$

　　n 为总建筑性能模拟数据组数，$OBSERVED_K$ 为模拟得到的各组建筑性能数据，$PREDICTED_K$ 为基于 GBRT 算法预测得到的各组建筑性能数据。最终，基于敏感性设计参量功能模块得到的建筑自然采光性能相关设计参量间的敏感性如图 5 所示，分析结果中的 MSE 值为 0.6，具有较高的准确性；建筑室内 AEC 性能相关设计参量敏感性分析结果如图 6 所示，分析结果中的 MSE 值为 0.8，也具有较高的准确性。

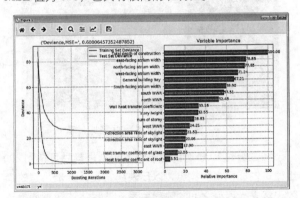

图 5　建筑热负荷能耗性能设计参量敏感性分析

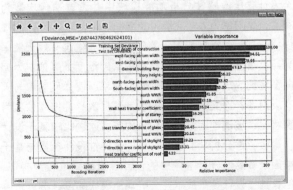

图 6　建筑自然采光性能设计参量敏感性分析

　　通过综合分析影响建筑有效天然采光照百分比性能设计参量的敏感性数值与影响 AEC 性设计参量的性能敏感性数值，得出两种建筑性能影响程度较高的敏感性设计参量为建筑总进深—东部中庭宽度—西部中庭宽度—建筑总开间—北部中庭宽度—南向窗墙比—北向窗

墙比—建筑层高—南向中庭宽度—墙体传热系数—建筑层数—西向窗墙比—X方向天窗比例—东向窗墙比—Y方向天窗比例—玻璃传热系数—屋顶传热系数。基于以上分析结果，决策者可选择前3～6项敏感性设计参量（建筑总进深—东部中庭宽度—西部中庭宽度—建筑总开间—北部中庭宽度—南向窗墙比）作为建筑性能多目标优化的敏感性设计参量。

基于单因素敏感性分析法与设计参量敏感性分析功能模块得出不同设计参量对建筑有效天然采光照度性能

的敏感度有较大差异，为比较不同组分析得出的敏感性设计参量对建筑性能的综合影响程度，本节最终将分别提取两种分析方法所得排名前6的敏感性设计参量作为控制变量进行建筑有效天然采光照度模拟与建筑AEC性能模拟，通过将两种中敏感性设计参量分别提高约10%并取整的原则设置对照组设计参量数值，并通过比较两组建筑设计参量提升前后的性能变化量，从而得出基于哪种方法得出的敏感性设计参量更有效。具体实验设置及模拟结果如表5。

两种敏感性设计参量分析得出的分析结果对建筑性能的影响程度实验 表5

实验组一（基于设计参量敏感性分析模块得出的敏感性设计参量）				实验二（基于单因素敏感性分析法得出的敏感性设计参量）			
建筑设计参量类别	建筑设计参量名称	实验组值	对照组值	建筑设计参量类别	建筑设计参量名称	实验组值	对照组值
敏感性设计参量	建筑总进深	31m	34m	敏感性设计参量	建筑总开间	52	57
	东部中庭宽度	18m	20m		建筑层数	10	11
	西部中庭宽度	18m	20m		北部中庭宽度	8m	9m
	建筑总开间	52m	57m		玻璃传热系数	1 W/(m²·K)	1.2 W/(m²·K)
	北部中庭宽度	8m	9m		建筑总进深	31m	34m
	南向窗墙比	0.36	0.4		天窗Y方向长度比例	0.17	0.2
建筑设计参量常量	北向窗墙比	0.36	0.36	建筑设计参量常量	东部中庭宽度	18m	18m
	建筑层高	3.9m	3.9m		天窗X方向长度比例	0.17	0.17
	南部中庭宽度	8m	8m		西部中庭宽度	18m	18m
	墙体传热系数	0.2 W/(m²·K)	0.2 W/(m²·K)		南部中庭宽度	8m	8m
	建筑层数	10	10		墙体传热系数	0.2 W/(m²·K)	0.2 W/(m²·K)
	西向窗墙比	0.2	0.2		建筑层高	3.9	3.9
	天窗X方向长度比例	0.17	0.17		北向窗墙比	0.36	0.36
	东向窗墙比	0.2	0.2		东向窗墙比	0.2	0.2
	天窗Y方向长度比例	0.17	0.17		西向窗墙比	0.2	0.2
	玻璃传热系数	1 W/(m²·K)	1 W/(m²·K)		南向窗墙比	0.36	0.36
	屋顶传热系数	0.2	0.2		屋顶传热系数	0.2 W/(m²·K)	0.2 W/(m²·K)
建筑性能模拟值	$UDI_{100-2000}$	68.65	66.9	建筑性能模拟值	$UDI_{100-2000}$	68.65	65.08
	AEC	85.83	84.03		AEC	85.83	87.29
建筑性能改变量	$UDI_{100-2000}$	1.75		建筑性能改变量	$UDI_{100-2000}$	3.57	
	AEC	1.8(kW·h/m²·a)			AEC	1.46(kW·h/m²·a)	
	$UDI_{100-2000}$＋AEC	3.55			$UDI_{100-2000}$＋AEC	5.03	

通过表中性能模拟结果分析可得，基于敏感性设计参量功能模块得到的设计参量组执行的建筑性能模拟实验，单位设计参量的改变影响$UDI_{100-2000}$改变量较高；基于单因素敏感性分析得到的设计参量组执行的性能模

拟实验，单位设计参量的改变影响AEC性能模拟值更高；综合两种性能改变量的分析可得，本研究中决策支持模型中的设计参量敏感性分析功能模块对敏感性设计参量分析贡献度更大。

4 结论

本文通过对建筑性能模拟、建筑性能多目标优化以及设计参量敏感性分析等理论的研究，基于 Python 编程将渐进梯度提升回归树算法置入 Grasshopper 平台以完成建筑设计参量敏感性分析模块的构建。通过比较分析基于单因素敏感性分析方法与基于设计参量敏感性分析模块得出的敏感性设计参量对两种建筑性能影响程度的差异以及对基于两组敏感性设计参量进行建筑性能多目标优化结果的比较得出，本研究构建的设计参量敏感性分析模块可有效提高建筑自然采光性能与能耗性能，且基于设计参量敏感性分析模块的建筑性能优化过程有效的简化人工操作步骤并提升敏感性分析效率。

参考文献

[1] 夏春海，朱颖心，林波荣. 方案设计阶段建筑性能模拟方法综述 [J]. 暖通空调，2007，37（12）：32-40.

[2] 喻伟，李百战，王迪. 一种基于性能导向的建筑多目标优化设计方法：中国，CN201610674684.2 [P]. 2017-01-04.

[3] 于虹，梁静，高亮. 严寒地区开放办公建筑自然采光性能影响因素敏感性分析 [C] // 吉国华. 全国建筑院系建筑数字技术教学与研究学术研讨会论文. 北京：中国建筑工业出版社，2017：159-168.

[4] 刘光昭. 基于最优多项式模型的结构全局敏感性分析方法研究 [D]. 湖南：湖南大学，2015.

黄 勇 李晋阳 张民意

沈阳建筑大学建筑与规划学院；2005huangyong@163.com

基于参数化的非线性建筑复杂曲面的建构研究*
Research on Model Construction of Complex Curve Surface in Non-LinearArchitecture Based on Parametric Techniques

摘 要：研究将非线性建筑中的复杂曲面作为研究对象，从非线性建筑的理论渊源入手，引入"参数化建模"的设计手段将建筑复杂的几何特征精确地描述出来。首先，归纳总结复杂曲面的三种类型包括 NURBES 曲面、多边形曲面和细分曲面；其次，非线性建筑中的复杂曲面的分析是建造前期过程中的重要步骤，提出了运用曲率、连续性、贴图和结构线四种方法对曲面进行分析的方法，实现了设计过程中的科学判定和优化决策；最后，针对非线性复杂曲面的设计与建构的复杂性，提出了曲面建构的几何、物理和数学三种优化方式。本文通过将设计逻辑和建构优化相关联，提出了基于参数化的非线性建筑复杂曲面的建构优化方法，为建筑师在面对非线性建筑中复杂曲面形态的设计建造等相关问题时提供有效方法，拓展设计思路。

关键词：非线性建筑；参数化；复杂曲面；建构优化

Abstract：This paper mainly studies complex curved surfaces in non-linear architecture. Based on the theoretical origin of non-linear architecture, the design method of "parametric modeling" is introduced to accurately describe the complex geometric characteristics of architecture. Firstly, this paper summarizes three kinds of complex surfaces, including NURBS surfaces, polygonal surfaces, and subdivision surfaces. Secondly, the analysis of complex curved surfaces in non-linear buildings is an important step before construction. This paper proposes four surface analysis methods：curvature method, continuous method, mapping method, and structural line method，which realize scientific judgment and optimization decision in the design process. Finally, facing the complexity of the design and construction of nonlinear complex surfaces，we propose three optimization methods of surface construction：geometry, physics, and mathematics. This paper combines design logic with construction optimization and proposes a parametric construction optimization method of complex curved surfaces of nonlinear buildings. This method provides an effective tool for architects to solve the design and construction problems of complex surfaces in nonlinear buildings and to expand the design ideas.

Keywords：Non-linear Architectural；Parameterization；Complex Curve Surfaces；Construction optimization

　　随着复杂科学理论、哲学理论等向建筑学领域不断渗透，并且伴随着数字技术的不断进步，"自由化和反标准化"的建筑作品开始涌现，非线性建筑已经受到越来越多的关注[1]。以欧式几何为基础的传统几何已经难

＊ 国家自然科学基金：寒地大空间公共建筑绿色设计理论与方法（51738006）。

以满足非线性建筑的设计需求，而传统的建造方式与材料也不能适应非线性建筑的建造需求。因此在这种情况下，探寻非线性建筑的设计与建造具有一定的意义与价值。

1 理论基础

当代的非线性科学理论与相关哲学为建筑师提供理论依据，建筑师可以从新的视角重新理解建筑，进而采用新的设计理念指导建筑的设计以及建造，最终创造出新的建筑形式。

1.1 游牧与图解

在建筑理论界，非线性建筑的理论基础出自吉尔·德勒兹的哲学理论。德勒兹追求对禁锢的摆脱，对框架的反叛，对中心的逃离。他认为在开放系统各个因素及关联的基础上要摒弃传统系统线性的因果联系。德勒兹的哲学思想如去中心思想、推崇即刻性与偶然性的观念、非整体化思想与当代非线性科学的核心观念相一致[2]，为建筑师在探索非线性建筑的生成提供了理论基础。

游牧思想："游牧"思想是为了摆脱严格的控制，所以游牧思想指导下生成的空间具有开放性。在游牧空间中，点与点之间的运动是将自身变量置于变化的状态中，并按照自身规则以及分布模式进行排列，不受条件制约进行自由运动。基于游牧思想生成的空间形式与非线性建筑中设计的流动空间具有相近的特征，因此非线性建筑追求流动与平滑，而形态也多为自由流动复杂曲面。

图解思想："图解"是建筑师在进行建筑创作中的一种常用的思考方式，建筑师利用图解的抽象语言描述建筑设计中需要解决的功能与形式之间的种种矛盾。在德勒兹看来，图解一方面被一些非形式的功能与内容所约束，另一方面，图解的抽象属性无视事物总的内容与表达之间的一切差异。这种图解思想在非线性建筑领域中就是将其复杂属性表达出来的过程。

1.2 参数化设计

建筑领域内的所谓"参数化"就是建筑设计过程的逻辑关系可视化。在数字时代背景下，建筑师通过引入参数化技术将影响设计的因素转化为可变参数与固定参数，通过一系列的逻辑编制和制定规则，通过计算机运算得到多种形式，这种数字图解使非线性建筑设计变得更为理性并便于操作。

在确定了设计理念与数字几何原型相互之间的关系之后就可以通过计算机建立数字模型，影响设计的参变量可以通过一个或几个数学公式按照一定的逻辑进行构建。随着设计的深化以及更多的制约因素考虑进来，变量之间的关系很难用简单的结构逻辑描述出来，这时可以用多个逻辑结构相组合来搭建更为复杂的逻辑关系，从而完善逻辑结构的合理性。

建筑师根据设计理念从不同的角度出发选择参数并建立参数逻辑关系，建筑设计中的种种制约条件或是矛盾因素都可以成为建筑在进行参数化设计的重要参数，可以从功能布置、建筑形式、建筑结构、建筑材料和周围环境五个因素建立参数逻辑。这些参数相互制约，而建筑师在这些限制条件中通过参数逻辑的构建使制约条件达到平衡点，进而确定建筑的整体形象。

2 复杂曲面的类型

建筑的非线性形式一般由复杂曲面构成，这些复杂曲面是通过一定的数学逻辑与几何规律共同作用而成。曲面按照其生成原理不同可分为传统曲面和复杂曲面。传统曲面（旋转曲面、平移曲面、直纹曲面和可展开曲面）的生成大部分都是通过一个简单的运动过程实现的。复杂曲面也可叫做自由曲面，它的构成与划分是计算机图形学与计算机辅助设计领域中重要内容。

2.1 NURBES 曲面

NURBES 是 Non-Uniform Rational B-Splines 缩写，直译为非均匀有理样条曲线，有理是指曲线或曲面可以利用有理多项式进行定义。NURBES 曲线的几何定义可以通过相应的曲线或者曲面控制点的疏密、控制点的参数等对曲线与曲面进行精确的控制，曲面的参数可以用来进行建筑的施工建造当中。除了运用控制点对曲线曲面进行控制外，阶数，权重等数据可以实现对曲线曲面的综合控制。NURBES 曲面可以用少量的控制点进行曲线控制，形态可控性强，其次曲面上的各点都可以定义 UV 方向的坐标，这些数据可以进行更为精确的操作。

在一些非线性建筑设计中，往往会利用不同形态的空间曲线组织建筑功能顺序，依据这些曲线生成空间、表皮及其结构，进而生成复杂自由曲面形态。英国利物浦的查尔斯公园项目的形式通过母线组织空间结构，生成的曲面覆盖了长 400m，宽 150m 的空间，设计过程中结合受力分析通过控制点调整曲面形态从而得到合理的形式效果（图1）。

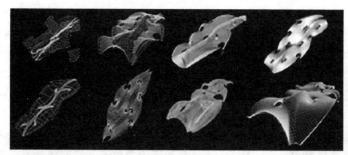

图1 英国利物浦查尔斯公园项目（图片来源：马卫东．塞西尔·巴尔蒙德［M］．中国电力出版社，2008.）

2.2 多边形曲面

多边形面是由一系列的平面多边形对光滑曲面进行模拟的曲面形式。多边形面生成线和面的顶点连接方式是曲面连续性的关键影响因素。曲面中的多边形面越多越接近光滑曲面，目前大多数计算机辅助设计中的离散曲面大多由四边形构建。由于自由曲面上存在双曲面，若只用四边形进行拟合，遇到曲率较大的部分，四边形构建将难以加工，一般引入三角形更适合建筑设计以及建造。

由于建筑的体量较大，受限于加工技术、运输条件和材料特点等，因此建筑曲面不能建造大型完整的曲面构件。在应对大尺寸的曲面建造时，曲面需离散成可规模建造、便于运输的多边形构件。蓝天组设计的大连达沃斯会议中心，面对建筑的自由复杂形态，建筑师利用Grasshopper对曲面进行三角划分，生成的每一块三角面进行定位与编号，之后将每块三角形表皮单元的数字信息交给加工工场，利用数控加工设备对选定的铝板材料进行加工，加工完成后运往施工现场进行安装（图2）。

图2 大连达沃斯会议中心（图片来源：http://www.tpc-sd.com.cn/cn/wordtxt.asp? wnum=2858）

2.3 细分面曲面

在计算机图形学中利用可无限细化的网格对光滑曲面进行模拟（图3）。细分面的细分过程有两种，分别是拓扑分裂与几何平均。不同的细分规则所得到的最终形体也会稍有不同[3]。这种细分面创作出的方案虽然可以不受形式限制，但是在方案实际建造时如果没有先进的数控加工设备进行支撑的话施工过程会面临巨大挑战。为了保证与设计效果不出现严重的偏差，一方面建筑师在设计过程中选

择与设计形态相符合的曲面几何原型进行建筑形态设计，另一方面也要对曲面的曲率进行分析与优化，选择合适的支撑结构与表皮材料并且规范建筑曲面施工流程。

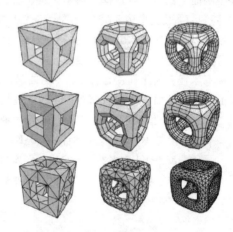

图3 不同的细分面（图片来源：www.baidu.com）

香奈儿移动艺术馆的灵动优雅的造型与内部空间利用细分面进行建模，建筑表皮选用纤维增强纤维板进行制造。经过网格细化过后的曲面每块都不相同，在保证建造效果的前提下选择数控加工方式对每块曲面面板进行单独精确加工，因此建筑曲面部分造价较传统建筑表面造价更为昂贵，建成效果十分精美（图4）。

图4 香奈儿移动艺术馆
（图片来源：www.zhah-hadid.com）

3 曲面的分析方法

非线性建筑中的复杂曲面的分析是建构过程中的重要步骤，也是曲面设计优化的主要工作内容。对曲面特征的分析有多种方法，在建筑设计过程中，有基于数学定义的曲率分析、针对曲面与曲面连接的曲面连续性分析、对曲面上的曲率合理性进行检查的直观的贴图分析和优化曲面结构的曲面结构线分析等等。

3.1 曲率分析

对于曲面的形态描述可以通过曲率来进行定义，不同类型的曲面具有一定规律的曲率。建筑领域内的曲面构件可以通过曲率的不同定义进行定义与描述。曲线曲率是指曲线某点的切线方向角对弧长的转动率，通过微分来表示曲线偏离直线的程度。曲率的倒数为该点的曲率半径，因此直线上的任意一点曲率值为 0。引申至曲面上，曲面任意一点都存在无数条直线或是曲线（图 5），因此曲面任意一点一定存在最大曲率与最小曲率，用 K1 与 K2 表示。高斯曲率是 K1 与 K2 的乘积，平均曲率是 K1 与 K2 的平均值。例如极小曲面的平均曲率处处为零，直纹曲面的高斯曲率处处为零[3]。

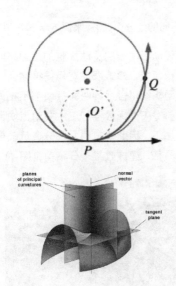

图 5 曲率与主曲率的定义
（图片来源：http://cn.wikipcdia.org）

3.2 连续性分析

对于尺寸过大的曲面形体，在建造过程中往往采用多个曲面拼接而成。曲面与曲面之间连接的流畅程度用曲面连续性来表示，曲面连续性指的是相互连接的曲面之间过渡的光滑程度。描述曲面的连续性分为五个级别：G0-位置连续、G1-切线连续、G2-曲率连续、G3-曲率变化率连续、G4-曲率变化率的变化率连续，连续性级别越高曲面越光滑和流畅。G2 的两组曲线属于曲率连续，在接点处的曲率是相同的，这种连续性的曲面没有尖锐接缝，也没有曲率的突变，视觉效果光滑流畅，没有突然中断的感觉（图 6）。由于建筑尺度大，只要保证一定的曲面连续性就可以满足建筑造型中流动的曲面造型要求，因此，建筑的曲面表皮只要能打到 G2 级别的连续性已经可以满足视觉效果的设计需求。

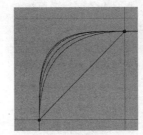

图 6 四个层级的曲面连续性
（图片来源：http:www.baidu.com）

3.3 贴图分析

贴图分析方法对于分析曲面曲率以及曲面连续性来说非常直观，在对曲面进行优化时可以全面观察曲面各个位置的曲率以及曲面光滑程度。在一些曲面设计软件中可以利用其中的贴图分析工具对曲面进行分析。例如用假色贴图进行曲面的高斯曲率或是平均曲率进行分析，红色的部分表示高斯曲率为正值，为凸出的曲面形态，蓝色代表曲率为负值，曲面形态与正值相反，绿色为高斯曲率为 0 的曲面，这种曲面形态非常适合用平面或是直线杆件对曲面形态进行优化；曲面连续性分析可以利用斑马线分析工具进行分析[3]。曲面为 G0 连续时，斑马线之间互不连续并且相互错开；G1 连续时曲面上的斑马线相互连接，但是会产生锐利的拐角（图 7）；G2 与 G3 连续时斑马线会产生平滑的过渡。

图 7 高斯曲率、斑马线曲率以及环境贴图曲率分析

3.4 结构线分析

为了保证曲面的平滑美观与进一步对曲面进行后续处理，建筑师在设计时应对曲面结构线进行优化。目前主流的曲面设计软件都是通过 NUBES 曲线生成曲面，这些曲面在计算机程序中由 ISO 线进行曲面描述。ISO线也成为曲面结构线，是利用计算机进行曲面建模的重要组成部分。如果平面由直线进行定义，那么结构线的形态就是构成曲面形态的关键。在进行曲面形态建构时，通常先定义形态结构线确定曲面造型大致轮廓，在根据这些确定的结构线利用计算机辅助设计软件中生成曲面的相关指令进行曲面生成。在生成大致形体之后，通过调整结构线的形态与密度对曲面进行进一步的调整（图8）。

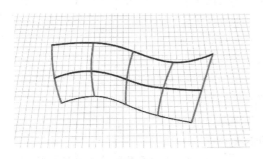

图 8　结构线分析调整

4　曲面的建造优化

相对于传统建筑的建造，非线性复杂曲面的设计与建造是十分复杂的过程。曲面优化不仅要求达到建筑的美学标准，空间的功能需求以及经济条件制约，还要符合建筑结构合理性以及建造难度限制等客观因素。因此在确定曲面形式以及类型之后就是要对选定的曲面进行优化设计使曲面在物质呈现的最终效果依然具有良好的品质效果。目前应用于曲面建造优化的方法有几何优化、物理优化以及数学优化三种优化方式。

4.1 几何优化

建筑中的复杂曲面建造中施工团队为了便于建造利用几何优化将曲面分块建造或者使用建筑材料制造的曲面模型对建筑设计模型进行转化[4]。针对建筑材料自身特点将材料优化成不同的曲面类型。如使用延展性较好的金属材料进行建筑表皮铺装，可以将曲面优化成直纹曲面或是可展开曲面，如果使用结构支撑框架与玻璃板的构造形式则可以将曲面优化成多边形曲面或是细分曲面。除了以上优化，设计师也要研究如何用最少类型的

材料与结构支撑构件拼装出理想的曲面形式。直纹曲面适合低成本制造加工，可通过廉价数控设备对板材进行加工得到曲面建造构件。

Evolute 公司对利用直纹曲面有效拟合自由曲面的方式进行了大量研究，实现了多个直纹面拼合的曲率连续性。在卡利亚里艺术中心的曲面优化中（图9），首先分析曲面部分并预估出85％的曲面可以用直纹曲面进行拟合。建筑立面上的连续曲面大部分被优化成单独的直纹曲面，建筑形态的底部曲面则拟合为相互平行的直纹曲面。经过优化后的拟合曲面的误差被控制在40cm 以内。

图 9　卡利亚里艺术中心
（图片来源：www.zhah-hadid.com）

4.2 物理优化

物理优化法基于建筑结构形态学能够使建筑的外在形式与内在结构达到统一。使用物理优化法进行曲面建造分析有多种方法。西班牙建筑师早在20世纪运用"逆掉实验法"的方法优化圣家族大教堂的复杂穹顶结构。随着数字技术的发展，建筑师可以利用计算机技术针复杂曲面形式的结构进行分析与优化。目前应用的数字优化技术有有限元技术（Finite Element Method）以及基于拓扑优化算法的"ESO法"。这一技术的核心内容是将寻求结构的最优拓扑问题转为在限定设计区域内解决结构分布问题，不断对初始形态进行运算与修改，最终形成合理的有机形态的曲面结构。

日本建筑师西泽立卫设计的丰岛美术馆灵感来源于"水滴"，建筑造型亦如水滴般富有张力。其屋面采用薄壳结构四周落地，内部空间没有任何柱结构支撑（图10）。因壳体结构有着越扁平越不易实现的特性，为实现如"水滴"般自由的扁平的建筑形态，设计师采用物理优化方法对屋面形态的受力情况进行了分析，并运用数字手段对整体形态进行了优化调整，从而保证了如同散落在地面上"水滴"的形态母题。

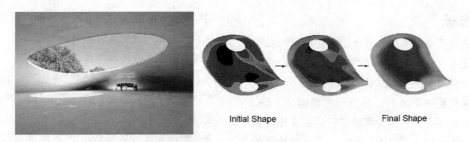

图10 丰岛美术馆照片及物理分析（图片来源：https://dwz.cn/Ugkyr4E3）

4.3 数学优化

数学优化法是将复杂的曲面形用参数方程与隐式方程进行描述，根据复杂的算法使建筑师可以对曲面进行拟合重构。曲面的参数化是当今计算机图形学与辅助几何设计的重要手段，这种技术可以广泛应用于曲面纹理映射，曲面拟合，曲面网格化以及模型修复等等。除了辅助曲面生成，这些参数方程式也可以帮助建筑师对曲面进行分析与优化。建筑师利用 NURBES 曲面拟合自由曲面，通过曲面的控制点与权重值并根据参数方程式对曲面形态进行调整，使其形态优美，结构受力合理。

在福斯特设计的大英博物馆中庭穹顶项目中，初始的穹顶网格是通过简单分化形成的简单的网格，通过张弛法的曲面优化技术使穹顶最终的网格分布呈现一种以中心为基点，向外发散的螺旋线形态，穹顶结构与形式更加优美（图11）。

图11 大英博物馆中庭穹顶
图片来源：https://www.britishmuseum.org/）

5 结语

非线性建筑以当代非线性哲学理论为思想基础，而数字技术的引入为这类建筑的设计与建造提供有力的技术工具。将设计逻辑和建构优化相关联，提出了基于参数化的非线性建筑复杂曲面的建构优化方法，为建筑师在面对非线性建筑中复杂曲面形态的设计建造等相关问题时提供有效方法。非线性建筑的设计与建造是建筑未来发展的方向之一，作为一种新的设计方法，在保持自身特点的同时，还存在着技术普及、审美趋势等尚需解决的一系列问题。

参考文献

［1］ 袁大伟．基于参数化技术的建筑形体几何逻辑建构方法研究［D］．清华大学，2011．

［2］ 李阅川．基于视知觉动力理论的非欧建筑形态审美研究［D］．东南大学，2016．

［3］ 王凤涛．基于高级几何学复杂建筑形体的生成及建造研究［D］．清华大学，2012．

［4］ Caruso G，Kämpf J．Building shape optimisation to reduce air-conditioning needs using constrained evolutionary algorithms［J］．Solar Energy，2015，118：186-196．

孙澄宇　胡伟林

同济大学建筑与城市规划学院；jbund@126.com

虚拟环境中"背景人群"的生成方法与验证实验 *

摘　要：近年虚拟现实技术广泛用于建筑空间效果的表达和研究。然而现有的大部分虚拟现实实验与建筑展示对空间中的人——或可称背景人群的模拟关注较少。这种情况势必导致无法方便高效地开展虚拟现实实验，也无法使体验者在虚拟空间中获得最真实的体验与最合理的反馈。建筑规划景观国家级虚拟仿真实验教学中心（同济大学）开发了一套虚拟背景人群生成工具包。它可以在 Unity 环境中将建筑场景模型划分分区，并设置路径节点，并根据程序设定，自动生成虚拟人偶群。人偶群依据预设顺序自行走动，并在相关分区激发对应动作及与互动行为，以此复现真实情况下背景人群的移动和行为方式。这一平台已用于实验研究，并通过实验验证了虚拟人群的存在与否对行为学实验带来的影响。

关键词：背景人群；模拟；虚拟现实；Unity

Abstract：While virtual reality has been widely used in architectural expression and research，most of them pay less attention to the people in the space，or the simulation of the background crowds. This will inevitably lead to the poor efficiency of carrying out virtual reality experiments and expression，since the observer will be hard to obtain the best simulated experience and feedback in the virtual space. National Center of Virtual Experimental Architecture，Urban Planning，Landscape Architecture Education（Tongji University）has developed a virtual background crowd generation toolkit. It can partition the architectural model in the Unity platform，set the path node，and automatically generate the virtual crowds based on the settings. The crowds can wander according to the preset order，and behave according to their location in specific sections，thereby reproducing the movement and behavior of the background crowds in the real world. The platform has been used in researches，and has helped verifying the impact of the virtual crowds on behavioral experiments.

Keywords：Background crowds；Simulation；Virtual Reality；Unity

1　课题研究背景

随着今年计算机技术的发展，虚拟现实中的空间表现愈发逼近真实，这使得建筑相关的研究和工作中对虚拟现实的使用率大增。通过将真实的建筑或城市空间在计算机中复现与体验，人们可以还原或预测在真实环境中的感知与行为。因此虚拟现实可以用于开展与空间相关的行为学实验的平台，或作为设计过程中反复体验与修改空间感受的工具。

在空间体验的过程中，影响人的除了建筑空间本身的因素，建筑内部其他人群，或可称为建筑空间背景人群的存在和活动也是影响空间体验与感知的一个重要因素。因此作为体验中的重要一部分，完善虚拟现实模拟中的周边背景人群就变得尤为重要。虚拟的人偶应当在行为动作、移动轨迹、人流密度等方面模拟真实环境中的人。改善虚拟人偶可以为体验者带来更加接近真实环境的体验，并令实验者在实验中做出如真实中相近的反应，以此使实验数据可以更加贴近

＊　本研究由"2019 年上海高校本科重点教改项目"、"同济大学教学改革研究与建设项目"资助。

真实的环境情况，或指导设计并使建成后结果更加接近预期结果。

针对虚拟现实环境中人偶与虚拟背景人群的课题已有许多研究。现有的研究有的针对虚拟人本身的行为细节进行深化，包括优化虚拟人模型表现；也有通过特定算法计算出虚拟人群的移动路径；或是结合二者在限定场景下使用的平台，如火灾逃生、灾难逃生等场景，这种情况下虚拟人物行为较为单一，路径目的地单一。

基于已有研究的特点与局限，本研究通过在 Unity 平台上进行开发，提供了一套虚拟背景人群生成工具包。该工具包在建筑场景模型中指定空间分区后可以通过脚本接口或设定的方式参考真实统计或预测的人流数据指定虚拟人群路径，并自动循环生成虚拟人。虚拟人偶模型根据不同年龄性别的东亚人种制作，预设有一系列行为动作以及与建筑场景的互动。随后我们基于 HTC VIVE 平台开展行为实验，并比较了同一场景中有虚拟人群和无虚拟人群时实验者寻路决策中的区别。通过六十一人次的实验，本研究证明了虚拟人群的存在与否将对虚拟现实行为学实验带来较大的影响。

2 相关文献综述

过往研究中早已开始利用虚拟现实展示真实建筑环境[1]或真实城市环境的场景[2]并让实验者在其中获得沉浸的体验，沉浸式的虚拟现实平台比传统的表达方式更能使观察者感知到周边环境的不同[3]。不仅如此，虚拟现实也成为体验者与虚拟空间互动的平台，可以进一步作为辅助空间设计的工具[4]。

大量研究已经证明了在同一真实空间中，周边人群不同的状态将对行人的寻路决策带来重大的影响。周边人群的运动轨迹、行为动作、人群密度都会改变身处其中观察者对环境的感知，进而导致不同的反应[5]。也有一些研究已经比较了虚拟现实环境中不同背景人群密度带来的不同感知和体验情况[6]，论证了不同人群密度下带来的体验差异。因此若要在虚拟现实空间中真实地复现、预测现实空间中给观察者带来的体验，则迫切需要改进对周边背景人群的模拟，在行为动作、移动轨迹、人流密度等方面更加贴近真实的人群，以获得最好的效果。

现有关于虚拟现实人偶或人群模拟的研究有多个方面。有的研究通过完善虚拟人的行为，使虚拟人动作更加连贯贴近真人来增加沉浸感[7]。通过改善虚拟人偶注视方向等细微行为的模式，体验者也可以获得更加接近

真实环境的虚拟体验[8]。这类研究着重改善虚拟人偶自身的表现和拟真，但对人偶形成人群以及运动等方面则没有更多讨论。另外这一类研究中的虚拟人偶还需要手动布置，预先放置在特定位置并随程序开始运行，并不能自动生成与移动。

也有的虚拟人群研究侧重对大量人群的模拟。这其中主要通过算法模拟的方法计算大规模虚拟人群的运动轨迹，包括针对虚拟人之间的距离保持[9]或某些预设场景下人群移动的路径等[10]。此外也有研究通过分析提取视频中人群的路径，并在虚拟场景中利用人偶复现人群移动[11]。这类研究针对抽象的人群运动，研究成果也为抽象的路径。他们可以较为真实地反映真实人群的运动特点，但没有对虚拟人细节的改善，无法直接作为虚拟现实场景中的表现手段。

针对特定情况下的研究可以将虚拟人群的轨迹和虚拟人偶的表现结合。针对火灾的逃生情况，一些研究可以在模拟火场的同时模拟虚拟人偶的逃生行为，并论证了虚拟人偶对体验者在逃生路径选择上的影响[12]。类似的其他研究还包括了通常避难情况下的逃生场景模拟，并可作为对建筑物使用者的逃生训练工具[13][14]。这一类工具可以较好地模拟虚拟人偶的路径和行为，但也有着特定环境和场景的限制。逃生情况下人的行为和移动目标都较为单一，与日常使用建筑的情况有较大差异，不具有普适性，较难推广到所有场景的虚拟人群模拟中。

针对以上所述的情况，本研究开发的虚拟人偶平台需要在行为动作、移动轨迹、人流密度等方面模拟真实环境中的人群，为虚拟现实的场景复现提供更加贴近实际的空间感知。

3 虚拟人群的概念模型设计

实现研究目标的基本思路即需要将人群解构为数个要素并导入 Unity 环境中重构再现。人群是人的集合，因此首先将一个人在建筑空间中的行为解构重组后，在虚拟现实中以相似的逻辑进行重复创建即可形成人群的效果。基于计算机虚拟平台的数据结构特点，单个人的行为可以被分解成虚拟的人物形象、人物的行为、虚拟的空间以及串联行为的时间这四个要素。人物形象即虚拟人自身的表现形式，是虚拟人群的组成单元；人物的行为则是虚拟人偶的各种动作，为虚拟人增加了真实感，强化了体验者的沉浸感；虚拟空间是建筑空间在虚拟现实中的表达，作为承载体验者和虚拟人的容器，是其他要素的基础；时间要素则使虚拟人合理地行动起来，是虚拟人群行动的线索。

3.1 人物形象

人群行为首先需要在虚拟环境中构建人群本身，随后才能以每个虚拟人为单位读取并运行预设行为互动。在预设的亚裔人群背景下，平台首先将人群按照年龄与性别两类进行组合区分，以此包括了童年、青年、老年几个不同年龄段的男女人物形象。

3.2 行为

每个虚拟人应当具有执行一些日常行为的能力，以便模拟真实环境中人的行为，这包括行走、奔跑等移动动作，打电话、鼓掌等非移动的动作以及坐下、注视某一物体等与周边环境互动的动作。每一个行为可以使用对应的开关触发，同时部分上半身与下半身分离的动作可以组合进行，实现更复杂的行为模拟。

3.3 虚拟空间

人群的运动和交互都存在于虚拟建筑空间中，因此还需要将真实空间有组织地导入虚拟现实中。建筑实体通过建模软件进行制作和贴图，随后导入虚拟空间中；建筑的空间组织依据功能等逻辑分类成树形数据结构导入，使得虚拟人可以从不同抽象的层级检索将要到达的目标区域。如此虚拟人群中的每一个个体可以单独设定运动目标的序列，且可以目标不限定为具体地点，也可以在某一类空间中（如餐厅、出口、卫生间等）随机选择某一具体地点。这种数据结构使得虚拟人群的路线制定不再唯一，而是同时拥有一定的抽象统一性和具体实施时的随机性。

3.4 时间轴

行为的每个节点确定后需要用时间进行联系，形成连贯的动作，时间的要素包括每个动作之间的先后顺序以及每个独立动作的时长。虚拟人偶会依照设定的时间先后顺序依次触发对应动作，持续对应时长，同时若有需要则可以寻找目标的交互物体并与之进行互动；若当前行为为移动等行为则持续时长通过 Unity 平台提供的 NavMesh 速度设置计算。以此每一个虚拟人都拥有自己的时间轴后便可独立在场景中完成全部活动。

4 虚拟人群平台的实现

本平台在 Unity 中开发，实现了建筑模型中虚拟人偶的模拟以及人流行为的再现，同时还有虚拟现实的交互体验，以及用于行为学实验的数据记录和展示功能。

4.1 人物形象和行为的实现

虚拟人偶的人物形象选用了不同年龄段的男女亚裔人偶模型，通过 Adobe Fuse 制作修改。人物的动作则通过将模型上传使用 Mixamo 为人物模型绑定骨骼，并下载所需相关动画的方法制作，随后根据预设的动作连接关系制作 Animator。现有的移动动作包括对站立、坐下、观看、进出电梯、扶梯、楼梯等，非移动的动作包括直立、打电话、使用手机、鼓掌和指向物体，也可以通过同样的方法继续添加其他动作。以此完成了将虚拟人物形象与动作在 Unity 中复现的工作。

4.2 虚拟空间的实现

虚拟建筑模型的准备可以通过常用建模软件进行。制作模型时需要提前优化减面，并将需要的贴图提前制备，并注意导出时的分区域分部导出以及统一模型尺度。导入的模型在 Unity 中调整检查，添加灯光，并添加碰撞体以限定虚拟人群和体验者移动的范围。

建筑抽象空间结构的导入是通过在建筑模型基础上布置区域标识预制体组件，并为之添加对应属性完成的。对空间的分划具体包括：根据虚拟人交互区域设定的功能区、场景转换的触发区以及虚拟人垂直交通区域（包括上下楼梯、电梯、扶梯的起始位置和消失位置）。分区共可有两级分层，各区域应有数字依序编号用于检索。功能区内部可含有座位等互动节点。

图 1　互动区域布置示意图

4.3 时间轴的实现

虚拟人偶活动时间轴通过将虚拟空间中预定的节点依设计顺序添加入对应文件中的节点来进行记录，同时也以进行对动作、持续时间的定义。添加完成节点的路径即可被人偶的控制代码调用。路径设置中可以预设人偶出现的时间、位置、预设的人偶类型等。随后的节点设置中包括了节点数量以及每一个节点可以加入的子节点选择与触发动作描述。另有设置可以指定人偶停留在目标节点上时的活动，同时还可以指定了该项动作内容的持续时间以及不同动作间的联系顺序。

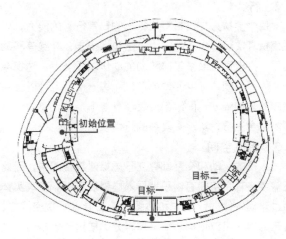

被试会随机进入一个存在或没有背景人群的实验场景，初始位置位于电梯厅内。实验者要求被试环顾自己身边的环境并了解自己所在位置，随后根据指令与提供的参考图片，在该场景内移动寻找两个具体的目标地点（顺序不限）。在被试开始移动后即开始计时与位置记录，并在被试找到全部的目标后停止。

图 2　虚拟人时间轴示意图

图 3　实验各重要节点平面位置

5　实验论证

5.1　实验设计

实验基于 HTC VIVE 设备开展。被试通过头戴式眼镜观察虚拟现实环境，并利用自己的走动与手柄内的钓鱼线进行空间内的移动。实验的建筑场景选择了上海梅赛德斯奔驰文化中心六楼。该层为环形空间结构，走廊串起了有垂直电梯的大厅、休息观景区域、数个餐厅以及一个电影院。每种功能的空间特征都较为明显，同时餐厅与电影院有明显的立面贴图并区别于普通的墙面。

5.2　实验结果与分析

实验共招募有效被试 61 名，其中男性 30 名，占总数 49.18%，女性 31 名，占总数 50.82%。被试均来自建筑学、历史建筑保护和园林风景专业，年龄在 18～22 岁之间。实验分两组进行，一组进入没有虚拟人群的虚拟环境中完成实验任务（后简称无人群组）；另一组进入有虚拟人群活动的虚拟环境中完成实验任务（后简称有人群组）。实验获得了 61 组轨迹和时长数据，其中无人群组 30 个，有人群组 31 个。

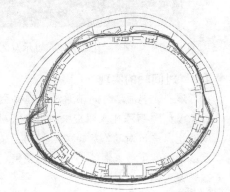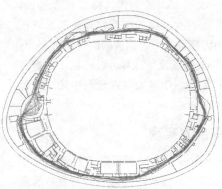

图 4　轨迹数据分布图

（图片说明：左为有人群组数据，右为无人群组数据）

在初始位置观察场景后，被试前方存在左右两个通道入口分别选择可以逆时针或顺时针绕该层行走。被

告知要求充分观察和参考身边虚拟环境的情况后，被试会依靠观察的内容需要通过选择向左或是向右来开

始寻找首个目标。有人群组的场景内有虚拟人和建筑环境，虚拟人路径固定，较多为逆时针行走（观察者视角的从右向左行走），无人群组的场景内则仅有建筑环境。

实验中，无人群组的被试有 16 人选择向右转前进，占总数 53.3％；14 人选择向左转前进，占总数 46.7％。可以看到该组的左右选择分布较为均匀，选择向右的稍多。而在有人群组 7 名被试选择右转，占总数 22.6％；其余 24 人选择左转，占总数 77.4％。可以看到该组的被试大部分选择向左移动。由于两个组的区别仅为场景内是否存在虚拟人群，建筑环境等其他条件均保持不变，因此可以认为被试的方向选择受到了背景人流的较大影响，并且倾向于跟随背景人流的方向一起移动。

图 5　初始位置门厅比较
（图片说明：上为有人群组场景，下为无人群组场景）

实验中设定了两个目标位置，需要被试参考提供的场景截图进行寻找。目标一为电影院放映厅，是一个有较大的"5""6"数字标识的位置，较为便于寻找；目标二为指定的餐厅橱窗，上部为暗色调内部景观，下部有花卉等装饰，相对较难寻找。

实验中两个组的被试全部在第一次经过时就找到了目标一，没有发生错过的情况。而对于目标二，有人群组的被试有 6 人错过了目标，需要再次经过才能发现，占总数的 19.4％；而无人群组仅有 1 名被试错过目标，占总数的 3.3％。可以看到有虚拟人流存在的情况下的观察者相较没有虚拟人流，更容易在虚拟体验中错过较小的目标。这有可能是因为虚拟人偶对两侧橱窗产生了遮挡，以及给观察者的注意力带来了分散导致的。

通过实验及后续分析，验证实验说明了虚拟现实环境的体验过程中，有无虚拟背景人群，会对体验者产生决策、体验效果等方面的影响，能够生成在虚拟环境中生成背景人群并合理模拟人群行为的平台是非常有必要的。

图 6　目标一比较
（图片说明：上为有人群组场景，下为无人群组场景）

图 7　目标二比较
（图片说明：上为有人群组场景，下为无人群组场景）

6　结语

本研究讨论了虚拟现实模拟中背景人群的重要价值，并提出了一种模拟虚拟人群的方法。以此为基础辅助时间开发了虚拟人群生成平台，并实验验证了虚拟背景人群存在的必要性。在未来的虚拟现实研究中，应当进一步深化研究背景人群的作用和模拟方法，以便进一步提高虚拟现实环境的真实感和沉浸感。

参考文献

[1] Kuliga S F, Thrash T, Dalton R C, et al. Virtual reality as an empirical research tool—Exploring user experience in a real building and a corresponding virtual model [J]. *Computers, Environment and Urban Systems*, 2015, 54: 363-375.

[2] 范思楠，张玉坤. 基于虚拟现实技术的城市街道网络空间认知实验 [J]. 天津大学学报（社会科学版），2012（3）：9.

[3] Paes D, Arantes E, Irizarry J. Immersive environment for improving the understanding of architectural 3D models: Comparing user spatial perception between immersive and traditional virtual reality systems [J]. *Automation in Construction*, 2017, 84: 292-303.

［4］ Racz，A. Zilizi，G. VR Aided Architecture and Interior Design ［C］// IEEE. *2018 International Conference on Advances in Computing and Communication Engineering*. Piscataway，NJ，USA：IEEE：2018：11-16.

［5］ Haghani M，Sarvi M. How perception of peer behaviour influences escape decision making：The role of individual differences ［J］. *Journal of Environmental Psychology*，2017，51：141-157.

［6］ Dickinson P，Gerling K，Hicks K，et al. Virtual reality crowd simulation：effects of agent density on user experience and behaviour ［J］. *Virtual Reality*，2019，23（1）：19-32.

［7］ Van Welbergen H，Reidsma D，Kopp S. An incremental multimodal realizer for behavior co-articulation and coordination ［C］// *International Conference on Intelligent Virtual Agents*. Springer，Berlin，Heidelberg，2012：175-188.

［8］ Ağl U，Güdükbay U. A group-based approach for gaze behavior of virtual crowds incorporating personalities ［J］. *Computer Animation and Virtual Worlds*，2018，29（5）：e1806.

［9］ Wenxi Liu，Lau，R.，Manocha，D. Crowd simulation using discrete choice model ［C］// *2012 IEEE Virtual Reality*（*VR*），2012：3-6.

［10］ Kim S，Lin M C，Manocha D. Simulating crowd interactions in virtual environments（doctoral consortium）［C］// *2014 IEEE Virtual Reality*（*VR*）. IEEE，2014：135-136.

［11］ Kim S，Bera A，Best A，et al. Interactive and adaptive data-driven crowd simulation ［C］// *2016 IEEE Virtual Reality*（*VR*）. IEEE，2016：29-38.

［12］ Gu T，Wang C，He G. A VR-based，hybrid modeling approach to fire evacuation simulation ［C］// *Proceedings of the 16th ACM SIGGRAPH International Conference on Virtual-Reality Continuum and its Applications in Industry*. ACM，2018：19.

［13］ Shendarkar A，Vasudevan K，Lee S，et al. Crowd simulation for emergency response using BDI agents based on immersive virtual reality ［J］. *Simulation Modelling Practice and Theory*，2008，16（9）：1415-1429.

［14］ 王兆其，毛天露，蒋浩等. 人群疏散虚拟现实模拟系统——Guarder ［J］. 计算机研究与发展，2010，47（6）：969-978.

G　建筑数字技术与历史建筑保护更新

王景阳　曾旭东　黄海静

重庆大学建筑城规学院；arch_jsj@cqu.edu.cn

基于 BIM 技术的古建筑虚拟搭建实验课实践 *
Practice of based ancient building model on BIM Technology

摘　要：建筑数字技术所带来的高效、直观、全方位的设计方法及整体性的设计成果评估，不仅拓展了建筑设计的手段与表现方式，而且充分激发了创新设计思维与创新方法的产生。本文介绍了在建筑数字技术课程的实践环节设计"认知与实践-基于 BIM 技术的古建筑虚拟建造"实验项目进行教学实践的过程和取得的经验。教学实践表明，实验项目使学生在数字技术应用的知识结构和基本素质得以进一步完善和提高，提升了学生学习的兴趣并弥补了专业课学习的不足。

关键词：BIM 模型；虚拟搭建；教学实践

Abstract：Architectural digital technology is an efficient，intuitive and omni-directional design means，which can expand the methods and expressions of architectural design and stimulate innovative design thinking. This paper introduces the experimental project of "Virtual Creation of Ancient Architecture Based on BIM Technology" added in the course of Architectural Digital Technology. Practice shows that the experimental project improves students'digital technology application skills，stimulates the interest and spirit of scientific exploration，and cultivates innovative and practical abilities.

Keywords：BIM；Ancient architecture；Virtual creation；Teaching practice

1　引言

建筑数字技术课程是按照《促进建筑数字技术教学发展纲要》进行设置，使学生了解建筑数字技术的概貌及其最新发展，初步掌握建筑信息模型（BIM）技术，并具有应用计算机辅助建筑设计构思和分析的能力。多年来课程不断进行教学内容的调整，以促进建筑数字技术课程教学的改革，使建筑数字技术课程教学，既能顺应建筑数字技术的发展，又能与建筑设计教学紧密结合。课程中的实验教学是将专业理论知识与生产、实践认知紧密联系起来的必备教学环节。通过实验实践课将理论知识有型化，可以使学生更好地理解课堂教学

涉及的 BIM 应用技术，树立独立思维、勇于创新的意识，锻炼综合实践能力。本文重点介绍了在建筑数字技术课程 BIM 软件实践教学环节中，通过设置"认知与实践—基于 BIM 技术的古建筑虚拟建造实验项目"来激发学生的创新设计思维，并调动学生的学习主动性和积极性。

2　实践教学

2.1　BIM 建模与搭积木

建筑信息模型记录了完整的、与实际情况一致的建筑工程信息，不仅有描述建筑物构件的几何信息、专业属性及状态信息，还包含了非构件对象（如空间、运动

---
* 重庆大学实验教学改革项目，认知与实践-基于 BIM 技术的古建筑虚拟建造实验，2017S13；重庆大学教学改革项目，基于 BIM-Cloud 云平台的建筑设计课程教学模式研究，2017Y56；重庆市研究生教育教学改革研究项目（yjg183012）；重庆大学研究生教育教学改革研究项目（cquyjg18207）。

行为）的状态信息。无论是 Revit 中的图元（族）还是 ArchiCAD 的 GDL 对象都是组成建筑信息模型的重要参数化构件。

中国古建筑严格按照模数制，它规范了古代建筑的营造，使得房屋的大小、等级、造价都有了严格的控制，这种标准化的生产同时也方便大规模营造建筑的活动。其营造思想就是："由小到大"，即从建筑的细节入手，首先确定各个构件的几何尺寸和组合比例，严格按照模数制进行制作。建筑信息模型参数化的构建方式优势就在于，古建筑的模数制概念与 BIM 参数化驱动的智能构件恰好吻合。参数化的构件能够存储重要的尺寸约束关系，当重新调用某一构件的时候，只需要简介的参数设置就能快速完成模型创建，大大提高工作效率。

创建 BIM 模型的实质就像搭积木，本质还是创造的乐趣。如果积木是将基本模块组合起来，而建模过程就是将一个个参数化构件或图元搭建成一个整体。

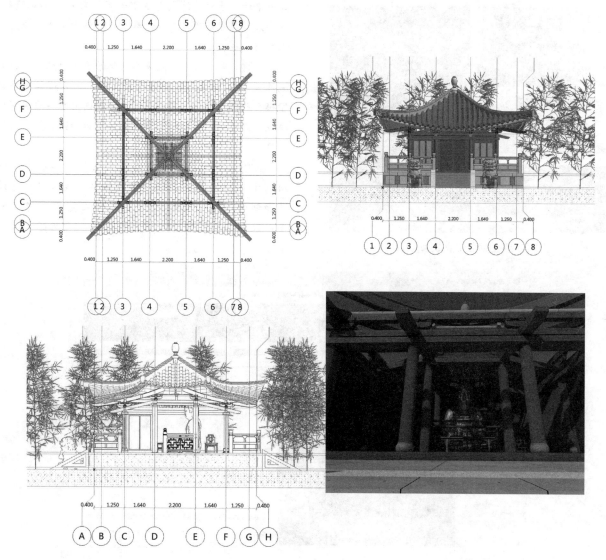

图 1 学生作业

2.2 实验项目设计

实验项目"认知与实践—基于 BIM 技术的古建筑虚拟建造"是建筑数字技术课程配套实验中由学生自主搭建或还原的一项研讨拓展实验。作为一种教学尝试，需要科学合理的实施方案。实验项目的设定要解决让学生实践什么——实验内容，让学生如何实践—实验的实施问题。传统的学习仅仅是跟着教师完成课堂的基础练习，内容固定、方法固定。实验项目内容则是由学生根据掌握的专业知识和软件技能，按照中国古建筑模数化的特点自行设计或翻模经典古建，增强了实验内容的多样性；实验项目运行在基于 BIM 技术的 ArchiCAD20 软件及第三方仿古对象图库上，并以多人小组的形式进行，在深入理解 BIM 技术应用的同时实现 BIM 团队协同，培养解决问题和团队合作能力。几个个体和团队高效协同工作于一个项目的能力是建筑工作的基本需要的条件，运行在 BIM 技术上的团队协同功能越来越被引起重视。实验项目的设置结合课程教学的内容，有利于点燃学生创新的思想火花，从而激发学生的学习热情，丰富建筑数字技术教学的内容和方式。

图 2　学生部分作业成果局部

2.3　实验项目运行

整个实验项目运行以网络学习教育站点的方式搭建在学校 SAKAI 网络教学平台上，将整理或制作的教学资源和教学课件提供给学生自主学习；通过实时交流进行师生之间、学生和学生之间交流；通过课程研讨提供告成果上传研讨和线下批阅。

项目平台由以下几部分组成：

基础知识：包括专业基础知识自学内容；如，中国建筑史教学资料、清式营造则例资料及自我小测验等。主要设置与建筑历史专业课程相关巩固学生相关应用知识和实践技能；

体验认知：包括自主现场采集的重庆市北温泉公园温泉寺 20 余站点 VR 全景影像、近千个古建筑构件数字模型及搭建演示、两个五间重檐歇山七间及重檐庑殿建筑的搭建模拟过程演示等。通过平台加强自主与交互学习。

实验实践：按照给定的实验指导书和要求，运用基于 BIM 技术的软件及其系统自带或自建构件设计和创建一个小型仿古建筑或组装复杂古建筑构件，最后提交可供虚拟浏览的 BIM 模型文档和实验报告。

图 3　实验项目教学站点封面

3　教革反思

通过在 2 个年级的建筑数字技术课程中试行"认知与实践—基于 BIM 技术的古建筑虚拟建造实验项目"的教学和开展研讨，为今后的进一步教学改革提供了依据。

（1）以下摘抄的部分学生研讨感想表明了实验项目以研讨式方式提出，以问题为导向，以学生为主体，可以使学生自觉地、主动地探索掌握认识和解决问题的方法和步骤，并从中总结出规律，形成自己的概念。项目提升了学生学习的兴趣并弥补专业课直观学习的不足，同时也加深对 BIM 技术的认识和协同工作的重视，为今后的工作打下了良好的基础。

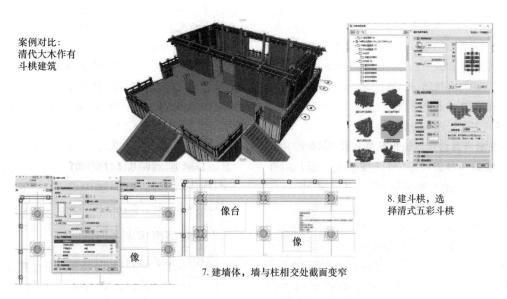

案例对比:
清代大木作有
斗栱建筑

8.建斗栱,选
择清式五彩斗栱

7.建墙体,墙与柱相交处截面变窄

图4　学生实验报告记录的过程

"从被动跟随老师的教学进程到自己主动利用所学技术实践,通过同学互助,查阅资料,真正做到了巩固技能,使我收获颇丰";

"通过查阅相关古建专业书籍,并通过这个建模过程,加深了对中国古建构件和构造特点的了解和认识";

"在建模过程中得以再次复习了上学期学习过的古代建筑的知识,复习掌握了屋架中的主要构件,如四椽栿、托脚、平梁、令拱、替木、插手等,感受到古代建筑匠人的建筑营造智慧。";

"大家充分讨论与配合,锻炼了我们团队合作的能力。小组组员较多,分工较细。在实际虚拟建造时我们是依据古建筑的搭建逻辑,自台基向屋顶分布骤、分工设计搭建。通过这样的合作研讨大大提高了我们的配合交流、团队合作和协同工作的能力,相信这样的锻炼对大家以后的学习和工作会有很大的帮助。";

"在计算机技术发展的今天,作为一名建筑学专业的学生,我们不应该再局限或依赖几个软件,而是应该多学习,熟练掌握更多BIM技术,跟上时代发展潮流";

"到处都在说BIM,不知道未来的建筑行业是怎样,想象一下未来,那一定是建立在芯片、计算机和软件基础上的庞大聚合,不管怎样,未来的设计工作一定会越来越协作,轻松,充满想象力";

(2)从以下的一些学生感想又表明面对实验项目要求完成的任务,学生会积极、主动地学习和交流。这样循序渐进的过程,既达到了充分调动学习的主动性和积极性的目的,又提高了学生运用基本理论、基本知识和基本技能解决实际问题的能力,也激发了学生的创新意识。

图5　学生作业室外白模渲染

图6　学生作业室内渲染

"ArchiCAD是一个精细且简单的建模软件,今后的设计中我会尝试使用ArchiCAD进行后期精细模型的绘制,减少花在工图上的时间,留出更多精力来修改设计本身。"

"与我们平时经常用到的SU,CAD等软件相比,ArchiCAD软件的逻辑性更强,包含的信息量更多,信

357

息的复杂程度和精细程度都大大增强，就比如在柱子的选择上，CAD 和 SU 是以图形逻辑来思考，追求的是"形似"，拉出了一个体块来认为它是一个柱子，是类似于"捏泥巴"的逻辑；而 ArchiCAD 则是以构件的自身性质来思考，定义虚拟构件的性质是一根柱子，然后选取他的材质高度等等，是一个虚拟搭建的逻辑。"

"软件出色的对象捕捉能力以及斗栱构件本身的方便放置操作，让在斗栱放置时，结合参考线、镜像复制命令等的协助下可以很快完成。"

"我国的古建筑严格按照模数制来进行搭建，显然具备参数化的特质，这点在《营造法式》中就有详细的记载。而在所谓的 BIM 软件如 ArchiCAD 的建模中，参数化和其内置的 GDL 参数化编程语言，无疑是对古建参数化的一个强烈的回应，这也是古建与 BIM 结合的基础。"

（3）下面的部分学生研讨感想也促使教学还应该持续性的改进以适应新技术的发展。目前国家正在大力推广 BIM 技术在建设项目中的应用，但是 BIM 技术的应用在我国仍处于起步阶段，相关的软件、标准还不成熟，学习资料还很欠缺，使得在教学过程中仍存在诸多不确定因素。

"这次任务最终完成也有稍许遗憾，由于古建图库内容的不完整，并未找到同我们古建一致规格的斗栱，导致最终斗栱构件有稍许的偏差。"

"ArchiCAD 在网上能找到的教程太少了……。"

"在实践过程中仅使用了已创建好的古建构件进行搭建这些构件，并对构件进行了一些参数调整，还没有真正体验到参数化的创建过程。真正的构件构建核心是参数化程序设计语言 GDL（Geometric Description Language），这是编程代码，不过对比 C# 这样的程序语言，GDL 更加要求空间逻辑学以及空间几何学来建模和参数化。"

"虽然大家一直在吐槽 ArchiCAD 的操作不便，当然这很大程度上是熟悉度的问题，但是它的图库功能给了我一些启示，比如我们平时在做 SU 建模时，能否储备一些已有的构件模板，例如楼板，柱子，屋顶等，这会很大程度上节约平时的建模时间。"

"在使用过程中遇到一些问题，由于软件不够普及而导致信息匮乏，在网络上搜寻不到适合的解决方案。但不可否认在这个过程中我体验到了一种新鲜的可以即时生成 3D 效果的设计方法，值得辅助以后的学习。"

4 结语

从教学实践取得的成果和学生的反馈信息表明：突出以综合素质和创新性思维培养为核心的实验实践教学目标，学生在新型数字技术应用的知识结构和基本素质得以进一步完善和提高，激发了学生学习兴趣和科学探索精神，培养了学生创新和实践能力；坚持以学生为本，以提升学生学习积极性、开拓学生视野为目标，不断完善、优化实验教学方法和课程内容并弥补专业课学习的不足，能够显著提高建筑数字技术课程教学的适应性，拓展学生的专业素质与研究视野；建筑数字技术教学需要紧密与专业课程相互融合，不断拓展实验教学的研究创新领域，通过完善教学内容和增加新技术引用使学生及时、全面地了解建筑数字技术的发展应用动态，进一步提高以数字技术为核心的教学对学生创新能力与综合素质培养的支撑作用。

参考文献

[1] 曾旭东，陈利立，陆永乐. 基于 GDL 驱动下的建筑设计 [C]. 数字·文化—2017 全国建筑院系建筑数字技术教学研讨会暨 DADA2017 数字建筑国际学术研讨会论文集 [C]. 北京：中国建筑工业出版社，2017.

[2] 曾旭东，陈利立，陆永乐. 基于参数化 GDL 语言的古建筑构建方法研究 [C]. 中国民族建筑研究会第二十届学术年会. 重庆，2017-11-17.

[3] 王钟箐，路峻，郑斌. 基于模数关系的中国古建筑木构架参数化设计研究 [J]. 四川建筑科学研究，2019，45（2）：78-82.

[4] 高岱，王宏扬，杜嘉赫，蔡子昂，洛桑次仁. 中国古典建筑构件 BIM 参数化建模方法研究 [J]. 图学学报，2018，39（2）：333-338.

徐怡然[1]　唐　芃[2]

1. 东南大学建筑学院；xuyiran1021@163.com
2. 东南大学建筑学院，城市与建筑遗产保护教育部重点实验室；tangpeng@seu.edu.cn

基于空间检索和案例库匹配的城市历史地段更新设计方法研究
——以意大利普拉托市城市更新为例*

Research on Urban Historical District Renewal Design Method based on Case-based Index and Matching
——A Case Study of Prato，Italy

摘　要：意大利普拉托市在二战后为了恢复被破坏的纺织业，对劳动人口的需求吸引了大量非法中国劳工。随之带来了严重的社会问题和城市空间矛盾，如居住品质低下、公共活动空间匮乏、华人和意大利人生活圈隔绝等，为此普拉托老城区内大量空间节点需要进行改造。本文基于东南大学与佛罗伦萨大学的中意联合教学课题，以 Macrolotto Zero 区域城市更新设计为例，探索基于案例库检索（case-based index）的城市设计方法在普拉托的应用。通过空间案例库的建立、定量化规则的制定、空间检索与匹配完成待改造节点的更新，探索旧城更新中空间节点和建筑单体改造的生成设计方法，为城市建筑空间改造和历史地段的更新，尤其是为需要进行大量节点更新的城市空间案例探索更多的可能性。

关键词：空间案例库；定量化规则；案例检索；匹配；节点改造；城市更新

Abstract：Prato, a Italian city, attracted a large number of illegal Chinese workers in an effort to revive its devastated textile industry after World War Ⅱ, which has brought serious social problems and urban space conflicts，such as poor living quality，lacking of public activity space，isolation of Chinese and Italian living circle，etc. Therefore，a large number of space nodes in Prato need to be transformed. Take urban renewal design of Macrolotto Zero area as an example，this paper aims to explore the application of urban design method of case-based index in Prato based on the China-Italy joint teaching subject，organized by Southeast university and the university of Florence. Through the establishment of case base，formulation of quantitative rules，spatial retrieval and matching，the nodes transformation can be completed. Additionally，the generation design method for reconstruction of space node and building in old city renewal can be explored，which provides more possibilities for architecture renovation and historical district renewal，especially for urban space cases with plenty of nodes to be transformed.

Keywords：Case base；Quantitative rule；Case-based index；Matching；Node transformation；Urban renewal

*　国家自然科学基金面上项目（51778118）与住房和城乡建设部科学技术计划北京建筑大学北京未来城市设计高精尖创新中心开放课题（UDC2017020212）。

1 研究背景

1.1 场地背景

普拉托（Prato）位于意大利中部，是托斯卡纳大区普拉托省的首府。人口18万多，为托斯卡纳大区第二大城市，意大利中部第三大城市，仅次于罗马和佛罗伦萨，其传统产业为纺织业。普拉托在二战后为了大力恢复被破坏的纺织业，在马歇尔计划的援助下开始兴建大量纺织工厂。新建的厂房迅速填补了街区的空地并形成了紧密又有特征的肌理（图1），普拉托也在短时间内得到了经济的复苏，但同时对劳动人口的需求也吸引了大量非法中国劳工，随之而来的是严重的社会问题、灾难隐患和大量的城市空间矛盾，例如居住环境品质低下、公共活动空间匮乏、华人和本地人生活圈隔绝等问题。

图1 普拉托工业区航拍图

普拉托市为缓解上述城市功能空间的矛盾，消除安全隐患，提升并改善这一区域的城市空间品质，帮助华工融入社会，于20世纪90年代分别在远离老城的城市南侧建立了 Macrolotto Ⅰ，Macrolotto Ⅱ。逐渐将工厂功能搬迁至这两个区域并建设与工厂匹配的居住和公共设施。在这个阶段，大量来自温州的中国劳工也不再甘心做纯粹的底层工作，他们逐渐积累财富，创立自己的品牌，并将这些产品行销欧洲大陆。由此，新的混合社会圈在普拉托形成。华人随着财富的积累和生活水平的提高，对于居住生活品质也提出了更高的要求。

1.2 研究目的

产业类历史建筑及地段的保护性改造和再利用是世界性的课题，其根本原因在于传统制造业比重日趋下降，城市局部地区的建筑、环境以及基础设施条件相对滞后和老化所带来的功能性衰退，原先位于城市边缘区

的产业类用地逐渐被包围于城市的内部。上述各类因素导致城市结构和布局的调整以及城市功能质量提升的需求，大量的城市历史地段产业用地面临更新改造。本次联合教学课题所在地普拉托正是具有上述特点的典型案例，因历史上大量华工的移居给产业构成、社区生活以及普拉托的城市空间结构带来了不可忽视的影响。本次课题基于普拉托市对工业区 Macrolotto Zero 的城市产业转型基本框架，要求参与学生从城市层面到建筑层面提出具有创新性的更新改造策略，从而改善普拉托华人的生活环境，促进华人和意大利人的交流并提供其进行文化交往的公共空间。

在完成场地调研和前期分析后，可以发现普拉托的各个区域较为割裂：老城区基本维持了中世纪城镇的原貌（图2），华人区建筑质量低下、开放空间匮乏（图3），工业区的大量存量建筑亟需更新利用，整个区域内也存在大量的节点需要改造，若按照传统的城市设计方法往往需要大量的时间和精力。然而，普拉托由于历史背景而导致的场地特殊性，其工业区、老城区、华人区的各自特征也较为明显，不同区域设计倾向也较为明晰。针对场地特征列举一些具有典型性和针对性的改造措施，并且借助程序算法将其与待改造节点进行匹配，可以一定程度上缩短设计时间和工作量，同时对相似地块的城市改造更新具有借鉴和指导意义。

图2 普拉托老城区现状

普拉托城市节点更新的具体方法为：首先建立包含建筑、景观、开放空间等层次的空间类型库；其次制定定量化规则，以场地区位、建筑类型、设计策略等多种要素作为评价指标，并设立不同权重和计算优先级；最后通过Java程序语言建立案例检索库系统，将待改造节点或建筑与类型库中的案例进行匹配，完成更新改造，并形成"空间检索—案例匹配"的改造设计方法。

图 3　普拉托华人区现状

1.3　国内外相关研究

基于案例库检索的方法在 Benjamin Dillenburger[1] 的研究中有较为详细论述并在苏黎世有成功尝试。Benjamin 教授所开发的 Space Index，在将苏黎世街区矢量地图输入计算机后，系统根据使用者手绘或这顶地块的建筑布局图，搜索得到苏黎世范围内所有建筑周边具有类似环境的相似地块（图 4）。Space Index 的检索对象为建筑单体而不是内部空间，所以搜索的范围不仅仅局限于具有特定尺度的建筑基底，还包括实现以基底形状和周边环境为特征的地块检索[2]。

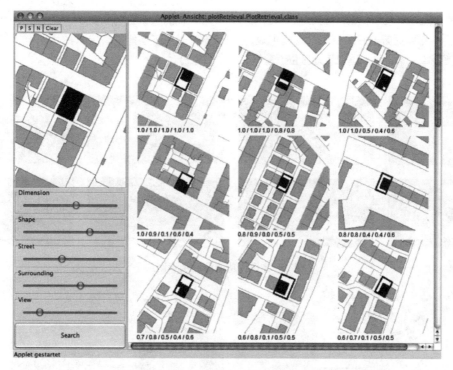

图 4　Space Index 通过尺度、形状和周边环境等特征检索到的相似地块

（图片来源：Ben jamin Dillenburger 2010）

之后东南大学建筑学院在罗马的旧城更新设计中也有实证检验[3]，通过将描述地块与建筑关系的包络组合（Parcel）作为一个基本数据储存单位来尝试建筑学思维方式的空间检索，利用相似地块对待改造地块进行填补（图 5），从而完成对罗马古城东北角的 Ternini 火车站地块的肌理的织补工作[4]。

相比于罗马 Termini 火车站地块的城市更新，本文所提出的案例检索不仅局限于建筑单体，景观和公共空间的更新作为改造策略的一部分，也同样被包含在检索范围之中。除此之外，罗马 Termini 火车站地块更新的检索对象是周边已有的相似地块，然而本次普拉托案例库的建立是在分析了不同区域特点之后所提出的更有针对性和适应性的改造措施的集合。

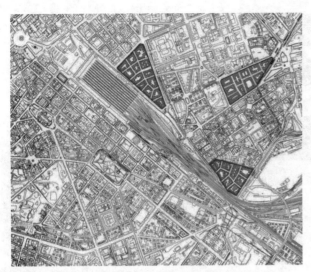

图 5　罗马 Termini 火车站地区肌理织补

2　研究方法

具体改造过程分为以下几个步骤：首先建立包含新建建筑、功能置换、立面更新、开放空间、改建扩建、景观优化等空间类型库；第二步，选取场地区位、建筑

类型、设计策略、道路状况作为评价指标，对每一个案例进行评定并得到对应的评价数值；最后，对改造节点同样进行定量化评价，并利用特征向量的方法将待改造节点和类型库中数值最接近的案例进行匹配，完成更新。同时，设立不同权重的评价数值和计算优先级可以得到不同的设计结果，从而通过基于 Java 平台的程序语言构建起空间检索和匹配系统。

2.1　空间类型库建立

在进行地块节点更新时，需考虑到改善华工的生活环境，并提供促进华人和意大利人进行文化交流的公共空间，以及大量的工业存量建筑如何焕发新的活力。首先，基于功能分区将普拉托大致划分为工业区、老城区、华人区和过渡区（图6），以便于后期对待改造节点进行更有针对性的改造；其次考虑普拉托场地的现实状况，可以提出以下几种基本的改造思路：对于老城区的历史建筑予以保留，对使用情况较差或不满足需求现状的建筑进行拆除、改扩建、功能置换、立面更新等，对于功能不够完善的地区置入适当的新建建筑（图7）。

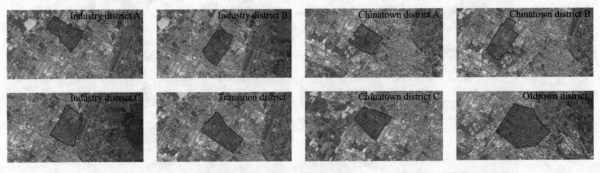

图 6　普拉托功能分区示意图

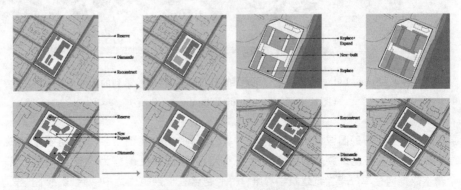

图 7　部分建筑单体设计策略

在选取场地内具有代表性和特征的节点进行改造，并衍生出一系列适用于场地环境的操作策略的同时，需

要考虑普拉托的实际状况和建筑风貌及特点：老城区的建筑风貌接近于中世纪的古典风格，具有托斯卡纳大区

明显的红屋顶；华人区的建筑多为品质较低的住宅，且建筑密度较高、品质较差，建筑语汇参差不齐，缺乏容纳室外休闲活动公共开放空间和优质的景观资源；对于工业区现存的大量工业遗产建筑，可适当进行功能置换、加建扩建等。在建立空间类型库时，还需综合考虑整体区域内建筑风格的统一、建筑语汇的简洁得体以及如何促进当地人和华人的交流以及外部空间品质的提升等一系列问题。

在上述基本思路的指导下，建立如下图所列举的契合场地的建筑、景观、开放空间等层面的空间类型库，例如新建建筑、功能置换、改建扩建、立面更新、开放空间、景观优化等。并进行分类整合，以便于后期更加快速高效地检索。

2.2 定量化规则制定

2.2.1 评价指标选取

在已经建有空间类型库的基础上，需要建立一种可定量计算的规则，从而对案例进行量化处理，使每一个案例都具有一个与之对应的数值，通过案例评价数值的检索，提取案例库中最为接近的案例。在综合考虑场地特征和此次设计诉求之后，筛选出以下四个基本评价要素（表1）：

（1）场地区位：用于判断待改造节点位于工业区、老城区、华人区或是过渡区；

定量化规则及具体评分标准　　　　　　　　　　表1

评价指标＼评价数值	X_1	X_2	X_3	X_4	X_5	X_6	X_7
场地区位	工业区	老城区	华人区	过渡区			
建筑类型	居住建筑	公共建筑	商业建筑	工业建筑	历史建筑	室外场地	景观绿化
设计策略	立面更新	功能置换	改建扩建	新建建筑	景观优化	开放空间	
道路状况	不临街	一边临街	道路转角				

（2）建筑类型：用于判断待改造区域内的建筑类型，例如居住建筑、公共建筑、商业建筑、工业建筑、历史保护建筑、公共广场、景观绿化等；

（3）设计策略：用于判断在综合考虑区位、功能需求、场地现状、建筑风格等因素后节点所需要的改造措施，主要有立面更新、功能置换、改建扩建、新建建筑、景观优化、开放空间优化几个基本策略；

（4）道路状况：用于判断是否和道路相临，分为城市转角处、一边临街和不临街三种情况。

2.2.2 数据处理

基于上述标准对案例库进行定量化评价后，每一个案例相当于有了一组可以描述它的数据[5]。进一步利用特征向量将每组评价数值"打包"成一个"包裹"，这样每个案例就有与之对应的唯一的一个数据"包裹"，其包含的具体数值有：案例编号、场地区位、建筑类型、设计策略和道路状况（图8）。

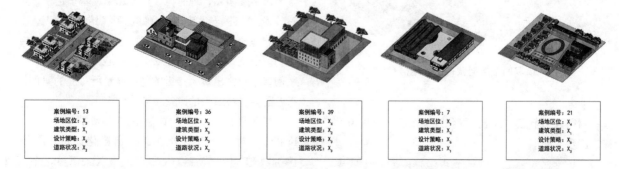

图8　部分案例定量化评价结果

2.3 空间检索与匹配

2.3.1 检索与匹配步骤

在这一部分中，需要将待改造节点和案例相匹配，

从而建立起一套检索和匹配体系。首先，对于待改造节点同样进行上述几项基本要素的评价。不同之处在于，对于案例库中的案例的评定是一种对于设计完成后理想

理想状态的评定，而针对待改造节点，则需要将节点现状转化为与评价指标相对应的设计需求，从而将设计需求与案例库中合适的设计结果相匹配，构建起"现状—需求—结果"相对应的逻辑框架。

待改造节点量化评价所需要的场地信息，基本上都可以通过 OpenStreetMap 和其他网络数据获取并进行分析处理（图9）。其便利性在于可以将所选区域底图导出为矢量文件，通过具有多层信息的点和多段线记录地图中的不同类型的数据（图10），包括道路信息、建筑信息和功能信息等。

图9　网络数据来源
（从左至右分别为 Prato 政府官网（kml、kms files）、Google Earth 和 OSM、qgs、shp 等其他文件）

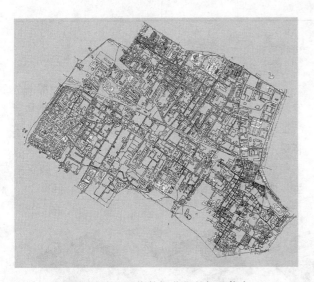

图10　读取网络数据获得的场地信息

针对待改造节点，基于定量化规则将现状转化为设计需求的步骤如下：

（1）场地区位：通过读取节点坐标来判断区块类型，判断位于华人区、工业区、老城区还是过渡区；

（2）建筑类型：通过网络数据读取分析以判断建筑功能类型；

（3）设计策略：这一部分的判断需要借助程序语言对节点的现状进行更为细致的分析，并推导出相应的设计策略。具体的推导思路为：首先判断节点是开放场地或是已有建成建筑。若是开放场地，则可根据功能需求、建筑密度等因素来判断是否需要新建建筑或进行外部空间以及景观资源的优化；若已有建成建筑，则可根据场地区位、建筑现状、建筑类型、使用现状、人群行为、人口混合度等因素来推断出适宜的设计策略。

（4）道路状况：通过网络数据读取分析获得节点周边的道路信息。

2.3.2　检索与匹配示例

如下图所示，现有待改造节点 A，基于定量化规则对节点 A 进行评定，得到的评价结果为：过渡区（X_4），室外场地（X_6），新建建筑（X_4），道路转角（X_3）。进而利用特征向量 Z 来"打包"这组数据，并在案例库中检索出最为接近的特征向量所对应的案例，进行匹配并完成节点的改造更新（图11）。

如下图所示，街区内存在待改造节点 H、I、J、K 和 L，对5个节点分别进行定量化评价，得到的评价数值为：节点 H（X_1, X_4, X_3, X_2），节点 I（X_1, X_6, X_6, X_1），节点 J（X_1, X_4, X_6, X_1），节点 K（X_1, X_4, X_3, X_3），节点 L（X_1, X_6, X_6, X_2），在空间类型库中搜索与5个特征向量最接近的案例并进行配对，得到相应改造结果（图12）。

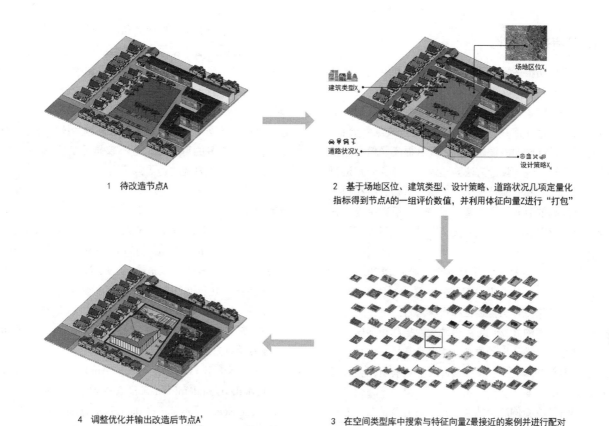

1 待改造节点A

2 基于场地区位、建筑类型、设计策略、道路状况几项定量化
指标得到节点A的一组评价数值，并利用体征向量Z进行"打包"

4 调整优化并输出改造后节点A'

3 在空间类型库中搜索与特征向量Z最接近的案例并进行配对

图 11 节点 A 改造流程示意图

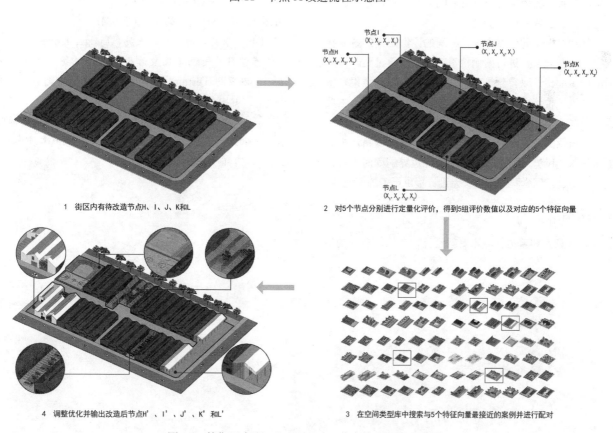

1 街区内有待改造节点H、I、J、K和L

2 对5个节点分别进行定量化评价，得到5组评价数值以及对应的5个特征向量

4 调整优化并输出改造后节点H'、I'、J'、K'和L'

3 在空间类型库中搜索与5个特征向量最接近的案例并进行配对

图 12 某街区内 H、I、J、K、L 节点改造流程示意图

3 研究结果及讨论

本次研究初步探索了基于定量化规则和空间检索的城市设计更新方法，并且借助程序算法构建起一套"案例库建立——定量化规则制定——空间检索与匹配"的设计方法。通过网络数据对区域信息进行收集和分析，大大缩短了设计前期的调研时间，并且提高了信息的精确度。相比于传统的设计方法需要对每个节点分别进行设计，案例检索和匹配节省了每个案例单独分析和提出相应设计策略的时间和工作量。但是作为研究生建筑设计课程的一部分，还具有继续深化与完善的空间，例如：

（1）在选取定量化评价标准时，还可以加入人流量、人口混合度、功能混合度以及一些其他社会要素，使量化评价结果更具有全面性和可参考性。

（2）案例库的建立也可以借助大数据和机器学习来提取更具有普遍性的设计原则，或者将其他相似地块的优秀设计案例纳入其中，使案例库更加具有针对性和适应性。

（3）除了将案例库中的合适案例与待改造节点直接进行匹配，还可以在程序中设置筛选目标的个数，以获得不同数量的较为接近设计诉求的多个案例，以供设计师选择、组合或者作为参考。

（4）对于不同节点来说，不同的评价因素的重要程度会有所差异。在进行案例检索时，可以通过更改计算时的权重配比，以得到具有不同倾向性的检索结果，例如以场地区位为主要设计导向，或者以功能类型为主要设计导向。

在日后的深化研究中，还需要继续发挥网络数据和数字技术的优势，拓宽传统城市设计边界的同时也可以进一步促进不同学科的交流，为设计提供更多的可能性。

4 结语

本次意大利普拉托城市更新设计，在总体规划的指导下，通过空间案例库的建立和匹配进行节点和建筑单体改造设计的方法，发挥了建筑数字技术在解决复杂问题中的优势，将成为城市传统地段更新改造设计方法中的有力工具。对于需要有大量节点更新的城市设计课题和相似地块的改造更新，具有一定的指导和借鉴意义。随着计算机及网络技术的进步，未来数字技术在建筑学领域将会有更多的可能性，这不仅是分析方法的改变，更是设计和表达方式的边界的拓展。

参考文献

[1] Dillenburger B. Space Index：A Retrieval System for Building Plots [C] // *Proceedings of 28th eCAADe Conference. Zuirich：ETH Zurich*，15-18 September 2010：893-899.

[2] 魏力恺，张颀，张备，许蓁，张昕楠. Architable：基于案例设计与新原型 [J]. 天津大学学报（社会科学版），2015（06）：556-561.

[3] Xu Jianan, Li Biao. Application of Case-based Methods and Information Technology in Urban Design：The Renewal Design of the urban region around Roma Railway Station [C] // *Proceedings of 24th CAADRIA Conference*. Wellington：Victoria University of Wellington，15-18 April 2019：625-634.

[4] 唐芃，李鸿渐，王笑，Ludger Hovestadt. 基于机器学习的传统建筑聚落历史风貌保护生成设计方法——以罗马Termini火车站周边地块城市更新设计为例 [J]. 建筑师，2019（02）：100-105.

[5] 魏力恺，彼佐尔德F，张颀等. 形式追随性能——欧洲建筑数字技术研究启示 [J]. 建筑学报，2014（8）：6-13.

刘 攀

重庆交通大学；752185005@qq.com

基于 3D 打印技术的传统建筑保护研究
Research on Traditional Building Protection Based on 3D Printing Technology

摘 要：社会空间结构自组织的、自下而上形态演变的传统村镇聚落具有强烈的个性和规律，传统建筑的保护与活化利用是传统聚落发展与管理中的重要组成部分。数字化技术的发展与运用，在建筑空间形态分析、数据库构建、单体建筑研究等方面提供了空间性、动态性分析。本文阐述 3D 打印的精确性和一体成型的特点，以证实为传统建筑保护和发展在保护思路、保护方法、交互方式等方面均提供了新的思路，使传统建筑由静态保护转向为动态保护，同时也促进了该技术与传统建筑保护研究进一步深化结合，推动传统建筑保护的技术理论和方法。

关键词：传统建筑保护；3D 打印；数据库构建；单体建筑研究

Abstract：The traditional villages and towns with self-organized and bottom-up forms of social spatial structure have strong individuality and regularity. The protection and activation of traditional buildings[1] is an important part of the development and management of traditional settlements. The development and application of digital technology provides spatial and dynamic analysis in architectural spatial morphology analysis，database construction，and single building research. This paper expounds the accuracy of 3D printing and the characteristics of integrated molding to prove that traditional building protection and development provide new ideas in terms of protection ideas，protection methods and interaction methods，and turn traditional buildings from static protection to dynamic protection. At the same time，it also promoted the further deepening of the combination of this technology and traditional building protection research，and promoted the technical theories and methods of traditional building protection.

Keywords：Traditional building protection；3D printing；Database construction；Single building research

传统建筑是传统聚落人群文化生活的重要场所，记录着民族聚落的生活生产方式和社会文化发展的进程，是各民族传统社会、文化、经济、建筑工艺以及建筑美学的代表和传承，更是民族特色和文化传承的载体。随着现代社会的演变，城市是社会发展的必然产物，而传统建筑某些方面不能够适应现代人的需求，也就意味着传统建筑的没落是城市发展的必然后果，同时在自然灾害和人为破坏等因素的影响下，原有的传统居民建筑正面临着消逝和破坏性保护的命运，因此加大对传统建筑的保护的力度的重要性便不言而喻了。与此同时 3D 打印技术作为现代科技革命的关键技术，吹响了"第三次工业革命"的号角，目前已经在各行各业中得到了广泛的应用，3D 打印技术以及 3D 扫描技术的发展使得传统建筑及工艺的传承变得更具可能性。

1 传统建筑保护的现状分析

传统风土民居建筑是普罗大众的居所，相比于官式建筑而言其并没有辉煌的装饰和政治作用，但其却是各民族聚落不同时期普通民众的生活方式和社会状态最直接地反映方式。传统风土民居建筑是在原始建筑的基础上发展演变而来，极具民俗性与地域性。传统风土民居建筑是各民族反映了民族文化和自身环境，是其民族、地区以及不同时代生活理念的缩影，与自然环境融为一体，建立在经济、政治、文化、社会、环境因素等的基础之上的综合反映，成为各民族生活、文化活动的空间和场所，透过传统民居建筑，我们可以了解到该民族的社会观念和艺术审美观念，了解到该民族的文化伦理。

通过对不同民族的传统建筑的研究，可以了解不同民族在不同时期的社会文化水平及建造工艺水平等，也可以通过不同的装饰装修风格了解该民族的艺术特征及其风俗习惯等的演变。对传统建筑的材料、建筑工艺、建筑造型、建筑装饰工艺的考察，客观地了解到不同民族在不同时期的生活生产方式、工艺技术水平、风俗习惯以及艺术风格等，也可根据建筑风格的变化，得到不同民族在迁徙、衍化过程中对其他民族建筑风格、建筑工艺、艺术风格的融合[1]。

官式建筑中大量出现的斗拱以及乡式建筑中榫卯结构的各种搭接工艺中，大量的木结构存在于传统建筑中，大木结构的梁、枋、柱、檀，隔扇窗、隔扇门、装饰小样等，无不涉及到工匠、建造工具、建造工艺、建筑材料、建造过程和设计思想。在不同的建筑部位的木作、石作、土作、瓦作、油漆等，还以木雕、石雕、砖雕、陶塑、彩画等进行装饰[2]。无论建筑的体量大小和工艺复杂性，都经过了数千年的传承与发展，在传统工艺不断丰富的过程中，其蕴含的历史文化价值、社会价值、艺术价值也日益丰富。

由于社会经济的发展，年轻一代过于追求经济，从而忽视了传统工艺的传承。随着老一辈的工匠艺人的去世，传统建造工艺也随之而消失，逐渐面临着失传，而且政府也没有相关的制度、法律促进传统工艺的传承，传统工艺的传承所面临过的形式日益严峻，时间的流逝逐渐成为传统工艺失传的标志。

传统建筑经历了多年风霜雨雪的腐蚀和在使用过程中的磨损，其各个构件不同程度地受到侵蚀和损坏。以木结构或内部结构使用大量木材为主的传统民居建筑体系，在一定程度上受到了自然条件因素的限制，容易造成木材发生腐朽、虫蛀，造成木构件不同程度、类型的损伤，大木结构的腐朽更会影响到建筑的整体结构稳定性。木饰窗花和漆画等也会因为木材的腐蚀而失去其装饰艺术的完整性，出现陈旧、破烂的视觉体验。

传统建筑的屋顶常以瓦、石为主要材料，随着时间的流逝，瓦、石的风化现象屡见不鲜。即便居民及时更换损坏的构件，但失了传统匠人制作构件的同时带来的文化韵味，石雕、石刻等的逐渐风化使原有的精琢细雕失去了原初的艺术价值，传统建筑构件的朴实、逼真、传神也逐渐被现代机械制造的砖瓦的现代感和时代气息所取代。

传统建筑各构件的腐朽带来的不只是物质的损失，更是失去传统匠人审美情感、审美感受、审美理想、当地社会生活以及传统风俗习惯发展考证的依据。

2　3D 打印技术的优势

美国科学家 Charles Hull 在 1986 年开发了第一台商业 3D 印刷机，在经过 30 多年的发展后，3D 打印技术得到了迅猛发展，变得日渐成熟、精确、易操作，并且在许多领域得到应用。由于 3D 打印机和材料的多样性组合，使 3D 打印技术由极少领域一开始的初次尝试运用到如今颠覆制造业，3D 打印技术被应用于珠宝、鞋类、工业设计、建筑、工程和施工、汽车、航空航天、医疗、教育、枪支、地理信息系统、土木工程、餐饮等行业[3]。随着 3D 打印技术的日益精进，这项推动"第三次工业革命"的关键性技术将会对人们未来生活的方方面面产生不可忽视的影响。

图 1　工作流程图

3D 打印技术突破了传统的二维打印的局限性，在数字化模型的支持下，利用塑料或粉末状金属等可粘合性材料，将 3D 打印机与计算机连接，以叠层制造的方式获得一体成型的实物。3D 打印技术是通过计算机建立的数字化模型打印实物，对于传统工艺而言，制造难度、工序流程和成本随着物体的复杂性而增加，而 3D 打印在制造物体的同时并不会增加成本，只需建立相对应的 3D 模型，然后用软件进行切片，即可打印，并且可以无限次利用建立的模型，明显缩短了生产时间，一体成型的特点使其更加节省材料，降低了复杂的传统工艺制造的难度，提高了产品的成型率。

传统工艺技术的复杂性和制作难度高的特点导致培养匠人需要耗费大量的时间和精力，而 3D 打印技术只需要对匠人的数字建模软件和 3D 打印机的操作进行短时间的培训，即可进行制造。随着科技的发展，3D 打印通常和 3D 扫描结合在一起，只需对需要复制的实体进行扫描，即可将高精度的数字化模型延伸到实体世界之中，提高了制造的精确度和效率，也不需要像传统工艺技术一样需要很多的工具、占用很大的空间。

3D打印技术在理论、技术、材料等方面的不断完善和创新，3D打印的门槛将不断降低，其颠覆传统工艺和理论的黄金时代的来临只不过是时间问题。

3　3D打印技术对传统建筑保护的应用

3D打印技术作为21世纪最具有发展潜力的新兴技术之一，传统建筑的不同程度损坏，对于可拆解构件，运用3D打印技术可以将损坏的构件通过精确测量、构建模型，最终将所需构件打印成实体，将相应部件进行更换，这样，大大降低了保护成本，也更新了传统技术，降低了古建筑修复的技术难度，同时，其精度方面也远远高于传统工艺的精度[4]。同样，传统建筑的修正可以通过虚拟现实技术对其构造的解析进行优化，最终恢复其原始的模样。数据的采集运用数字近景测量法，通过先进的数字技术，可以得到精确的测量结果，为古建筑修复提供更为精准可靠的数据[5]。

3.1　传统建筑数据库的建立与真实还原

传统建筑中榫卯等可拆解结构、精美的木雕和石雕的传统营造技艺现如今出现了传承断代的险机，如果运用3D扫描技术对工艺复杂的传统构件和精美的雕刻进行扫描，然后将数据保存在计算机里，对一些破损的结构参考相应的文献进行数据修复，再通过3D打印技术进行精确的实体复制还原，在建立3D扫描数据库的同时，以数字记录和实体还原的方式将高超的传统技艺完好的保存下来[6]。近年来人们对传统文化的重视程度逐渐加深，慢慢意识到传统技艺的重要性，在培养传统技艺传承人时，可以将3D打印实体模型运用于教学，为传承人提供更多快捷的练习机会。

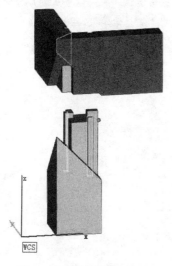

图2　榫卯模型搭建及修复

3.2　数据库辅助建筑修复与规划

传统建筑的保护的目的是通过现代技术的手段和措施真实、完整地保存其历史信息与价值。传统建筑数据库与政府等部门现有的传统建筑保护信息进行比对，根据不同的建筑损伤情况、历史价值重要性，绘制不同区域的传统建筑保护规划图，以精细化的、准确的结构历史化判断清晰的保护划分范围，提高重要传统建筑保护的准确性，同时，将数据信息公开化，影响从上而下的扩大化，应对不同人群的理解需求，以专业化、通俗化、直观化等不同方式满足其不同的理解需求。

3.3　传统建筑的空间重构

传统建筑因其地理分布的偏僻、价值评估不准确及重视程度不高的原因，导致传统建筑保护的空间的模糊。通过数据库的理性分析、历史价值的重新考量、传统思维及传统工艺的准确调查，结合传统聚落空间的分布，以明确传统文化空间结构体系，促使传统建筑及传统工艺的保护，提供可靠的保护依据。

3.4　传统建筑模型的可视化与直观化

随着我国社会与经济的蓬勃发展，人民群众已经不再局限于吃饱穿暖，其追求愈来愈高的精神文明需求，传统建筑的保护不只是该方向的研究人员的责任与义务，更应该加强人民群众对传统建筑的保护意识，使传统建筑得到真正意义上的保护。3D打印技术对传统建筑的可拆解结构模型的打印，将地理位置较偏僻且富有传统民族风格的建筑，以三维立体模型的方式展现到公众面前，在各种传统建筑工艺的展览上，使更多的人更加直观地了解传统建筑。3D打印出可拆解结构的各构件，让公众参与进榫卯结构的拼接过程，了解传统建筑的精美之处以及传统匠人营建技艺的高超。同时，通过3D扫描建立的数据库可以运用到VR领域，让公众身临其境地感受传统建筑组成的聚落，感受不同民族传统建筑的魅力，以进一步加强人民群众对传统建筑保护的意识。

3.5　数字化还原、修复与精确复制

中国多民族的特性也带来了传统建筑的多样性，同时传统建筑的复杂性使学生对传统建筑的学习望而生畏，也带来了极大的学习困难。3D打印技术对传统建筑的精确实体复制，让学生更容易学习传统建筑的构造，充分理解每一个构件和每一个搭接方式，包括每一个精美的雕刻工艺，并将先辈的设计和营建工艺运用至现代建筑的设计。同时，学生设计的建筑也可以进行建模，通过3D打印机得到设计模型，以立体的、可视化的形式呈现出来，使学生获得更加直观的感受[7]。

图3 3D打印还原榫卯及其拼接

传统民族聚落是我国的一大特色，具有各民族独特的风俗习惯，不同风格的传统建筑，吸引了很多人的游览甚至是暂住，那么就面临着传统建筑的损坏修复问题和风貌改造是问题。在3D打印和3D扫描的技术支持下，通过对损坏构件进行扫描，转化成数据的形式，然后对3D模型以数字化方式的修复，以原初的模样对构件进行恢复性重建，再以3D打印技术对构件或者是模具进行原比例复制，正确地对传统建筑进行修复，保证构件的"可识别性与原真性"[8]。在此基础之上，发展特色的传统民宿和旅游产业，促进聚落经济的发展。

4　结论

传统建筑是各民族的历史记忆，中华多样的传统文化需要得到传承。随着3D打印技术与3D扫描技术的快速发展，为传统建筑的保护提供了新思路，使传统建筑工艺营建变得更加简便易行，将传统与现代技术相结合，更加吸引公众的参与感，提高传统建筑的保护水平和公众保护意识，让传统建筑更加有效地保护下来。同时，传统建筑的保护也为3D打印技术开辟了新的应用方向。

参考文献

[1] 杨春顺. 传统建筑保护价值及保护对策问题研究 [J]. 住宅与房地产，2017（7）：42.

[2] 袁玉康，郑力鹏. 以职业教育推动传统建筑工艺传承的探讨 [J]. 南方建筑，2018（04）：91-95.

[3] 刘瑀怡. 3D打印技术对传统工艺的影响 [J]. 大众文艺，2018（11）：65-66.

[4] 许飞进，李昌鹏，张霄霄. 3D打印技术在古建筑保护中的运用 [J]. 南昌工程学院学报，2018（02）：58-62.

[5] 王超，薛烨. 古建筑保护中的新技术应用 [J]. 山西建筑，2007（08）：28-29.

[6] 姜月菊，吕海军，杨晓毅，徐巍，马兴胜. 3D扫描与3D打印技术在破损建筑装饰构件修复中的应用 [J]. 施工技术，2016（12）：771-773.

[7] 李青，王青. 3D打印：一种新兴的学习技术 [J]. 远程教育杂志，2013（08）：29-35.

[8] 张兴国，冷婕. 文物古建筑保护原则中"原真性"的认识与实践——以重庆湖广会馆修复工程为例 [J]. 重庆建筑大学学报，2005（04）：1-4.

李佳烜 姜雪

大连理工大学建筑与艺术学院；ljxuan1215@163.com

数字技术在历史建筑保护更新中的应用探讨

——以南满洲工业专门学校旧址为例

Discussion on the Application of Digital Technology in Preservation and Renewal of Historic Buildings

摘 要：随着数字技术的出现，为大量建筑数据的处理提供了新的解决方式。在历史建筑的保护和更新中，BIM技术利用先进的数字化手段可建立虚拟的建筑三维模型，来提供历史建筑全生命周期的所有信息元素。针对目前历史建筑的研究困境，本文以南满洲工业专门学校旧址为案例，结合当前历史建筑保护更新的现状，探讨将BIM技术应用在该历史建筑的保护更新上。本文将了解历史建筑的状态信息，完善该历史建筑的信息模型。在历史建筑的更新和保护原则下，将数字技术与历史建筑的研究工作相结合，探讨如何应用BIM技术解决目前历史建筑保护更新所面临的一些问题，希望总结出具体的历史建筑保护更新的应用方法，以期为历史建筑的保护更新工作提供更加便利的技术支持。

关键词：数字技术；信息系统；历史建筑；保护更新

Abstract：With the emergence of digital technology, it provides a new solution for the processing of large amount of building data. In the protection and renewal of historical buildings, BIM technology can establish virtual three-dimensional models of buildings by using advanced digital means to provide all information elements of the whole life cycle of historical buildings. In view of the current research difficulties of historical buildings, the old site of manchuria industrial special school south of this paper is taken as a case, combined with the current status of historical building protection and renewal, to discuss the application of BIM technology in the protection and renewal of this historical building. This paper will understand the status information of historical buildings and improve the information model of the historical buildings. Under the principles of update and protection of historic building, the digital technology combined with research work of historic buildings, discusses how to apply technology to solve the historical building protection plus update faced some problems, hope to come to the conclusion that the specific historical building protection update application methods, in order to provide more update for historical building protection work convenient technical support.

Keywords：Digital technology; Information system; Historical buildings; Protection and renewal

1 引言

中国的历史建筑风格独特，在中国的建筑发展史上具有不可替代的重要地位，根据时代的发展以及社会变迁，逐渐形成了其完整的体系。历史建筑是我国历史文化以及发展历程的见证者，随着对历史建筑保护的愈发重视及不断发展，历史建筑的更新保护的体系愈发复杂化，在技术层面存在着许多阻碍。随着数字技术的出现，为大量建筑数据的处理提供了新的解决方式。在进行历史建筑的保护和更新中，BIM技术利用先进的数字化手段建立虚拟的建筑三维模型，可以提供历史建筑全生命周期的所有信息元素。

2 历史建筑保护现状

对于历史建筑的保护，从本质意义上说是对民族文化以及历史印记的延续，伴随着"坚定文化自信"的提出，目前社会上对民族文化的复习和繁荣发展越发重视，对历史建筑的关注度和保护意识逐渐增强，也就相应的对其保护以及更新提出了更高的要求。但是目前对于历史建筑的保护以及更新存在着许多难以突破的瓶颈以及阻碍，现阶段传统历史建筑的保护形式已经无法满足当下对于历史建筑保护的要求。

2.1 信息数据局限性

就我国历史建筑的现状来说，在经过多年的自然环境变化以及多方面的人为原因影响下，很多历史建筑遭到了破坏，这对历史建筑的保护更新工作来说是不可逆的，这些都让原本的历史建筑失去了很多有价值的信息。目前的历史建筑保护工作的信息数据等还存在于纸质文档或者初始的二维图形基础上，导致相关的设计资料多是以二维的图形文件为主呈现的，使得建筑资料具有一些弊端，无法满足现今信息社会对建筑资料读取的需求，无法提供形象直观的可视化数据，另外在进行历史建筑的保护工作时，会由于一些不可抗力因素丢失了部分重要的历史建筑信息，也会出现信息不准确的情况。设计者也只是在收集、整理的基础数据上，从主观角度出发，对历史建筑进行相关的保护、更新、再设计，对于多源角度的相关资料会稍有忽略或者不能进行全面的综合考虑，导致无法全面分析历史建筑的现状、周边环境、人群需求等多方面的影响因素，进而影响历史建筑的保护更新工作。

随着科学技术的进步，传统的信息保存形式已经无法满足技术要求，传统的纸质文档存储以及二维图形的数据信息具有一定的局限性，不仅在传递过程中的容易丢失数据，信息的不连续性更是难以规避的问题，另外，一些特殊的历史建筑信息需要有专业基础知识的人才能够读取相应的数据信息，无法为多专业的人提供一种普适性的信息，对其他专业的工作者的工作进行具有一定的困难，长此以往情况下，历史建筑信息数据的完整性就很难得到保障。

2.2 协同效率低

历史建筑价值是一个包含多种意义的概念，在其之下，还包括建筑的历史价值、科学价值、经济价值、使用价值、保护价值等多方面的价值，需要进行具有科学性的综合评估工作；历史建筑的保护是需要多方面多专业协调处理的工作，历史建筑保护的先进技术包括对历史建筑的虚拟复原、价格计算、历史建筑信息模型分析等，对于保护项目的协同处理是一个大难题，大量的时间成本投入到了协调同步这一步骤上，基于原始的数据资料的局限性，在多方面协同上还会存在数据损失以及传达失误等问题。

2.3 历史建筑性格特征显著

历史建筑分布极为广泛，并且各自具有特征，在其各自的历史阶段下产生的历史建筑具有其特定的历史特色，在不同的文化土壤中形成的历史建筑具有不同的文化背景，根据其自身的背景特色，使历史建筑形成了独一无二的性格特征，在历史建筑的保护中，要根据其自身的地域文化、历史特点等特征进行特殊的保护更新工作，使其独特的性格特征保留并且得到保护。

3 BIM 在历史建筑保护更新中的重要性

随着数字技术的不断发展，建筑师的设计表达有了多种多样的形式，表达方式的进步为建筑师在进行建筑设计时提供了更加高效的工作模式，在历史建筑的研究领域，基于数字化的保护和更新已经成为了一种不可逆转的趋势。历史建筑的保护更新与信息技术两者之间的结合，有助于推动历史建筑研究工作更加科技智能，有助于实现历史建筑信息的协同共享。城市是传统文化内涵的载体，历史街区以及历史建筑是一个城市历史记忆的载体，也是文化底蕴的展现，更是作为城市文化以及城市品质体现的重要因素。在城市的发展过程中，历史建筑的更新、保护工作是重新发挥历史建筑在现代生活中利用价值的重要途径，为维持城市的发展活力，必须从多维度、多层次上体现城市特色和文化底蕴。

基于 BIM 技术的历史建筑信息保护是历史建筑保护工作开展的关键，BIM 技术带来了丰富的成果类型和全面的基础服务。BIM 技术是可以实现历史建筑的相关信息资料的存储与利用，历史建筑的 BIM 模型其实是根据 BIM 信息模型的工作模式来构建该建筑的相关建筑信息数据库（图1），在进行历史建筑的保护和更新中，BIM 技术利用先进的数字化手段建立虚拟的建筑三维模型，可以提供历史建筑全生命周期的所有信息元素，为历史建筑的再生提供建筑构件的几何信息、建成信息以及动态发展信息，同时还包含非构件对象的状态信息，例如：空间环境、人群行为、评价反馈等。BIM 的信息模型不光是整个建筑建造模型信息，同时也是对历史建筑信息的保护，借助 BIM 信息模型的高度信息集成技术，为历史建筑的保护和更新提供完整性、科学性的信息元素，使历史建筑的再生走上科学量化、透明化的道路，BIM模型不仅为设计者提供信息数据，同时也在历史建筑的保护和更新的道路上为文物保护、政府部门等人员提供完整的相关资料，在整个BIM信息模型下，使各个专业、各个领域的工作者协同工作，实现信息共享，以提高工作效率。这种多专业协同工作的工作模式，能够保证历史建筑保护工作的准确性和高效性。

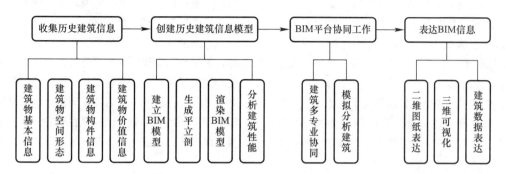

图1　BIM信息模型工作模式

4　BIM在历史建筑保护更新中的应用——以南满洲工业专门学校旧址为例

4.1　项目概况

南满洲工业专门学校旧址位于大连市（图2），曾经作为大连理工大学市内校区的化工学院，主体的校园建筑是于1912-1914年建造的，当时是由南满铁道株式会社设立该校，由满洲工务科的横井谦介进行建筑设计，校园内的建筑结构主体多为2层的砖石结构，整个校园内的历史建筑是具有哥特式的建筑装饰风格的和风式近代建筑（图3），目前的校园旧址是大连市重点保护建筑，其中部分建筑处于闲置状态，近年学校计划对该地块再规划重新利用，对于复杂的建筑状态信息以及动态信息等的处理，需要采用先进的BIM来提供更加

高效的信息数据。作为具有历史特色的校园建筑，在其原有的建筑价值之外，也是城市的标志性建筑群，具有一定的历史研究价值。

图2　南满洲工业专门学校位置

图3　南满洲工业专门学校历史建筑现状

4.2 存在问题及解决对策

南满洲工业专门学校旧址发展到目前经历了四个阶段：1914年校园主体建筑建成，1930年进行了进一步的扩建，在1949年在保持校园建筑主体现状的前提下，进行了小部分的改建，1982年进行了相对规模较大的改建，使建筑的室内功能有了较大的变化。在以后的不同时段里，都有多次的人为变更，那些自行加建、扩建、改建的部分，极大的破坏了建筑的原貌，而且大多保存不完善，残损严重。

出于对历史建筑价值的保护以及传承，为了使其保护和更新的高效、准确性，建议采用BIM信息模型技术，应用一系列的信息采集方式将采集到的建筑资料搭建到BIM模型中，为该建筑的建筑信息保护、管理以及后续的历史建筑更新提供多方面的数据资料。

通过对历史建筑的背景调研，对其由充分的历史背景了解；通过现场勘察，了解历史建筑的现状以及保护状态；通过现场的建筑、环境测绘，来采集出南满洲工业专门学校的建筑信息（图4）；结合BIM技术的自身特点，来突破历史建筑保护以及更新过程中所遇到的瓶颈，来推动历史建筑保护更新方式，更好的是历史建筑的相关发展工作更加有效率的开展，通过各个学科的相互合作以及合理的调配来实现历史建筑的全生命周期的BIM信息模型的构建，为今后的保护以及更新工作提供更加信息化、合理化、协同化的发展模式。

图4 南满洲工业专门学校历史建筑北立面二维图纸信息

对于南满洲的历史建筑在构建完整的BIM信息模型之后，要在经过专业的检测基础上，判断可利用的价值，采取积极的解决措施，在不影响建筑原貌的基础上，考虑拆除，腾出可用面积，让位于现代功能需求，实现历史建筑的再利用。通过南满州工业专门学校旧址的治理和加固，消除原有的建筑安全隐患，同时按照文物法文物保护的要求，重点修缮南满州工业专门学校旧址，保护旧址建筑历史信息的真实性，尽可能保留这个文保建筑的历史价值、艺术价值以及科学价值。本着现状修整、不改变文物原状的原则，进行维修保护，总体以保护为主。对于文物本体部位坚持还原历史原貌的原则，尽量采用原有材料进行翻修保护，必要时采用色泽相仿的现代优质材料进行材料的更新补配工作。补配的门窗和五金构件应尊重原有风格和工艺、保持历史风貌，真正做到还原文物建筑原貌，适当考虑一定的可识别性，保持文物建筑的原真性。通过在BIM模型中进行一系列的修缮模拟以及模型建构，经过多专业的配合，来进行修缮后的建筑性能分析，在BIM技术的协助之下，实现历史建筑的保护以及更新。

5 未来应用及发展

有关数字技术在历史建筑保护更新中的应用研讨，是在历史建筑保护更新信息系统的整合及建立的基础上，将所收集到的建筑信息数据建立三维模型，经过价值判断，利用系统平台所设计的路线图及工具手段，结合参数化方法，为历史建筑下一步的保护和更新工作提出相关的信息化更新和保护解决方案。

从文化价值角度出发，历史建筑所蕴含的城市文化、建筑文化、历史文化等都是一座城市的精神载体，其更新和保护工作也是目前人们所关心的问题，随着社会的不断进步，保护这些记录着城市社会历史发展进程的建筑物已经成为一个城市甚至整个社会的共识，对于历史建筑的更新和保护，要考虑一座城市的曲折发展的历史背景以及社会进步的各个进程阶段；此外还要关注到周边环境以及民众对历史建筑的评价、印象等，要综合考虑多方面的因素，从BIM信息模型入手，全方位角度出发，发挥BIM数字化整合优势，将复杂的数据信息资料转换为多专业互通的可视化模型。

从技术层面，检测到原有的墙体、屋顶等建筑构件因为各种自然原因或人为损坏，再加上年久失修已经坍塌，损毁严重，需进行恢复，涉及到恢复的原则、恢复的技术手段等，此外还包括建筑材料、建筑结构等，就需要借助BIM信息化技术，来对这些繁杂冗余的建筑数据进行处理，在材料的选择上，秉持真实性的原则以及历史建筑全面保护的目的，把材料进行归类和排序，优先原则或退而求其次，在进行原材料性能检测后，应当优先选用原来的材料，假如原先的材料已经损毁，失去了再利用的价值，应使用同等性质的相近材料，最理想的是同来源，同地理，同品种，最大程度的延续历史建筑的原貌。

6 结语

历史建筑是人类文化进步的见证记录者，是具有较强的历史时期性以及地域特征的文化遗产。保护历史建筑就是保护人类发展的文化历史，对历史建筑的保护使我们义不容辞的责任，然而由于不可抗力因素，许多的历史建筑受到了不同程度的破坏，建筑文化遗产保护工作面临着严峻的形势。

历史建筑的更新和保护在数字化技术出现之后，迎来了新的更新途径，在实现历史建筑的更新和保护上，促进了现代信息技术的发展，两者相辅相成，在数字信息化的促进下，能够基于历史建筑的全方位因素进行更新保护，为资源信息的整合提供了更加高效的技术手段。数字化技术是当下历史建筑更新和保护的发展方向，也是一种有效的途径，其应用为建筑行业提供了一种新的设计模式，与传统的建筑设计方式相比有着不可比拟的技术优势。

参考文献

[1] 童乔慧，陈亚琦. 基于云服务下建筑信息模型的历史建筑数字化保护研究 [J]. 华中建筑，2015，(9)：12-16. DOI：10.3969/j. issn.1003-739X. 2015.09. 003.

[2] 张梦迪，张梦雪. 基于BIM的历史建筑保护应用初探 [J]. 建筑工程技术与设计，2018，(15)：3364.

[3] 李哲，刘明. BIM技术在历史建筑保护中的应用探究 [J]. 四川建材，2018，44（12）：61-62. DOI：10.3969/j. issn. 1672-4011. 2018. 12. 027.

[4] 赵雨亭. 漫川关古镇历史建筑及其场所的保护与更新研究 [D]. 陕西：西安建筑科技大学，2017.

[5] 康思晗. 历史建筑的商业化再利用设计研究 [D]. 辽宁：大连理工大学，2017.

[6] 陈亦文，童乔慧. 基于建筑信息模型技术的历史建筑保护研究 [J]. 中外建筑，2013，（10）：90-91. DOI：10.3969/j. issn. 1008-0422. 2013. 10. 019.

[7] 崔巍. 俄日时期旅大教育建筑现状调研及保护研究 [D]. 辽宁：大连理工大学，2015.

[8] 阎永刚. 浅析BIM技术在现代建筑设计中的应用及其应用特征 [J]. 建筑工程技术与设计，2016，(19)：883. DOI：10.3969/j. issn. 2095-6630. 2016.19. 842.

[9] 鞠伟，崔巍. 南满洲工业专门学校历史调研与三维测绘 [J]. 华中建筑，2015，33（08）：42-46.

张春明

云南艺术学院；310600469@qq.com

倾斜摄影技术下的传统村落保护
Traditional Village Protection Based on Tilt Photography

摘　要：随着时间的推进，老去的村庄即将逝去，如何对传统村落进行保护与记录，以数字化方式来推广与保护传统村落文化已然成为一种行之有效的技术手段。传统村落数字化的核心要求是保护与维持传统村落文化的原生态与真实性，而村落的原真性通过现在所采用的倾斜摄影技术是一种比较行之有效的技术手段。本文主要从技术的角度对这样的观点进行论述，并将一些阶段性的研究成果进行呈现，以达到交流、学习的目的。

关键词：传统村落；倾斜摄影

Abstract：With the development of time，the old villages are going to die. How to protect and record the traditional villages and promote and protect the traditional village culture in digital way has become an effective technical means. The core requirement of traditional village digitalization is to protect and maintain the original ecology and authenticity of traditional village culture，and the authenticity of village is a relatively effective technical means through the tilt photography technology now used. This paper mainly discusses this point of view from the technical point of view，and presents some periodic research results，so as to achieve the purpose of communication and learning.

Keywords：Traditional Village；Tilt photography

时间的推移、空间的变化、自身的漂泊，故乡的远离，调味出一剂"乡愁"。乡愁不仅是对故乡的留恋与牵挂，更是对故乡文化的一种认同；而"时空"是引起乡愁的必然因素——空间距离越大，乡愁越强烈：时间越久乡愁也愈加强烈，乡愁又是人们精神情感的表达，是对优秀传统乡村文化、顾湘文化的热爱与向往，也是一种文化遗产外化的人文体现。

曾经的城市，每一条街都有着过去的记忆，柔软而深刻。无论大道或者小巷都藏着过去的模样，记忆如倒带，一件件快乐与甜蜜的往事都涌上心头（图1）。

当下的城市，骄傲地屹立着一栋栋挺拔的高楼大厦，在拆掉一间间低矮的、破旧的、历经沧桑的小房后竖起一个个玻璃锥子。所有的墙体都是一样的油光铮亮，风格统一，每一幢建筑都追求最高、最大、最新，常常为世界第几高楼而憋足干劲，争得头破血流（图2）。

图1

曾经的村落，走在溪边小道，看树木迎风摇摆，看野草枯黄尽绿，没有那汽笛的尖叫，没有那建筑建造的杂吵，也没有那浮躁社会的不安，人们在这里日出而作日落而息，这里很安静，这里很迷人，这里也孤独（图3）。

图2

图3

当下的村落，幽深山谷中，剩下的都是一间间残檐断壁，经过岁月的洗礼，能保留下来的只有那山、那树和那草，那是一种别样的孤独（图4）！

图4

云南省39.4万平方公里的土地，复杂的自然地理地貌类型。在全国34个省级行政区中，其地形地貌的情况也相当出众，是中国最复杂、最多彩的省份，所以素来都被称作"彩云之南"。从热带河谷到高冷雪山，也造就了山水相依、相隔的独特区位条件，26个民族世居于此，逐步形成了独特的村落景观风貌，也造就了独特的地域乡土文化（引自郑溪《细说6819分之708》）。面对如此富有的自然财富，在大数据时代的不断前进与发展进程中，5G时代成为潮流的当下，如何

将云南如此绚丽的村庄自然风景向世界进行宣传与推广，同时如何将这些随着时间的推进而日将老去的村庄进行保护与记录，以数字化方式来推广与保护传统村落文化已然成为一种行之有效的技术手段。传统村落数字化的核心要求是保护与维持传统村落文化的原生态与真实性，而村落的原真性通过现在所采用的倾斜摄影技术是一种比较行之有效的技术手段。

倾斜摄影测量以无人机平台搭载数码相机，在空中多角度对地表对象进行拍摄获取影像数据，快速获取实景三维模型数据，具有高效数据采集、模型真实准确的特点。通过利用光学摄影机获取村落地形地物的相片，经过处理分析、研究、量测，以获取被摄物体的形状、大小、位置、特性及其相互关系，进而生成具有实景纹理效果的mesh三维模型，达到对村落原真性的真实记录。之所以采用这项技术也是因为它能够保留传统村落原生态的村民生产与生活的场景，能够保持传统村落文化的原真性的记录，极大地推动了传统村落保护研究的发展进程。

倾斜摄影技术由于其高效的采集数据的效率对于传统村落进行相应的数据采集有着得天独厚的优势，如表1所示。

两种数据采集方式下效率综合对比表　表1

	范围	人员	时间	精度
传统测绘方式	0.2km²	8人	5天	10cm
倾斜摄影测绘方式	0.2km²	2人	4天	2~5cm

从实际的测算来看，倾斜摄影技术相较于传统的测绘方式，不仅在技术上具有高效、准确技术特点，其相应的数字采集费用为传统测绘方式所需费用的1/5强。从上表可以看出，倾斜摄影技术对于村庄数据采集具有独特的高性价比，此外，所采集到的数据模型，由于采用实景纹理贴图的方式，使得数据模型最为真实的反应出村落当下的布局情况与环境现状。

当然，采集之后的数据模型需要进行进一步的数据修复，这样才能使得采集的村落数据更为准确的反应村庄原有的建筑物的风貌，在这样的过程当中需要采用相应的修模软件来对模型进行二次修复，进而弥补在数据采集当中由于飞行器上的图像采集器未能采集到的部位造成的数据丢失以及建筑模型的损失（图5）。

模型修复之后，进一步的问题就是在此实景模型基础上，如何主动的寻求专业学科间的交融、互通了？以航空遥感技术为技术支撑，采用人文学、艺术学、建筑学、社会科学融合的形式，将"多专业"进行融汇结

合，对传统村落进行融合性研究，利用该技术的测绘效率高、准确性强、模型真实性的特点，进行村落的数据采集，并在此研究实践过程中，将倾斜摄影测量技术应用于村落民居建筑数据采集中，在获取和存储具有高原真性、精确性的名居建筑三维空间形态基础数据信息

上，一方面将多专业对村落保护的理解叠加进三维实景模型之中，进而实现民居的多学科融合为特点的数字化研究保护；另一方面对提升在该领域的技术水平适应当前国际上对村落预防性保护发展的趋势，探索民居保护的新途径具有重要价值（图6）。

图5

图6

整合后的实景三维模型结合民俗设计方案，利用"VR＋文化遗产""、VR＋传统村落"行业应用的深度融合使用 AR 等技术进行三维实景漫游，提升展示效果，提前预览设计改造效果，助力于文化遗产和传统古村落的研究、保护、文化的传承，进而提升模型的三维展示效果且增加村庄与参观者的交互性，达到"生动"科普的积极效果。

2018 年 6 月 21 日国家文物局公布第五批列入中国传统村落名录的村落名单，经过 7 年筛选，全国共有6819 个村落入围了"中国传统村落名录"。其中，云南省五批共计 708 个村落入选。按照省域排名，入选数量仅次于贵州（724 个），位列全国第二，数量占比为全国的 10.47%（引自郑溪《细说 6819 分之 708》）。与此同时，正值我省提出"数字经济"的发展战略目标的时刻，将我省独具优势的传统村落进行数字化保护与收集，势必成为一张独具魅力的"数字名片"。云南省独特的地理位置对于云南少数民族民俗文化的取材提供了便利条件，数据模型化后的村落为丰富的民族文化元素表现提供了坚实的支持。同时基于此数据形式为基础，为多学科的研究学者搭载了合作的数字平台。云南省作为旅游大省，需大力发展文化产业，其核心就是"文化创新"，高标准的技术设备与手段为实现这一目的提供硬件支持与技术支持。

云南地处祖国的西南边陲，独特的区位优势，为我省面向东南亚地区发展与交流提供了独特的机会，以此技术为前提，与南亚、东南亚各国进行文化合作与学术交流，将此技术运用于南亚、东南亚各国的古村落、古遗址保护，提升各国人民之间的交流与文化认同，"以技术为前提，以交流为目的"的文化合作，用实际行动助力我国"一带一路"国家战略的具体实施。

参考文献

[1] 熊俊华，方源敏，付亚梁，隋玉成. 机载 LI-DAR 数据的建筑物三维重建技术 [J]. 科学技术与工程，2011，11 (1)：189-192.

[2] 王伟，黄雯雯，镇姣. Pictometry 倾斜摄影技术及其在 3 维城市建模中的应用 [J]. 测绘与空间地理信息，2011，34 (3)：181-183.

[3] 杨玲，张剑清. 基于模型的航空影像矩形建筑物半自动建模 [J]. 计算机工程与应用，2008，44 (33)：10-12.

[4] 黄磊. 基于图像序列的三维虚拟城市重建关键技术研究 [D]. 青岛：中国海洋大学，2008.

[5] 王艳霞. 图像轮廓提取与三维重建关键技术研究：博士学位论文 [D]. 重庆：重庆大学，2010.

[6] 桂德竹，林宗坚，张成成. 基于倾斜航空影

像的城市建筑物三维模型构建研究 [J]. 测绘科学，2012，37（4）.

[7] 吴军. 三维城市建模中的建筑物墙面纹理快速重建研究 [J]. 测绘学报，2005，34（4）：317-323.

[8] Axelsson P. Processing of Laser Scanner Data-Algorithms and Applications [J]. ISPRS Journal of Photogrammetry and Remote Sensing（S0924-2716），1999，54（2/3）：138-147.

[9] 王琳，吴正鹏，姜兴钰，等. 人机倾斜摄影技术在三维城市建模中的应用 [J]. 测绘与空间地理信息，2015，38（12）：30-32.

[10] 杨国东，王民水. 倾斜摄影测量技术应用及展望 [J]. 测绘与空间地理信息，2016，39（1）：13-15，18.

[11] 江华，季芳，龙荣. 基于 Cesium 的倾斜摄影三维模型 Web 加载与应用研究 [J]. 中国高新科技，2017，1（6）：3-4.

[12] 朱宏悦. 化工园区三维场景建模研究与实现 [J]. 系统仿真学报，2018，30（12）：14.

马心将

同济大学建筑设计研究院；1275158159@qq.com

基于三维数字雕塑技术在古建筑数字化保护中的研究
Research on the Digital Protection of Ancient Buildings based on 3d Digital Sculpture Technology

摘 要：针对大型复杂古建筑古文物受到严重破坏难以修复与保护的问题，提出三维数字雕塑技术，该技术结合三维扫描数据模型对古建筑模型进行数字化修复与保护，本论文旨在丰富古建筑数字化保护工作流程，对复杂古建筑进行数字化保护。依据专家对破损文物描绘与文献记录作为参考，用数字雕塑的方式还原破损的模型。主要分析数字化雕塑技术的制作流程与核心工艺，用实际案例详细的阐述了数字化雕塑技术在三维扫描模型细化与破损古建筑数字修复中的运用。

关键词：古建筑；数字化；数字雕塑；保护

Abstract：For large complex buildings was badly damaged by the ancient cultural relics is difficult to repair and protection problems，put forward the three dimensional digital sculpture technology，this technology combined with 3 d scanning data model of digital restoration and protection of ancient architecture model，this paper aims to digital protection work flow，rich ancient architecture for complex digital protection of experts based on the damage of ancient cultural relics paints and literature records for reference，carved out of the digital way to restoredamaged model This paper mainly analyzes the production process and core technology of digital sculpture technology，and elaborates the application of digital sculpture technology in 3d scanning model refinement and digital restoration of damaged ancient buildings with practical cases.

Keywords：Ancient buildings；Digital；Digital sculpture；Protect

中国古建筑是古代文明的结晶，是人类文明的瑰宝。古建筑中砖石与木结构受到风化腐蚀人类活动等破坏。对文物进行数字化三维重建是文物保护的有效手段。但是古建筑一旦损坏，难以修复。三维扫描得到的模型亦是破坏的不完整的模型，由于古建筑结构复杂层次丰富曲面多变造型优美，目前无法运用计算机对模型的造型破损进行自动化处理修复。本论文的研究目的便是利用数字雕塑技术修复破损的复杂古建筑模型，以达到保护古建筑的目的。以一块破损的浮雕为例如图 2（a），该浮雕形状只可以看出大概且有大量裂痕与碎裂，三维扫描与照片建模只能得到一个造型模糊且有裂痕破损的模型，数字化保护的价值不大。通过三维扫描或照片建模的方式得到破损的数据模型如图 1（a），在此基础上通过软件的系列处理已达到雕塑标准，通过数字化手工的雕塑的方式对它进行还原修复。

1 古建筑数字化保护的意义与方式

1.1 模型

1.1.1 传统的古建筑保护方式

过去人们常用纸质文献记录古建筑的构造做法，相关历史信息资料，这种信息的保存和记录精确度不高，大量的书籍纸张不但笨重又占空间，易被腐蚀怕火。20世纪六七十年代人们利用已有的摄影摄像等技术记录文化遗迹的信息，但这些资料同样存在难以长久保存并且不够准确的问题。

(a) 导入三维扫描的模型

(b) 映射并雕塑

图 1

1.1.2 数字化保护的意义

随着数字化技术的发展，三维扫描与数字雕塑等先进技术越来越成熟。将精确的数字化保护应用到古建筑的保护中。计算机数字信息具有无损复制、良好的传播性、便于保存管理和便于使用、检索、查询等优点，古建筑的数字化保护主要以古建筑的信息保存为主，目前有照片建模，三维扫描，数字雕塑等技术。

1.1.3 数字雕塑技术的现状

数字雕塑技术是计算机进行虚拟的雕塑，目前数字雕塑软件包括 zbrush、maya、3Ds max、C4D、blender 等等。数字雕塑技术在游戏、影视、虚拟现实等领域得到广泛应用。以游戏的次时代模型与影视模型制作来看，数字雕塑技术制作的高模是模型阶段的最核心工作，直接决定作品的质量。数字雕塑模型结合 3D 打印，雕刻机，可以快速的打印成模型实体。数字雕塑技术在游戏与影视行业汇聚了大量的数字雕塑精英，并有非常多且成熟的作品。

2 古建筑保护数字雕塑的运用

2.1 数字雕塑软件与运用

目前数字雕塑软件包括 zbrush、maya、3Ds max、C4D、blender 等等。我们主要以 zbrush 为例讲述数字雕塑技术

2.1.1 数据交互

ZBrush 可以与导出 obj 格式的软件交互，有

3dsMax，Maya，Marvelous Designer 等软件，在导入到 ZBrush 的模型需要卡线以表达边缘与造型，应尽量保证卡线外的布线保持为正方形，以方便 ZBrush 编辑。

2.1.2 建模方式

Z 球构建建模，通过 Zspere 球快速造型，将 Z 球转化为可编辑模型，加面雕塑。

外部导入模型雕塑，例如硬表面模型，在 3DMAX 做好高模需要添加划痕纹理等细节，或是三维扫描模型精度不高处理不好需在 ZBrush 深入细化。

传统雕塑方式，在 ZBrush 中拉出一个球，对它从无到有的编辑。

遮罩建模，通过灰度图创建遮罩的方式在 ZBrush 挤出模型，快速生成浅浮雕的建模方式。

2.1.3 笔刷

ZBrush 笔触感非常自然，我们可以雕塑出任何客观存在的或想象的物体与质感，一块木头、石头、砖头、布料等，运用合理的笔刷都可以将他们的质感表达的淋漓尽致。

Standard 标准笔刷，Standard 笔刷是造型阶段非常常用的笔刷，可以用它塑造出半椭圆形的突起或凹陷。

Smooth 光滑笔刷，任何一种笔刷状态下按住 Shift 都会切换到光滑笔刷，掌握光滑笔刷的使用技巧是 ZBrush 雕塑的精髓，该笔刷可以使模型物体表面进行融合，得到平滑的效果。

Lazy Mouse 延迟笔刷，主要解决了手的颤抖的问题，可以方便的利用拖尾雕塑出准确流畅的长线条。

Alphas 可以无限想象的制作表面纹理凸出质感，通过不同纹理的灰度图制作不同的图形。

2.2 数字雕塑制作流程

2.2.1 模型制作流程

三维高模制作流程主要分为中模制作，高模制作，细节塑画三个阶段，要制作一个好的高模作品首先要确定他的造型，一个好的造型是基础，而中模阶段主要解决的就是造型这个问题，除此之外还需要严谨的布线，以表达边缘造型与方便在 ZBrush 编辑。第二是高模制作，高模制作的过程是一步步造型的阶段，通过不断地提高模型面数来雕塑越发细致的结构细节。细节刻画，是纹理细节的刻画，为模型增加细节表达质感。

2.2.2 数字细化与数字修复

如今三维扫描技术广泛应用于古建筑的数字化保护，然而三维扫描的模型在细节上显然是粗糙的与真实的模型细节表达上相差很远。需利用 ZBrush 在三维扫描的造型上对模型进行细化。

模型细化是针对造型复杂的古建筑雕塑未受到造型

上的破损。首先将三维扫描得到的模型导入 ZBrush，但是会发现这个模型是由三角形构成的，难以对它编辑。我们需要做的是保持模型形状不变的情况下将三角面变为四边形。采用分层拓扑的方法。

图 1（a）模型是我们通过照片建模的方式得到的模型，该模型真实的还原了实物的大致造型，当然包括原物的破损，详情请参考图 2（a），该模型在细节上还原的并不到位。表面非常粗糙此，如何对该模型细化与破损修复是下文的重点。详细步骤如下。

(a) 破损的浮雕　　　　(b) 数字修复的模型

图 2

第一步导入三维扫描模型，并将模型复制一份，图 1（a）模型布线为三角面无法在 ZBrush 编辑，且模型破损严重，需对模型的破损进行修复，所以将模型复制一份，以便得到一个跟好的布线，映射三维扫描的模型。

第二步重新布线，ZBrush 有三种布线方式，分别是 ZRemesher，Dynamesh 与手动布线，ZRemesher 是基于模型自动分布计算，一般是针对于大体块，相对平整的模型布线，结构有些曲折应先画引导线，这样会得到一个相对较好的结果切布线相对均匀如图 1（b）。如果是非常精细的结构比如雕塑中的人头，ZRemesher 显然是不够的，就要用到第二种布线方法，手动布线，在模型表面手动操作四个点生成一个面，这种方法制作慢但精细适合结构复杂的模型。第三种是 Dynamesh，Dynamesh 主要是针对造型布线不均开发的，主要是帮助造型时网格均匀分布，它会重新计算模型布线，减少模型在雕塑过程中的拉伸和变形问题，但是 Dynamesh 每次点击会损失部分细节，所以只能用在制作低模中模阶段，而不是高模制作。基于此模型的复杂度选择 ZRemesher 的方式对模型重新布线

第三步增加面数，随着细节越来越丰富，原有面数已经不能满足我们对细节的要求，为了更多的细节，我们必须增加模型的面数，让更多的面来支持我们雕塑，在 ZBrush 中模型是由网格构成的，每个网格由四个边构成，每增加一个细分级别一个四边形网格被分割成四个网格，所以增加一个细分级别总体网格会增加四倍。可以通过活动点数与合计点数来查看网格数量。使用快捷键 Ctrl＋D 快速增加面数。

在 ZRemesher 前将目标多边形数控制在五百到一千面左右，点击 ZRemesher，得到一个低面数布线合理的模型（图 3b），第三步增加低模的面数，得到一个布线合理的高模（图 3c），第四步映射，将原模型的细节映射到新得到的高模，即可编辑的保有原模型造型的模型。然后对该模型细化雕塑获得完整数字模型（图 3d）。

第四步修复雕塑，在此模型中有人物、动物与植物。

在雕塑他们的过程中首先需要获取它的准确造型，制作中必须要有各个方面的参考，查阅大量的关于壁画的资料也参考了人物国画，人物肌肉骨骼，也参考了自然界的植物生长规则，雕塑人物需理解他的骨骼与肌肉群，植物也是一样理解其生长规则。接下来通过 ZBrush 对模型从头到尾的雕塑。

建筑雕塑受到造型上的破损，由于古建筑雕塑结构复杂、造型优美，在原建筑上修复易对原建筑雕塑造成再损坏。所以提出利用三维扫描与照片建模的方式，得到建筑雕塑模型，在此造型之上对破损的造型根据其规律、文献记录与参考进行数字雕塑修复。

图 2（a）是一个遭到破坏的浮雕形状只可以看出大概且有大量裂痕与碎裂。图 2（b）是根据图 2（a）做的数字修复，不仅修复了裂痕与破损，并将受到风化侵蚀变的模糊的造型进行数字修复。可以看到图 2（b）不仅造型完整清晰，并且没有破损碎裂，将该浮雕的信息利用数字雕塑技术完整的保存。

3　结语

科技是第一生产力。21 世纪是数字时代的世纪，艺术有了更好的表现与创作手段。数字雕塑为雕塑者与数字保护工作提供了一种方便、快捷、省时、省力省料的创作新方式，它可以实现修复任何破损的古建筑。数字雕塑不受时间地点空间的限制，方便快捷，只需要运用数位板发出指令运用不同的笔刷与强度进行雕塑。

数字雕塑技术是技术与与艺术的结合，对古建筑雕塑的数字复原与数字保护有着非常重要的作用。尤其是在不接触建筑物的情况下，在三维扫描与照片建模的造型基础上对复杂造型古建筑雕塑进行数字修复与数据保护。

靳铭宇　张旭颖　王炳棋

北方工业大学建筑与艺术学院；jmystudio@126.com

当代中国古典园林中的游牧空间组成与形态分析

——以谐趣园为例 *

摘　要： "哲学是科学之科学"，哲学思想对其它学科具有重要的理论和指导意义，吉尔·德勒兹是法国后现代主义哲学家，尤其他提出的游牧空间思想对当代建筑科学也具有全面的启示作用。

在中国古典园林中，有移步易景的说法，即随着游踪沿途风景的变化和时间的推移，依次展现沿途风光。在园林场中，每个个体，也就是人自身，都携带着德勒兹笔下"力"的作用，它们相互关联形成若干动态的游牧空间场。而场地内的固有元素，比如花草树木、假山、水体等都是具有边界效应，并能够影响人之间的力的关系和空间场。它们共同作用、相互影响，给不同类型的游客带来不同的游览感受，导致游客的不定聚集和流动。

对于今天园林中从未出现过的高度密集的游览人群，他们对传统园林的当代游览的舒适性提出了挑战。我们以中国古典园林中谐趣园为例，对其进行调研和分析。根据调研结果，标出园林空间中人口聚集的和人口疏散的空间场，并进行数字化分析，利用数据分析结果，建造空间虚拟场景，进一步对中国古典园林空间进行当代使用情况的再评价，提出改良方案，防止人群过度聚集给游览带来的负面观赏体验。因此，本文将对园林设计起到一定指导和借鉴意义。

关键词： 游牧空间；空间力场；园林；数据可视化

Abstract： "Philosophy is the science of science", and philosophical thought has important theoretical and guiding significance for other disciplines. Gilles Deleuze is a French postmodernist philosopher, especially his nomadic space thought has a comprehensive enlightenment for contemporary architectural science.

In the classical Chinese gardens, there is a saying that the scenery is easy to move, that is, along with the changes in the scenery along the way and the passage of time, the scenery along the way is displayed in turn. In the garden, each individual, that is, the person himself, carries the role of Deleuze's "force", which are related to each other to form a number of dynamic nomadic space fields. Intrinsic elements in the site, such as flowers and trees, rockeries, and water bodies, all have boundary effects and can influence the relationship between people and the space field. They work together and influence each other, bringing different kinds of tourists to different types of visitors, leading to the uncertain gathering and flow of tourists.

For the highly intensive visitors who have never seen in today's gardens, they challenge the comfort of contemporary tours of traditional gardens. We takethe study and analysis of the Garden of Harmonious Interest as an example. According to the survey results, the spatial field of population accumulation and population evacuation in the garden space is marked, and digital analysis is carried out. The results of the data analysis are used to construct the virtual scene of the space, and the re-evaluation of the contemporary use of the Chinese classical garden space is proposed. The program prevents people from over-aggregating the negative viewing experience brought by the tour. Therefore, this article will provide some guidance and reference for garden design.

Keywords： Nomadic space; Space field; Garden; Data visualization

1 引言

谐趣园位于颐和园的东北角，于清乾隆年间仿造无锡惠山脚下的寄畅园而建造，原名惠山园。是中国古典园林中的瑰宝。谐趣园依山而建，其空间组织以正中一湖面为核心而展开，园中的亭台楼阁，滨水栈道均围绕湖面而布置。园内空间的具有很强的向心性。

中国传统园林的营造是一个基于主观感受的动态过程：匠师从造园的基本手法出发（加具体内容"叠水"……《园冶》）结合其自身美学感受，依据造园经验进行园林的初步营造。同时在日后园林欣赏游览的过程中不断丰富修葺完善，最终达到一个主观上相对完美的形态。而这样的完美状态对应的是在当时历史背景条件下园林作为一个私有欣赏客体的存在形式。

"游牧空间"来源于法国哲学家吉尔·德勒兹[①]的理论思想，现实中来源于游牧民族的迁徙活动所产生的空间状态，具有广阔、没有边界的特点。游牧民族的生产路线具有不确定性，受到自然条件的影响而随时变化。在建筑学语境下，游牧空间具有可能性以及不确定性，该空间的形成没有预定的结构，也没有既定目的。游牧空间是多维的、多触角的，没有导体或渠道的一个场。[②]它是"异质的平滑空间，与一种非常特殊的多元性相结合：非长度的，非中心的，块状的多元性"[③]游牧空间是一种非线性空间，体现流动性，具有非理性，但是可以对其进行理性量化的分析从而对其进行控制。[④]

游牧空间在本质意义上不仅是存在于物质社会上的空间，它是一个综合个体、时间、事件、地理自然环境等因素的多维空间，空间中由于各种因素的变化形成不同的空间力场；而这个空间力场会进一步反作用于新加入的空间因素。

随着时代的改变，园林从曾经的官宦大家的私人玩物逐渐开放的公共游览区域，故传统园林中所营造的空间在当前社会环境之下所营造的空间体验以及对其中游览者的影响定会与原本的设计时存在出入。对于当前研究者而言，我们尝试从现场调研出发，以游览者在园中的行为为依据，在游牧空间理论的框架下对当前作为公共游览区域的古典园林中的游牧空间场进行量化归纳，为现代的园林设计及管理工作做出指导。

2 环境中的行为个体

在游牧空间理论框架下，结合具体空间研究时，需要将环境中的人本身抽象为由若干种参数指标组合叠加的行为个体。每个行为个体会产生一个围绕其本身的空间场，与外部环境及其他行为个体产生的空间场进行互动，从而改变原始的空间构成。在空间环境中个体的行为均会影响其本身与邻近个体之间的关系。在本次研究中，行为个体的空间场主要由两项指标因素叠加而成，即：人体的行为尺度和视觉尺度。

人体的行为尺度指个体本身在进行某项（或一项）活动时所占有的物理空间范围。人体的行为尺度一方面受人体客观的物理尺度影响。据资料统计，我国成年男子平均身高为 1.67 米，成年女子为 1.56 米，各地区平均身高存在差异。[⑤]另一方面人体的行为尺度与人的活动状态也密切相关。不同的行为活动所占据的空间尺度会有不同，同时个体之间可接受的交际距离也会发生变化。

对公共环境中的行为个体而言，其各项心理、行为活动均会受到空间中各项因素的影响，其中绝大部分的信息是由视觉所捕获。个体获得机体生存具有重要意义的各种信息在大约 100m 左右；能看清人的面部特征在 30m 左右；当距离在 20～25m 之间时，大多数人可以看他人的表情和情绪。[⑥]人对视野内不同方向的实物的感知同样会存在差别：以 30° 为视锥的中心视野是最敏感且成像最清晰的区域，在 30°～60° 之间的成像质量次之。[⑦]在水平面内，最大固定双眼视野为 180°，扩大的视野范围为 190°[⑧]，如图 1 所示。

* 北方工业大学教育教学改革项目批准号 108051360019XN141；北京市教委基本科研计划项目批准号 110052971921。

① 吉尔·德勒兹（法语：Gilles Louis René Deleuze；1925 年 1 月 18 日-1995 年 11 月 4 日），法国后现代主义哲学家。
② 靳铭宇. 游牧空间及其意义 [J]. 世界建筑，2011 (7)：118-121.
③ 麦永雄. 德勒兹与当代性——西方后结构主义思潮研究 [M]. 桂林：广西师范大学出版社，2007.
④ 徐卫国. 褶子思想，游牧空间——关于非线性建筑参数化设计的访谈 [J]. 世界建筑，2009 (8)：16-17.
⑤ 国家技术监督局. 中国成年人人体尺寸 GB/T 10000—1988 [M]. 北京：中国标准出版社. 1989.
⑥ 刘建浩. 视知觉在建筑造型中的应用 [J]. 贵州大学学报（自然科学版），2004 (04)：380-383.
⑦ 余敏斌，周文炳，叶天才. 正常人视野视网膜光敏感度的研究 [J]. 中华眼科杂志，1994 (05)：341-344.
⑧ 杜颖. VR＋教育：可视化学习的未来. 北京：清华大学出版社，2018.

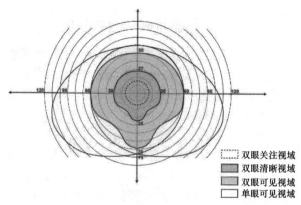

图1　人的视野范围①

爱德华·霍尔②曾在《空间的维度》中提出在交往中四种空间距离模式，在这之中1.2米是熟人与陌生人交往距离的界限，3.6米是公众互相影响的界限。结合人眼视野的因素，在人视野正前方120°区域内的事物存在对人较大的视觉影响，120°以外的事物所能带来的视觉影响微乎其微。

至此我们可以较为清晰地描绘出行为个体所拥有的基本空间场，如图2所示。

3　谐趣园空间场/游牧空间的构建

在物理学中，"场"指某种空间区域，其中具有一定性质的物体能对与之不相接触的类似物体施加一种力。③场被认为是延伸至整个空间的，但场会随着距离的增加而进行衰减，在足够远的距离之下，场的缩减/衰减至无法测量的程度。④在公共环境中，环境本身会对处于其中的行为个体（人）产生影响，是一种非均质空间状态，行为个体（人）处于这种影响之下也会所随之做出相应的行为反应。故在公共环境之中，客观环境对行为个体的影响，以及行为个体之间相互的影响均可被视为一种力的作用。而这种物体所客观拥有的对外施加影响的属性被称为空间力场。

在游牧空间中，塑造空间的主体是行为个体，即人。通过行为个体之间空间力场的相互作用关系，最终形成一个对环境具有一定影响的空间场。环境本身为这些个体提供了产生空间力场媒介。最终，在环境中的所有行为个体的空间力场的相互作用所形成的空间

场加上环境本身，共同构建了游牧空间。具体来说，游牧空间在园林中的体现便是：某一时刻，园林中所有游览者所形成的空间场与园林本身所营造的物理环境的共同作用。园林的物理环境是园林游牧空间的载体与介质。

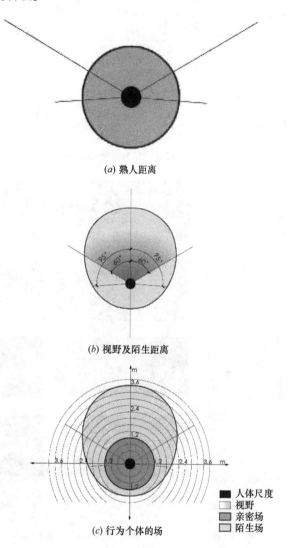

(a) 熟人距离

(b) 视野及陌生距离

(c) 行为个体的场

■ 人体尺度
□ 视野
■ 亲密场
□ 陌生场

图2　行为个体的基本力场大小的定义

谐趣园依湖而建，是一个典型的游览空间，其空间流线沿湖展开。在游览路线上，道路时宽时窄。最窄处仅1m有余，刚刚能容纳两人同时通过，最宽处则达到了7m，空间较为开阔。在总长度约为240m的游览路线上，造园师共设置了：宫门、澄爽斋、涵远堂、知春

---

①　贾文夫. 建筑视觉场的空间分析与算法研究 [D]. 天津大学，2012.

②　爱德华·霍尔 Edward Twitchell Hall Jr.（May 16，1914-July 20，2009），美国人类学家，首创了空间关系学和私人空间的概念，他认为空间的使用和语言一样能传达信息。

③　曾华霖. "场"的物理学定义的澄清 [J]. 地学前缘，2011，18（1）：231-235.

④　维基百科（Wikipedia）：场（物理）词条 [EB/OL]. https://zh.wikipedia.org/wiki/%E5%9C%BA_（%E7%89%A9%E7%90%86），2019-01-30.

堂等 10 个节点，如图 3 所示。这些节点均会对园林中的游览者产生吸引作用。

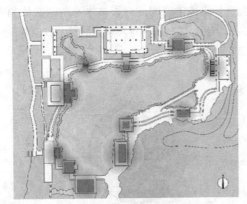

图 3 谐趣园中各节点的空间场

4 实地调研、数据可视化分析处理

为了保证调研结果的严谨性与准确性，我们在谐趣园中进行了多次调研，并对调研数据进行了数据可视化的工作。限于篇幅原因，本文中选取两组最具代表性的部分截选数据进行分析对比。

第一组数据记录于 2019 年 5 月 29 日星期三。本组数据代表了工作日游客人数较少，人流相对稀疏的情况。在对视频进行等间隔时间截取处理之后，我们可以得到在园区内游览者较少的情况下游览者在一定时间范围内的活动状况。记录数据如图 4 所示。本组视频截图记录了 16 点 30 分 0 秒至 16 点 35 分 30 秒内谐趣园内人员活动状况。

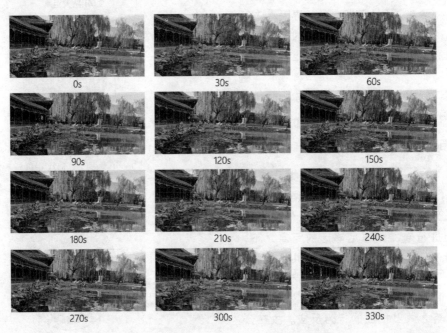

图 4 第一组人流情况，时间间隔 30s

第二组数据记录于 2019 年 6 月 6 日，当日正处于端午节假期，园区内人流量非常大。

我们将游览者在谐趣园中的行为活动以游牧空间场及行为个体的空间场的形式进行数据可视化处理，如图 5、图 6 所示。

图 5 所描述的是第一组工作日数据以 2 分钟为时间间隔记录的谐趣园中行为个体空间力场的状况。在园区内游览人数相对较少的时候，场地中行为个体的密度较低，个体或个体组群之间的空间距离相对较大。每个行为个体所产生的空间力场的辐射范围也相对较大。

图 6 所描述的是第二组节假日数据以 2 分钟为时间间隔的谐趣园游牧空间及行为个体空间场的情况。随着园内游览者的激增，游览者相互之间的空间受到了挤压，其各自所产生的空间力场被压缩。

由以上实地资料采集与数据的可视化分析，我们可以得到以下结论：

（1）园林中游牧空间的构成受园林本身设计所影响

由图 5、图 6 的信息，我们可以发现游览者总是集中于园区中平台、凉亭等具有更强吸引力的空间节点附近。在这些地点，即使当前已有先来的游览者在此处停留，后来的游览者有时候依旧会在此处驻足观景。相比在较为普通的长廊或小道上，后来的游览者更倾向于有意或无意地避开其他游览者进行停留，前面所说的那种现象很少发生。当游览者在谐趣园中的节点处聚集时，他们共同营造的空间场施加于这些节点本身，在此营造出一个对其他游览者产生影响的空间场。

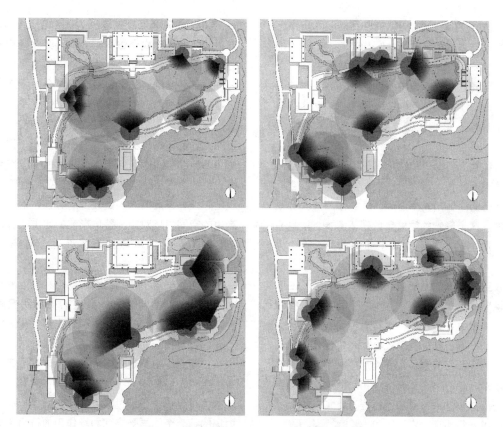

图 5　工作日每两分钟园区内行为个体空间力场状况

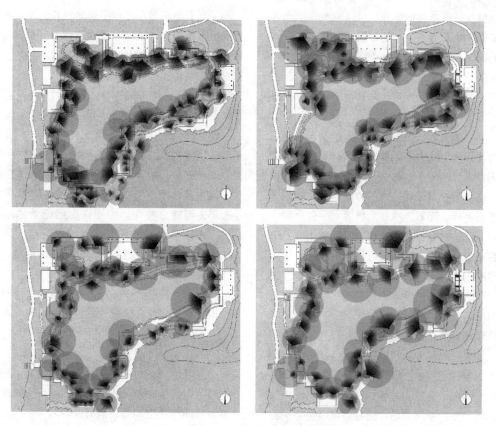

图 6　节假日每两分钟园区内空间场状况

园林中的游牧空间是由其中所有个体之间作用产生的空间场以及园林本身的环境所共同构建的。园林中的空间本身是非匀质的,与德勒兹笔下的"平滑空间"之间存在一定的差异性。谐趣园中各个的观景节点对游览者的吸引作用造成了这种空间的非匀质性。借助这些节点对游览者的影响,谐趣园游牧空间形成了其独特的特点。

由这样一种独立行为个体在不同环境下对已有空间力场所产生的不同行为,可得出:在一定非均质的空间环境条件下,行为个体所产生空间力场的作用效果会受到环境的影响。这个影响的效果会依据环境本身所具有的属性决定;影响的大小则取决于环境本身的吸引力大小。

(2)游牧空间中个体空间力场的整体与可融和性

在从环境整体的角度对游牧空间中空间力场进行讨论时,对于环境中关系亲密的,或具有相同或相似行为的个体,当他们之间的空间距离减小到一定程度时,其各自所产生的力场会相互融合,进而形成一个新的、整体的空间力场对其他行为个体产生作用。而这样的融合过程是一个空间力场非线性叠加的过程,叠加的结果被个体本身特性以及行为所决定。

如图5展示的工作日中,谐趣园一定时间范围内空间力场的变化情况。在本组图中我们可以发现,当园区内游览者较少时,游览者的分布是以组团为单位较为均衡分布的。此时,园区内同行关心紧密的一组游览者,其各自所产生的空间力场进行会相互融合,以一个新的场的形式作用于整个游牧空间中,与其他个体产生的空间力场进行相互影响。

在图6所展示的节假日游览人员密集的情况下,谐趣园内一定时间段内空间力场的变化情况。结合组图5现场情况截图来看,当若干游览者在滨水平台上进行拍照时,其他同样希望在该区域拍照的游览者会站在该区域外的位置进行等候,而非选择在同样滨水平台上的一个局部人员较为稀疏的位置进行等候。对于希望在此位置拍照的游客来说,在平台上的进行拍照的所有个体对平台是有一定的占有作用的,他们共同形成的一个整体空间力场完成了对该区域的覆盖,表现出一个统一的对其他个体的排斥力。

以上两种现象行为个体在关系亲密、行为相似或相同时的空间力场是可以相互融合的,其融合而后以一个整体的场形式在游牧空间中进行产生作用。

(3)游牧空间中个体空间力场的可变性

行为个体所产生的空间力场会随着环境中整体的空间力场的变化而改变。

如组图5所示,谐趣园内人群密度比较小的情况下,园内的个体或个体群组之间始终保持着一定的空间距离,且个体总是会分布于园林中的主要节点附近范围内开展各种互动。此时,每个行为个体所产生的空间力场覆盖范围很广,也未出现行为个体之间空间力场的相互挤压的现象。相比之下在人员密集的条件下,园区中空间力场的分布状况。在空间中个体分布密集时,行为个体各自的空间力场会因相互之间的挤压作用而逐渐收缩,每个个体空间力场所能影响的范围也随之减小。直观地来说,在园区内人数较少的时候,单个行为个体所产生的空间力场对空间整体影响的比重较大,而这个比重会随着园区内人数的增多而逐渐减小,最终趋于稳定。

所以,相同个体的空间力场是具有可变性的,在同一空间范围中会随着个体数量的增加而被逐渐挤压变小,最终趋近于到一个相对稳定作用效果。

(4)游牧空间中空间力场存在差异性

空间力场本身是依附于行为个体客观存在的,其本身也会因个体之间的不同而产生存在差异性。空间力场的作用是一个相互过程,其作用效果取决于产生空间力场的行为个体与受空间力场作用的行为个体自身的特性。这些特性包括个体的行为、年龄、性别等。

当有游览者在进行摄影时,其他游览者会对相机取景范围内的空间进行有意地避让;当有导游在对园区知识进行讲解时,其他游览者则会以导游为中心环绕而立;儿童嬉戏打闹时,园内的老人会远离打闹的儿童;几位年轻女子在亭子中休息时,园内的管理员会主动向前攀谈……将类现象均可视为行为个体间空间力场的相互作用的结果。而这些具有某一种或几种特性的个体空间力场与不具备这些特性的个体所产生的空间力场存在差异。而因为社会环境中个体之间的交流是一种相互作用,所以这种差异性会随着双方的属性状态不同而随之变化。如图5中所记录的,对于同样的三个在园区内嬉戏打闹的儿童,当老人经过其附近时主动选择了避开通行;而一对年轻情侣路过时则停下对儿童进行拍照。

简言之,行为个体所产生的空间力场对其他个体的作用效果受到双方的属性特征的影响而存在差异性。

结语

当我们以谐趣园为切入点,完成对中国古典园林中的游牧空间构建及分析后,可以发现古典园林所营造的游牧空间会以空间力场的形式对其中的行为个体产生影响。然而人的行为是一个复杂、受众多因素影响的现象。现有的构建游牧空间的方式采取的是一种提取主要影响因素的研究方法。随着研究的进一步深入，更多的影响参数将会纳入模型之中。同时结合集群智能、混沌理论等复杂性科学研究方法，将来所构建的游牧空间模型将会更加准确完善。届时，公共环境与行为个体之间的影响互动关系便能更加准确地以一种可预期、可量化、可计算的形式来进行精准地科学研究。

同时，基于构建游牧空间的研究方法，研究者可以将研究对象进行拓展延伸，将其运用推广至更多公共空间领域的分析过程中。设计者在设计阶段也可以依照游牧空间理论，针对设计场地进行量化建模，以一种数据为导向的方法来开展设计活动，使设计更具科学性，借助先进的理论思想与数字化技术，将面向使用对象、以人为本的设计理念向前推进。

参考文献

［1］ Wunsche B. A survey, classification and analysis of perceptual concepts and their application for the effective visualisation of complex information. In: Chrucher N, Churcher C, eds. Proc. of the APVIS. Darlinghurst：Australian Computer Society，2004. 17-24.

［2］ Card SK，Mackinlay JD，Shneiderman B. Readings in Information Visualization：Using Vision To Think. San Francisco：Morgan-Kaufmann Publishers，1999. 1-712.

［3］ Jesse Reiser, Nanako Umemoto. ATLAS OF NOVEL TECTONICS ［M］. 李涵，胡妍，译. 中国建筑工业出版社，2012 130-133.

［4］ 顾大庆. 建筑空间知觉的研究——一种基于画面分析的方法 ［J］. 世界建筑导报，2013，28（05）：39-41.

［5］ 蔡永洁. 城市广场历史脉络·发展动力·空间品质 ［M］. 南京：东南大学出版社，2006.

［6］ 徐磊青，刘宁，孙澄宇. 广场尺度与社会品质——广场的面积、高宽比、视角与停留活动关系的虚拟研究 ［J］. 建筑学报，2013（S1）：158-162.

［7］ 何葳，虞大鹏. 阅读广场 ［M］. 北京：中国建筑工业出版社，2011.

［8］ 芦原义信. 外部空间的设计 ［M］. 北京：中国建筑工业出版社，1985.

H 虚拟现实与增强现实技术应用

胡 凯 邓巧明 刘宇波

华南理工大学建筑学院；liuyubo@scut. edu. cn

基于 GAMA 平台的校园仿真模型在校园规划中的应用探讨 *

Application of Campus Simulation Model Based on GAMA Platform in Campus Planning

摘 要：不同于传统的更偏向于经验和主观的校园规划更新设计，以数据为导向的量化分析设计方法更加严谨、直观。本文以华南理工大学五山校区为例，将腾讯宜出行热力图数据结合 ArcGIS 进行分析处理，归纳总结校园内人群活动时空间分布特征。在此基础上，结合 GAMA 代理建模与仿真平台初步建立了 GTSMC 校园交通仿真模型，并以 GTSMC 校园交通仿真模型的评价指标对校园空间使用情况与步行系统运行状况进行了量化分析与评估，希望能为未来校园更新提供分析和决策的依据。

关键词：校园规划；步行系统；交通仿真；大数据；GAMA

Abstract：Taking Wushan Campus of South China University of Technology as an example, this paper analyzed and processed the data of Tencent's heatmap with ArcGIS, and summarized the spatial and temporal distribution characteristics of crowd activities on campus. On this basis, combined with GAMA agent modeling and simulation platform, the GTSMC campus traffic simulation model is preliminarily established, and the evaluation index of GTSMC campus traffic simulation model is used to quantitatively analyze and evaluate the use of campus space and the running status of pedestrian system, hoping to provide advices for analysis and decision-making for future campus renewal.

Keywords：Campus Planning；Walking System；Traffic Simulation；Big Data；GAMA

1 引言

在对校园规划的更新设计中，研究校园内的人群活动特征对于理解校园空间关系非常重要，是制订校园规划更新方案的重要决策依据。传统的校园规划更新设计主要依赖于设计师的观察研究、经验判断和问卷调查等，很难全面了解校园空间的真实使用情况。近年来，一方面随着智能手机、移动网络和物联网的迅速发展，数据的积累迎来了爆发式的增长，基于出行大数据的分析与量化研究日益受到研究者的关注。另一方面，随着计算机计算性能的提升，应用计算机技术进行仿真模拟

也是一种有效的技术手段，交通仿真可以通过对当前交通流运行状态的模拟来对比分析不同的交通参数，也可以对特定条件下未来交通流可能的运行状况进行预测，为规划设计提供依据，是一种灵活有效的分析工具。本文以华南理工大学五山校区为例，尝试结合大数据分析与微观交通仿真技术为校园更新规划提供新的设计思路。

2 GTSMC 校园交通仿真模型的理念与目标

GTSMC（Gama-based Traffic Simulation Model of Campus）校园交通仿真模型是以 GAMA 平台为基础，结合校园人群活动大数据与微观交通仿真建立的校园交通仿

* 依托项目：国家自然科学基金资助（51508193）、中央高校基本科研业务费重点项目资助（2017ZD037）、亚热带建筑科学国家重点实验室国际合作研究项目（2019ZA01），华南理工大学本科教改项目"建筑学本科高年级设计教学中的学科交叉与创新探索"。

真模型，旨在通过动态直观的可视化界面，结合简单易懂的量化分析指标为设计师在校园规划设计过程中的决策提供参考，提高工作效率。其应用目标大致有以下三个方面：

（1）设计前期对校园现状进行分析评估

目前设计前期对校园现状的评估多采用实地调研、问卷调查和设计师主观经验判断的方式，有时并不能全面地考察校园现状环境。利用 GTSMC 校园交通仿真模型对校园现状进行分析评估，能够以清晰直观的量化指标展现校园步行系统运行状况，帮助设计师发现校园现状存在的问题。

（2）设计过程中对不同设计方案进行分析比选

在设计过程中，不同设计方案往往各有优缺点，如何寻找更优解是设计师面临的难题。利用 GTSMC 校园交通仿真模型能够以不同的量化指标对不同设计方案进行综合评分，帮助设计师对不同方案进行分析比选，并为各方案的优化改进方向提供建议。

（3）设计完成时对方案可能存在的问题进行预评估

在设计完成时利用 GTSMC 校园交通仿真模型进行预评估及时发现设计方案的缺陷和局限性，帮助设计师进行修改和调整，避免实施或者实际使用过程中出现问题。

3　GTSMC 校园交通仿真模型的建立

GAMA 代理建模和仿真平台（GIS & Agent-based Modeling Architecture）是 2007 年开发的一个开源的建模与仿真平台，它是一个支持空间化、多范式和多尺度的代理仿真平台，旨在提供一个简单友好的建模平台为研究者定制基于代理的仿真平台降低难度，使研究人员可以更加关注具体问题的研究[1]。目前 GAMA 平台已经应用在城市决策支持系统[2]，城市交通管理[3]，自然灾害疏散管理等多个项目中。除了交通模拟之外，GAMA平台在水资源管理、流传病学[4]等领域均有研究应用。

GTSMC 校园交通仿真模型是基于 GAMA 平台建立的交通仿真模型，通过对校园内人群出行的仿真模拟，研究不同校园空间结构与路网系统对校园使用状况的影响，为校园规划设计提供决策的依据。其模型的建立过程如下图所示，可大致分为数据收集、模型设计、模型评价几个步骤。

3.1　基于宜出行热力图的校园人群活动特征研究

腾讯宜出行热力图是腾讯公司自研产品"宜出行"中的应用，内置于微信客户端的城市服务中，宜出行热力图基于腾讯旗下微信、手机 QQ 拥有的庞大的移动用户数据资源，保证了数据的量级与可靠性。虽然其数据反映的是使用微信人群的活跃程度分布，但考虑到微信在目前生活尤其是大学生活中的普遍程度，宜出行的数据能在很大程度上反应校园内人群活动的真实分布情况。

本文抓取了华南理工大学五山校区 2018 年 10 月 8—12 日、从早上五点至凌晨零点每 60min 更新一次的宜出行热力图数据，尝试以腾讯宜出行热力图实时分布数据为基础，结合 ArcGIS 空间分析，通过对比不同时段不同区域的人口聚集情况，分析华南理工大学五山校区的人群活动时空分布特征与规律，为华南理工大学的交通仿真模拟收集基础数据。部分采集数据如图 1 所示：

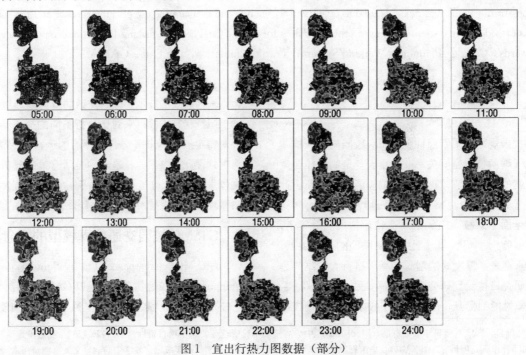

图 1　宜出行热力图数据（部分）

3.1.1 校园人群活动空间分布特征

将宜出行热力图数据全时段核密度分析结果与校园内建筑分布进行叠加分析，计算每幢建筑的平均核密度值，可以评估不同建筑的使用活跃情况，其计算结果如图2所示：

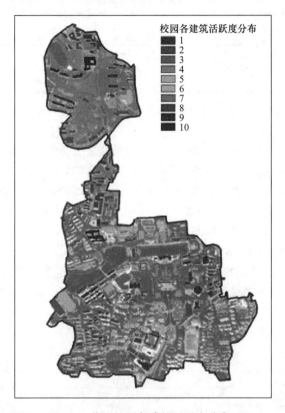

图2 工作日校园各建筑活跃度分布 9

从图2可以看到校园的大部分活动集中在沿西湖的建筑群，校园北区的活动集中在宿舍区与博学楼，校园南区活动重心则沿珠江南路分布，而校园东南角东住宅小区整体活动强度都不高。

当然对于建筑而言不同功能的建筑其预期的使用状况本来就不同，因此对相同功能建筑的使用状况进行比较分析的结果更有代表性。本文将华南理工大学五山校区按不同建筑功能分为餐饮、住宿、教学办公、体育以及其他五大功能区（图3），对相同功能区的各建筑活跃情况进行比较，将其平均核密度值按自然段断点法分为低、中、高三个活跃度等级，以此作为之后仿真模型中不同功能建筑使用情况的基础数据。

3.1.2 校园人群活动时间分布特征

为了更加详细地了解校园内的人群活动规律，本文将每小时核密度分析结果按照校园功能组团分别统计各时段不同功能区的核密度值汇总占比，以在整体上了解不同时间段人群都在进行什么类型的活

动，为校园步行系统仿真模型提供人群活动的模拟数据。统计分析结果如图4、图5所示，从饼状图中可以直观地看到各时间段不同功能区人数占比的变化，整体来说，人群活动的时间分布与学校上课时间比较吻合。

图3 工作日教学区和住宿区建筑活跃情况分布

393

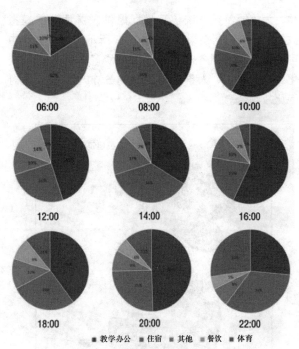

図4 工作日各时段不同共功能区总核密度值占比
（部分数据）

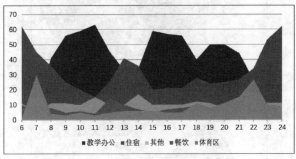

图5 工作日各功能区总核密度值
占比随时间变化面积图

当然因为分析数据来源于微信的定位信息，所以各功能区的人数占比只能说明使用微信的人数情况，并不能完全代表所有人的活动状态。如就餐活动，由于相对来说就餐停留时间较短，人群流动性较大，导致在就餐高峰期，餐饮活动占比也不高。排除异常情况，由于微信在日常生活特别是高校生活中使用频率之高，其统计数据对于了解校园内人群活动状态还是非常有参考价值的。

3.2 GTSMC 校园交通仿真模型的设计

GTSMC 校园交通仿真模型的设计大致包括代理族设计与调度信息安排两个方面。在 GAMA 平台里，代理族设计包括对代理族的种类、不同代理族的输入输出属性的设置，调度信息则是用来模拟各代理族的不同时间段行为的时间信息。

3.2.1 代理族设计

本文参考 MIT 媒体实验室 CityScope 项目[6]对城市交通系统评价的仿真模型（表1），遵循 KISS（Keep It Simple Stupid，KISS）原则，即尽量保持模型的简洁明了，对现实世界较为复杂的实际情况进行高度抽象，来进行校园仿真模型的模型设计。

CityScope 项目中建筑族设计　　表 1

Type	Buildings	
	O(office)	R(Resident)
Scale	L	L
	M	M
	S	S

GTSMC 校园交通仿真模型将校园环境抽象成三大代理族：

建筑族（Buildings）：将校园建筑按使用功能划分成住宿（R）、教学办公区（T）、餐饮（A）、体育（S）以及其他功能（O）五种建筑，每种功能的建筑参考前文建筑使用情况的分析结果将建筑容纳量分为 L（Large）、M（Medium）、S（Small）三小类，由此组合共有 RL、RM、RS、TL、TM、TS、AL、AM、AS、SL、SM、SS、OL、OM、OS 十五种不同类型的建筑。除了建筑位置、建筑形态、建筑功能和建筑容量的基本属性外，建筑族在模拟过程中输出建筑使用人数的参数值，以便进行进一步的研究分析（表2）。

校园步行系统仿真模型建筑族设计　　表 2

Type	Buildings				
	R(Resident)	T(Teaching & Office Building)	A(Amenity)	S(Sports Building)	O(Other Building)
Scale	L	L	L	L	L
	M	M	M	M	M
	S	S	S	S	S

人群族（People）：人群族拥有速度、作息时间、住宿地点、学习办公地点、运动地点、餐饮地点等基本属性，每个个体的住宿、学习办公、运动以及餐饮地点按照不同建筑功能随机分配，并以作息时间安排在不同活动地点之间以最短路径穿行，人群族在模拟过程中输出活动状态与步行时间的参数，为之后的研究分析提供数据（作息时间的设定详见后文的调度信息）。

道路族（Road）：道路族是在 GIS 文件中编辑好的路网信息，代表了校园的路网形态，道路族在模拟过程中输出各道路的流量信息。

三大代理族的设计（表3）基本满足了校园步行系统仿真模型对校园建筑布局、建筑功能、建筑容纳量、校园路网系统以及校园内人群活动的模拟要求，输出的建筑使用人数、步行时间、交通流量等参数也能为进一步的评估与分析提供参考。

	建筑族	人群族	道路族
输入属性	建筑位置 建筑形态 建筑功能 建筑容纳量	速度 作息时间 住宿地点 学习办公地点 运动地点 餐饮地点	路网形态
输出属性	建筑使用人数	步行时间 活动状态	交通流量

校园步行系统仿真模型代理族设计　表3

3.2.2 调度信息

为了模拟校园内人群复杂的活动方式，GTSMC校园交通仿真模型在华南理工大学五山校区作息时间表的基础上（表4），参考宜出行热力图数据中不同时间段各功能区活跃度占比作为相应活动发生的概率，除就餐与就寝这样必要性活动之外，以不同时间段各活动发生的概率为每个个体安排作息时间表（非整点时间的活动概率取前后整点时间各功能区活跃度占比的平均值）。每个个体在其作息时间的前后60min内随机时间往其目的地出发，根据不同活动的概率选择不同活动地点。

华南理工大学五山校区作息时间表　表4

	时间
起床	6：20
第一、二节课	8：00-9：40
第三、四节课	10：00-11：40
午餐、午休	11：40-14：00
第五、六节课	14：30-16：10
第七、八节课	16：20-18：00
晚餐	18：00-19：00
自习或上课	19：30-22：20
熄灯	23：00

最终GTSMC校园交通仿真模型的调度信息如表5所示。

校园步行系统仿真模型人群活动调度信息　表5

	住宿	学习办公	吃饭	运动	其他
7：00	45%	9%	6%	30%	10%
8：00	36%	41%	8%	4%	11%
10：00	20%	59%	6%	5%	10%
12：00			午餐		
13：00	41%	33%	10%	5%	10%
14：30	28%	46.5%	6%	6%	13.5%
16：30	21%	56.5%	7.5%	5%	10%
18：00			晚餐		
19：30	24.5%	50%	6.5%	9.5%	9.5%
22：00	34%	26%	5%	27%	8%
23：00			就寝		

3.3 GTSMC校园交通仿真模型的输出

GTSMC校园交通仿真模型根据研究需要定义了参数设定、平均步行时间、实时建筑使用情况、实时人流模拟、活动行为占比饼状图、平均交通流量折线图六个可视化窗口以直观地呈现校园步行系统仿真模拟结果（图6）：

除了动态可视化结果输出，GTSMC校园交通仿真模型也定义了数据文件的保存，在输出参数的调整窗口使用者可以根据需要选择是否保存各道路全天平均交通流量以及峰值流量、各道路分时段交通流量、全校各时段平均流量、建筑使用人数以及平均步行时间等数据。

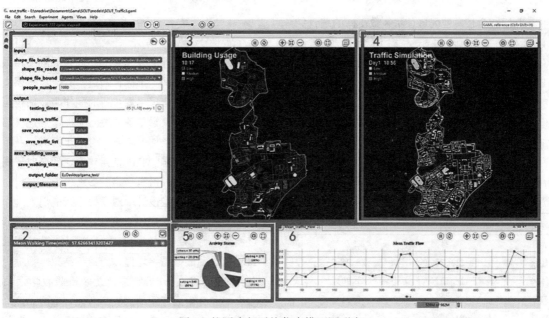

图6　校园步行系统仿真模型图形窗口

4 基于 GTSMC 校园交通仿真模型对校园现状的评估

4.1 对校园空间结构的评估

4.1.1 基于建筑使用人数分布对校园功能布局的分析

华南理工大学五山校区校园在办学过程中历经多次改扩建，校园空间结构略显散乱。本文利用 GTSMC 校园交通仿真模型模拟的建筑使用情况对目前校园空间的使用状况进行分析研究，尝试以量化分析的方式对目前校园空间结构进行评估。

对比五山校区建筑功能分布与建筑使用人数分布，不难发现目前校园北区使用人数较多的建筑多为宿舍，教学楼仅博学楼使用人数较多，而南区使用人数较多的建筑多为教学楼。校园空间结构呈现学生生活区往北迁移，学习区往南迁移的趋势（图 7）。

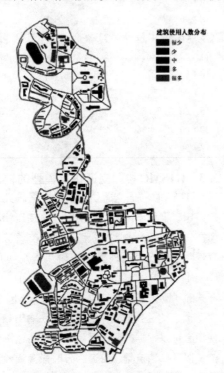

图 7 校园建筑使用人数与功能分布

表 6 是北区和全校其他区域使用人数占比的统计结果，可以看到，北校区面积大约为全校面积的 27.24%，也承载了 21.09% 的住宿、18.10% 的体育以及 21.72% 的餐饮功能，但是在北校区进行教学活动仅占整个教学活动的 13.76%。校园的发展虽然在往北边扩张，但是相应的配套功能并没有跟上发展速度，再加上北区地理位置的限制，造成了师生生活学习的诸多不便。

北区和全校其他区域使用人数占比　表 6

	北区	其他区域
面积	27.24%	72.76%
住宿	21.09%	78.91%
体育	18.10%	81.90%
教学	13.76%	86.24%
餐饮	21.72%	78.28%

4.1.2 基于全天平均步行时间对不同布局出行效率的评估

为了进一步评估校园空间不同布局的使用效率，本文参考"出行时间"指标，通过 GTSMC 校园交通仿真模型计算校园内全天平均步行时间作为评估校园空间结构、功能布局、交通效率的综合指标。由于校园面积、使用人数等基础条件的差异，全天步行时间并不能用来直接对比不同校园的空间使用效率，但是对于同一校园不同布局的比较评价有一定的参考价值。

由于仿真模型设计中对于每个人的出发地、目的地以及出发时间有一定的随机性，为了减少随机因素对最终结果的影响，本文采用 10 天模拟结果去掉最大值和最小值之后的截尾平均值作为最终结果。根据上文建筑使用人数分布的分析结果，北区目前教学活动人数较少，与北区生活区活动人数不匹配，造成北区学习生活的不便，也加重了南北主干道的交通压力，而校园南区目前食堂面积较小，与学习区的逐渐南移相矛盾，造成东、西食堂的负荷加大。本文对北区学习建筑（除博学楼）和南区食堂容量进行调整，观察两者不同容量配比对平均步行时间的影响，其模拟结果如表7所示：

不同建筑容量配比的模拟结果   表7

学习建筑容纳量 食堂容纳量	S			M			L		
	S	M	L	S	M	L	S	M	L
1	96.25	93.30	92.24	93.19	89.84	91.63	96.78	95.34	95.79
2	96.00	94.12	94.07	93.28	93.42	91.63	96.55	96.58	94.65
3	95.72	95.24	92.55	93.26	92.15	94.21	95.11	93.92	97.38
4	94.03	94.63	93.93	92.75	94.06	91.79	97.55	95.27	98.14
5	96.74	94.01	92.96	92.86	92.50	95.42	96.88	95.16	93.33
6	96.14	91.02	94.22	92.45	95.95	91.70	94.28	92.93	95.50
7	97.41	92.23	95.62	93.89	91.71	93.44	94.93	96.28	93.49
8	95.42	94.77	92.33	92.46	92.52	91.54	93.01	98.04	98.23
9	93.12	95.44	93.60	92.83	94.86	90.16	95.62	98.04	94.03
10	94.86	96.94	96.30	95.09	92.04	93.02	93.71	96.16	97.04
截尾均值（min）	95.65	94.22	93.66	93.06	92.91	92.34	95.48	95.84	95.75

整体来说，增加南区餐饮功能容量，能一定程度上减少平均时间。而适当增加北区学习建筑容量，能有效减少平均步行时间，但北区学习建筑容量增大太多，造成校园重心的北移时，反而会加长平均步行时间。当北区学习建筑和南区食堂容量分别是 M、L 时（现状两者容量分别为 S、M），平均步行时间最短，为 92.34 分钟。

步行时间最短时，北区各部分功能使用人数占比如下表所示。可以看到，修改后北区教学功能占比分别由原来的 13.76％ 提升至 19.90％，与生活区功能的占比更为接近。这说明对校园功能进行合理配置，保持各部分功能结构的均衡，对校园步行系统出行效率有较大的提升。

修改后北区各功能使用人数占比   表8

	北区	其他区域
住宿	22.03％	77.97％
体育	17.73％	82.27％
教学	19.90％	80.10％
餐饮	23.55％	76.45％

4.2 对校园路网结构的评估

4.2.1 基于全天平均流量分布对道路等级的梳理

为了进一步梳理校园路网结构，本文依据 GTSMC 校园交通仿真模型的模拟结果以自然断点法对道路网络进行等级划分，按流量从低到高分为 1-5 级，与校园道路现状宽度等级进行对比。

对比仿真模型模拟交通流量与实际道路宽度，不难发现，目前校园内长江南路、西湖桥、西湖南路道路宽度不满足交通流量需求，应适当加宽，而湖滨北路道路宽度则远超出交通流量需求，可以适当减小。

以仿真模型模拟的全天平均流量分布为依据对道路等级进行梳理，能帮助设计者及时发现设计道路宽度与实际使用量之间的可能存在的问题。但目前校园步行系统仿真模型仅模拟了人与非机动车出行，并未考虑车行交通以及地形、轴线、景观等因素，对校园路网等级的梳理规划，应结合实际情况作更多考量。

4.2.2 基于全天峰值流量分布对道路潜在易堵性的分析

由于校园内潮汐式集散的特点，高峰期交通流量集中爆发，非常容易造成拥堵，而像华南理工大学五山校区这样大部分道路为人车混行道的情况，高峰期的拥堵现象更为严重。本文依据校园仿真模型的模拟结果按各道路全天峰值流量分布对道路潜在易堵性进行分析，将各道路全天峰值流量按自然断点法分为 1-5 级，等级越高，说明该道路峰值流量越高，越有可能发生拥堵。

5 总结与展望

GTSMC 校园交通仿真模型尝试将大数据分析和交通仿真的研究方法运用于对校园步行系统的更新规划研究中，通过以数据为导向的设计方法发现现存问题并给出设计决策建议，具有一定的创新性，希望能为今后大学校园的更新设计提供一定的研究思路。但是对于 GTSMC 校园交通仿真模型的研究尚处于起步阶段，目前仍存在许多问题与不足。未来经过完善后的 GTSMC

校园交通仿真模型应能满足更多应用场景，如以更加简单有趣的交互方式在设计全过程帮助设计师进行校园规划设计，辅助公众参与校园设计决策过程，帮助管理者制定交通管理策略以及结合 AR、VR 技术展示校园空间环境等等。

参考文献

［1］ 周烨，魏海平，何源浩等. 基于 GAMA 平台的多智能体应急疏散仿真模型 _ 周烨［J］. 测绘工程，2016（04）：66-70.

［2］ Y Zhang. CityMatrix：an urban decision support system augmented by artificial intelligence ［D］，Massachusetts Institute of Technology，2017.

［3］ T Nguyen-Q，A Bouju，P Estraillier. Multi-agent architecture with space-time components for the simulation of urban transportation systems ［J］. Procedia-Social and Behavioral Sciences，2012：365-374.

［4］ Anh N T N，Daniel Z J，Du N H，et al. A Hybrid Macro-Micro Pedestrians Evacuation Model to Speed Up Simulation in Road Networks ［C］// International Conference on Advanced Agent Technology. 2011.

［5］ Gaudou B，Sibertin-Blanc C，Therond O，et al. The MAELIA Multi-Agent Platform for Integrated Analysis of Interactions Between Agricultural Land-Use and Low-Water Management Strategies ［C］// International Workshop on Multi-agent Systems & Agent-based Simulation. 2013.

［6］ Amouroux E，Stéphanie Desvaux，Drogoul A. Towards Virtual Epidemiology：An Agent-Based Approach to the Modeling of H5N1 Propagation and Persistence in North-Vietnam ［C］// Intelligent Agents and Multi-Agent Systems，11th Pacific Rim International Conference on Multi-Agents，PRIMA 2008，Hanoi，Vietnam，December 15-16，2008. Proceedings. Springer-Verlag，2008.

［7］ Taillandier，P.，Gaudou，P. Grignard，A. Huynh，Q. N.，Marilleau，N.，Caillou，P.，Philippon，D.，Drogoul，A.（2018）Building，Composing and Experimenting Complex Spatial Models with the GAMA Platform. GeoInformatica，Dec. 2018. https：// doi. org/10. 1007/s10707-018-00339-6.

［8］ 张砚，肯特·蓝森. CityScope——可触交互界面、增强现实以及人工智能于城市决策平台之运用 ［J］. 时代建筑，2018（09）：44-49.

［9］ 邓巧明，刘宇波，罗伯特·西姆哈. "7号" 研究报告与百年 MIT 剑桥校区建设——工程师视角下高效率大学校园的规划与建设 ［J］. 建筑师，2019（03）：70-75.

［10］ 邓巧明，刘宇波. 一次跨学科的设计教学探索——以对华工五山校区校园环境品质交互式模拟研究为例 ［C］. 全国高等学校建筑学学科专业指导委员会. 2018 全国建筑教育学术研讨会论文集. 北京：中国建筑工业出版社. 2018：140-143.

郭 喆 袁 烽

同济大学建筑与城市规划学院；philipyuan007@tongji.edu.cn

建成环境与行为数据特征可视化方法研究
Research on Visualization of Building Environment and Behavior Characteristic

摘 要：城市空间、自然环境与人因行为之间具有相互依赖的属性。人的行为活动离不开建成环境的限定，城市环境的设计与评价同样也脱离不了人的行为需求。因此，对建成环境特征属性的揭示以及对特定环境下行为模式的研究可视为探讨人与空间关系的过程，此过程揭示的规律可以实时并直观地辅助设计师在宏观布局视野下对建成环境中的多项指标设计进行评估、决策与修正。本研究基于新型传感器精确采集建立的高时空分辨率数据库，对城市物理建筑几何模型与环境数据进行场景融合、智能分析与实时再现。其建立的数据可视化平台，以通过环境监测、行为分析和综合数据可视化结果，揭示隐藏在真实物理环境下的城市空间发展与运作肌理。

关键词：环境数据采集；行为数据可视化；无人机；传感器技术；辅助设计决策

Abstract：There are interdependent attributes among urban space, natural environment and human behavior. Human behavior activities can not be separated from the constraints of built environment, and the design and evaluation of urban environment can not be separated from human behavior needs. Therefore, revealing the characteristics and attributes of the built environment and studying the behavior patterns in specific environments can be regarded as a process of discussing the relationship between human and space. The rules revealed in this process can help designers evaluate, make decisions and amend the design of many indicators in the built environment from the perspective of macro-layout in real time and intuitively. This research is based on the high spatial and temporal resolution database accurately collected by new sensors. With the help of data collection and analysis method, the geometric model of urban physical buildings and environmental data are multi-field coupled, intelligent analysis and real-time reproduction. The data visualization platform is established to reveal the urban spatial development and operation texture hidden in the real physical environment through environmental monitoring, behavior analysis and comprehensive data visualization results.

Keywords：Environmental data acquisition；Behavior data visualization；UAV；loT（Internet of Things）；Assistant design process

1 研究背景

1.1 建成环境与行为特征的研究意义

人类行为和所处建成环境之间存在着巨大的相关性。在大规模的城市景观设计中，尤其是一些城市开放式公共空间的设计过程呈现了多种复合因素的交织，其中人的行为特征起着举足轻重的作用[1]。特定的环境导致了特定的行为，同时通过分析群体行为特征，也揭示了环境与行为的内在联系[2]。在传统将建成环境与行为特征关联的设计中，一些基于观察者经验的城市公共空间设计准则虽然被验证为相对有效的设计评估和修正方法，然而从设计师的主观判断出发的关联方法因缺乏客观建成环境数据分析的支撑和真实场景下空间参与者的行为反馈，而难以揭示其两者间复杂的隐性关联，无法及时反馈给设计师做出适应性的设计修正决策。

1.2 传统研究理论

自"行为科学"一词于 1949 年在美国芝加哥召开的跨学科会议上正式命名后，建筑相关环境行为研究真正应运而生。这一时期的一些心理学家探索了真实的建筑环境布局和空间布局对人们的行为有着重大的影响。20 世纪 60 年代以后，建筑师逐渐加入了这个研究领域。这些研究中最具代表性的是凯文·林奇的《城市意象》，该书描述了环境场所和行为的认知风格，并将人的心理和情感与一定的建筑环境相联系[3]。这一部分后来由盖瑞·摩尔（Gary T. Moore）总结并扩展到一个跨学科的研究分支。摩尔指出：行为认知和建筑环境的真实情况之间存在很大的偏差，对行为模式及其特征的研究有助于建筑师真正理解行为对空间的具体需求[4]。在前数字时代中最著名、应用最广泛的研究人类行为在建成环境中特征的科学方法为比尔·希尔尔（Bill Hillier）的空间句法（Space Syntax）和威廉·伊特尔森（William H. Ittelson）的行为标记法（Behavior Mapping)[5]。其确切而简洁的基于视线、相对深度和位置数据的空间-行为定量化研究思维在数字技术还未普及的时代具备超前的指导性[6]，为以后的行为定量研究奠定了一定的基础。然而，传统的行为研究方法受到许多因素的制约，如样本数量和数据精度，也缺乏相对客观的环境评价数据而难以揭示与其相关的行为特征产生的依据。

1.3 数字化背景下的研究方法

在当下的数字化时代背景下，海量数据采集与可视化分析的手段相继涌现。在行为可视化研究中，根据不同的场景其数据收集方法也有所不同：在室内尺度中可以利用 RFID、Wi-Fi、Zigbee 和 UWB 等精度高、范围小的行为定位工具[8]；在对尺度较大的室外环境研究中，移动 GPS 定位设备或是通信公司提供的局域蜂窝数据为普遍使用的行为跟踪和记录方法[9]。随着传感器硬件在采集精度和实时传输技术上的成熟，也被广泛应用于建成物理环境特征的分析[10]。数字环境与行为研究是在传统"行为科学"的理论基础上，结合环境行为学中的研究要素，将大数据思维引入环境设计过程中，把数据采集、数据存储与管理、行为数据可视化整合为一套数据分析与可视化系统，以现场实验的方式，定量研究城市尺度空间下人的行为规律与特征，为建成环境的使用评价和优化更新提供相应的辅助策略。

2 基于数据可视化的环境与行为研究流程

2.1 方法综述

基于以上论述，本研究旨在提出一种复合的数据获取、分析和可视化方式。利用无人机搭载环境传感器组和红外相机，从一定城市高空采集环境数据与行为红外图像进行实时运算分析，通过数据空间处理和图像处理算法进行直观的可视化转译。这一过程将城市物理模型与虚拟数据进行融合再现，得到及时而精准的真实场景反馈，揭示隐藏在真实物理环境下的城市空间发展与运作肌理，辅助设计师对后续设计进行优化和决策。

完整的工作流程可简要拆分为场地调研，数据采集和可视化处理。在实验场地调研阶段，首先利用无人机倾斜摄影扫描技术在三维建模软件中生成三维点云。然后，将复合多传感器集成系统组装到四旋翼无人机上，通过 QGroundControl 地面站与依托 Pixhwak 飞行器控制硬件设计的开源飞控固件 PX4 建立 wifi 通讯。通过与 Pixhwak 连接的 GPS 定位模块，无人机可以在空中实现更好的悬停状态，确保红外摄像机和传感器组件都能获得稳定的数据。实验采集到的环境信息数据将通过 loT 蜂窝数据模块与控制端计算机建立实时通讯，通过生形算法转译为可视化三维分析图。

2.2 数据采集工具系统

2.2.1 基于无人机的传感器集成平台

民用无人机近年来变得越来越普遍。机身设计的轻便化和电子技术的进步，特别是廉价高效的小型惯性传感器和定位传感器的量产成熟，使得无人机能够适用于更多现实场景。开源飞控技术的逐步更新迭代，使得低成本、高效率的自主设计无人机用于科研项目成为可能。本研究采用自组装的无人机作为传感器飞行载体，其轴距在 350～550cm 之间，巡航时间约为 30 分钟。所用的传感器组和红外相机作为单独于无人机主体的部件可以实现便捷的整体拆卸和替换（图1）。

传感器组的设计分为环境数据采集传感器组和无人机机载红外相机组，分别装配在两台四旋翼无人机上进行现场数据采集。环境数据采集传感器选取了 K-30 CO_2 传感器和 DHT22 温度湿度传感器组，集成在 Arduino UNO 单片机上。通过 Adafruit Ultimate GPS shield 提供的 GPS 模块定位时空坐标，并且以每秒记录一次的帧率将所有的数据通过 loT 物联网蜂窝数据模块实时传输到地面控制计算机中。红外相机模块选用 FLIR VueTM Pro 640 的无人机载专用相机，使用 mini-USB 数据线为其提供 5 V 电压，并实时将模拟热视频信号通过 ITU-R（ITU Radio Communication Sector, 国际通信联盟无线电通信局）的 ISM 频段（Industrial Scientific Medical，工业化科学医疗频段），由 S 波段的 2.4GHz 图传设备与地面计算机进行数据传输（图2）。

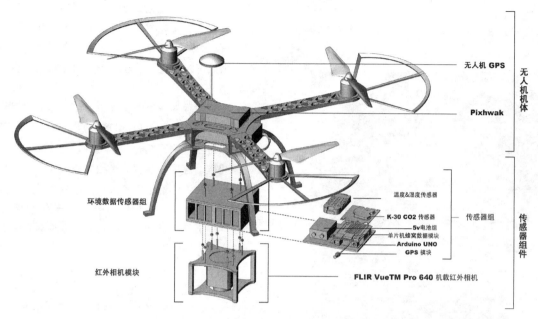

图1　数据采集无人机组装示意图

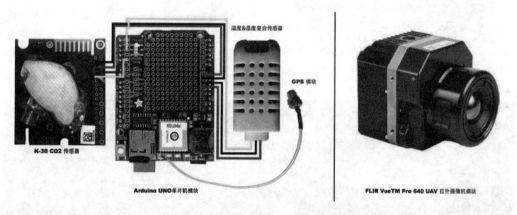

图2　环境传感器组与红外相机模块

2.2.2　现场环境与行为数据采集

完整的数据采集过程需要两台无人机协作完成。其中一台在 8m 左右的高度收集近地环境数据；另一台搭载着红外成像相机的无人机在 60m 左右的高空悬停向下俯拍（图3）。两台无人机同时从起始点起飞，通过飞控搭载的 GPS 模块进行自动巡航和悬停控制。

在无人机起飞前需要对无人机飞行的航线和速度进行设定。通过飞行控制地面站可以标定每个起飞点确切的 GPS 经度和纬度，无人机会根据 GPS 坐标依次达到指定的航点进行短暂的悬停，由此可以实现对无人机自动飞行的控制。本研究选取的数据采集区域范围大致为 56m * 110m 的矩形区域，共预设 16 个航点（图4）。在飞行前需要先通过地面站软件设置好无人机的航点和轨

图3　无人机飞机计划

迹，这些数据通过计算机上的 COM3 接口上传至飞控主板，最终转化为无人机内部 GPS 定位坐标。无人机

起飞以后，地面站通过 OSD 数传电台以 433MHz 的频率与无人机保持通讯，实时控制无人机的速度，并且修正航向。通过多次数据预采集发现，在实际飞行过程中，无人机的航速维持在 0.8m/s 左右时收集的数据质量较为稳定。

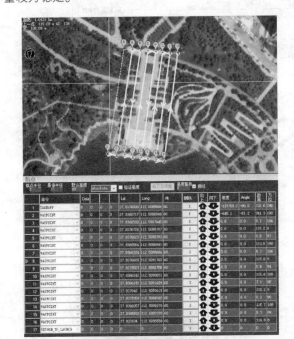

图 4　飞行航点设置

2.3　数据处理分析方法

环境数据传感器收集的数据最终以数字串的形式记录和输出，不能直观地反映环境特征和行为之间的联系，需要通过与虚拟场景结合的三维可视化方式进行数据处理。记录行为特征的红外图像在经过一系列图像算法处理后可以直观地呈现行为热力图特征，也可以通过图像特征直方图反映出环境中离散个体行为的聚类情况。

在环境数据采集的过程中，每条环境数据都包含了一个带有时间戳的 GPS 位置信息，该信息可以耦合于倾斜摄影生成的三维点云模型中。在数据可视化阶段，二氧化碳、温度和湿度值被独立调用并映射到物理空间中的相应位置，这些值由 Z 轴的高度反映。通过将离散数据点与直线段和网格作为一个统一的整体连接起来，通过几何折叠特征和曲率变化的数据映射方法直接反映环境数据特性（图 5）。

在利用红外相机在高空采集图像数据时，人体因为头部的暴露而相较自然环境散发出更多的热量。在热红外图像中，人体与周围不规则物体相比，呈近似圆形的高亮度斑点。然而，在实际的图像采集过程中，一些建筑环境中反射系数高的物体会反射阳光，这可能会干扰人红外图像的识别和分割，采集来的图像数据并不能作为有效的分析源。在解决人体与环境噪声区分的问题之前需要根据一些基本的图像处理方法对原始红外图像进行特征化处理。

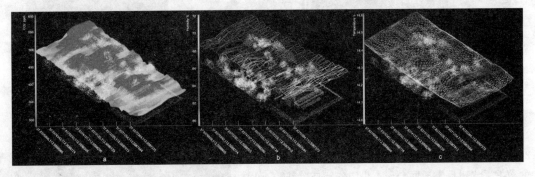

图 5　环境数据可视化
（图片说明：从左至右分别为二氧化碳、湿度、温度的结合三维点云模型的空间可视化）

图像的表示方法是计算描述和处理算法的基础。二维图像通常概括为二维数组 $f(x, y)$ 或二维矩阵 $M*N$（其中 M 是图像像素行数，N 是图像像素列数）。常用的图像表达方法有 RGB 图像、索引图像、灰度图像和二值图像（图 6）。其中，灰色图像为 0 为黑色，255 为白色，两者之间的数值表示灰色的不同程度。通过设置阈值，根据像素的灰度值，将二值图像分为 0 和 1 表示的矩阵。由于灰度图像和二值图像中像素数据的表示结构简单明了，可以作为后续图像处理中一系列算法的基础。

将原始图像从彩色变为灰度后，需要对图像做膨胀运算处理，继而对膨胀后的图像进行二值图像的转换。根据红外图像中人体的亮斑特征，可以快速提取人体的形状特征。膨胀算法的作用是计算图像中的某一区域（直线和点特征），使图像区域由周围向外部进行视觉放大。它的操作可以进一步突出人类标点区域的特点。膨胀算法的算符定义为 $\oplus$，A 和 B 的膨胀可以记录为 $A \oplus B$，由下式（1）表示：

$$A \oplus B = \{x \mid [(\tilde{B})_x \cap A \neq \Phi]\} \tag{1}$$

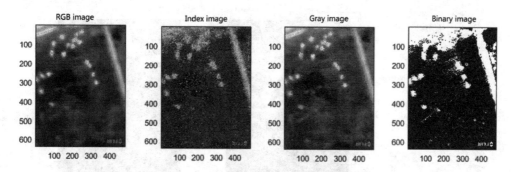

图 6　四种图像特征表述方式

（图片说明：从左到右分别为 GRB 图像、索引图像、灰度图像、二值图像）

处理后的图像见图 7，这一步图像计算结果可以准确地将人类的行为模式与环境分离开来。

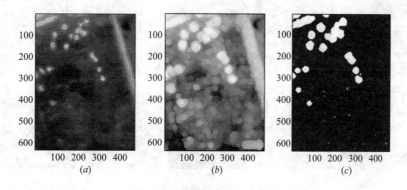

图 7　四种图像特征表述方式

（图片说明：图 7-(*a*) 是原始的灰度图像，图 7-(*b*) 是膨胀转换图像，图 7-(*c*) 是基于 (*b*) 的二值图像）

随后根据傅里叶变化作为图像特征运用排除环境噪声（排除非人体特征的图像点）。在纯数学意义上，傅立叶变换是将图像函数转化为一系列周期函数；在物理意义上，傅立叶变换是将图像从空间域转化为频域，然后根据傅立叶逆运算将图像从频域转化为空间域。换言之，傅立叶变换是将图像的灰度分布函数转化为图像的频率分布函数。静态的数字图像可以看作是二维数据阵列，因此数字图像处理主要是二维数据处理。一维离散傅立叶变换和快速傅立叶变换是二维离散信号处理的基础。二维离散傅立叶变换可以定义为公式 (2-1) 和 (2-2)：

$$F[f(x,y)] = F(u,v) = \frac{1}{MN} \sum_{x=0}^{M-1} \sum_{y=0}^{N-1} f(x,y)$$
$$e^{-j2\pi(\frac{ux}{M}+\frac{vy}{N})} \quad (2-1)$$

$$F^{-1}[(x,y)] = f(u,v) = \sum_{x=0}^{M-1} \sum_{y=0}^{N-1} F(u,v)$$
$$e^{j2\pi(\frac{ux}{M}+\frac{vy}{N})} \quad (2-2)$$

傅立叶变换可以用来描述图像特征。引入与卷积相关的方法来定位具有特定特征的模板。利用该方法可以将圆形附近的人体散斑图与环境噪声图像分离（图 8）。

随后将分离出的人体图像进行逐帧加法运算以获得行为图像的叠加，并利用直方图可以判断某时间段内人群于空间分布的特征。从进行图像加法运算前的一系列静态图像中很难看到其相关性。此步骤将对所有图像帧进行求和运算（方程式见公式 2-3），其中 P_n 表示大小相等的图像矩阵。通过计算，可以解出代表所有时间节点的相互叠加的图像（图 9）。

$$P' = \sum_{i=2}^{n} P_n(x_n, y_n) \quad (2-3)$$

数据直方图如图 10 所示。通过比较一天中三个不同时段的灰度值段，可以提取出人群在户外环境中的聚类趋势和空间偏好随时间的变化趋势，并在处理后的图像中清晰地显示出人类行为轨迹，此方法可以有效地替代传统实验中大量的跟踪、定位和数据记录工作。通过综合分析不同实验阶段采集到的行为图像的特征，以环境数据的可视化结果作为室外行为模式的参考，可以提取出人对室外空间选择偏好的总体分布趋势和选择的特征。通过比较这两类数据，环境因素对某些行为的影响将被有效地揭示出来。

403

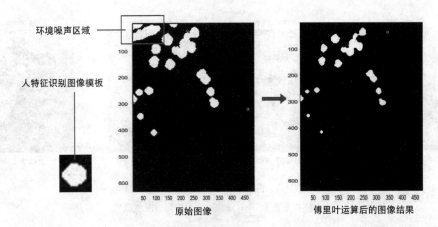

图 8 图像噪点排除运算结果

图 9 图像叠加运算结果

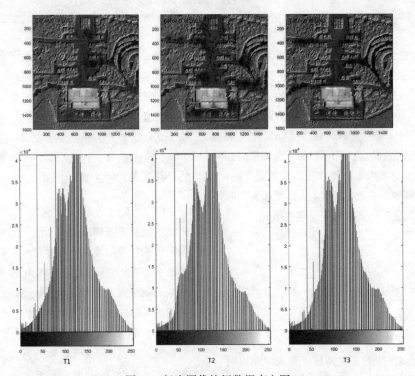

图 10 行为图像特征数据直方图

(图片说明：通过 T1，T2，T3 不同时段行为特征直方图的差异性运算，计算机可以智能判断室外
空间的使用程度以及人群分布特征)

3 结论

借助无人机等小型空间飞行器在城市高空传感中的高度灵活性和控制能力，证明可以有效地获取环境数据和热红外图像数据。通过一系列借助数字运算技术的计算机数据处理方法，可以揭示传统的研究方法中无法直接获得的，环境和行为之间相关联的隐藏因素，并可根据数据可视化结果进一步挖掘其特征：特别值得深入研究的是基于一系列图像处理算法可以从环境模式中提取和分离宏观人类行为特征图像。这些结果可以作为进一步指导机器视觉和机器深入学习研究的基础。借助本文所述的研究方法，通过对不同城市文化和环境背景下的大量行为特征的积累，这些红外图像数据经过有针对性的处理，可以作为机器学习的数据库样本，进一步挖掘不同地区的人类行为偏好和趋势。在未来的研究中，我们将应用更有效的算法来解决从复杂环境背景中提取行为特征的问题，并为后续人工智能算法介入留下可实时对接的数据输入接口。

参考文献

［1］ Altman I. *The Environment and Social Behavior* ［M］, /Environment and social theory/. Routledge，1-14 1975.

［2］ Harold, M. , Ittelson, W. H. and Rivlin, L. G. , *Environmental psychology：Man and his physical setting*, *Holt* ［M］, Rinehart and Winston, New York 1970.

［3］ Kevin L. *The image of the city* ［M］. Cambridge Massachussettes，1960.

［4］ Moore G. T. , Knowing about environmental knowing：The current state of theory and research on environmental cognition ［J］. Environment and behav-ior，11（1）：33-70（1979）.

［5］ Dursun P. *Space Syntax in Architectural Design* ［J］. 2007（6）.

［6］ Hillier B. *Space is the Machine* ［M］. Cambridge University Press Cambridge Uk，1996（3）：333-335.

［7］ Isaac S，Michael W B. *Handbook in research and evaluation：A collection of principles，methods, and strategies useful in the planning，design，and e-valuation of studies in education and the behavioral sciences* ［M］. Edits publishers，1995.

［8］ 黄蔚欣. 基于室内定位系统（IPS）大数据的环境行为分析初探——以万科松花湖度假区为例 ［J］. 世界建筑，2016（4）：126-128.

［9］ Michael K，McNamee A，Michael M G，et al. Location-based intelligence-Modeling behavior in humans using GPS ［J］. 2006.

［10］ Ramachandran G S，Bogosian B，Vasudeva K，et al. An Immersive Visualization of Micro-climatic Data using USC AiR ［J］. 2019.

［11］ Pei L，Guinness R，Chen R，et al. Human behavior cognition using smartphone sensors ［J］. *Sensors*，13（2）：1402-1424，2013.

［12］ Li, J. ；Gong, W. ；Li, W. ；Liu, X. Robust pedestrian detection in thermal infrared imagery using the wavelet transform. ［J］. *Infrared Phys. Tech*. 53，267-273，2010.

［13］ Fernández-Caballero A，Castillo J C，Martínez-Cantos J，et al. Optical flow or image subtraction in human detection from infrared camera on mobile robot ［J］. *Robotics and Autonomous Systems*，58（12）：1273-1281，2010.

杨 阳 孙 澄 刘 莹

哈尔滨工业大学建筑学院；suncheng@hit.edu.cn

虚拟现实结合眼动追踪的技术方法研究
——以商业综合体寻路实验为例 *

Combination of Virtual Reality and Eye Tracking Technology
——Taking VR Wayfinding Experiment in Commercial Complex as an Example

摘　要： 针对传统寻路研究中对现场环境依赖性过高、实验条件可控性低、任务失败成本高、寻路过程客观数据不足等问题，本研究以商业综合体中的寻路问题为例，探讨虚拟现实结合眼动追踪的技术方法在建筑环境行为研究中的意义与价值。文章首先介绍了虚拟现实和眼动追踪技术的基本概念和特征，随后系统梳理了近年来这两种技术在城市及建筑寻路研究中的发展和应用情况，进而建构了虚拟现实结合移动式眼动追踪的商业综合体寻路研究技术方法框架，并结合案例介绍了实验数据可视化分析的相关结果。研究表明，虚拟现实和眼动追踪技术在建筑空间与环境行为领域方面具有较大的应用潜力，能够有效为相关主客观研究提供理论和数据支持。

关键词： 虚拟现实；眼动追踪；商业综合体；寻路实验

Abstract： Aiming to solve the problems in traditional wayfinding researches, such as overloaded dependence on field environment, low controllability of experiment conditions, high cost of task failure as well as lack of objective data, this paper discussed the value of the combination of virtual reality and eye tracking technology in architectural environment behavior research, taking wayfinding experiment in commercial complex as an example. This paper first introduces the concept and the characteristics of the related technology, then reviews wayfinding researches using virtual reality and eye tracking technology. After that, the paper proposed a method framework of combination of virtual reality and mobile eye tracking technology, and showed the results of experimental data visualization analysis. The results show that virtual reality and eye-tracking technology have great application potential in the field of architectural environmental behavior research, which can effectively provide theoretical and data support for subjective and objective research.

Keywords： Virtual Reality；Eye Tracking；Commercial Complex；Wayfinding Experiment

1　背景

作为一个几乎与每个人都息息相关的重要问题，自

20 世纪 60 年代 Kevin Lynch 提出"寻路（wayfinding）"概念以来[1]，众多研究者以复杂城市和建筑为研究对象和主要载体，对相关环境行为和空间认知问题已展开广泛研究和持续拓展。随着我国城镇化的推进与完善，体

* 国家自然科学基金，基于大数据的体育中心人群疏散模式及优化设计方法研究，51878202。

验型新兴模式对公共建筑，特别是商业综合体的空间设计提出了全新要求，其布局和功能的复杂性引发了新的寻路问题，难以满足现阶段使用者对环境体验感和安全感的心理需求，更加突显出对其使用者的空间认知和寻路行为进行研究的迫切性和必要性[2]。但是，传统寻路认知实验研究方法（如问卷调查、认知地图等）存在对现场环境依赖性高、实验条件可控性低、任务失败成本高、寻路过程客观数据获取困难等问题，研究效率低下、数据分析不全面[3]。因此，亟需采用新的技术方法，更为客观地记录使用者在寻路过程中的行为数据，以帮助建筑师更好地掌握其环境行为与心理特征，改善建筑设计效果，提升空间认知体验。

近年来，随着信息化时代的到来和计算机图形技术的不断完善，虚拟现实和人机交互技术得到了飞速发展，为城市及建筑空间信息处理与认知等领域的实验性研究提供了可能性，并在相关研究中扮演了非常重要的角色。此外，视知觉作为人们接收外部信息的主要感知方式，其相关特征在寻路行为研究中仍有较大潜力。眼动追踪技术可直观而精确地探知人们的注意力线索[4]，为寻路行为的客观描述提供技术支持。鉴于上述虚拟现实和眼动追踪技术的优势和应用潜力，本文将重点围绕两种技术的结合运用，以商业综合体寻路研究为例，展开技术体系建构、数据传输流程和实验数据可视化分析的相关介绍。

2 虚拟现实与眼动追踪技术

自 Ivan E. Sutherland 于 20 世纪 60 年代提出"终极显示（The Ultimate Display）"概念起[5]，虚拟现实（Virtual Reality）经历了初步模拟阶段（1963 年以前）、萌芽阶段（1963-1972）、概念产生和理论初步形成阶段（1973-1989）以及理论完善与应用阶段（1990-2004）的历史技术演变，逐渐发展为一种可以创建和体验虚拟世界的计算机仿真系统，呈现出沉浸性（Immersion）、交互性（Interaction）和想象性（Imagination）特征[6]。常见的虚拟现实显示系统有桌面虚拟现实系统（Desktop VR）和沉浸式虚拟现实系统。前者虽然具有成本低、适应性强等优点，但使用者较易受到周围环境的干扰，沉浸感较差；后者则能够为用户提供更高级的沉浸体验，使其产生身临其境的感觉，因而在研究中得到了更广泛的应用。沉浸式虚拟现实系统主要借由头盔式显示器（Head Mounted Display，HMD）和多投影系统来实现。前者具有较好的视听封闭性，但使用者佩戴头盔进行体验时易产生不适感和眩晕感，难以避免 VR 晕动症问题；后者的最典型代表为 CAVE（CAVE Auto-matic Virtual Environment）系统，通过多个投影屏幕环绕形成沉浸式体验空间，可配合声效和交互设备营造具有震撼性的沉浸感，但造价较为昂贵。

眼动测量最早始于 1898 年，早期人们仅借由肉眼进行主观观察测量，数据准确度较低[4]。近年来，随着一系列能够精确检测和提取眼动信息的新技术的飞速发展，特别是 20 世纪 60 年代后期瞳孔中心/角膜反射法（pupil-center/corneal-reflection）和红外电视法（Infra-red TV）等方法的提出和运用，才发展出一种较为理想的客观眼动测量方法[4]，在科学研究中得到广泛应用并逐步产品化。眼动追踪技术可通过精确记录人眼在寻路过程中的视觉注意信息，发掘使用者视知觉的指向性和集中性，进而分析其行为心理，近年来已成为解决环境行为与空间认知领域问题的重要方法。当前，常用的眼动追踪设备分为桌面式和可穿戴式，其中，带有无线实时观察功能的可穿戴式眼动仪可基于超轻且坚固的非侵入式头戴追踪模块，确保使用者佩戴的舒适性和行为自由度。

考虑到各自的技术优势，在虚拟环境中引入眼动追踪技术，能够在完全受控的沉浸式环境下，实现以被试者视角进行寻路观察，并准确记录其视觉注视信息的实验过程。将这两种技术引入寻路实验研究中，其优势在于可轻松实现基于视觉感知的建筑环境与人之间的交互研究，且能够按需求创建寻路实验所需的建筑虚拟环境，完成环境控制变量的修改和场景的重复利用，经济且高效。

3 虚拟现实与眼动追踪技术在寻路研究中的应用

自 20 世纪 90 年代以来，基于虚拟现实技术的城市与建筑环境中的寻路行为与认知实验已相继展开。初期研究多集中在虚拟环境与真实空间中的寻路行为和认知表现差异[7]，随后，越来越多的研究者开始关注寻路者与环境之间的互动机制：如 Tobias Meilinger 等人通过模拟城市虚拟环境，探讨了空间寻路与短时空间记忆的相关机制[8]；Tad T. Brunyé 等人利用虚拟现实技术研究了寻路者在城市交叉口处的动态决策机制，以及个体空间能力和环境经验对其决策的影响[9]。近年来，国内学者也相继展开了基于虚拟现实技术的建筑环境认知研究：如同济大学徐磊青、汤众等人通过建构虚拟轨道交通空间研究了标识布置对寻路效率的影响问题[10]；清华大学杨睿对比了全景显示虚拟现实系统和传统桌面式虚拟现实系统对寻路绩效的影响[3]；天津大学苑思楠等人采用虚拟现实认知实验探讨了中国传统村落空间形态问题[11]等。

眼动追踪技术应用方面，Peter Kiefer 等人运用眼动追踪实验研究了城市环境中寻路者进行地图运用、标志物判定及定向决策的相关问题[12]；Aida E. Afrooz 等探讨了寻路模式与视觉记忆之间的相互关系[13]；Flora Wenczel 等人研究了室外环境中寻路导航模式对观察行为的影响等[14]。国内也运用眼动追踪技术开展了相关研究：如哈尔滨工业大学孙澄等人通过真实环境的现场实验研究了商业综合体寻路标志物的视觉关注情况[2]；刘莹等人运用照片刺激材料探讨了个体对建筑局部空间环境注视热点的层级划分[15]；晋良海等人研究了公共客运站中旅客的视觉行为特征和导视系统视域等[16]。除了单独运用眼动追踪技术进行研究之外，Helmut Schrom-Feiertag 等人还将其与沉浸式虚拟环境结合，探讨了交通建筑中引导系统在寻路过程中的影响作用[17]。

总体来说，目前这两种技术在寻路研究中的应用多集中在城市或街区等室外环境，对复杂建筑室内环境的研究相对较少。此外，对两种技术相结合的应用尚有余地进一步发展和挖掘，以增强相关研究的可控性和客观性。

4 虚拟现实结合眼动追踪的技术方法应用

4.1 技术方法体系建构

鉴于上述传统寻路行为研究方法的局限性和虚拟现实与眼动追踪技术的优势和潜力，以商业综合体为例，笔者建构了虚拟现实结合眼动追踪的技术方法框架（图1），包括虚拟环境搭建、数据采集记录和数据处理分析三个部分。以既有硬件设备和软件平台为基础，结合各部分功能需求创建相应模块，以支撑整体方法框架的运行。

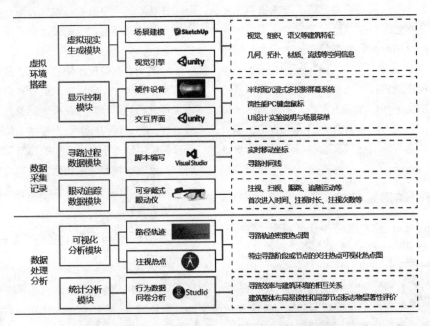

图 1　虚拟现实结合眼动追踪的技术方法框架

硬件设备方面，采用半球面沉浸式虚拟现实系统（图2），通过高性能 PC 键盘和鼠标实现人机交互；眼动追踪采用 Tobii Pro Glass 2 眼动仪记录被试者在虚拟环境中进行寻路过程的眼动观察数据（图3）。

软件平台方面，以 Unity 3D 引擎为基础平台，运用 C#语言编程实现交互功能的具体开发，建构虚拟建筑空间环境；同时，运用 EgroLAB 人机环境同步平台进行寻路实验中眼动追踪数据和虚拟现实仿真环境的实时同步记录、追踪与分析，并结合 Grasshopper 实现路径轨迹交互数据的可视化处理。

图 2　半球面沉浸式虚拟现实系统

图3 被试者携带眼动仪进行实验操作

基于以上硬件设备和软件平台，根据虚拟环境搭建、数据采集记录与处理分析的功能需求，虚拟现实结合眼动追踪的技术方法体系可由虚拟环境生成模块、显示与控制模块、数据采集与记录模块以及数据处理与分析模块构成，具体模块说明如下：

虚拟环境生成模块以建筑三维建模软件为基础平台，根据设计资料和现场调研数据建构典型商业综合体的三维室内虚拟模型，具体包括该建筑环境的视觉特征、空间组织特征和语义特征，及其空间几何信息、拓扑信息、材质信息、流线组织信息等三维空间基本信息。

显示模块基于5个曲面屏围合而成的半球面式显示屏幕，呈现沉浸式的商业综合体室内虚拟环境。控制模块则基于 Unity 3D 开发工具，通过编程设定，达到被试者通过键盘和鼠标控制移动、旋转视角等效果，以第一人称视角完成寻路体验；同时，通过开发 UI 界面与控制菜单，实现被试者在寻路过程中查看任务说明、场景选择等与虚拟环境的实时交互功能。

数据采集与记录模块分为寻路过程数据模块和眼动追踪数据模块：寻路过程数据通过后台程序设定，采集和记录被试者寻路时长、移动坐标等数据；眼动追踪数据通过被试者佩戴可穿戴式眼动记录仪（采样频率为50Hz）采集并记录其在寻路过程中的视觉观察兴趣点，并生成相应眼动指标数据。

完成数据采集与记录之后，将上述数据信息传递至下游的数据处理与分析模块，进行处理和可视化分析，以进一步分析被试者的寻路效率和观察特征。

4.2 实验应用

笔者以哈尔滨凯德广场购物中心为原型，开展了虚拟现实结合眼动追踪的寻路实验。首先，依据相关设计资料及现场调研数据，运用虚拟环境生成模块中的建模软件（如 SketchUp、Rhino、Revit 等）建立基本建筑模型。模型数据包括商业综合体整体平面布局和空间流线组织的相关几何参数，即建筑平面形式与层数、空间拓扑关系、业态分布、平面及剖面尺寸等；以及建筑室内主要环境要素的特征属性参数，即主要标志物的颜色、材质、位置和尺寸等。随后，以 FBX 格式将建筑模型导入 Unity 3D 平台，添加灯光、材质及背景声音等环境属性，建构商业综合体的虚拟建筑环境（图4）。以该虚拟环境为基础，通过程序开发实现被试者以第一人称视角控制移动的相关功能，运用 UI 界面设计实验场景中的功能菜单（图5），以保证被试者交互体验的便捷性和场景切换的流畅性。

图4 基于 Unity 3D 平台的虚拟现实场景开发界面

图5 虚拟场景界面控制菜单面板

虚拟环境搭建并测试完成后，寻路实验以如下流程展开：首先，简要向被试者介绍实验目的、基本流程及注意事项；随后引导被试者佩戴可穿戴式眼动仪，进入练习场景熟悉基本操作与交互过程，适应实验环境；完成热身练习之后，进行眼动仪校准和正式实验，要求被试者在虚拟环境中按要求完成不同阶段的寻路任务。实验过程中除预设的背景声音（如脚步声等），需保证无其他异常响动，以免对被试者造成干扰。

寻路实验过程中，预设的 Unity 程序模块可记录其移动坐标和时间数据，眼动仪则同步完成对被试者注视、扫视及眼跳等眼部反应的实时捕捉，生成各项眼动指标数据。实验结束后将坐标和时间数据导入 Grasshopper 软件，生成被试者寻路轨迹的密度热点图（图6）；基于眼动数据，生成特定寻路阶段或特殊节点处的可视化注视热点图（图7）。将以上客观记录数据与主观问卷进行整合分析，可对建筑环境变量对寻路效率的作用影响，以及建筑整体布局的易读性和局部节点标志物的显著性进行综合评价分析。

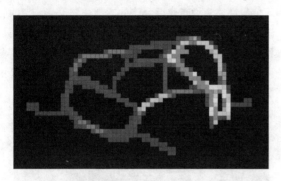

图6　虚拟寻路实验被试者寻路轨迹热点图

图7　虚拟寻路实验被试者注视映射热点图

5　结语与展望

通过上述研究可以看到，虚拟现实结合眼动追踪的技术方法可有效搭建个体寻路行为的观测平台，准确记录被试者在商业综合体虚拟建筑环境中的客观行为反馈数据，为后续数据处理和可视化分析奠定基础。与传统空间认知与寻路实验的研究方法相比，该技术方法能够收集到更为精确、客观和全面的行为数据，可作为传统研究方法的有力补充，具有较大的发展空间和应用潜力。

目前，虚拟现实和眼动追踪技术仍然存在一些不足：如虚拟场景在距离感和空间感等方面与真实环境仍有一定差异；因实验设备和场地限制，被试者在寻路实验时无法真正进行移动等，导致虚拟环境中的寻路体验和真实体验存在偏差。眼动追踪方面，因受环境光线影响，造成眼动数据捕捉误差，以及数据处理过程复杂，耗时较长等问题。但是，在方法和实践层面，二者相结

合的技术体系和实验方法对于建筑环境行为与认知科学的研究具有重要意义，有待在今后的研究实践中进行不断地完善和优化。

参考文献

［1］ Lynch K. The image of the city ［M］. MIT press，1960.

［2］ 孙澄，杨阳. 基于眼动追踪的寻路标志物视觉显著性研究——以哈尔滨凯德广场购物中心为例 ［J］. 建筑学报，2019（02）：18-23.

［3］ 杨睿. 不同虚拟现实系统对寻路任务绩效影响的研究 ［D］. 清华大学，2010.

［4］ Duchowski A T. Eye Tracking Methodology ［M］. London：Springer，2007.

［5］ Sutherland L E. A Head-Mounted Three Dimensional Display：afips. IEEE Computer Society，1968 ［C］.

［6］ Burdea G，Coiffet P. Virtual Reality Technology ［J］. Presence，2003，12（6）：663-664.

［7］ KobesM，Helsloot I，de Vries B，et al. Exit choice，（pre-）movement time and（pre-）evacuation behaviour in hotel fire evacuation——Behavioural analysis and validation of the use of serious gaming in experimental research ［J］. Procedia Engineering，2010，3：37-51.

［8］ Meilinger T K M H H. Working Memory in Wayfinding——A Dual Task Experiment in a Virtual City ［J］. Cognitive Science，2008，32（4）：755-770.

［9］ Brunyé T T，Gardony A L，Holmes A，et al. Spatial decision dynamics during wayfinding：intersections prompt the decision-making process ［J］. Cognitive Research：Principles and Implications，2018，3（1）：13.

［10］ 徐磊青，张玮娜，汤众. 地铁站中标识布置特征对寻路效率影响的虚拟研究 ［J］. 建筑学报，2010（S1）：1-4.

［11］ 范思楠，张寒，张昆. VR认知实验在传统村落空间形态研究中的应用 ［J］. 世界建筑导报，2018，33（01）：49-51.

［12］ Kiefer P，Straub F，Raubal M. Location-Aware Mobile Eye Tracking for the Explanation of Wayfinding Behavior：Agile'2012 International Conference on Geographic Information Science，2012 ［C］.

［13］ Afrooz A E，White D，Neuman M. Which visual cues are important in way-finding? Measuring the influence of travel mode on visual memory for built environments：Universal Design 2014：Three Days of Creativity and Diversity：Proceedings of the International Conference on Universal Design，UD 2014 Lund，Sweden，June 16-18，2014，2014 ［C］. IOS Press.

［14］ Wenczel F，Hepperle L，von Stülpnagel R. Gaze behavior during incidental and intentional navigation in an outdoor environment ［J］. Spatial Cognition & Computation，2016，17（1-2）：121-142.

［15］ Liu Y，Sun C，Wang X，et al. The influence of environmental performance on way-finding behavior in evacuation simulation：Proceedings of the BS2013：13th Conference of International Building Performance Simulation Association，Le Bourget Du Lac，France，2013 ［C］ 0.

［16］ 晋良海，闵露，陈述等. 公共空间导视系统的空间视域模型及其眼动验证 ［J］. 工程研究-跨学科视野中的工程，2017（05）：430-438.

［17］ Schrom-Feiertag H，Settgast V，Seer S. Evaluation of indoor guidance systems using eye tracking in an immersive virtual environment ［J］. Spatial Cognition & Computation，2016，17（1-2）：163-183.

白雪海　刘　航　袁逸倩

天津大学建筑学院；b. x. h@163.com

基于数字技术融合应用的虚拟仿真实验教学的思考与实践*

Thinking and Practice of Virtual Simulation Experiment Based on Fusion Application of Digital Technology

摘　要：论文基于多层级虚拟现实数字技术的融合应用，研究在虚拟建成环境当中的空间感知与设计行为发生的问题，实现虚拟建构、空间情境、事件动画与物理现实空间的自然融合，并通过此方法完成"形式-空间"综合拓展虚拟仿真实验的开发和应用，使学生能够快速掌握基本形式操作手法，自由发挥创意想象获得三维空间，熟练掌握从形式到空间的一般性生成过程，并进行"形式-空间"的创新设计。

关键词：虚拟现实；技术融合；仿真实验；交互体验；创新设计

Abstract：This paper aims to study the problem of spatial perception and design behavior in virtual built environment based on fusion application of multi-level virtual reality digital technology. The research realizes the natural integration of virtual construction, spatial situation, event animation and physical reality space. Through this method, the development and application of the "form-space" comprehensive virtual simulation experiment can be completed. This course can help students master basic forms of operation quickly. Students can display creative imagination to get 3D space freely. After mastering the general generation process from form to space, students can make innovative design of "form-space".

Keywords：Virtual Reality；Technology Integration；Simulation Experiment；Interactive Experience；Innovative Design

1　机遇与挑战

在当前建筑智能新工科教育转向的背景下，对学生创新实践能力的培养显得极其重要[1]。伴随着"互联网＋教育"的蓬勃发展，学生获取知识的方式逐渐呈现网络化、信息化、虚拟化的趋势，然而传统设计教学课程当中缺少丰富多样的资源以适应新形势的发展。实验项目是高校开展实验教学的基本单元，其建设水平直接决定高校实验教学的整体质量。教育部在建设国家级虚拟仿真实验教学中心基础上，自2017年起进一步提出建设国家虚拟仿真实验教学项目，是推进现代信息技术与实验教学项目深度融合的重要举措。

虚拟仿真实验（以下简称虚仿）是依托虚拟现实、多媒体、人机交互、数据库以及网络通信等技术，通过构建逼真的实验操作环境和实验对象，使学生在开放、自主、交互的虚拟环境中开展高效、安全且经济的实验，进而达到真实实验不具备或难以实现的教学效果[2]。在具有极强综合性的建筑设计教学当中，虚仿作

* 天津市自然科学基金，面向空间体验与交互设化的BIM-VR耦合模型研究，18JCYBJC22500；天津大学新工科教育教学改革项目，新技术、新产业背景下新工科人才需求变动研究，0901；天津大学虚拟仿真实验教学项目，"形式-空间"综合拓展虚拟仿真实验，TJUXF20180317。

为一种新型实践一经进入课堂，其思想方法、内容模式与技术手段等即显现出明显优势，对于建筑学的传统教学模式产生了意义深远的影响。

在教育部已经认定的 401 个国家虚仿项目当中，不乏令人耳目一新的案例，以生动、逼真的表现形式展示抽象的实验过程，未来结合开放的资源共享，以虚促实，可以最大限度发挥其示范性教学效果。但也应看到，在如此众多"标准化"项目当中普遍存在着一些问题：

（1）教学内容设计、实验系统开发过于程序化，很多项目只给学生规定的实验步骤和实验选项，学生的自主探索环节缺失，人机交互不足，学生在思维训练和综合能力方面难于提高[3]。

（2）为了提升内容质量，很多项目以科研为教学资源，但在转化过程中凝练不足，目标及考核要求不够明晰，导致不像教学项目。

（3）很多实验在利用 VR 技术方面常常只能起到模拟、示意、认知的作用，因为缺少客观、完备的模型数据信息，难以促动实验设计从仿真操作型向综合创新型跃迁。

综上，目前互联网＋虚仿的智能创新性仍然不足，缺少对多层级虚拟现实技术的深入研发与普及应用，加上缺乏建设规范与标准，线上开放共享不足，尽管实验设计的十分出色，但如果没有合适的技术支持，也会导致既无面子也无里子。其实形式与内容统一的关键所在，应当是教师与学生成为教学资源一体化的共同创造者与更新者，这样以学生为中心的目标导向才不失偏颇。

2 技术与选择

2.1 基于游戏引擎开发定制的成熟技术

虚仿离不开对真实实验环境的模拟搭建，除了必要的硬件外，软件的选择也属重点。目前基于 Unity3D 的内容制作是主流技术，同时为了支持头盔和手柄的开发使用，由 Steam 平台提供免费的开发插件，可进行针对内容的设计与调用。继 HTC Vive 之后，三星、惠普、戴尔和联想等公司也相继推出基于 Windows10 的混合现实头显设备。这些头盔使用上因不需架设基站，其对动作捕捉和同步定位的准确度也很高，再加上具有真实触觉反馈的手柄，使用上更加便携，实验场地自由度

高，价格也更实惠。建筑系学生因设计制图而普遍使用的中高端配置的电脑基本没有问题。依托硬、软件的成熟技术，再加上丰富的功能内容嵌入，目前大部分虚仿项目都具有较好的开发定制实验操作界面，如同济大学开发的宋保国寺大殿仿真建构实验即为成功案例[4]。

2.2 BIM 与 VR/AR/MR 的交互融合技术

随着 VR 商用的如火如荼，AR、MR 的研究应用也方兴未艾。相比较而言，VR 是利用计算机仿真系统生成模拟数字环境，戴上 VR 眼镜看到的都是纯虚拟影像；AR 是用虚拟数字画面把裸眼看到的现实增强；MR 则是在 VR 和 AR 基础上，把虚拟和现实物体都进行再次计算并融合创造出新的可视化环境，实现虚拟和现实的无缝连接[5]。

BIM 的精髓是通过数字化智能技术，在与 VR/AR/MR 的数据交换中，允许使用者调用统一平台上的数据信息，因而显现出明显优势。随着 R 类技术的迭代，二者的融合应用在数据交互与设计工具开发，作为方法辅助建筑设计以及应用于工程实践方面均有长足的进展[6]。

以 GRAPHISOFT 公司的 BIMx 为例，它是最先在移动设备上展示 BIM 项目的功能模块，其特有的超级模型提供了整合 2D 图纸与 3D 模型浏览的解决方案。在 ArchiCAD 中创建模型视图并储存在展板中，就可以实现模型轻量化输出，并在手机或平板上自由浏览漫游。将设备连上屏幕或投影仪，就可以进行师生互动（如智能测量）的虚仿实验，同时在 IOS 或安卓手机中均支持使用 VR 眼镜，可获得对建筑设计身临其境的感受。

再以 Autodesk Live 为例，基于 Stingray 引擎开发的插件内嵌在 Revit 当中，模型制作完成后可一键"上线"，Revit Live 云服务可以在几分钟内将模型转化为酷似游戏的漫游场景，结合 VR 设备即可进行沉浸式体验并能够简单交互。同时它还自动传输和访问 BIM 模型中有价值的数据，具有很强的演示功能，可以直接创作出虚仿教学内容。

Fuzor VDC 在满足设计、建造的同时，其双向实时同步、VR 引擎、云端多人协同、4D 虚拟建造、客户端浏览以及支持移动端应用等功能，都使之成为目前功能最全面的整合 BIM 与 VR 的平台级软件，同时它还支持对 Hololens 的开发及应用（图 1）。

图 1　Fuzor 里的 Hololens 模块与 SketchUp Viewer 应用（图片来源：https：// youtube. com/watch？v＝dmpoCjz0Yc0）

View 3D 是 Windows 10 当中颇有趣味的新应用，除了可以在 Print 3D 里利用画笔、2D/3D 形状、贴纸、文本等制作个性化内容外，还可以将数字模型转换成 .fbx 文件导入，然后打开混合现实，通过前后摄像头就可以将模型融入现实世界并与之互动了（如 Surface 使用这一功能就很便利）。这其实更像是一种 AR 技术，如学生的建构类设计就可以实现在真实场地上的虚拟搭建，但在实践中尺度更小的家具设施更适合在室内场景中虚拟摆放（图 2）。

图 2 使用增强或混合现实技术的虚拟建构实验

Twinmotion 采用的是虚幻引擎，其出色的实时渲染技术对建筑行业进行了深度扩展。通过插件和 Revit、ArchiCAD、SketchUp 等联动，界面简单而又功能强大，高效率地实现了实时沉浸式的三维可视化，经过简单操作就可以轻松制作出高品质的图像、全景以及 360°VR 视频等，是虚仿内容制作的理想解决方案，它带给实验者的是震撼性的视觉冲击与交互体验。

Enscape 也是一款功能强大的实时渲染引擎，支持 Revit、ArchiCAD、SketchUp、Rhinoceros 并作为插件内嵌其中，调用方便，实时渲染生成 VR 场景，同时其生成二维码借助互联网和社交媒体分享的功能也颇具特色。

IrisVR、InsiteVR 等虽没有炫目的效果，但其主要特色是即时把 3D 模型通过云端快速生成 VR 场景，实现远程协作、模型浏览、标记注释等，其他诸如控制层的显隐、分解剖切、测量尺寸以及研究日光阴影等交互功能也为虚仿内容设计提供便利。

2.3 全景技术

R 类技术对于虚仿的全面需求可以说均比较成熟，但对于学生而言，缺少与他们的日常生活密切相关的即时社交功能也是不争的事实。在今天的校园里，"低头族"随处可见，年轻的学子已经惯于在线获得知识信息，对他们而言，随时随地使用移动设备才是"书本、课堂、名师……"因此，在社交场景的应用前提下，不舍弃传统屏幕模式的合理技术以及普及性的 App 应用才是适宜的选择。全景地图正是这样一种技术，借助价格低廉的通过手机使用的 VR 眼镜（如 Google Card-board），虽然没有 VR 头盔能够带来的强烈视觉冲击与震撼效果，但依然能够提供给观者"在场"的亲临感受[7]。

全景技术的应用范围非常广阔，谷歌街景、百度地图等已是智能手机上的标配，加上全景照相功能，学生在踏勘现场、考察调研过程中均可以很方便的使用全景技术获取信息。同时还可以自主设计全景作品展示，进行趣味盎然的内容创作。首先进行数字建模，然后将模型导入 Enscape、Fuzor、Twinmotion、Lumion 等软件当中，经过一定处理即可批量生成全景图片，然后在 KRpano 这样一款功能强大的全景漫游制作软件当中，进行"故事"脚本的编排，借助生成二维码在社交圈或互联网上与他人分享，每一个人都能实现"导演电影"的神奇经历与体验。这一套技术体系并不复杂，从师生使用与实施效果来看，得到学生最积极的互动与反馈，效果是显而易见的。

综上所述，笔者认为，在虚仿项目建设资金有限、空间不足、配套缺失的条件下，不可能去追求技术的"高精尖"，而是着力内容建设，建立多层次数字技术融合应用体系，以学生的自主设计与内容创作为中心，结合 PC 机、移动设备等，与日常应用高度契合，在课堂的内外均可实现泛在化、个性化的虚仿实验。

3 探索与实践

3.1 "形式-空间"综合拓展虚仿实验

天津大学建筑学院结合 2018 年国家与省部级项目的申报与建设，组织培育了一批各具特色的虚仿项目，笔者作为主要设计者与参与人，基于多层级虚拟现实数字技术在项目建设当中的融合应用提供一些有益的探索与思考。

"形式-空间"是建筑学最核心的基础理论问题之

一，但在教学当中仅仅从艺术直觉出发，既缺少科学合理的解析，又偏于抽象难于直观理解，如何有针对性的将认知类型实验发展为创新研究实验是一个挑战。项目从建筑设计过程中基础性和综合性最强的"形式-空间"操作入手，采用"体验—交互—创新"的逻辑闭环，形成从感性体验到理性认知，从仿真操作到综合应用再到自主设计的递进式流程，使学生掌握基本的形式操作手法，自由发挥创意想象获得三维空间，熟练掌握从形式到空间的一般性生成过程，并能够根据给定条件进行"形式-空间"的创新设计。项目构建了三层类型（仿真操作型、综合应用型和自主设计型）三级能力（基本方法能力、应用拓展能力、研究创新能力）六组模块的实验内容，由模仿学习、验证理论向综合应用、研究设计和创新开发延伸（图3）。

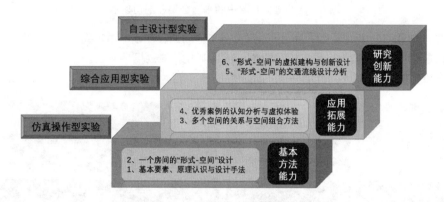

图 3　实验类型与模块设计

3.2　教学方法与数字技术深度融合

在 VR 应用于教学实践中，沉浸式情境与交互效果虽然比较理想，但还是有头显佩戴不舒适、近视不适应、操作不简易等问题，所以利用多层级 R 类技术的各自特点和技术优势进行融合应用是当下的一种权宜之计。将 BIM 与 VR/AR/MR 交互于实验的各个环节，在具体实施当中具有自主式、交互式、网络化、移动性等特点。各个模块之间采用"游戏闯关"模式，既保证循序渐进的学习效果，又能让学生在自主学习过程中体验到成就感和满足感。线上线下师生互动，生生互动。在完成整个实验之后，也可以作为开展真正实践教学的准入和预演，做到虚实结合，以虚促实（图4～图6）。

图 4　虚仿软件的应用界面与交互功能

图 5　学生的自主设计方案在虚仿实验中的验证评价

图 6　实验操作步骤中的平面分层和剖切显示

3.3　交互、游戏、电影

学生在虚仿系统中可以自由搭建一系列游戏场景，自主进行空间组合和变换操作，如对于"线—面—洞"原理实验，有 8 个交互性操作步骤，展示了一个逻辑清晰的推演过程（图 7）。

图 7　"线—面—洞"实验的交互步骤与游戏场景

"优秀案例"模块，不是仅仅完成对经典建筑的简单浏览，而是在教师指导下完成对一个作品的认知分析、三维建模、情景再现和虚实重构的实验过程，学生借助全景技术深入剖解并创作出大量优秀案例，形成可持续发展的虚仿教学资源。如对经典的萨伏伊别墅就将蒙太奇、大师视角、黑白电影、风花雪月、光影记忆等全景叙事融入其中，最后的"彩蛋环节"是重新设计园丁房，从空间的理想尺度与比例调整、家具设施一体化、功能使用划分等角度进行思考，作为下一个实验环节的起点，从原理认知到实践操作的过渡非常自然（图 8）。

图 8　"漫步建筑"的全景叙事（图片来源：http://www.dashivr.cn/）

"虚拟建构"模块是以创新性课题为导向，学生自主进行方案设计和路径选择，按照"方案构想—虚仿介入—检验评测—反馈优化"的技术路线进行实验，重点在于学生明确了实验目标，在多次反复的"试错"过程中培养了解决综合复杂问题的能力，强化了创新思维（图 9）。

图 9 虚拟建构视频动画（图片来源：李政 周轶颢）

4 讨论

虚仿项目建设的关键还是要在教学实践中得到反馈与驱动。目前在程序化教学方面大多能实现对实物与原理知识的虚拟，过程性评价与结果一般也不会出现"意外"，这当然也是囿于技术的限制。随着 AI、5G 等技术的深入发展，虚仿水平也必将逐步接近真实，因而开展探索性研究势在必行。虚仿技术的应用重点是既有课程内容的虚拟，更应面对新想法、新思路的验证，它的价值体现在促进学生全面的"动手动脚"，在降低实践成本基础上，更是有助于解决创新路径、科学评估以及展示想法方面。应激励学生发现问题并思考解决之道，善加引导、鼓励信心，大胆实践。

本次虚仿项目是一次研究探索型教学应用的有益尝试，目标导向是多层级数字技术的融合应用、线下线上优势互补，通过空间体验与设计认知的耦合作用紧密结合，提升了建筑设计基础教学的可视化、实时化、高效化，并为建筑教育创新实践的智能化、信息化提供新思路、新方法。在建筑智能新工科推动下，既有教学内容与课程体系面临重塑，水课将大幅度减少，而金课在精炼中浮出并持续发展完善，在突破教学时空、师生多重交互、资源分解重构、线上线下统筹中，虚仿实验必将带来一场真正的变革！

参考文献

[1] 袁烽，赵耀. 新工科的教育转向与建筑学的数字化未来 [J]. 中国建筑教育，2017 (Z1)：98-104.

[2] 王卫国. 虚拟仿真实验教学中心建设思考与建议 [J]. 实验室研究与探索，2013, 32 (12)：5-8.

[3] 祖强，魏永军，熊宏齐. 江苏省高校虚拟仿真实验教学共享平台建设与实践 [J]. 实验技术与管理，2019 (05)：1-4+46.

[4] 赵铭超. 虚拟仿真技术在中国古建筑教学上的应用研究 [A]. 全国高等学校建筑学专业教育指导委员会建筑数字技术教学工作委员会. 数字技术·建筑全生命周期——2018 年全国建筑院系建筑数字技术教学与研究学术研讨会论文集 [C]. 全国高等学校建筑学专业教育指导委员会建筑数字技术教学工作委员会：全国高校建筑学学科专业指导委员会建筑数字技术教学工作委员会，2018：5.

[5] 张枝实. 虚拟现实和增强现实的教育应用及融合现实展望 [J]. 现代教育技术，2017, 27 (01)：21-27.

[6] 白雪海. BIM-VR 耦合模型应用方法初步研究——以教学为例 [M]. 建筑新技术 2018, (8)：281-288.

[7] 陶石. 初议 "R" 类技术在建筑设计领域中应用的可能性 [J]. 建筑技艺，2017 (09)：72-74.

谷智慧　林进益

武夷学院；2736153787@qq.com

浅析虚拟现实技术与建筑设计的应用
Application of Virtual Reality Technology and Architectural Design

摘　要： 随着新媒体技术普及，"虚拟化"逐渐开始进入人们的生活，人们对超现实生活的追求也应运而生。如今，虚拟现实技术已广泛应用于国防、医疗、设计等各项领域。不少高校也开始将虚拟现实技术与教学相融合，并致力于研究 VR 的新技术与用途。VR 技术将二维图纸转换成三维空间，实现了表现方式的多元化，有效避免了平面设计所存在的缺陷，打破设计传统模式，将设计师思维与用户体验相结合。本文从虚拟现实技术的特点、现实优势、在建筑设计教学中的应用以及国内外的成功案例等方面对虚拟现实技术与建筑设计进行分析，并得出相关结论：虚拟现实技术能够广泛应用于各种空间环境，未来更将广泛应用于各个领域，并成为设计教学的一大推动力。

关键词： 虚拟现实；建筑设计；VR；教育

Abstract： With the popularization of new media technology，"virtualization" has begun to develop from single to regional integration，and people's pursuit of surreal life has emerged as the times require. Nowadays，virtual reality technology has been widely used in various fields such as national defense，medical treatment，design and so on. Many universities have begun to integrate virtual reality technology with teaching，and devoted themselves to the study of new technologies and applications of VR. Virtual reality technology achieves diversification of expression. Converting two-dimensional drawings into three-dimensional space effectively avoids the shortcomings of graphic design，breaks the traditional pattern of design，and combines the designer's thinking with user experience. This paper outlines the characteristics of virtual reality technology，its advantages in reality，its application in architectural design teaching and successful cases at home and abroad，and draws a conclusion that virtual reality technology can be widely used in various spatial environments. In the future，virtual reality technology will be widely used in various fields of society in the process of continuous improvement.

Keywords： Virtual Reality；Architectural Design；VR；Education

建筑学是一门有关于空间的学科，空间，同时又是 VR 的第一特征，正因如此，建筑设计与 VR 之间有一种隐晦而又密切的关系。建筑设计也可能因为 VR 的出现而获得一片新的蓝海领域。

自 20 世纪以来，随着科学技术不断的高速发展，新媒体技术也随之不断发展，人们对生活质量的要求也逐步提升，各设计公司也在不断提升自身的设计水平，运用更多的现代科技进行辅助，在满足客户对设计要求的同时，提升自身在市场上的竞争力。现如今，虚拟现实技术开始呈现在大众眼前，越来越多的设计公司也开始引进虚拟现实技术，进而开发出一片新的设计天地。

1　虚拟现实技术

虚拟现实技术是一种以计算机技术为核心的高科技现代技术，同时也是模拟技术一个重要方向。它是仿真技术、计算机图形学人机接口技术、多媒体传感网络技术等一系列现代科技的集合，包括计算机图形技术、建模技术、实时系统技术、高级 VR 工具和 I/O 接口技术等。是一项具有挑战性的跨领域学科。虚拟现实技术（VR）主要包括环境模拟、感官感知和传感设备等方面。[1]

虚拟世界是由计算机生成的、实时的、动态的三维空间，以电子方式模拟客观世界的各个部分。使用户产生与之相对应的视觉、听觉、触觉，甚至产生嗅觉和味觉等感知，然后由计算机处理参与者相应的运动数据，再以某种自然的方式对人的感官进行实时刺激，达到与虚拟世界中的人进行交流的目的，进而达到用户沉浸在虚拟世界中的效果。

2 虚拟现实技术的特性

2.1 沉浸性

Immersion，也称为沉浸感，使用户完全置身于虚拟世界，并创建与虚拟世界中的对象相类似的存在感。

沉浸感具有多感知性和自主性。在虚拟世界中，用户可以产生诸如视觉、听觉和触觉之类的感知，甚至是嗅觉和味觉，并可以感受到对象的反馈。物体也会发生相应的状态变化，如物体的下落，移动等，来增加用户的沉浸感。

影响沉浸感的关键是 3D 图像中的深度信息、画面的视野、空间的响应以及交互设备的约束程度。

2.2 交互性

交互性是指模拟出的三维虚拟空间中用户的可操作性以及得到反馈的自然程度或者实时性。虚拟环境中的电子计算机对人的行为进行同步且有规律性的预测计算，并将处理后的结果实时反馈到虚拟环境中，使人与虚拟空间产生同步交互。

用户在虚拟世界中可以以自然世界中的方式进行交互，可以利用语言、手势、体势等方式来操作虚拟世界中的物体。例如，用户可以用手去触摸或抓取虚拟世界中的任何物体，并且也可以感受到其材质和重量，随着手的移动，物体同样会产生相应状态的改变。

2.3 构想性

构想性又称为创造性。他指的是用户在虚拟世界中所获取各种信息，并与系统中的行为相联系，进行相应的判断、推理和联想。[2]随着系统的运行状态而对其未来的发展进行想象，以便更加清楚的理解复杂系统的更深层次的原理和规律，进而获取更多的知识。

或指开发者制作出的虚拟空间和场景，可以是真实场景的完整复刻，也可以是真实场景加上部分主观想象部分，甚至可以是一个完全想象出来的，现实中不存在的空间，当然这也可以是一个完全想象出来的、现实中不存在

空间。虚拟三维空间与传统的二维图纸相比，更加生动真实。

图 1　虚拟现实技术的特性

3 虚拟现实技术在现实中的优势

3.1 有利于设计师更好地进行设计创造

VR 空间是一种虚拟的、无限的空间，在这个空间里，没有资本和权力的限制，甚至没有物理定律的限制，是一个完全无拘无束的空间。但在 VR 空间，能限制设计本身的就只有设计者的创造力。

同时，虚拟现实技术在设计时可以不断分析设计者所设计方案的可行性，并对其进行修改以避免在施工期间因设计而引起的问题，同时还可以模拟不同的解决方案，改进设计方案并降低设计成本。

3.2 帮助客户更加直观的感受设计效果

在设计师向甲方提供设计方案时，最常用的手段是向甲方展现效果图、模型或者是视频，而通常在这种情况下，设计师为了向甲方展示该建筑完美的一面，通常会相应的做一些美化工作，选取最好看的角度进行展示，而不考虑具体的人的尺度和空间体验，建筑模型有时也会因为比例过小，因此人们只能从鸟瞰图中了解到建筑的整体形态，而无法透过人的视角来审视整个建筑物，从而无法获得真实感受，进而无法看到建筑所存在的问题，从而造成了完工的建筑效果和施工前效果产生了严重的差异。以至于在建筑建成之后会有铺天盖地的舆论席卷而来。至于三维动画，虽然有较强的表现力，但不具备实时的交互性，而且对方案的修改也需要重新制作，制作周期较长。

而虚拟现实技术则可以通过相应的数据使设计师和甲方置身于虚拟的三维空间中，快速准确的发现设计的不足之处。同时还可以让甲方参与到建筑的设计与修改的过程之中，增强客户的参与感和认同感。

3.3 有利于多方的互动与沟通

虚拟现实技术有利于隐形知识的传播。在传统的建筑设过程中，用户所接触到的只有一堆看不懂的图纸，设计师在修改方案的时候也是在不停的修改图纸，毕竟，客户不是专业的设计师，无法完全理解设计图纸所表现的东西，也无法根据图纸凭空想象出建筑建成后的形象，因此无法给出合理的修改意见，甚至有时会鸡同鸭讲，无法表达自己那些"只可意会，不可言传"的想法。这就使得设计的周期加长，而最后往往也难以达到预期的效果。而虚拟现实技术具有沉浸性的特点，设计师可以向客户实地介绍自己的设计理念和想法，使客户接触到的不再是天书一般的图纸，而是趋于真实的虚拟场景，充分表达自己的想法，并且可以参与到设计方案的修改过程中，根据自己的偏好进行改造，增强客户的参与感和满足感，从而避免因交流沟通而产生不必要的矛盾。

3.4 支持远距离浏览

在进行建筑设计时，设计师需要不断与用户进行沟通来修改方案。设计周期长，而虚拟现实技术可以将通过 VRML 的方式设计好的作品发布到网络上，用户可以通过网络进行远程浏览并与设计师进行通信。例如 3dsmax，不仅支持 VRML 文件格式的输出，还可以在 VRML 中通过选择摄像机进行导航设置，极大丰富了实时浏览内容。[3]

3.5 方案比较

在以往的建筑设计行业中，设计师要一个项目提出不同的设计方案，并对每个设计方案通过效果图和三维动画进行展示汇报，通过比较来决定未来建筑的功能与效果。其中，一个建筑方案一般需要 15～20 张效果图来进行不同阶段方案的展示，或者通过相对更加直观的动画进行展示。动画的制作通常需要 5～14 天完成，而且制作成本也相对较高。但是，对于甲方来说，却只能从相对单一的角度来了解未来建筑物的外部形态，而无法了解建筑的实用性和一些更加详细的情况。例如，墙壁材料的颜色、内部的设计构造、不同天气环境下建筑物的表现效果、传统效果图和动画都是无法做到的。而在虚拟现实技术提供的三维空间中，建筑外墙的材料可以进行实时切换，不同的天气环境，以及不同的角度，对比较不同的建筑方案的特点与不足十分有利，从而进一步进行决策。同时，虚拟现实技术可以用于实时调整和修改方案的局部或细节，使设计的方案更趋于合理。

3.6 节约成本

构建虚拟现实平台已经产生了一些切实可行的软件。现在的设计师们一般先用 CAD 绘制出方案的平面图之后，再将平面图导入 SKETCHUP（一套直接面向设计方案创作过程的设计工具）或 3Dmax（Discreet 公司开发的基于 PC 系统的三维动画渲染和制作软件）中进行建模，[4]最后再导入 LUMION 或其他渲染工具中进行对效果图的渲染，并生成相应的漫游动画，最后将其展示给客户。但这也仅仅是在电脑屏幕上所呈现出的效果，如果可以将 VR 技术与之相结合，使用 VR 材质库和配景库来丰富细节，最后导出 VR 格式文件。在云服务器将模型进行转化之后，设计师将会收到一条下载通知的短信，整个过程只需 30 分钟，这样不仅节省了方案的优化时间，而且使用户更加身临其境，体验建筑设计的效果。

虚拟现实系统还可以对已经完成的模型进行模拟运行，发现设计中的问题，同时可以使用系统模拟不同的解决方案，发现设计中的漏洞，避免了建筑物完工后的返工。在一定程度上降低了成本，优化了设计方案。

4 虚拟现实技术在建筑设计教学中的应用

4.1 优化建筑设计课程

建筑设计课程是实践性很强的知识复合型课程，学生们不仅要理解掌握理论知识，还应有一定的实践，以培养解决实际问题的能力。虚拟现实技术可以通过一系列数据来真实模拟建筑室内外的不同环境，通过改变建筑不同的空间设置、建筑材料、装饰材料来适应不同的要求，符合不同用户的要求。

简化了修改图纸的时间和过程，同时增强了学生的体验感，让学生设身处地的了解到自己设计的不足之处。

4.2 培养和开发学生的设计能力

建筑设计需要充分发挥学生的想象力和创造力，有时因为条件的限制，学生们无法去基地实地勘察，只能根据所给的地形图凭空进行想象。

虚拟现实技术可以提高学生对空间和尺度的认知，有利于与教师进行更加顺畅的交流，但因为缺少空间尺度的训练，在设计和实践方面也缺乏经验，这导致学生在空间尺度和形态等方面的控制能力较为薄弱，从而影响学生的学习效果。虚拟现实技术可以利用不同的颜色、材质、结构等来创建不同的空间形式，提高学生对空间和尺度的感知，从而更好地学习建筑设计。[5]

5 应用实例

5.1 CAD&CG 国家重点实验室

由浙江大学建立的 CAD&CG 国家重点实验室，主要是通过图像的虚拟现实、创建分布式虚拟环境、真实感三维重建、基于几何图像的混合式图像实时绘制算法等进行工作。并开发出一套桌面型虚拟建筑环境实时漫游系统，以及一种在虚拟环境中新的快速漫游算法和一种快速生递进网格的成算法。在国内外产生了广泛影响。[6]

5.2 佛罗伦萨医疗中心

由于医疗机构的构成非常复杂，因此在正式使用前必须进行试运行和调试，确保在紧凑的空间内，重要的医疗设施和医院基础设施可以高效有序的完成工作。因此，建立实体模型是传统医疗机构在建造之前的共同过程，但是搭建实体模型需要耗费巨大的人力物力财力，而且在建造过程中，会经历各种突发问题，进而导致模型的重新制作，从而造成成本增加和工期延迟。

2017 年，美国建筑公司 Layton Construction 为阿拉巴马州佛罗伦萨市设计了一个医疗中心，该医疗中心占地 48.5 万平方英尺，拥有 280 个床位。设计师利用虚拟现实技术在设计和施工过程的关键阶段创建虚拟模型，测试手术室和其他重要医疗设施。最终为该医院节省了约 25 万美元的物理模型制作费，同时节省了预算和设计变更的时间，加快了项目审批和施工进度，最终提前两个月提交。

图 2　佛罗伦萨医疗中心（图片来源：http://blog.
sina. cn/s/blog_62c84f8b0102wom7. htm）

5.3 扎哈项目 Correl

扎哈·哈迪德虚拟现实团队（ZHVR）成立于 2014年，将沉浸式虚拟现实技术和建筑设计相结合。ZHVR 将专注于 VR 的生产，以作参与设计的新工具，探索这种特定技术的潜力，并优化建筑设计过程。

ZAHA 的团队与沉浸式软硬件技术开发领域的领导者合作，如 Unreal Studio、惠普虚拟现实解决方案、

NVIDIA 和 HTC VIVE 等。将房间尺度跟踪与高性能图形功能相结合，并在墨西哥城大学的当代艺术博物馆（MUAC）举办了以"设计为第二自然"（Design As Second Nature）为主题展览，以开发 Correl 项目。通过这种渐进式的迭代数字结构，捕获参观者所共同建立的虚拟模型，并将其缩放，最终以 3d 打印模型的形式展出。

访问者每四人一组，同时沉浸在虚拟环境中。实验者可以在虚拟空间中根据自己的喜好随意移动，选择、缩放和放置组件，并根据组件选择的比例分配一组动态规则。

通过实验发现，在虚拟空间中，单独放置的组件将快速从 VR 空间中消失，而连接到其他组件所形成的集群却没有很快消失，而且连接在一起的组件越多，集群从 VR 空间中消失的越慢。这个特性在任何集群中都是成立的。而每个直接连接到主结构的集群或组件都将作为设计的永久元素。[7]

图 3　Correl 项目（图片来源：https://www.
f-e-e-l. com/correlprojectzahahadid/）
（参观者沉浸在虚拟环境中，根据自身喜好进行调整）

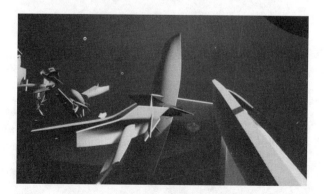

图 4　Correl 项目（图片来源：https://www.
f-e-e-l. com/correlprojectzahahadid/）
（组件越多，它在 VR 空间中存在的时间越长）

Correl 项目由虚幻引擎驱动，展示了虚拟空间中复

杂建筑结构的开发。并以数字化的形式扩展现实，提出一种动态的新人类的创造者和机逻辑之间的关系，展示了建筑沉浸式技术出现的可能性。

5.4 巴黎公寓

法国建筑师 Benoit dereau 首次使用虚拟现实技术 UE4 完成的建筑可视化案例是"巴黎公寓"项目，仅用 7 周就将该项目完成，这是由于 PBR 材质系统 (physically based rendering，基于物理渲染的材质系统)。他通过材质表面的颜色，金属，高光和粗糙度的四个基本属性，首先辨别该实体材料是否属于金属，然后调整高光和粗糙度这两个属性的参数，可以更好的处理物体表面的反射情况，从而获得更加真实的渲染效果。

在过去的建筑可视化方案中，巡游动画是演示的主要手段，它提供了连续的渲染场景来展示方案。而虚拟现实技术可以进一步增强建筑的可视化，并创建以用户为中心的体验模式。这种模式类似于网络模拟游戏，沉浸在虚拟的空间中，根据即时的想法和需求，自主的选择到模型中的任意位置，这种体验序列是完全动态的，并没有什么固定的路径。这种基于实时渲染技术的沉浸式体验是预渲染的巡游动画所无法比拟的。设计人员还可以在虚拟空间中加入部分透明阁层，其中包含了用于实时交互的代码，使用户可以在体验的同时根据自身的喜好进行改动。

6 结语

虚拟现实技术与 VR 技术的结合将二维的设计图纸转换为三维的空间形态，使设计成为在三维空间中的一种设计过程，打破了传统的平面设计模式，有效避免了平面设计所存在的缺陷，设计者基于沉浸式空间感，并结合用户的感受和喜好，不断对方案进行修改，最终设计出自己和都满意的作品。

本研究目的主要希望阐述一个符合现代科技的产品，运用于建筑设计教育之中，并且借由"虚拟"来科技强化未来的建筑设计教育从事着。

虚拟的基本概念源自于人类直观的视觉要求，透过"眼球"的虚拟世界，创建出一个满足我们设计过程中实务愿望和需求的"真实"的物理模型，并协助建筑学教育进行改革，并制定完整的改革机制，进而形成完整的建筑设计教育体系。

参考文献

[1] 彭晓源. 系统仿真技术 [M] 北京航空航天大学出版社，2006. 12. 01.

[2] 黄金栋，吴学会，李小红，常振云. 虚拟现实技术在计算机专业教学中的应用思考 [J] 职业教育研究，2011，03：174—175.

[3] 高建华. 虚拟现实技术在建筑设计方面的实践应用 [J] 电脑开发与应用，2010，05：72—73，76.

[4] 全益. 3ds max 与 Lumion 在景观动画中的对比研究 [J] 苏州市职业大学学报，2014，04：22-25.

[5] 罗庭. 探析建筑设计教学中虚拟现实技术的应用 [J] 数字化用户，2018，25.

[6] 李敏，韩丰. 虚拟现实技术综述 [J] 软件导刊，2010. 06：142-144.

[7] 扎哈项目 Correl：交互式虚拟现实体验，展示建筑沉浸式技术，感设计网，https://www. f-e-e-l. com/correlprojectzahahadid/

马心将　张晓文　乔　壮

同济大学建筑设计研究院（集团）有限公司；127518159@qq.com

虚拟现实技术在建筑设计中的应用：以上海宛平剧院为例
The Application of Virtual Reality Technology in Architectural Design Taking Shanghai Wanping Theatre as an Example

摘　要：随着计算机硬件与数字化技术的发展，虚拟现实技术在建筑设计中的运用愈加的方便与广泛。本文详解以 BIM 模型为基础的模型资源制作虚拟现实场景的制作过程，以上海宛平剧院为例。

关键词：VR；虚拟现实；Mars

Abstract：With the development of computer hardware and digital technology, the application of virtual reality technology in architectural design is more and more convenient and extensive. This paper elaborates on the production process of virtual reality scenes based on BIM model resources, taking Shanghai wanping theater as an example.

Keywords：VR；Virtual；reality；Mars

1　引言

宛平剧院是新建具有上海地域文化特质的专业曲剧院，总建筑面积 2.9 万 m² 地上高度五层地下三层。宛平剧院面积大、造型优美、曲面复杂，对 VR 制作短时间快速表达提出新要求。如何运用虚拟现实技术快速帮助设计师感受空间、色彩、验证光影。与如何运用虚拟现实场景输出成果用于汇报，是虚拟现实技术在建筑设计中的最主要运用。由于光辉城市实时光照快速制作的优点，所以运用光辉城市制作本项目供很好的数据支持。

2　数字化辅助设计方案文本增强表达

2.1　模型

模型整合处理

模型来源主要有 Rhino、Sketch UP、3ds Max。须将各模型整合至 3ds Max。并处理断点布线、UV、材质 ID、平滑组、法线

Rhino、Sketch UP 模型导入 3ds Max。Rhino 是 nurbs 成面方式，3d Max 是网格成面，在 nurbs 成面方式转为网格成面方式，由于成面方式差异导致布线凌乱且有断点，3ds Max 模型是依靠支撑结构的拓扑线改变模型的形状，为保证形体的造型不变，需要重新布线并焊接断点。

UV 是模型表面与贴图之间的连接桥梁，UV 是告诉贴图上的每一个像素要在模型的那个顶点，既 U 与 V 是二维坐标的坐标轴，通过 UV 上的坐标点将贴图的位置索引到模型上。

首先要给需要展 uv 的模型一个 UVW 展开的修改器，在修改菜单点击打开 uv 编辑器，进入编辑面板，这里有很多工具，如自动 UV 工具、平面 UV 工具、圆柱 UV 工具，等等。

在制作简易结构的模型时可以选择另外一种展 UV 工具：UVW 贴图，UVW 贴图是改变贴图的大小布满模型，以满足我们的需求，该工具操作简单制作快速一定程度上满足模型 UV 的制作。在制作宛平剧院中

UVW 贴图选择长方体长宽高设置为 1m * 1m * 1m

由于该剧院模型量大面数多，所以采取总分总的制作方式将模型分为数个部分以方便操作，将模型根据不同的材质在 Max 给予相对应的颜色材质以便区分，将所有步骤完成后，合并同类项，Max 会根据材质生成多维子材质。VRay 的材质无法导入 Mars 需要改成标准材质。

在 3Ds Max 中每一个三维造型都有正反两面，在默认的情况下反面是不显示的，3Ds Max 在模型的每一个面的正面建立了一条垂直的直线，垂直下的方向决定了模型的正反面，这个控制模型表面方向的线称为法线。在犀牛模型与 Su 模型导入 3Ds Max 会出现法线不一的情况，反掉法线的面在光辉城市中是不显示的，所以要将模型反了的法线翻转。

检查法线正反的方法，将配置视口的默认灯光两盏灯改为一盏灯，此时转动模型观察，法线反了的面各个角度观察都呈黑色。另一种方法，打开模型对象属性面板，在常规窗口下勾选背面消隐，此时翻转的面是不显示的。还有一种方法在模型转化为可编辑多边形后在多边形与元素级别，法线反的面呈灰色区别于其他面。选取法线反了的面，点击翻转，将法线调正。

3Ds Max 中模型是由面组成的，每一个面都有一个自己的光滑组，如果几个面是同一个光滑组就说明这几个面是光滑的。选中模型在修改面板多边形级别找到平滑组面板，有很多个数字，这些数字代表不同的平滑组，一个面只能有一个平滑组，平滑组 1 不会和平滑组 2 平滑组 3 等平滑，在模型量大的情况下手动平滑工作量非常大，不是在烘焙的情况下可以选择自动平滑，选择一个合适的角度，这个角度的意思是，小于这个角度的面会被平滑。

2.2 数据交互

模型导入 Mars 不能存在虚拟物体，否则导入失败，但会发现存在虚拟物体的模型是可以导入 UE4 的，是因为虚拟物体在 UE4 会被转为骨骼，Mars 没有骨骼系统所以无法导入带有虚拟物体的模型。导入失败的情况下应检查模型是否存在虚拟物体。虚拟物体的来源主要是不明来源的模型可能会存在虚拟物体，第二是 3Ds Max 病毒，会存在大量的虚拟物体。在宛平剧院的制作过程中就遇到存在虚拟物体经常导入失败的问题，在导入 Mars 前要将虚拟物体全部清理。

在宛平剧院制作的数据交互中主要以 FBX 格式交互，主要原因如下，模型在不同软件转换，是常有的，FBX 在这方面表现得非常不错。FBX 格式可以保留 nurbs，用的 Rhino 导出一个 FBX，如果导入到 3Ds

Max，成面方式会变为 mesh，如果用 Rhino 打开，成面方式还是 nurbs。如果需要等比缩放 Max 在点选 Transform 和 Scale 可以将位移缩放变形量归零。所以在各软件数据交互同意用 FBX 的格式。

在本案例制作中，由于模型量大，需要不断更改模型，所以采取的是模型整合成若干小组合，将这些小组合合并导出，以方便修改。

3 Mars 制作

3.1 模型导入

点击界面右侧工具栏场景模型，在界面下方的菜单栏，点击导入场景文件，将做好的宛平剧院的模型导入到光辉城市

3.2 材质

Mars 有自带的材质库，使用方便种类丰富，适合快速制作。像水磨石的地面材质、门的木头材质、玻璃材质等等。这些材质可以在编辑面板调节他们的颜色、纹理方向与纹理大小，例如在宛平剧院的大厅水磨石材质选择的材质是室内大理石 44 这个材质球，经过简单的颜色调整与纹理缩放达到水磨石的基本形态，再继续深入调节，选择高级编辑，继续编辑，在这里可以调节的内容会非常的多，有法线、粗糙度、金属、饱和度等属性，最终将地面做成水磨石材质。

Mars 还有一个自定义材质，这个窗口在编辑器材质库其他下的自定义材质，点击加号创建自定义材质，这个材质球主要完成设计师提供的特殊材质，如宛平剧院一楼门厅墙面的清明上河图的贴图，虽然 Mars 可以提供定制的服务，但是项目的制作周期太短无法有太多的时间等待定制的内容。这种情况下就需要依靠自定义材质制作。

制作该墙面需将墙面的 UV 在 Max 分好，由于这面墙非常的长，所以采取利用二方连续贴图的方式制作，这样可以最大限度的利用像素，将重要的门厅部分的 UV 排布在 UV 框内，将贴图导出 4096 的大小，在 PS 打开并赋予贴图，然后左右位移 2048，修补贴图，得到一个二方连续的贴图，在 Mars 中赋予该贴图。

3.3 灯光

制作的项目场景分为室外场景、与室内场景，室内场景又分为半封闭场景与全封闭场景，在每种情况下都有不同的灯光制作方式，前面已经提到 Mars 是实时光照，所见即所得，非常的强大，但效果的优劣很大一部分在灯光的布置上，所以制作室外场景的效果是最轻易实现，因为室外不需要打灯光，且有间接照明的感觉存在要实现一个不错的效果非常的容易且简单。其次为半

封闭的室内场景，将外部的阳光引入室内，仅需要少量的灯光依旧可以做出相当不错的场景，在这里阳光起到了非常重要模拟全局光的作用。但是在全封闭的室内就需要在灯光方案的基础上差缺补漏将"死黑"一片的地方打上补光，且不破坏整体的灯光氛围，这样就需要合理的规划布置灯光。在宛平剧院的千人厅就是遇到这个问题，由于它是全封闭的没有全局照明所以在灯光设计的基础上需要补充补光的灯。

3.4 输出

常用到的输出是全景视频输出、全景图输出、普通视频输出、发布 exe 文件，输出全景图片选择最高质量，输出全景视频。

4 结语

Mars 在建筑 VR 表现中具有高效快捷的优点，尤其与 BIM 模型很好的结合，在制作过程中可以最大化的利用 BIM 模型。且可输出全景图、全景视频，多种方式用于汇报展示。

胡映东 康 杰 张开宇 蒙小英

北京交通大学建筑与艺术学院；ydhu@bjtu.edu.cn

VR 在建筑设计思维训练中的效用再研究*
Re-study on the Utility of VR in Thinking Training of Architectural Design

摘 要：本研究通过对比前后两次实验，弥补既往研究在样本数量、主观性体验和学习者类型分析等方面的不足，降低偶然误差。其次，与分别针对教师、学生的主观问卷数据进行横向比较，分析区别产生的原因，修正和完善上次的实验结论，探索 VR 教学媒介在建筑设计思维训练中的作用机制，特别是对不同类型学习者的影响效果及程度分析。研究得出以下结论：（1）VR 适用的群体存在差异。就能力分类，差组学生不受影响，良中组影响显著但存在消极影响，优组最显著但受设计主题差异存在波动；就性别分类，女生更适合使用 VR；（2）VR 施用的阶段存在差异，设计中期的影响最大。但主客观分析结果恰好相左，师生问卷认为 VR 对前期的影响强于后期，实验结果则相反；（3）VR 适用的设计主题存在差异。本次试验修正上次试验得出的"两极无效"结论。综上，在建筑设计教学过程中，不同类型学习者的影响要素数量和程度差异较大，应针对受影响程度较大的学习者类型，根据学生性别和能力采用不同教学方式和媒介工具，区别性地运用 VR 媒介进行教学和引导，因才施法。

关键词：VR；建筑设计；思维训练；主客观；效用；比较试验

Abstract：This study compares the previous two experiments to make up for the shortcomings of previous studies in terms of sample size, subjective experience and learner type analysis, and reduce accidental errors. Secondly, it compares the subjective questionnaire data with teachers and students separately, analyzes the causes of the differences, corrects and perfects the last experimental conclusions, and explores the mechanism of VR teaching media in architectural design thinking training, especially for different types. Analysis of the effects and extent of the learner′s influence. The study draws the following conclusions：（1）There are differences in the groups to which VR applies. In terms of ability classification, students in the poor group were not affected. Students in the good and medium groups have significant impact but have negative effects. The excellent group was the most significant but subject to fluctuations in the design theme. For gender classification, girls were more suitable for VR；（2）VR application stage There are differences, and the mid-term design has the greatest impact. However, the results of subjective and objective analysis are just the opposite. The teacher-student questionnaire believes that the influence of VR on the early stage is stronger than that of the later stage, and the experimental results are reversed. （3）There are differences in the design themes applicable to VR. This test corrects the conclusion of "two poles ineffective" from the previous test. In summary, in the process of architectural design teaching, the number and degree of influence factors of different types of learners vary greatly. Different types of learners should be used according to the gender and ability of students. Differentiate the use of VR media for teaching and guidance and to teach.

* 基金项目：教育部产学合作协同育人项目"基于 VR 辅助创新思维方法的建筑设计课程开发研究"（201802138001）。

Keywords：VR；architectural design；Thinking training；Subjective and objective；Utility；Comparative tests

1 引言

作为新型教学媒介，VR 虚拟现实技术对于建筑教学活动的辅助作用已受多方肯定（图1）。但为什么有用，怎么有用，应当如何用？当前研究偏于概括，尚缺乏相关作用机制的深入研究，缺乏实践性指导。本课题组于 2018 年将此前试验的研究成果，整理论文"VR 技术在建筑设计思维训练中的效用试验"，发表在《数字技术·建筑全生命周期——2018 年全国建筑院系建筑数字技术教学与研究学术研讨会论文集》上。研究显示：（1）VR 在构思和检验成果等创作思维过程中均有一定作用，且对设计后期影响略大于前期；（2）对各能力水平学生而言，VR 对于中等设计能力同学的作用更显著；（3）学生自身空间转译能力及思维训练是限制瓶颈，这也与此次针对教师的问卷结果相符（当前设计课程教学难点从大致小依次为空间认知方法（86.96%）、逻辑思维训练（69.57%）、形象思维训练（52.17%）和教学媒介工具（47.83%）（图2）。

上述研究也存在如下不足：一是此前的试验样本数量较少，虽通过加大评委数量使得样本辨识度得到提高，但仍希望通过更多样本数量和再次试验予以对比或验证；二是需补充主观性、体验性数据与客观性评分数据进行对比，并分析异同及产生原因；三是对学习者类型分析不够深入。前次试验缺乏对性别差异的判断，应增加性别要素以探索 VR 的适用人群。因此，希望通过此次试验，比较主客观数据，填补前述研究的不足，探索 VR 技术作为教学媒介在建筑设计思维训练中的作用机制，特别是对不同学习者类型的影响效果及程度分析，并综合两次实验结果以降低偶然误差，完善实验结论。

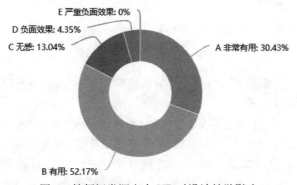

图 1 教师问卷调查中 VR 对设计教学影响

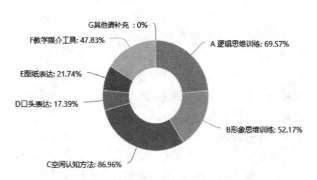

图 2 教师问卷调查中建筑设计教学的难点

2. 研究对象与方法

2.1 研究对象

为增加测试项和提高试验精度，此次试验相比于前次试验有以下区别：一是样本单元由学生小组改为单个同学，以便进行性别检验，分析 VR 与性别变量的相关性及影响效果；二是增加被试样本数量，降低偶然误差。实验以 2016 级建筑学的 43 名本科大三学生为对象，以三年级上学期"建筑设计Ⅲ"课程"为教学载体，设计任务为时长 10 周的"老字号博物馆设计"。被试初步具备建筑设计能力，基本掌握了计算机绘图和三维建模软件。43 名学生中，有 14 名男生，29 名女生。使用 VR 辅助设计的 16 名同学（6 男，10 女）组成实验组，对照组为未使用的 27 人（8 男，19 女）。为进行横向能力比较，实验组与对照组均包含优良中差 4 个等级的学生（优等 10 人，良、中、差各 11 人），主要依据该生该设计专题成绩进行能力分组。

2.2 实验方法

从两个方面来提高试验精度：一是被试。为避免无关变量影响，课程教学组织按常规进行，被试不知晓实验目的和内容；二是评分阶段。在实验的教学和评分过程中采取措施，尽量降低主观因素（图纸表现、评委喜好等）的影响，保证数据获取的科学性。首先，试验邀请执业建筑师、建筑专业教师和高年级学生共 15 人，分别对实验组与对比组的设计成果进行解读评分，规避单一评委个人好恶等主观影响；其次，评判者并不知晓 VR 介入教学因素的存在，所有作业混排且未做标注；再次，实验人员依据 CAD 文件对所有作业的平立剖面进行统一填色，帮助评委关注设计能力本身，消除图纸表现和排版等差异对评分产生影响。

与前次试验相比，本次测试流程更加严格：（1）评分前，试验人员除了介绍课题背景、任务书、注意事项及解读评分项，还声明评分数据不影响学生作业成绩，要求评判者客观打分，拉大分值差距；（2）为控制评分进度，将每五份作业做成一个 PPT 文件，间隔 10 分钟逐个发放给评委，保证每份作业都有充足的评阅时间。

在设计课程结束后，对全部参与 VR 辅助设计的同学进行问卷调查，获取的主观性数据与评分所得的客观数据进行对比分析。

2.3 评分标准

本次研究仍采用此前基于统筹学和可拓学（优度评价方法）结合制定的建筑设计逻辑评价体系（表1）。

评分体系（参考此前研究成果）　　表1

关系元	要素层	一级指标	二级指标
非逻辑思维（形态）	艺术性心理性	形构逻辑 A（形式美学）	风格 A1
			形态 A2
			空间 A3
			色彩、光影、肌理、细部 A4
		文化/语义逻辑 B	主题与文脉 B1
			符号语义 B2
逻辑思维（对应四个元素，即环境、功能、技术、经济）	环境要求功能实现	环境逻辑 C	城市角色 C1
			与地段环境 C2
		社会价值逻辑 D	空间公共性 D1
			解决社会问题 D2
		生活本体逻辑 E	生活需求切入点 E1
			空间人性化 E2
		场所逻辑 F	场所感 F1
			场地特质 F2
		功能逻辑 G	功能满足 G1
			流线组织 G2
			内外联系 G3
	技术保障经济制约	建造逻辑 H	结构系统 H1
			新材料新技术 H2
		生态逻辑 I	建筑热工 I1
			微环境 I2
		经济逻辑 J	经济性 J1
			市场价值 J2

3. 数据分析

3.1 问卷调查

VR 使用意愿及情况的问卷项显示：

（1）男女选择使用 VR 的理由各不相同。男女生在"理解空间"、"交流方便"、"可用做效果图"等项有显著差异（图3）。男女思维方式存在差异[2]，男性偏于理性，更重视 VR 的辅助设计功能，善于利用 VR 交流设计想法；女性则更看重 VR 的感性表现能力，注重视觉体验；

（2）虽然不同能力水平学生选择 VR 的原因各不相同，但均认为"思维构思"和"展示效果"不是使用 VR 的理由，这与常理不符，应通过后续客观评分对比进行分析（图4）。①与良、中组对比，在"理解空间"项上优组的分值较低，推测为其自身能力足够优秀所致；②在"交流便利"项上，优组分值远高于与其他两组，说明优组同学更善于利于 VR 的媒介工具，展现其想法、思维和设计成果等方面，促进互相理解和交流；③中组在"模型可用作效果图"项上分值较高，体现基于现有设计能力的关注点差异，希望借助 VR 提升绘图效率和表现力。

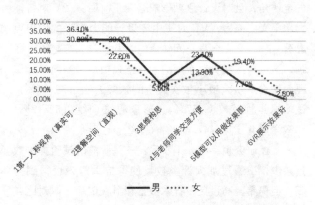

图3　不同性别学生使用 VR 理由百分比图

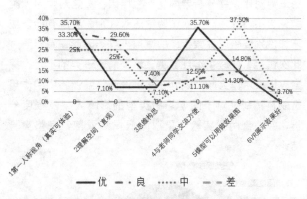

图4　不同能力学生使用 VR 理由百分比图

根据"VR 对哪一设计阶段有帮助"的学生问卷项结果显示：

（1）师生在 VR 在各设计阶段影响的重要程度排序上存在差异。学生认为 VR 影响重要程度从高到低依次为设计中期（60%）、汇报展示（55%）、设计前期（55%）、设计后期（50%）、场地调研（20%）；教师则依次为汇报展示（78.26％）、设计中期（73.91％）、设计前期（65.22％）、场地调研（47.83％）、设计后期（39.13％）（图8）。总的来说，教师对VR各阶段效能的认可度高于学生，特别是"展示功能"一项，但对设计后期阶段的信心不足。

（2）男生认为VR作用集中在设计中期前后，女生则认为除场地调研外的各阶段相对一致。在设计前期与中期更注重理性分析，这与男性的选择相符；而女性感性思维特点更注重视觉感受，故而认为在设计后期、汇报展示阶段VR也有作用；

（3）中等能力及以下的学生认为VR辅助对设计后期和汇报展示阶段的辅助效果很差，而中等能力以上分值则随设计阶段逐渐增强直至稳定。

3.2 相关性分析

本次实验数据采用SPSS软件进行统计学分析，进行独立样本T检验和线性回归分析。独立样本T检验用于相关性分析，定性检验哪些评分项受VR的显著影响；线性回归分析用于影响程度的定量分析，即验证VR对不同评分项的影响程度。对645份（43份 * 15份评分）样本进行独立样本T检验分析，检测全部样本受VR影响的评分项分布情况。关系元层级的分析数据显示，逻辑思维与非逻辑思维均 $P > 0.05$（对应表中Sig.（双尾）列，下同）（表2），表示VR对两者均无统计学上的显著影响，该结果与前次试验结果一致。

VR对逻辑、非逻辑各评分项的相关性分析

表2

独立样本检验				
		莱文方差等同性检验		平均值等同性t检验
		F	显著性	Sig.（双尾）
非逻辑	假定等方差	0.930	0.335	0.535
	不假定等方差			0.536
逻辑	假定等方差	1.340	0.248	0.355
	不假定等方差			0.358

（1）二级指标分析中，VR对9项指标有显著影响（$P < 0.05$）（表3），占比39.1％。分别是风格A1、空间A3、主题与文脉B1、空间公共性D1、场地特质F2、流线组织G2、内外联系G3、微环境I2、市场价值J2。与前次试验相比数量上增多2项，但仅有2项重合，分别是空间A3和市场价值J2。

（2）VR对非逻辑思维的影响相对较多。9项影响

要素中，前3项属于非逻辑思维项，占非逻辑思维6项指标的50％；其余6项属于逻辑思维，占逻辑思维17项指标的35.3％。说明与空间形态塑造相关要素的设计思维影响更显著。此结果与前次试验一致，再度证明了既往研究"VR的直观性、真实性、可体验性对于弥补和提升传统图示表达能力，降低了二维与三维间的空间转译能力，对学生空间设计的创造性思维能力有较显著帮助"的观点。

VR对二级指标评分项的相关性分析 表3

独立样本T检验				
		莱文方差等同性检验		平均值等同性t检验
		F	显著性	Sig.（双尾）
风格A1	假定等方差	0.128	0.720	0.025
	不假定等方差			0.026
空间A3	假定等方差	0.062	0.804	0.001
	不假定等方差			0.001
主题与文脉B1	假定等方差	1.509	0.220	0.010
	不假定等方差			0.010
空间公共性D1	假定等方差	0.169	0.681	0.011
	不假定等方差			0.011
场地特质F2	假定等方差	0.214	0.644	0.022
	不假定等方差			0.022
流线组织G2	假定等方差	1.016	0.314	0.004
	不假定等方差			0.004
内外联系G3	假定等方差	0.289	0.591	0.002
	不假定等方差			0.002
微环境I2	假定等方差	0.070	0.792	0.029
	不假定等方差			0.030

独立样本 T 检验			
	莱文方差等同性检验		平均值等同性 t 检验
	F	显著性	Sig.（双尾）
市场价值 J2 假定等方差	0.422	0.516	0.021
市场价值 J2 不假定等方差			0.021

3.3 影响程度分析

（1）性别

本次试验的主要改进之一是性别因素的引入，探索 VR 对不同性别学生的影响是否具有差异性。基于线性回归方法的分析结果显示，在男生样本中，VR 对所有项均无统计学意义上的显著影响。女生样本中，VR 对空间 A3、空间公共性 D1、流线组织 G2、内外联系 G3 有显著影响（表4），影响程度如图5。原因可能是女性更注重细微的感性变化，对建筑的形体、色彩、光线、质感等因素都有独特的体会[2]，而 VR 营造的虚拟情景最直接的刺激对象是视觉和听觉感官，故而对女性影响较为明显。

女生影响程度分析结果　　　　　表4

模型		未标准化系数		标准化系数	t	显著性
		B	标准错误	Beta		
空间	（常量）	5.449	0.094		57.925	0.000
	VR	0.498	0.160	0.148	3.106	0.002
空间公共性	（常量）	5.846	0.088		66.275	0.000
	VR	0.321	0.150	0.102	2.137	0.033
流线组织	（常量）	5.646	0.085		66.138	0.000
	VR	0.368	0.145	0.121	2.530	0.012
内外联系	（常量）	5.611	0.091		61.759	0.000
	VR	0.483	0.155	0.148	3.121	0.002

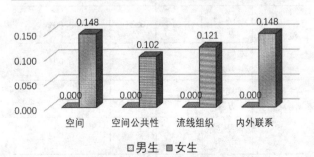

图5　VR 对男女生影响程度

（2）能力

① 优组：VR 对空间 A3（P＝0.024）、空间公共性 D1（P＝0.000）、结构系统 H1（P＝0.005）有显著积极影响，影响程度如图6。

② 良组：VR 对内外联系 G3（P＝0.013）有显著积极影响，对形态 A2（P＝0.023）、结构系统 H1（P＝0.021）有显著消极影响。

③ 中组：VR 对流线组织 G2（P＝0.037）、内外联系 G3（P＝0.018）有显著积极影响，对色彩光影肌理细部 A4（P＝0.006）有显著消极影响。

④ 差组：所有评分项 P 值均大于 0.05，VR 对此层级学生无显著积极影响。

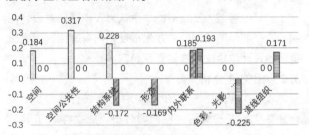

图6　不同能力水平的作用项和作用程度

（3）小结

除形态 A2、色彩光影肌理细部 A4 等与 VR 技术特征有正向关联之外，试验获得的消极影响项（结构系统 H1、形态 A2）与 VR 技术特征并无显著关联，推测评分下降除样本原因外，可能与 VR 导致良组学生使用过程中关注度转移有关，学生过度注重效果显示、软件炫技而忽略设计本体的问题。

两次试验的共同点是 VR 对差组学生无效，对中等能力的中组、良组学生有双向影响；不同点在于本次试验 VR 对优组学生有三项显著影响，而前次试验对优组学生并无影响（图7）。教师问卷调查结果与两次实验的数据分析结果存在部分一致性（图8），大部分教师认为 VR 对差生无效，说明教师对 VR 教学媒介的影响机制已有一定程度的掌握。

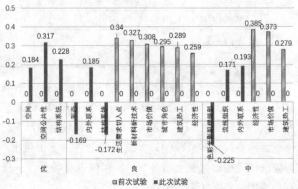

图7　两次实验影响程度结果对比

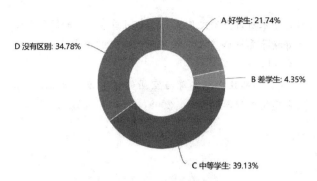

图8　VR对何种能力水平学生有效的教师问卷结果

4 结语

（1）VR适用的群体差异

全样本数据分析结果显示，VR确有显著积极影响，但针对不同类型学习者的影响要素数量和程度差异较大，应针对受影响程度较大的组别和性别学生区别VR媒介的教学和引导。综合教师问卷、学生问卷及实验数据可知，就能力分析而言，VR辅助设计媒介对差生无显著影响；对良和中等级的学生最有效，VR对良组学生无论是影响项数量还是影响程度，均高于其他组，其次才是中组和优组，因此认为VR介入下的建筑设计教学对中等能力的学生影响最显著，但也应注意其既有积极影响也有消极影响；VR对优组学生有显著积极影响，且影响程度数值高于良组和中组，但也会因设计主题会有所差异。就性别分析而言，整体上VR对男生无显著影响，对女生则积极影响显著（表5、表6）。综上，在建筑设计教学过程中，应根据学生性别、能力类型适当采用不同教学方式和媒介工具，因材施教，因才施法。

关于能力差异的主客观试验结果对比　表5

		优	良	中	差	
教师问卷		√	√	√	√	注：学生问卷无人选择差生选项
学生问卷		√	√	√	／	
实验	前次试验	×	√	√	×	
	此次试验	√	√	√	×	

关于性别差异的主客观试验结果对比　表6

		男	女	
教师问卷		／	／	注：教师问卷暂无性别问题选项
学生问卷		√	√	
实验	前次试验	／	／	
	此次试验	×	√	

（2）VR施用的阶段差异

问卷结果显示师生的观点基本一致，均认为VR对前期的影响强于后期，稍有不同的是教师认为VR对汇报展示也有较强的辅助作用。但数据分析结果恰恰相反，两次实验结果均证明VR对后期的影响强于前期。造成师生对于VR的主观认知与客观作用有偏差的原因可能为使用者对VR技术的了解不充分，过度关注其对逻辑思维的作用，而忽视了非逻辑思维影响，形成了前期影响大于后期影响的程式化印象。前次试验发现，VR在构思和检验成果等创作思维过程中均有一定作用（表7）。

关于设计阶段的主客观试验结果对比　表7

		前期		后期	
		场地调研	设计前期	设计中期	设计后期	汇报展示
教师问卷		47.83%	65.22%	73.91%	39.13%	78.26%
学生问卷		20%	55%	60%	50%	55%
实验	前次试验	29.40%		33.30%	
	此次试验	35.3%		50.0%	

注：问卷百分比为人数占比，实验百分比为影响项占比

（3）VR适用的课题类型差异

前后两次试验对比发现，不同课程设计专题的结果存在一定影响程度差异。首先体现在不同能力学生的影响程度上：前次试验中，影响程度分析证明VR对于中等设计能力同学的作用更显著，随着能力递增，影响要素的数量和正向影响系数均有提升；本次实验则发现VR对优良中三种能力学生均有影响，优组三项正影响，良组一项正影响两项负影响，中组两项正影响一项负影响，差组无影响。推测分析，差异应源于为专题教学目标、课题性质等侧重，使得前后两次试验影响要素项较少交集且影响程度也不同。本次试验的结果修正上次实验得出的"两极无效"结论。人文社科实验受主观性要素影响，且影响因素复杂，应通过多次实验比较，以获得相对科学的规律性结论。

总之，基于本研究的主观问卷与客观试验数据分析结果，认为应充分注重对不同学生的因材施教，尊重建筑设计教学在对象、方法及阶段上的差异规律，推进建筑设计教学媒介利用的发展进步。例如：

（1）就性别分类，例如涉及空间、流线、内外联系等设计要素时，宜鼓励女生多使用VR。

（2）就能力分类，优组学生能够充分发挥VR技术优势，扬长避短，应予以充分利用，尤其是与空间、结构等相关设计要素方面；良组、中组学生应引导使用，避免VR在形态、色彩光影肌理细部、结构等要素上产生消极影响。

参考文献

[1] 胡映东，康杰，张开宇. VR技术在建筑设计思维训练中的效用试验 [A]. 数字技术·建筑全生命周期——2018年全国建筑院系建筑数字技术教学与研究学术研讨会论文集 [C]. 全国高等学校建筑学专业教育指导委员会建筑数字技术教学工作委员会，2018：308-314.

[2] 都胜君. 建筑与空间的性别差异研究 [J]. 山东建筑工程学院学报，2005，20（1）：25-29.

李 强[1] 张 帆[1] 陈 冉[2]

1. 沈阳建筑大学建筑与规划学院；tzwork_zf@163.com

2. 沈阳市新建大城市规划设计有限公司

基于分布式虚拟现实技术的共享性城市设计研究 *
Shared Urban Design Research Based on Distributed Virtual Reality Technology

摘 要： 在现代网络技术的推动下，虚拟技术的平台从单机环境不断向网络共享技术发展，其中分布式虚拟现实技术（DVR）是虚拟现实技术网络化发展的产物，可以使多个用户共用同一个虚拟现实环境，通过计算机与其它用户进行交互并共享信息。这一技术趋势满足了城市作为群体聚居空间的互动属性，其应用对于建构有社会学意义的城市认知空间具有重要价值。

本文通过以下三个方面具体探究分布式虚拟现实技术在城市设计中的应用，第一，通过分布式虚拟现实技术使多个设计师进行协同化设计，提高效率。第二，通过在分布式虚拟现实技术中记录集群在空间中的行为机制，进行认知实验，展开分析研究。第三，通过分布式虚拟现实技术得到用户一系列实时的感受和反馈，有根据的进行方案的修改深化。

总而言之，分布式虚拟现实技术在城市设计中呈现出较高潜力，以使设计师逐渐摆脱传统设计束缚，形成一套全新的设计思维，从而促进城市设计的创新发展。

关键词： 分布式虚拟现实技术；共享；协同化；集群化；实时化

Abstract： Driven by modern network technology, the platform of virtual technology is continuously developing from a stand-alone environment to a network sharing technology. Distributed virtual reality technology（DVR）is a product of the development of virtual reality technology network，which enables multiple users to share the same virtual Real-world environment，interacting with other users and sharing information through computers. This technological trend satisfies the interactive nature of the city as a group living space，and its application is of great value for constructing a sociologically meaningful urban cognitive space.

This paper explores the application of distributed virtual reality technology in urban design through the following three aspects. First，through distributed virtual reality technology，multiple designers are collaboratively designed to improve efficiency. Secondly，by recording the behavioral mechanism of clusters in space in distributed virtual reality technology，cognitive experiments are carried out and analysis is carried out. Thirdly，through the distributed virtual reality technology，the user gets a series of real-time feelings and feedbacks，and the modification of the scheme is deepened according to the basis. All in all，distributed virtual reality technology presents high potential in urban design，so that designers can gradually get rid of the traditional design constraints and form a new set of design thinking，thuspromoting the innovative development of urban design.

* 国家自然科学基金面上项目（51678371）辽宁省自然科学基金项目（20180550941）辽宁省高等学校基本科研项目（LJZ2017039）。

Keywords：Distributed virtual reality technology；Sharing；Synergy；Clustering；Real-time

1 分布式虚拟现实技术的发展

随着计算机技术的飞速发展，人们对于客观事物的描述以及与之交流的方式都达到了更高的要求，即"景物真实、动作真实、感觉真实"。在 2018 年 3 月，由史蒂文·斯皮尔伯格执导的科幻冒险片《头号玩家》一鸣惊人，并且获得了极高的票房。故事发生在并不遥远的 2045 年，在现实凋敝的背景下，虚拟现实技术则飞速发展，因此梦幻的虚拟游戏"绿洲"俘获了亿万人们的心。影片中，游戏玩家头戴着虚拟现实头带显示器，穿着专用的触感手套和紧身衣，脚踩着拟真跑步机，可以和虚拟屏幕交互，并且在触摸虚拟物体时会有触觉反馈，也可以传达额外的感官反馈，比如挨拳头时的疼痛感被抚摸时的愉悦感。在游戏中，无论游戏玩家身在何处都可以通过虚拟现实头显设备沉浸在同一个游戏空间，进行交往互助、完成任务，甚至产生感情。对虚拟现实技术题材的涉及，斯皮尔伯格显然并不是先驱者，但他却通过此部电影将其发展到了一个登峰造极的高度。电影中的游戏与科技的绚丽情景引领观众走进了一个令人着迷的世界，在最后又以人性的真情呼吁人们勿忘现实的美好，友情的真挚。虚实相生的光影之梦，玩味无穷！

众所周知，虚拟现实技术是依托于计算机技术的一种高新技术类型，其核心特征就是交互性、想象性以及沉浸性。同时，在现代网络技术的推动下，虚拟技术的平台逐渐从单机环境不断向网络共享技术发展，其中分布式虚拟现实技术（DVR）正是虚拟现实技术网络化发展的结果（图 1)①。其核心技术是为多个用户提供同一个虚拟现实环境，而进行共享共建。分布式虚拟现实技术的研究开发工作可追溯到 20 世纪 80 年代初。1983 年美国国防部高级研究计划局（Department of Defense，Do D）制定了一项称为"SIMENT"（Simulation Net working）的计划⁵，通过将每个士兵使用的模拟器应用于同一网络基站来形成共享模拟环境。后来，在美国军事和工业领域，基于 SIMENT，推出了各种用于网络互连的分布式仿真技术。使 SIMENT 更加标准化，可

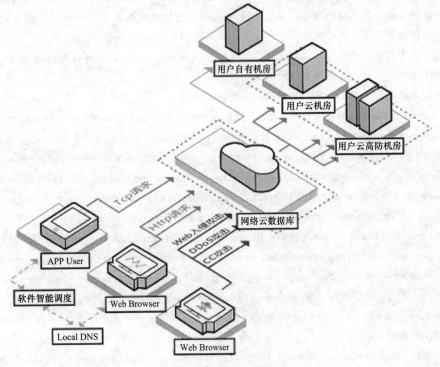

图 1 分布式网络构架图

---

① 分布式虚拟现实系统是基于网络的虚拟环境，位于不同物理环境位置的多个用户或多个虚拟环境通过网络相连接，或者多个用户同时参加一个虚拟现实环境，通过计算机与其他用户进行交互，并共享信息。

以集成不同时期的仿真技术，不同公司的仿真产品和不同领域的仿真平台，实现交互共享。许多机构在此基础上加入了分布式虚拟现实技术的研究和开发行列，多项虚拟现实技术的研究和软件的开发应运而生。例如军事领域的 SIMNET、DIS，学术领域的 NPSNET、Paradise、DIVE、Bamboo，游戏领域的 Flight&Dog Flight、Doom 等。多个虚拟现实技术互联的需求导致了分布式虚拟环境技术的出现，相应出现了一系列联网标准和协议："SIMNET Networks and Protocols" 诞生于 1983 年，用于同构类型仿真器的互联；分布交互仿真（Distributed Interactive Simulation，DIS）协议实现了不同类型仿真系统的互联；聚合级仿真协议（Aggregated Level Simulation Protocol，ALSP）适用于大规模分布仿真。可见，从分布式虚拟现实技术出现以来，其发展一直非常迅速，在短短二十年内就已经被人们充分运用于各个领域中，并展现出强大应用优势。而分布式虚拟现实技术应用于城市设计中，更是在极大程度上提高了城市设计水平与质量。分布式虚拟现实技术在城市与建筑设计领域应用，可以充分的提升设计的工作效率，降低设计的成本需求，满足城市作为群体聚居空间的互动属性，对于建构有社会学意义的城市认知空间具有重要价值。

2 协同化的同步设计

每年城市与建筑设计行业占据我国 GDP 的 30％左右，解决就业人口超 2 亿（其中 3000 万为技术人员）。尽管如此，行业仍然是非农产业中工作方式最传统，生产效率最低下的领域。特别是随着计算机的发展与普及，制造业的生产效率已经大大提高，而城市与建筑设计行业却未有实质性的发展。在大数据爆发的时代，建筑行业基本与网络与大数据割裂，管理创新能力弱，信息化水平低下，生产效率和建设成本高，导致企业与行业的转型升级步履艰难。

然而在虚拟的网络空间中，社群以多样化的方式得以蓬勃发展，这说明了社交生活在当代仍然是具有吸引力的。虚拟空间中的社交网络得益于网络时代的交流方式，不同于城市与建筑设计行业传统的自上而下的信息灌输，更强调每一个人的参与感，信息是在互动中自下而上生成的。因此，在现实的设计领域中，激发设计师交流互动是提高设计效率的积极手段，对设计成果最终的认同来自于多个设计师对环境介入感的共同思考。如何让建筑环境对个体行为进行再现式的转译，让社会行为留下被环境夸大的痕迹，成为吸引公众参与的

重要条件。

美国最大的家族企业之一莫坦森建设（Mortensen Construction）城市与建筑设计公司为圣地亚哥设计了夏普格罗斯蒙特医院（San Diego Sharp Rosemont Hospital），并通过分布式虚拟现实平台（HTC Vive）采用了新的设计方式和理念。莫坦森建设城市与建筑设计公司放弃一直以来合作的设计师和工程师，而是在网上招募了多名待业的青年设计师，并通过面对面交流的方式进行筛选，最终留下了一批才华横溢不受拘束的青年才俊进行方案的设计深化和施工。设计师们通过分布式虚拟现实技术在网络上进行协同设计，并且定期进行汇报交流。分布式虚拟现实技术具有较强的综合性和综合性，在城市和建筑设计领域发挥着巨大的优势，极大地增强了设计领域的互动特征。同时可以有效地缩短设计周期，提升设计效率，最重要的是设计师可以通过分布式虚拟现实技术进行实时交流，对于医疗环境设计中所存在的矛盾与问题进行有效的互动。设计师们对于城市与建筑设计的实际需求将被分布式虚拟现实技术所满足。

Context VR 的创始人帕尔默·卢基（Palmer Luckey）开发了 ImageTwist 网站，可让专业摄影师们拍摄建筑项目的 360 度照片上传分享在数据云空间中，同时也可以通过虚拟现实技术尽心浏览。最终通过分布式虚拟现实技术向全球各地的用户提供技术支持和资源供应（图2）。这家西雅图的初创公司在成立的第一年为全球会员用户提供免费的技术支持和资源供应，因此也收获了近 20 万建筑设计领域的会员用户。通过分布式虚拟现实技术的应用，资源共享和信息交流为公司带来了巨大利益的同时，给城市设计领域带来新的变革。

类似的例子还有克利夫兰的林肯电气公司（Lincoln Electric）所设计的 VRTEX 360 焊接培训系统。一直以来，焊接是所有建筑工程中不可或缺的步骤，因其在设备使用上存在一定的风险，而且操作难度比较高，它也是具有极大的挑战性。VRTEX 360 焊接培训系统允许多名培训师通过分布式虚拟现实技术教授焊接技能，然后学生才能操作真实的烙铁。通过多名培训师的共同辅导，学生可以学到多种的焊接技巧和不同的思维方式，进步突飞猛进。在信息社会中，传统的焊接教学培训对学员的效果已经无法与分布式虚拟现实空间匹敌，而多名培训师之间的协作交流与业务的良性竞争，以满足不断变化的需求的同时，为这个行业带来了迅猛的发展。

图 2　ImageTwist360 度照片共享网站

（图片来源：ImageTwist 官网）

3　集群化的认知实验

在过去的科学研究中，大量学者分析了主要城市和建筑的物质形态特征。然而，由于缺乏有效的技术手段，人类对空间的认知研究很少进行。然而，近五年来虚拟现实技术的快速发展使得人的认知实验研究得以实现。通过虚拟现实技术可以直接观察人们在空间中认知的过程，同时，通过捕捉技术人的所有细微行为反馈都可以准确地记录在数据库中，并执行一系列后续研究。这些用具象、定量的方式进行表达抽象概念的研究潜力可以超越以往任何理论方法。无论是工程培训还是空间设计都开始于人类的认知，因此认知是空间的基础。分布式虚拟现实技术的应用使人们对认知机制的理解从经验向科学迈进了一步。

在开发出机器人叉车之前，继续培训叉车操作员仍是必需的。菲尼克斯的 CertifyMe 公司是一家现代化的叉车培训公司，他们开发了不同版本的分布式虚拟现实应用程序以 iOS 和 Android 系统，让大家免费接受网络叉车培训。该培训应用程序可以应用于多个领域，可提供虚拟的培训，让学员从错误中学习和完善操作，不会对学员或产品产生风险。同时这种分布式虚拟现实系统可以通过特有的动作捕捉技术记录学员在虚拟空间中的操作习惯，并且形成一套庞大的数据体系，从而有针对性的修改自身的培训机制，同时帮助学员完善提高操作技能，研究改进方法，使学员摆脱纯粹依靠经验的状

态，进入理论化、数字化相结合的时代。该分布式虚拟现实平台旨在吸引更多的年轻人投身于建筑行业，任何人都可以轻松戴上一副头显设备进行随时随地的练习（图 3）。可以见得，传统的教学培训形态与分布式虚拟现实技术的结合可以发挥各自的优势，形成既有强大的数据体系又具备真实体验的培训平台。

城市是文化的重要载体，尤其是那些自然生长而成的古典城市。在漫长的发展过程中，人文的情怀同自然的秀丽相交织，展现出西方自然审美的独特价值。米兰理工大学建筑学院费卢奇奥·内斯塔（Ferruccio Resta）在 2017 年以欧洲两个古典村落，位于马尔凯大区的蒙泰卡夏诺（Montecassiano）和位于卡拉布里亚大区的菲乌梅夫雷多（Fiumefreddo）为例进行认知对比实验。实验首先在网络上招募不同年龄、不同城市、不同行业的参测者共计 76 名，参测者根据自主意识在古典城市的虚拟环境中漫游。同时，分布式虚拟现实平台同步存储测试者的实时位置坐标、视点方向以及停留时间数据。实验后将数据导入 Rhino Grasshopper 软件，分别实现位置坐标（二维）与视点方向（三维）的密度分析和量化。最终结合数据分析，每个参测者在虚拟环境体验完成后填写调查问卷，并对两个城市的进行主观评价。空间之美传达了城市中建筑和空间物质形式的秩序，而另一方面不可或缺的元素是人类感知。通过认知实验，体现出人对于物质形态的感受记忆、行为影响，并利用分布式虚拟现实技术

解读西方古典城市的空间特性，以定量的方法发掘西方古典城市的独特空间价值，从而为古典城市的保护

以及当代西方城市与建筑空间的探索提供认知学方面的支撑。

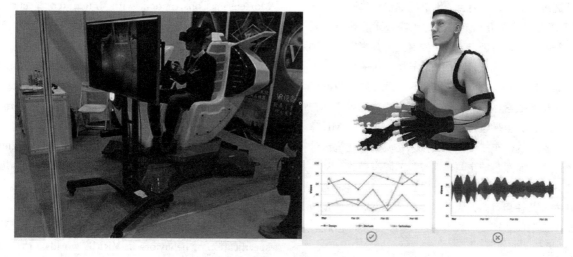

图3　分布式虚拟现实叉车技术培训动作捕捉与数据记录

4　实时化的信息反馈

随着国家经济建设的迅猛发展，基础建设的投入加大，在城市与建筑设计领域中存在各种复杂的项目信息和频繁的数据变化，需要各个层级之间的资源共享、信息传递、任务分配和协同工作。然而由于项目的前期策划、项目定位和规划任务经常被政府部门直接分派给建设单位，引起了激烈的市场竞争，迫使设计领域出现了快速生产的状态，导致大部分作品的工程质量越来越低。而且城市与建筑设计院的工作人员并不具备设计师素质，大量设计千篇一律、缺乏创意，而真正有理想的设计师话语权也越来越小。因而制约工程进度和质量的关键因素正是提高项目管理水平和工作效率。面对这个问题，采用分布式虚拟现实技术作为支撑，创造基于网络的管理信息系统，打破了逐级传递的信息交流方式，使整个设计行业网络化并优化产业链条内的资源更配置。

如美国新泽西州联邦大学的一项重大改造项目在荷兰鹿特丹 DPR Construction 公司所开发的虚拟现实技术 Oculus Rifts 的协助下，可以让用户在项目完成之前就能提供意见反馈。自 2010 年以来，DPR Construction 一直在使用虚拟现实技术，当时 Oculus VR 未被 Facebook 认可和收购。如今 DPR Construction 已经由小尺度空间的 CAVE 技术向头显分布式虚拟现实技术发展。最大的特点是在项目动工之前，城市管理单位、建设单位、设计单位和用户可以同时感受到最终的建筑成果并进行意见交流探讨，从而使设计师有目的有依据的进行

项目深化和修改。这些分布式虚拟现实技术在城市与建筑设计领域中的应用以一种多人合作的方式介入到空间的营造中，使得参与者对公共空间中的环境信息更加敏感，从而引发社会性的多样化联系。

另一个例子是基于意大利 McCarthy Construction Company 创建的分布式虚拟现实技术的建筑空间可视化平台。自 2009 年以来他们就开始研究虚拟现实技术，以改变传统的设计和施工过程。该公司首先使用建筑信息模型（BIM）CAVE 技术将设计的住宅和办公空间投影到一个三维空间，供用户享受旅游的沉浸式版本。如今，他们使用更加经济实惠的 Oculus 分布式虚拟现实技术来让全球各地的客户看到未来的生活和工作空间，甚至让其自发参与设计和建造。设计策略则体现在对人群交往模式的重新定义上。这种基于分布式虚拟现实技术的新型建造模式旨在将人与环境的互动行为，转化为对日常人际交往行为的拓展。

近些年来，售楼中心的新卖点虚拟现实平台看房被越来越多人所接受，其策略体现出虚拟现实技术已出现在我们现实的生活中。德国卢森堡 XML 建筑事务所，在城市与建筑设计领域中的分布式虚拟现实技术应用已经走到了世界前端。传统设计中设计师和客户只能够通过 3D 软件所生成的图像或者视频来想象作品成果，而 XML 建筑事务所的设计师把自己设计的 3D 模型纸转化成虚拟现实的场景，然后通过如 Oculus Rift、HTC Vive 或是相对简陋的 Google Cardboard 的头显设备，随时随地进入到自己设计的城市或建筑空间中。当城市管理者、建设者或是使用者戴上头显设备后，可以在这

个场景中四处游览切换、查看细节等等。人们可以借助分布式虚拟现实平台实时提出自己的想法和理念，并与设计师进行交流探讨，有目的地进行编辑和修改设计方案。"我们相信，利用分布式虚拟现实技术将城市的表面注入新的空间，将创造一种新的真正的共享空间，种类似于公共广场的状态，"XML 建筑事务所的合伙人大卫·穆德（David Mulder）说，"不同领域的用户都可以在这里畅所欲言，在一天之内，街道的功能可能会在行人、车辆、甚至是娱乐功能之间交替出现。"XML 建筑事务所提出的分布式虚拟现实技术在城市与建筑设计领域的应用，将颠覆城市与建筑设计的固有范式，从现有城市开发者、管理者指挥设计师进行设计，转化为一种灵活的公共使用可能，大大提高了公共空间的使用效率和再创造潜能，实现了城市中社交行为的空间拓展。

5 结语

总而言之，分布式虚拟现实技术在城市与建筑设计领域中呈现出较高潜力的应用价值，但与较为成熟多样的图形技术相比，仍处于起步阶段，其应用功能还有很大的拓展空间，因此其应用前景是非常广阔的。随着分布式虚拟现实技术的不断发展，设计师也将逐渐摆脱传统设计束缚，形成一个全新的设计思维与习惯，从而有力促进城市与建筑设计创新发展。

参考文献

[1] H. Noser, C. Stern, P. Stucki. Distributed Virtual Reality Environments Based on SIMNET Networks and Protocols. Proc. IEEE Transactions on Visualization and Computer Graphics [J], vol. 9, no. 2, April-June 2009：pp. 213-225.

[2] Mamoru Endo, Takami Yasuda, Shigeki Yokoi. A Distributed SIMNET Networks and Protocols Space System. IEEE Computer Graphics and Applications [J], January/February 2009：pp. 50-57.

[3] Sabry F. El-Hakim, J.-Angelo Beraldin, Michel Picard, et al. Detailed 3D Reconstruction of Mortensen Construction with Integrated Techniques. IEEE Computer Graphics and Applications [J], May/June 2008：pp. 21-29.

[4] MatthewUyttendaele, Antonio Criminisi, Sing Bing Kang, et al. Image-Based Interactive Exploration of Real-World Environments. IEEE Computer Graphics and Applications [J], May/June 2010：pp. 52.

[5] B. Anderson, A. McGrath. Strategies for Mutability in Virtual Environments. Virtual Worlds on the Internet, J. Vince and R. Earnshaw, eds. Los Alamitos, Calif.：IEEE CS Press, 1998：pp. 123-134. Shapour Arjomandy, Trevor J. Smedley. Visual specification of behaviors in VRML worlds. Proceeding of the Ninth International Conference on 3D Web Technology [C], Web3D 2004, Monterey, California, USA, April 5-8, 2004. ACM 2012. pp. 127-133.

[6] F. Resta, G. Schechter, R. Yeung, et al. TBAG：A High Level Framework for Interactive, Animated 3D Graphics Applications. Int'l Conference Computer Graphics and Interactive Techniques. Proceedings of 21st Annual Conference of Computer Graphics [C]. July 2014. pp. 421-434.

[7] H. Noser, D. Thalmann. The Animation of Autonomous Actors Based on Oculus Rifts. Proceedings of Computer Animation '96 [C]. June 2016. pp. 47-57.

[8] Fernando. T, Marcelino. L, Wimalaratne, P. Constraint-based Immersive Virtual Environment for Supporting Assembly and Maintenance Tasks. HCII 2001 [C]. New Orleans, Vol. 1, 2014. pp. 943-947.

王 俊

西南交通大学建筑与设计学院；805473530@qq.com.

与虚拟现实技术相结合的交通建筑设计教学改革探索 *
Exploration on Teaching Reform of Transportation Building Design Combined with Virtual Reality Technology

摘 要： 按照教育部提出的建设"金课"目标，西南交通大学建筑与设计学院根据自身的学科发展方向与科研特色，结合交通建筑设计虚拟仿真实验教学项目开展了教学改革。学院通过建筑信息模型、虚拟现实技术、计算机编程、动画模拟和人机交互等技术手段，以二维平面和三维空间结合的方式，开展了交通建筑设计课程虚拟仿真环节的教学。这一以学生为主体的激发式教学方法，提高了学生实践创新能力，满足了教学需求，实现了虚拟技术与课程设计相结合的教学新模式。

关键词： 虚拟现实；交通建筑设计；教学改革

Abstract： In accordance with the goal of building a "golden class" proposed by the Ministry of Education, the School of Architecture and Design of Southwest Jiaotong University carried out teaching reform according to its own discipline development direction and scientific research characteristics, combined with the virtual architectural experimental teaching project of transportation architecture design. Through the combination of building information model, virtual reality technology, computer programming, animation simulation and human-computer interaction, the college has carried out the teaching of virtual simulation of traffic building design by combining two-dimensional plane and three-dimensional space. This student-centered and inspiring teaching method has improved students' practical and innovative ability, met the teaching needs, and realized a new teaching model combining virtual technology and curriculum design.

Keywords： Virtual Reality; Transportation Building Design; Teaching Reform

1 研究背景

随着社会经济发展和区域间互联互通需求的不断增长，轨道交通建设成为近年来建筑行业持续发展的热门领域，在 2018 年，整个铁路行业市场规模达到 1.48 万亿元。根据轨道交通网最新统计显示，截止到 2019 年 5 月底，我国的高速铁路一共有 115 条线路正在运营，其运营里程达到了 34863.43km。[1]这一数据已经位居世界第一，远远超过其他国家和地区高速铁路运营里程的总和。与此同时，全国各大城市以地铁为代表的轨道交通系统也以惊人的速度建设和扩张。根据 2017 年 3 月中国城市轨道交通协会发布的《2017 年城市轨道交通行业统计报告》，截止到 2017 年底，我国内地共计有 34 座城市开通了轨道交通系统，其总运营线路长度

* 西南交通大学 2019 年本科教育教学研究与改革项目，跨学科专业运用建筑信息模型技术进行建筑学本科数字技术课程建设的研究。四川省哲学社会科学重点研究基地现代设计与文化研究项目，基于建筑信息模型的虚拟现实技术在现代文化遗产展示设计中的应用研究，项目编号：MD17E022。

5033km，新增的运营线路长度超过800km，全年累计完成客运量185亿人次，城轨交通投运车站3234座，其中换乘车站286座。通过统计数据可以看到，经过多年的发展，我国的轨道交通建设已跻身世界先进水平；但另一方面，在轨道交通建筑的建筑设计中，建筑的空间造型、旅客舒适性、绿色环保节能、空间统筹利用等方面，还存在不少的可提升空间。

针对这一发展中的问题，国务院办公厅2018年07月发布的《国务院办公厅关于进一步加强城市轨道交通规划建设管理的意见》中专门指出，"强化城市轨道交通与其他交通方式的衔接融合……通过交通枢纽实现方便、高效换乘。要加强节地技术和节地模式创新应用，鼓励探索城市轨道交通地上地下空间综合开发利用，推进建设用地多功能立体开发和复合利用，提高空间利用效率和节约集约用地水平。编制城市轨道交通建设规划时，应同步组织开展规划环境影响评价……要统筹城市轨道交通建设与人才培养，将人才培养和保障措施纳入建设规划"。[2]因此，在高校教育中，培养能承载我国轨道交通建筑事业发展的优秀建筑设计人才，将是我国轨道交通建筑进一步提升设计品质与建设质量的关键。面对行业的飞速发展，如何在高校的课程设置中体现社会发展的要求，也是高校教育者必需回应的挑战。

轨道交通建筑一直是西南交通大学建筑与设计学院的特色研究方向。根据自身的学科发展目标与科研特色，学院结合轨道交通建筑设计教学，通过近年来的教改已经形成了以建筑信息模型（BIM）为重点，结合数字化形态生成、计算机辅助设计分析与表现的数字技术课程体系框架。下一步教学改革怎样深化，怎样在原有的基础上更进一步成为教学改革的核心问题。在这一时间节点上，教育部提出的建设"金课"的目标给了建筑与设计学院数字化教学团队新的要求和启发。2018年11月广州召开的第十一届"中国大学教学论坛"上，教育部高等教育司司长吴岩提出了建设"金课"的五大目标，这些目标包括线下"金课"、线上"金课"、线上线下混合式"金课"、虚拟仿真"金课"以及社会实践"金课"。[3]学院选择以虚拟仿真"金课"和交通建筑设计教学为突破口，结合交通建筑设计虚拟仿真实验教学项目建设，开展了相应的教学改革。

2 教学改革的目的

交通建筑设计教学是西南交通大学建筑与设计学院设计课程的重要组成部分，交通建筑设计教学由"交通建筑设计原理"和"交通建筑设计"两门专业核心课程构成。本次教学改革重点研究在虚拟现实技术基础上，面向交通建筑设计教学的关键知识点和能力培养要求，如何将教学与数字技术相结合，强化学生对课程基本理论知识的理解，促进相应教学环节的提高与发展。

在交通建筑设计教学中，除了造型上作为城市门户的文化性、地域性表达追求外，更重要的要处理好交通建筑旅客的集散量、流线的通畅便捷程度，大小功能空间的组合问题。整个课程教学难点是沿着技术与城市双线展开的。首先，教师要让学生结合城市与区域环境，明确复杂的交通流线对大型建筑设计的重要作用与影响，要学生掌握交通流线的分析方法与功能关系的整合方法，以及交通广场结合城市空间规划设计的方法；其次，要培养学生对大型建筑空间的组合设计能力及艺术造型能力，要掌握大型建筑空间的结构逻辑与造型的关系。

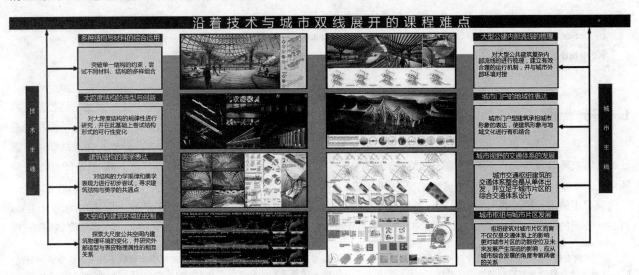

图1 交通建筑设计教学课程难点（图片来源：西南交通大学建筑与设计学院自绘）

为此，学院教学组配合课程"交通建筑设计原理"和"交通建筑设计"的教学拟定了以下虚拟仿真实验项目建设目标：

一是通过平台提供的沉浸式体验功能，有效解决传统教学不能为学生提供可感知、可测度的交通建筑实际运营场景与环境的问题。在交通建筑设计的教学中，按照教学大纲的要求，学生应当尽可能理解和掌握包括区位关系、建筑布局模式、功能流线组织、结构选型、节点构造材质等多因素的设计组织知识与技能。这些不同的因素彼此相关，互相影响，使得交通建筑设计成为一项复杂程度高、涉及知识点多，而且彼此关联性强的综合性设计任务。但由于典型交通建筑的地理位置独特性以及当下车站安检管理制度的强化，传统教学很难组织学生进行典型车站的现场参观与调研，导致学生难以直观、形象、系统的认识设计对象，严重影响他们学习交通建筑设计理论与知识的兴趣与效率。

二是通过虚拟仿真实验平台，实现学生设计多方案的比较评估。按照传统的教学手段，学生的建筑设计方案无法得到实时有效的准确反馈与评估。通过虚拟仿真实验项目，学生可以更加快速、直观、清晰的了解并掌握交通建筑的基本设计理论与知识；学生可以在虚拟平台下进行交通建筑的功能布局设计，训练不同流线及结构形式装的创新设计练习；通过在平台内置评估系统功能，可以帮助学生有效的进行多方案比较评估，让学生对自己的设计方案在有清晰直观的认知，并通过评估反馈强化他们的建筑设计综合能力。

3 教学改革的实施过程

教学改革将设计及理论课程与交通建筑设计虚拟仿真实验平台相结合，通过建筑信息模型、虚拟现实技术、计算机编程、动画模拟、人机交互等手段，以二维和三维结合的方式，开展了交通建筑设计虚拟仿真环节的教学。教学也相应增加了基于虚拟现实技术的交通建筑体验、设计虚拟仿真、教师网上评价与反馈三个部分。具体方法如下：

3.1 递进式教学内容的设计。

虚拟仿真实验平台构建模块化、层次化、递进式的教学内容设计。交通建筑设计课程结合虚拟仿真实验教学项目开展教学，必须要将该类建筑较为复杂的流线与功能方面的要求向学生展示清楚，这也是教学中公认的重点和难点。平台通过搭建真实的交通建筑模型与场景，强化学生对交通建筑设计课程中基本理论知识的理解。为此虚拟仿真实验平台构筑了三个模块：一是认知模块，向学生展示既有大中型站的空间一体化设计模式；二是设计虚拟仿真模块，学生可在此模块中进行功能空间的布置；三是等候空间设施布置模块。通过搭建交通建筑设计的仿真环境，可以帮助学生更加快速、直观、清晰地了解并掌握基本设计理论与知识点，促进相关知识的认知与学习。在这一环节，实现了交通建筑场景的虚拟漫游。平台设置了三种虚拟漫游方式，即第一视角、第三视角、上帝视角，可向学生展示既有的交通建筑相关情境，并提供这些建成方案的相关设计知识与经验，有助于学生更好地认识和学习轨道交通建筑设计。

图2　虚拟仿真网站登录及交互界面（图片来源：西南交通大学建筑与设计学院自绘）

3.2 激发式教学方法的实施。

交通建筑设计教学过程实施了线上线下虚实结合、以学生为主体的激发式教学方法。通过新增加的虚拟仿真教学环节，训练学生自主独立的综合运用基础理论和

技术手段开展设计，培养其处理复杂问题的能力以及实践创新能力。基于实验课程平台，学生可以在虚拟平台中进行轨道交通建筑的功能布置；可在虚拟平台上选择特定的等候空间，并在此基础上做内部布局设计，包括

调整布置候车座椅、闸机、标志等重要设施的位置；通过平台辅助，学生能够快速建立符合设计要求的方案草模。基于虚拟平台 Unity3D 技术提供实时渲染支持，学生可即时获得方案效果反馈；同时，在设计过程中，还提供功能流线模块引导，辅助提示学生的方案设计需符合功能流线要求。

在教学改革实践中，教学组发现要实现激发式的教学效果，虚拟仿真平台的建设与课程建设是相辅相成的。一方面，虚拟仿真平台的内容设置与核心课程要能够较好形成衔接，易于学生理解且生成对应的考察点；另一方面，虚拟仿真平台交互界面及其交互方式要精心设计，为学生提供良好的教学沉浸式体验，学生才既能够按课程规定内容进行学习，又能够在虚拟学习中充分自由发挥，进行设计创作。

图 3　为建设虚拟仿真平台建立的北京南站剖面模型（图片来源：西南交通大学建筑与设计学院自绘）

3.3　教学互动模式的探索。

教学中基于虚拟仿真实验平台，探索了师生互动、教学、测评一体化的教学互动模式。通过平台的教师评价与反馈，学生对设计内容及教学要点可以理解的更加清楚，从而提高学生学习热情。通过在平台内置的评估系统功能，学生可以对自己的设计方案在流线、功能合理性等方面进行评估，通过反馈强化其的设计综合能力。同时，虚拟实验平台基于 SD 法（语义学解析法）设置提供了规范的设计预评估表单，可支持多人评价及后期的多因子变量分析及数据化分析，实现了项目设计评价的规范化，也加强了与其他专业间的协同合作。

虚拟仿真实验平台与交通建筑设计课程预期将实现多地多校和多专业的实验教学资源共享，学生可以通过登录 http：//www.ilab-x.com 这一国家虚拟仿真实验教学项目的共享服务平台网站，在有网络覆盖的多个地点和场景下自主调用实验教学资源，进行轨道交通建筑的课程设计和操作，教师也可远程监控指导学生的学习。

4　结语

交通建筑设计是一个涉及多个环节的复杂系统，学生在学习过程中由于缺乏足够的生活经验、知识储备与实践体验，导致其对交通建筑设计核心知识点掌握不足，融入设计的时间较长，教学效果反馈欠佳，学生普遍反映"交通建筑设计原理"和"交通建筑设计"是两门较难的专业课程。此次教学改革就是针对这一难点，

将虚拟现实技术结合到教学中去的有益探索。

新的虚拟仿真实验教学环节作为交通建筑设计核心课程的延伸与拓展，依托西南交通大学在轨道交通领域的多学科背景，构建了面向本科建筑设计专业，以轨道交通客运站为对象内容的，能够更好支持学生关键知识点学习和设计综合能力培养的虚拟仿真实验平台及其课程。平台的建设离不开与学院长期合作的中铁二院、西南建筑设计院、四川省设计院的设计经验与资源支持。教学改革通过虚拟现实技术结合的交通建筑设计，通过可视、可交互、可操作的数字化方式和手段，弥补教学环节方式难以开展的内容，提高学生实践创新能力，满足了教学需求，实现了虚拟技术与课程设计相结合的教学新模式，完善和丰富了学院现有的高水平人才的培养体系。

参考文献

[1]　中国轨道交通网. 中国高速铁路运营线路统计［EB/OL］. http://www. rail-transit. com/yanjiu/show.php? itemid＝216,2019-6.

[2]　国务院办公厅. 国务院办公厅关于进一步加强城市轨道交通规划建设管理的意见［EB/OL］,国办发〔2018〕52 号, 2018-07-13.

[3]　新华网. 教育部高教司司长吴岩：中国"金课"要具备高阶性、创新性与挑战度［EB/OL］. http://www. moe. gov. cn/s78/A08/moe _ 745/201811/t20181129_361868. html, 2018-11-29.

郭 静[1] 时 新[2] 郭 园[1]

1. 重庆交通大学建筑与城市规划学院；1160762808@qq.com

2. 重庆交通大学艺术设计学院

基于虚拟现实技术的建筑景观虚拟体验研究 *

Research on the Architectural Landscape Experience Design Applied with Virtual Reality Technology

摘 要：历史建筑作为我国城市发展中的重要组成部分，其保护与更新显得尤为重要。而在我国历史建筑的保护与更新方法上却仍然有待创新。虚拟现实技术作为一种综合性极强的高新信息技术，具有多感知性、交互性以及构想性，对于传统建筑更新与保护有着突破性的作用。本文对虚拟现实技术在建筑保护更新领域的应用展开研究，分析虚拟现实技术在建筑保护更新的研究现状，探索虚拟现实技术在建筑保护与更新领域的应用方法，并提出利用交互式参与体验的方法，将虚拟技术的多维度感官空间应用于建筑保护更新四要素之中，即通过虚拟建筑更新过程、虚拟视觉文化体验、虚拟建筑视线控制、虚拟建筑材料再利用这四个方面实现对建筑保护更新过程的多角度探索。

关键词：虚拟现实技术；历史建筑；保护与更新；参与与体验

Abstract：As an important part of urban development in China, the protection and renewal of historical buildings is particularly important. However, the protection and renewal methods of historical buildings in our country still need to be innovated. Virtual reality technology, as a kind of comprehensive high and new information technology, has multi-perception, interaction and imagination, and plays a breakthrough role in the renewal and protection of traditional buildings. In this paper, the application of virtual reality technology in the field of building protection renewal is studied, the research status of virtual reality technology in building protection renewal is analyzed, and the application methods of virtual reality technology in the field of building protection and renewal are explored, and the interactive participation experience is put forward. The multi-dimensional sensory space of virtual technology is applied to the four elements of architectural protection renewal, that is, through the four aspects of virtual building renewal process, virtual visual culture experience, virtual building line of sight control and virtual building material reuse, the multi-angle exploration of building protection and renewal process is realized.

Keywords：Virtual reality technology；Historical architecture；Protection and renewal；Participation and experience

历史建筑作为我国城市发展中的重要组成部分，它不仅承载了城市发展的记忆，在不同的时间、不同的地域以及不同的文化背景下展示出不同的建筑风格与面貌，更是凭借其独特的文化魅力与历史记忆给人们带来不同的视觉及心理感受。随着时间的不断推移，人们在建筑保护更新方法上进行不断的探索，"修旧如旧"和

* 依托项目来源：重庆市教育委员会科学技术研究项目（KJ1705137），教改研究项目（132011）。

"不改变原状"原则，以及国际文化遗产保护中公认的"原真性"原则，是我国近代历史建筑保护修复原则的核心理念[1]，但我国传统建筑保护更新方法稍有不适便会对建筑造成二次破坏，因此，采用一些数字化技术的方法对历史建筑文化资料及实物进行保护与更新是一种必要的行为。

1 虚拟现实技术

1.1 虚拟现实技术的特点

1.1.1 多感知性

虚拟现实技术具有多感知性，即该技术可以通过某种途径使使用者具有多方位感知的能力，分别从视觉、听觉、触觉、嗅觉以及味觉这五个方面来获得感知，从而得到更加真实刺激的体验感。这种多感知的特点打破了真实与虚拟之间的界限，使人们可以通过科技来探索一个更加未知的空间。

1.1.2 沉浸性

沉浸性是指人们可以通过该技术沉浸在营造出的虚拟空间或环境之中。不同的沉浸程度会为体验者带来不同的感受，参与者既可以在体验虚拟场景时感受周围真实环境带来的影响，又可以选择完全沉浸而完全不受外界影响。

1.1.3 交互性

虚拟现实技术能够使使用者在近似真实的虚拟空间中得到互动，通过该技术实现与人的交流，影响人的行为，从而令参与者有真实的互动感受。

1.1.4 想象性

虚拟现实技术最具有使用价值的特点就是其想象性，它可以为从事设计行业的工作者如建筑设计师、服装设计师、景观设计师等等提供一个更好的发挥空间，更好地将自己的设计理念与构思表达出来，从而实现人们对未来世界、未知世界、理想世界场景的实现[2]。

1.2 虚拟现实技术的应用

虚拟现实技术自 1965 年在美国诞生后，一些高校及专家就开始在各个领域展开探索，如北卡罗来纳大学计算机系开始在分子建模、航空驾驶、外科手术仿真、建筑仿真等方面开展研究；Loma Linda 大学医学中心博士及他的研究小组将 VR 与计算机图形相结合首创 VR 儿科治疗法；麻省理工学院在人工智能、机器人、计算机图形及动画方面展开研究；SRI 利用虚拟技术在军事方面对军用飞机及车辆驾驶展开研究，而后华盛顿技术中心又通过虚拟现实技术在教育、娱乐、设计及制造行业做出研究。如今，虚拟现实技术已经在多个领域展开广泛应用。

图 1　建筑保护的应用（图片来源：中工网）

图 2　建筑修复应用（图片来源：晟秋科技）

2 虚拟现实技术在建筑与景观设计中的研究现状

2.1 虚拟现实技术在设计中的应用

历史建筑作为历史文化的载体对城市发展有着重要作用，在很早之前人们就意识到了对于历史建筑及文化遗产保护的重要性，随着技术的发展，虚拟现实技术的出现在历史建筑保护上的应用使人们在全方位保护建筑的同时能够欣赏到建筑的原貌。如今虚拟技术在建筑保护的应用主要是保护建筑文化遗产的数字化资料和对建筑文化遗产展示形式的丰富[3]（图1、图2）。

2.1.1 用于保护建筑遗产数字化资料

通过利用虚拟现实技术来实现历史建筑与文物的保护，可以使其得到全面的保护而不会造成损坏从而向公众完整的展示其原面貌。国内外利用数字化技术对历史建筑进行保护也早已有了实例，如国际上通过虚拟现实技术实现了德国 Frauen Kirche 和中国兵马俑等历史文化遗产的虚拟模型制作，将其以数字化的形式将建筑完整的存储在计算机之中,实现了三维立体的数字化存档,为建筑遗产保护与修复提供的更好的发展空间;美国维吉尼亚大学基于虚拟现实复原的意大利古罗马城;我国的数字紫禁城和数字圆明园项目都通过数字化技术进行保护[4]。

2.1.2 丰富建筑展示形式

由于虚拟现实技术具有多感知性、交互性以及构想性的特征,其在建筑保护的展示方面有着较大的优势,首先它利用该技术,参观者可以得到关于历史建筑的多种感官体验,不仅将其完整的展现给参观者同时增添了其参与体验感;其次由于利用虚拟技术相对来说较自由,人们可以体验建筑保护的成果展示不受任何时间与空间的限制,另外,虚拟现实技术将场景与数字动画技术相结合增强了虚拟空间的画面感,增加了艺术创造性及空间场景体验感。

2.2 现有虚拟现实技术在设计研究中的不足

2.2.1 过于注重场景和实体的建造,忽视交互体验感

虚拟现实技术在建筑保护方面不断发展与应用,并且利用其特征营造出场景感极丰富的虚拟空间,但就目前来说其交互体验性较弱。对于虚拟现实技术在建筑保护方面的研究,人们往往过于注重场景和实体的建造,而忽略了参与者的体验交互性。场景与实体的建造是实现虚拟空间的基础,决定了整个虚拟空间的呈现,但随着该技术的不断发展,场景与实体的构建与完善不断精确、真实之后,应该在加强场景与实体构建基础之上考虑人们的交互体验性,使参与者感受其中并真正实现人与建筑及其历史环境的交流。

2.2.2 对虚拟空间的利用形式单一

对于虚拟技术在建筑与景观设计的应用与研究,大多数都是用于展示建筑设计成果以及用于存储数字化资料,而对于创造出来的虚拟空间形式的利用较为单一。虚拟空间的营造相对来说较为复杂,需要大量复杂的数据信息、各个平台领域的参与以及各种技术上的合作,通过收集三维信息、优化三维模型制作再到场景的构建与信息补充等一系列复杂的流程,从而建出极具真实感的场景,但对于创造出来的虚拟空间,不能将运用形式仅仅局限于体现建筑自身的展示,而要考虑运用在建筑的整个建筑空间环境之中。建筑空间的虚拟营造是基于对建筑空间环境构建之上的,通过对建筑自身以及建筑环境的构建与结合才能形成一个整体的虚拟空间,从而才能实现对于历史建筑保护的整体性。

3 虚拟现实技术条件下建筑景观的虚拟体验研究

3.1 虚拟体验设计所涉及要素

虚拟现实技术在建筑更新保护上的运用与传统保护手法的主要区别在于,在建筑保护与更新过程中,在不损坏原有建筑的基础上,使人们通过一个虚拟的空间真实感受它的存在,从而对历史建筑更新设计拥有更深刻更直观的参与体验感和认知感。而基于虚拟技术下建筑保护更新的体验性设计,可以通过建筑的四个要素进行探索,即建筑空间环境、建筑文化、建筑视线控制以及建筑材料。

3.1.1 空间环境

建筑空间环境对于建筑的形成有着最直观的影响,不同的空间环境可以孕育出不同风格的建筑,并且带给人们不一样的感受与体验。在注重人文环境的大背景,要考虑建筑的保护与更新,首先应该考虑其所在的空间环境。对于历史建筑空间环境的体验性设计,其意义主要在于维护建筑的历史氛围,重塑历史建筑空间,增强人们在环境中的体验感。一般来说,建筑的空间环境是由城市、景观、道路、人等一系列物质因素各种信息的相互作用之下融合而成,而所说的更新也就是对这些因素中所蕴含的信息进行解读,提取,并将它们重组这一系列的过程[5]。

3.1.2 文化内涵

建筑文化是对建筑人文精神的体现,与人的行为活动有着密切联系,而建筑文化主要包括四种形态:即建筑实体文化、建筑规范文化、建筑理念文化以及建筑符号文化[6]。其中,对于建筑实体文化与符号文化是体验性设计的重点,可以通过虚拟空间将其以物质符号的形式及艺术创意的方法展现出来并传达给每个参与体验者。而在进行文化体验性研究时,应深入了解该建筑的原有文化特征以及文化流失原因,把握建筑及其景观再设计的本质与精髓,用较为先进的技术手段与设计手法来延续与重塑建筑文化。

3.1.3 视线控制

建筑作为整体环境的一部分,其建筑高度与视线应与其他建筑相融合相联系。在特定空间内,视线及高度的设计将间接影响着人们在该空间内的心理感受。可以采用利用性控制,通过适当体验性手法影响景观与建筑空间进而相对地影响建筑,从而将建筑空间环境向整个城市渗透与影响,提升城市整体文化氛围。

3.1.4 建筑材料

建筑材料的应用体现了建筑设计的风格与实用性,

不同建筑材料与色彩可以体现出不同的建筑形象，因此建筑材料的体验性设计也是至关重要的。建筑外部所运用的建筑材料具有一定的物理性质，在进行历史建筑材料在再设计时，应该考虑到建筑材料本身所具有的特性是否应该保留，以什么样的形式保留，如果不保留又应该以什么样的形式来代替或者与其相融合。由于虚拟现实技术营造出的空间是全方位多感知的，可以利用其来展示材料更新与再利用的过程并确定建筑材料的利用形式。

3.2 要素与虚拟现实技术的结合

3.2.1 更新过程虚拟体验

虚拟建筑更新过程是指在进行更新与保护之前，通过虚拟现实技术将构思的场景与过程构建出来，并通过感受与观察这些场景，将不合理或不能达到预期要求的地方进行重新设计和调整，而这些建筑更新与保护的过程场景可通过虚拟技术传达给体验者，甚至可以使使用者体验到自己全程参与该建筑更新保护过程，从而更加深刻的了解该建筑。对于历史建筑来说，建筑外立面是构成建筑形象的重要因素，也是虚拟更新过程时最直观的体现。

在建筑外立面的更新设计中，可以采取拼贴手法，如同艺术拼图一样将想要运用的形式、要素、符号等信息作为附属部分拼贴在建筑的表皮，以延续人们对于该历史场所的记忆，并且试图把割裂的历史重新连接起来。这种虚拟更新过程的形式实现了交互式参与性体验，建筑通过虚拟空间营造的形式传达给参与者，而参与者将自己的直观感受作用于建筑，在这种相互影响与作用之下，可创造出多种充满艺术特色而又符合建筑本身文化内涵的建筑形象，并且可利用虚拟现实技术的多感知性使体验者感受并参与创造与更新的过程。

3.2.2 视觉文化虚拟体验

虚拟视觉文化体验是指利用虚拟现实技术的沉浸性与多感知性，将体现在历史建筑中的历史文化特性及历史事件等一系列文化因素以一种交互式的行为传达给参与者与体验者。建筑文化是对建筑物人文精神的体现，通过塑造虚拟空间形式可以将存留在历史建筑中的历史文化得以延续，也能将其历史精神作为城市记忆保留下来。而虚拟视觉文化体验可以体现在两个方面即对历史事件的重现及对文化元素的重塑。

以北京胡同为例（如图3、4、5），历史事件的重现是指可以通过虚拟现实技术将北京胡同里发生的历史事件进行模拟与重构，还原当时北京胡同里最具有文化特征的事件与场景，如剪纸、糖葫芦、捏糖人等等；另外，还可以收集记录胡同内人们日常活动的各种声音，

将其与视觉相结合，通过该虚拟现实技术所创造的出的虚拟空间来体验这些历史特定历史时刻下的历史场景，并深刻了解各个时期内历史建筑的演变以及每个时期内建筑中所蕴含的文化内涵以及人文精神。文化元素的重塑是指将胡同内历史建筑所蕴含的文化元素符号化，并将其提取、重新组合为新的组成要素，运用于建筑街区内的各部分之中，并通过虚拟技术实现人们对建筑文化重塑的体验感。

在历史建筑的改造与更新过程当中，重视和体现这种印象的延续，通过将人们熟悉的建筑和空间加以保留利用，加以运用数字化技术，营造传统的环境特色，使得在建筑历史记忆延续的基础上将建筑功能和空间环境得到更新与保护。

图3　北京胡同（图片来源：新浪博客）

图4　历史事件（图片来源：新浪博客）

图5　历史建筑（图片来源：人民网）

3.2.3 高度及视线控制虚拟体验

建筑的体验性设计运用于建筑视线以及高度的控制，其目的主要是要使其与整个建筑空间环境更加合理

化、整体化，人性化。针对建筑高度，需要将历史建筑与周边建筑形成相融合的历史天际，如果采取传统方法将其视线与高度进行控制会是一件比较复杂的事情，并且很难达到想要的效果，而采用体验性设计，可以通过人们在虚拟空间中的参与性反馈，根据建筑本身的高度与特点将其与周围建筑重组，制造出多种多样的建筑组合形式，形成多种不同的建筑边缘空间关系，从而调整建筑的视觉高度。针对视线控制，可以利用虚拟技术将周边景观、道路、建筑以及其他公共空间进行模拟与构建，以人的视角创造并选择出一种对建筑视线范围最有利且空间组合形式最丰富的场景，实现对周围建筑布局空间的不断调整与控制，进而达到对历史建筑视线范围的控制。

3.2.4 建筑材料再利用的虚拟体验

建筑材料作为建筑实体组成的重要部分，也是更新与保护的重点。由于传统建筑材料的再利用可以反映建筑的历史性，特别适用于当前我国历史建筑的更新[7]，可以使用一些可循环或可再生使用的传统建筑材料，并且利用虚拟现实技术的想象性与多感官性来创造出不同建筑材料的组合形式以及展现不同应用成果。在进行建筑材料更新体验性设计时，首先应该从其物理特性和历史人文特性两个方面来考虑哪些需要更新以及哪些需要保留，而其物理特性与历史人文又可以分别对应体验性设计中的触觉与视觉。通过废旧木材废旧玻璃和废旧纸包装的再利用，拼合出既具有艺术特色又充满历史意义的建筑体，可以使人们通过建筑材料的视觉感受参与体验历史建筑更新；而不仅可以通过视觉因素，人们将具有历史特征的材料在建筑上以一种感官性较强的三维模型的立体形式表现出来，以增强触觉感受的方式也可以实现对建筑材料再利用的交互体验。

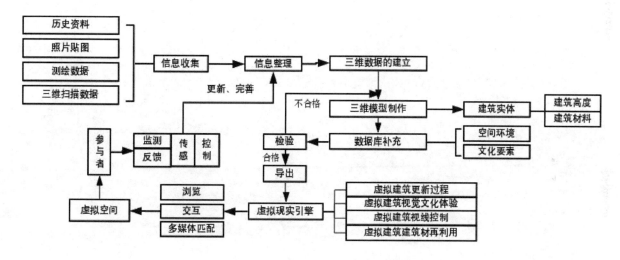

图 6 虚拟空间营造流程图

4 结语

随着虚拟现实技术的不断完善与进步，越来越多的人使用该技术在各个专业领域进行探索与研究。由于该技术所具有的多感知性、交互性以及沉浸性等特征，它也为各个领域的创作者提供了创作的空间与平台，并带给人们各种类型的交互体验感受。虚拟现实技术所具有的独特的虚拟体验与技术优势，对历史建筑保护和更新，特定地理环境的景观设计等有着重要的意义与作用。建筑与景观设计对多种类型的体验和视觉之外多维度的体验接触需求，将进一步推动虚拟现实技术在建筑与景观设计中的深层次应用，也将设计技术与方法论提升到一个新的高度。

参考文献

［1］ 徐宗武，杨昌鸣，王锦辉．"有机更新"与"动态保护"—近代历史建筑保护与修复理念研究［J］．建筑学报，2015，（13）：242-244.

［2］ 孙浩，董是非，李成博．基于虚拟现实技术的数字媒体艺术创作研究［J］．设计，2017，（15）：46-47.

［3］ 胡安娜，董彦辰．虚拟现实技术在建筑文化遗产保护中的应用［J］．中国住宅设施，2017，（08）：54-55.

［4］ Gemma Maria Echevarria Sanchez，Timothy VanRenterghem，Kang Sun，Bert De Coensel，Dick Botteldooren，Using Virtual Reality for assessing the role of noise in the audio-visual design of an urban public space [J]. *Landscape and Urban Planning*，2017，(167)：98-107.

[5] 郭学儒. 历史建筑环境中大体量新建筑的外立面设计策略研究 [D]. 广东：华南理工大学，2013.

[6] 高静，刘加平，户拥军. 地域建筑文化的三种技术表现. [EB/OL]. https：//baike. baidu. com/item/建筑文化/7253414? fr＝aladdin.

[7] 于莉莉. 旧建筑材料在空间设计中的再利用 [D]. 山东：青岛理工大学，2017.

魏书祥　马　壮

青岛理工大学；weishuxiang@qut. edu. cn

城市设计视角下 AnyLogic 技术在交通仿真领域的应用综述 *

Review of AnyLogic technology Applied in traffic simulation from the perspective of Urban Design

摘　要：伴随城市综合交通系统的日益复杂，行人交通仿真技术的应用变得更加迫切，AnyLogic 作为一款科学性高、可操作性强的工具深受城市与建筑设计师关注，近年来在城市设计中的应用逐渐增多。本文通过梳理 AnyLogic 技术在交通仿真中的应用，阐述了 AnyLogic 技术在现代城市建设与发展的专业作用；剖析了 AnyLogic 技术在行人与机动车、轨道交通等方面关系的研究现状，综述发现，现有研究主要集中于特定环境下单一要素的仿真研究，系统性不足，且国内相关研究还处于初步阶段。从城市设计角度出发，进行系统性的、多要素的、城市交通模拟仿真研究对国内城市建设与发展具有重要的指导意义。

关键词：AnyLogic；城市设计；城市交通系统；安全；疏散

Abstract：With the increasing complexity of urban comprehensive transportation system，the application of pedestrian traffic simulation technology becomes more and more urgent. As a scientific and operable tool，AnyLogic has attracted the attention of urban and architectural designers in recent years，and the application of urban design is increasing gradually. Through combing the application of AnyLogic technology in urban design，this paper expounds the professional role of AnyLogic technology in modern urban construction and development；This paper analyzes the current research situation of AnyLogic technology in the aspect of rail transit & pedestrians and motor vehicles，etc，and summarizes that the existing research focuses on the simulation of a single factor in a specific environment and lacks systematicness And the domestic related research is still at the preliminary stage. From the perspective of view of urban design，the systematic，multi-factor，urban traffic simulation study is of great significance to the urban construction and development in China.

Keywords：AnyLogic；Urban design；Urban transportation systems；Safety；Evacuation

1　概述

随着现代信息技术的迅速发展，AnyLogic 技术的应用逐渐成为热点，其中 AnyLogic 技术在城市设计中的应用研究也已成为城市研究者关注的代表性话题之一。城市交通系统的建设作为现代城市发展的基础与脊梁，在城市设计中极为关键，城市交通系统的合理建设与发展可以有效完善城市基础建设，缓解快速发展带来的一系列交通安全、效率问题。因此，更加科学、高效地解决城市设计中的交通组织问题极为迫切。

AnyLogic 是较早引入多方法仿真建模的工具之一，并且可以使用流程图、状态图、操作图以及库存和流程图等可视化建模语言。同时作为一种基于社会力模型的仿真软件，具有能描述自组织现象的能力[1]。所以

* 教育部人文社会科学研究项目（19YJC760115）；青岛理工大学滨海人居环境学术创新中心开放基金项目（201812015）。

AnyLogic 技术依托可靠的行人动力学模型能够很好地模拟行人真实行为的运动情况，此外 AnyLogic 技术能够提供多种建模方法，包括基于 UML 语言的面向对象的建模方法、基于方图的流程图建模方法、状态图、微分和代数方程，基于 Java 建模，设计 AnyLogic 模型的过程，实际上就是设计活动对象的类，并定义它们之间的关系。采用 AnyLogic 技术可以为下一步的设计提供数据化的有力支撑，使其有理可依，有据可循。

"城市设计主要研究城市空间形态的建构机理和场所营造，是对包括人、自然、社会、文化、空间形态等因素在内的城市人居环境所进行的设计研究和工程实践活动"[2]。在当前信息化的全球经济和网络社会的背景下，城市设计的概念内涵不断变化，王建国教授也曾阐释城市设计已从解决城市空间中人的流线、视觉感受等问题发展到以功能为主，继而关注人、社会、自然内在联系再到现在所出现的以"工具方法革命"的数字化城市设计[2]。由于 21 世纪以来城市发展的一个主要议题就是经济全球化与社会网络化，城市研究便开启了一个有别于以往的时代，并且，信息技术在城市规划的过程中已随处可见。从以前的单片机，到如今的地理信息系统与 GPS 定位的普及以及 AnyLogic 技术的应用实践都为城市设计与规划建设提供了关键的技术基础。

交通仿真技术是研究城市设计过程中复杂交通问题的一类重要工具，特别是当一个复杂系统难以抽象为简单数学模型时，其优势更加凸显[3]。即 AnyLogic 技术可模拟相关类之间的关系，模拟安全疏散、交通事故、人员行为等情景来辅助实现城市设计中交通系统的高效与便利，也可为相关部门制定突发事件应对机制等提供重要的技术性参考。AnyLogic 技术与城市设计的有效结合也可以在一定程度上对城市设计作出预判并且也为城市设计的研究增加了可靠性及可操作性。故本文将基于城市设计视角重点梳理 AnyLogic 技术在交通仿真领域的应用，并注重对城市交通系统的建设与完善，具体将从城市道路交通与城市轨道交通两方面着手进行综述，以期为 AnyLogic 技术在交通仿真领域中的应用和相关研究提供实践经验和理论借鉴。

2 AnyLogic 技术在城市设计中应用的重点

2.1 行人与机动车方面

城市道路交通是指供城市内车辆与行人交通使用，提供人们工作、生活出行，担负着市内各区域通达并与城市对市外交通相连道路的总称。在时代更迭及社会发展过程中，现在城市道路的拥堵、事故等问题已极为严峻。对于研究城市的这些复杂交通问题，AnyLogic 技术已成了重要工具，但在现有文献中应用于城市轨道交通的研究较多，对于城市道路交通的研究较少，所以通过它来建立有效的车辆、行人网络系统以辅助优化车行交通环境并保障行人步行安全仍然是一项亟待攻破的课题。

2.1.1 车行系统的疏散仿真

AnyLogic 技术可用于模拟城市道路的堵塞及其改善过程，即可以表明整个异常车辆的产生、加剧和恢复过程，还可将每次过程进行聚类整理，辅助区域危险等级评估，并以此为基础提供日后决策。除了提供异常车辆情况聚类分析还可以解释导致异常的机理，具体流程为在 AnyLogic 仿真平台上建立 Agent（Main Agent、客户需求 Agent、车辆运输 Agent）仿真模型，三者相互协调组成一个完整的仿真系统。Main Agent 发号施令，通过收集基础数据，完成数据准备，发出仿真指令，客户需求 Agent 在接收指令后生成需求点，车辆运输 Agent 使车辆按照最短路径完成异常车辆的恢复。也有学者基于智能体建模的概念和方法，利用 AnyLogic 仿真建模软件进行适当的仿真迭代，重点研究拥挤区域进而优化车辆流量[4]。

AnyLogic 技术从微观层面反映，城市的运行机理经验证明仿真结果基本有效，为城市道路中的拥堵起到预测及改善作用，有助于解释城市拥堵的内在机理。但人车交互仿真的效果欠佳，需要借助 Java 进行二次开发才能得以实现。另外部分仿真模型仅考虑了固定数量的车辆，缺乏基于内部和本地交互的自适应决策。并且模型中的假设在一定程度上削弱了模型的真实性，对实际的交通堵塞传播规律还需要更多更深入的研究。此外由于现有的仿真模型和仿真工具各自都存在一些弊端，很难开发一种绝对精准的仿真软件。

总而言之，城市设计研究者除了要正确选择仿真软件之外还必须结合自身的实践经验进行综合判断和应用，再加上 AnyLogic 技术仍处于探索阶段，还未能有效地服务于城市设计过程中的城市道路交通疏散，例如为城市交通流线规划、车行系统与行人步道间的层次分离与连续提供有效案例与理论支持，AnyLogic 技术在车行系统疏散中的探索与实践任重道远。

2.1.2 步行系统的疏散仿真

步行交通系统不仅只包括发生在城市道路上的步行行为，还包括发生在其他公共空间范围内的步行行为，早期的研究大多通过实际观察、照片、电影胶片的方法对行人交通流进行宏观上的评价[5]，而现在的行人交通已可通过 AnyLogic 技术对行人通行的行为进行中观甚至微观上的仿真[6][7]（图 1、图 2）。建立交通仿真与城市设计之间的关系，可为城市设计提供技术性参考。鉴于现有研究成果的局限性，下面就仅从违章行人行为以及行人排队行为对步行系统疏散仿真进行梳理和分析。

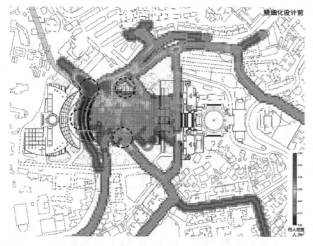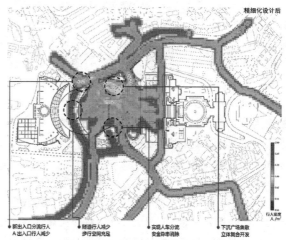

图 1　基于 AnyLogic 平台的地铁站周边城市空间仿真[6]

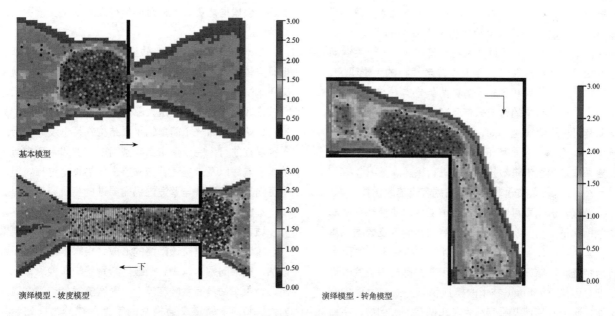

图 2　基于 AnyLogic 平台的瓶颈类型及通行能力仿真[7]

违章行人行为被认为是行人发生碰撞或意外接触的主要原因之一。为此学者 Khaled Shaaban 建立了行人违规过街行为的仿真模型，对六车道道路中行人违章过街的间隙行为进行了详细的分析，并开发模型来预测行人的可接受差距。由于车辆和行人随意到达，在大多数情况下，行人与最近车辆之间的差距远大于实际的临界间隙，因此，AnyLogic 技术的出现对此有一定的指导及实践意义。学者 Oliver Handel 和 Andre Borrmann 从传统的分析排队论和计算模拟的角度对行人动态的服务瓶颈进行了研究，并且将这两种方法的进行了比较，得出仿真模拟与传统分析方法的不同，即仿真模拟不仅可以像传统分析方法一样省略由步行距离和空间受限引起的行人交互延迟，还能够为更复杂的排队情况生成结果。此外，模拟能够考虑排队情况的物理布局，并将基本的反馈效果结合到排队系统的内生变量中，从而使排队系统不是孤立的情况，模拟方法的关键在于扩大模型边界和内生关键参数的可能性。最终建议使用分析方法得出关于排队系统如何在不同边界条件下执行的粗略基准，如果需要更准确的结果则使用 AnyLogic 技术进行进一步仿真。

AnyLogic 依托可靠的行人动力学模型，对于行人通行行为仿真有较大优势，但目前从单一要素出发的行人通行研究较多，从城市设计的角度、系统的、多要素的进行行人通行关系模拟仿真研究的文献较少。行人通行行为的自主性、目的性以及不确定性等特殊性质为检测和模拟技术带来了一定困难，即步行者行为的数据搜集成为了研究人员面对的最大困难之一[8]。行人运动是一个混沌系统，复杂且不稳定，但是现有的多数研究成果忽略了影响行人行为的多重因素及复杂情况下行人行为的特殊性问题。基于此，AnyLogic 技术对于步行系统的应用研究有赖于行人数据信息的广泛搜集、仿真模型的进一步细化以及校验方法的系统优化。

2.2 行人与轨道交通方面

轨道交通是指运营车辆需要在特定轨道上行驶的一类交通工具或运输系统。城市轨道交通建设是我国城市发展过程中的重要一环，运量大、速达性、可靠性等特点对社会快速发展带来的拥堵等交通问题起到了良好的缓解作用，但是作为城市公共交通骨干的城市轨道交通同样也面临着严峻的考验[9]。现有的城市轨道交通形式多为地铁，由于人口过度拥挤和地下复杂的空间环境，地铁车站的乘客紧急疏散成为安全管理中的一个关键问题。相关学者也开展了关于地铁疏散模拟的大量研究，主要包括客流仿真和列车流仿真两类分支[3]。由于换乘车站与非换乘车站的客流分布及客流量不同，流线布局及配套设施也会产生不同，现有文献大致就这两方面进行了分别论述，下面基于 AnyLogic 技术对换乘车站与非换乘车站的客流疏散模拟仿真进行综述。

2.2.1 轨道交通非换乘车站的客流疏散仿真

通过客流仿真可研究城市轨道交通中非换乘车站非紧急情况下的客流疏散问题，开展实地调查及数据采集后，运用 AnyLogic 仿真软件模拟分析站台乘客的聚散行为特征，总结归纳出疏散影响因素并提出相应的改进措施。但是 AnyLogic 技术的模拟仿真方式与过程均有不同，研究对象涉及乘客行为及车站空间。例如，将瓶颈口竞争求生行为作为研究对象，通过分析乘客在疏散过程中瓶颈口竞争行为的特性，论述对疏散时间、服务水平和疏散速度等产生的影响，通过 AnyLogic 技术对原始瓶颈口和瓶颈口改造后疏散过程中的乘客行为进行分析[10]，利用 AnyLogic 软件可以更加形象、直观地表现出不同形式的疏散情况以及疏散方案优化后的疏散效果。还有学者通过采用不断改变人员结构、楼梯宽度、闸机台数的方式进行仿真对比，分析得出楼梯宽度与闸机台数的配合设置才是影响人员疏散的限制性因素[11]；另一方面以车站作为研究对象，从站台、站厅、轨道交通网络三个层次对轨道交通车站站台乘客行为进行仿真分析，总结出应避免锐角形交叉口设计，尽量选择较为

平缓的圆形或者直角形设计。结合目前地铁站内人群集散瓶颈的模拟仿真研究成果，已有学者选取了瓶颈风险评价指标，并制定了风险等级评价标准，为降低地铁站内人群集散风险提供决策依据。同时也有学者提出了一种基于系统仿真的多属性决策方法来进行路径选择规划，建立了疏散过程中行人行为的不确定性和动力学模型，以评估不同路径规划策略下的疏散绩效[12]。

在采用 AnyLogic 技术对轨道交通非换乘车站的研究过程中，通过反复调试尽可能的满足现实人群疏散的要求，相比实地演练节省了大量的人力、物力，且可以得到更加贴近现实的仿真结果[11]。基于这些研究，就有可能在未来越来越多人使用城市轨道交通网络时，完善车站服务并做出预判。但是 AnyLogic 技术在这方面仍然存在一些不足，特别是由于仿真模拟通常都是在理想情况下进行的，AnyLogic 模型与实际情况必然有所出入。所以在研究过程中必须对建立的仿真模型做动态修正，使模型能更好的符合实际行人遇到突发情况的运动特征。

AnyLogic 技术在城市轨道交通就研究客流仿真应用研究较多，对列车流仿真的应用研究较少。城市轨道交通车站的内部结构设计、乘客客流组织以及行人运动系统是非常复杂的，但是大部分研究为了简化问题，只是将车站考虑为一个简单的平面结构并且也没有把行人多种潜在的行为完全考虑到模型当中，例如未考虑行人的垂直流线以及未描述客流动态变化的整个过程，所以仿真结果的真实性与普适性仍需要进一步研究与证明。

2.2.2 轨道交通换乘车站的客流疏散仿真

城市轨道交通换乘车站是全线车站设计的重要节点。随着城市轨道交通网络的形成，换乘车站数目不断增加，换乘问题也越来越凸显。特别是与非换乘车站相比，换乘车站具有吞吐客流大、乘客流线复杂、客流压力大等特点。轨道交通换乘的常见形式分为同站台换乘、站厅换乘、通道换乘等。目前对于换乘车站的客流疏散这一领域已经有许多研究，特别是对于同站台换乘这一换乘形式。同台换乘大大提高了换乘效率，但是缺乏对大量客流疏散缓冲能力的研究。因此对换乘车站客流疏散的研究变得尤为重要。

在众多研究中，有的学者采用 AnyLogic 技术对换乘形式进行了客流仿真，以量化的方式对换乘客流流线进行分析，提出客流组织优化改进措施，并利用仿真结果对优化措施进行适用性验证。与此同时，也有研究从乘客行为出发分析了我国岛式站台乘客特性，并且利用 AnyLogic 软件进行站台建模和仿真模拟，分析得出制约换乘疏散时间的主要因素为换乘出站口楼梯的宽度这

一结论[13]。利用 AnyLogic 技术的同时加入行人微观行为交通特性，在枢纽内部的楼梯口、通道口等常会形成瓶颈效应的地方对行人的行为进行仿真、分析及优化。利用 AnyLogic 软件及调研数据获得每个疏散通道的模拟时间与实际时间，进一步提出疏散优化策略。另外有研究进一步分析了同台换乘车站台的客流疏散情况，引出最大聚集人数这一概念，分析其影响因素并提出最大聚集人数的计算方法，最后采用 AnyLogic 软件对站台实时的聚集人数进行了仿真，验证了计算方法与模型的可靠性。同时有学者利用 AnyLogic 软件开发了换乘通道

客流仿真模型，制定了优化的路径选择算法来改进仿真过程，又通过调查数据，校准了模型中的参数（图3）。为研究换乘车站最大聚集人数，也有研究从时刻表协调的角度出发，采用 AnyLogic 软件对乘客的实际集散行为进行仿真。此外，基于 AnyLogic 仿真软件，还可以对不同换乘车站的客流疏散进行安全评估，对既有的换乘评价体系中缺失的方面进行分析且构建合理的评价体系。但是由于合理性评价指标的选取及分析还不够全面，尚不能完全反应换乘车站运行效率和乘客服务质量两个方面的总体情况[14]。

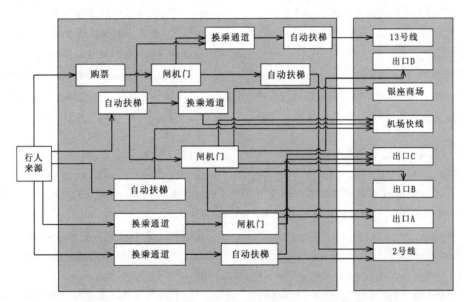

图3 AnyLogic 技术在城市轨道交通中基本仿真逻辑

对换乘车站客流进行控制有利于缓解客流过载以及保证城市轨道交通安全运营。但目前对于换乘客流疏散研究多限于同台换乘以及从单一要素进行仿真分析，将行人与站台简单化，没有综合性地考虑换乘车站台客流疏散的影响因素及客流聚散的整个变化过程，并且大部分研究忽略了行人行为特性与列车站台特征等因素，缺乏系统性地从城市轨道交通网络的角度进行轨道交通换乘车站的客流疏散仿真模拟与分析研究。

3 结论与展望

近年来，在城市与建筑设计领域，AnyLogic 技术逐渐引起国内学者的关注。国内现有对 AnyLogic 技术在城市设计中的应用研究主要围绕城市交通疏散专项组织展开，缺少整体视角下对城市发展的考虑。随着城市规模与人口的不断增加，城市发展水平的提升，Any-Logic 技术在交通仿真领域中的应用研究已经成为城市设计的重点研究课题。目前，我国处于城市快速发展阶段，堵车、车祸、踩踏等情况不断对城市交通系统进行着考验，涌现的城市问题一次次引发人们对城市交通系统的安全性与可靠性的思考。学习成功经验，建设更加有效、更加安全的城市交通系统应当成为诸多城市发展的目标。

AnyLogic 技术的出现为城市交通系统的研究提供了新的技术支撑。不同于传统方法，城市设计视角下的 AnyLogic 技术在交通仿真领域中的应用研究不仅可以更直观的、低成本的得出可用于城市设计的仿真结果，还可以提升对城市交通系统的综合性认识。综述发现，AnyLogic 技术仍处于探索阶段，并且国内现有基于 AnyLogic 技术的城市交通研究多集中于特定环境下单一要素的研究，从城市设计角度出发，更系统、综合的研究较少。城市设计视角下的 AnyLogic 技术在交通仿真领域中的应用研究需要在以下方面进行完善：

（1）现有研究主要针对于特定环境下单一要素的研究，简化了仿真模型并忽视了许多行为的参量细节，仿

真结果的有效性与可靠性有待考证，因此，在之后的研究中应该进行多要素的综合考虑；

（2）现有研究多局限于轨道交通的客流疏散等问题，对城市综合交通体系的研究较少，并且大部分以疏散、应急为出发点，从城市设计角度出发的深入研究亟待开展；

（3）由于数据与实证的不足，利用 AnyLogic 技术得出的仿真结果有待验证与优化，作为预判未来变化的技术，可依托兴起的大数据技术提升仿真的科学性；

（4）不同城市的设计都各具特色，应结合城市环境的个性与未来定位，进行仿真模拟提出更加科学的设计与优化策略。

参考文献

[1] 陈建宇. 基于 AnyLogic 的成都北站铁路客流换乘城市轨道交通仿真研究 [D]. 成都：西南交通大学，2014.

[2] 王建国. 中国城市设计发展和建筑师的专业地位 [J]. 建筑学报，2016，63（7）：1-6.

[3] 赖艺欢. 基于仿真技术的城市轨道交通突发大客流应急组织方案研究 [D]. 北京：北京交通大学，2017.

[4] Coman M M et al. The Vehicles Traffic Flow Optimization in an Urban Transportation System by Using Simulation Modeling [J]. *Land Forces Academy Review*，2017，22（3）：190-197.

[5] 张诗波等. 行人交通研究综述 [J]. 西华大学学报（自然科学版），2013，32（06）：29-33.

[6] 褚冬竹等. 轨道交通站点影响域的界定与应用——兼议城市设计发展及其空间基础 [J]. 建筑学报，2017，64（2）：16-21.

[7] 魏书祥. 基于"行为-时空-安全"关联的精细化城市设计方法研究——以轨道交通站点影响域为例 [D]. 重庆：重庆大学，2018.

[8] Caramuta C et al. Survey of detection techniques, mathematical models and simulation software in pedestrian dynamics [J]. *Transportation Research Procedia*，2017，25（7）：551-567.

[9] 曹莹. 城市轨道交通车站集散能力瓶颈识别方法分析 [J]. 智能城市，2016，2（11）：21.

[10] 刘娜等. 城市轨道交通车站瓶颈口优化研究 [J]. 交通科技与经济，2018，20（01）：7-10.

[11] 刘杨. 基于 AnyLogic 的地铁站应急疏散仿真研究 [D]. 兰州：兰州交通大学，2016.

[12] Zhang L et al. Simulation-based route planning for pedestrian evacuation in metro stations：a case study [J]. *Automation in Construction*，2016，71（11）：430-442.

[13] 黄文成等. 基于 AnyLogic 的岛式站台客流特性分析及换乘楼梯改进 [J]. 城市轨道交通研究，2016，19（10）：97-101.

[14] 张义然. 基于社会力模型的地铁换乘站乘客流线设置合理性研究 [D]. 成都：西南交通大学，2014.

I 建筑信息模型（BIM）及其应用

杨万科　胡光鹏　王君峰

筑信（广州）建筑信息咨询服务有限公司；yangwankeyx@163.com

基于 BIM 技术的复杂坡地建筑场地管控
Management and Control of Complex Slope Construction Site based on BIM Technology

摘　要：重庆作为山城，坡地建筑非常多，其中远洋九公子项目尤为典型，基于该项目进行阐述。对于坡地建筑，场地起伏非常大，单体与场地、结构顶板与场地、汽车坡道出入口与场地等关系极其复杂。园林景观，挡墙设计，主体建筑、结构、水暖电之间的配合难度极大。远洋九公子项目出现大量单体与场地、结构顶板与场地、汽车坡道出入口与场地冲突的情况，并且场地相关单位配合极其不到位。本项目引入 BIM 第三方咨询单位，采用 BIM 技术搭建三维信息模型，特别是精细的场地模型。基于 BIM 模型分析单体与场地的关系、结构顶板与场地的关系、汽车坡道出入口与场地的关系，在设计阶段规避了许多严重的问题。园林设计单位与主体设计单位非常多的地方配合不到位，出现场地覆土大量超深、景观挡墙设计未考虑主体结构、景观花园不成立等问题，基于 BIM 技术协调各个单位现场一一解决这些问题。在设计阶段，采用 BIM技术严格控制坡地建筑设计质量，进入施工阶段，同样靠 BIM 技术让设计完美落地，要求施工单位在施工某一部位前，必须仔细浏览相应部位 BIM 模型，清楚设计意图，然后参照模型施工。该项目采用 BIM 技术提升了设计、施工质量，减少了工期、节约了成本，对于坡地建筑场地具有很好的指导、示范作用。

关键词：BIM；建筑信息模型；覆土；场地；坡地

Abstract：As a mountain city, Chongqing has many sloping buildings, among which the ocean nine childe project is particularly typical. For sloping buildings, the site fluctuation is very large, and the relationship between monomer and site, structural roof and site, vehicle ramp entrance and site is extremely complex. Garden landscape, retaining wall design, the main building, structure, water and electricity between the coordination of great difficulty. There are a large number of conflicts between monomer and site, structural roof and site, entrance and exit of car ramp and site, and the cooperation between related units of site is extremely inadequate. This project introduces BIM third-party consulting units, and USES BIM technology to build 3D information model, especially fine site model. Based on the BIM model, the relationship between monomer and site, structural roof and site, as well as the relationship between vehicle ramp entrance and site were analyzed, and many serious problems were avoided in the design stage. There are many problems in the cooperation between the landscape design unit and the main design unit, such as the large amount of overburden soil, the failure to consider the main structure in the design of the landscape retaining wall, and the failure of the landscape garden. Based on the BIM technology, coordinate each unit to solve these problems one by one. In the design stage, BIM technology is adopted to strictly control the design quality of sloping buildings. In the construction stage, BIM technology is also used to make the design perfect. It requires the construction unit to carefully browse the BIM model of the corresponding part before constructing it, make clear the design intention, and then refer to the model for construction. This project adopts BIM technology to improve the design and construction quality, reduce the construction period and save the cost, which has a good guidance and demonstration effect for the sloping construction site.

Keywords: BIM; Building Information Modeling; Overburden; Site, Slope

1 工程概况

远洋九公子项目位于重庆市两江新区，总建筑面积 346643.22m²。如图 1 所示，该项目单体很多，主要由 19 栋 11 层二类高层住宅、1 栋 13 层二类高层住宅、2 栋 16 层二类高层住宅、5 栋 18 层二类高层住宅、33 栋 8 层多层住宅、沿街两到三层商业、幼儿园及地下车库组成，多层、高层住宅层高均为 3m。地库采用分散车库布置形式，车库层高为 3.6~3.9m，地下共四层；地下四层为人防。如图 2 场地典型剖面模型所示，该项目场地表面标高不规律，起伏不平。同时如图 3 所示，该项目地下室结构顶板同样不规律，考虑覆土深度、按场地标高设计地下室结构顶板标高。由于场地的标高无规律，则地下室结构顶板自身、场地与地下室顶板之间、园林挡墙与地下室顶板之间、塔楼与场地之间的关系极其复杂。

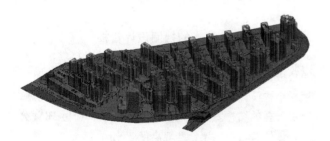

图 1　九曲河场地模型

图 2　九曲河场地典型剖面模型

图 3　地下室顶板结构局部剖面图

2 采用 BIM 技术进行场地管控解决的主要问题

BIM 全称为 Building Information Model，意为"建筑信息模型"，由 Autodesk 公司最早提出此概念。BIM 是以三维数字技术为基础，集成了建筑工程项目各种相关信息的工程数据模型，可以为设计和施工中提供相协调的、内部保持一致的并可进行运算的信息。[1] 由于该项目的复杂性，建设方一开始就决定引进第三方 BIM 咨询单位对该项目进行管控。设计阶段通过各专业建模、综合协同分析，提出单专业问题、专业间冲突问题，并追踪问题解决。施工前期，基于 BIM 技术进行设计交底，然后在整个施工阶段运用 BIM 技术指导施工。在场地方面，BIM 技术解决了不少重要问题。

2.1 基于 BIM 技术的结构顶板施工管控

场地位于地下室顶板结构之上，与顶板直接接触，顶板结构施工的准确性是场地设计实现的前提。由于该项目地下室顶板结构标高是随地形起伏，地下室顶板结构极其复杂。施工前期，采用 BIM 模型向施工单位进行交底。如图 4 所示，该位置标高关系复杂，通过 BIM 模型特别向施工单位讲解该处结构做法，但是如图 5 所示，施工阶段 BIM 工程师巡场，发现该处仍然施工错误。于是组织各标段施工单位开会，强调 BIM 技术在该项目中运用的重要性，在施工前必须通过 BIM 模型完全理解设计意图，避免此类问题再次发生，提高施工质量。如图 6 所示，结构顶板局部存在凹地，凹地积水

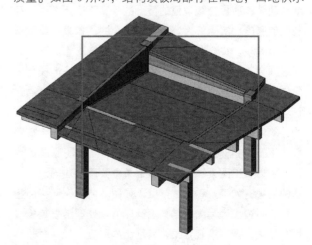

图 4　地下室顶板局部设计模型

严重，不能实现自排水，于是通过 BIM 模型分析所有凹地积水点，通过预埋排水管解决积水问题。

图 5　对应图 4 位置现场施工图

图 6　地下室顶板积水

2.2　基于 BIM 技术的场地覆土管控

对于复杂坡地建筑，场地完成效果最终是由景观图纸确定，主体施工图总图设计参照景观场地图纸，结构顶板依据建筑总图进行设计。结构顶板覆土的厚度等于景观场地完成标高与结构顶板之差，由于该项目的复杂性，往往会存在建筑总图与景观设计不匹配的情况，这就导致结构顶板荷载取值的覆土的厚度不一定准确，荷载取值厚度比实际偏大，结构是安全的，如果荷载取值比实际偏小，将会存在非常大的结构安全隐患。于是景观图纸完善后，创建精确的景观场地模型，场地模型表面与结构顶板表面空腔即为实际地下室顶板覆土，通过颜色显示实际覆土分布（如图 7 所示），然后通过与结构计算所取覆土厚度进行比对，找出结构计算覆土荷载取值不正确的地方，然后协调建设单位、景观设计单位、主体施工图设计单位、施工单位共同解决问题。处理的结果有如下几种方式：（1）如图 7 所示，箭头所指位置实际覆土远远大于结构设计取值，处理结果是修改景观标高、调整景观效果，满足结构取值；（2）对于实际覆土稍大于结构设计取值的情况，采用换填轻质材料

的方式处理；（3）局部结构能修改的地方，抬升结构标高。

顶板覆土深度颜色说明：

0<覆土深度<500
500<覆土深度<1000
1000<覆土深度<1500
1500<覆土深度<2000
2000<覆土深度<3000
3000<覆土深度

图 7　地下室顶板实际覆土分布

2.3　基于 BIM 技术的挡墙设计管控

坡地建筑，景观挡墙会非常多，景观挡墙由景观单位进行设计，然而景观单位设计挡墙时未与地下室顶板结构设计配合，导致大量的景观挡墙设计有问题，存在严重的结构安全隐患。如图 8 所示，通过 BIM 分析，该处有景观挡墙，挡墙高度 3.5m，然而该处结构

图 8　景观挡墙不能修建

顶板已经施工，结构板厚100、结构设计未考虑挡墙荷载且结构顶板未考虑与挡墙的连接方式。如果场地按景观图纸施工，该处地下室顶板很有可能垮塌，BIM咨询单位组织相关单位商量解决方案，由于结构已经施工，拆改结构工程量很大，处理结果是调整景观图纸。

2.4 基于BIM技术的花园功能管控

该项目设计有很多花园，花园配套房子销售。如图9所示，通过BIM分析，发现该处花园的结构标高高于景观标高，该区域花园不成立，避免售房时给购房者承诺不一致，很可能带来巨大的负面影响，业主很可能会退房、要求赔偿、说工程质量有问题、建设单位不诚信。

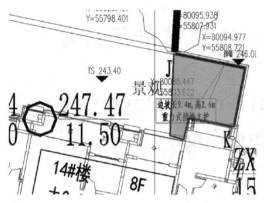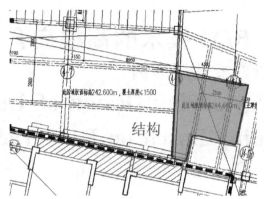

图9　花园景观图与对应结构图

3 BIM技术在复杂坡地建筑场地管控中带来的价值及必要性

通过第二章节知道，在复杂坡地建筑中采用BIM技术，规避了地下室结构顶板大量施工错误、规避了场地覆土超深带来的结构安全隐患、避免了景观挡墙导致结构顶板垮塌的风险、规避了房屋销售时承诺与实际不一致的风险。这些问题的后果都是巨大的，因此BIM在该项目中带来的隐形价值也是巨大的，复杂坡地建筑场地管控非常必要采用BIM技术。

4 展望

不仅仅是在场地中应该采用BIM技术，整个工程全生命周期都应该采用BIM技术，并且国家层面早就意识到了BIM的重要性，高屋建瓴地颁布一系列文件推动BIM技术在工程的应用，例如2016-2020年建筑业信息化发展纲要中：（1）加快BIM普及应用，实现勘察设计技术升级；（2）施工企业普及项目管理系统，开展施工阶段的BIM基础应用；（3）研究制定工程总承包项目基于BIM的多参与方成果交付标准；（4）工程建设监管完善工程竣工备案管理信息系统，探索基于BIM的工程竣工备案模式；（5）加强信息技术在装配式建筑中的应用，推进基于BIM的建筑工程设计、生产、运输、装配及全生命期管理，促进工业化建造。[2]整个工程产业链必将向全面基于BIM技术方向发展。

参考文献

[1]　王君峰，陈晓等. Autodesk Revit 土建应用之入门篇 [M]. 北京：中国水利水电出版社，2013. 2.

[2]　中华人民共和国住房和城乡建设部. 2016-2020年建筑业信息化发展纲要 [Z]. 2016. 08. 23.

吴 双[1] 刘启波[2]

1. 曼彻斯特大学建筑学院 长安大学建筑学院
2. 长安大学建筑学院；2311346290@qq.com

基于 BIM 技术的高校宿舍楼建筑节能设计研究 *
——以西安地区为例

Energy-saving Design of University Dormitory Building Based on BIM Technology
——A Case Study of Xi'an

摘 要：随着教育的全面发展，高校持续扩招与扩建。在高校建筑中，宿舍建筑面积占比最大、能耗最高。基于 BIM 技术的节能设计应用能够充分的利用信息模型结合地区气候数据进行节能模拟分析，实现以减少能耗为目的的达到节能目标。

本文以西安地区高校学生宿舍建筑为研究对象，利用 BIM 技术的优势，分别从建筑日照、采光及太阳辐射等方面对其进行建模与节能分析。从地区气候条件影响、建筑朝向与形体设计、外围护结构设计、遮阳设计等方面，进行策略分析并提出改进措施，通过能耗软件模拟建筑全年能耗总值，与优化方案进行对比论证，最后得出以舒适热环境、低能耗为目标的宿舍建筑节能设计策略。

关键词：高校宿舍建筑；BIM 技术；建筑节能设计；BIM 技术节能分析；节能策略设计

Abstract：With the all-round development of education, colleges and universities continue to expand enrollment and expansion. In University buildings, dormitory building area accounts for the largest proportion and energy consumption is the highest. Energy-saving design application based on BIM technology can make full use of information model and regional climate data for energy-saving simulation analysis, so as to achieve the goal of energy-saving in order to reduce energy consumption.

Taking the dormitory building of university students in Xi'an as the research object, this paper uses the advantages of BIM technology to model and analyze its energy-saving from the aspects of building sunshine, lighting and solar radiation. From the influence of regional climate conditions, building orientation and shape design, outer envelope structure design, sunshade design and other aspects, the strategy analysis and improvement measures are put forward. The energy consumption software is used to simulate the total annual energy consumption of buildings, and the optimization scheme is compared and demonstrated. Finally, the energy-saving design strategy of dormitory buildings aiming at comfortable thermal environment and low energy consumption is obtained.

Keywords：University dormitory building；BIM technology；Building energy-saving design；BIM technology energy-saving analysis；Energy-saving strategy design

* 2019 陕西省自然科学基础研究计划一般项目《基于全生命周期的绿色校园建筑数字化平台建设研究》资助（2019JM-488）（S2019-JY-YB-0972）。

1 引言

随着社会的发展，高校事业得到重视，然而宿舍建筑的居住环境却不尽人意。宿舍室内热舒适度差、能源消耗严重等等问题会导致高校资金和能源的浪费，也为学生们的正常学习作息生活直接带来了不好的影响。因此高校宿舍楼建筑节能设计成为当今设计师们的一大挑战[1]。

近些年，BIM 技术已被广泛应用于建筑业，并随着信息技术的高速发展，技术更为成熟也被逐渐被大众所接受。它作为一个建筑模型信息的数据库，将建筑全寿命周期内所有信息整合到一个独立的建筑模型中，再通过对数据的整合，建立模型并对其进行绿色建筑分析，并且它的建筑模拟性也可以实现场景虚拟，这解决了建筑物尺寸过大，产链过长而无法在建造期间进行相应的节能评估的弊端。结合 BIM 技术的优势文章将使用 Revit 软件和 Ecotect 软件进行建筑建模与模拟分析来对高校宿舍楼建筑进行节能设计研究。

2 西安地区高校宿舍建筑的节能现状分析

为研究西安地区高校宿舍楼建筑能耗问题，本次通过对西安地区 6 所高校进行调研（其中包含 11 个校区），分别从总体规划、单体设计、细部设计三个方面总结出高校宿舍楼建筑存在的普遍问题。

2.1 总体规划弊端

不合理的建筑布局缺乏与环境的联系：通过本次调研发现，由于忽视建筑布局与环境的关系，导致新旧宿舍建筑相互遮挡，建筑间距用地浪费等等问题。依靠人工设备改善室内热环境舒适度，造成大量的冷热能源的浪费。

朝向自由的建筑不利于节能：一些高校为了顺应道路和节约用地而忽略建筑朝向的设计，过多的使用人工照明和通风去改善室内环境。

不当的景观布置影响建筑采光：西安高校宿舍景观设计针对环境进行了点缀和为活动空间提供遮阴纳凉，却忽视了景观植被对建筑的影响。不适当的景观植被设计直接为建筑的采光通风带了不利的影响。

2.2 单体设计弊端

忽略建筑形体设计与建筑节能的关系：通过调研发现，西安地区高校普遍采取行列式建筑规划与长方形单体设计形式，虽然它较为经济和节约土地，但是单一的建筑形体忽略了地形气候环境对建筑的影响。因此，在后续的深入研究中，需要进一步研究建筑形体设计与建筑节能的关系。

忽视建筑空间设计：宿舍的空间布局简单，功能匮乏。盲目的模式化设计，缺乏与环境的联系。导致出现宿部分居住空间采光不够、夏季温度过高、冬季室内温度较低，然而辅助用房却具有较为优势的采光通风、保温条件而产生的等等能耗浪费、居住环境差的现象。

2.3 细部设计弊端

缺乏遮阳设计：通过本次调研可发现，西安地区普遍高校宿舍建筑并未设置系统的遮阳。仅仅结合建筑本身的突出构造柱和挑檐，合理的遮阳能够有效的减少夏季热辐射，防止太阳炫光，提高建筑室内热环境舒适度。

受损的外围护结构设计：大部分宿舍建筑存在墙体开裂的现象，外围护结构设计并未符合现有的节能规范，导致建筑外围护结构的耐久性较弱。存在外墙未做保温层、门窗采用木质框和单层玻璃等等问题。这些都直接加大了建筑室内的热量流失而导致能耗浪费。

3. 西安地区的高校宿舍楼建筑节能设计策略

3.1 高校宿舍楼建筑场地设计

3.1.1 建筑布局设计

通过 Ecotect 软件中的日照分析模拟软件对宿舍建筑布局形式进行模拟分析。

宿舍建筑布局设计模拟分析　　　　　　　　　　　　　表 1

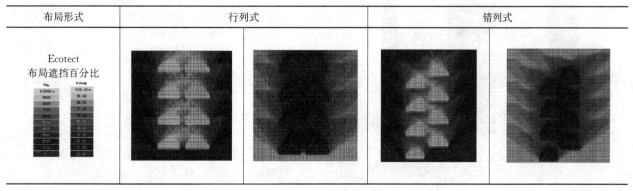

布局形式	行列式		错列式	
Ecotect 布局遮挡百分比				

布局形式	斜列式		院落式	
Ecotect 布局遮挡百分比 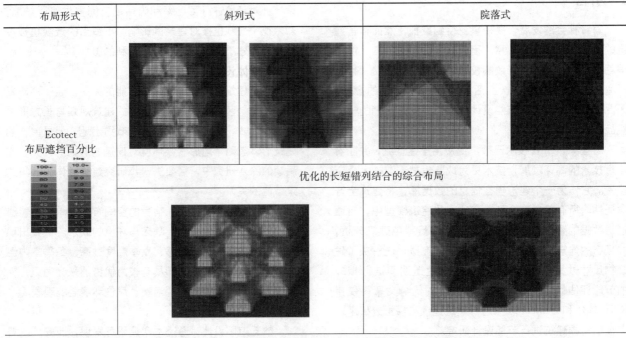				
	优化的长短错列结合的综合布局			

图片说明：采用 Ecotect 软件对不同布局形式进行模拟与分析

长廊式的布局比短廊式布局在土地利用上更加合理，短廊在日照条件上比长廊更加好，因此将长廊与短廊进行结合布局，将长廊的宿舍建筑尽可能的布置在北向，将短廊宿舍布置在南向减少中遮挡。

3.1.2 建筑朝向设计

基于 BIM 技术的气象数据分析（图1、图2）的得知西安地区最佳朝向与最差朝向，最佳朝向在 215°，即南偏西 35°，最差朝向在 305°即西偏北 35°。较好的朝向范围在 155°-215°，即南偏东 25°到南偏西 35°。在这个朝向区间中，可以最大化的利用太阳热辐射，冬季昼夜温差较大时，白天温度较高时建筑外围护结构通过最佳朝向最大程度吸收太阳热量并存蓄于建筑内。

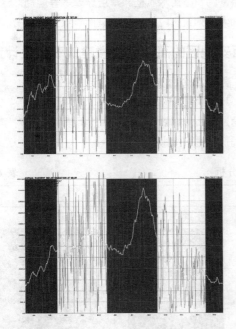

图1 西安地区太阳辐射分析图

（图片说明：使用 Wezther tool 软件）

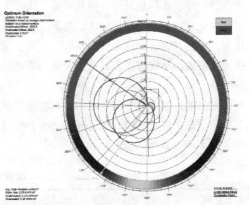

图2 西安太阳辐射分布图

（图片说明：使用 Wezther tool 软件）

3.1.3 场地风环境设计

根据上表（表2）的风速舒适度可知，行列式和斜列式的空气流动性很强，风速却较为不稳定。院落式因为围合式的布局，保证了内部的空气流通稳定性，但是在夏天，过低的风速不利用环境降温。相对来说，错列式的风速相对稳定，又具备良好的通风效果。

常见布局形式的风环境模拟（图表来源：软件模拟）   表2

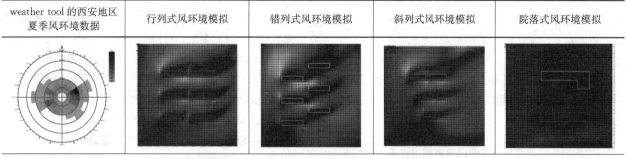

weather tool 的西安地区夏季风环境数据	行列式风环境模拟	错列式风环境模拟	斜列式风环境模拟	院落式风环境模拟

（图表说明：夏季主导风向1500mm人行高度处风速的示意）

3.1.4 建筑热环境设计

绿植铺地代替硬质铺砖调节热环境：可以采用多孔型铺地：网格砖、透水砖、空性砖等放置在种植的绿植铺地之上，可以有效地通过绿植储存水分来调节场地的热环境[2]。

景观设计降温：除了种植相应的绿植之外，也可以添加水体景观，通过增加空气湿度，来调整热环境，提高建筑室外环境的热舒适度。

利用太阳辐射角度：将太阳辐射较大的区域设置做活动场地，将建筑的辅助空间、不需要采光要求的空间：楼梯间、储藏间等设置在太阳辐射较小的区域[3]。

3.2 高校宿舍楼建筑体形与空间设计

3.2.1 宿舍楼建筑体形设计

（1）平面设计

学生宿舍建筑单体常见的几种平面形式：一字形、L形、Y形、围合形。将模型进行定量，四种平面设计底面积为400m²，建筑高为16500mm。窗墙比控制在30%，墙体和窗户的材料一致使用ECOTECT默认一致材质。主动系统全部设置为混合模式系统等参数保持一致，进行全年能耗计算，并进行对比（表3）。

不同平面形式的耗热量对比（表格来源：软件模拟）   表3

平面形式	一字型	L形	Y形	围合形
软件模拟				
耗热量比值	Q	1.25Q	1.19Q	1.17Q

（表格说明：建筑外表面积2050m²，体形系数0.31）

根据图表可以看出，长方形的平面布局的能耗值最小，其次是围合式、Y形，最耗能的为L型。

平面形式体型系数与耗热量比值计算值

（表格来源：作者自绘）   表4

平面形式	外表面积/m²	体形系数/(F0/V0)	每平方米建筑面积耗热量比值（以正方形为100%）%
正方形（1：1）	2002.59	0.238	100
长方形（2：1）	2093.98	0.249	104.6
长方形（3：1）	2235.1	0.266	111.6

续表

平面形式	外表面积/m²	体形系数/(F0/V0)	每平方米建筑面积耗热量比值（以正方形为100%）%
长方形（4：1）	2379.24	0.283	118.7
长方形（5：1）	2516	0.3	125.6

（表格说明：建筑高度16.8m，底面积500m²，每平方米建筑面积耗热量比值（以正方形为100%）%）

通过以上分析（表4），建筑的长宽比与体形系数为正比，和耗热量也成正比。根据以上两个表对比可以得知：同等体形系数下，一字型的宿舍建筑设计在所有平面布局设计下最为节能；长宽比越大，耗热量越大，就越不利于建筑节能。因此可以减少宿舍建筑的长宽比，尽量减少多段式宿舍楼平面设计形式[4]。

（2）层数设计

建筑层数设计的不同对于建筑节能设计也有很大的影响，因此进行层数模拟，对比同样条件下，5～8层的能耗比值（表5）。

不同平面形式的宿舍建筑不同层数的每平方米年均耗能
（表格来源：软件模拟） 表5

平面形式	5层	6层	7层	8层
一字型	169623.328	169068.213	168711.52	168425.44
L形	211720.448	211154.093	210740.297	210416.78
Y形	201136.704	200866	200003.2	200604.92
围合形	198299.12	197922.69	197833.486	197654.12

（表格说明：每平方米年均耗能（W/m²））

根据表格显示，当建筑窗墙比按照节能设计标准的最大值布置，建筑能耗按照混合模式系统：冬季集体供暖，夏季空调系统以及照明设备能耗进行统计计算。L形平面形式的宿舍建筑全年耗能最少，并且随着层数增加，每平方米年均耗能降低[5]。

3.2.2 宿舍楼建筑空间设计

（1）通风设计

室内良好的通风环境可以为宿舍散热和提供新鲜的空气、降低室内温度，可以有效地减少使用人工设备而浪费的能耗。一方面，在空间设计上为房间设置进风口和出风口有效组织穿堂风，通过热压通风方式（穿堂风）来改善室内通风。另一方面，可以利用楼梯间与建筑内部的连接，拔高楼梯间的高度形成烟囱效应（风压通风方式），加强建筑内部自然通风。在楼梯间设置隔断门，夏季温度高时，打开门，利用热压作用加强通风，建筑散热。冬季将门关闭，减少空气流动，防止热量流失以及冷空气渗入。

（2）采光设计

建筑的节能设计中，应该尽量利用天然采光，减少使用人工照明。在宿舍楼建筑设计中根据不同功能空间有不一样的采光要求，可以在设计上根据采光要求来放置不同功能的房间。如西侧的宿舍因为太阳直接辐射较强，外围护结构在白天吸热，夜间也随着室外温度的下降而迅速的下降，热稳定性差。在平面空间布置上可以考虑把次要房间放置在北向的东西两侧处。

3.3 高校宿舍楼建筑围护结构设计

3.3.1 外墙设计

围护结构对室内热环境的影响主要是通过内表面温度体现的，寒冷地区的建筑外墙需要优先考虑保温性能。一方面，可以通选择合理的外墙材，如黏土多孔砖、混凝土空心砌块等轻质高强，热工性能好的材料；另一方面，选择合理的保温形式：将单一材料墙体转变为复合墙体并引入高效保温材料，可以减少墙体厚度、增加使用面积提高绝热性能[6]。

3.3.2 屋面设计

屋顶需要同时兼顾冬季保温和夏季隔热，可以从减少得热、控制传热和加速散热三个方面入手。一方面，选用重量轻、力学性能好、传热系数小的材料来满足热阻要求，如水泥珍珠岩屋面、挤压型聚苯板等；另一方面，增加屋面热惰性来保证室内热稳定性，减少热流波幅。目前外保温屋面和倒置式屋面较为适用寒冷地区的宿舍屋面设计。

3.3.3 门窗设计

传统的门窗设计师建筑保温节能的薄弱环节。其中门窗的热损失占围护结构整体热损失的40%。因此在保证室内采光的前提下，应该减少窗面积。在保证空气质量的前提下增强门窗气密性；减少房间换气次数。

3.3.4 遮阳设计

太阳辐射主要根据两个方面来影响室内的热环境舒适度：一是直接入射室内，二是被建筑表面吸收后，一部分热量通过围护结构传入室内。建筑遮阳的目的是阻断直射太阳光进入室内，防止过分照射和加热围护结构。

不同的遮阳方式对建筑能耗的影响（表格来源：软件模拟） 表6

遮阳形式	无遮阳	水平遮阳	垂直遮阳	综合遮阳
软件模拟				
每年能耗（kW·h）	339.246	339.191	339.130	334.229

通过 Ecotect 模拟发现（表 6），西安地区垂直遮阳的建筑年耗能最低。综合以上模拟研究分析可知遮阳设计与当地气候、建筑类型、建筑朝向、建筑体量、房间功能等因素相关，需要通过综合分析得出最适合的设计，达到节能最大化。

4 案例模拟分析

4.1 案例建筑的概况

本次案例建筑为长安大学渭水校区的第八号学生宿舍建筑楼，该建筑位于西安市未央区（表 7）。

长安大学渭水校区第八号学生宿舍建筑概况信息
（图表来源：作者整理）　　　表 7

建筑面积	10578.67m²
建筑层数	共五层（局部六层）
结构类型	砖混结构，车库部分短肢剪力墙
墙体结构	240、370 承重墙：MU10（KP1）型承重空心砖、M10 混合砂浆 120 填充墙：MU3.0 非承重空心砖、M5 混合砂浆
门窗材料	铝合金单层玻璃门窗
屋顶结构	防水层：3 层 3 厚 SBS 改性沥青防水卷材找平层：20 厚 1：3 水泥砂浆 保温层：50 厚挤塑聚苯乙烯泡沫塑料板结构层：钢筋混凝土楼板
外围护保温设计	宿舍部分 240 厚外墙做挤塑聚苯乙烯板内保温处理

随着宿舍建筑规范的更新和节能设计规范的发展，该建筑所遵循的构造做法图集和设计规范已经废止，早已不符合现有规范的节能设计要求，因此选取该建筑作为典型案例进行调研分析和节能模拟对比分析，并对其提出相应的改造设计方案。

4.2 案例模型的建立

在本次运用 REVIT 软件进行建筑模型建立的过程中，需要先将建筑结构模型先进行基础搭建，然后深入数据调整，最后与计算软件的数据转换。当完成了 REVIT 建模（如：图 3）和文件转换的步骤后，使用 Ecotect 软件对其进行能耗模拟分析。

图 3　长安大学渭水校区第八号宿舍楼
建筑 Revit 建模效果图

4.3 案例建筑节能设计分析与总结

通过调研和软件模拟分析，得出以下节能设计问题的总结（表 8）。

长安大学渭水校区 8 号宿舍楼节能设计分析与总结　　　　　　　　　　**表 8**

内容	节能分析
采光与日照	建筑南向宿舍空间采光达到规范要求，但部分北向房间和走廊空间采光较差，可通过调整建筑布局和朝向进行改善（图 4） 建筑日照符合规范要求
建筑体形设计	建筑分为三段式：东、中、西段。中段部分进行架空一层。建筑长宽比较大，体形系数 0.33 作为《严寒和寒冷地区居住建筑节能设计标准》JGJ 26—2010 中对寒冷地区 4~8 层建筑体形系数的最大值 通过 Ecotect 风环境模拟分析得知（图 5），对该建筑平面设计西段、中段、东段各自形成风影，直接怼建筑周围的风环境造成了不利的影响，将会影响夏季通风散热情况 通过能耗分析数据可知，建筑的体形系数还可以得到改善
建筑外墙设计	经过调研与节能模拟分析可知，建筑能耗中，外围护结构失热占比非常大，说明外墙蓄热、保温性较差（图 6） 通过图纸资料收集，实例建筑的外墙保温设计采用挤塑泡沫板内保温设计，内保温设计有以下弊端：产生热桥、结露现象、导致墙体开裂
门窗、玻璃幕墙材料选择	建筑门铝合金方窗，门窗玻璃和幕墙玻璃皆使用单层玻璃。 铝合金的门窗框气密性较差，造成室内热量流失。单层玻璃的传热系数和辐射系数都较高，夏季遮阳差，冬季保温不佳
屋顶设计	屋顶的蓄热性较好，但隔热较差，需要改善
空间设计	走廊过长导致交通空间采光较差，缺乏公共交流空间设计

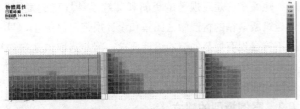

图4 宿舍建筑日照时间

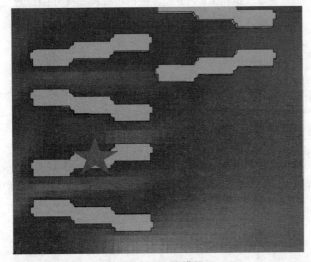

图5 风环境模拟

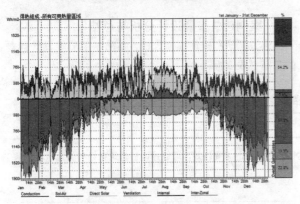

图6 建筑热负荷分布分析图

4.4 改造与优化方案设计

4.4.1 案例建筑改造方案

本文基于最大程度减少建筑材料、能源的使用的原则下，对既有宿舍建筑案例进行改造方案设计（表9）。

改造方案设计对比（图表来源：作者自绘） 表9

构件	原方案节能设计	改造方案
墙体	20 水泥砂浆 240KP1 承重空心砖 30 水泥砂浆 3 专用粘接石膏 25 挤塑泡沫板 10 粉刷石膏	20 水泥砂浆 240KP1 承重空心砖 30 水泥砂浆 3 专用粘接石膏 10 空气层 45 挤塑泡沫板 10 粉刷石膏

续表

构件	原方案节能设计	改造方案
玻璃幕墙	隐框淡蓝色单层玻璃幕墙	多层中空玻璃、断热铝型材
门窗	普通铝合金单层玻璃方窗	LOW-E 中空玻璃、塑钢门窗
屋顶	水泥砂浆 钢筋混凝土 聚苯乙烯 水泥砂浆	水泥砂浆 钢筋混凝土 聚苯乙烯 水泥砂浆
楼层	水泥砂浆 钢筋混凝土 水泥砂浆	水泥砂浆 钢筋混凝土 水泥砂浆

4.4.2 案例建筑优化方案

本文通过上文研究与分析所总结的节能设计策略运用于典型案例建筑中，进行一套最优化方案设计（图7）。

图7 优化方案 Revit 建模效果图

（1）朝向优化设计：通过对 Weather tool 中西安气象数据的太阳辐射分析得知，故将本次建筑朝向改为南偏东35°。

（2）平面设计优化

① 优化体形系数：降低建筑长宽比（图8）。

图8 优化方案北向立面图

② 优化日照与采光：根据采光分析进行功能空间设计：通过上文分析可知，建筑北向的采光比南向采光较弱，因此本次设计将辅助空间尽量安排在北向（图9）。

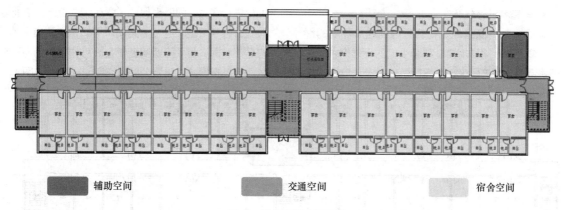

辅助空间　　　　　　　　　交通空间　　　　　　　　　宿舍空间

图 9　优化方案平面图

③ 优化保温：通过上文研究可知，靠近山墙的房间保温效果比其他房间较差。因此本次设计尽量减少靠近山墙的宿舍房间，将公共盥洗空间设置在北向的东西段房间，减少采暖薄弱区，合理利用空间（图 10）。

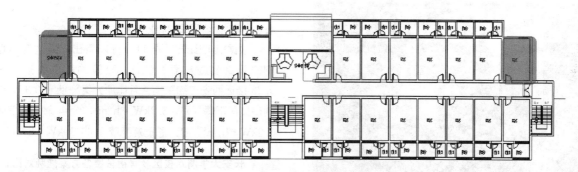

图 10　优化方案辅助空间分布

④ 优化通风：拔高楼梯空间，加强风压通风：通过拔高楼梯间高度，并在楼梯间设置窗户促进夏季室内通风。在楼梯间设置防火门，冬季进行关闭，防止热量流失（图 11）。

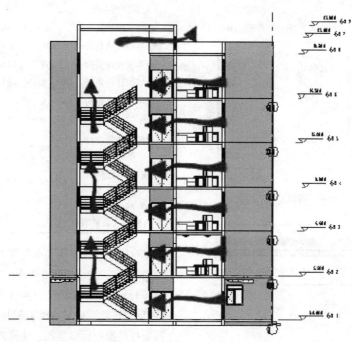

图 11　优化方案剖面图

467

(3) 空间需求设计优化

通过调研可知,除了满足宿舍室内物理热环境的舒适度,宿舍建筑设计同样需要考略学生们的心理需求。在一层门厅处设置公共等候区,在门厅做停留时可以在该空间处进行休息,同时也促进了学生们的交流。在标准层处设置公共学习室。经过上文调研可知,高校宿舍的学生作息各不相同,为了降低宿舍学生因为作息时间不一致带来的相互不良影响,设置公共学习空间(图12、图13)。

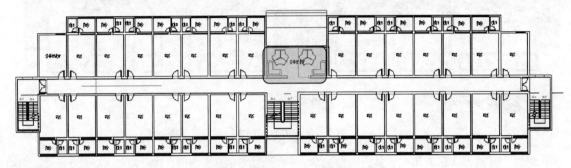

图12 公共交流空间的设置

图13 公共交流空间效果图

(4) 外围护结构设计优化(表10):

外围护结构设计优化方案 表10

外墙保温设计优化	3 聚合物砂浆 10 空气层 45 厚挤塑聚苯板 3 聚合物砂浆 30 水泥砂浆 240KP1 20 水泥砂浆	保温 外墙
门窗气密性设计优化	LOW-E 中空玻璃、塑钢门窗	
屋顶保温隔热设计优化	水泥砂浆 SBS 钢筋混凝土 聚苯乙烯 水泥砂浆 聚苯乙烯泡沫塑料	室外 室内

4.5 模拟结果与对比分析

根据以上图表(表11)可以看出,通过对典型案例的节能改造方案的设计,建筑的耗热量指标达到0.23接近西安市约束指并且比原方案降低了0.15,全年的热负荷下降了约43.3kW·h/m²,全年冷负荷仅降低0.9kW·h/m²,建筑总能耗下降了46.19kW·h/m²。

长安大学渭水校区8号宿舍楼各方案能耗对比

表11

项目信息	单位	原方案	改造方案	优化方案
建筑总面积	m²	10578.67	10578.67	7566
建筑体形系数		0.33	0.33	0.33
建筑窗墙比		0.28	0.28	0.3
全年最大热负荷	kW	588.258	529.735	209.081
全年最大冷负荷	kW	531.644	500.682	270.623
全年累计冷负荷	kW·h/m²	24.67	22.77	3.72
全年累计热负荷	kW·h/m²	109.93	65.63	51.99
全年建筑总能耗	kW·h/m²	134.59	88.40	55.78
建筑耗热量指标(采暖期)	GJ/m²·a	0.38	0.23	0.123
西安建筑耗热量指标引导值(采暖期)	GJ/m²·a	0.12	0.12	0.12
西安建筑耗热量指标约束值(采暖期)	GJ/m²·a	0.21	0.21	0.21

将优化设计方案与原方案对比(图14),全年的热负荷下降了约80kW·h/m²,全年累计热负荷仅为51.99比原方案降低了一半(图15)。建筑耗热量符合《民用建筑能耗标准GB/T 51161—2016》为0.123接近西安耗热量指标引导指。比原方案的耗热量指标下降了0.257。根据以上数据表明本次的改造与优化方案皆有

效的加强了建筑的保温，降低了建筑的全年总能耗。但建筑优化方案的改善结果明显比改造方案成效更为显著，由此可以得知，方案阶段的节能设计对建筑能耗有非常重要的影响。

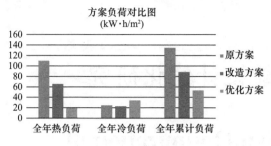

图 14　方案负荷对比图

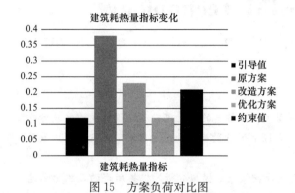

图 15　方案负荷对比图

5　结论

本文提出的高校宿舍楼建筑节能设计策略以西安地区为例，通过使用 BIM 技术对其进行能耗模拟计算。对案例建筑与改造和优化方案设计进行对比与分析，通过数据对提出的设计策略进行了实证。通过以上研究分析可知，方案设计阶段的节能设计对建筑能耗有非常大的影响，达到了建筑节能的目的。BIM 技术打破传统节能方法的束缚，实现了在设计阶段对其进行模拟与分析，能够更好的推进高校宿舍建筑节能的发展。

参考文献

[1]　侯兴华，李建，何飞. 某高校宿舍楼综合节能改造设计方案研究 [J]. 建筑节能，2016，44（11）：114-118.

[2]　赵国正. 高校学生宿舍设计方案研究 [J]. 住宅与房地产，2018（28）：100.

[3]　盛子沣. 夏热冬冷地区学生宿舍节能改造初探——以同济大学彰武校区为例 [J]. 建筑节能，2019，47（03）：107-109＋116.

[4]　魏薇. 学生宿舍居住空间设计研究 [J]. 安徽建筑，2016，23（04）：14-16.

[5]　张玉红，姜晓龙. 基于BIM技术的建筑能耗分析方法研究 [J]. 吉林建筑大学学报，2017，34（02）：93-96＋106.

[6]　刘念雄，秦佑国. 建筑热环境 [M]. 北京：清华大学出版社，2016.

李　畅[1]　刘启波[2]

1. 浙江大学建筑设计研究院；951258270@qq.com

2. 长安大学 建筑学院；2311346290@qq.com

基于 BIM 技术的既有建筑节能设计优化研究 *
——以长安大学逸夫图书馆为例

Research on Energy-saving Design Optimization of Existing Buildings Based on BIM Technology
——Taking the Yifu Library of Chang'an University as an Example

摘　要：随着当今社会建筑能耗问题日渐突出，基于"可持续发展"理念的绿色建筑节能设计成为建筑行业发展的重要环节，在建筑工程信息化程度快速发展的态势下，BIM 技术的运用为绿色建筑节能设计领域带来了重大突破。

本研究基于 BIM 技术对长安大学逸夫图书馆建筑节能设计现状进行模拟分析，根据所得的数据总结建筑节能设计存在的问题，通过 BIM 技术在建筑节能设计阶段的运用方法，得出适宜案例建筑的节能设计优化策略。文章阐述了 BIM 技术在既有建筑节能设计分析的应用流程，总结出 BIM 技术作为节能设计辅助工具的优势特征，随着 BIM 技术研究的不断深入，其在既有建筑节能设计领域将得到广泛应用。

关键词：BIM 技术；高校图书馆建筑；BIM 模拟分析；节能设计

Abstract：With the increasingly prominent problem of building energy consumption in today's society, the green building energy conservation design based on the concept of "sustainable development" has become an important link in the development of the building industry. With the rapid development of building engineering informatization, the application of BIM technology has brought a major breakthrough in the field of green building energy conservation design.

Based on BIM technology, this study simulates and analyzes the current situation of building energy conservation design of Yifu library of Chang'an university, summarizes the existing problems of building energy conservation design according to the obtained data, and obtains the optimal strategy of energy conservation design of appropriate case buildings through the application method of BIM technology in the stage of building energy conservation design. This paper expounds the application process of BIM technology in energy conservation design and analysis of existing buildings, and summarizes the advantages of BIM technology as an auxiliary tool for energy conservation design. With the deepening of BIM technology research, it will be widely used in energy conservation design of existing buildings.

Keywords：BIM technology；University library building；BIM simulation analysis；Energy saving design

　*　2019 陕西省自然科学基础研究计划一般项目《基于全生命周期的绿色校园建筑数字化平台建设研究》资助（2019JM-488）（S2019-JY-YB-0972）。

1 引言

随着现如今城市的飞速发展，人们对于建筑室内环境的满意度要求提高，城市建筑单位能源消耗每年都在增加。在建筑运行过程中，对建筑能耗产生巨大影响的因素主要有：①建筑所处地区的气候特征与周边环境因素影响；②建筑自身的节能设计优化程度；③建筑全生命周期的运维阶段中运维管理方式与设备系统的能耗影响。

BIM 技术作为建筑领域辅助设计工具，以工程相关的信息数据为基础，建筑 BIM 技术核心模型，进行建筑所处地区的地形及建筑环境气候分析，根据建筑单体设计的基本属性，实现基于地区气候环境下的建筑能耗模拟，进行建筑节能分析，为提出节能设计优化策略提供基础理论支持。

2 基于 BIM 技术的建筑能耗分析和节能设计应用

2.1 BIM 技术辅助分析常用软件

BIM 技术覆盖于建筑全生命周期的各个阶段，其中涵盖了建筑、土木工程、给排水、暖通、机电设备和工程管理等多个领域。BIM 技术相关应用软件发展至今主要分为三个种类：设计阶段 BIM 软件、施工阶段 BIM 软件和运维阶段 BIM 软件。

在本文中主要以能耗模拟分析软件应用研究为主，主要是针对建筑设计初期阶段，通过对建筑地域气候和环境、建筑自身形体布局、构造设计和设备系统的模拟计算，分析建筑的节能设计现状与问题，以便进行进一步优化。

能耗分析软件主要有：Ecotect Analysis、Green Building Studio、DeST、EnergyPlus。

2.2 BIM 技术建筑能耗分析方法

BIM 技术通过建立 BIM 技术核心模型，与能耗模拟软件进行交互，从而对通过 Ecotect Analysis 软件基于 BIM 核心模型软件平台，进行建筑外环境现状、建筑能源消耗与建筑内环境舒适度的模拟分析。

BIM 技术能耗分析的基本流程为：获取建筑的相关信息→进行 BIM 技术核心模型建立→模型碰撞检查→判断模型的标准型→输出分析文件并补充相关信息→进行能耗模拟计算→能耗及基本要素分析→输出计算结果→信息存档。

BIM 技术建筑能耗分析方法主要分为三个步骤：建立核心模型；建立建模软件与能耗分析软件之间的信息对接；进行能耗模拟分析计算。

2.3 BIM 技术在建筑节能设计阶段的应用

BIM 技术模拟分析过程，通过对建筑基地地形环境、地域气候特征、建筑内部空间功能和设备运行方式的模拟分析，促进建筑节能设计策略的优化。

（1）建筑基地风环境设计

风环境是影响建筑设计的重要因素，通过 BIM 技术相关软件对场地风场的模拟，对建筑模型的基本形体、建筑朝向和周边景观布局进行优化设计，确保建筑对风场和风环境的适应性，从而增长建筑物的使用寿命。

室内良好的通风换气效果能够大幅度提高室内空气质量和改善温湿度，通过建筑周边的风环境与建筑分析模型的综合自然通风效果模拟，分析室内形成的空间风速云图，对建筑通风口位置、开窗形式、空间布局形式、机械设备进行节能优化设计。

（2）建筑室内采光设计

太阳辐射情况和建筑开窗形式、位置、洞口尺寸直接影响室内自然采光效果。BIM 技术可以通过模拟地区太阳辐射和日照轨迹变化，进行建筑模型的室内采光效果分析，可对建筑外围护结构的采光效果、室内布局和开窗采光形式进行优化设计。

（3）围护结构与设备优化设计

通过模拟地区气候环境和建筑模型的围护结构、空间布局形式、室内热舒适度效果和机械设备运行方式，进行建筑热环境能耗计算分析，从而提升围护结构保温隔热性能，提高能源利用率，降低设备运行能耗。

3 基于 BIM 技术的高校图书馆建筑节能设计研究

3.1 基于 BIM 技术的气象数据节能设计研究

环境气候因素是影响建筑运行能耗和建筑室内环境舒适度的基本要素，通过 Ecotect Analysis 模拟分析软件中的气象工具 Weather Tool 可进行地区气象数据模拟分析。

（1）气温

Weather Tool 根据指定地区气象数据，模拟地区全年逐时气温变化情况，其干球温度变化分布模型常用于进行建筑设备系统的能耗计算。

（2）相对湿度

空气相对湿度对建筑内环境舒适度有较大的影响，Weather Tool 可进行地区全年相对温度与焓湿度分布情况模拟，得到温度分布变化和热舒适范围区间。

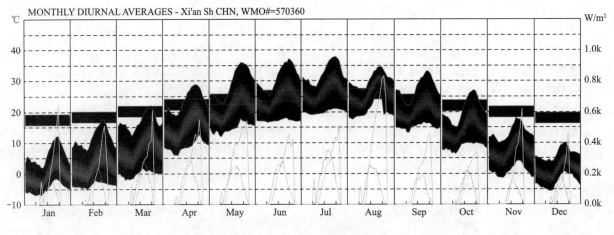

图1　全年逐时气温分析图

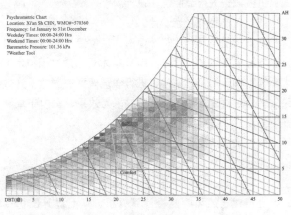

图2　焓湿图

（3）太阳辐射

太阳辐射对地表气候状况影响较大，通过对地区各朝向所受太阳辐射情况和最佳朝向位置太阳辐射情况的模拟计算，可确定当地建筑物的最佳朝向设计范围。

（4）风环境

在城市环境或自然地貌影响下形成的特定风环境，对建筑自然通风效果、建筑风场与风荷载、建筑最佳朝向范围、建筑周边景观植被配置等分析与设计有重要作用。

3.2　基于BIM技术的高校图书馆建筑节能设计研究

高校图书馆建筑是高校中体量最大、使用人数最多、使用率最高的公共建筑，需要为使用者提供舒适的学习阅读环境，所以图书馆建筑的节能设计要解决的问题和注重的要素十分关键。高校图书馆通过结合BIM技术气象模拟及光、热、风环境模拟计算，从规划布局、建筑单体和建筑构造三个层面着手，进行建筑节能设计综合分析。

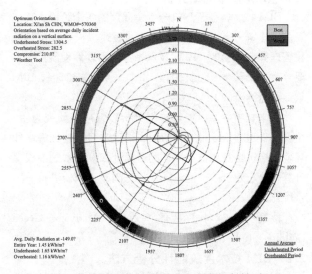

图3　建筑物各朝向所受的太阳辐射情况

3.2.1　规划布局设计研究

（1）建筑用地的选择

高校图书馆建筑用地选择应注重地形与建筑的适应性，适于人流的集散，确定图书馆建筑的位置关系，合理规划校园交通流线，提高校园基础设施的高效性和服务性。

（2）建筑朝向设计

朝向设计根据BIM技术模拟当地气候现状，综合太阳辐射、日间采光情况和场地风环境等因素，以确定建筑的最佳朝向。

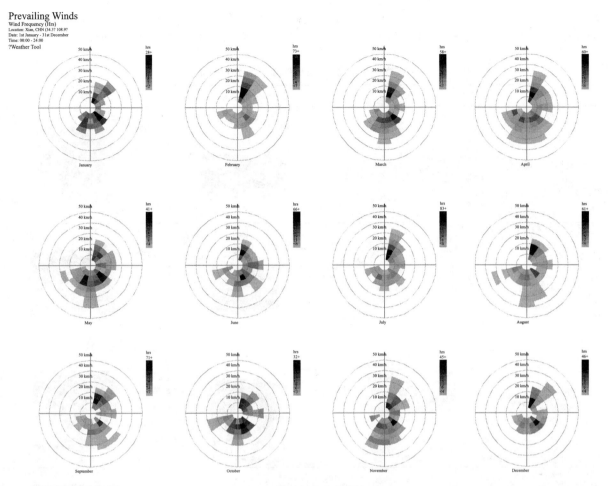

图 4　逐月风频分析图

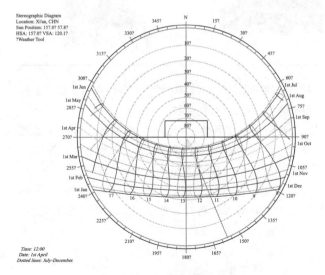

图 5　太阳运行轨迹球面图

（3）景观广场节能设计

广场景观是校园规划的重要组成因素。景观植被的合理布置能有效改善场地风环境，优化室内自然通风效果，降低粉尘污染物的影响，提升室内环境的舒适度。广场采用粗糙的硬质铺地，能降低地面的反光率，减轻光污染和眩光效应。

图 6　建筑朝向与主导风向的关系图

3.2.2　建筑单体设计研究

（1）建筑形体设计

建筑形体设计是建筑单体节能设计的基础，根据建筑形体系数进行分析设计，指在建筑构造设计方式与机械设备运行模式基本相同的条件下，建筑体形系数越小，建筑单体的保温隔热效果和节能性越好。

（2）平面功能布局形式设计

根据建筑形体特征与功能布局形式，平面布局可分为对称分布式、回字形分布式、U字形分布式和一字形排列分布式，结合多种平面布局形式，利用 BIM 技术进行通风和自然采光模拟并对比分析，综合模拟计算结果的利弊关系进行单体平面布局设计。

基本平面布局形式的采光和风场情况分析　　　　　　　　　表 1

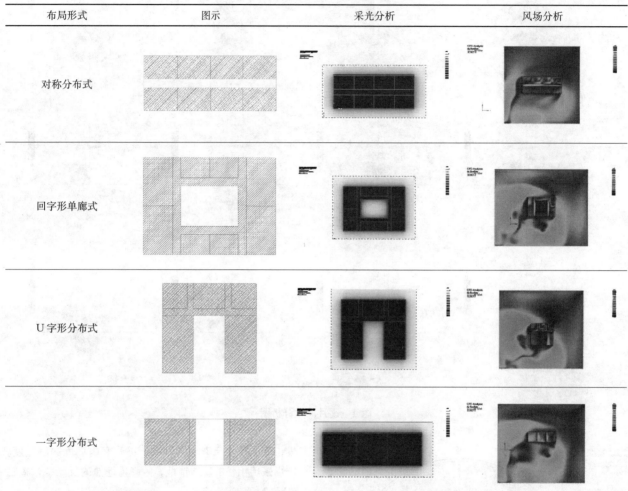

布局形式	图示	采光分析	风场分析
对称分布式			
回字形单廊式			
U字形分布式			
一字形分布式			

（3）自然通风设计

建筑自然通风设计通常分为风压通风与热压通风两种方式。在建筑南北立面进行开窗的空间，利用风压通风形成穿堂风；热压通风可在中庭、楼梯间等区域，采用在顶部开设出风口，利用太阳辐射产生气体热压差，达到空气垂直流动的通风换气要求。

（4）自然采光设计

建筑单体空间主要的自然采光措施有：①立面侧窗采光；②采光中庭、天井；③开设天窗采光；④导光管采光系统。

3.2.3　建筑构造设计研究

（1）外围护结构保温隔热性能设计

建筑围护结构的保温隔热性能设计和蓄热性能设计是建筑构造设计的重要组成部分，外围护结构热工性能越好，在一定程度上越能降低室内外热量的传播，室内设备系统运行的能耗就随之降低。

在外墙保温系统的设计中，主要分为外墙外保温技术，外墙内保温技术和外墙自保温技术。外墙外保温主要用于严寒地区和寒冷地区的新建建筑类型，基本避免产生热桥效应。在夏热冬暖和夏热冬冷的地区，主要采用外墙内保温系统，该做法施工简便，适用于改造项目中的加强外围护结构保温系统的热工性能。

（2）开窗形式设计

建筑外立面开窗主要分为四种开窗形式：普通窗型；竖向长窗类型；横向长窗窗型；玻璃幕墙。在不同开窗形式下，窗体运用玻璃材料的选择是建筑构造节能设计的重要环节。

（3）遮阳设计

遮阳形式的基本表现 表2

水平遮阳	檐口遮阳	垂直遮阳	卷帘遮阳
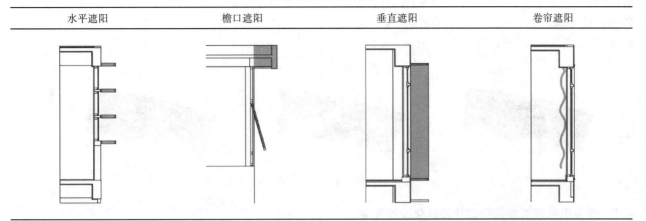			

（4）屋面构造形式设计

屋面被动式节能技术主要包括以下四种形式：①倒置式屋面做法；②采用憎水性挤塑聚苯板材料；③种植及蓄水屋面做法；④铺设太阳能集热板。

4 案例分析——以长安大学逸夫图书馆为例

本次案例选取长安大学逸夫图书馆作为研究对象，根据实例项目图纸使用 Autodesk Revit 进行 BIM 核心模型建立（图8），对核心分析模型进行基于 BIM 技术的建筑能耗模拟、光环境以及风环境模拟分析，总结长安大学逸夫图书馆存在的节能设计方面的问题，并进行被动式节能设计策略研究。

图7 长安大学逸夫图书馆 BIM 效果图

图8 长安大学逸夫图书馆 BIM 核心模型

4.1 BIM 技术 Ecotect 数据模拟分析

4.1.1 热环境分析

热环境能耗模拟阶段在 Ecotect 中进行数据模拟计算，数据文件传输过程中，在 Revit 中建立的核心模型出现数据丢失情况。所以要根据建筑实际参数进行 Ecotect 中如气象资料、室内热舒适性区域环境的基本信息、建筑运行时间表、围护结构材料热工指标等分析模型属性设置。

在各项基本参数设置完毕后，即可进行能耗模拟计算工作，根据数据模拟计算结果，绘制成热工能耗分析表，并分析其实际能耗值是否符合规范约束值的要求。

空调暖通逐月采暖能耗/制冷能耗分析表 表3

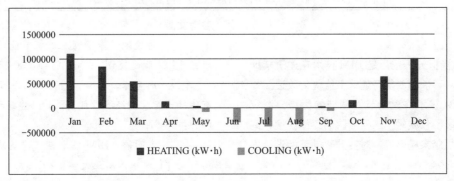

475

4.1.2 光环境分析

在光环境模拟中，通过对西安地区太阳辐射的分析，可得出对于逸夫图书馆的太阳逐时运行轨迹。基于 Ecotect 的光环境模拟功能，可进行建筑平面室内环境的自然采光照度和人工照明模式模拟分析。

通过对南、北向室内房间的自然采光照度与人工照明系统进行模拟对比分析（图9），直观地反映出人工照明系统与自然采光对建筑室内光环境的影响。针对室内光环境的现状特征，进行了遮阳效果模拟对比分析。

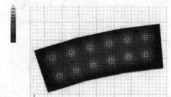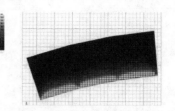

图9 阅览室自然采光与人工照明照度对比分析

4.2 逸夫图书馆节能问题现状及优化设计策略

长安大学逸夫图书馆节能问题现状及优化设计策略		表4
	节能问题现状	节能设计优化策略
规划设计问题现状	周边植物覆盖率较低	在建筑周边种植落叶乔木，夏季实现建筑外部遮阳效果，冬季凋零状态增加室内太阳辐射热量
	景观广场铺地反光性强且空旷	景观广场设置水体；铺地采用粗糙硬质地面
采光问题现状	开架阅览室采光效果较差	通过导光管系统进行自然采光照度补充
	中庭公共空间采光不均衡	将中庭采光顶设置为折形采光屋面，并加设室内电动遮阳帘，保证室内空间采光充分且均匀柔和
	首层办公空间采光受阻碍	在建筑周边种植落叶乔木，控制植被间隔，保证阳光的渗透效果
	人工照明性能较差	采用节能式照明系统
通风问题现状	开架阅览室及走廊区域通风效果较差	在阅览室邻近走廊墙体开设高窗，保证主楼南北方向形成风压通风
		走廊两端及中间电梯间位置增加适量通风口
	门厅及中庭公共空间通风效果较差	在中庭空间和建筑楼梯间植入腔体，顶部开设高窗，实现热压通风
热舒适度问题现状	夏季南向室温及室内壁面温度较高	外墙内保温改造阶段更换保温隔热性能和蓄热性能较高的保温材料
		采用外循环式双层呼吸式幕墙系统
	室内受太阳辐射影响大	在双层玻璃幕墙中间加设电动控制遮阳帘，在采用普通窗型的区域使用窗帘内遮阳
	夏季顶层空间温度较高	屋面改造部分加设保温层
		采用种植或蓄水屋面
	门窗气密性较差	门厅入口加设门斗，门窗采用中空玻璃，提高气密性

5 结论

BIM 技术的模拟分析应用是 BIM 技术在建筑辅助设计阶段的重要环节。随着既有建筑节能优化改造工作的逐步增多，BIM 技术在建筑节能领域的优势日渐突出。这种技术手段不仅减轻了工程团队的工作强度，同时保证了计算分析结果精确度，对提升建筑节能设计发展有深远影响。

参考文献

[1] 黄俊鹏，李峥嵘. 建筑节能计算机评估体系研究 [J]. 暖通空调，2004（11）：30-35.

[2] 周奇琛，秦旋，詹朝曦. 基于能耗分析的既有建筑节能改造经济性评价 [J]. 建筑科学，2010，26（08）：53-57.

[3] 刘明依. BIM 技术在旧建筑改造设计中的应用研究 [J]. 中国矿业大学，2015.

［4］　刘照球，李云贵. 建筑信息模型的发展及其在设计中的应用［J］. 建筑科学，2009，25（1）：96-99.

［5］　晏明，罗远峰，张伟锐. 基于BIM的规划与设计阶段绿色节能分析方法研究——以佛山南海区承创大厦为例［J］. 土木建筑工程信息技术，2015，7（06）：21-26.

［6］　张志彬. 兰州地区高校校园建筑能耗分析及节能措施初探［D］. 西安建筑科技大学，2013.

［7］　史培沛. BIM技术下高校食堂建筑被动式节能设计研究［D］. 重庆大学，2016.

［8］　康智强，李志星，董建男，周晓茜，冯国会. 基于BIM的建筑设备节能技术的应用研究［J］. 建筑节能，2017，45（08）：115-118.

［9］　刘照球，李云贵，吕西林，张汉义. 基于BIM建筑结构设计模型集成框架应用开发［J］. 同济大学学报（自然科学版），2010，38（07）：948-953.

［10］　孙陈俊妍，周根，葛宇佳，刘勇. BIM技术在可持续绿色建筑全寿命周期中的应用研究［J］. 项目管理技术，2017，15（02）：65-69.

［11］　李腾. BIM在绿色建筑评估体系的室内环境应用中的可行性研究［J］. 土木建筑工程信息技术，2010，2（03）：20-23.

胡英杰[1]　石陆魁[1]　张博延[2]

1. 河北工业大学；shilukui@scse. hebut. edu. cn
2. 天津市天友建筑设计股份有限公司；3046555633@qq.com

以 BIM 为核心的建筑设计协同设计管理平台构建研究*

Research on Building Design Cooperative Design Management Platform with BIM as the Core

摘　要：本文内容为介绍河北工业大学建筑系与计算机科学系合作，结合 BIM 建筑设计团队实际项目运行流程，以 BIM 建筑设计团队实际项目运行中的协同管理过程与数据模块为研究对象，构建 BIM 建筑设计协同管理平台的研究。BIM 设计系统与传统设计系统在管理方面有了很大不同，搭建适合自身特点的 BIM 项目协同管理平台成为众多设计团队与业主迫切需要的解决的课题。研究小组结合建筑设计团队实际项目运行，进行了梳理业务流程、设计协同管理系统的功能模块、数据结构、绘制系统用例图、设计数据库等工作，探讨研究适合其市场运用的 BIM 协同设计管理平台的构建方法和应用。最终构建了有一定针对性的 BIM 设计协同管理平台并运用到实际工作中。基于这一过程和后期使用情况，研究小组进行了研究和总结。

关键词：BIM；协同设计；管理平台

Abstract：The content of this paper is to introduce the cooperation between the Department of Architecture and the Department of Computer Science of Hebei University of Technology. Combining with the actual project operation process of BIM architectural design team，taking the collaborative management process and data module in the actual project operation of BIM architectural design team as the research object，the research of building the collaborative management platform of BIM architectural design is carried out. BIM design system is quite different from traditional design system in management. Building a BIM project collaborative management platform suitable for its own characteristics has become an urgent problem for many design teams and owners. Combining with the actual project operation of the architectural design team，the research group combed the business process，designed the functional modules，data structure，drew the system use case diagram，and designed the database of the collaborative design management system，and explored the construction method and application of the BIM collaborative design management platform suitable for its market application. Finally，a specific BIM design collaborative management platform is constructed and applied to practical work. Based on this process and the later use，the research group carried out research and summary.

Keywords：BIM；Architectural design；Collaborative Design；Management Platform；Management system；Information analysis

1. 依托项目来源，项目名称：碎片化信息资源整合利用对专业设计类课程教学体系的建设研究，项目号：123093。

1 前言

随着国内建筑设计领域的发展，BIM 技术作为一种数字化的管理方法已经初步应用于建筑工程行业，至现今阶段已有许多工程自设计规划至建造施工，导入了 BIM 来改善传统作业流程。BIM 设计系统与传统设计系统在管理方面有了很大不同，同时在信息化社会背景下，工程项目运行中建筑设计在团队合作、信息传递效率、数据模型展示等协作管理方面产生了越来越多的需求。搭建适合自身特点的 BIM 项目协同管理平台成为众多设计团队和项目业主迫切需要解决的课题。

2 BIM 应用于设计团队形成助力

依据实际访谈与网络资源，总结 BIM 对于设计团队有如下助力：

一、与业主充分沟通，建筑设计从构思到生成最终决定性成果期间所经历的演变过程很少是依照单向顺序发展的，更多的时候是多思路同时并行，并且不同思路的方案会反复推敲向前推进。建筑设计方案阶段的最终成果的生成是个合力的结果。建筑师需要就 BIM 所产生的三维信息模型与业主进行充分的讨论，选出最适合的设计方案，将双方的立场转为协同，更为清楚透明地沟通，减少设计方案在中期修改或再度翻案的可能性。

二、与各专业工程师沟通，在方案进行到扩初阶段建筑设计师需要与各专业工程师进行沟通，用相同的模型，用共通的语言，进行双向式的探讨，可以达到良好的沟通，专业间的界面重叠处衔接清楚，减少设计内容相互抵触的现象。

三、提高工作效率减少误差，及时修改。需要利用建筑信息模型，所有信息都处于同一个模型当中，如有变更设计，所有的信息都会跟着更动而自动更动，陆续的各种平面图、立面图、结构图也都会一起变动，这样就不用一一的去校正，省去了大量的沟通校正时间，当然也减少错误及遗漏的可能性。

四、及时沟通与方案完成度控制。建筑从设计到完成的过程是多个项目单位协同工作的过程，建筑设计专业需要利用网络终端设备，来控制建筑设计意图在建设过程中的完成度，监理、业主等单位需要比对工程是否有按图施工。如果有彼此不兼容的地方，便马上做记号标记，整个讯息便会传到 BIM 的整合接口中，各负责人可以及时了解并考虑是否要调整或更改。

五、全方位展示设计方案。建筑设计专业需要从三维角度阐释设计意图，减少沟通上的误解，并且在设计过程中及时发现方案本身和建筑设计构想与相关专业发生冲突的节点，并加以改善。

建筑设计团队在成果呈现、流程管理、质量监控、进度与成本控制等方面有其自身工作的特点。目前市场上已有的 BIM 协同管理平台很难"恰如其分"地满足建筑设计团队实际工作需求。

3 梳理建筑设计团队工作

通常情况下，基于 BIM 的协同管理平台包含图档管理、电子签名（授权）、图纸安全、打印归档、即时通讯等五个方面的功能。搭建个性化的 BIM 协同管理平台之前要梳理建筑设计团队在实际工作中的关系、任务、流程等内容。

3.1 相关单位

梳理实际工作中包含 BIM 团队在内的各相关单位：见表 1。

项目涉及相关单位　　　　　表 1

项目名称	建设单位	BIM 设计单位	施工图设计单位	项目规模
项目 11	业主 1	某 BIM 设计中心	施工图设计团队 1	××××m²
项目 12	业主 1	某 BIM 设计中心	施工图设计团队 2	
项目 21	业主 2	某 BIM 设计中心	施工图设计团队 3	

如表 1 所示，每个项目由三方参与：BIM 设计中心，业主，施工图设计团队。实际工作中 BIM 设计中心会与不同的业主、施工图设计团队合作，与同一业主会有多个项目合作，如图 1、图 2 所示：

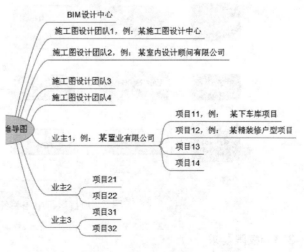

图 1　项目参与各方

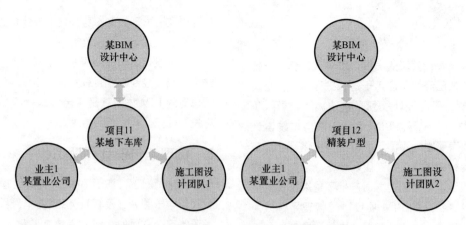

图 2　BIM 团队在不同项目上与不同团队对接

3.2　需求和协同

在项目运行中相关各方在流程中的需求和协同工作，如表 2、图 3 所示。

项目运行中相关各方在流程中的需求和协同工作　　　　　表 2

设计阶段		设计前期			设计中期				设计后期		
上传文件		施工图	设计任务书	第三方施工图	设计模型	优化报告	回复意见	优化模型	量单	BIM 出图	视频
格式		dwg/rar	doc/pdf/rar	dwg/rar	rvt/nwd/dwg/rar	xls/doc/pdf/ppt/rar	xls/doc/pdf/ppt/rar	rvt/nwd/dwg/rar	xls/doc/rar	dwg/pdf/rar	avi/mp4/rar
责任方	BIM设计中心	接受、反馈	接受、反馈	接受、反馈	上传	上传	接受、反馈	上传	上传	上传	上传
	业主	接受、反馈	上传	上传	接受、反馈	接受、反馈	上传	接受、反馈	接受、反馈	接受、反馈	接受、反馈
	施工图团队	上传	接受、反馈	接受、反馈	接受、反馈	接受、反馈	接受、反馈	接受、反馈	接受、反馈	接受、反馈	接受、反馈
版本		V1、V2、V3…	V1、V2、V3…	V1、V2、V3…	V1、V2、V3…	V1、V2、V3…	V1、V2、V3…	V1、V2、V3…	V1、V2、V3…	V1、V2、V3…	V1、V2、V3…

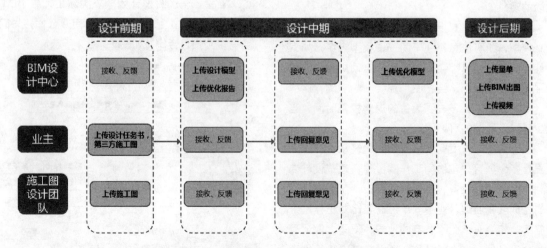

图 3　项目运行中相关各方在流程中的需求和协同工作

3.3　权限要求

项目运行中，各方的权限要求，如表 3。

姓名	职务	权限		姓名	职务	权限		姓名	职务	权限
A1	总经理	查看设计进度	业主1	B1	总经理	查看设计进度	施工图设计团队1	C15	总经理	查看设计进度
A2	主任	安排项目负责人		B2	主任			C2	主任	
A3	项目负责人	安排专业负责人、设计人；上传接受反馈		B3	项目负责人	上传、接受、反馈		C3	项目负责人	上传、接受、反馈
A4	专业负责人	接受、反馈		B4	工程师	接受、反馈		C4	专业负责人	接受、反馈
A5	设计人	接受、反馈								

（左侧表头：某BIM设计中心）

3.4 批注的需求

在方案阶段，是项目开始阶段，对于方案的修改和反复是频繁的，各参与单位都有在线浏览 doc，xls，pdf，jpg 格式文件和批注的需求。同时通过模型来沟通的情况会越来越多，在线浏览模型文件（rvt 或 nwd 或其他格式）和批注的需求逐年增加。

4 系统设计方法和路线

根据用户需求设计出系统的各个功能模块及数据结构。其中包括系统业务流程、系统用例图、系统框架及功能、数据库设计及说明。

4.1 系统业务流程

4.1.1 设计前期

在该阶段，建设单位可以上传设计任务书、第三方施工图，BIM 设计中心和施工图设计团队需要对建设单位上传的设计任务书、第三方施工图做出响应，包括接收和反馈。如果 BIM 设计中心和施工图设计团队认为该上传文件符合要求，则不需要反馈；如果不符合要求，则进行反馈，建设单位需要做出回应，回复或重新上传相关文件。施工图设计团队可以上传施工图，其他两方需要做出前述相同的回应。3 个需要上传的文件没有严格时间顺序要求。设计前期的业务流程如图 4 所示。

4.1.2 设计中期

在该阶段，BIM 设计中心可以上传设计模型、优化报告、优化模型，其他两方需要对上传的文件进行响应，包括接收和反馈。建设单位和施工图设计单位都可以上传回复意见，其他两方需要做出相应的回复。设计模型、优化报告、优化模型上传没有严格的时间顺序。设计中期的业务流程如图 5 所示。

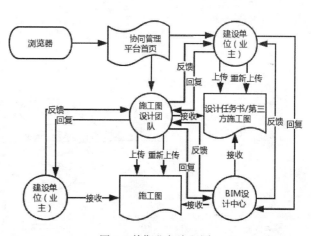

图 4 前期业务流程图

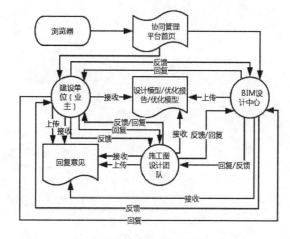

图 5 中期业务流程图

4.1.3 设计后期

在该阶段，BIM 设计中心可以上传量单、BIM 出图、视频，其他两方需要作出响应，包括接收和反馈。上传量单、BIM 出图、视频没有严格的时间顺序。设计后期的业务流程如图 6 所示。

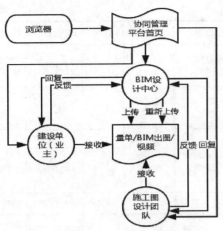

图 6　后期业务流程图

4.2　系统用例图

该系统涉及 3 方单位的用户，共有 10 个用例，某公司 BIM 设计中心包括 4 个用例，建设单位包括 3 个用例，施工图设计团队包括 3 个用例。

（1）某公司 BIM 设计中心用例包括总经理、主任、项目负责人和专业负责人。总经理可以查看项目设计进度，以项目列表的形式给出，每个项目列出 3 个阶段上传的文件，每个文件关联的反馈及回复。主任可以创建项目、安排项目负责人、查看项目设计进度（与总经理一样形式）、创建建设单位和施工图设计单位的相关人员并分配权限。项目负责人可以安排专业负责人、上传、接收、反馈。专业负责人可以进行反馈。BIM 设计中心用例如图 7 所示。

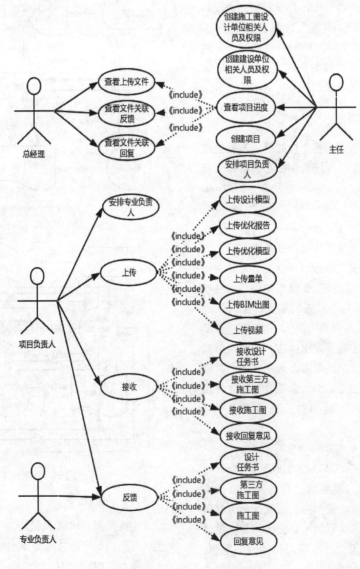

图 7　BIM 设计中心用例图

（2）建设单位用例包括总经理、项目负责人和工程师。总经理可以查看项目设计进度。项目负责人可以安排上传、接收、反馈。工程师可以进行反馈。建设单位用例如图8所示。

责可以安排上传、接收、反馈。专业负责人可以进行反馈。施工图设计团队用例如图9所示。

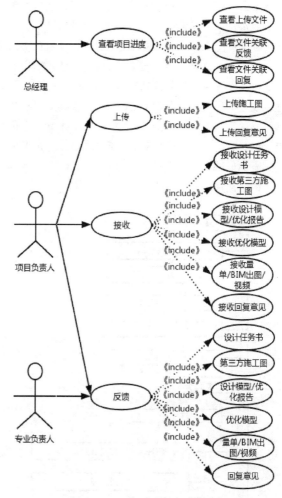

图9 施工图设计团队用例图

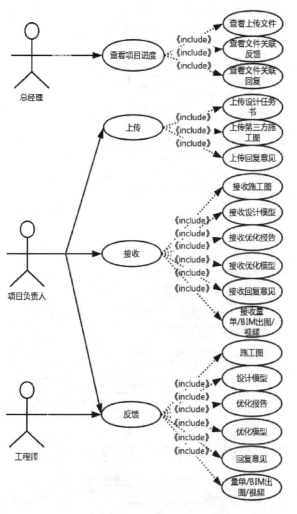

图8 BIM建设单位用例图

（3）施工图设计团队用例包括总经理、项目负责人和专业负责人。总经理可以查看项目设计进度。项目负

4.3 系统框架

在对本系统进行需求分析及实际操作中各种情况综合考虑的基础上，构架出系统的功能框架图。按权限系统用户包括3类：某公司BIM设计中心用户、建设单位用户、施工图设计团队用户。系统整体框架如图10所示。

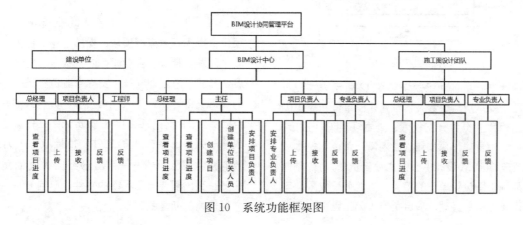

图10 系统功能框架图

4.4 系统功能模块

系统涉及 3 方单位 10 个用户权限，BIM 建筑设计团队方面有四个用户权限—总经理、主任、项目负责人和专业负责人；建设单位用户包括总经理、项目负责人和工程师；施工图设计单位包括总经理、项目负责人和专业负责人。此处以 BIM 建筑设计团队为例详细论述：

（1）设计中心总经理功能模块如图 11 所示。总经理可以查询项目和查看项目设计进度。查询可以按项目编号、项目名称、建设单位、施工图设计单位、创建者、创建时间等条件进行查询。查看项目设计进度以项目列表的形式给出，每个项目列出 3 个阶段上传的文件，每个文件关联相关的反馈及回复。

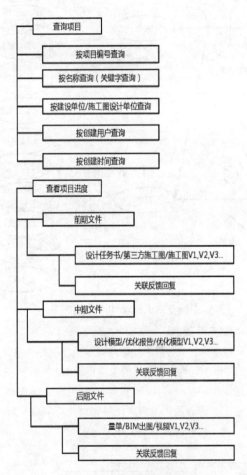

图 11　总经理功能模块

（2）设计中心主任功能模块如图 12 所示。主任可以创建项目、安排项目负责人、创建建设单位和施工图设计单位的相关人员并分配权限、查看项目设计进度。创建项目可以指导建设单位和施工图设计单位；安排项目负责人（安排 BIM 设计中心的本项目负责人）；创建建设单位和施工图设计单位的相关人员并分配权限。可以创建建设单位的总经理、项目负责人和工程师，创建

施工图设计单位的总经理、项目负责人和专业负责人，并为他们分配权限。查看项目设计进度与总经理一样形式。

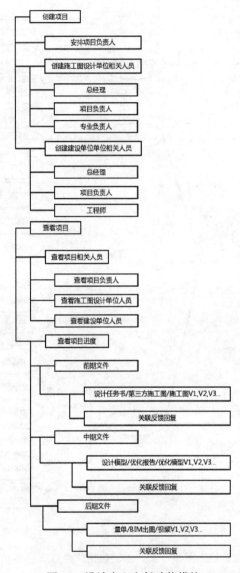

图 12　设计中心主任功能模块

（3）设计中心项目负责人功能模块如图 13 所示。项目负责人可以查看项目、安排专业负责人、上传、接收、反馈。查看项目功能可以查看自己负责分项目的进度，形式与总经理一样；安排专业负责人——为新分配的项目安排专业负责人；查看专业负责人——可以查看自己负责的所有项目的专业负责人；在各个阶段，已接收——列出已经接收的文件，待接收——列出等待接收的文件，已反馈——列出已经反馈过的文件，待反馈——列出需要自己反馈的文件，已回复——为其他两方对反馈的回复的回复。

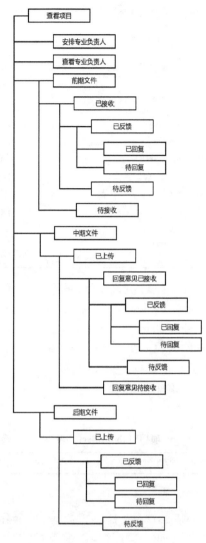

图 13 设计中心项目负责人功能模块

（4）设计中心专业负责人功能模块如图 14 所示。专业负责人可以查看自己负责项目，在各个阶段可以对自己负责的项目的相关文件进行反馈和回复。

4.5 数据库设计

根据用户需求和数据库设计的原则，系统共包括 9 个表，分别是用户 ID 表、用户信息表、用户角色表、项目权限表、建设单位表、施工图设计单位表、项目表、文件表、反馈回复表，如表 4～表 12 所示。

（1）用户 ID 表

用户 ID 表用来保存系统所有用户的登录信息，包括用户 ID user_id、登录名 login_name、密码 login_pwd。其中，用户 ID 为主键，每创建一个用户增加一条记录。

（2）用户信息表

用户信息表用来保存系统所有用户的个人详细信息，包括用户 ID user_id、姓名 user_name、电话 user_

phone、邮箱 user_email、单位名称 user_unit、出生年月 user_birth。其中，用户 ID 为主键，创建用户时会自动添加相关记录，由用户登录后完善。

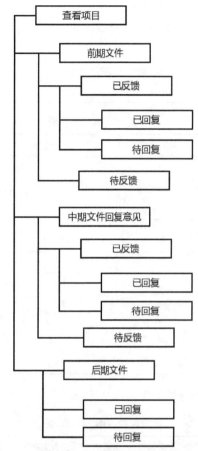

图 14 设计中心专业负责人功能模块

（3）用户角色表

用户角色表用来保存系统用户的角色信息，三类单位中共有 10 种角色。包括用户角色 ID role_id、角色名称 role_name、单位类别 unit_group。其中，用户角色 ID 为主键。

（4）项目权限表

项目权限表用来保存系统用户的操作权限信息，包括项目权限 ID power_id、用户 ID user_id、用户角色 ID role_id、项目 ID pro_id。其中，项目权限 ID 为主键。每个项目的用户权限由中心主任创建项目时分配。

用户 ID（tb_userid）表			表 4
字段名	数据类型	是否为空	是否主键	字段说明
user_id	int	否	是	用户 ID（自动编号）
login_name	varchar(20)	否	否	用户名
login_pwd	varchar(20)	否	否	密码

485

用户信息（tb_userinfo）表　　　表 5

字段名	数据类型	是否为空	是否主键	字段说明
user_id	int	否	是	用户 ID
user_name	varchar(20)	是	否	姓名
user_phone	varchar(11)	是	否	电话
user_email	varchar(30)	是	否	邮箱
user_unit	varchar(20)	是	否	单位
user_birth	date	是	否	出生年月

用户角色（tb_role）表　　　表 6

字段名	数据类型	是否为空	是否主键	字段说明
role_id	int	否	是	用户角色 ID
role_name	varchar(10)	否	否	角色名称
unit_group	varchar(20)	否	否	单位类别

项目权限（tb_power）表　　　表 7

字段名	数据类型	是否为空	是否主键	字段说明
power_id	int	否	是	项目权限 ID（自动编号）
user_id	int	否	否	用户 ID
role_id	int	否	否	用户角色 ID
pro_id	int	否	否	项目 ID

（5）建设单位表

建设单位（tb_build）表　　　表 8

字段名	数据类型	是否为空	是否主键	字段说明
build_id	int	否	是	单位 ID（自动编号）
build_name	varchar(20)	否	否	单位名称
build_addr	varchar(30)	是	否	单位地址
build_pc	varchar(6)	是	否	单位邮编
build_email	varchar(30)	是	否	单位邮箱
build_fax	varchar(15)	是	否	单位传真
build_phone	varchar(12)	是	否	单位电话
build_profile	varchar(1500)	是	否	单位简介
build_contact	varchar(10)	是	否	联系人

建设单位表用来保存系统建设单位的信息，包括单位 ID build_id、单位名称 build_name、单位地址 build_addr、单位邮编 build_pc、单位邮箱 build_email、单位传真 build_fax、单位电话 build_phone、单位简介 build_profile、联系人 build_contact。其中，单位 ID 为主键。

（6）施工图设计单位表

施工图设计单位（tb_design）表　　　表 9

字段名	数据类型	是否为空	是否主键	字段说明
design_id	int	否	是	单位 ID（自动编号）
design_name	varchar(20)	否	否	单位名称
design_addr	varchar(30)	是	否	单位地址
design_pc	varchar(6)	是	否	单位邮编
design_email	varchar(30)	是	否	单位邮箱
design_fax	varchar(15)	是	否	单位传真
design_phone	varchar(12)	是	否	单位电话
design_profile	varchar(1500)	是	否	单位简介
design_contact	varchar(10)	是	否	联系人

施工图设计单位表用来保存系统施工图设计单位的信息，包括单位 ID design_id、单位名称 design_name、单位地址 design_addr、单位邮编 design_pc、单位邮箱 design_email、单位传真 design_fax、单位电话 design_phone、单位简介 design_profile、联系人 design_contact。其中，单位 ID 为主键。

（7）项目表

项目（tb_project）表　　　表 10

字段名	数据类型	是否为空	是否主键	字段说明
pro_id	int	否	是	项目 ID（自动编号）
pro_name	varchar(30)	否	否	项目名称
build_id	int	否	否	建设单位 ID
build_name	varchar(20)	否	否	建设单位名称
design_id	int	否	否	施工图设计单位 ID
design_name	varchar(20)	否	否	施工图设计单位名称
center_id	int	否	否	设计单位 ID
center_name	varchar(20)	否	否	设计单位名称
user_id	int	否	否	创建用户 ID
set_time	datetime	否	否	创建时间
pro_area	int	是	否	项目规模

项目表用来保存系统项目信息，包括项目 ID pro_id、项目名称 pro_name、建设单位 ID build_id、建设单位名称 build_name、施工图设计单位 ID design_id、施工图设计单位名称 build_name、设计单位 ID center_id、设计单位名称 center_name、创建用户 ID user_id、创建时间 set_time、项目规模 pro_area。其中，项目 ID 为主键。项目建设单位和施工图设计单位由中心主任创建项目时指定。

(8) 文件表

文件表（tb_file）结构   表11

字段名	数据类型	是否为空	是否主键	字段说明
file_id	int	否	是	文件ID（自动编号）
file_name	varchar(20)	否	否	文件名称
file_link	varchar(100)	否	否	文件存储路径（链接）
pro_id	int	否	否	项目ID
period	varchar(5)	否	否	设计阶段
style	varchar(10)	否	否	文件类型
format	varchar(10)	否	否	文件格式
version	varchar(10)	否	否	文件版本
size	int	是	否	文件大小（B）
user_id	int	否	否	上传用户ID
upload_time	datetime	否	否	上传时间

文件表用来保存系统项目不同阶段的文件信息，包括文件ID file_id、文件名称 file_name、文件存储路径 file_link、项目ID pro_id，设计阶段 period(包括前期、中期、后期)、文件类型 style(包括设计任务书、第三方施工图、施工图、设计模型、优化报告、优化模型、回复意见、量单、BIM 出图、视频)、文件格式 format、文件版本 version、文件大小 size、上传用户ID user_id、上传时间 upload_time。其中，文件ID为主键。

(9) 反馈回复表

反馈回复表用来保存系统文件反馈回复信息，包括反馈回复ID re_id、反馈回复标题 re_title、反馈回复文本 re_text、文件ID file_id、项目ID pro_id、设计阶段 period、附件ID attach_id、附件名 attach_name、附件链接 attach_link、用户ID user_id、反馈回复时间 re_time。其中，反馈回复ID为主键。

反馈回复（tb_return）表   表12

字段名	数据类型	是否为空	是否主键	字段说明
re_id	int	否	是	反馈回复ID（自动编号）
re_title	varchar(30)	否	否	反馈回复标题
re_text	varchar(500)	否	否	反馈回复文本
file_id	int	否	否	文件ID
pro_id	int	否	否	项目ID
period	varchar(5)	否	否	设计阶段
attach_id	int	是	否	附件ID（自动编号）
attach_name	varchar(20)	是	否	附件名
attach_link	varchar(100)	是	否	附件链接
user_id	int	否	否	用户ID
re_time	datetime	否	否	反馈回复时间

5 结果及分析

本系统的建立的是由使用单位发起的，不仅反映出设计团队对于基于 BIM 的协同管理的迫切需要，同时也说明设计团队希望为自己的管理体系进行"量身定制"。针对这一情况，河北工业大学组建了由建筑学专业、计算机专业师生共同组成的研究小组。本次的协作管理平台的搭建过程分为信息分析、平台模拟、实践应用三个阶段。其中在信息分析阶段，定期组织项目讨论，BIM 设计团队与高校研究小组结合多个具体项目进行讨论和互动模拟，不断在模拟过程中将用户、权限、职责等相关内容进行细致梳理，理清流程顺序。平台模拟阶段工作小组对模拟过程的结果进行评估，提出建设性建议。在该阶段过程中，研究小组成员对于 BIM 建筑设计团队在项目运行中的协作情形和状态有了更为清晰的认识，同时设计企业也对 BIM 工程项目在启动时的工作内容有了更多思考。通过该系统以期望：实现建筑设计单位自身项目数据文件有序管理；在建筑项目开发建设过程中，实现开发单位、设计单位、第三方设计单位等建筑项目运行相关部门之间项目图文信息交互、信息模型实时展示、项目往来文件有序管理；实现项目设计与建设过程中的流程控制和人员管理。

研究小组最终构建了有一定针对性的 BIM 设计协同管理平台并运用到实际工作中。在实际应用中平台的架构能满足基本的需求，然而受到地理位置、网络环境、操作培训等原因的影响，部分功能未能实现。实践应用阶段所遇到的问题，促使研究小组对于协作管理平台的相关功能的可行性方面进行进一步思考并继续对这一课题进行更多的跨学科合作与研究。

张　叶[1]　雷祖康[2]

1. 重庆大学建筑城规学院；1767566816@qq.com
2. 华中科技大学建筑与城市规划学院；zukanglei@126.com

运用 BIM 平台进行建筑病害层析信息分析的二种数字化技术比较

——以武当山皇经堂壁画为研究对象

Comparison of Two Digital Techniques for Building Defect Information Tomography Based on BIM

——Take the Fresco of Huang-Jing-Tang at Wudang Mountains for Example

摘　要：目前文物建筑勘察工作方法为量测、摄影与现场图像描摹，存在信息收集困难与收集后的信息后续利用率不高等问题，且未能就勘察结果进行有效的建筑病理分析。对此，本研究提出了"建筑病害信息层析技术"这一新的数字化应用路线，运用 BIM 平台进行建筑病害层析信息分析，并以武当山皇经堂壁画为研究对象，对比基于 ArchiCAD 和 Revit 两种技术平台的建筑病害信息层析技术的具体实践操作方法，也运用 SWOT 分析法研讨了基于古建保护工程的建筑病害层析技术的软件开发策略，同时结合环境模拟分析技术对病害形成机理进行了研判。研究结果表明，ArchiCAD 和 Revit 为建筑病害信息层析技术提供了良好的操作实践平台，而造成两者工作差异的主要因素是"图层"和"族"；后期软件开发策略的参考意见为：增强图元层析能力、自动识别病害边缘、完善坐标管理系统等；环境模拟分析表明皇经堂西廊心墙壁画最活跃的建筑病害致病成因是接触过多的阳光和太阳辐射。运用 BIM 平台进行建筑病害层析信息分析为文物建筑勘察工作开拓了另一创新的技术领域。

关键词：建筑病害信息层析技术；建筑病理学；BIM 软件；SWOT 分析法；古建筑壁画

Abstract：At present, the survey methods of cultural relic buildings are measurement, photography and scene image description. There are some problems such as difficulty in collecting information and low follow-up utilization rate of collected information. Moreover, the survey results can not be effectively analyzed by building pathology. In this study, a new digital application route of "Building Defect Information Tomography" is proposed. Using BIM Platform to Analyse Tomographic Information of Building Diseases, and taking the murals of Huangjing Tang in Wudang Mountain as an example, contrasting the concrete operation methods of building disease information tomography technology based on ArchiCAD and Revit technology platforms. The SWOT analysis method is also used to study the technology of architectural diseases tomography based on ancient construction protection engineering. At the same time, the mechanism of disease formation was studied and judged by using environmental simulation analysis technology. The results show that ArchiCAD and Revit provide a good operational platform for building disease information tomography technology, and "layer" and "family" are the main factors causing the difference between them. The reference opinions of the later software development strategy are: enhancing the ability of image element tomography, automatically identifying disease edges, improving coordinate management system, etc. Environmental simulation analysis shows that the most active cause of building disease in the wall painting of the west corridor of Huangjing Hall is excessive exposure to sunlight and solar radiation. The application of BIM platform in building disease tomographic information analysis opens up another innovative technical field for the investigation of cultural relics.

Keywords: Building Defect Information Tomography; Building Pathology; BIM; SWOT Analysis; Ancient Painting

1 前言

文物建筑工程勘察，是文保修护作业前的基础工作。根据文物保护行业相关标准——WW/T 0001—2007、WW/T 0030—2010、WW/T 0006—2007，传统的作业方法为量测、摄影与现场图像描摹，具体做法为：（1）对保护对象所依托的建（构）筑物以及壁画所依托的各壁面展开图进行测绘；（2）数码照相机全景摄影记录壁画的原始数据；（3）打印出需要进行病害现状调查的整幅壁画影像图片；（4）将透明的薄膜纸覆盖于打印出的壁画图片上并固定；（5）按照 WW/T 0001—2007 中规定的图例在薄膜纸上标出病害[1]-[3]。但以上方法存在信息收集困难与收集后的信息后续利用率不高等问题，例如：在建筑的同一部位，往往会产生不同类型的建筑病害，采用以上方法进行记录时，只能得到静态特征的定性记录材料，且不同类型的病害将叠加在一张图纸上，不易区分，易对信息整理、病害成因分析等科研工作造成干扰[4]~[5]，也难以进行有效的建筑病理分析。

建筑信息模型 BIM（Building Information Modeling）为上述问题的解决提供了契机，与传统的 CAD 软件相比，BIM 软件具有结构化程度更高的信息组织、管理和交换能力，能够对信息进行叠合处理和各类量化数据计算，并可在工程的全生命周期内建立一个数据库档案系统。对此，本研究提出了"建筑病害信息层析技术"这一新的数字化应用路线，运用 BIM 平台进行建筑病害层析信息分析，并以武当山皇经堂壁画为研究对象，对比基于 ArchiCAD 和 Revit 两种技术平台的建筑病害信息层析技术的具体实践操作方法，也运用 SWOT 分析法研讨了基于古建保护工程的建筑病害层析技术的软件开发策略，同时结合环境模拟分析技术对病害形成机理进行了研判。

2 建筑病害特征与现场可检测采集的信息

2.1 建筑中可层析的建筑病害特征

建筑病理学（Building Pathology）是研究建筑病害发生、发展和转变规律的一门科学[8]。根据建筑病理学的基本原理，按照病害性质，可将建筑病害分成：损伤、裂缝、腐蚀、冻害、渗漏、老化、倒塌等类型[6]~[9]。本研究依据建筑病害在特定环境下的作用机理，参照文献及相关规范的梳理归纳，提出建筑中可层析的建筑病害类型[10]~[11]，见表1。

建筑病害类型与特征　　　　　表1

病害类型	病害特征	病害特征说明
(A) 裂损	(1) 开裂	(A-1) 漆膜出现不连续的外观变化
	(2) 剥落	(A-2) 一道或多道涂层脱离其下涂层，或涂层完全脱离底材
	(3) 脆化	(A-3) 漆膜由于老化的原因致使其柔韧性变坏的现象
	(4) 点状爆落	(A-4) 地仗层所含的矿物结晶受热胀冷缩因素，在膨胀时破坏泥层而蹦出，形成一个锥装凹凸
	(5) 片落	(A-5) 漆膜以大小不同、分布不均匀的碎片形状呈现脱落，常由开裂造
	(6) 侵蚀	(A-6) 涂层因天然老化和风沙造成自然磨损，且有可能导致底材裸露
	(7) 污染痕迹	(A-7) 壁面由于外来物污染影响显色
	(8) 粉化	(A-8) 漆膜表面由于其一种或多种漆基的降解以及颜料的分解，而呈现疏松附着细粉的现象
	(9) 裂隙	(A-9) 因地震、卸荷、不均匀沉降等因素的影响，支撑体失稳，致使彩画地仗开裂或错位，互相叠压；或因为彩画地仗层自身的原因而产生的缝隙、错位、互相叠压的变化
	(10) 覆盖	(A-10) 彩画表面被其他材料（如石灰等）所涂刷、遮盖
	(11) 涂写	(A-11) 彩画表面上人为书写或破坏
	(12) 划痕	(A-12) 外力刻划使彩画画面受到损坏
	(13) 空鼓	(A-13) 涂层或地仗层因局部失去附着力而离开基底鼓起，使漆膜呈现似圆形的凸起变形。泡内可含液体、蒸汽或其他气体或结晶物

病害类型	病害特征	病害特征说明
（B）潮湿	（1）盐霜	（B-1）因盐分析出产生如花朵状的白色结晶，俗称"白霜"
	（2）水渍	（B-2）因雨水冲刷，干燥后产生的水痕
（C）着生	（1）虫蚁蛀蚀	（C-1）滋生白蚁、囊甲虫、土蜂孔洞，蛀损建筑材料
	（2）植物附着	（C-1）在建筑表面生长出青苔和蕨类植物等
	（3）长霉	（C-1）在湿热的环境漆膜表面滋生各种霉菌的现象
（D）色变	（1）褪色	（D-1）色漆漆膜的颜色因受气候环境影响逐渐变浅的现象。主要由于颜料在紫外线作用下发生褪色
	（2）漂白	（D-2）漆膜受酸碱等化学作用，使其颜色逐渐变浅最终完全变白。主要由于色漆中颜料发生分解失去原有色彩
	（3）渗色	（D-3）来自下层（底材或漆膜）的有色物质，进入并透过上层漆膜的扩散过程，因而使漆膜呈现不希望有的着色或变色
	（4）变黄	（D-4）漆膜在老化过程中出现颜色变黄倾向
	（5）变深	（D-5）漆膜的颜色因气候环境的影响而逐渐变深、变暗（黑）的现象

2.2 建筑病害信息层析技术的具体工作方法

建筑病害信息层析技术（Building Defect Information Tomography），指在分析物件叠合信息中的特征信息时，运用分析提取的方法，将特征信息与原叠合信息提取出来并析离成个别独立层的信息，再将这些拆解后的信息运用图释的方法呈现的技术。具体来说，是指在进行现场病害信息采集的过程中，在甄别病害特征之后，运用BIM技术对不同的特征信息进行采集，并以此建构各类建筑病害图层，再根据需要将目标特征图层叠合形成整体建筑病害信息图层，并对之管理。该技术适用于二维层面和三维层面。

建筑病害信息层析技术的实现可基于两种BIM软件——ArchiCAD和Revit，软件均符合《标准》6.2.1 "BIM软件应具有相应的专业功能和数据互用功能"[12]、6.3.4 "不同类型或内容的模型创建宜采用数据格式相同或兼容的软件"的要求[12]。具体工作方法也严格遵循上述标准如图1所示。

（1）建筑病害基本信息特征调查。包括对建筑整体和建筑局部构件进行测绘、可见光正交数码拍摄、绘制控制点方格图层并叠合各分幅图、制作高精度影像底图。

（2）建筑主体结构三维模型建构。①导入Auto-CAD平面图作为描绘参照。②主体结构模型建构：分别建立完整的建筑模型、病害发生区域的局部精细模型。③建筑周边环境三维信息模型建构。

（3）建筑病害信息层析模型建构。①现场建筑病害信息采集：对建筑病害特征的判断、甄别、图示、采集工作均遵循我国文物保护行业相关标准——WW/T 0001—2007、WW/T 0030—2010、WW/T 0006—2007[1]~[3]。②建筑病害层析结构管理：对图层进行分级管理。③建筑病害数字模型建构：分图层绘制各病害信息层析图。④建筑病害信息量化管理：建立病害信息明细表，统计病害面积，对比病害区域面积百分比，研判病害程度。

（4）三维信息模型外围模拟分析。以上述步骤建立的建筑主体结构和建筑病害信息模型为基础，借助Ecotect、斯维尔等分析软件进行建筑保存环境的微气候

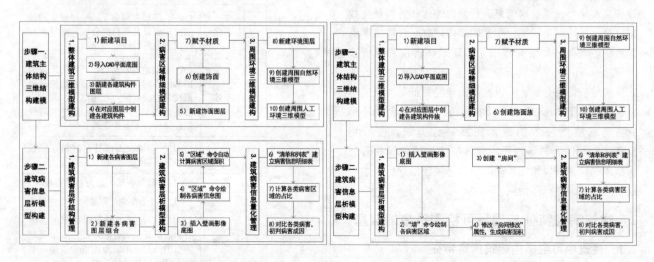

图1 基于ArchiCAD（左图）和Revit（右图）的建筑病害信息层析技术工作概念图

模拟，从热、光、风环境等角度研判分析环境病害形成机理，提出保护方向。

其中，步骤2和3中所建模型应满足"建设工程全生命周期协同工作的需要，支持各个阶段、各项任务和各相关方获取、更新、管理信息"[12]。

图2　壁画所处环境

建筑病害信息层析技术的优势在于：在进行病害机理问题的研讨时，可选择有效的病害信息图层进行数据处理与分析，使研究清晰明了；也可根据不同的模拟分析需求，选择有效的三维特征模型拼合，简化模拟计算过程，有利于更准确地研判病理的根本成因。此外，该方法还可对不同的病害图层进行对比分析；也可计算得出不同病害的面积、占比、序列等量化信息，并通过环境模拟分析技术，对建筑病害的形成机制进行有力研判。后续可在此基础上制定修护治理价值评判体系。还可在未来时期，将检测信息数据进行历史对比，以了解病害产生的历程，追踪恶化危害问题的进展，作为建筑将遭受严重劣化的警讯。

2.3　实践应用：以武当山金顶皇经堂壁画为例

建筑病害发生于建筑的各个部位，本研究选取建筑彩画中墙面上的壁画为实践案例。研究壁画位于湖北省武当山天柱峰顶端太和宫建筑群片区的皇经堂内。皇经堂始建于明永乐年间，砖木结构，三开间三进深（图2）。堂内东西廊心墙各有一幅壁画。经初步调研发现，西廊心墙壁画题材清晰，但因年久材料老化与所处的特殊微气候条件，画面残损较严重，病害特征具有进行勘察调研的必要性与价值，故研究选取西廊心墙壁画作为研究

对象，来对比研究两种BIM软件在建筑病害分析上的可操作应用性，并分析建筑病害成因。

2.3.1　基本特征调查

经现场量测，壁画画幅高1941mm，宽1752mm，四周边框的宽度为150mm，壁画距地面1986mm，距西侧檐口的最近距离为2412mm。其后，对壁画进行可见光正交数码拍照，此处采用了先分图幅拍摄，后通过控制点叠加法拼合为总图幅的方法，以确保所采集的图像具有较高的像素和精度。

2.3.2　表层病害特征调查

本研究以观察、触摸，辅以采访工作人员的方式，调研壁画病害纹理特征。根据病害发生部位的差异性，将该壁画的病害信息分为颜料层裂损、底色层裂损、地仗层裂损3大类，其病害信息层析结构如图3所示。

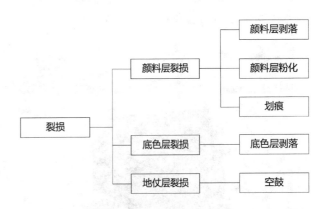

图3　皇经堂西廊心墙壁画病害信息层析结构

3　建筑主体结构三维模型建构技术比较

3.1　运用ArchiCAD技术进行建筑主体结构三维信息模型构建方法

具体而言，皇经堂三维信息模型的创建步骤为：①创建新的项目；②导入AutoCAD中的皇经堂平面图；③新建建筑各构件图层；④放置轴网元素；⑤楼层设置；⑥创建场地地坪、柱、梁、枋、外墙、门窗格扇、屋顶等建筑构件；⑦创建建筑环境模型。其中，步骤⑥中的古建筑构件是从中国古建图库（双击工具箱中的"对象"命令中加载"链接的图库"）中选取对象或通过"变形体"命令创建。此外，本研究对壁画所在的位置——西廊心墙进行了细致的建模，并对周围环境——太和宫建筑群进行模型创建。

3.2　运用Revit技术进行建筑主体结构三维信息模型构建方法

Revit的建模流程生成方式与ArchiCAD基本一致。因Revit中的现代建筑建模常用的方法和流程并不完全

适用于古建筑，于是，作者通过"新建族"来创建各类建筑构件。图4～5所示为两种软件在模型完成后的效果示意图（因软件系统的显示尺寸定义不同，二软件在模型显示上高宽比略有差别）。

图4　运用ArchiCAD技术建立的建筑三维信息模型

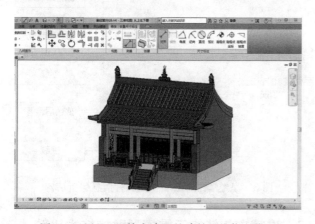

图5　运用Revit技术建立的建筑三维信息模型

3.3　ArchiCAD与Revit三维信息模型建构方法的对比分析

在皇经堂的三维信息模型建构中，两者的差异性体现在与AutoCAD的兼容性、古建模型库、自建模型这三方面，见表2。

ArchiCAD技术和Revit技术在三维结构建模技术上的对比分析表[13]　　表2

相同之处		
建模流程一致，均按照："添加"轴网→柱→梁→楼地板→墙→门→窗→楼梯→屋顶"的过程进行		
不同之处		
	ArchiCAD	Revit
与AutoCAD的兼容性	与AutoCAD的兼容性非常好，导入、导出的选项设置细腻。	与AutoCAD的兼容性较差，导入、导出灵活性不强。

续表

不同之处		
	ArchiCAD	Revit
古建模型库	ArchiCAD拥有强大的图库，尤其是古建图库，大大提高古建建模效率。	古建族库尚未健全。
自建模型	自建模型需利用"对象"工具，对参数化编程语言GDL要求高。	体量建模自由方便；构件三维操作便利。

4　建筑病害信息层析模型构建技术比较

4.1　运用ArchiCAD建立建筑病害信息层析模型的方法

4.1.1　建筑病害层析结构管理

在ArchiCAD中新建病害图层，并选择发生在同一部位的图层，在保持上述图层打开的状态下，新建图层组合，以此对图层进行分级管理。

4.1.2　建筑病害层析模型建构

①以插入贴图的方式插入壁画影像底图，并调整至实际大小。②双击"区域"工具，在"区域默认设置"对话框的"图层"中选择"颜料层剥落"，运用"区域"工具沿病害边缘描摹，形成闭合的"病害区域"，在病害区域中单击便可标注该区域的面积，形成建筑病害信息层析图。

4.1.3　建筑病害信息量化管理

运用ArchiCAD中的"清单和列表"命令建立病害信息明细表，利用ArchiCAD中可合计各楼层中所有房间面积的特点，统计同一种病害特征的面积，以研判各病害的严重程度。

4.2　运用Revit建立建筑病害信息层析模型的方法

4.2.1　建筑病害层析模型建构

Revit中可通过"房间和面积"和"颜色填充"来建立建筑病害层析模型。具体步骤为：①通过"图像"工具插入壁画影像底图，并调整至实际大小。②运用"墙"工具，描摹病害边缘，形成由墙体围合而成的各自闭合的病害区域；在闭合墙体中，创建"房间"，将其属性更改为"带面积房间标记"，并更改"房间"的名称为病害特征名称，则可在各病害区域中显示名称与面积；③运用"颜色填充图例"工具，为不同的病害特征选择不同的实体填充颜色，以示区分。

4.2.2 建筑病害信息量化管理

运用 Revit 中的"明细表"，在"新建明细表"对话框的"类别"中选择"房间"，在"明细表属性"对话框中添加"名称"、"面积"、"计算值-百分比"字段，生成"病害明细表"。后续的病害分布、面积占比对比分析与 ArchiCAD 类似，见 4.1.3。

列表中各病害区域的面积和占比，可作为各类壁画病害严重程度判断的参考（图6）。从病害信息总图中可知（图7），病害多分布于壁画左下侧，而右上侧贴近匾额处亦有部分病害分布，中间处则分布较少。可总结为：沿一条从左上-右下的斜线为界，斜线左下方病害分布较多，越靠近斜线病害分布越少，而远离斜线靠近匾额处，病害分布增多。经量测，这条斜线与垂直方向的夹角约为55°。从图中还可知：造成劣化的主要病害问题是颜料层剥落，占壁画总面积的16.01%，主要分布于壁画的左下侧，在壁画的右上侧靠近匾额处也有小部分集中分布；其次是空鼓，占壁画总面积的11.68%，集中分布于壁画的左下侧；颜料层粉化占2.87%，主要分布于现存绘画区域和边框处；底色层剥落占2.38%，分布于右上侧靠近匾额处和右下侧；划痕影响程度最低，占总面积的0.02%。

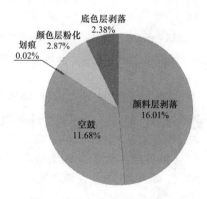

图6　壁画各病害所占面积比

4.3 ArchiCAD 与 Revit 建构建筑病害信息层析模型对比分析

从工作方法可知，两种软件在建筑病害信息层析技术运用中的差异体现在"图层"和"族"。ArchiCAD 的图层功能强大，可通过建立图层和图层组合来进行建筑病害层析结构管理，便于病害特征信息独特采集、抽离、叠合等工作的管理与控制。Revit 以"族"贯彻整个技术，无图层概念，但仍可通过"图元可见性""对象样式""过滤器"、"颜色方案"等来达到图元层析效果。

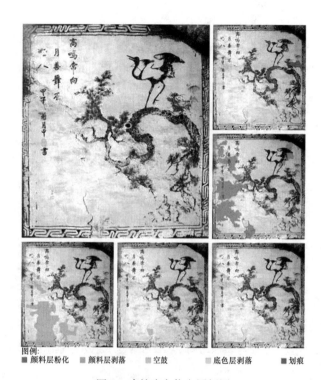

图例:
■ 颜料层粉化　■ 颜料层剥落　■ 空鼓　□ 底色层剥落　■ 划痕

图7　建筑病害信息层析图

ArchiCAD 技术和 Revit 在建筑病害信息层析模型构建的对比分析表[14]　表3

相同之处		
（1）均采用先插入影像底图，再描摹病害边缘，创建"房间"的方法绘制病害信息图 （2）均可对建筑病害面积进行排序		

不同之处		
	ArchiCAD	Revit
建筑病害层析结构管理	可根据病害特征和病害类别分级建立建筑病害层析结构系统	无法直接建立建筑病害层析结构系统
建筑病害层析模型建构	运用"区域"工具描摹病害边缘	运用"墙"工具描摹病害边缘
建筑病害信息量化管理	（1）可将同一病害各区域面积合计为该病害总面积 （2）不可统计病害面积百分比	（1）不可将同一病害各区域面积合计为该病害总面积 （2）可统计病害面积百分比

493

5 基于 BIM 模型的外延后模拟分析技术比较

将三维信息模型导入气候环境模拟分析软件中进行评估分析，可判断劣化形成机制和信息评估。研究中以 Autodesk Ecotect Analysis（简称 Ecotect）为例，对上述建立的信息模型进行气候环境模拟。ArchiCAD 和 Revit 中建立的三维信息模型均可另保存为 dxf 格式后导入 Ecotect；导入的 dxf 格式也可完全识别，Ecotect 读取文件均正常。由此可知二软件与 Ecotect 的兼容性差别不大。在 Ecotect 加载当地气候数据，模拟全天和全年的太阳轨迹图，并对壁画所处的环境——檐廊进行了全年日照时间累计值（Total sunlight hours）和全年入射太阳辐射累计值（Total radiation）的模拟计算（图8）。从模拟结果可知，两图中出现了一条十分明显的分界线，分界线的左下方为数值高的"红色"，分界线的右上方为数值低的"蓝色"。且两图中的分界线均在 55°（与垂直方向的夹角）附近。再将计算模拟结果与 BIM 中的病害分布信息图进行对比，可发现：病害大多位于全年日照时间模拟图和全年入射太阳辐射模拟

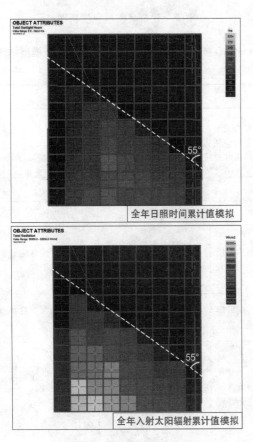

图 8 Ecotect 的环境模拟图

图左下方的红色区域，分界线在 55°左右。这表明该区域所面临的最活跃的建筑病害致病因素是因接触过多的阳光和太阳辐射所致，也提示了未来的保护策略应为优先处理日照问题。

6 ArchiCAD 技术和 Revit 技术的 SWOT 分析比较

上述实例研究表明 ArchiCAD 和 Revit 为建筑病害信息层析技术提供了良好的操作实践平台，可有效地对病害数据进行分层叠合处理与量化分析，也可结合环境模拟分析技术，对建筑病害的形成机理进行有力研判，但两软件在建筑病害信息层析技术上仍存在可改善之处，对此本研究运用 SWOT 分析法，对 ArchiCAD 和 Revi 运用于建筑病害信息层析技术中的的优势（Strengths）、劣势（Weaknesses）和发展环境的机遇（Opportunities）、挑战（Threats）进行对比（表4）。由表 4 可知："图层"和"族"是导致 ArchiCAD 和 Revit 在建筑病害信息层析技术的运用中存在差异性的主要因素；因"图层"的功能特性，这一技术在 ArchiCAD 中可得到良好的运用与拓展。而"族"的特性，则使建筑病害信息层析技术在 Revit 中的运用较复杂而不便，一些要求仍无法实现，如：无法建立建筑病害层析结构管理系统；对于两种以上的病害特征存在的区域，Revit 无法将各层病害剥离分开。

此外，本研究利用 SWOT 分析矩阵，对两软件在利用机会，回避弱点；利用优势，降低威胁；规避弱点和威胁四个方面上可采取的开发策略进行了分析说明（表5～6），以供研发部门参考。两软件的研发均可在以下方面取得突破：A. 开发可自动识别病害边缘，并描绘病害边缘的新功能，运用此功能，工作人员仅需鉴别此区域为何种病害。B. 完善 ArchiCAD、Revit 中的"清单和列表"、"明细表"功能，增加百分比、合计、编号、历史数据对比等字段。C. 完善 ArchiCAD、Revit 的中国古建筑图库、中国古建筑族库。此外，针对 Revit 软件开发策略的参考意见：A. 可在原基础上，增强"图元可见性"、"对象样式"、"过滤器"、"颜色方案"等命令的图元层析能力。B. 在"族类型"中添加"自动计算面积"的参数，增加"子类别"多层多级别建立的能力。而对 ArchiCAD 软件开发策略的参考意见为：强化图层功能，对病害特征进行多次分级别管理。

ArchiCAD 技术和 Revit 技术的 SWOT 对比分析表 表 4

	ArchiCAD	Revit
优势-S	(1) 具有图层功能，操作、出图灵活性强，材料优先级显示 (2) 导入、导出 CAD 方便 (3) 强大的图库，尤其是古建图库 (4) 处理模型的效率高 (5) 可直接建立病害信息系统，并定量分析 (6) 可运用 Ecodesigner 插件进行能耗分析 (7) 可与其他软件达成互操作性，如"IFC 导入导出插件"	(1) 族编辑功能强大 (2) 自建模型操作方便，难度一般 (3) 功能、操作全面 (4) 建筑、结构、机电、市政等多专业高度集成 (5) 可直接对后续的修复工程成本进行评估和管理，对修复项目的完成情况进行管控
劣势-W	(1) 自建模型对操作者的编程语言要求高，难度较大 (2) 多专业协调不足 (3) 无法直接利用软件进行后续的修复工程管理	(1) 建族工作繁琐、时间成本高 (2) 古建族类型缺少 (3) 处理模型的效率低 (4) 需借助 CAD 建立病害信息系统和定量分析 (5) 需多次导入，实现图层到族的转变
机遇-O	(1) 国外使用多，影响力强，认知度高 (2) 大多数国外建筑事务所只有建筑的专业，ArchiCAD 专注于建筑的特性与之相符。 (3) 在文物保护界的运用研究处于起步阶段，应用发展潜力大 (4) 中国大力倡导运用 BIM 技术	(1) 目前中国使用人数多，影响力强，认知度高 (2) 多数中国设计院囊括了建筑设计所需的所有专业，Revit 强大的多专业集成与之匹配 (3) 在文物保护界的运用研究处于起步阶段，应用发展潜力大 (4) 中国大力倡导运用 BIM 技术 (5) 文物建筑修复工程中需要各专业的配合
威胁-T	(1) 目前中国使用人数少，影响力弱，认知度低 (2) 在文物保护界的实际运用暂未展开 (3) 文物建筑修复工程中需要各专业的配合	(1) 国外使用少，影响力弱，认知度低 (2) 在文物保护界的实际运用暂未展开

结合文物建筑修复工作的 ArchiCAD 技术 SWOT 分析矩阵 表 5

S-O 战略	W-O 战略
(1) 强化图层功能，可对病害进行多次分级别管理 (2) 开发可对病害边缘自动识别并描绘的新功能 (3) 加强古建图库的开发 (4) 国家大力支持 ArchiCAD 与文物保护的结合研究与应用	(1) 完善系统构件的三维旋转功能和坐标管理系统 (2) 完善"列表"功能，增加"百分比"字段 (3) 开发简洁易学的自建模型建构法 (4) 软件中增加结构、水电暖、成本管理等专业模块
S-T 战略	**W-T 战略**
加强软件与其他软件的开放性	降低自建古建模型的编程语言难度，提高模型建模效率

结合文物建筑修复工作的 Revit 技术 SWOT 分析矩阵 表 6

S-O 战略	W-O 战略
(1) 增加与"图层"类似的分层功能 (2) 开发可对病害边缘自动识别并描绘的新功能 (3) 强化自建模型的操作便利性 (4) 加强多专业集成工作能力，使工程配套专业更齐全 (5) 国家大力支持 Revit 与文物保护的结合研究应用	(1) 增强"图元可见性"、"对象样式"、"过滤器"、"颜色方案"等命令的图元层析能力 (2) 完善系统构件的三维旋转功能和坐标管理系统 (3) 完善"明细表"功能，增加对同类房间面积总计的功能 (4) 加强古建族的开发
S-T 战略	**W-T 战略**
强化族功能，可对病害进行多次分级别管理	在族类型中添加"自动计算面积"的参数，通过自建族的方式来建立建筑病害层析结果系统和建筑病害层析模型建构

7 结论

本研究借助 BIM 平台进行建筑病害层析信息分析，提出了"建筑病害信息层析技术"这一新的数字化应用路线，以便于选择有效的病害信息图层进行数据处理与分析，使研究清晰明了，有利于更准确地研判建筑病害的根本形成机制。

本研究选取 ArchiCAD 和 Revit 两软件为实践平台，分别运用二软件对武当山皇经堂的西廊心墙壁画进行建筑病害层析信息分析，均建构了建筑主体结构三维模型、建筑病害信息层析模型，并运用三维信息模型进行外围模拟分析。层析信息分析结果表明：病害多分布于壁画左下侧，而右上侧贴近匾额处亦有部分病害分布，中间处则分布较少；造成劣化的主要病害问题是颜料层剥落，占壁画总面积的 16.01%，其次是空鼓，占壁画总面积的 11.68%。而环境模拟分析表明皇经堂西廊心墙壁画最活跃的建筑病害致病成因是接触过多的阳光和太阳辐射。

同时，本研究对 ArchiCAD 和 Revit 在进行建筑病害层析信息分析时的异同进行了比较，发现"图层"和"族"是导致两者差异性的主要原因，因"图层"的功能特性，这一技术在 ArchiCAD 中可得到良好的运用与拓展。而"族"的特性，则使建筑病害信息层析技术在 Revit 中的运用较复杂而不便，一些要求仍无法实现，如：无法建立建筑病害层析结构管理系统；对于两种以上的病害特征存在的区域，Revit 无法将各层病害剥离分开。

此外，本研究运用 SWOT 分析法分别为两软件制定了基于古建保护工程的建筑病害层析技术的软件开发策略，两者均可完善以下几个方面：增强图元层析能力、自动识别病害边缘、完善坐标管理系统等方面；开发可自动识别病害边缘，并描绘病害边缘的新功能；完善"清单和列表"、"明细表"功能；完善中国古建筑图库、中国古建筑族库等。也分别对二软件制定了软件开发策略。基于 BIM 技术的"建筑病害信息层析技术"也为古建筑保护工程中的信息量测量化分析技术、修复作业的工程技术咨询与后期修复成本计算开拓了另一创新的技术领域。

参考文献

[1] 中华人民共和国国家文物局. WW/T 0078—2017 中华人民共和国文物保护行业标准——近现代文物建筑保护工程设计文件编制规范 [S]. 北京：文物出版社，2017.

[2] 中华人民共和国国家文物局. WW/T 0030—2010 中华人民共和国文物保护行业标准——古代建筑彩画病理与图示 [S]. 北京：文物出版社，2010.

[3] 中华人民共和国国家文物局. WW/T 0006—2007 中华人民共和国文物保护行业标准——古代壁画现状调查规范 [S]. 北京：文物出版社，2007.

[4] 张叶，雷祖康，杨志敏. 古建筑彩画的二维图像信息现场量测技术数字化实践——以武当山道教建筑两仪殿壁画为例 [J]. 华中建筑，2017（4）：106-111.

[5] 周乐. 建筑壁画病理信息系统构建与应用研究——以武当山两仪殿壁画为例 [D]. 华中科技大学，2013：14.

[6] Watt D S. Building Pathology [M]. 2nd ed. MA：Blackwell PublishingLtd，2007：114-119.

[7] Hetreed J. The Damp House [M]. Wiltshire：The Crowood Pres Ltd，2008：120-124.

[8] Massari，Ippolito. Damp Buildings-old and new [M]. Rome：ICCROM，1993：93-94.

[9] 王立久，姚少臣. 建筑病理学-建筑物常见病害诊断与对策 [M]. 北京：中国电力出版社，2002：2-3.

[10] 文化部文物保护科研所. 中国古建筑修缮技术 [M]. 北京：中国建筑工业出版社，2002：108-109.

[11] Eric Rirsch，Zhongyi Zhang. Rising damp in masonry walls and the importance of mortar properties [J]. Construction and Building Materials，24（2010）：1815-1820.

[12] 中华人民共和国住房和城乡建设部. GB/T 51212—2016. 中华人民共和国国家标准建筑信息模型应用统一标准 [S]. 北京：中国建筑工业出版社，2016.

[13] David Watta，Belinda Colston. Investigating the effects of humidity and salt crystallisation on medieval masonry [J]. Building and Environment，35（2000）：737-749.

[14] 王景阳，俞策皓，曾旭东. BIM 软件在建筑数字技术教学中的应用——Revit 与 ArchiCAD 横向应用研究比较 [C]//2010 年全国高等学校建筑院系建筑数字技术教学研讨会，2010.

陈彩渝 杨文杰 徐 杰 李 磊

中机中联工程有限公司；chency@cmcuatr.com

BIM 技术在超高层项目设计中的应用
BIM Application In Super High-rise Buildings Design

摘 要： 随着三维设计技术的发展，在建筑设计领域采用 BIM 技术克服常规二维设计的局限性越来越普遍。在超高层项目设计中，因其体系的复杂性，全面利用 BIM 技术克服 CAD 设计数据传输错误率高，协调性差及施工实用性差等缺点，深入挖掘三维信息技术的价值，显得尤为重要。

本文通过分析超高层建筑的实际工程困难点及 BIM 技术的应用现状，探讨针对超高层建筑项目设计阶段的 BIM 应用方向及价值，论述了基于 BIM 技术的超高层擦窗机方案分析，避难层机电优化及参数化形体控制等方面的技术重难点及辅助设计的指导意义。在设计阶段通过三维建模，可视化分析，参数化定位辅助，实现协同共享，极大提高了项目设计效率，确保了信息数据的准确性，对项目方案决策及推进起重要作用。

关键词： BIM；超高层；参数化

Abstract： With the development of 3D design technique, it becomes more and more common to adopt BIM technology in architectural design to overcome the limitations of conventional 2D design procedure. In the design stage of super-high rise projects, it's particularly important to make full use of BIM technology to get over the high error rate of CAD design data transmission, poor coordination and poor construction practicality, and especially to dig deep into the value of 3D information technology because of the complexity of the whole system. By analyzing the practical engineering difficulties of super-high rise buildings and the application status of BIM technology, this work discusses the application region and value of BIM technology for the design phase of super-high rise projects, and discusses the technical difficulties and guiding significance of auxiliary design in the aspects of mechanical and electrical optimization of the refuge layer and parametric shape control based on the window scraper scheme analysis based on exceeding high level BIM technology. In the design stage, through 3D modeling, visual analysis and parametric positioning assistance, collaborative sharing is achieved, and as the consequence, the efficiency of project design is greatly improved and the accuracy of information data is ensured. Thus BIM technology plays an important role in decision-making in both project decision and promoting.

Keywords： BIM；Super-high rise；Parameterization

1 引言

1.1 BIM 技术在设计阶段的应用

随着我国城镇化建设的不断发展，建筑工程领域的技术也得到了突破性的发展。BIM 技术的应用逐步从国外传入国内，并得以广泛应用于建筑信息的数字化描述中。BIM 本质上是一种特殊的数字化开发技术，即建筑信息模型。随着社会对建筑需求的不断演变，传统设计工作愈发需要三维数字化技术的支持。而在应用 BIM 技术的过程中，不仅可以满足新型设计中对三维特点的呈现需求，也能够形成一个信息库，其中不仅能够包含建筑的三维几何信息，而且含有互相协同的各种专业化信息，和各个构件对象的状态与空间行为[1]。BIM 技术在设计阶段主要有以下几点应用：

1.1.1 项目可视化

随着建筑相关的各行业如机电、暖通等的发展，建筑结构本身也呈现出非常高的复杂度与非直观性。各个不同行业，不同领域的模型之间的交互和关联成为了建筑图纸审核的重点与难点。BIM 技术在此领域的应用场景是实现二维图纸到三维建筑模型的转化。整体模型可以任意变换到最方便查看的视图，建筑信息直观地反馈在模型中并具有极强的交互性。同时，参数化设计方法给设计人员提供了新的思路，使复杂空间曲面外墙或幕墙能够通过算法生成，加快开发速度。另外，在招投标过程中，也可以通过建筑的三维效果图对设计理念进行深入的讲解，使设计思路更容易被理解，设计方案也显得更加具有说服力。

1.1.2 项目协调

建筑项目往往由多个行业交织复合而成，在繁重的工作中，企业往往难以高效应对各项管理工作，综合所有信息快速定位问题进行优化。而在 BIM 技术的辅助下，管理工作更加容易开展。BIM 技术首先可以通过整合不同模式，不同大小的数据集，通过立体的构图对数据进行显示。此外，BIM 技术还可以对建筑中来自于不同领域的模型进行综合，检查是否有冲突以及安全隐患。BIM 技术还能够将整合完毕的各工序标准与样板标准导出到专门的二维码，通过该二维码可以实现标准的快速导入导出。这样管理人员可以通过扫描该二维码实现对工序的要点核对。施工方也能够以此来获得对工序的直观了解，工作效率势必得到大幅提升。

1.1.3 建筑仿真

在建筑设计的各个阶段，BIM 技术能够支持模拟性的实验，比如模拟建筑内部的热能传导，寻找高低温分布以及温度极值点、紧急事故疏散能否达标、建筑内外风流方向与风速、建筑幕墙形状规划与成本估计等等。这些仿真不仅可以在设计阶段给相关设计人员对于建筑整体信息一个把握，也可以成为设计变更的直接依据，更可以在工程展示过程中，作为直观结果出示给业主，让非专业的人员也能够通过仿真结果了解建筑的大致参数。

1.2 超高层建筑设计难点

超高层建筑多存在于对建筑占地面积极其敏感的繁华区域，地理位置多在某期施工项目的建筑群核心，位置特殊。而对于建筑密集区域交通的规划，使得超高层建筑可能四周环绕有地下空间，地铁及其他的工程项目。因此就造成了超高层项目施工的环境条件，施工道路多受到极大限制。而且周边环境变化剧烈、交通情况

复杂都是需要在项目设计阶段考虑在内的。部分超高层住宅项目需要室内精装修，且配备中央空调系统，因此对室内管道铺设的要求非常高。在中海鹿丹名苑项目[2]中对以上几点问题进行了集中阐述。从具体的建筑选材和技术要点来说，超高层建筑应用了一些最新的幕墙材料，结构支撑件等，这些新型材料增加了项目的复杂性和分析难度。例如在深圳市的创业投资大厦项目中，广泛应用了一种菱形隐框玻璃幕墙[3]，对于幕墙之间的配合与碰撞检测成为了关注的重点。此外，超高层建筑除了在建筑和结构设计方面具备独特且复杂之处外，机电系统作为其中庞大且重要的组成部分也具有其自身的特点。譬如机电系统需要根据大楼不同业态及楼层分布进行独立设计和物业运维，机电管线数量巨大；各专业设计标准和功能要求高，机电系统众多，机电管道能占用的空间十分有限；机电设备和主干管道大都集中在设备转换层和核心筒区域，建筑布局紧凑，走廊空间和楼层面积狭小，不同楼层分区建筑结构布局变化大。在永利国际金融中心项目[4]中，由于机电系统多，且各系统关联性强，参与施工机电的分包商较多，因此超高层机电专业深化设计成为了一个难题。该工程系统容量大，对能源与运行效率有较高的要求。在系统初次运行时，故障几率大，因此对人员，设备安全及经济影响大。徐航等人[5]则针对超高层结构形式的多变以及建筑空间的苛刻要求，提出了一种复杂机电管线的综合排布方法。最后值得一提的是，当前一些超高层建筑不仅在内部应用了复杂的综合电气系统与内部空间优化设计，在外形设计上也应用了最新的参数化分析方法，来实现外墙结构的空间曲面设计，以满足审美的需求，并力求与周围建筑群相融合。这些需要建模软件与生成算法相互配合[6]。

2 BIM 技术应用

2.1 参数化定位

建筑的参数化设计就是找到影响建筑设计的因素与建筑之间的关系，进而用计算机语言描述这种关系或规则，形成参数模型[7]。参数化设计的优势在于使设计过程高效进行，极大提升设计效率，尤其是针对单一构件重复性高的构造。在超高层建筑设计中，用参数化的方式通过 dynemo，grasshopper 等软件辅助结构柱定位，幕墙形体控制能很好的发挥参数化设计的优势。

2.1.1 参数化结构定位

如图 1 所示，根据原有结构柱，结构板边线定位方案，确定整栋建筑的结构定位逻辑，并通过 Dynamo 软件将这种逻辑关系编写进计算机，从而自动生成结构模型。在此后的方案微调中，只需修改 Dynamo 软件中少

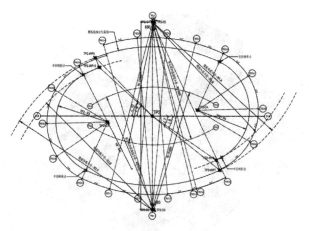

图1 结构柱平面定位方案

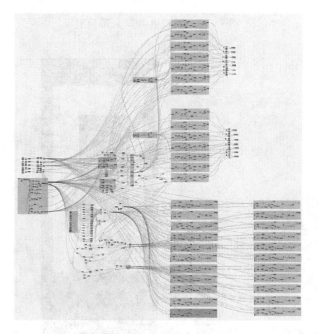

图2 Dynamo 电池图

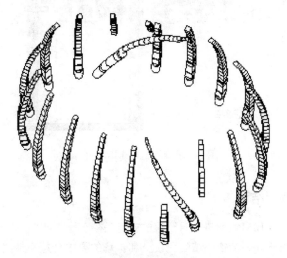

图3 结构柱三维轴测图

数数值，即可重新自动生成新方案结构模型，极大提升了设计效率，减轻了建模工作量。

2.2 BIM擦窗机分析

超高层建筑设计为多专业同时作业，由于其设计的复杂性，参与项目的设计顾问众多，传统的设计方式使单专业设计顾问难以兼顾其他专业可能会出现的相关问题。超高层擦窗机设计的难点主要在于工作高度与巨大工作面的问题，擦窗机的选型与布置台数、位置是设计的重点[8]。同时超高层建筑通常伴随着外立面曲面造型，擦窗机系统如何有效覆盖建筑整个外表面清洗区域，同时停机时能隐藏保证建筑的美观性也是设计的难点。

2.2.1 擦窗机方案选型与位置布置分析

利用三维信息技术，将不同擦窗机方案，及其他各专业信息集成在BIM模型中，分析不同擦窗机选型与布置方案对其他各个专业的影响。尤其是擦窗机运行时与结构的关系，空间条件，以及幕墙开窗位置。这些问题都可以通过BIM进行模拟分析，提前预判可能出现的风险点，综合协调各专业设计，得到最优解决方案。

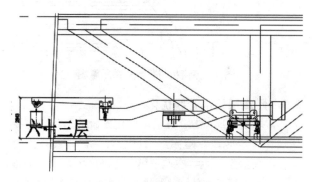

图4 擦窗机立面图

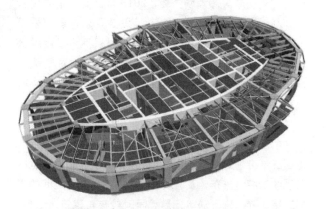

图5 BIM擦窗机运行模型

2.2.2 建筑曲面造型及擦窗机隐蔽问题

超高层建筑受高空风力影响，通常外形设计为曲面造型。擦窗机设计需要考虑覆盖整个建筑表皮的清洗区域。BIM技术可以结合幕墙模型和擦窗机设计方案进行模拟，校验擦窗机的覆盖范围，通过三维动画的方式展示出来，更清晰、直观地反映设计方案。

擦窗机停机时的隐蔽问题主要是考虑建筑造型的完整性和美观性。完成擦窗机停机模型后，可以在主体建筑模型中，导入项目地址场地及周边建筑物模型，做三维视线分析。由此，可以全面的展示擦窗机停机后各个视角的效果，快速分析最不利位置，提高设计、沟通效率。

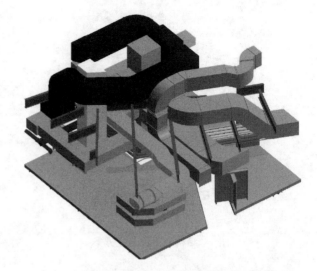

图7 避难层机电 BIM 局部模型

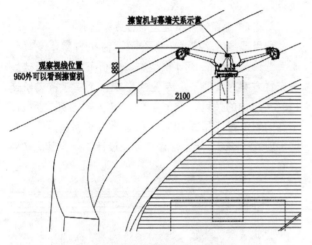

图6 擦窗机与幕墙关系示意图

2.3 避难层机电管线优化

常规项目 BIM 技术在机电优化方面的应用，主要体现在车库区域。超高层项目设计中，管线最为复杂，密集的区域主要在避难层。避难层机电设计的难点在于：①管线密集，管线排布后实际效果难以把控，检修空间受限。②消防方面，2018年公安部消防局针对250m以上超高层建筑提出了更高要求，规定采用自然防烟方式的避难层可开启外窗面积不小于避难区域面积的5%[9]。超高避难层可开启窗的位置则需协调建筑、结构、幕墙、机电专业几个专业，共同协商决定。

BIM技术的介入能很大程度上解决避难层机电设计的困难之处。首先通过各专业三维模型叠加、综合，做到三维可视化，有效合理地处理给排水、暖通和电气各系统的综合排布，及时发现综合图中各专业之间的碰撞、错、漏、碰、缺等问题。同时校核与建筑、结构、幕墙之间的问题，例如疏散走道的净高条件是否满足，机电管线与结构腰桁架及伸臂桁架的冲突问题，开启窗位置对幕墙立面效果影响问题等等。

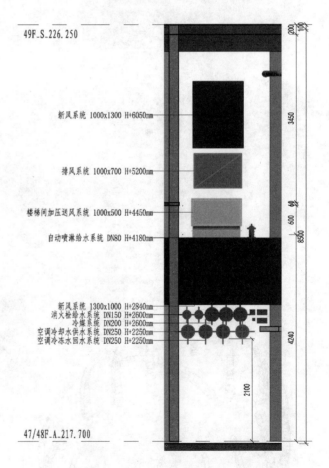

图8 避难层机电 BIM 剖面图

3 结语

BIM技术在设计阶段的应用还在不断摸索中，在未来十年，建筑的精细化设计和市场的要求会越来越高。目前 BIM 技术的应用多体现在碰撞检测，设计校核，管线综合优化，可视化表现等方面，而针对超高超大型项目的BIM专项应用研究较少。本文提出了参数化定位，擦窗机分析，避难层优化三个超高层建筑BIM专项应用点，以期以后的研究者能在此基础上深入挖掘BIM技术的应用。同时，BIM技术不应仅停留在设计阶段发挥作用，更应该成为建设单位、设计、总包、各分包等所有参与单位的沟通协作平台，以一种全新的技术管理模式，贯彻项目的整个生命周期，提升项目整体的管理效率和水平。

参考文献

[1] 刘鹏，阮思雨，徐伟刚. BIM技术在超高层建筑的应用 [J]. 门窗，2017 (12)：249.

[2] 谢伟双，黄京城，许丰，赵宝森. 超高层产业化住宅项目中BIM的运用研究——以中海鹿丹名苑为例 [J]. 生态城市与绿色建筑，2017 (Z1)：78-85.

[3] 杜炜平，孙海龙. 超高层钢结构工程BIM应用和思考 [J]. 建筑技术，2014，45 (06)：524-525.

[4] 王瑞，何春隽，刘智荣，苏曦. 超高层项目机电安装BIM＋应用 [J]. 土木建筑工程信息技术，2016，8 (03)：6-13.

[5] 徐航，黄联盟，鲍冠男，刘本奎，张仕宇. 基于BIM的超高层复杂机电管线综合排布方法 [J]. 施工技术，2017，46 (23)：18-20.

[6] 彭武. 上海中心大厦的数字化设计与施工 [J]. 时代建筑，2012 (05)：82-89.

[7] 徐卫国. 褶子思想，游牧空间——关于非线性建筑参数化设计的访谈 [J]. 世界建筑，2009 (8)：16-17.

[8] 江文琳，李斌. 武汉绿地中心擦窗机设计分析 [J]. 设计技术，2017：22-24.

[9] 袁满，李小强，王炳. 避难层外窗尺寸对自然防烟效果影响的模拟研究 [J]. 消防科学与技术，2018，37 (10)：1307-1309.

姚东升

大连理工大学；yaodongsheng1992@126.com

BIM 技术在历史建筑保护中的应用研究

——以南满洲工业专门学校主楼为例

Research on the Application of BIM Technology in the Protection of Historical Architecture

——Take the Main Building of South Manchuria Special Industrial School as an Example

摘　要：BIM 作为一种全新的理念和技术，在我国建筑行业中的应用初见成效，但是在历史建筑保护中仍存在着应用不足的问题。对此，可将 BIM 技术可视化、协调性、模拟性等优势运用于历史建筑保护领域。基于 BIM 技术平台，利用 VSTA 代码编程对 Revit 进行二次开发，开发出原真性检测的应用插件，该插件包括体素化处理、特征向量提取、空间 d 值计算和匹配识别。通过设定运算程序进行模型处理以实现历史建筑的原真性检测，该检测报告作为制定历史建筑保护方案的参照，为历史建筑保护工作效率的提高和科学准确性提供依据。以大连市南满洲工业专门学校主楼保护修缮设计为案例，应用三维激光扫描技术、Revit 建模、原真检测插件，分析现状建筑的残损情况，进一步制定该历史建筑的保护修缮方案。

关键词：BIM 技术；应用插件；历史建筑；原真性

Abstract：As a new concept and technology, BIM has achieved initial results in the construction industry of our country, but there is still a problem of insufficient application in the protection of historical buildings. Therefore, the advantages of BIM technology, such as visualization, coordination and simulation, can be applied to the field of historical building protection. Based on the BIM technology platform, Revit was developed by VSTA code programming, and the application plug-in for authenticity detection was developed. The plug-in includes voxelization processing, feature vector extraction, spatial d value calculation and matching recognition. The model processing is carried out by setting the calculation program to realize the authenticity detection of the historical building. The test report serves as a reference for the formulation of the historical building protection plan, and provides a basis for improving the work efficiency and scientific accuracy of the historical building protection. Taking the protection and repair design of the main building of Dalian Nanmanzhou Industrial College as a case, the 3D laser scanning technology, Revit modeling and original detection plug-in were used to analyze the damage of the current building and further develop the protection and repair plan of the historic building.

Keywords：BIM technology；Application plug-in；Historical architecture；Authenticity

1　当前历史建筑保护中信息处理的局限性

1.1　原真性判断存在误差

在城市化进程中，历史建筑建筑面临形态和功能的巨大压力，随着时间推移，历史建筑结构老化，强度减弱等问题日益显露，历史建筑保护和可持续发展备受关注。"原真"在历史建筑保护中是判定历史建筑价值的重要指标之一，原真性本质上是对信息的判定。历史建筑保护传统的工作流程是：先现场勘察、评估、测绘，数据整理并绘制CAD图纸形成的"现状信息"，再通过文献查阅与实物研究，以及根据周边辅助信息对其建筑现状的形态进行原真性判断。此法花费大量人力和时间，且与人为测量和判断存在一定误差。

1.2　信息管理不足

目前尚未建立科学的历史建筑信息管理系统，我们很难对已有的有效信息进行整理归类，在各环节的工作中所产生的信息不能及时有效地进行整合，目前历史建筑原真性信息的保存基本依靠纸质文档典籍，保存方式单一，保存状态易受到不确定因素破坏；现在的数字化二维图纸和三维建筑模型，不同时期测绘的数据信息之间相互关联起来非常困难，往往需要人工来进行缓慢转换或者重新收集，这种数据之间连接困难的现象会造成信息孤岛，导致效率低下，让历史建筑保护人员做很多重复劳动。由于尚未建立科学的历史建筑信息管理系统，当前历史建筑保护存在信息的碎片化和隔绝性[1]。

2　BIM技术用于历史建筑保护的优势分析

2.1　获取建筑信息

历史建筑现状可以用三维激光仪进行建筑现状测绘，获得的标高、轴网、墙、柱、梁、楼梯、地面、屋面等形制与尺寸信息、构造与材料信息、工艺与装饰信息等，将若干测量基站的扫描的点云图叠合形成点云文件，将点云文件导入Revit中建立历史建筑的现状模型，和人工测绘与传统绘制CAD图纸相比较为便捷准确。

历史建筑的原状模型可以从历史建筑云端模型库中调取，云端数据库的建立主要有两种方式，一是根据历史资料和现状研究创建历史建筑原状的信息模型，二是历史建筑保护工作者将既有的历史建筑信息模型上传数据库。在创建历史建筑原状信息模型时，每个构件的尺寸信息、构造信息、材料信息、施工信息等记录在Revit的族属性中，确保历史建筑原状模型信息的准确性与完整性[2]。我国历史建筑多为木构架、榫卯结构单元，其构件精致复杂多样，但自成系统，条例井然。例如，传统殿堂型构架分为柱网层、铺作层、屋架层，可以建成三个族，在铺作层这一单元内，又可以一组斗栱作为单元次级族。传统建筑基于BIM技术记录的模型信息较CAD绘制二维图纸记录信息更显优越性。

由于我国历史建筑保护相比西方国家起步较晚，而BIM技术刚开始应用于历史建筑保护中，云端数据库尚不完整，随着全球网络技术和数据库技术的不断开发，以及BIM技术在历史建筑保护中的应用推广，使得海量的历史建筑信息流通共享，进而建立历史建筑云端数据库，使得获取历史建筑的营造方式、修缮工艺、精神文化等信息更加便捷准确。

2.2　建筑原真性检测

历史建筑原真性的评判本质上是现状信息与原状信息的比较，而BIM技术的优势在于其强大的信息处理能力，可以将历史建筑的现状模型与原状模型进行全面精确的比较，进而实现原真检测。原真检测的关键步骤是两个信息模型包括整体到细部的所有的元素的对比，利用Revit软件二次开发可以实现对BIM模型的导入、相关信息的提取、拓扑属性的计算、匹配识别运算，进而实现历史建筑的原真检测。

Revit是BIM的核心建模软件之一，Revit API是Autodesk公司为方便编程人员在Revit开发平台上扩充相应功能所提供的辅助工具，可以支持多种编程语言进行二次开发[3]。Revit二次开发使用VSTA（Visual Studio Tools for Application）工具，VSTA是Revit自带的开发环境，类似于AutoCAD或Office中的VBA开发工具。VSTA使用C♯，VB. NET语法均可以实现，其基本原理是生成一个脚本宏，并将其附加于本地或某个模型之上，通过运行宏来实现相应的功能。原真检测分为模型建立、模型处理和匹配识别三个步骤。其中模型处理是关键，操作目的是为匹配识别做准备，具体的程序设定分为：体素化处理、特征向量提取和空间d值计算三个运算子程序（图1）。

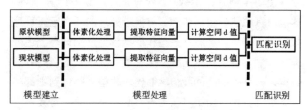

图1　原真检测流程图
（图片说明：原真检测的三个步骤及操作流程）

2.2.1　模型体素化处理

体素化是1986年Arie Kaufman提出了（Voxelization）的概念，一个场景的体素表示三维空间数据，三维模型体素化是将模型通过统一的立方体表示，这些立方体其不仅包含模型的表面信息，而且能描述模型的内部属性[4]。在二维空间中，每个图像由多个像素组成，而三维模型的体素化表示就像二维图像一样，将二维图像的像素拓展到三维空间，在三维空间中构造多个立方体单元。基于 Revit API 窗口，使用 VSTA 对 Revit 二次开发创建模型体素化插件，保留模型的族分系统进行体素化处理。

2.2.2 特征向量的提取

模型特征提取是对模型特征进行确定的量化行为。Revit API 创建特征向量提取插件，导入体素化处理后的模型，采用拓扑属性计算，选取特征控制点，控制点不均等分布分布密度由精度决定，边缘及转折处分布密集，曲线较直线分布密集，将体素化控制点之间连接成向量，以此标识建筑空间、构造特征，对建筑空间属性图的构造和相关属性变量的提取，形成特征向量[6]。

空间 d 值计算：使用 VSTA 对 Revit 二次开发，设定空间 d 值计算插件，工作原理是根据计算欧几里得距离来判断两组模型形态上的相似性，将上一步提取出的模型特征向量导入，进行欧几里得距离数值运算记为"空间 d 值"，通过计算一系列的空间 d 值作为模型形态的特征参数[5]。

对于二维平面上两点 $a(x_1,y_1)$ 与 $b(x_2,b_2)$ 之间的欧几里得距离可表示为：

$$d = \sqrt{(x_1 - x_2)^2 + (y_1 - y_2)^2}$$

对于三维空间上的两点 $a(x_1,y_1,z_1)$ 与 (y_2,x_2,z_2) 之间的欧几里得距离可表示为：

$$d = \sqrt{(x_1 - x_2)^2 + (y_1 - y_2)^2 + (z_1 - z_2)^2}$$

对于 n 维空间上的两点 $a(x_{11},x_{12},\cdots,x_{1n})$ 与 $b(y_{21}, y_{22},\cdots,y_{2n})$ 之间的欧几里得距离可表示为：

$$d = \sqrt{\sum_{i=1}^{n}(x_{1i} - x_{2i})^2}$$

2.2.3 模型匹配识别

使用 VSTA 对 Revit 二次开发匹配识别运算插件，这是原真检测的最后步骤，与模型处理的三个运算程序相比较为简单，将原状模型和现状模型分别进行上述处理操作后，得出两组与模型形态的特征相关的空间 d 值数据，一系列的空间 d 值能够代表模型从整体到细部的形态属性，将这两组 d 值进行匹配识别运算，对其差异点进行定位标注，可以追溯到现状模型与原状模型的差异点，并生成检测报告反馈给用户。

2.3 构建云端数据库

通过收集现存关于历史建筑的纸质文档，以及被考察认证为原物的相关建筑遗存，将这些原真信息尽快建立信息模型，基于 BIM 技术平台进行信息保存。BIM 是对建筑全生命周期的信息管理模式，与历史建筑全生命周期的保护不谋而合。利用 VSTA 对 Revit 二次开发的插件可以共享，从建筑信息模型中逐步提取模型图元的主体（墙、楼板、屋顶、天花板）和模型构件（楼梯、窗、门）等关键要素进行基础数据处理，获取建筑空间与构件的全部信息，结合当前的大数据系统形成云端数据库，以实现建筑原真信息的完好保存，同时对今后的保护修复工作的开展，对历史建筑的学术研究，以及对建筑文化的传承都有重要意义。云端数据库除了收集、共享原状模型外，现状模型以及历史建筑在不同时期的不同状态也需要收录，形成动态的信息，以便对历史建筑进行全生命周期的保护。

3 案例研究

3.1 建筑现状

大连理工大学市内校区化工学院（原南满洲工专）建造于 1912～1914 年，建筑师是满洲工务科的横井谦介，主体建筑为 2 层砖石结构，局部带地下室，建筑面积 1.6 万平方米，南院主楼是具有哥特饰趣的和风近代建筑，为大连市第一批重点保护建筑（图 2、图 3）。2010 年，大连理工大学化工学院整体搬迁，其所在的市内校区一直处于闲置状态。由于无人使用，建筑缺少日常维护与修缮；另外不同时期的加建、改建等一些人为因素亦造成建筑结构和细部的损坏，因此有必要对该历史建筑进行保护。

图 2 建筑旧貌
（图片说明：南满洲工业专门学校，建造于 1912～1914 年）

南满工专的加建、改建主要分为四个阶段：1914 年主体建筑基本形成；1930 加建 2 处实验室；1949 年大规模加建、扩建，教学部的两翼、宿舍部和实验室的延长部分均在这一时期建造；1982 年主要对建筑室内空间进行改造，外部形体没有较大变化。1990 年代沿街立面上进行粉刷，大部分窗户替换为塑钢窗。山花、檐口、扶壁等部件基本完整保留。之后的不同时段都有多次的人为变更，自行加建、扩建、改建，局部残损严重，破坏了建筑的原貌。

图3 建筑现状
（图片说明：大连理工大学化工学院，于2010年整体搬迁，目前处于闲置状态）

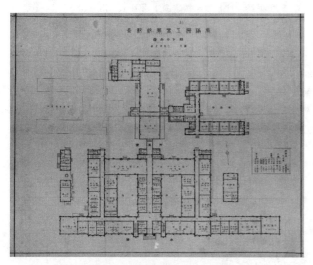

图4 建筑老图纸一层平面
（图片说明：南满洲工业专门学校主楼，图纸绘制于1912年）

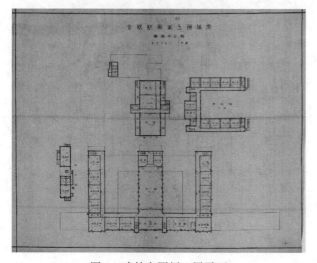

图5 建筑老图纸一层平面
（图片说明：南满洲工业专门学校主楼，图纸绘制于1912年）

3.2 基于BIM的保护策略

3.2.1 建立现状模型

使用三维激光扫描仪对现有对象表面进行高精度三维点采样，根据实际情况调整测站和标靶位置，记录标靶编号。多个测量站将快速获取被测对象表面的三维坐标数据并保存为点云，对于精美的建筑细部、复杂的建筑结构进行点云拼接，从而缩小误差，更精准的记录建筑，生成点云文件，其中每一个点都携带三维坐标，所有图上的信息相互关联。将完整点云文件链接到Revit中建立建筑现状信息模型。

3.2.2 建立原状模型

根据大连理工档案馆提供的南满工专的1912年的平面设计图（图4，图5），以及以1982年的测绘图为依据，建立建筑的原状模型。制图按照Revit族单元分层次建立模型组件，包括维护部分、装饰部分、家具部分等。建筑结构组进一步细化，分别建立梁、板、柱、基础等部件模型。根据建筑文献资料，建立三维建筑信息模型，突破传统二维图纸的繁琐与局限性。

3.2.3 原真检测

使用Revit API所设定的运算程序插件，首先是将建筑的现状模型与原状模型分别进行前期处理，即体素化处理、特征向量提取和空间d值计算，将最终获得的两组空间d值同时导入匹配识别运算程序，进行匹配识别运算，并生成原真性检测报告。

3.2.4 保护策略

南满洲工业专门学校旧址，经过原真检测，建筑主体空间、结构、立面风貌基本符合原初建成的形态，山花、檐口、扶壁等部件基本完整保留，建成之后的不同时段都有多次的人为变更，自行加建、扩建、改建，局部残损严重，破坏了建筑的原貌[7]。本次修缮的目的是对化工学院主楼按照文物法文物保护的要求，拆除后来加建部分，包括加建的建筑以及封堵的门窗，保留建筑空间形态上的原真性，对其损坏及存在安全隐患的结构部分加固，消除原有的建筑安全隐患，通过对内外立面的残损部位补全修复并维护，铲除其外表与原貌不符的附加抹灰层，对原有的表皮材质进行清洗和修复，部分损毁的砖石砌块按照原真信息进行原材质替换，以保存历史建筑形态的真实性和完整性，体现其历史价值和艺术价值。

3.3 问题与不足

本次案例检测中，现状模型采用3D扫描仪多基站测绘，点云数据较精度较高，生成现状模型客观准确，但原状模型是根据档案馆提供的纸质文献资料所建立，原始资料不充分使得原状模型精度受限。Revit API设定的原真检测应用插件，只是初步试用，尚未进行大规模样本检测，其准确度与全面性有待验证。

4　结语

本次研究基于 BIM 技术平台，开发历史建筑原真检测插件以及丰富云端数据库，记录与管理历史建筑全生命周期的所有信息，可以更加便捷准确地做出历史建筑现状分析，进而确定保护方案。BIM 技术用于历史建筑保护，较为准确地反映历史建筑的原状与现状情况，可以动态分析建筑空间、结构、装饰等部件的完整性，将损坏后的修复转变为提前预防，大大降低维护成本、提高工作效率，为具体历史建筑保护修缮、后期运营维护以及科学研究提供参照。

参考文献

[1]　周阳. 基于信息模型（BIM）的历史建筑保护与改造探索［D］. 西南交通大学，2017.

[2]　何关培. BIM 总论［M］. 北京：中国建筑工业出版社，2011.

[3]　樊永生. 建筑信息模型的空间拓扑关系提取和分类研究［D］. 西安建筑科技大学，2013.

[4]　Kaufman A，Shimony E，3D scan-conversion algorithms for voxel-based graphics［C］. Proceedings of the 1986 Workshop on Interactive 3D Graphics. New York：ACM，1986：45-76.

[5]　赵宇晨. 基于视觉与拓扑特征的三维模型检索算法研究［D］. 中北大学，2018.

[6]　李智杰. 基于 BIM 的智能化辅助设计平台技术研究［D］. 西安建筑科技大学，2015.

[7]　鞠伟，崔巍. 南满洲工业专门学校历史调研与三维测绘［J］. 华中建筑，2015，33（08）：42-46.

宋承澄　周　鑫　曾旭东　王景阳

重庆大学建筑城规学院；zengxudong@126.com

基于 BIM 技术在节能减排中的探索
——以重庆大学 B 区建筑图书馆为例 *

Exploration of Energy Saving and Emission Reduction Based on BIM Technology
——A Case Study of the Architectural Library in Campus B，Chongqing University

摘　要：重庆大学 B 区建筑图书馆建于 20 世纪 70 年代，当时建成的材料已经老化、当时的建造技术已不能满足现在绿色建筑的要求。为满足建筑图书馆更舒适的使用环境追求，其建成环境亟需进行改造优化。通过 BIM 技术的支持，以 ArchiCAD 建模为主，并配合以 Ecodesigner STAR 进行能耗分析，提出建筑图书馆的优化方案，对旧建筑进行改造，达到低能耗的节能减排目标。

关键词：建筑图书馆；BIM 技术；Ecodesigner 能耗分析；节能减排

Abstract：The architectural library in Campus B，Chongqing University was built in the 1970s，when the built materials have been aging，then the construction technology can not meet the requirements of green buildings now. In order to meet the demand of more comfortable environment，the built environment of architectural library needs to be improved. With the support of BIM technology，ArchiCAD modeling is the main software method，and the energy consumption analysis is carried out with Ecodesigner STAR. The optimization scheme of the architectural library is proposed，and the aging building is transformed to achieve the goal of energy saving and emission reduction with low energy consumption.

Keywords：The Architectural Library；BIM Technology；Ecodesigner Energy Consumption Analysis；Energy Conservation and Emissions Reduction

1 引言

中国经济飞速发展，随着党的十九大的召开，我国的主要矛盾已经转化为人民日益增长的美好生活需要和不平衡不充分发展之间的矛盾。2015 年，在中国的能耗结构中，建筑的建造和使用占据了大约 20%。2015 年，中国目前总数达 613 亿 m² 的既有建筑中，仅有约 4.7 亿 m² 的建筑面积达到绿色节能标准，95% 以上为高能耗建筑。有统计数据显示，建筑的全生命周期消耗的资源占到世界资源消耗总量的 50% 左右。

因此，研究既有建筑的能耗分析迫在眉睫，在 BIM 技术的支持下，对建成环境进行优化，达到节能减排的目的。

* 依托项目来源：重庆大学教学改革研究项目，2017Y56；重庆市研究生教育教学改革研究项目，yjg183012；重庆大学研究生教育教学改革研究项目，cquyjg18207；重庆大学实验教学改革项目，2017S13。

2 研究目标与研究方法

2.1 研究目标

项目选择重庆大学 B 区建筑图书馆（以下简称建筑图书馆）作为研究对象，建筑图书馆建于 20 世纪 70 年代，当时建成的材料已经老化、当时的建造技术已不能满足现在绿色建筑的要求。为满足建筑图书馆更舒适的使用环境追求，其建成环境亟需进行改造优化。通过 BIM 技术的支持，提出建筑图书馆的优化方案，对旧建筑进行改造，达到低能耗的节能目标。

2.2 研究方法

在 BIM 技术支持下，以 ArchiCAD 建模为主，并配合以 Ecodesigner STAR（以下简称 Ecodesigner）进行能耗分析。该软件能耗分析结果可达到欧洲绿色建筑 LEED 指标。该研究分为以下三个方面：首先，通过 BIM 建模，精准还原建筑图书馆外部造型、空间造型、构造材料，并对周边环境进行等效建模。其次，使用 BIM 对建筑图书馆进行整体能耗分析，从评估报告中找到存在的问题。最后，根据分析得到的能耗问题，提出可行性改造方案，将改造前后的数据（模拟与真实数据）进行比对，达到低能耗的节能目标（图 1）。

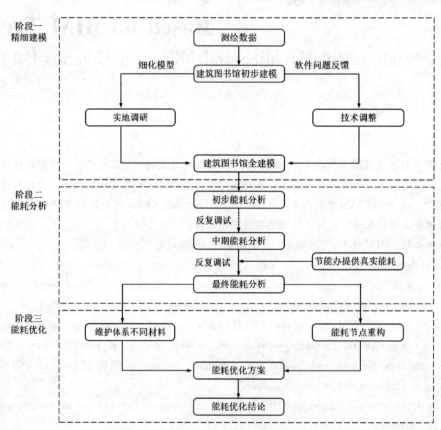

图 1　建筑图书馆能耗分析技术方法

3 工作流程

3.1 一般资料

对建筑图书馆进行精准测绘，整理数据后利用 ArchiCAD 19 版进行建模（图 2）。并设置建筑图书馆精确的经纬度（29°34′9″N，106°27′24″E）以及朝向，使后期计算更加准确。利用 ArchiCAD 气象库中的气象数据，选定重庆潮湿的气候类型（气候区域标识符为 3A）、夏热冬冷的大气温度（平均温度 20.25℃，最高温度 37.70℃，最低温度 2.79℃）、日照辐射（平均 600.0

Wh/m²）、土类型（粘土，导热性为 0.5W/m·K，密度为 1800kg/m³，热容量为 1000J/kg·K）、环境（环境优良，选择花园模式，地面反射比 20%），并确定建筑图书馆的防风设备和水平阴影遮挡。最后，设置能源因子和成本，确定建筑图书馆的电力来源（23% 来源于水能，77% 来源于木炭）、各种材质碳排放量及购买能量的单价（以重庆市平均商业耗能平均单价为准，即木材 500 元/t，天然气 2.5 元/m³，燃油 6 元/L，电流 0.82 元/kW·h），用以计算后期能耗费用（图 3）。

图 2 ArchiCAD 创建的建筑图书馆 BIM 模型

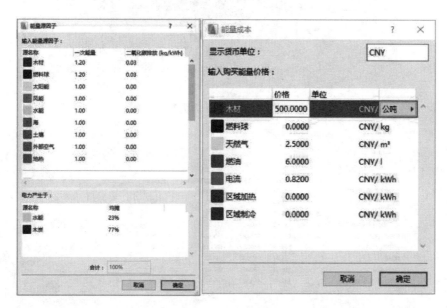

图 3 建筑图书馆 BIM 信息：能量源因子、能量成本设置

3.2 热块的定义

将所有建筑图书馆 BIM 模型的空间区域进行定义，形成各个热量块。根据能量消耗状况分成 9 个热量区域，分别为建筑辅助空间、会议研讨室、交通空间、卫生间、办公室、阅览室、书库、展览室、入口大厅，选择这 9 个热量区域相应的 ArchiCAD 运行配置，并将这些热量块放入 9 个热量区域（如交通空间的热量区域所选择的运行配置是"流通和交通区域"），生成分热块着色模型（图 4）。

建筑的能耗大部分来源于后期的使用和维护，需要定义建筑图书馆的 MEP 系统，即设置每个能量区域的制热制冷情况、通风情况、内部光源时长。建筑图书馆处于南方地区，不需要设置冬季集中供暖设施，但冬季也会使用空调系统进行制热，因此在会议研讨室、办公室、阅览室、展览室、入口大厅选择"局部制热"。同

时，在夏季这 5 个热量区域需要通过空调系统进行制冷，选择"机械冷却"进行局部制冷。剩下的 4 个区域（建筑辅助空间、交通空间、卫生间、书库）则选择"自然"通风模式（图 5）。

每个热量区域并非 24 小时全周期工作，还应考虑全年中寒暑假的间歇状态。因此，需要设置各个热量区域的工作时长。建筑辅助空间、交通空间、卫生间、书库的 MEP 系统均为自然通风，故设置成全年每天 7 时至 18 时工作即可，均共计 8760 小时。会议研讨室工作日为每周星期一与星期四的 8 时至 22 时，除去寒假 1 月 16 日至 2 月 19 日的时间，共计工作 1896 小时。办公室工作日为每周星期一至星期五的 8 时至 18 时，除去寒假 1 月 16 日至 2 月 19 日的时间，共计工作 5664 小时。阅览室和入口大厅工作日为每天 8 时至 22 时，除去寒假 1 月 16 日至 2 月 19 日的时间，共计工作 7920 小时。展览室

工作日为每周星期二至星期五8时至22时，除去寒假1月16日至2月19日的时间，共计工作4512小时。

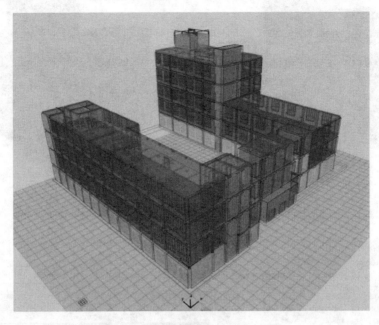

图4 建筑图书馆BIM热块着色模型

能量模型检查-热量区

热量区 结构 洞口

ID	名称	运营配置文件	区域	面积 [m²]	体积 [m³]	未覆盖面积 [m²]	建筑系统
001	建筑辅助空间	建筑辅助空间 (非住宅)	2	603.56	2570.28	677.43	
002	会议研讨室	会议、讨论或研讨室	12	141.40	608.03	175.95	
003	交通空间	流通和交通区域	22	328.24	1370.48	551.24	
004	卫生间	洗手间和卫生设施(非住宅)	16	138.83	590.45	171.01	
005	办公室	环境优美的办公室	10	283.12	1216.45	335.72	
006	阅览室	图书馆 (阅览室)	9	3467.37	14902.77	3771.68	
007	书库	储藏室	1	365.24	1570.05	386.32	
008	展览室	陈列室和博物馆	3	130.64	560.45	157.48	
009	入口大厅	图书馆 (开放的堆栈区域)	1	109.48	466.57	139.64	

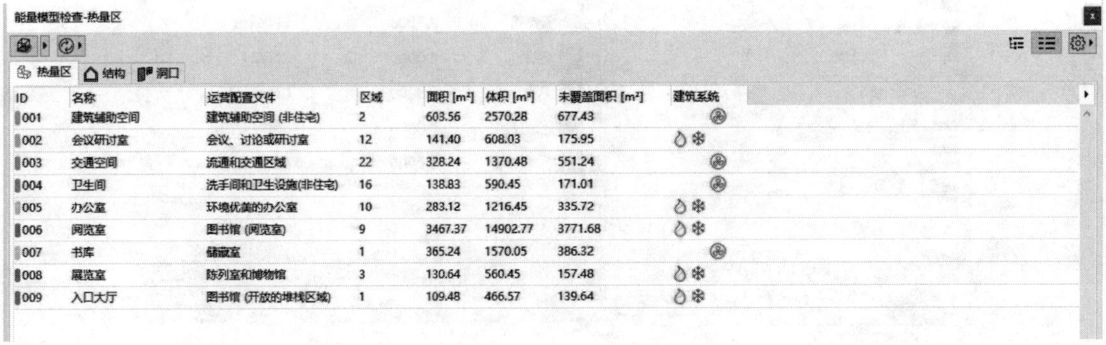

图5 建筑图书馆MEP系统设置

经过热块定义，检查热块模型是否正确。正确即可进行能量评估。

3.3 结果分析与解读

建筑图书馆能量评估报告通过数据、图表等PDF的形式展示能量评估结果。建筑图书馆的现状能量评估结果文件共计21页。能量评估结果共包含三个板块，即全局参数、分项参数、能源参数等28个项目。评估结果清晰明了，对建筑图书馆的能量性能提供有效的反馈，并帮助有关部分做出更好的节能决策。

3.3.1 全局参数

关于渗透风量，其中换气次数等于房间送风量与房间体积比值，单位是次/小时。换气次数的大小不仅与空调房间的性质有关，也与房间的体积、高度、位置、送风方式以及室内空气变差的程度等许多因素有关，是一个经验系数。建筑图书馆在50Pa气压条件下，每小时将服务空间的空气完全置换2.80次，参考《图书馆建筑设计规范（JGJ 38—2015）》可知其渗透风量良好。

关于传热系数，U值和K值都是衡量材料隔热性能的物理量。而U值计算方式是华氏一度的温差下每小时穿过一平方英尺面积的热量。U值与K值换算公式为

$$1BTU/h \cdot ft^2 \cdot {}^{\circ}F = 5.68W/m^2 \cdot K$$

（公式①）

其中，BTU为英制热量，ft^2为平方英尺，℉为华氏温度。

通过公式①换算得到建筑外壳平均传热系数K值为2.15W/m²·K，外墙（报告中“外部的”）平均传热系数K值为0.16～4.40W/m²·K，外窗（报告中“洞口”）平均传热系数K值为0.51～0.63W/m²·K，参考《公共建筑节能设计标准》GB 50189—2015可知其

传热系数良好。

关于周供应能量与周散失能量，通过数据发现，建筑图书馆中能量存蓄性能较差，能量散失波动较大，其中能量散失的主要途径是热传导（图6）。

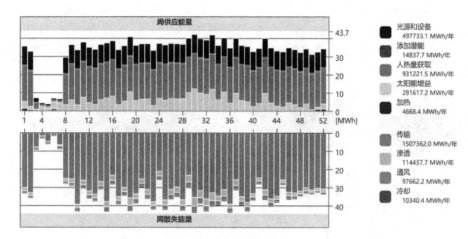

图6 建筑图书馆能量平衡数据

3.3.2 分项参数

在分项参数中，第一个板块展示了9个热量区域的内部温度及3-6-9-12月份温度变化。通过数据发现，建筑图书馆中会议研讨室九月内部瞬时温度过高，办公室、阅览室、展览室六月、九月内部瞬时温度过高。

第二个板块展示了9个热量区域的能量平衡比较。通过数据发现，建筑图书馆中建筑辅助空间能量散失以热传导和热辐射为主，会议研讨室能量散失以热传导为主，交通空间能量散失以热辐射为主、散失波动大，卫生间能量散失以热传导和热辐射为主、散失波动大，办公室能量散失以热传导为主，阅览室能量散失以热传导为主，书库能量散失以热传导和热辐射为主、散失波动大，展览室能量散失以热传导为主。综上，主要使用空间的能量散失以热传导为主（表1）。

建筑图书馆热量区域的能量平衡比较　表1

能量相关参数	热传导	热辐射	热传导和热辐射	散失波动
空间	会议研讨室办公室阅览室展览室	交通空间	建筑辅助空间卫生间书库	交通空间卫生间书库

3.3.3 能源参数

能源参数通过 HVAC、CO_2 排放量、能源消耗成本、各能源消耗占比等数据来展示建筑图书馆的能源性能。通过数据发现，建筑图书馆全年制热时间过长，全年能源合计消耗 411711 元，二氧化碳合计排放 135003kg，成本与碳排放 99% 来源于光源与设备（设备包括空调），96% 消耗能源为电能，且一次性能源占比过高。

3.3.4 现状能量性能存在的问题

（1）能源方面

①该建筑中全年一次性能源消耗过多，达不到绿色建筑的标准，可增加可再生能源的利用；②该建筑全年制热时间过长，通过改善外墙保温缩短冬季制热时间；③通过设计改善自然采光，减少该建筑中的照明和设备的能源消耗。

（2）能量存蓄方面

①该建筑中能量存蓄性能较差，能量散失波动较大；②该建筑中能量散失主要途径为热传导，可通过做外墙外保温和冷热桥部位加强保温的措施来改善；③以改善主要使用空间的能量散失为主，即改善会议研讨室、办公室、阅览室、展览室的热传导能量散失。

（3）保温隔热方面

①该建筑中保温性能较差，制热天数偏高，导致能源消耗过多；②建筑辅助空间在二月需要加强保温，会议研讨室在六月需要加强隔热；③需加强主要使用空间六月及九月的隔热措施，即改善会议研讨室、办公室、阅览室、展览室的隔热效果。

4　优化设计

将能量评估结果作为设计依据，比较不同建筑设计方案能耗，为建筑图书馆的节能减排目标做出最优的决策。根据相关文献资料及工程经验，对建筑图书馆的墙体、门窗、外廊进行优化改造，并将优化方案进行 Ecodesigner 能量性能模拟，得到建筑图书馆的优化能

511

量评估结果文件共计 21 页。

4.1 优化策略

4.1.1 策略一：增加墙体保温

由于建筑年代久远，原本墙体没有保温措施，传热系数较大。给建筑图书馆所有外墙加上外部保温材料，降低墙体的热透射率，从而节省建筑能耗。

改造前的墙导热性较高（2.3W/m·K），热容量（1000J/t）和储蓄能量（1.7MJ/kg）较低，室内温度的平衡需要消耗过多的能量来维持。改造后的墙导热性较低（0.032W/m·K），热容量（1450J/t）和储蓄能量（87.4MJ/kg）较高，室内温度的平衡能力较强，只需少量能量来维持（图7）。

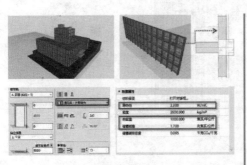 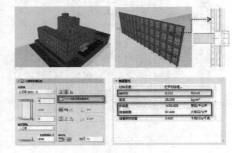

改造前 普通砖墙　　　　　　　　　改造后 保温墙

图 7　建筑图书馆墙体改造前后相关性能变化

4.1.2 策略二：增加窗户保温性能

原本窗户使用普通单面玻璃，且密封性不好，其热交换量和渗透量都较高，维持室内温度平衡的能耗较高。因此，建筑窗户的保温措施为将窗扇换成玻璃钢窗。

改造前窗户导热性（1W/m·K）较高，热容量（750J/t）和储蓄能量（15MJ/kg）都较低，这些属性不利于建筑的节能。改造后窗户导热性较低（0.37W/m·K），热容量（840J/t）和储蓄能量（15.3MJ/kg）都相应提高，这样的变化有利于节约建筑的能耗（图8）。

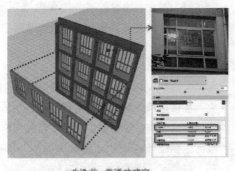 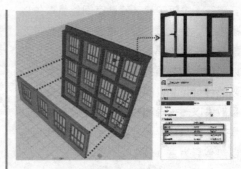

改造前 普通玻璃窗　　　　　　　　改造后 玻璃钢窗

图 8　建筑图书馆窗户改造前后相关性能变化

4.1.3 策略三：封闭外部走廊

原本开敞的走廊空间使外墙与外部空间接触面较大，且与建筑图书馆大厅的楼梯间形成巷道风，维持室内温度平衡的能耗较高。外部走廊用可开启玻璃封闭起来可以起到适时的调节作用，节能作用明显（图9）。

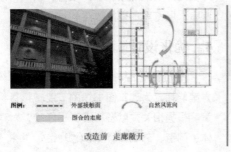 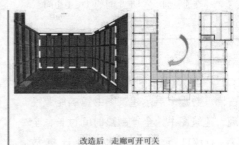

图例：━━━　外部接触面　　↺　自然风流向
　　　　　　　围合的走廊

改造前 走廊敞开　　　　　　　　　改造后 走廊可开可关

图 9　建筑图书馆外部走廊改造前后相关性能变化

4.2 能量性能对比

(1) 各构件传热系数的对比

经过改造后建筑的外墙（报告中"外部的"）和楼板、屋顶（报告中"地下"）的传热系数 U 值下限都有所降低，建筑外壳的传热系数也从 12.24(W/m²·K) 下降到 11.97(W/m²·K)。

(2) 主要电耗比较

经过改造后的建筑，每年用于加热和制冷的电能都明显降低，高峰负荷也有所下降。

(3) 周供应能量对比

经过改造后建筑的周供应能量中光源和设备由 497733.1(MWh/年) 降到了 450606.8(MWh/年)(表2)。

建筑图书馆改造前后能量性能对比（负值为减少，正值为增加） 表2

对比	总电能消耗 (kWh/年)	总成本 (元)	CO_2排放 (kg/年)
现状	514000	411711	135003
优化	472089	373166	122363
能耗变化（%）	−8.15%	−9.36%	−9.36%

5 结语

研究表明，基于 BIM 技术模拟的模型能耗数据与真实能耗数据接近，研究方法可行，研究结果真实可信，对建筑设计的方案具有技术参考价值。

在建筑全生命周期的早期阶段介入节能设计能够有效提高能源的使用效率，通过早期直观的能量评估数值和图表，从空间设计入手，实现节能减排的目标。研究成果同样适用于既有建筑的建成环境能量评估及优化方案能量性能评估，从而帮助决策者做出最优的决策；同时，该研究在建成建筑的节能减排优化方面具有非常广的前景，对于实现既有环境的绿色建筑目标具有深远意义。

参考文献

[1] 进入新时代 谱写新篇章 [N]. 人民日报，2017-10-19（009）.

[2] 清华大学建筑节能研究中心. 中国建筑节能年度发展研究报告 2017 [M]. 北京：中国建筑工业出版社，2017.

[3] 王景阳，朱浚涵，王夕璐. 基于 BIM 技术的能耗分析方法在建筑教学中的实践 [C]//全国高等学校建筑学专业指导委员会建筑数字技术教学工作委员会、中国建筑学会建筑师分会数字建筑设计专业委员会. 数字·文化——2017 全国建筑院系建筑数字技术教学研讨会暨 DADA2017 数字建筑国际学术研讨会论文集. 北京：中国建筑工业出版社，2017：363-367.

[4] 钟滨. 基于 BIM 的建筑能耗分析与节能评估研究 [D]. 北京：北京建筑大学，2016.

[5] 方绍宇. 基于 BIM 技术的建筑工程能耗分析 [J]. 城市建设理论研究（电子版），2018（21）：69.

[6] 赵婧竹. BIM 技术对建筑能耗的分析 [J]. 建材与装饰，2018（08）：12-13.

[7] 赵玉丹. 基于 BIM 技术在建筑能耗模拟分析的应用 [J]. 江西建材，2018（01）：81+84.

[8] 蓝培华. 现代图书馆建筑节能设计探讨 [J]. 图书馆工作与研究，2015（07）：95-97.

[9] 杨文领. 基于 BIM 技术的绿色建筑能耗评价 [J]. 城市发展研究，2016，23（03）：14-17+24.

[10] 郑琳，张炜，金翔宇. 夏热冬冷地区公共建筑的绿色节能优化措施浅析 [J]. 四川建筑，2017，37（04）：77-79.

[11] 沈炎娣. 夏热冬冷地区居住建筑外保温墙体节能效果研究 [D]. 杭州：浙江大学，2017.

[12] 李俊峰. 现代建筑门窗节能设计及环保材料的应用分析 [J]. 门窗，2018（03）：25-26.

[13] 黄迎春，郑必富. 论夏热冬冷地区的门窗节能设计 [J]. 门窗，2014（06）：192+194.

[14] 张娟. 节能型建筑幕墙门窗的节能设计与措施 [J]. 门窗，2015（12）：70-71.

王 辉

上海水石建筑规划设计股份有限公司重庆分公司；1615449410@qq.com

建筑工程 BIM 正向设计研究 *
Study on the Forward Design of BIM in Construction Project

摘　要： 进入 21 世纪以来，建筑业已迎来计算机辅助技术的普及，BIM（Building Information Modeling）因其自身在建筑行业的优势也迅速为人所知，但是现在目前由于市场需求及 BIM 自身软件技术的缺陷，更多的 BIM 应用实施为 BIM 咨询应用，即不改变传统二维设计流程与工作模式，在设计图纸完成后，根据图纸进行 BIM 建模，并进行专业间碰撞检测、问题查找与管线综合优化，二维设计师根据 BIM 审核意见调整设计图纸，重新出图或以设计变更形式提交成果。虽然这种操作模式能带来一定的收益，但仍存在工作量的重复，影响时间进度。建筑工程 BIM 正向设计流程着重找出目前 BIM 正向设计的缺陷和困难，对其进行深入探讨，并予以改进。进一步研究正向设计的流程和可行性，改变 BIM 设计现状，解决遇到的困难，提高设计效率和经济价值。它将颠覆传统、成为设计界的革命，具有跨时代的积极意义！

关键词： 正向设计；传统与变革；建筑信息模型

Abstract： Since the beginning of the 21 century, the construction industry has ushered in the popularization of computer aided technology BIM（Building Information Modeling）because of its own advantages in the construction industry, but now, due to the market demand and the defects of BIM′s own software technology, more BIM applications are implemented as BIM consulting applications, that is, without changing the traditional two-dimensional design process and working mode, BIM modeling is carried out according to the drawings after the design drawings are completed. And carry on the inter-professional collision detection, the problem search and the pipeline synthesis optimization, the two-dimensional designer according to B IM audit opinion adjusts design drawings, reproduces drawings or submits results in the form of design changes. Although this mode of operation can bring some benefits, but there is still a repetition of workload, affecting the progress of time. The forward design flow of BIM in construction engineering focuses on finding out the defects and difficulties of BIM forward design at present, discussing it in depth and improving it. The process and feasibility of forward design are further studied, the present situation of BIM design is changed, the difficulties encountered are solved, and the design efficiency and economic value are improved. It will subvert the tradition and become a revolution in the field of design, which has the positive significance of crossing the times!

Keywords： Forward design; Tradition and change; Building information model

---

* 文中所有项目均来源于公司项目，重庆长寿科技展览厅；龙湖李家沱、中央公园封装项目。

1 引言

BIM 技术是一种应用于工程全生命周期的数据化工具，通过具备参数的构件模型来整合项目在各个阶段的工程所需信息，并与项目所有的参与方在项目策划、运行和维护全过程中进行信息的共享与传递，使工程技术人员在面对各种大量复杂工程的信息时，有更为直观和准确的应对，为工程的参与方提供一套更为先进的工程协作模式，在提高生产效率、节约成本和缩短工期方面发挥重要作用！

住房和城乡建设委员会在 2019 年 6 月 1 日正式发布了国家标准《建筑信息模型设计交付标准》，该标准进一步深化和明晰了 BIM 交付体系、方法和要求，在 BIM 表达方面具有可操作意义的约束和引导作用，也为 BIM 模型成为合法交付提供了标准依据。目前 BIM 趋势已经明朗，相比 2014 年，中国 BIM 普及率超过 10%，BIM 试点提高近 6%。目前应用 BIM 技术的主要方向是排除图纸错误、减少返工、缩短施工工期、提高项目收益，然而在这种反向使用 BIM 的过程中也会激发业主、设计、施工等各方的矛盾。业主有使用 BIM 技术的动机，但看不到增加投入带来的优势；重复劳动造成了设计院在人工和设备投入上的双重浪费；对于施工方来说，BIM 技术对施工管理和成本控制上有很大的优势，但也使得施工方的实际收益下降，因此 BIM 的正向设计便顺应行业的发展被提上了日程。

2 反向设计和正向设计对比

本文所研究的 BIM 正向设计是以 BIM 三维模型为出发点和数据源，完成项目从策划到施工阶段的全过程设计，项目所有的参与方通过 BIM 模型数据信息的集成，都可以从中提取到各自所需的信息，避免了传统二维设计多版图纸、多变更或者会议记录的零散传递方式，同时也避免因为人为因素导致复合信息修改的失误，提升了项目整体的效率与工程质量；反向设计在设计的各个阶段根据需要将二维数据转换为 BIM 三维模型，只在一定程度上解决设计阶段的部分问题，对于项目实际价值和使用价值较低。

BIM 正向全生命周期设计，通过建立 BIM 模型完成专业设计、专业协调、施工图出图、后期运维管理，达到二维设计与 BIM 一体化；BIM 模型与设计图纸同步提交；及早发现设计问题，提高图纸质量，减少施工难度，节约成本；

近几年通过 BIM 技术和政府政策的落地，当下建筑行业各方都迫切地希望能够早日实现 BIM 的正向设计。如何让 BIM 价值在项目中切实体现？如何让 BIM 的技术在建筑全生命周期中提供成熟配套的实施措施？实现各方各阶段协同化设计、建造、施工、运维，从而提高整个工程质量和投资效益，为未来的工程行业拓展出一条崭新的道路。

为实现 BIM 正向设计，推动 BIM 应用发展，公司结合项目需求在正向设计的几个难点上进行了实践。本文主要针对建筑专业在方案阶段、施工图设计及深化、运维管理阶段进行研究。

3 BIM 正向设计应用实践

BIM 正向设计是基于建筑信息模型的全过程设计，应用于建筑全生命周期。

麦克利米曲线（MacLeamy Curve）　　　　　　　　　　　表 1

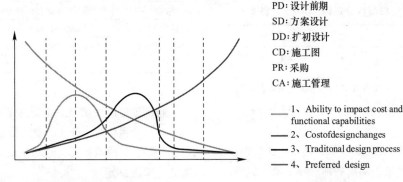

PD：设计前期
SD：方案设计
DD：扩初设计
CD：施工图
PR：采购
CA：施工管理

......　1、Ability to impact cost and functional capabilities
——　2、Costofdesignchanges
——　3、Traditonal design process
——　4、Preferred design

3.1 项目企业级 BIM 实施标准制定

项目前期制定满足《建筑信息模型设计交付标准》的企业级 BIM 实施标准，明确项目所有的基础准备内容，保证项目后续有序、正常地推进与管理。

3.1.1 项目梳理

BIM 正向设计由于是统筹项目全过程设计，在项目前期开展时，需各方参与项目启动会，明确项目的工作模式以及后续的交付、审查、使用标准，梳理项目参与

各方在项目推进过程中需要关注的重难点或者可能遇到

图1　项目实施标准1、2

的问题点，并形成会议记录，体现在 BIM 实施标准中。

3.1.2　平台统一

BIM 团队统一内部各个专业以及使用方的软件版本，目前公司统一采用 Revit2016 版本软件，结构专业采用 YJK，其他配合软件还包括了三维可视化软件 Fuzor、碰撞检测软件 Navisworks、性能化分析软件系列。

3.1.3　协同模式

BIM 内部的配合采用链接与中心文件两种方式的结合，土建与设备专业间采用链接的协同模式，减少因多专业配合带来的人为操作失误；建筑与结构、设备内部专业采用中心文件协同模式，保证平行专业间信息传递的完整性和可调整性。

3.1.4　模型总体拆分原则

BIM 模型构件分解应按不同专业、不同系统划分，包括建筑、结构、机电、系统等专业的 BIM 建模最小模型单元细度，完成 BIM 模型构件分解后的最小模型单元应分为几何和非几何两个信息维度。如表2所示：

各专业模型拆分规则　　表2

专业	拆分规则
土建专业	模型宜按建筑分区、单个楼层或一组楼层、土建构件进行拆分
机电专业	模型宜按建筑分区、单个楼层或一组楼层、系统或子系统进行拆分

3.1.5　命名规则

命名应规范、合理、简洁、扩展、通用。模型构件的名称应基本与现行规范的对象名称统一，便于识别；总体合理，能够表达文件或构件的基本属性；尽量简洁，避免冗余名称关键词，以便减少命名工作量和计算机检索时的运算量；具有可扩展性，以便满足后续可能出现的其他需求；具有通用性，在一定的范围内能够被普遍适用。

1）命名规则

项目名称_子项名称_专业代码_文件描述（扩展）—日期

2）细则要求：

（1）模型文件的名称按照上述五个字段的顺序编写，如需通过扩展命名相区分时，统一在"文件描述"字段完成。

（2）各字段之间以下划线"_"断开。

（3）项目名称、子项名称一般宜采用文字描述，如项目参与方内部有统一规定的代码时也可按照项目名称和子项名称的代码进行描述；专业字段宜采用中（英）文专业代码描述，且同一项目应统一只选取中文或英文，各专业中英文代码缩写详见表3：

各专业代码缩写　　表3

建筑	Architecture	A
结构	Structural Engineering	S
给排水	Plumbing Engineering	P
暖通	Air-Conditioning	M
电气	Electrical Engineering	E

3.1.6　项目节点及分工

根据项目时间节点，制定项目各阶段进度计划安排，包括项目负责人确定、专业负责人确定、成员细则分工明确、阶段成果提交时间等。

3.2　样板制定

结合企业标准制定符合二维设计各专业制图规范的注释类、构件、构件命名规范、视图命名规范、图层导出设置等满足项目所需的单专业样板文件，并创建统一的标高、轴网作为基础文件。

3.3　BIM方案设计阶段应用

结合需求对建筑的功能要求、建造模式、可行性等方面进行深入分析，根据设计理念，确定建筑方案的基本框架，包括平面基本布局、体量关系模型、建筑在基地中的方位、空间布局、与周边环境的关系以及对当地人文地理的融合等内容。

相比传统的表现方式，BIM的三维表现方式在之前的表达方式上更进一步的是它们的产生不仅仅是设计概念的体现，而且还具备了数据信息的传递以及功能区间的具体可见，它把功能、形体、环境与三者的合理传递紧密地联系在一起了，通过切实可知的数据在此基础上建立一个合理的体量来容纳具体的功能，并对周边环境给予最贴切的解释，或融合，或依附，使得建筑和环境的配合富有生命力，更满足我们对未来建筑的展望。

3.3.1　方案设计及深化

利用BIM参数化设计将方案概念设计转化为可传递、可深化、可视化且具备数据信息的三维模型，将富含抽象意义的设计理念转化成三维实体，同时设计师可根据模型所传递出的多层次信息在参数化模型的基础上对不合理的建筑形体进行短时间的二次深化。

3.3.2　性能化分析

（1）人流仿真模拟

运用Massnotion人流分析软件按设计人流量模拟

图2　改造后入口人流情况

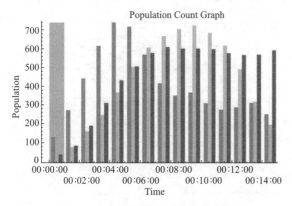

图3　改造后单位时间内人流峰值

建筑各功能体量单位时间内人流动向及出入口动向，复核设计是否合理以及进行二次优化。

图4　改造前入口人流情况

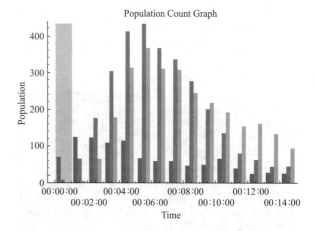

图5　改造前单位时间内人流峰值

（2）风环境分析

利用Phoenics风环境分析软件选取当地季度风向及基准高度风速模拟对场地建筑的影响，避免因恶劣天气造成不必要的损失，同时改善通风条件保证住户舒适度和建筑品质。

图6　冬季室外风速分布：（分析平面相对于室外地面高度1.5m）

517

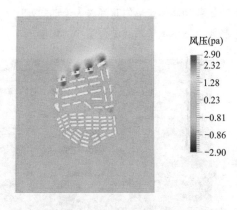

图 7　冬季室外风压分布：（分析平面相对于
室外地面高度 1.5m）

（3）日照分析

利用 SUNLIGHT 软件进行日照分析，避免设计中可能产生的日照问题，对于项目建设的合理、有序发展具有较大的意义。

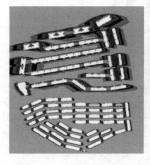　

图 8　冬至日日照风析　　图 9　夏至日日照风析

3.4　BIM 施工图设计阶段应用

本文着重对建筑专业 BIM 施工图出图设计进行研究，施工图关乎项目的整体施工，是施工的依据与参照，对建设工程进展和品质极其重要，目前建筑专业在 BIM 施工图出图阶段技术已趋于成熟，保证了图模一致，满足现场施工的需求。

3.4.1　样板深化

建筑专业在从方案设计阶段过渡到施工图设计阶段，需要在原有项目上进行二次深化，主要包括出图视图样板的建立、出图颜色及显示的设置等，以满足施工图出图要求。

3.4.2　元件储备

因为 BIM 本身族库构件表达方式与二维出图存在差异，在项目施工图深度模型搭建过程中，需对出图元件进行二次深化加工或者新建元件，以满足三维模型深度需求与出图表达需求，在保证图模一致的前提下，符合审图标准。

3.4.3　技术实施重难点

BIM 项目实施的难点主要在于以下几点：

（1）人员缺乏

由于 BIM 软件本身在出图表达中存在一定缺陷，在出图过程中需要团队具备全面且系统的 BIM 专业知识与二维设计基础的人员，团队在项目初期以二维结合三维人员的方式进行正向设计的初步探索，双方互补互足形成二维三维一体化设计；

（2）出图技术缺乏

由于 Revit 软件在出图方面略有缺陷，在建筑专业大样图、剖面图出图过程中遇到很多不满足需求的问题，如：墙身大样的细节处理、构件与构件间的线条重合、构件平面表达样式错误等等，团队后续通过细节建模出图、调整构件平面表达方式等技术手段一一解决这些难题，从而达到交付标准。

3.4.4　出图成果

根据多个项目的探索与实践，在建筑专业后续的出图中，出图率可以达到 90% 以上，包括了建筑目录、说明、平立剖面、大样、门窗表，总图目前因元件间表达重复较多，影响出图表达，无法出图，相信随着技术的落地，之后建筑以及其他专业的出图表达也会离我们越来越近！

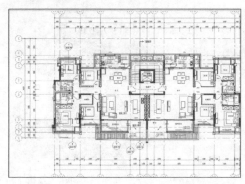　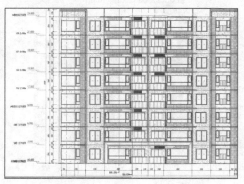

图 10　BIM 建筑专业平面、立面出图

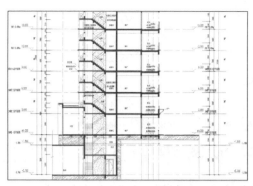
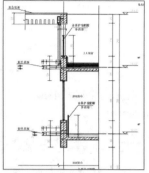

图 11 BIM建筑专业剖面、大样出图

4 结语

目前随着市场需求的增长和不满足，建筑行业也随之迅速发展和创新，BIM的出现在工程行业中也得到越来越多的重视，政府推广力度持续加强、高校人才培养逐年增多、设计相关企业BIM团队组建、地产开发商对BIM技术的研发应用也纳入公司发展路程，BIM软件、二次开发软件公司在近几年也大量在研发推广，根据调研目前中国BIM现状为下列所示：

住建部在2015年给出了推进BIM的指导意见，规定到2020年，甲级的勘察设计院和特一级的房屋建筑施工企业必须具备BIM的集成应用能力；90%的政府投资项目要使用BIM。政策的出台将BIM的技术推广变成了实实在在的强制标准，给BIM行业打了一针强心剂，相信随着BIM更多政策出台及BIM全生命周期技术成熟落地以及更多志同道合的血液加入到这个行业，将实现工程行业一次全新的变革与飞跃，在此，希望与大家共勉，一起迈向BIM行业的春天！

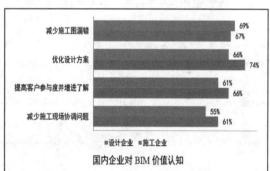
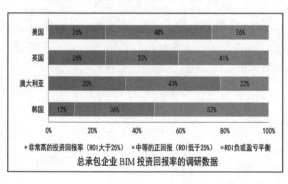
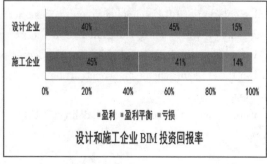

图 12 BIM在中国应用现状

参考文献

[1] 吴文勇，焦柯，童慧波等. 基于Revit的建筑结构BIM正向设计方法及软件实现 [J]. 广东省建筑设计研究院，2018，10卷（3期）：40-45.

[2] 魏欣. BIM正向设计的应用与优势-南航武汉机场南工作区综合保障楼 [R]. 中南建筑设计院股份有限公司，2018.

吴雅典 张陆润 刘洪琛 彭 渤

中冶赛迪工程技术股份有限公司；Lurun. zhang@cisdi. com. cn

BIM 技术在田东县公共服务中心工程中的应用 *
Application of BIM Technology in Tiandong Public Service Center Project

摘 要： 建筑信息模型（Building Information Modeling，BIM）作为一种创新的工具与生产方式，是信息化技术在建筑业的直接应用，已在欧美等发达国家引发了建筑业的巨大变革，在提高生产效率、保证生产质量、节约成本、缩短工期等方面发挥出了巨大的优势作用。近年来，随着国家及各省市相继发布加快推进 BIM 技术应用的政策文件，BIM 技术已在中国得到快速普及。然而，从 2D 平面设计到 3D 参数化设计，从相对独立的设计到协同设计，实现 BIM 技术要求设计师们完成对设计习惯、协同设计模式等的改变，在项目实施过程中有着很大的挑战。本文通过 BIM 技术在田东县公共服务中心工程中的应用，探讨了 BIM 在方案、施工图阶段的应用模式，提出了几点 BIM 技术应用总结。

关键词： 建筑信息模型（BIM）；协同设计；参数化设计；工程应用

Abstract： As a way of innovative tool and production mode, building information modeling（BIM）is a direct application of information technology in the construction industry. BIM technology has triggered huge changes in the construction industry in Europe, the United States and other developed countries，and played a huge advantageous role in improving production efficiency，ensuring production quality，saving costs and shortening construction period. In recent years，with the release of official policy to accelerate the application of BIM technology by the state，provinces and cities，BIM technology has been rapidly popularized in China. However，from 2D plane design to 3D parametric design，from relatively independent design to collaborative design，the implementation of BIM technology requires designers to complete the change of design habits and collaborative design mode，which is a great challenge in the process of project implementation. Through the application of BIM technology in Tiandong Public Service Center project，this paper has discussed the application mode of BIM in the stage of scheme and construction drawing，and put forward some summaries of BIM technology application.

Keywords： Building Information Modeling（BIM）；Collaborative Design；Parametric Design；Project Application

1 引言

建筑信息模型（BIM）是以三维数字技术为基础，集成建筑工程项目各种相关信息的工程数据，是对工程项目设施实体与功能的数字化表达[1]，其在工程应用中具有可视化、协调性、模拟性、优化性、可出图性等特点。通过建立数字化的 BIM 参数模型，涵盖与项目相关的大量信息，服务于建设项目的设计、建造安装、运

———————————

* "十三五"国家重点研发计划课题"绿色建筑节能环保技术适应性研究"（2016YFC0700103）。

营等整个生命周期，在提高生产效率、保证生产质量、节约成本、缩短工期等方面发挥出巨大的优势作用。

BIM 技术最早出现于美国并用于实践。2003 年，美国总务管理局（General Services Administration, GSA）就提出了能够为建筑业增值、提高项目建设效益的 3D-4D-BIM 计划[2]。2007 年，美国建筑科学研究院发布了第一个美国国家 BIM 标准（NBIMS）[3]，由旗下的 Building SMART 联盟（Building SMART Alliance, BSA）负责研究 BIM 的具体实践工作，借此来提高 BIM 的开发推广力度，以期对建筑业的生产效率产生结构性变革[4]。我国从 2003 年开始通过国外优秀 BIM 软件的方式正式引入 BIM 技术，经过十几年的发展已经形成了一定规模。2011 年 5 月，住建部发表的"十二五规划"中 9 次提到 BIM 技术，并且明确提出要将 BIM 技术应用到工程中，并希望将此作为建筑行业效率提高的重要方式。2015 年《中国 BIM 应用价值研究报告（2015）》报告指出：近年来，BIM 在中国快速普及，BIM 应用使其在全球经济和建筑领域中的实力极具竞争优势[4]。2019 年 6 月 1 日，《建筑信息模型设计交付标准》正式施行。可以看出我国政府对 BIM 技术的发展给予很高的重视，同时各省政府也纷纷出台各自的政策以加快 BIM 的发展。

本文将通过 BIM 技术在田东县公共服务中心工程中的应用，探讨 BIM 在方案、施工图阶段的应用模式，提出几点 BIM 技术的应用总结。

2 工程概况

2.1 项目简介

本项目为广西省田东县公共服务中心，项目建设用地面积 8.39 万 m²，总建筑面积 3.44 万 m²，其中地上建筑面积约 2.65 万 m²，地下建筑面积约 0.79 万 m²。项目的功能区域主要有体育运动区、博物展览区、工人文化区、会议会务区、地下车库及设备用房。其中：

（1）体育运动区位于项目中心位置，建筑面积 1.33 万 m²，按大型甲级体育馆设计，包括观众厅、比赛厅、贵宾厅、运动厅、媒体厅以及比赛裁判厅等功能，其中观众厅有 7200 座（其中活动坐席 1856 座），顶部有天窗，占整个保温屋面的 12%，采用磨砂玻璃，避免产生炫光；

（2）博物展览区布置在北侧，按小型博物馆设计，建筑面积 0.42 万 m²，主要功能有展厅、门厅以及后勤库房和办公人员场所，展览区展厅部分设置两个天井，供采光和通风使用，设置约 350mm 高覆土屋面；

（3）会议会务区布置在南侧，分为 A、B 两个区，

B 区面积 0.21 万 m²，有 9 个 50 人会议室，A 区面积 0.22 万 m²，有一个 560 人的大会会议室，A、B 两个区均设置 1 个天井，供采光和通风使用，设置约 350mm 高覆土屋面；

（4）工人文化区布置在北侧，按中型文化馆设计，建筑面积 0.41 万 m²，包括四个培训教室、245 人的多媒体教室以及一些附属功能的办公室，文化区设置三个天井，供采光和通风使用，设置约 350mm 高覆土屋面。

图 1　田东县公共服务中心效果图

2.2 项目难点分析

项目的特点是采用结构缝将体育运动区、博物展览区、工人文化区、会议会务区和人行桥分开，形成各自独立的结构体系。体育运动区下部结构采用钢筋混凝土框架结构，体育运动区屋面采用钢结构。按体育功能要求，结构布置有 1~2 层斜看台框架，混凝土结构高度 21.7m。屋面钢结构支承在体育运动区周边柱列上，结构跨度 88m，头部悬挑 11m。

结构难点是体育运动区屋盖结构长 116m，宽 99.3m，屋面顶部高 36.3m。张弦梁最大跨度 88m，最小跨度为约 62m，屋面表皮为异形曲面，不能直接落地支承。结构采用体育运动区周边看台立柱支承屋面钢结构，并通过屋面钢结构向周边继续延伸圆滑过渡达到对座位席砼结构的包裹，实现近似漂浮状态的芒果造型。

本项目采用传统设计平台、便携可移动设计平台及与 BIM 云端服务器相结合的 BIM 设计平台构架，集成应用 Revit、探索者、YJK-A、Navisworks、MIDAS、绿建斯维尔等设计软件以及自主开发的 BIM 云端设计平台（Citrix receiver），开展全专业 BIM 设计。

3 田东县公共服务中心工程中的 BIM 技术应用

3.1 BIM 在方案阶段的应用

3.1.1 BIM 在方案阶段的应用模式

在方案设计阶段，传统设计模式下，建筑师通常采

用草图大师 SketchUp（简称 SU）软件对建筑立面方案进行推敲，最终形成 SU 三维模型，据此完成材料统计、文本分析图、渲染图及建筑物理环境分析；采用 CAD 软件对建筑平面方案进行推敲，最终形成 CAD 二维平立剖面图及节点图。此模式下，SU 三维模型建立工作与 CAD 二维图纸绘制工作相对独立，二者之间无法建立起交互设计渠道，需要建筑师反复推敲、同时修改，工作量较大。

在 BIM 设计模式下，建筑师综合利用 SU、Rhino、GH 及 Revit 等设计软件进行建筑体量、立面的方案构思，建立 Revit 三维立面模型，整合 CAD 平面和 Rhino 特殊造型表皮，形成与 CAD 二维平面的交互设计；利用 BIM 模型，能够快速完成材料统计、文本分析图、渲染图、建筑物理环境分析、CAD 平立剖面图，并将分析结果及时反馈给建筑师，实现在方案设计的过程中推敲。

3.1.2　地形模型的建立

利用 Revit 软件建立场地地形 BIM 模型后，与建筑 BIM 模型合并，据此在三维视图中直观查看场地挖填方情况和设计效果（图 2）。对比原始地形图与规划地形图，得出各区块原始平均高程、设计高程、平均开挖高程，进而利用 BIM 模型把控整个项目的设计效果。

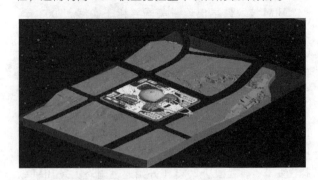

图 2　场地地形模型

3.1.3　参数化设计

在方案构思阶段，建筑师对本项目芒果造型的异形表皮，利用 Revit、Rhino 软件采用参数化设计，实现对芒果造型的实时调整（图 3），进而达到最佳的方案效果。此外，利用参数化设计，优化体育馆内部容积率。利用 BIM 模型信息的可读性，可以读出不同建筑设计方案带来的空间体积变化，从而选择出最优方案（图 4）。

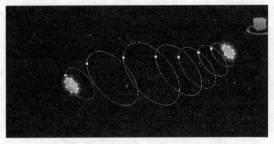

图 3　异形表皮的参数化设计

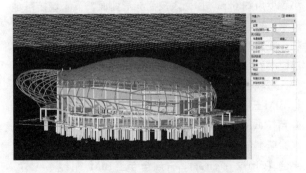

图 4　项目容积率的参数化设计优化

3.1.4　绿色建筑性能模拟优化设计

本项目在方案设计阶段即将建设目标确定为二星级绿色建筑，因此在方案设计时采用 BIM 分析手段，利用绿建斯维尔分析软件对本项目的室外风环境、室内自然通风、室内自然采光及室内视野环境进行了模拟分析，协助建筑师对建筑室内平面布局、围护结构设计进行了优化设计。

（1）室外风环境模拟优化设计

结合场地主导风向，通过合理的建筑布局，保证不同季节良好的室外风环境，提高室外行人舒适性。分析结果（图 5）显示，夏季、冬季工况下，人行区风速基本在 0.4~1.8m/s 之间，小于 5m/s，且人行区风速放大系数小于 2，不影响行人的正常室外活动；冬季工况下，建筑迎风面与背风面表面风压差不超过 5Pa，有效减少室内冷风渗透，不影响室内人员的舒适度。

（2）室内自然通风模拟优化设计

通过建筑室内平面布局和通风路径的优化，促进建筑过渡季的自然通风效果，85% 以上面积自然通风换气次数大于 2 次 /h（图 6），提高了室内舒适度和健康性，有效降低空调能耗。

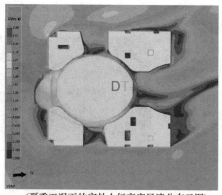
（夏季工况下的室外人行高度风速分布云图）

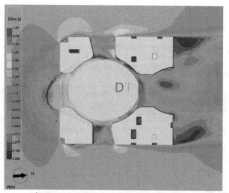
（冬季工况下的室外人行高度风速分布云图）

（冬季迎风面建筑表面风压分布图）

（冬季背面建筑表面风压分布图）

图5 典型工况下室外风环境风速、风压分析图

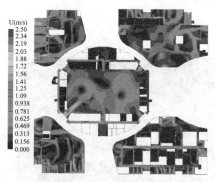

图6 过渡季室内人员活动高度的风速分布云图

（3）自然采光模拟优化设计

本项目通过对屋面天窗、围护结构开窗的设计优化，经自然采光模拟分析（图7），室内采光系数达标率超过75％，营造了良好的室内光环境。

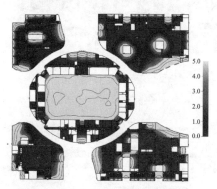

图7 室内自然采光系数分布云图

（4）室内视野模拟优化设计

本项目通过优化平面布局和开窗设计，经视野模拟分析，有超过85％面积的室内主要功能区域能看到室外景观（图8），创造了良好的视野环境。

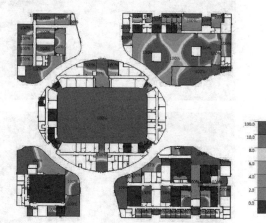

图8 室内视野模拟分析云图

3.2 BIM在施工图阶段的应用

3.2.1 BIM协同设计平台

BIM协同设计过程中遇到的常见问题主要有：一是Revit自身的协同功能不能满足设计院的三维设计工作要求；二是BIM设计需要规范流程才能提高效率，并需要能够符合设计院的个性化需求；三是BIM设计需要标准化：设计资源、设计行为、设计交付，并需要统一的平台进行管理；四是BIM设计对人员权限、工程

进度控制、文件安全等具有更高的要求。

为解决上述问题,本项目在施工图设计阶段应用了基于探索者的 BIM 协同设计管理信息化解决方案,将信息化管理端与 Revit 设计端相结合。信息化管理端(图 9)为基于数据库基础开发的信息化管理软件,具备文档、人员、权限管理,设计流程管理,工程进度管理,设计校审管理,对外交流,消息推送,标准管理等功能;Revit 设计端(图 10)为基于 Revit 二次开发,面向设计师的三维协同设计软件,具备设计版本管理、中心文件管理、链接文件管理、同步与更新、图纸目录管理、三维模型校审、电子校审表单等功能。

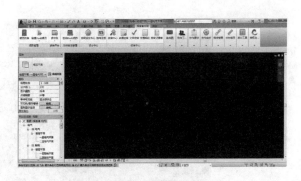

图 10　Revit 设计端

基于 BIM 协同设计平台,本项目采用全专业 BIM 协同设计,利用数据转换中心避免用户重复建模,支持 Revit 与多款软件模型和计算数据的双向互导,最终形成了建筑、结构、机电、景观等全专业 BIM 模型(图 11)。

3.2.2　设计优化与管线综合

施工图设计过程中,本项目利用 BIM 设计模型,充分考虑功能需求及安装、调试需要合理布置机电管线,综合考虑管线布置、预留预埋,逐步实现管线综合优化(图 12、图 13)。

图 9　信息化管理端

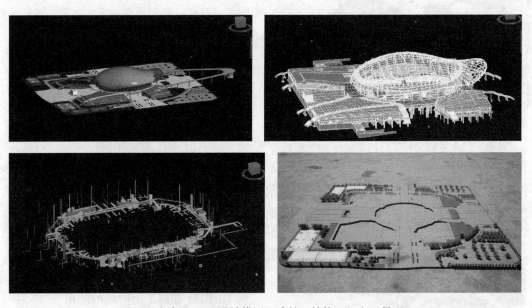

图 11　全专业 BIM 设计模型(建筑、结构、机电、景观)

3.2.3　模型出图

本项目通过基于 Revit 开发的探索者 MEP 三维数据导出软件导出给排水、暖通、电气模型数据信息,通过探索者 MEP 二维表达软件在 AutoCAD 中快速打开模型加载建筑底图,进行了平面布图、系统图布置、剖面图布置、展开图布置等操作,并完成了工程量统计(图 14)。

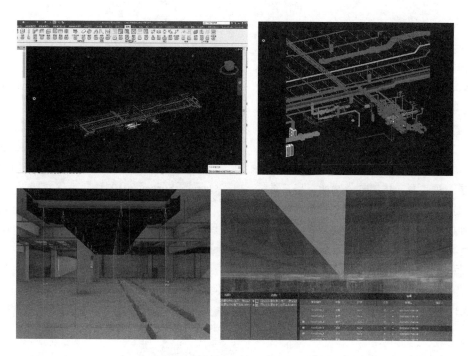

图 12　设计优化与管线综合（综合排布、管线优化、净高分析、碰撞检查）

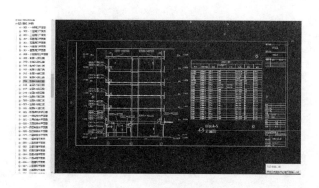

图 13　经管线优化后的预留洞口施工图

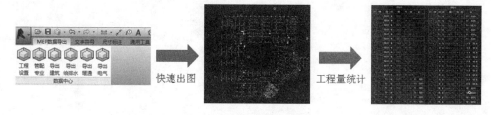

图 14　BIM 模型出图

4　BIM 技术应用总结

　　通过本项目的 BIM 技术应用，在异形曲面、BIM 协同设计等方面进行了较为深入的技术研究及工程实践，同时对 BIM 技术应用现阶段存在的问题也有一些思考，现总结如下：

　　（1）结合参数化设计的 BIM 模型具有可控、精确、

三维可视等特点。本项目场馆使用异形曲面结构多，利用 BIM 模型可以得到任意剖面，深度生成二维图纸，加快了设计进程。

　　（2）本项目实现了数据库与十余种分析软件的双向对接，特别是结构专业实现了 100％BIM 正向设计。通过使用协同设计平台，对整个三维设计流程进行了合理的安排与梳理，大大提高了三维设计的总体效率。通过

二维表达插件工具，让 BIM 模型与传统二维设计平台完美互通，减少三维与二维设计的重复工作，实现了 BIM 正向快速出图，增大 BIM 数据的利用率。

（3）BIM 在专业设计上，和现行设计流程、设计结果要求不符，大多专业还停留在翻模阶段，导致数据利用率不高和工作重复增加工作量。

（4）不同于二维 CAD 带来的工具改革，BIM 设计更多的是设计思维方式的一种转变，现阶段设计师还认为 BIM 软件只是一种工具，依赖软件功能，用三维软件去套二维的工作模式，导致工作习惯的不符合效率的低下，并让 BIM 设计的优点得不到发挥。

（5）BIM 标准的不完善。由于缺乏统一的执行标准，导致同一项目处于不同的业务环节的企业 BIM 技术成果的可继承性、交互性较差，将导致重复建模。BIM 技术在建设行业全产业链的应用未贯通，设计方和施工方都是独立开展 BIM 设计并没有同时使用一套 BIM 数据，BIM 的数据唯一性得不到体现。

参考文献

［1］ 张建平. BIM 技术的研究与应用［J］. 施工技术，2011（1）：15-18.

［2］ FMI Management Consulting and the Construction Management Association of America（CMAA），EighthAnnual Survey Of Owners，FMI EighthAnnual Owners Survey 2010.

［3］ Khanzode A，Moreira T. The Impact of Building Information Modeling on the Architectural Design Process［J］. Advances techniques in computing science and software engineering，2008，（13）：324-342.

［4］ 孙玮. 基于 BIM 技术的体育场项目应用效益评价［D］. 山东建筑大学，2017.

王君峰

筑信（广州）建筑信息咨询服务有限公司；wangjunfeng@bwilddigital.com.cn

基于空间管理模型的 BIM 管控研究
——以商业综合体为例

Building Management with on BIM Volume Model
——Based on Commercial Project

摘　要：在商业综合体工程建设过程中，从概念方案开始即需要对各使用空间进行管理和控制。除控制各功能的使用面积外，还需要对各使用空间的净空、作法、技术规范等做出控制和管理。在工程建设管理中，这些信息需要从概念方案阶段跟踪至工程建设结束，直到移交。建筑信息模型技术（BIM）的引入为管理这些信息提供了便利。本研究采用基于 BIM 的空间管理模型手段，探讨空间管理模型的建设过程管控方法。

关键词：建筑信息模型；空间管理模型；空间管理；建设过程管理

Abstract：Abstract：In the process of building a commercial project，from the beginning of the concept plan，it is necessary to manage and control each space in addition to controlling the use area of each function. It also needs to make clearance，practice and technical specifications for each space used. Control and management. In engineering construction management，this information needs to be traced from the concept plan stage to the end of the project construction until the handover. The introduction of Building Information Modeling Technology（BIM）facilitates the management of this information. This study uses the space management model based on BIM to explore the management process control method of space management model.

Keywords：BIM；Volume Model；Space Manage；Construction Management

1　引言

在商业综合体建设管理的过程中，由于商业综合体建筑体量较大，功能繁多，空间需求复杂，商业综合体主要的业态包括：购物中心、酒店、写字楼、公寓、住宅等等；而其中购物中心内的业态主要有：零售型专业店、特色超市、大型综合超市、电影城、娱乐中心（KTV、电玩等）、健身中心、大型中式酒楼、特色餐饮美食广场等。以广州在建的某商业综合体为例，其如表1所示。

典型功能空间分布　　　　表 1

业态	功能	管理需求
商业	以出租为主的多功能零售	面积控制、净高控制、机电控制

续表

业态	功能	管理需求
餐饮	提供餐饮服务空间	面积控制、净高控制、机电控制、防水控制
电影院（戏院）	提供电影娱乐服务	动线控制、净高控制、机电控制
车库	提供停车空间	动线控制、净高控制、机电控制
后勤	为商业提供后勤服务与保障	动线控制、净高控制
办公	塔楼内的办公区域空间	净高控制、机电控制
景观	种植空间、覆土空间控制	

527

一般来说，商业综合体的空间具有以下分布特点：

（1）多种功能综合。商业综合体中是典型的在单一建筑中融入多种空间的建筑，通常空间类型较多，管理复杂。

（2）空间叠加。现在的商业综合体建筑多为多层商业在空间上的叠加，多种不同功能的空间在垂直空间中进行叠加，除需要考虑各空间的平面关系外，还需要考虑商业综合体中各空间的垂直关系。

（3）具有一定的具性化需求。在商业综合体的招商过程中，会根据招商业主的要求，对空间提出个性化的需求。例如，如果招商引进的影院如计划配置 IMax 厅，则对于原有的空间产生巨大的影响。而这些因素通常无法在设计前期定义和明确。

（4）空间的影响因素繁多。商业综合体中的空间管理受到包括结构设计、暖通设计、给排水设计、弱电设计等多种专业设计的影响。

（5）影响空间的阶段较多。除设计阶段各专业的设计影响空间外，精装修、施工工艺、施工深化的成果、支吊架等均会影响商业空间的管理结果。需要在施工过程中对空间进行管控。

商业综合体中的各业态与功能空间，在建设管理过程中从方案开始直到竣工移交都需要对其进行全过程管理与控制。如何对商业综合体中的各项空间进行有效管理，一直是困扰商业综合体建设过程管理的难题。也成为在商业综合体开发管理中迫切需要解决的管理问题之一。

2 空间管理模型的定义

BIM 全称为 Building Information Modeling，其中文含义为"建筑信息模型"，麦格劳-希尔建筑信息公司对建筑信息模型的定义为：创建并利用数字模型对项目进行设计、建造及运营管理的过程。即利用计算机三维软件工具，创建包含建筑工程项目的完整数字模型，并在该模型中包含详细工程信息，能够将这些模型和信息应用于建筑工程的设计过程、施工管理和物业和运营管理等全建筑生命周期管理（BLM：Builidng Lifecycle Management）过程中。利用 BIM 的参数化管理、可视化表达、多专业信息集成的特点，可以在商业综合体建设管理过程中，通过创建空间管理模型，记录商业综合体中各空间的功能、需求、净空等各项管理信息，整合并更新建设阶段的各阶段 BIM 模型成果，实现对商业综合体中各类型空间的管理，保障商业综合体中各类空间的使用。空间管理模型不同于常规的 BIM 模型，它一般不出现在建筑、施工的过程中，而是以管理的目的出现在建设管理的部门和阶段中。

空间管理模型可以追踪建设过程中各空间的变化与建造成果，并将空间管理模型作为竣工模型中数字化移交资料的一部分，移交至运营管理部门，实现商业综合体内全生命周期内的空间管理，将空间管理从建设管理阶段，延伸至运营管理阶段。

空间管理模型通常包含两部分的内容：几何信息与管理信息。空间管理模型的几何信息包括：空间的形状、高度；空间管理模型的管理信息则较为丰富，可包括：暖通需求信息、作法信息、名称等，如表 2 所示。

空间管理模型中常见的信息组成　　表 2

信息类别	功能名称	功能描述
几何信息	平面形状	描述空间的平面形状
	空间高度	描述空间的实际高度
管理信息	名称信息	空间的功能名称
	作法信息	空间的天、地、墙的作法要求，如防水要求
	机电信息	描述空间的机电需求，如是否需要燃气
	需求高度	空间的实际需求（设计需求）
	空间面积*	自动计算空间的平面面积
	空间体积*	自动计算空间的体积信息

备注：*该信息根据平面形状自动统计。

在实践中，用于创建 BIM 模型的工具较多，常见的有包括 Autodesk Revit 系列、Bentley Architecture 系列、Graphisoft ArchiCAD 等不同的工具。本文将以 Autodesk Revit 为例，来说明定义空间管理模型的一般方法与过程。

在 Revit 软件中，虽然在 Revit 软件中提供了"空间"的概念，但 Revit 中的"空间"对象仅仅用于记录暖通负荷需求等信息，在 Revit 中该对象并无实体几何模型，因此无法直接利用 Revit 中的空间对象完成碰撞检查的操作，无法利用软件自带的碰撞检查功能来自动判断是否存在影响该空间的问题。因此需要灵活运用 Revit 软件中自身所带的功能完成空间模型的创建。

在 Revit 中，可以灵活运用楼板功能，将楼梯作为空间管理的几何载体图元。如图 1 所示，为在 Revit 软

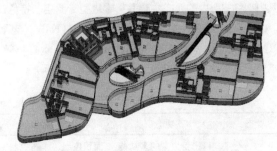

图 1　Revit 软件中定义的空间管理模型

件中定义的空间管理模型。

也可以在 Revit 中添加"房间"和"空间"功能，记录各房间与空间的名称、功能、净高等信息，由于 Revit 中的房间和空间并不具备三维几何图形，无法直接进行冲突检测等功能，可以利用 Dynamo 等参数化建模工具，提取 Revit 中"房间"属性中参数信息，并根据提取的房间参数自动生成三维实体，从而可以完成房

间的空间碰撞检查等功能。

如图 2 所示，可以采用基于 Revit 的参数化设计工具 Dynamo，通过读取 Revit 中"空间"信息自动生成三维实体空间模型。

在 Revit 中空间管理模型可以单独保存为独立的项目文件，在使用时可以使用 Revit 的链接功能将空间管理模型文件链接至主体模型中，完成相应的管理工作。

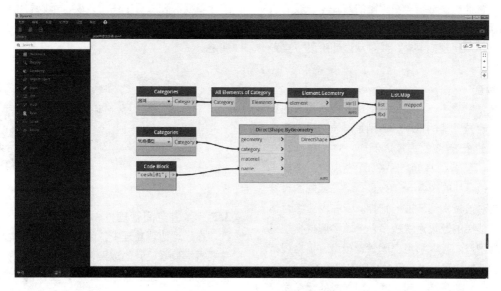

图 2　利用 Dynamo 辅助设计

采用链接的方式，可以更加灵活地对空间管理模型及建筑的主体模型进行管理，同时保障空间管理模型从设计阶段延用至施工阶段。

3　空间管理模型应用

3.1　空间统计

利用空间管理模型，可以对空间进行完整的统计。

在 Revit 软件中，可以使用明细表统计功能对空间模型进行统计，配合使用 Revit 明细表统计中的信息过程器功能，可以只统计满足指定条件符合的空间，从而实现对空间图元的完整信息统计，方便对每一种类型的空间进行管理。

如图 3 所示，为在 Revit 中完成的空间管理明细表统计。

<空间管理明细表>					
A	B	C	D	E	F
楼地面编号	类型	空间面积	空间周长	空间高度	空间体积
L2-01	空间-商铺3600	94.36	38386	3.600	339.67
L2-02	空间-商铺3600	100.95	45772	3.600	363.41
L2-03	空间-商铺3600	114.89	47831	3.600	413.59
L2-04	空间-商铺3600	160.33	71750	3.600	577.19
L2-05	空间-商铺3600	51.02	33617	3.600	183.66
L2-06	空间-商铺3600	151.85	52463	3.600	546.65
L2-07	空间-商铺3600	186.08	56631	3.600	669.89
L2-08	空间-商铺3600	138.81	48035	3.600	499.70
L2-09	空间-商铺3600	176.47	61177	3.600	635.31
L2-10	空间-商铺3600	118.58	46430	3.600	426.88
L2-11	空间-商铺3600	129.63	48829	3.600	466.66
L2-12	空间-商铺3600	110.76	43529	3.600	398.73
L2-13	空间-商铺3600	347.04	86901	3.600	1249.32

图 3　Revit 中完成的空间管理明细表统计

3.2 净空控制

利用空间管理模型，可以通过使用 BIM 模型创建软件（如 Revit）或管理软件（如 Navisworks）中的碰撞检查功能，进行碰撞检查，从而利用 BIM 软件高效率的完成和追踪空间的管控结果，并将不满足空间净高需求的空间进行跟踪管理，直到空间满足使用需求。

使用空间管理模型进行净空控制的方式与一般的机电深化后再通过管底标高给出净空不同，它将直接确定指定的空间是否满足预期要求，并可从设计阶段一直跟踪至施工阶段。

3.3 规范检查

在工程技术管理中，对规范的把控是技术管理的重要内容之一，也是管控的重点。特别是对于有强制要求的规范，更应进行严格的把控。例如，对于楼梯，在《民用建筑设计通则》GB 50352—2005 中规定，楼梯平台上部及下部过道处的净高不应小于 2m。在实际的设计管理中，需要对该技术环节进行把控。但在商业综合体项目中，由于楼梯的数量通常较多，全面了解楼梯规范的情况，较为困难。可以利用空间管理模型，根据规范定义楼梯净空控制模型，以满足对楼梯空间的管理要求。

如图 4 所示，为采用空间管理模型完成的楼梯梯段净空检查，可见在该梯段范围内，楼梯净空可满足《民用建筑设计通则》的规范要求。

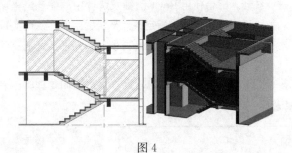

图 4

要利用空间模型完成空间检查的前提是对规范的深刻理解，结合空间模型的特性及规范中应把握和检查的点，再结合 Revit 等 BIM 软件的特点，利用空间管理模型完成相关的规范检查与控制。此方法不仅可用于设计管理，还可用于设计企业的设计过程中的质量控制与审图控制。

3.4 消防规范检查

除楼梯外，还可根据空间管理模型中面积等属性，将每个防火分区定义为空间，通过对防火分区空间进行管理。同时，通过对消火栓添加空间管理模型，可以检查消炎栓的是否满足防火设计规范的相关要求。

根据《汽车库、修车库、停车场设计防火规范》中规定"同层相邻室内消火栓的间距不应大于 50m，高层汽车库和地下汽车库、半地下汽车库室内消火栓的间距不应大于 30m"，为通过在消火栓箱上添加空间管理模型，可利用附加在各消防栓箱上的空间管理模型，对各消火栓的距离是否满足规范要求进行检查。如图 5 所示，为一个带有消防栓距离检查规范空间管理模型的消防栓箱族。在项目中使用该族，可以利用碰撞检查的功能检测任意相邻两个消防栓间的距离是否超过规范的规定。

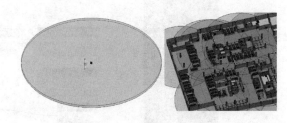

图 5

3.5 种植空间管理

在场地协调管理中，除考虑覆土的深度要求外，还需要根据景观设计的成果，协调大型乔木等所需的种植空间。在传统的管理方法中，往往根据经验进行种植空间的判断，由于景观中存在多种不同的树种，不同树种对空间的要求不同，且场地中往往会有给水、排水、燃气等管线穿过，其集水井等均会影响植物的种植空间，因此对于景观的协调与把控较为复杂。

在 Revit 中，将乔木、灌木等植物所需的种植空间定义为空间管理模型，可以利用软件的碰撞检查功能来自动判断是否满足植物的种植空间要求。如图 6 所示，为采用种植空间模型完成的景观协调结果。

图 6

3.6 空间信息管理

利用空间管理模型，可以记录各空间的作法信息。

例如对于墙面、地面、天花的装修要求、防水要求等均可记录。当对空间进行标准化管理时，可以利用空间管理模型，对设计的成果进行核查。

在定义空间信息时，需要根据管理的维度（设计、施工工艺要求、单方成本等）按类别分别组织各类空间的信息，以方便基于BIM模型的空间信息管理，在使用时可以通过表格的方式自动统计，以得到各房间、空间的作法表。通常空间信息管理与管理信息系统配合使用，以方便核查各空间的作法信息是否满足标准化的要求。如图7所示，为某商业综合体项目中保洁室空间信息要求。

保洁室			
	建筑需求		机电需求
墙	墙面铺设瓷砖，高度2.7m，墙面防水做到2.7m；墙面2.7m以上刷黑漆保证与屋顶管道颜色统一	暖通空调	1. 换气次数4-6次/小时 2. 冬季温度≥20℃，夏季不超过26℃
天花板	混泥土	电	220v插座 避免用电设备在保洁间内
地板	防水，防滑瓷砖	照明	200Lux
门	门宽1.0m	水	给水点 排水点
面积	房间面积至少是4m²		
配件	保洁室的门需要配锁 为工人配备可以休息的简单桌椅 需要考虑给货架等物品足够的空间，同时为方便工作，建议面宽不低于1.8m		

图7

3.7 转换为运维空间

空间管理模型在建设过程中，主要用于控制和管理设计与施工深化阶段的空间成果。当建筑完成建设阶段，移交给使用单位后使用单位可以继续利用空间管理模型，将其转换为空间资产模型，将空间进一步划分，通过BIM的信息拓展，记录空间的租赁、合约、使用情况，并可利用基于BIM的管理平台，利用空间信息对各区域的传感器数据进行分类与管理。如图8所示，为在运营管理平台中，对各空间使用区域分配的信息集成管理。

图8

4 小结

空间管理是建筑管理中非常重要的一环，是建筑设计管理的目标，是未来房屋建成后人们的使用空间。商业综合体中的空间分布复杂，利用BIM软件中的"空间管理"模型，可以减小商业综合体中的空间管理的难度，使得信息更加集中。本文通过基于BIM的空间管理模型进行初步探索，在空间管理、技术管理、运维管理的过程中，对空间的建立及使用进行了初步探索。希望本文能够抛砖引玉，对BIM的深度应用及管理应用起到指导作用。